AGREG
Sciences physiqu[es]
option Chimie

Les épreuves corrigées A, B et C de

Physique et Chimie

de 2009 à 2011

Olivier Perraud
Martin Vérot
Baptiste Bourget
Laure-Lise Chapellet
Raymond Grüber

Doctorants et agrégés de sciences physiques

ellipses

ISBN 978-2-7298-73288

www.editions-ellipses.fr

Avant-propos

CET OUVRAGE présente des propositions de corrections pour **la totalité** des épreuves données aux écrits de l'agrégation externe de sciences physiques option chimie de 2009 à 2011.

Pour chaque épreuve, la correction est précédée de l'énoncé associé. Tout en respectant l'esprit de l'épreuve, nous nous sommes efforcés de répondre de manière succincte et précise aux questions posées. Cependant, de nombreux compléments sont donnés sous forme de *Remarques* à la fin de certaines réponses afin d'élargir les connaissances du lecteur et approfondir les réponses données. Le classique Lexique de fin de livre est ici remplacé par une double page rassemblant les principales notions abordées au cours de chaque partie des différentes épreuves. Ce système semble tout particulièrement adapté à des élèves en quête de sujets sur un domaine précis de chimie ou de physique.

Ce livre s'adresse en premier lieu aux étudiants voulant préparer le concours de l'agrégation externe de chimie. Cependant, étant donné la variété des sujets présentés, il peut intéresser aussi bien les étudiants universitaires que les enseignants de formations licence ou master de chimie. Il s'adresse également aux personnes préparant les concours du CAPES et de l'agrégation interne de physique-chimie qui y trouveront un complément aux épreuves habituellement proposées.

Nous souhaitons remercier toutes les personnes qui ont rendu possible l'aboutissement de ce projet. Les nombreuses relectures ont été l'occasion d'échanges fructueux entre les différents auteurs et leurs relecteurs. Nous tenons ainsi à remercier chaleureusement Corinne Gauthier, Alexandre Martinez, Arnaud Le Diffon, Baptiste Percier, Clémence Devailly et Amandine qui ont aimablement accepté de relire certains sujets. Les erreurs pouvant subsister sont évidemment à la seule charge des auteurs. Si vous apercevez une erreur ou une imprécision, n'hésitez pas à envoyer un mail à `agregationchimie@free.fr`. La page `http://agregationchimie.free.fr/erratum.php` recensera et corrigera toutes les erreurs signalées.

Les auteurs.

Notions abordées par épreuve

Chimie générale

2009A : Oxydation d'hydrocarbures & spectroscopie d'espèces diatomiques

Partie A : Cinétique homogène : mécanisme en chaîne, énergie d'activation.

Partie B : Premier principe de la thermochimie : réactions de combustion, enthalpies standards de liaison.

Partie C : Diagrammes d'orbitales moléculaires, déterminants séculaires, spectroscopies rotationnelles et vibrationnelles.

2010C : Échanges de particules

Partie A : Thermodynamique électrochimique : théorie de Debye-Hückel, solutions tampons, piles, détermination du pH, molarité et molalité.

Partie B : Spectroscopie électronique : phénomènes d'absorption, fluorescence, phosphorescence, quenching.

2011A : Autour de la physicochimie du vanadium et de ses composés au degré d'oxydation +V

Partie A : Atomistique, cristallographie, thermochimie, diagrammes E-pH.

Partie B : Thermochimie, notion d'équilibre chimique, diagramme binaire, propriétés colligatives, oxydation, catalyse.

Partie C : Mécanique quantique, opérateurs de moment cinétique, spectroscopie RMN, effet de toit, couplage quadrupolaire, règle d'or de Fermi, chimie des solutions, dosages, cinétique.

Partie D : Oxydoréduction, chimie du phosphore, radioactivité.

Chimie organique

2009C : Acides aminés et peptides

Partie I : Étude des acides aminés, stéréochimie, dédoublement d'un mélange racémique, réactivité des composés carbonylés et des imines.

Partie II : Synthèse peptidique, groupements protecteurs, polymérisation.

Partie III : Couplage peptidique, groupements protecteurs, activation de groupements fonctionnels, agents fluorants.

2009C : Synthèse totale de la fluvirucinine A_1

Parties I, II et III :

Synthèse totale d'un composé axée sur plusieurs réactions stéréosélectives avec modèles d'approche et contenant des questions de spectroscopie (IR, RMN) et de stéréochimie.

2010A : La chimie des dérivés nitrés

Partie I : Étude des dérivés nitrés, réactions de substitution aromatique.

Partie II : Étude d'une réaction : la réaction de Henry, réactivité des composés carbonylés, application avec une synthèse totale courte non stéréosélective, analyses spectroscopiques (principalement de la RMN).

Partie III : Réactivité des dérivés nitrés, théorie de Hückel, réactions de cycloaddition, catalyse au palladium.

2011C : Autour de la synthèse stéréosélective de l'ingénol

Partie I : Étude des dérivés éthyléniques : théorie de Hückel, réactions de bromation et d'ozonolyse, polymérisation.

Partie II : Synthèse totale courte s'appuyant sur des réactions de niveau licence.

Parties III et IV :
Synthèse totale d'un composé axée sur l'écriture des mécanismes réactionnels et des structures des intermédiaires.

Physique

2009B : Conversion énergétique

Partie A : Thermodynamique : équilibres thermiques, bilans énergétiques, flux de rayonnement. Diffusion de chaleur.

Parties B et C :
Thermodynamique : identités et principes thermodynamiques, cycles thermodynamiques, calculs de puissance.

Partie D : Électromagnétisme : induction, couple électromagnétique, moment magnétique, point de fonctionnement, puissance, rendement.

Partie E : Mécanique des fluides : bilan de matière, débits massique, thermodynamique des fluides, relation de Bernoulli.

2010B : Appareils de spectroscopie

Partie I : Optique ondulatoire : phénomènes d'interférences, interféromètre de Michelson, transformée de Fourier.

Partie II : Optique ondulatoire : spectroscopie à réseau, interférences à N ondes.

Partie III : Électromagnétisme : spectroscopie RMN, champs magnétiques, moments magnétiques, force électromotrice, résonance.

Électrocinétique : gains, impédances, loi des mailles, transformée de Fourier.

2011B : Atmosphère et mesures hygrométriques

Partie 1 : Thermodynamique des fluides : modèle des gaz parfaits, énergie interne, statistique de Maxwell-Boltzmann, hydrostatique, modèle de Van der Waals, diagrammes thermodynamique.

Partie 2 : Thermodynamique des fluides, diffusion de particules.

Partie 3 : Thermodynamique des fluides : hydrostatique, stabilité.

Partie 4 : Mécanique des fluides : écoulement, équations de Navier-Stokes et d'Euler.

Partie 5 : Électromagnétisme : condensateur, théorème de gauss, champs électrique. Électrocinétique : régime forcé, résonance, amplificateur opérationnel.

Table des matières

Chimie générale

Chimie organique

Chimie générale

Oxydation d'hydrocarbures & spectroscopie d'espèces diatomiques

Ce problème comprend trois parties indépendantes (A., B. et C.) et d'importances inégales.

La plus grande attention devra être apportée à la qualité de la rédaction, laquelle devra être concise mais complète. On respectera impérativement les numérotations et notations fournies. Le barème prendra ces différents points en considération.

A. Approche cinétique de l'oxydation d'hydrocarbures

L'objet de cette partie est l'étude cinétique de l'oxydation d'hydrocarbures notés RH en phase gazeuse.

Dans les conditions expérimentales, sauf indication contraire, la pression totale reste faible : les gaz peuvent donc être assimilés à des gaz parfaits.

Données et notations :

$R = 8,314$ J.mol^{-1}.K^{-1}

Les valeurs suivantes sont valables à $T = 600$ K :

Enthalpie standard de formation de $HO_2^{\bullet}$: $\Delta_f H^\circ(HO_2^{\bullet}) = 11$ kJ.mol^{-1}

Enthalpies standard de liaison en kJ.mol^{-1} :

- D°_{XY} : enthalpie standard de dissociation de la liaison X-Y / $D^\circ_{HH} = 436$ kJ.mol^{-1}

- $\Delta_d H^\circ_{XY}$: enthalpie standard moyenne de dissociation de la liaison X-Y, ou, plus simplement « enthalpie standard de la liaison X-Y» :

Liaison	C-H	C-C
$\Delta_d H^\circ$	401	368

On considère le mécanisme suivant, supposé valable pour tout hydrocarbure, et proposé pour les tout premiers instants de l'évolution :

$$RH + O_2 \xrightarrow{k_1} R^{\bullet} + HO_2^{\bullet} \quad (1)$$

$$RH + HO_2^{\bullet} \xrightarrow{k_x} R^{\bullet} + H_2O_2 \quad (x)$$

$$R^{\bullet} + O_2 \underset{k_{-2}}{\overset{k_2}{\leftrightarrows}} RO_2^{\bullet} \quad (2)$$

$$RH + RO_2^{\bullet} \xrightarrow{k_3} RO_2H + R^{\bullet} \quad (3)$$

$$2\,R^{\bullet} \xrightarrow{k_4} R_2 \quad (4)$$

$$R^{\bullet} + RO_2^{\bullet} \xrightarrow{k_5} ROOR \quad (5)$$

$$2\,RO_2^{\bullet} \xrightarrow{k_6} ROOR + O_2 \quad (6)$$

Pour ce mécanisme, on fournit les énergies d'activation suivantes en kJ.mol^{-1} :

Étape	(1)	(2)	(3)
E	cf. E_a question A.VI.3	4	67

A.I. À quel type appartient le mécanisme décrit plus haut ?
En quoi le mécanisme précédent est-il un mécanisme primaire ?

A.II. Nommer chacune des étapes de ce mécanisme.

A.III. Quel est le nombre de constituants moléculaires indépendants présents dans le système siège de la transformation ?

A.IV. En déduire le nombre de réactions indépendantes.

Écrire un ensemble d'équations correspondant à ces réactions indépendantes.

A.V. Écrire trois relations indépendantes liant les vitesses d'apparition ou de disparition des espèces moléculaires.

A.VI. Étude des réactions d'amorçage
A priori, on peut envisager trois réactions d'amorçage différentes :

$$RH + O_2 \xrightarrow{k_a} R^\bullet + HO_2{}^\bullet \qquad (a)$$

$$RH \xrightarrow{k_b} R^\bullet + H^\bullet \qquad (b)$$

$$RH \xrightarrow{k_c} R'^\bullet + R''^\bullet \qquad (c)$$

À l'aide de considérations thermodynamiques, on peut prévoir celle correspondant à la plus faible énergie d'activation.
On note :
- k_{-a}, k_{-b} et k_{-c} les constantes de vitesse respectives des processus (a), (b) et (c) dans le sens indirect (sens inverse du sens écrit) ;
- E_a, E_b et E_c les énergies d'activation respectives des processus (a), (b) et (c) dans le sens direct (sens écrit) ;
- E_{-a}, E_{-b} et E_{-c} les énergies d'activation respectives des processus (a), (b) et (c) dans le sens indirect ;
- $\Delta_r H_a^\circ$, $\Delta_r H_b^\circ$ et $\Delta_r H_c^\circ$ les enthalpies standard de réaction respectives des processus (a), (b) et (c).

A.VI.1. Dans le cas du processus (a), trouver une relation entre E_a, E_{-a} et $\Delta_r H_a^\circ$. En déduire une expression permettant de calculer la valeur de E_a à partir des données précédentes.

A.VI.2. Mêmes questions pour les processus (b) et (c).

A.VI.3. Calculer E_a, E_b et E_c.

A.VI.4. Le choix du processus (a) dans le mécanisme de combustion semble-t-il justifié à la température $T = 600$ K et lorsque la pression partielle de dioxygène est de l'ordre de 0,4 bar ?

A.VII. Loi de vitesse

A.VII.1. En début d'évolution, des mesures de concentration ont fourni le résultat suivant :

$$[RO_2H]/[H_2O_2] \approx 120$$

Que peut-on en conclure quant à la longueur de chaîne ?
On tiendra compte de cette conclusion dans la suite du problème.

A.VII.2. Quelles conditions doivent être satisfaites pour que l'on puisse appliquer l'approximation des états quasi-stationnaires (AEQS) à une espèce chimique ?

Appliquer l'AEQS aux espèces adéquates.

A.VII.3. On note r_0 la vitesse initiale de disparition de l'hydrocarbure RH. Exprimer r_0 en fonction des vitesses d'actes élémentaires du mécanisme.

A.VII.4.

A.VII.4.a. Montrer que r_0 peut se mettre sous la forme :

$$r_0 = k_3 \times \frac{\sqrt{k_1}[\mathrm{RH}]_0^{3/2}[\mathrm{O_2}]_0^{1/2}}{D} \qquad \text{(I)}$$

où D est une fonction de $k_2, k_{-2}, k_3, k_4, k_5, k_6$, $[\mathrm{RH}]_0$ et $[\mathrm{O_2}]_0$ que l'on explicitera.

A.VII.4.b. La relation (I) fait-elle apparaître des ordres partiels initiaux par rapport à RH et à O_2 ?

A.VII.4.c. Expérimentalement, on observe un ordre initial de 3/2 par rapport à RH et de 1/2 par rapport à O_2. Que peut-on en conclure ?

Écrire, dans ces conditions, la relation (II) donnant l'expression de r_0.

A.VII.5. Quelle est l'étape de terminaison la plus probable ?

Indiquer quelle est l'étape cinétiquement déterminante dans le processus de propagation.

Y a-t-il cohérence entre cette étape cinétiquement déterminante et l'étape de terminaison la plus probable ?

Dans la suite de l'étude, on négligera les deux autres étapes de terminaison.

A.VII.6. Établir l'expression de la vitesse initiale de disparition de l'hydrocarbure en utilisant les équations issues de l'application de l'AEQS, dans le cadre de la seule étape de terminaison envisagée. Vérifie-t-on la relation (II) ?

A.VIII. Énergie d'activation

A.VIII.1. Exprimer l'énergie d'activation de la réaction d'oxydation des hydrocarbures en fonction des énergies d'activation des différentes étapes du mécanisme. Calculer cette valeur.

A.VIII.2. Expérimentalement, on trouve les résultats suivants, où T est la température exprimée en Kelvin et k_{obs} est la constante de vitesse exprimée en $\mathrm{L.mol^{-1}.s^{-1}}$:

T/K	500	540	570
$k_{obs}/\mathrm{L.mol^{-1}.s^{-1}}$	$5,9.10^{-9}$	$1,0.10^{-7}$	$8,2.10^{-7}$
T/K	600	640	700
$k_{obs}/\mathrm{L.mol^{-1}.s^{-1}}$	$4,4.10^{-6}$	$3,9.10^{-5}$	$5,3.10^{-4}$

Le calcul précédent (qu. A.VIII.1) est-il en accord avec l'expérience ?

A.IX. Longueur de chaîne

On définit la longueur de chaîne par : $\lambda = \dfrac{r_0}{2r_1}$ où r_1 désigne la vitesse de l'étape (1).

A.IX.1. Quelle est la signification chimique de la longueur de chaîne ? Quelle est l'origine du facteur 2 au dénominateur ?

A.IX.2. Exprimer λ en fonction de constantes de vitesse d'actes élémentaires, de $[RH]_0$ et de $[O_2]_0$.

A.IX.3. On opère maintenant avec des rapports $\frac{[RH]_0}{[O_2]_0}$ constants. Comment varie λ avec la température ? Conclure.

A.X. Étude d'une réaction de terminaison

Dans ce paragraphe A.X, la pression totale peut devenir importante.

On s'intéresse à l'influence de la pression sur la constante de vitesse de la réaction de terminaison (6), étape sur laquelle on applique le mécanisme de Lindemann :

$$RO_2^\bullet + RO_2^\bullet \xrightarrow{k_\alpha} (RO_2^\bullet)_2^* \qquad (\alpha)$$

$$(RO_2^\bullet)_2^* \xrightarrow{k_{-\alpha}} RO_2^\bullet + RO_2^\bullet \qquad (-\alpha)$$

$$(RO_2^\bullet)_2^* + M \xrightarrow{k_\beta} RO_2R + O_2 + M \qquad (\beta)$$

$(RO_2^\bullet)_2^*$ désigne une espèce activée.

M représente une molécule quelconque présente dans le milieu réactionnel.

A.X.1. Quel est le rôle de M ?

A.X.2. Exprimer k_6 en fonction de k_α, $k_{-\alpha}$, k_β et [M].

A.X.3. Dans les cadre de ce modèle, commenter l'influence de la pression sur l'ordre apparent de cet acte de terminaison.

A.X.4. Quelle est l'influence, sur la vitesse globale, de l'ajout modéré de gaz inerte dans le milieu en supposant le réacteur parfaitement agité et fermé (après ajout), la pression totale restant peu importante ?

A.XI. Réactions secondaires

Lorsque le taux de conversion de l'hydrocarbure augmente, il faut tenir compte des étapes supplémentaires suivantes :

$$RO_2H \xrightarrow{k_d} RO^\bullet + HO^\bullet \qquad (d)$$

$$RH + RO^\bullet \xrightarrow{k_{t1}} ROH + R^\bullet \qquad (t1)$$

$$RH + HO^\bullet \xrightarrow{k_{t2}} H_2O + R^\bullet \qquad (t2)$$

On se place toujours dans la situation où le seul acte de terminaison est celui déterminé à la question A.VII.5

A.XI.1. Comment désigne-t-on les étapes (d), (t1) et (t2) ?

A.XI.2. Qualitativement peut-on prévoir si ces étapes ont un effet d'auto-accélération ou un effet d'auto-inhibition ? Justifier brièvement.

A.XI.3. On se place dans les conditions suivantes :
- la vitesse du processus (d) est très importante devant celle du processus (1) ;
- les chaînes sont longues ;
- l'étude a lieu dans un réacteur fermé parfaitement agité.

A.XI.3.a. Exprimer la vitesse nette de formation de RO_2H en fonction de constantes de vitesse d'actes élémentaires, de [RH] et de $[RO_2H]$.

A.XI.3.b. On définit le taux de conversion τ par : $\tau = \dfrac{[RH]_0 - [RH]}{[RH]_0}$

Montrer que $[RO_2H]$ passe par un maximum que l'on exprimera en fonction du taux de conversion et de $[RH]_0$.

A.XI.3.c. En considérant que la quantité d'hydrocarbures disparue est très faible devant la quantité initiale, montrer que la réaction est autoaccélérée.

B. Approche thermodynamique de réactions de combustion

L'oxydation particulière qu'est la combustion des hydrocarbures est une importante source énergétique. L'objet de cette partie est l'utilisation de réactions de combustion.

On admet que les seuls produits de combustion des hydrocarbures sont le dioxyde de carbone et l 'eau.

Données et notations :

- D°_{XY} : enthalpie standard de dissociation de la liaison X-Y ;
- $\Delta_d H^{\circ}_{XY}$: enthalpie standard moyenne de dissociation de la liaison X-Y, ou, plus simplement l'enthalpie standard de la liaison X-Y.

Les valeurs suivantes sont valables à $T = 298$ K ; les enthalpies standard sont exprimées en $kJ.mol^{-1}$. Enthalpies standard de combustion :

Composé	$C_{(graphite)}$	$H_{2(g)}$	$CH_{4(g)}$	$C_2H_{6(g)}$
$\Delta_{comb}H^{\circ}$	−393,5	−285,8	−890,3	−1559,8

Enthalpies standard de sublimation :

Composé	$C_{(graphite)}$	Urée
$\Delta_{sub}H^{\circ}$	716,7	110,0

Enthalpies standard de formation :

Composé	$CO_{(g)}$	$H_2O_{(g)}$	$NH_{3(g)}$	$C_3H_{8(g)}$
$\Delta_f H^{\circ}$	−110,5	−241,8	−46,2	−103,8

Enthalpies standard de liaison :

Liaison	C-N	C=O	N-H
$\Delta_d H^{\circ}$	291,6	719,6	390,8

Enthalpies standard de dissociation :

Liaison	O=O	N≡N	H-H	O-H
D°	498,3	945,4	436,0	423,5

Capacités thermiques molaires (en $J.mol^{-1}.K^{-1}$) à pression constante *et supposées indépendantes de la température* :

Composé	$N_{2(g)}$	$O_{2(g)}$	$CO_{2(g)}$	$H_2O_{(g)}$	$H_2O_{(l)}$	$C_3H_{8(g)}$
C_P°	29,1	29,4	37,1	33,6	75,3	73,5

On rappelle que : $R = 8,314$ J.mol^{-1}.K^{-1}

B.I.1. Pourquoi l'enthalpie d'un système a-t-elle été désignée par la lettre H ?

B.I.2. Décrire succinctement les mesures et les calculs que l'on doit effectuer pour déterminer une enthalpie standard de réaction.

B.II. Combustions et enthalpies standard de liaison à 298 K

B.II.1. À partir des données ci-dessus, calculer les enthalpies standard des liaisons C-H et C-C. Comparer brièvement les deux valeurs obtenues.

B.II.2. En déduire l'enthalpie standard de formation du propane gazeux. Comparer avec la valeur tabulée.

B.II.3.

B.II.3.a. Calculer, à partir des données ci-dessus, l'enthalpie standard de formation de l'urée solide dont la formule est :

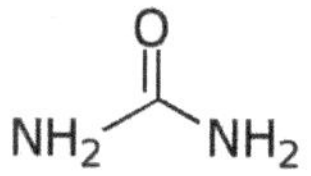

B.II.3.b. On considère l'équation de réaction suivante :

$$CO_{2(g)} + 2NH_{3(g)} = CO(NH_2)_{2(s)} + H_2O_{(l)} \quad \Delta_r H^\circ = -132,0 \text{ kJ.mol}^{-1} \qquad (7)$$

B.II.3.b.1. En déduire l'enthalpie standard de formation de l'urée solide.

B.II.3.b.2. Comparer la valeur obtenue avec celle de la question B.II.3.a Commenter.

B.III. Combustion du propane

On réalise la combustion du propane sous pression constante (P = P° = 1 bar) dans un réacteur calorifugé. La réaction est supposée totale. Les constituants sont assimilés à des gaz parfaits. On considère que la composition volumique de l'air est : dioxygène (20 %) + diazote (80 %).

L'enthalpie standard de combustion du propane à 298 K est

$$\Delta_{\text{comb}} H^\circ = -2220,0 \text{ kJ.mol}^{-1}$$

B.III.1. Calculer l'énergie interne standard de combustion du propane à 298 K.

B.III.2. La température d'entrée est $T_E = 400$ K et les flux entrant sont :

propane : $1,10.10^6$ mol.h^{-1} ; air : $110,0.10^6$ mol.h^{-1}.

B.III.2.a. Calculer la température de sortie T_S.

B.III.2.b. Quels sont les débits entrant (D_E) et sortant (D_S) en m^3.s^{-1} ?

B.IV. Capacités thermiques

B.IV.1. Dans le cas général, quelle relation lie les capacités thermiques molaires à pression constante (C_P) et à volume constant (C_V) pour un même constituant ?

B.IV.2. Que devient cette relation dans le cas d'un gaz parfait ?

B.V. Enthalpies standard de dissociation

$$H_2O_{(g)} = H^{\bullet} + HO^{\bullet} \qquad \Delta_r H^\circ(298\,\text{K}) = 501,8\ \text{kJ.mol}^{-1} \tag{8}$$

B.V.1. À l'aide de l'enthalpie standard de réaction précédente et de l'enthalpie standard de dissociation de la liaison O-H donnée plus haut, calculer l'enthalpie standard de liaison O-H.

B.V.2. Interpréter la différence entre l'enthalpie standard de la réaction (8) et $D^\circ_{\text{O-H}}$.

B.V.3. Quelle paramètre, très utilisé en chimie, est calculable à partir des enthalpies standard de liaison ?

C. Propriétés spectroscopiques du radical $HO^{\bullet}$ et de l'anion HO^-

C.I. Construction des diagrammes d 'orbitales moléculaires

Dans la suite, on note de façon générique les orbitales atomiques par χ, et par ϕ les orbitales moléculaires. Une fonction d'onde sera notée Ψ.

On note H_{ab} l'intégrale de résonance existant entre deux orbitales atomiques (lesquelles seront supposées réelles dans tous les calculs demandés) : χ_a (associée à un atome A) et χ_b (associée à un atome B), interagissant par un hamiltonien $\hat{\mathcal{H}}$. On note S_{ab} l'intégrale de recouvrement entre ces deux orbitales atomiques.

Ces intégrales et notations sont mathématiquement définies par les deux relations :

$$H_{ab} = \langle \chi_a | \hat{\mathcal{H}} | \chi_b \rangle = \int \chi_a^* \hat{\mathcal{H}} \chi_b \, d\tau$$

$$S_{ab} = \int \chi_a^* \chi_b \, d\tau$$

On pourra être amené à utiliser l'approximation de Wolfsberg-Helmotz dans laquelle K est une constante :

$$H_{ab} = \frac{K}{2} S_{ab} (H_{aa} + H_{bb})$$

C.I.1. Qu'appelle-t-on « orbitale atomique » ?

C.I.2. Donner la configuration électronique de l'atome d'oxygène à l'état fondamental.

C.I.3. Qu'appelle-t-on orbitale moléculaire ?

C.I.4. Qu'appelle-t-on « approximation LCAO » (aussi appelée « approximation CLOA ») ?

C.I.5. Qu'appelle-t-on « approximation orbitalaire » ?

C.I.6. On considère un système moléculaire décrit par un hamiltonien moléculaire dont les fonctions et valeurs propres seront notées respectivement ϕ et ϵ. Les fonctions propres sont développées sur une base de deux orbitales atomiques χ_a et χ_b, réelles mais *a priori* non normées. De façon générique, on peut écrire :

$$\phi = c_a\chi_a + c_b\chi_b$$

c_a et c_b sont deux coefficients numériques supposés réels.

C.I.6.a. Exprimer ϵ en fonction de c_a, c_b, S_{ab}, S_{aa}, S_{bb}, H_{aa}, H_{bb} et H_{ab}.

C.I.6.b. En minimisant ϵ par rapport à c_a d'une part et à c_b d'autre part, montrer que l'on arrive au système d'équations ($r = a, b$) :

$$\sum_{s=a,b} c_s[H_{rs} - \epsilon S_{rs}] = 0$$

C.I.6.c. En déduire que les valeurs possibles pour ϵ sont données par l'équation :

$$|H_{ab} - \epsilon S_{ab}| = 0$$

Cette équation fait apparaître le déterminant séculaire associé au système.

C.I.7. On considère ici une interaction entre deux orbitales atomiques dégénérées en négligeant les recouvrements. On a donc :

$$H_{aa} = H_{bb} = \alpha$$

$$H_{ab} = H_{ba} = \beta$$

$$S_{aa} = S_{bb} = 1$$

$$S_{ab} = S_{ba} = S = 0$$

On admet que α et β sont des grandeurs négatives.

C.I.7.a. Écrire le déterminant séculaire associé à ces conditions.

C.I.7.b. En déduire les deux valeurs d'énergie possibles. On notera ϵ^+ la plus basse et ϵ^- la plus haute.

C.I.7.c. En déduire l'expression des deux orbitales moléculaires associées ϕ^+ et ϕ^-.

C.I.7.d. Reporter ces résultats sur un diagramme énergétique.

C.I.8. Reprendre les questions C.I.7.a à C.I.7.d en considérant que :

$$S_{ab} = S_{ba} = S \neq 0$$

C.I.9. On admet que l'énergie électronique totale d'un système est donnée par la somme pondérée par le nombre d'occupation (0, 1 ou 2) des énergies des orbitales moléculaires du système. À l'échelle atomique, on considère la formation des deux molécules diatomiques homonucléaires suivantes H_2 et He_2 modélisée par les équations de réaction :

$$H + H = H_2$$

$$He + He = He_2$$

C.I.9.a. Pour chacun de ces deux cas, à quoi correspondent les orbitales atomiques χ_a et χ_b ?

C.I.9.b. On définit ΔE comme la différence d'énergie entre le produit formé et les réactifs atomiques. Calculer ΔE pour chacune des deux réactions précédentes pour $S = 0$ et pour $S \neq 0$.

C.I.9.c. En déduire que, selon ces deux modèles, H_2 peut être stable mais qu'il est certain que He_2 ne l'est pas. On pourra utiliser l'approximation de Wolfsberg-Helmotz en prenant $K = 2$.

C.I.10. Construction des orbitales moléculaires du radical $HO^\bullet$.

Dans toute la suite, l'axe z sera l'axe internucléaire.

C.I.10.a. Quelles sont les orbitales atomiques et les électrons **de valence** des deux fragments O et H à considérer ?

C.I.10.b. Montrer, par des considérations de symétrie, que deux des orbitales atomiques de l'atome d'oxygène n'interagissent pas avec celle(s) de l'atome d'hydrogène.

C.I.10.c. En déduire que, formellement, la détermination des orbitales moléculaires de $HO^\bullet$ implique un déterminant séculaire de dimension 3. L'exprimer en fonction des intégrales de résonance et des intégrales de recouvrement. La résolution de l'équation séculaire associée à ce déterminant n'est pas demandée, mais on veillera à parfaitement définir toutes les grandeurs introduites pour l'exprimer.

Dans le cas d'une interaction à 3 orbitales (χ_1, χ_2, χ_3) on peut montrer que les règles suivantes s'appliquent.

En considérant que χ_2 et χ_3 sont sur un même centre atomique, χ_2 étant plus basse en énergie que χ_3, et que χ_1 est seule sur un second centre atomique, on va former trois orbitales moléculaires (ϕ_1, ϕ_2, ϕ_3) :

- ϕ_1, d'énergie la plus basse (et plus basse que la plus basse des énergies de χ_1, χ_2 et χ_3) présente une interaction liante entre χ_1 et χ_2 d'une part, et entre χ_1 et χ_3 d'autre part ;
- ϕ_3, d'énergie la plus haute (et plus haute que la plus haute des énergies de χ_1, χ_2 et χ_3 ;) présente une interaction antiliante entre χ_1 et χ_2 d'une part, et entre χ_1 et χ_3 ; d'autre part ;
- ϕ_2, d'énergie intermédiaire présente une interaction antiliante entre χ_1 et χ_2 et une interaction liante entre χ_1 et χ_3. On admettra pour ce problème qu'elle se positionne entre χ_2 et χ_3.

C.I.10.d. Les énergies des trois orbitales atomiques impliquées ici s'élèvent à -32,4 eV, -15,9 eV et -13,6 eV. Indiquer à quelle orbitale correspond chacune de ces énergies.

C.I.10.e. Donner une représentation schématique des trois orbitales moléculaires associées à ce système.

C.I.10.f. Construire le diagramme d'orbitales moléculaires associé aux électrons de valence pour le radical $HO^\bullet$.

C.I.10.g. Préciser pour chaque orbitale obtenue sa symétrie, σ ou π. Les numéroter par symétrie et par ordre croissant d'énergie.

C.I.10.h. En déduire finalement la configuration électronique du radical $HO^\bullet$ dans son état fondamental.

C.II. Généralités de spectroscopie

C.II.1. Le terme spectroscopique fondamental du radical $HO^{\bullet}$ est conventionnellement noté « $X^2\Pi$ ». Indiquer la signification des trois éléments intervenant dans cette notation, et préciser leur(s) relation(s) avec la configuration électronique fondamentale déterminée précédemment.

C.II.2. On peut envisager deux configurations électroniques possibles pour le premier état excité du radical $HO^{\bullet}$. Lesquelles ?

C.II.3. Montrer que ces deux possibilités conduisent en particulier à deux termes spectroscopiques distincts mais de même notation formelle que l'on précisera.

Pour tenter d'attribuer à chacun des deux premiers états électroniques excités (notés respectivement A et B) la configuration électronique qui est la sienne, on va s'appuyer sur des approches spectroscopiques.

C.II.4. Dans sa définition la plus générale, qu'appelle-t-on spectroscopie optique ?

C.II.5. Donner un exemple de spectroscopie « non optique ».

C.II.6. Dans le cadre très général d'un appareil de mesure, définir les notions de « précision », « sensibilité » et « résolution ». Préciser comment ces définitions s'appliquent dans le cas des spectroscopies optiques et de la réalisation de spectres.

C.II.7. On rappelle que les états spectroscopiques d'un système font en particulier intervenir son état électronique, son état vibrationnel et son état rotationnel. Rappeler les ordres de grandeurs, exprimés en cm^{-1}, observés en général entre deux états électroniques consécutifs, deux états vibrationnels consécutifs et deux états rotationnels consécutifs.

C.II.8. Parmi les transitions observables, quelle est la nature (électronique, vibrationnelle ou rotationnelle) de celles susceptibles d'être observées dans le domaine visible (pour l'oeil humain) du spectre électromagnétique. Sur quelle gamme d'énergies, ou de longueurs d'onde, ce domaine s'étend-il ?

C.II.9. Les spectres suivants représentent le spectre d'absorption infrarouge de HCl en phase gazeuse dans différentes conditions : basse résolution (spectre a) et haute résolution (spectre d). Les spectres b et c correspondent à des résolutions intermédiaires. Le domaine spectral considéré court grossièrement entre les nombres d'onde 2700 cm^{-1} et 3000 cm^{-1}.

Expliquer qualitativement les variations observées.

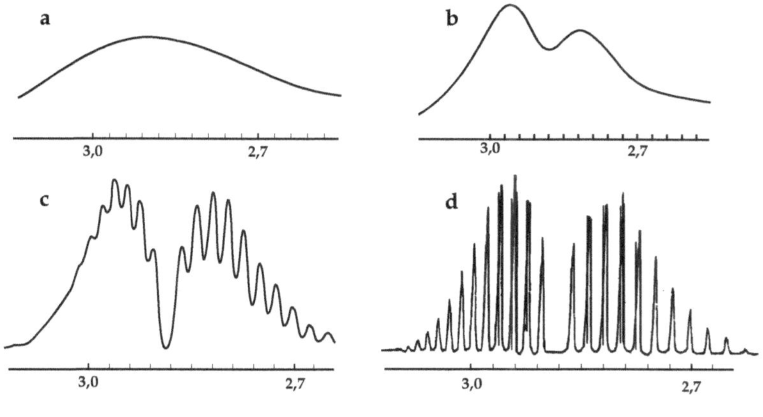

C.II.10. À résolution encore plus élevée, on observe le spectre suivant dans lequel chaque raie du spectre d précédent est dédoublée.

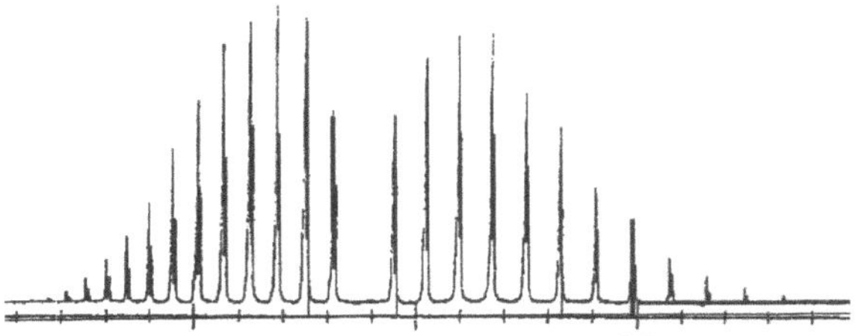

C.II.10.a. Quel est, grossièrement, le rapport d'intensité entre deux raies dédoublées ?

C.II.10.b. Sachant que ce dédoublement n'est pas dû à des propriétés spectroscopiques particulières, en proposer une explication.

C.III. Spectroscopie de « rotation pure » et de « rotation / vibration » : molécules diatomiques hétéronucléaires

L'énergie E d'un système dans un état spectroscopique donné peut se mettre sous la forme d'une somme de trois termes :

$$E = T_e + G_v + F_v(J)$$

Dans cette expression, T_e désigne l'énergie électronique, G_v l'énergie vibrationnelle indexée par le nombre quantique de vibration v et $F_v(J)$ l'énergie rotationnelle indexée par le nombre quantique J pour un niveau v donné.

Lorsque l'on s'intéresse à des transitions entre niveaux, par convention, l'exposant « ′ » est affecté au niveau d'énergie supérieur (E') et l'exposant « ″ » au niveau d'énergie inférieur (E'').

C.III.1. Quelle est l'expression la plus générale qui peut alors être écrite pour une énergie de transition $\sigma = E' - E''$?

Pour une molécule diatomique, $F_v(J)$ est donnée, si on néglige en particulier les effets de distorsion centrifuge, par :

$$F_v(J) = B_v J(J+1)$$

où B_v est une constante (*a priori* dépendante du niveau électronique et du niveau vibrationnel, noté v, considérés). J est le nombre quantique de rotation, lequel, dans les cas les plus simples, est un entier positif ou nul.

C.III.2. Dans le cas où on s'intéresse à un spectre de « rotation pure » (niveaux électronique et vibrationnel fixés), les transitions entre deux niveaux rotationnels sont régies par la règle de sélection :

$$\Delta J = J' - J'' = \pm 1$$

On appelle « branche R » l'ensemble des raies correspondant à $\Delta J = +1$. On les note : $R(J'')$. On appelle « branche P » l'ensemble des raies correspondant à $\Delta J = -1$. On les note : $P(J'')$. On pourra utiliser par la suite R et P positionnés en indice pour indiquer qu'une grandeur se rapporte à une branche R ou à une branche P. Par exemple : $\sigma_R(J'')$ et $\sigma_P(J'')$ désignent respectivement les énergies de $R(J'')$ et de $P(J'')$.

C.III.2.a. Quelles sont alors les expressions possibles de σ dans le cas d'un spectre de rotation pure ?

C.III.2.b. Dans le cas où l'on travaille en émission ($\Delta J = +1$), montrer que l'écart entre deux raies consécutives est une constante. En déduire une façon très simple d'obtenir la constante B_v.

C.III.2.c. On connaît plusieurs raies de rotation pure de l'anion $^{16}OH^-$ en phase gaz dans son état électronique et vibrationnel fondamental. Il s'agit en particulier des raies $R(9)$ et $R(10)$, respectivement à $366,863$ et $401,760$ cm^{-1}. En déduire la valeur de B_0 pour cet anion.

C.III.2.d. De nombreuses molécules interstellaires ont été détectées par leur spectre de rotation pure. Expliquer pourquoi ces spectres sont essentiellement des spectres d'émission et non des spectres d'absorption.

C.III.3. Dans le cas d'un spectre de « rotation - vibration » (on parle alors de transitions rovibrationnelles), seul l'état électronique est conservé. La règle de sélection sur le nombre quantique J devient alors :

$$\Delta J = J' - J'' = 0, \pm 1$$

On appelle « branche Q » l'ensemble des raies correspondant à $\Delta J = 0$. On les note $Q(J'')$ et on note $\sigma_Q(J'')$ les énergies associées.

C.III.3.a. Donner dans le cas rovibrationnel les expressions de $\sigma_R(J'')$, $\sigma_P(J'')$ et $\sigma_Q(J'')$.

C.III.3.b. Montrer qu'il est possible d'exprimer $\sigma_R(J'')$ et $\sigma_P(J'')$ sous une forme unique, appelée parabole de Fortrat :

$$\sigma = \sigma^\circ + a.m + b.m^2$$

Dans cette expression, σ° est une grandeur contenant les variations d'énergie vibrationnelles, a et b sont deux constantes que l'on exprimera en fonction des constantes de rotation $B'_{v'}$ et $B''_{v''}$. m est un entier qui s'exprime très simplement (mais différemment) en fonction de J'' dans les deux cas : branche P ou branche R.

C.III.3.c. Expliquer alors comment obtenir les constantes rotationnelles $B'_{v'}$ et $B''_{v''}$ à partir des énergies de transition obtenues expérimentalement.

C.III.3.d. En considérant σ comme une fonction continue de m, déterminer la valeur de m, notée m_H, correspondant au minimum de la parabole de Fortrat. On l'exprimera en fonction de $B'_{v'}$ et $B''_{v''}$.

C.III.4. Une autre façon d'obtenir $B'_{v'}$ et $B''_{v''}$ consiste à étudier les deux quantités :

$$\Delta_2\sigma'(J'') = \sigma_R(J'') - \sigma_P(J'')$$

$$\Delta_2\sigma''(J'') = \sigma_R(J''-1) - \sigma_P(J''+1)$$

C.III.4.a. Exprimer ces deux grandeurs en fonction de J'', $B'_{v'}$ et $B''_{v''}$.

Le spectre suivant représente le spectre de rotation-vibration de l'anion OH^- en phase gaz. On a ici $\nu'' = 0$ et $\nu' = 1$.

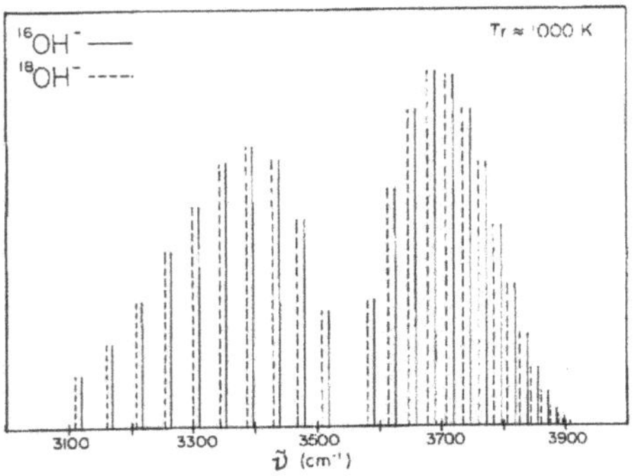

Branche R		Branche P	
J''	$\sigma_R(J'')$	J''	$\sigma_P(J'')$
0	3591,5254	1	3518,1434
1	3625,8537	2	3479,1834
2	3658,5497	3	3438,7799
3	3689,5991	4	3396,9770
4	3718,8459	5	3353,8232
5	3746,3670	6	3309,3663
6	3772,0799	7	3263,6623
7	3795,9356	8	3216,7572
8	3817,9115	9	3168,7013
10	3856,0368		
11	3872,1102		
13	3898,1317		
14	3908,0114		

Les transitions observées correspondent aux raies et énergies reportées dans le tableau suivant pour l'isotopomère $^{16}OH^-$. Les valeurs énergétiques sont en cm^{-1}.

C.III.4.b. Déduire de $\Delta_2\sigma'(J'')$ et $\Delta_2\sigma''(J'')$ les valeurs de B_0 et B_1 pour l'espèce $^{16}OH^-$.

C.III.4.c. À l'aide de la parabole de Fortrat (question C.III.3.b), déterminer σ° à l'aide d'une transition de votre choix pour cette espèce, c'est-à-dire ici le nombre d'onde de vibration associé à $^{16}OH^-$.

C.III.4.d. On utilisant les valeurs numériques de B_0 et B_1 obtenues précédemment, calculer la valeur m_H correspondant au minimum de la parabole de Fortrat. En déduire que les données disponibles dans le tableau précédent sont insuffisantes pour mettre en évidence ce minimum.

C.IV. Applications et conclusions

Il est possible, pour un état électronique donné, de relier les constantes rotationnelles B_ν à la longueur de liaison r_ν dans une molécule diatomique selon la relation :

$$B_\nu = \frac{h^2}{8\pi^2 I_\nu}$$

I_ν est le moment d'inertie de la molécule diatomique et s'exprime en fonction de la masse réduite de la molécule diatomique selon :

$$I_\nu = \mu . r_\nu^2$$

La masse réduite μ s'exprime en fonction des masses M_A et M_B des deux atomes de la molécule diatomique selon :

$$\frac{1}{\mu} = \frac{1}{M_A} + \frac{1}{M_B}$$

Par ailleurs, toujours pour un état électronique donné, il est possible de relier, dans l'approximation harmonique, la quantité énergétique (nombres d'onde) :

$$\sigma^{\circ} = G_1 - G_0$$

à la constante de force k associée à la liaison entre les deux atomes :

$$\nu = \frac{1}{2\pi}\sqrt{\frac{k}{\mu}}$$

La fréquence ν est ici associée à l'énergie σ°.

C.IV.1. À l'aide des résultats précédents, déterminer pour $^{16}OH^{-}$ les grandeurs r_0 et k.

C.IV.2. À l'aide d'approches spectroscopiques et en appliquant les méthodes utilisées précédemment, il est possible d'obtenir un certain nombre de renseignements sur le radical $^{16}OH^{\bullet}$ dans ses différents états électroniques. On trouve en particulier :

- état électronique fondamental (X) : $B_0 = 18,548$ cm^{-1} ; $\sigma^{\circ} = 3738$ cm^{-1}
- premier état électronique excité (A) : $B_0 = 8,347$ cm^{-1} ; $\sigma^{\circ} = 3179$ cm^{-1}
- second état électronique excité (B) : $B_0 = 5,086$ cm^{-1} ; $\sigma^{\circ} = 660$ cm^{-1}

Pour chacun de ces trois états, déterminer r_0 et k.

C.IV.3. Analyser les valeurs de r_0 et k obtenues pour $^{16}OH^{-}$ et pour les trois états électroniques du radical $^{16}OH^{\bullet}$.

C.IV.4. Interpréter les variations observées en fonction du diagramme d'orbitales moléculaires construit dans la partie C.I. En déduire à quelle configuration électronique est rattaché chacun des états électroniques excités A et B du radical $^{16}OH^{\bullet}$.

C.IV.5. À quelles valeurs de B_0 et σ° peut-on s'attendre dans le cas des deux isotopomères radicalaires $^{18}OH^{\bullet}$ et $^{16}OD^{\bullet}$ (états électroniques fondamentaux) ? Justifier et commenter votre réponse.

Données et notations susceptibles d 'être utilisées dans la Partie C. :

- Constante de Planck : $h = 6,626176 \times 10^{-34}$ J.s
- Nombre d'Avogadro : $\mathcal{N}_A = 6,022045 \times 10^{23}$ mol^{-1}
- Célérité de la lumière : $c = 2,99792458 \times 10^{8}$ m.s^{-1}
- Charge de l'électron : $e = -1,6022189x10^{-19}$ C

Masses atomiques :

- Hydrogène (^{1}H) : 1,007825 uma
- Deutérium (D) : 2,014108 uma
- Oxygène (^{16}O) : 15,994914 uma
- Oxygène (^{18}O) : 17,999160 uma

FIN DE L'ÉNONCÉ

Oxydation d'hydrocarbures & spectroscopie d'espèces diatomiques

A. Approche cinétique de l'oxydation d'hydrocarbures

A.I. Le mécanisme appartient à la catégorie des mécanismes en chaîne car certains intermédiaires réactionnels sont régénérés au cours du mécanisme.
Le mécanisme est un mécanisme primaire car il n'est valable que pour les premiers instants de l'évolution et ne fait pas intervenir de réactions secondaires engageant le produit de la réaction.

Remarque : Il ne faut pas confondre mécanisme primaire et hydrocarbures comportant un carbone primaire.

A.II. L'étape (1) est l'étape d'amorçage, l'étape (x) est l'étape de transfert. Les étapes (2), (3) sont les étapes de propagations et les étapes (4), (5) et (6) les étapes de terminaisons.

A.III. Il y a six constituants moléculaires indépendants dans le mécanisme : RH, O_2, H_2O_2, RO_2H, R_2, ROOR.

A.IV. Il y a donc deux espèces moléculaires qui sont des réactifs, l'eau oxygénée est un sous-produit intermédiaire et trois espèces moléculaires qui sont des produits.
On peut alors écrire trois équations de réaction indépendantes :

$$2\,\mathrm{RH} + \mathrm{O_2} = \mathrm{R_2} + \mathrm{H_2O_2}$$

$$\mathrm{RH} + \mathrm{O_2} = \mathrm{RO_2H}$$

$$2\,\mathrm{RH} + 2\,\mathrm{O_2} = \mathrm{ROOR} + \mathrm{H_2O_2}$$

Remarque : Le nombre de réactions indépendantes peut être obtenu en calculant le rang de la matrice stœchiométrique associé au mécanisme proposé. Dans la question, on ne s'intéressait qu'aux espèces moléculaires. Il n'y a donc pas de démarche systématique.

A.V. En utilisant les trois équations obtenues précédemment, on trouve que :

$$-2\frac{\mathrm{d}\,[\mathrm{RH}]}{\mathrm{d}\,t} - \frac{\mathrm{d}\,[\mathrm{O_2}]}{\mathrm{d}\,t} + \frac{\mathrm{d}\,[\mathrm{R_2}]}{\mathrm{d}\,t} + \frac{\mathrm{d}\,[\mathrm{H_2O_2}]}{\mathrm{d}\,t} = 0$$

$$-\frac{\mathrm{d}\,[\mathrm{RH}]}{\mathrm{d}\,t} - \frac{\mathrm{d}\,[\mathrm{O_2}]}{\mathrm{d}\,t} + \frac{\mathrm{d}\,\mathrm{RO_2H}}{\mathrm{d}\,t} = 0$$

$$-2\frac{\mathrm{d}\,[\mathrm{RH}]}{\mathrm{d}\,t} - 2\frac{\mathrm{d}\,[\mathrm{O_2}]}{\mathrm{d}\,t} + \frac{\mathrm{d}\,\mathrm{ROOR}}{\mathrm{d}\,t} + \frac{\mathrm{d}\,\mathrm{H_2O_2}}{\mathrm{d}\,t} = 0$$

A.VI.

A.VI.1. La réaction se passant en phase gaz, on peut donc écrire la relation suivante à l'équilibre :

$$v_a = v_{-a} \Rightarrow \frac{k_a}{k_{-a}} = \frac{[\mathrm{R}^\bullet][\mathrm{HO_2}^\bullet]}{[\mathrm{RH}][\mathrm{O_2}]}$$

Or, si on écrit l'expression de la constante d'équilibre en utilisant la loi des gaz parfaits :

$$K^\circ = \frac{P_{R^\bullet} P_{HO_2^\bullet}}{P_{RH} P_{O_2}} = \frac{[R^\bullet][HO_2{}^\bullet]}{[RH][O_2]}$$

Si on utilise la loi d'Arrhénius,

$$E_a = RT^2 \frac{\mathrm{d}\ln(k_a)}{\mathrm{d}T} \Rightarrow E_a - E_{-a} = RT^2 \frac{\mathrm{d}\ln\left(\frac{k_a}{k_{-a}}\right)}{\mathrm{d}T} = RT^2 \frac{\mathrm{d}\ln K^\circ}{\mathrm{d}T}$$

Et donc, d'après la relation de Van't Hoff,

$$E_a - E_{-a} = \Delta_r H_a^\circ$$

La valeur de $\Delta_r H_a^\circ$ peut être calculée à l'aide du cycle suivant :

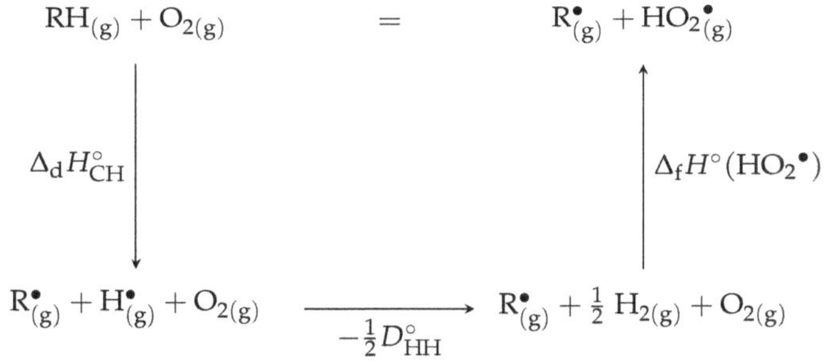

Donc par conséquent :

$$\Delta_r H_a^\circ = \Delta_d H^\circ_{CH} - \frac{1}{2} D^\circ_{HH} + \Delta_f H^\circ(HO_2{}^\bullet)$$

La réaction (-a) fait intervenir une recombinaison entre deux radicaux. Il s'agit donc d'un simple couplage entre deux spins. L'énergie d'activation de l'étape (-a) est donc nulle.
Dans ce cas, on peut exprimer E_a en fonction des données de l'énoncé :

$$E_a = \Delta_d H^\circ_{CH} - \frac{1}{2} D^\circ_{HH} + \Delta_f H^\circ(HO_2{}^\bullet)$$

A.VI.2. Si on considère le processus (b), en utilisant le même raisonnement que précédemment :

$$v_b = v_{-b} \Rightarrow \frac{k_b}{k_{-b}} = \frac{[R^\bullet][H^\bullet]}{[RH]}$$

En utilisant l'expression de la constante d'équilibre en utilisant la loi des gaz parfaits :

$$K^\circ = \frac{P_{R^\bullet} P_{H^\bullet}}{P_{RH}} = \frac{[R^\bullet][H^\bullet]}{[RH]} RT$$

Si on utilise la loi d'Arrhénius ,

$$E_b = RT^2 \frac{\mathrm{d}\ln(k_b)}{\mathrm{d}T} \Rightarrow E_b - E_{-b} = RT^2 \frac{\mathrm{d}\ln\left(\frac{k_b}{k_{-b}}\right)}{\mathrm{d}T} = RT^2 \frac{\mathrm{d}\ln\left(\frac{K^\circ}{RT}\right)}{\mathrm{d}T}$$

Et donc, d'après la relation de Van't Hoff,

$$E_b - E_{-b} = \Delta_\mathrm{r} H_b^\circ - RT$$

D'où, comme la réaction est ici une réaction de dissociation d'une liaison CH, on trouve immédiatement que :

$$E_b = \Delta_\mathrm{d} H_{\mathrm{CH}}^\circ - RT$$

De même pour le processus (c),

$$E_c - E_{-c} = \Delta_\mathrm{r} H_c^\circ - RT$$

$$E_c = \Delta_\mathrm{d} H_{\mathrm{CC}}^\circ - RT$$

Remarque : Cette démonstration montre bien qu'il est faux d'affirmer que $E_a - E_{-a} = \Delta_\mathrm{r} G_a^\circ$. De plus, cette relation $E_i - E_{-i} = \Delta_\mathrm{r} H_i^\circ$ est uniquement valable lorsque la somme des nombres stœchiométriques algébriques est nulle. Dans le cas général, en reprenant exactement la même démonstration que précédemment, on peut démontrer que : $E_i - E_{-i} = \Delta_\mathrm{r} U_i^\circ$ en phase gaz. Dans le cas de l'équation (a), comme $\Delta_\mathrm{r} H_a^\circ = \Delta_\mathrm{r} U_a^\circ$, on retrouve bien la même relation.

A.VI.3. A.N. :

$$E_a = 401 - 0,5 \times 436 + 11 = 194 \text{ kJ.mol}^{-1}$$

$$E_b = 401 - 8,314 \times 600 = 396 \text{ kJ.mol}^{-1}$$

$$E_c = 368 - 8,314 \times 600 = 363 \text{ kJ.mol}^{-1}$$

A.VI.4. Comparons les vitesses des actes élémentaires (b) et (c) par rapport à l'acte (a) :

$$\frac{v_a}{v_b} = \frac{A_a}{A_b} \exp\left(\frac{-E_a + E_b}{RT}\right) [O_2]$$

$$\frac{v_a}{v_c} = \frac{A_a}{A_c} \exp\left(\frac{-E_a + E_c}{RT}\right) [O_2]$$

Pour connaître la réaction la plus rapide comparons les termes suivants : $[O_2] \exp\left(\frac{-E_a}{RT}\right)$, $\exp\left(\frac{-E_b}{RT}\right)$, $\exp\left(\frac{-E_c}{RT}\right)$. Or, d'après la loi des gaz parfaits :

$$[O_2] = \frac{P_{O_2}}{RT}$$

A.N. : $[O_2] \exp\left(\frac{-E_a}{RT}\right) = 1,03.10^{-17}$ mol.L^{-1},

$\exp\left(\frac{-E_b}{RT}\right) = 3,33.10^{-35}$ et $\exp\left(\frac{-E_c}{RT}\right) = 2,49.10^{-32}$.

En supposant que les facteurs pré-exponentiels sont du même ordre de grandeur, le choix du processus (a) dans le mécanisme de substitution semble justifié.

Remarque : A priori les facteurs pré-exponentiels sont différents sur plusieurs ordres de grandeur car la réaction (a) est une réaction bimoléculaire et les réactions (b) et (c) sont des réactions monomoléculaires. Cependant cette variation ne se fait pas sur plus de 7-8 ordres de grandeur, soit beaucoup moins que la différence ici observée.

A.VII.

A.VII.1. La molécule d'eau oxygénée est issue de l'étape de transfert alors que la molécule de péroxyde est le produit de la réaction, on peut donc supposer que les étapes du cycle de propagation sont beaucoup plus rapides que l'étape d'amorçage et de transfert. On en déduit donc que la chaîne est longue.

A.VII.2. L'AEQS s'applique pour les espèces extrêmement réactives qui sont immédiatement consommée. Dans ce cas, la vitesse de formation de l'espèce est égale à sa vitesse de disparition.

Remarque : Il est faux de dire qu'on applique l'AEQS a une espèce dont la vitesse de consommation est plus grande que sa vitesse de formation car une espèce ne peut pas être consommée plus rapidement qu'elle n'est formée.

On peut appliquer l'AEQS a toutes les espèces radicalaires qui sont très réactives, c'est-à-dire $R^\bullet$, $HO_2{}^\bullet$, $RO_2{}^\bullet$. On obtient alors respectivement les équations suivantes :

$$v_1 + v_x + v_{-2} + v_3 = v_2 + 2v_4 + v_5$$

$$v_1 = v_x$$

$$v_2 = v_{-2} + v_3 + v_5 + 2v_6$$

Remarque : Il faut bien faire attention aux chiffres stoechiométriques dans les étapes du mécanisme lorsqu'on écrit l'AEQS, notamment pour les étapes (4) et (6).

A.VII.3. L'hydrocarbure est consommé dans les étapes (1), (x) et (3), d'où :

$$r_0 = v_1 + v_x + v_3$$

A.VII.4.

A.VII.4.a. En utilisant l'hypothèse des chaînes longues, $r_0 = v_3$.
En utilisant les équations issues de l'AEQS, on trouve que :

$$v_1 + v_{-2} + v_3 = v_2 - v_6 + v_4$$

$$v_1 = v_4 + v_5 + v_6$$

Or dans le cadre de l'hypothèse des chaînes longues, la vitesse v_1 d'amorçage et les vitesses de terminaisons v_4, v_5 et v_6 sont négligeables devant la vitesse de formation du produit v_3. Par conséquent :

$$v_{-2} + v_3 = v_2 \Rightarrow [R^\bullet] = \left(\frac{k_{-2} + k_3[RH]_0}{k_2[O_2]_0}\right)[RO_2{}^\bullet]$$

En utilisant l'autre équation, on trouve immédiatement que :

$$[RO_2^\bullet]^2 = \frac{k_1[RH]_0[O_2]_0}{k_4\left(\dfrac{k_{-2}+k_3[RH]_0}{k_2[O_2]_0}\right)^2 + k_5\left(\dfrac{k_{-2}+k_3[RH]_0}{k_2[O_2]_0}\right) + k_6}$$

D'où comme $r_0 = v_3 = k_3[RH][RO_2^\bullet]$,

$$r_0 = k_3 \times \frac{\sqrt{k_1}[RH]_0^{3/2}[O_2]_0^{1/2}}{D} \qquad \text{(I)}$$

où $D = \sqrt{k_4\left(\dfrac{k_{-2}+k_3[RH]_0}{k_2[O_2]_0}\right)^2 + k_5\left(\dfrac{k_{-2}+k_3[RH]_0}{k_2[O_2]_0}\right) + k_6}$

Remarque : On se place ici dans l'hypothèse des temps courts. C'est pour cela qu'on utilise $[RH]_0$ et $[O_2]_0$ dans les expressions des vitesses des actes élémentaires.

A.VII.4.b. Comme D dépend des concentrations en hydrocarbure et en dioxygène, la relation (I) ne fait pas apparaître d'ordre partiel.

A.VII.4.c. On peut donc en conclure que dans les conditions de l'expérience, D est une constante ne dépendant pas des concentrations initiales en hydrocarbures et en dioxygène.

$$r_0 = k_{obs}[RH]_0^{3/2}[O_2]_0^{1/2} \qquad \text{(II)}$$

avec $k_{obs} = k_3\sqrt{\dfrac{k_1}{k_6}}$.

A.VII.5. D'après l'expression (II), le terme D étant constant, l'étape de terminaison la plus probable est l'étape de recombinaison de deux $RO_2^\bullet$. On voit que la vitesse de la réaction est déterminée par l'étape (3), cinétiquement déterminante, qui correspond à la consommation de $RO_2^\bullet$. Il y a donc cohérence entre étape cinétiquement déterminante et l'étape de terminaison la plus probable.

Remarque : Lorsqu'on parle d'étape de terminaison la plus probable, on parle d'étape où les chocs efficaces entre les deux molécules sont les plus importants.

A.VII.6. En appliquant l'AEQS, en ne considérant que l'étape de terminaison (6), aux espèces radicalaires $R^\bullet$, $HO_2^\bullet$, $RO_2^\bullet$, on trouve que :

$$2v_1 + v_{-2} + v_3 = v_2$$

$$v_2 = v_{-2} + v_3 + 2v_6$$

Donc $v_1 = v_6 \Rightarrow [RO_2^\bullet] = \sqrt{\dfrac{k_1}{k_6}[O_2]_0[RH]_0}$.

Par conséquent, $r_0 = v_3 = k_3\sqrt{\dfrac{k_1}{k_6}}[O_2]_0^{1/2}[RH]_0^{3/2}$. On retrouve bien la relation (II).

A.VIII.

A.VIII.1. D'après la relation d'Arrhénius, $E_{obs} = RT^2 \dfrac{\mathrm{d}\ln(k_{obs})}{\mathrm{d}T} = E_3 + \dfrac{1}{2}(E_1 - E_6)$. Or l'énergie d'activation de l'étape de terminaison, qui correspond à la recombinaison de deux radicaux, est négligeable devant les deux autres, donc :

$$E_{obs} = E_3 + \frac{1}{2}E_1$$

A.N. : $E_{obs} = 64 + \frac{1}{2} \times 194 = 164$ kJ.mol^{-1}

A.VIII.2. En traçant $\ln(k_{obs}) = f\left(\frac{1}{T}\right)$, on obtient une droite de pente $\dfrac{-E_{obs}}{R}$. Une régression linéaire nous donne que $\ln(k_{obs}) = -20.10^3 T^{-1} + 21$ avec un coefficient de corrélation $R^2 = 0,9998$.

On en déduit : $E_{obs} = 166$ kJ.mol^{-1}, ce qui est parfaitement en accord avec l'expression trouvée à la question précédente.

A.IX.

A.IX.1. La longueur de chaîne permet de caractériser la vitesse de formation du produit de la réaction par rapport à la vitesse d'amorçage. Plus la longueur de chaîne est grande, plus la réaction produira de molécules de produit pour chaque fois que l'étape d'amorçage aura été effectuée. Le facteur 2 provient du fait qu'une réaction d'amorçage produit deux radicaux $R^\bullet$ via la réaction de transfert.

A.IX.2. En utilisant la relation (II), on trouve que :

$$\lambda = \frac{k_3}{2\sqrt{k_1 k_6}} \sqrt{\frac{[\mathrm{RH}]_0}{[\mathrm{O_2}]_0}}$$

A.IX.3. D'après la relation d'Arrhénius :

$$\frac{\mathrm{d}\ln(\lambda)}{\mathrm{d}T} = \frac{2E_3 - E_1 - E_6}{2RT^2} < 0$$

On en déduit donc que la longueur de chaîne diminue avec la température. Par conséquent, il y a un compromis à faire entre avoir une réaction assez rapide (température la plus grande possible) et avoir une grande longueur de chaîne (température la plus basse possible). Cela est dû au fait que l'énergie d'activation de l'étape d'amorçage est plus grande que celle de la réaction globale.

A.X.

A.X.1. M est un partenaire de choc permettant la désexcitation de la molécule.

A.X.2. On applique l'AEQS à l'intermédiaire $(\mathrm{RO_2}^\bullet)_2{}^*$:

$$v_\alpha = v_\beta + v_{-\alpha} \Rightarrow [(\mathrm{RO_2}^\bullet)_2{}^*] = \frac{k_\alpha}{k_{-\alpha} + k_\beta[\mathrm{M}]}[\mathrm{RO_2}^\bullet]^2$$

Or comme $v_6 = v_\alpha - v_{-\alpha}$, on a la relation suivante :

$$k_6 = k_\alpha - \frac{k_\alpha k_{-\alpha}}{k_{-\alpha} + k_\beta[\mathrm{M}]}$$

A.X.3. La concentration en [M] augmente à température constante avec la pression. Lorsque la pression est peu importante, on peut négliger les termes faisant intervenir [M]. Dans ce cas, l'ordre apparent de cet acte de terminaison est de 2 par rapport à la concentration en $RO_2^\bullet$. Par contre lorsque la pression devient importante le terme en [M] l'emporte et la réaction de terminaison est d'ordre -1 par rapport à M.

A.X.4. Lors de l'ajout d'un gaz inerte, la concentration en [M] augmente. Par conséquent k_6 augmente et donc d'après la relation (II) la vitesse de la réaction diminue, ce qui est logique car on favorise l'étape de terminaison vis-à-vis de l'étape de formation du produit.

A.XI.

A.XI.1. L'étape (d) est une étape de dissociation, les étapes (t1) et (t2) sont des étapes de transfert.

A.XI.2. La dissociation du produit permet de générer deux radicaux. On peut donc penser dans un premier temps que ces étapes ont un effet d'auto-accélération de la réaction.

A.XI.3.

A.XI.3.a. Le composé RO_2H est consommé par (d) et formé par (3), par conséquent :

$$\frac{\mathrm{d}\,[RO_2H]}{\mathrm{d}\,t} = v_3 - v_d = k_3[RH][RO_2^\bullet] - k_d[RO_2H]$$

En appliquant l'AEQS respectivement aux intermédiaires réactionnels $R^\bullet$, $RO^\bullet$, $HO^\bullet$,$HO_2^\bullet$ et $RO_2^\bullet$, on obtient les relations suivantes :

$$v_2 = v_1 + v_x + v_{-2} + v_3 + v_{t1} + v_{t2}$$

$$v_d = v_{t1}$$

$$v_d = v_{t2}$$

$$v_1 = v_x$$

$$v_2 = v_{-2} + v_3 + 2v_6$$

On en déduit donc que $v_6 = v_1 + v_d$, or d'après les hypothèses de l'énoncé, la vitesse du processus (d) est très importante devant celle du processus (1). Par conséquent :

$$v_6 = v_d \Rightarrow [RO_2^\bullet] = \sqrt{\frac{k_d}{k_6}[RO_2H]}$$

$$\frac{\mathrm{d}\,[RO_2H]}{\mathrm{d}\,t} = v_3 - v_d = k_3[RH]\sqrt{\frac{k_d}{k_6}[RO_2H]} - k_d[RO_2H]$$

A.XI.3.b. La vitesse de formation de RO_2H est composée de deux termes. Le terme $k_3[RH]\sqrt{\frac{k_d}{k_6}[RO_2H]}$ qui est prédominant lorsque $[RO_2H]$ est encore faible. Par conséquent, au début la concentration en RO_2H

augmente. Au bout d'un certain temps comme [RO_2H] et [RH] diminue (car le réacteur est fermé), c'est le second terme de l'expression $-k_d[RO_2H]$ qui va l'emporter. La vitesse de formation de RO_2H est alors négative, et donc la concentration en RO_2H va diminuer. La concentration en RO_2H passe donc bien par un maximum qui correspond au moment où $\frac{d[RO_2H]}{dt} = 0$.

Remarque : Ce résultat peut être aussi retrouvé en calculant la dérivée de l'expression précédente.

$$[RO_2H]_{max} = \frac{{k_3}^2}{k_d k_6}[RH]_0{}^2(1-\tau)^2$$

A.XI.3.c. Lorsque la quantité d'hydrocarbure disparue est très faible devant la quantité initiale, on peut réécrire la vitesse de formation r de RO_2H :

$$r = k_3[RH]_0\sqrt{\frac{k_d}{k_6}[RO_2H]} = k_3[RH]_0\sqrt{\frac{v_d}{k_6}}$$

Or on peut réécrire r_0 comme $r_0 = k_3[RH]_0\sqrt{\frac{v_1}{k_6}}$. Par conséquent, étant donnée que par hypothèse v_1 est plus petit que v_d, la réaction est auto-accélérée.

B. Approche thermodynamique de réactions de combustion

B.I.1. La lettre H a été utilisée pour la première fois par Rudolph Clausius dans son célèbre papier de 1865 avant même que le concept d'enthalpie ne fut inventé. Le nom d'enthalpie, du grec $\epsilon\nu$- $\theta\alpha\lambda\pi o\varsigma$ fut donné à cette grandeur H par Kamerlingh Onnes en 1909. Ce n'est qu'en 1922, que Alfred W. Porter alors président de la Faraday Society proposa d'adopter la lettre H et le mot enthalpie pour désigner la quantité U + pV. La lettre H désignant à la fois le mot anglais Heat et la lettre majuscule grecque eta première lettre du mot enthalpie en grec.

B.I.2. Pour déterminer expérimentalement une enthalpie de réaction, on effectue une expérience de calorimétrie. Dans un calorimètre à pression constante égale à la pression standard, on mesure la variation de température ΔT des constituants avant et après la réaction. En appliquant le premier principe de la thermodynamique, on peut déterminer, en connaissant les capacités calorifiques des constituants du système (calorimètre inclus), l'enthalpie de réaction.

$$Q = 0 = \sum_i n_i C_{n_i} \Delta T - \Delta_r H.\xi$$

B.II. Combustions et enthalpies standard de liaison à 298 K

B.II.1. Considérons le cycle thermodynamique suivant :

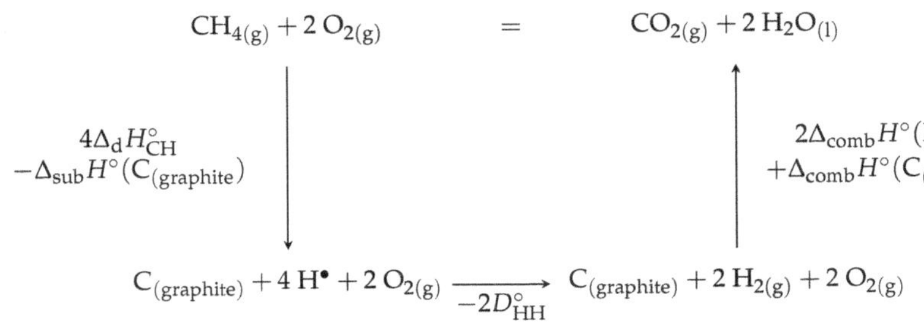

Remarque : Cette question comporte plusieurs difficultés mais reste d'un niveau de première année post-bac :
- Une réaction de combustion s'écrit avec formation d'eau liquide et non gazeuse.
- L'enthalpie de formation de l'eau sous son état liquide est égale à l'enthalpie de combustion du dihydrogène gazeux.
- Les enthalpies de dissociation sont tabulées en phases gaz alors que les enthalpies de formation sont tabulées à partir des états standards des éléments, le carbone graphite par exemple.

Finalement à l'aide du cycle thermodynamique, on trouve que :

$$\Delta_d H^\circ_{CH} = \frac{1}{4}\Big[\Delta_{comb}H^\circ\left(CH_{4(g)}\right) + \Delta_{sub}H^\circ\left(C_{(graphite)}\right) + 2D^\circ_{HH} - 2\Delta_{comb}H^\circ\left(H_{2(g)}\right) - \Delta_{comb}H^\circ\left(C_{(graphite)}\right)\Big]$$

A.N. : $\Delta_d H^\circ_{CH} = \frac{1}{4}\left(-890,3 + 716,7 + 2 \times 436,0 - 2 \times (-285,8) + 393,5\right) =$ 415,9 kJ.mol^{-1}. Considérons maintenant le cycle thermodynamique suivant :

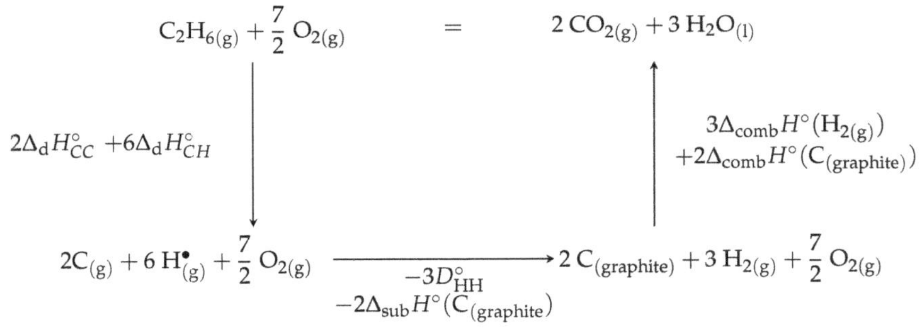

On trouve alors que :

$$\Delta_d H^\circ_{CC} = \Delta_{comb}H^\circ\left(C_2H_{6(g)}\right) - 6\Delta_d H^\circ_{CH} + 3D^\circ_{HH} + 2\Delta_{sub}H^\circ\left(C_{(graphite)}\right) - 2\Delta_{comb}H^\circ\left(C_{(graphite)}\right) - 3\Delta_{comb}H^\circ\left(H_{2(g)}\right)$$

A.N. :

$$\Delta_d H^\circ_{CC} = -1559,8 - 6 \times 415,9 + 3 \times 436,0 + 2 \times 716,7 - 2 \times (-393,5) - 3 \times (-285,8) = 330,6 \text{ kJ.mol}^{-1}$$

Remarque : Ces valeurs diffèrent de celles données dans la partie A mais il faut bien faire attention qu'on ne travaille pas ici à la même température.

On peut remarquer que la liaison C-C est plus faible que la liaison C-H. Cette propriété est abondamment utilisée en chimie organique. De plus, ces valeurs sont de l'ordre de grandeur de liaison covalente σ simple (quelques centaines de kJ.mol^{-1}).

B.II.2. En considérant un cycle thermodynamique comme précédemment, on en déduit que :

$$\Delta_f H^\circ \left(C_3H_{8(g)}\right) = 3\Delta_{sub} H^\circ \left(C_{(graphite)}\right) + 4D^\circ_{HH} - 8\Delta_d H^\circ_{CH} - 2\Delta_d H^\circ_{CC}$$

A.N. : $\Delta_f H^\circ \left(C_3H_{8(g)}\right) = 3 \times 716,7 + 4 \times 436,0 - 8 \times 415,9 - 2 \times 330,6$
$= -94,3 \text{ kJ.mol}^{-1}$.

Il y a un écart de l'ordre de 10 % entre la valeur calculée et la valeur tabulée. Cela peut provenir du fait que lors du calcul de $\Delta_d H^\circ_{CC}$, nous avons supposer que l'enthalpie standard de dissociation de la liaison C-H dans le méthane est la même que l'enthalpie standard de dissociation de la liaison C-H dans le fragment CH_3, ce qui n'est pas vrai *a priori*. Cela entraîne une sous-estimation de la valeur de $\Delta_d H^\circ_{CC}$ dans la molécule d'éthane. De même, la valeur de $\Delta_d H^\circ_{CC}$ n'est pas la même *a priori* dans la molécule d'éthane et de propane.

B.II.3.

B.II.3.a. La réaction de formation de l'urée s'écrit :

$$C_{(graphite)} + \frac{1}{2} O_{2(g)} + 2\, H_{2(g)} + N_{2(g)} = CO(NH_2)_{2(s)}$$

Grâce à un cycle thermodynamique, comme précédemment, on trouve :

$$\Delta_f H^\circ \left(CO(NH_2)_{2(s)}\right) = \Delta_{sub} H^\circ \left(C_{(graphite)}\right) + \frac{1}{2} D^\circ_{OO} + 2D^\circ_{HH} + D^\circ_{NN} - \Delta_d H^\circ_{CO} - 2\Delta_d H^\circ_{CN} - 4\Delta_d H^\circ_{NH} - \Delta_{sub} H^\circ(\text{urée})$$

A.N. : $\Delta_f H^\circ \left(CO(NH_2)_{2(s)}\right) = 716,7 + \frac{1}{2} \times 498,3 + 2 \times 436,0 + 945,4 - 719,6 - 2 \times 291,6 - 4 \times 390,8 - 110,0 = -192,8 \text{ kJ.mol}^{-1}$

B.II.3.b.

B.II.3.b.1. En appliquant la loi de Hess à l'équation bilan (7), on trouve que :

$$\Delta_r H^\circ(7) = \Delta_f H^\circ \left(CO(NH_2)_{2(s)}\right) + \Delta_f H^\circ \left(H_2O_{(l)}\right) - \Delta_f H^\circ \left(CO_{2(g)}\right) - 2\Delta_f H^\circ \left(NH_{3(g)}\right)$$

Soit, en exprimant à l'aide des données de l'énoncé :

$$\Delta_f H^\circ \left(CO(NH_2)_{2(s)}\right) = \Delta_r H^\circ(7) - \Delta_{comb} H^\circ \left(H_{2(g)}\right) + \Delta_{comb} H^\circ \left(C_{(graphite)}\right) + 2\Delta_f H^\circ \left(NH_{3(g)}\right)$$

A.N. : $\Delta_f H^\circ \left(CO(NH_2)_{2(s)}\right) = -132,0 - (-285,8) - 393,5 + 2 \times (-46,2) = -\ 332,1\ \text{kJ.mol}^{-1}$

B.II.3.b.2. On peut voir qu'il existe un grand écart entre la valeur calculé à l'aide de la loi de Hess et celle calculée à partir des enthalpies standards de liaison. La valeur calculée à la question B.II.3.b.1. ne nécessite aucune approximation alors que celle calculée à la question B.II.3.a. demande de supposer que les enthalpies standard **des** liaisons dans l'urée sont égales aux enthalpies standard **de** liaison, donc sans tenir compte de la délocalisation électronique. La différence entre les deux valeurs de $\Delta_f H^\circ \left(CO(NH_2)_{2(s)}\right)$ nous permet donc de connaître l'énergie de stabilisation due à la délocalisation électronique.

B.III. Combustion du propane

B.III.1. La réaction de combustion du propane s'écrit :

$$C_3H_{8(g)} + 5\ O_{2(g)} \longrightarrow 3\ CO_{2(g)} + 4\ H_2O_{(l)}$$

On applique la relation entre enthalpie et énergie interne de réaction :

$$\Delta_{comb} U^\circ = \Delta_{comb} H^\circ - (3 - 5 - 1)RT = \Delta_{comb} H^\circ + 3RT$$

A.N. : $\Delta_{comb} U^\circ = -2220,0 + 3 \times 8,314 \times 298.10^{-3} = -2212,6\ \text{kJ.mol}^{-1}$

B.III.2. Pour résoudre cette question, nous allons faire quelques hypothèses :
- Le réacteur est un réacteur à volume constant.
- Nous nous situons en régime stationnaire.
- Les gaz sont parfaits.

B.III.2.a. Il nous faut tout d'abord connaître l'enthalpie libre de vaporisation de l'eau.

$$\begin{aligned}\Delta_{vap} H^\circ(H_2O) &= \Delta_f H^\circ(H_2O_{(g)}) - \Delta_{comb} H^\circ(H_{2(g)}) \\ &= 44,00\ \ \text{kJ.mol}^{-1}\end{aligned}$$

De plus, il nous faut connaître l'enthalpie libre de combustion à 400 K. Appliquons pour cela la relation de Kirchhoff :

$$\begin{aligned}\Delta_{comb} H^\circ(T_2 = 400\ \ \text{K}) &= \Delta_{comb} H^\circ(T_1 = 298\ \ \text{K}) + \sum_i \nu_i c^\circ_{p,i}\,(T_2 - T_1) \\ &= -2220,0 + (4 \times 75,3 + 3 \times 37,1 - 73,5 - 5 \times 29,4) \\ &\quad \times 10^{-3}\ \ \times (400 - 298) \\ &= -2200,4\ \ \text{kJ.mol}^{-1}\end{aligned}$$

De même pour l'enthalpie de vaporisation de l'eau :

$$\Delta_{\text{vap}}H^\circ(H_2O)(T = 400\ \text{K}) = 39,70\ \text{kJ.mol}^{-1}$$

Faisons maintenant un bilan sur un temps dt (exprimé en heures) sur la tranche de fluide entrante :
Quantité de matière avant la combustion :
- propane : 1,1.10^6 dt mol
- dioxygène : 22.10^6 dt mol
- diazote : 88.10^6 dt mol

Quantité de matière après la combustion (noté dans la suite $n_{f,i}$) :
- dioxygène : 16,5.10^6 dt mol
- diazote : 88.10^6 dt mol
- dioxyde de carbone : 3,3.10^6 dt mol
- eau : 4,4.10^6 dt mol

On notera par la suite ξ l'avancement. ξ = 1,1.10^6 dt mol.
Le réacteur est calorifugé donc à pression constante par application du premier principe $\Delta H = 0$. On peut considérer, ce qui ne changera pas le résultat, que les échanges énergétiques ne se font qu'à l'intérieur de notre tranche élémentaire de fluide. Imaginons maintenant un chemin fictif où primitivement la réaction de combustion a lieue à température constante T = 400 K et où subséquemment une partie de la chaleur libérée par la réaction sert à vaporiser l'eau et où finalement le reste de la chaleur libérée par la réaction sert à augmenter la température des produits après la réaction.
Dans ce cas, comme l'enthalpie est une grandeur d'état indépendante du chemin suivi, on peut écrire que :

$$\Delta_{\text{comb}}H^\circ(T = 400\ \text{K})\xi + \Delta_{\text{vap}}H^\circ(H_2O)n_{f,\text{eau}} + \left(\sum_i c^\circ_{p,i}n_{f,i}\right)(T_S - T_E) = 0$$

$$\Rightarrow T_S = T_E - \frac{\Delta_{\text{comb}}H^\circ(T = 400\ \text{K})\xi + \Delta_{\text{vap}}H^\circ(H_2O)n_{f,\text{eau}}}{\sum_i c^\circ_{p,i}n_{f,i}}$$

$$T_S = 400 - \frac{-2220,4.10^3 \times 1,1.10^6 dt + 39,7.10^3.4,4.10^6 dt}{(16,5 \times 29,4 + 88 \times 29,1 + 3,3 \times 37,1 + 4,4 \times 33,6).10^6 dt}$$

$$T_S = 1077\text{K}$$

B.III.2.b. Les gaz étant parfaits :

$$D_E = \frac{D_{m,E}RT_E}{P} = \frac{(D_{m,\text{air}} + D_{m,\text{propane}})\,RT_E}{P}$$

A.N. : D_E = 1026 $\text{m}^3.\text{s}^{-1}$.
On peut écrire en régime stationnaire, comme les gaz sont parfaits et comme la réaction se déroule sous des conditions isobares, que :

$$D_S = D_E\frac{n_S T_S}{n_E T_E}$$

$$\text{A.N. : } D_S = 1026 \frac{(16,5 + 88 + 3,3 + 4,4).10^6 dt \times 1077}{(1,1 + 22 + 88).10^6 dt \times 400} = 2790 \text{ m}^3.\text{s}^{-1}.$$

B.IV.

B.IV.1. Dans le cas général : $\mathrm{d}S = \left(\frac{\partial S}{\partial T}\right)_P \mathrm{d}T + \left(\frac{\partial S}{\partial P}\right)_T \mathrm{d}P$

D'où en dérivant par rapport à T à V constant :

$$\left(\frac{\partial S}{\partial T}\right)_V = \left(\frac{\partial S}{\partial T}\right)_P + \left(\frac{\partial S}{\partial P}\right)_T \left(\frac{\partial P}{\partial T}\right)_V$$

En multipliant par T de chaque côté de l'expression, on peut retrouver l'expression de C_v et C_p :

$$C_v = C_p + \left(\frac{\partial S}{\partial P}\right)_T \left(\frac{\partial P}{\partial T}\right)_V$$

On obtient, par égalité des dérivées partielles croisées de l'enthalpie libre :

$$C_v = C_p - T \left(\frac{\partial V}{\partial T}\right)_P \left(\frac{\partial P}{\partial T}\right)_V$$

B.IV.2. Dans le cas d'un gaz parfait, on obtient la relation de Mayer :

$$C_p - C_v = R$$

B.V.

B.V.1. En utilisant un cycle thermodynamique, comme précédemment, on trouve que :

$$\Delta_d H^\circ_{\text{OH}} = \frac{1}{2} \left(\Delta_r H^\circ(8) + D^\circ_{\text{OH}}\right)$$

A.N. : $\Delta_d H^\circ_{\text{OH}} = \frac{1}{2}(501,8 + 423,5) = 462{,}7 \text{ kJ.mol}^{-1}$.

B.V.2. On remarque qu'il faut fournir moins d'énergie pour rompre la liaison O-H dans le radical $OH^\bullet$ que dans la molécule d'eau. En effet l'oxygène qui est un atome fortement électronégatif va plus facilement appauvrir l'hydrogène quand il est lié à un seul hydrogène alors que si l'atome d'oxygène est lié à deux hydrogène, l'appauvrissement se répartira sur les deux hydrogènes de manière équivalente. Cet effet aura tendance à appauvrir la liaison O-H dans le radical $OH^\bullet$.

B.V.3. L'électronégativité sur l'échelle de Pauling est calculée à l'aide des enthalpies standard de liaison.

C. Propriétés spectroscopiques du radical $HO^\bullet$ et de l'anion HO^-

C.I. Construction des diagrammes d'orbitales moléculaires

C.I.1. Une orbitale atomique est une fonction d'onde mono-électronique solution de l'équation de Schrödinger **atomique** mono-électronique. Le carré de la fonction d'onde représente la densité de probabilité de présence de l'électron. La représentation de la partie angulaire de la fonction d'onde donne lieu aux représentations connues pour les orbitales atomiques.

C.I.2. L'atome d'oxygène contient 8 électrons, sa configuration électronique est donc la suivante : $1s^2 2s^2 2p^4$

C.I.3. Une orbitale moléculaire est une fonction d'onde mono-électronique solution de l'équation de Schrödinger **moléculaire** mono-électronique.

C.I.4. L'approximation LCAO consiste à considérer que les orbitales moléculaires peuvent s'écrire comme des combinaisons linéaires des orbitales atomiques.

Remarque : Si l'on considère une base infinie d'orbitales atomiques pour développer les orbitales moléculaires, la méthode LCAO est exacte. En pratique, la troncature de la base d'orbitales atomiques fait de cette méthode une approximation.

C.I.5. L'approximation orbitalaire revient à considérer que la fonction d'onde polyélectronique peut s'écrire comme un produit de fonctions d'onde mono-électroniques appelées orbitales.

C.I.6.

C.I.6.a. L'énergie du système ε est la valeur propre de l'hamiltonien, elle s'écrit donc :

$$\begin{aligned} \varepsilon &= \frac{\langle\phi|\hat{\mathcal{H}}|\phi\rangle}{\langle\phi|\phi\rangle} \\ \varepsilon &= \frac{\langle c_a\chi_a + c_b\chi_b|\hat{\mathcal{H}}|c_a\chi_a + c_b\chi_b\rangle}{\langle c_a\chi_a + c_b\chi_b|c_a\chi_a + c_b\chi_b\rangle} \\ \varepsilon &= \frac{c_a^2 H_{aa} + 2c_ac_bH_{ab} + c_b^2 H_{bb}}{c_a^2 S_{aa} + 2c_ac_bS_{ab} + c_b^2 S_{bb}} \end{aligned}$$

C.I.6.b. On peut réécrire la relation précédente sous la forme :

$$c_a^2 H_{aa} + 2c_ac_bH_{ab} + c_b^2 H_{bb} = \varepsilon \times (c_a^2 S_{aa} + 2c_ac_bS_{ab} + c_b^2 S_{bb})$$

Pour minimiser l'énergie par rapport à c_a, il suffit de dériver la dernière relation par rapport à ce coefficient et d'annuler la dérivée partielle $\frac{\partial\varepsilon}{\partial c_a}$.

$$2c_aH_{aa} + 2c_bH_{ab} = \cancel{\frac{\partial\varepsilon}{\partial c_a}}(c_a^2 S_{aa} + 2c_ac_bS_{ab} + c_b^2 Sbb) + \varepsilon(2c_aS_{aa} + 2c_bS_{ab})$$

ce qui donne :

$$c_a(H_{aa} - \varepsilon S_{aa}) + c_b(H_{ab} - \varepsilon S_{ab}) = 0$$

Une équation semblable est obtenue en minimisant ε par rapport à c_b.

$$c_b(H_{bb} - \varepsilon S_{bb}) + c_a(H_{ab} - \varepsilon S_{ab}) = 0$$

On obtient donc le système d'équation demandé.

C.I.6.c. Le système d'équations admet des solutions non nulles si et seulement si son déterminant est nul.

$$|H_{ab} - \varepsilon S_{ab}| = 0$$

C.I.7.

C.I.7.a. Le déterminant séculaire associé au système est le suivant :

$$\begin{vmatrix} \alpha - \varepsilon & \beta \\ \beta & \alpha - \varepsilon \end{vmatrix}$$

C.I.7.b. La condition de nullité du déterminant donne :

$$(\alpha - \varepsilon)^2 = \beta^2$$

On en déduit deux solutions,

$$\varepsilon^- = \alpha - \beta \quad \text{et} \quad \varepsilon^+ = \alpha + \beta$$

C.I.7.c. La relation de normalisation des fonction d'onde ϕ donne :

$$\langle \phi | \phi \rangle = 1 = c_a^2 + c_b^2$$

En utilisant cette relation et en injectant les valeurs trouvées pour les énergies dans le système d'équation établi à la question C.I.6.b, on obtient :

$$\begin{cases} c_a^- = \dfrac{1}{\sqrt{2}} \\ c_b^- = -\dfrac{1}{\sqrt{2}} \end{cases} \quad \text{et} \quad \begin{cases} c_a^+ = \dfrac{1}{\sqrt{2}} \\ c_b^+ = \dfrac{1}{\sqrt{2}} \end{cases}$$

On en déduit alors l'expression des orbitales ϕ^+ et ϕ^- associées respectivement aux énergies ε^+ et ε^-.

$$\phi^- = \frac{1}{\sqrt{2}}(\chi_a - \chi_b)$$

$$\phi^+ = \frac{1}{\sqrt{2}}(\chi_a + \chi_b)$$

C.I.7.d. On peut représenter les résultats obtenus sur un diagramme énergétique :

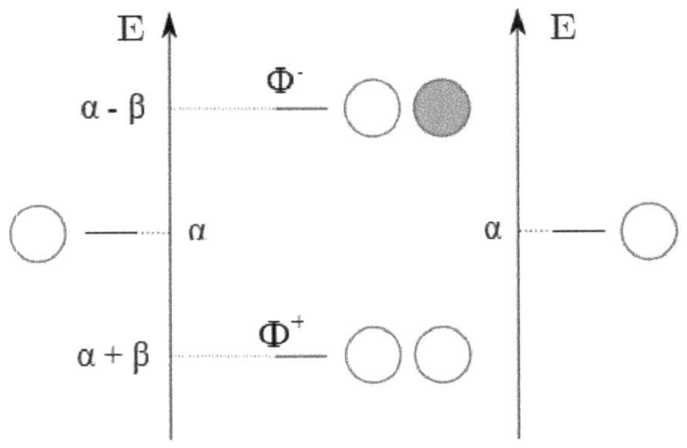

C.I.8. En tenant compte du recouvrement entre deux voisins, le déterminant séculaire devient :

$$\begin{vmatrix} \alpha - \varepsilon & \beta - \varepsilon S \\ \beta - \varepsilon S & \alpha - \varepsilon \end{vmatrix}$$

On en déduit alors les valeurs des énergies : $\varepsilon^- = \dfrac{\alpha - \beta}{1 - S}$ et $\varepsilon^+ = \dfrac{\alpha + \beta}{1 + S}$.
Les valeurs des coefficients sont trouvées en résolvant le système et en utilisant la nouvelle condition de normalisation $c_a^2 + c_b^2 + 2c_a c_b S = 1$. On trouve alors les deux couples de coefficients suivants :

$$\begin{cases} c_a^- = \dfrac{1}{\sqrt{2(1-S)}} \\ c_b^- = -\dfrac{1}{\sqrt{2(1-S)}} \end{cases} \quad \text{et} \quad \begin{cases} c_a^+ = \dfrac{1}{\sqrt{2(1+S)}} \\ c_b^+ = \dfrac{1}{\sqrt{2(1+S)}} \end{cases}$$

ce qui mène aux nouvelles expressions des orbitales :

$$\phi^- = \frac{1}{\sqrt{2(1-S)}}(\chi_a - \chi_b)$$
$$\phi^+ = \frac{1}{\sqrt{2(1+S)}}(\chi_a + \chi_b)$$

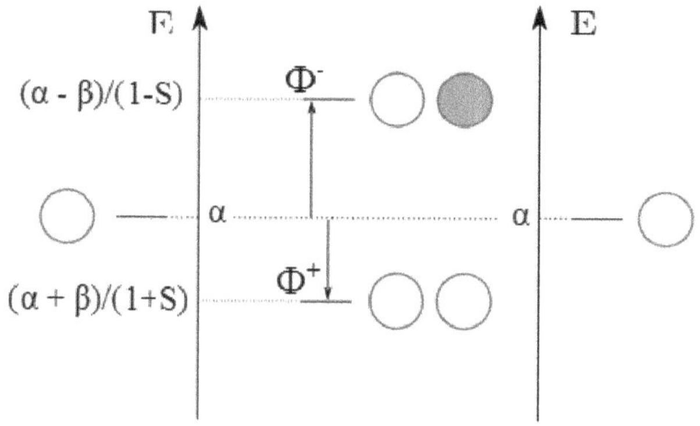

C.I.9.

C.I.9.a. Les orbitales atomiques χ_a et χ_b correspondent dans les deux cas à l'orbitale 1s de l'atome (soit H, soit He). Leur énergie vaut α.

C.I.9.b. Prenons dans un premier temps le cas où $S = 0$.

- Pour la réaction de formation de H_2 :
  Chaque hydrogène présente un électron dans l'orbitale 1s. L'énergie des réactifs est donc 2α. La molécule de H_2 présente 2 électrons, donc seule l'orbitale ϕ^+ est occupée. L'énergie de la molécule est donc $2(\alpha + \beta)$. On en déduit la différence d'énergie $\Delta E = 2\beta$.
- Pour la réaction de formation de He_2 :
  Chaque atome d'hélium présente deux électrons dans l'orbitale 1s. L'énergie des réactifs est donc 4α. La molécule de He_2 présente 4 électrons donc les deux orbitales moléculaires sont totalement occupées, ce qui mène à l'énergie 4α. La différence d'énergie est donc nulle pour la formation de He_2.

Voyons à présent le cas où $S \neq 0$:

- Pour la formation de H_2 : l'énergie des orbitales moléculaires est modifiée, on trouve $\Delta E = 2 \times \dfrac{\beta - \alpha S}{1 + S}$.

- Pour la formation de He_2 : l'énergie des deux orbitales moléculaires est modifiée, l'énergie totale de la molécule de He_2 est $\frac{4(\alpha - \beta S)}{1 - S^2}$. On en déduit la différence d'énergie $\Delta E = 4S \times \frac{\alpha S - \beta}{1 - S^2}$.

C.I.9.c. En utilisant l'approximation de Wolfsberg-Helmoltz avec K=2 on peut trouver de nouvelles valeurs pour les différences d'énergies. Le tableau suivant récapitule les résultats.

	$S = 0$	$S \neq 0$
$\Delta E(H_2)$	$2\beta < 0$	$\frac{2\alpha S}{1+S} < 0$
$\Delta E(He_2)$	0	$\frac{-4\alpha S^2}{1-S^2} > 0$

Avec l'approximation d'un recouvrement nul entre deux voisins, la formation de H_2 mène à une différence d'énergie négative et est donc stabilisante, tandis que la formation de He_2 est isoénergétique. Dans le cadre de l'approximation moins grossière $S \neq 0$, la formation de H_2 reste stabilisante alors que pour la formation de He_2, la différence d'énergie devient positive. La formation de He_2 est ainsi déstabilisante, ce qui reflète la réalité chimique où la molécule de He_2 n'existe pas.

C.I.10.

C.I.10.a. Pour le fragment H, l'orbitale de valence est comme précédemment la 1s qui contient un électron. Pour le fragment O, les orbitales de valence sont les orbitales 2s et 2p. La 2s contient deux électrons tandis que les 2p contiennent quatre électrons.

C.I.10.b. La théorie des groupes indique que seules les orbitales de même symétrie peuvent interagir entre elles. L'orbitale 1s de l'atome d'hydrogène est symétrique par les rotations selon l'axe z, alors que les orbitales $2p_x$ et $2p_y$ de l'oxygène ne le sont pas. Ces orbitales n'interagissent donc pas pour former $HO^\bullet$.

C.I.10.c. La formation du radical $HO^\bullet$, repose sur l'interaction de trois orbitales, la 1s de l'hydrogène, la 2s et la $2p_z$ de l'oxygène. La détermination des orbitales du radical se ramène donc à la détermination du déterminant de dimension 3 suivant :

$$\begin{vmatrix} \alpha_{1s_H} - \varepsilon & \beta_{1s_H,2s_O} - \varepsilon S_{1s_H,2s_O} & \beta_{1s_H,2p_O} - \varepsilon S_{1s_H,2p_O} \\ \beta_{1s_H,2s_O} - \varepsilon S_{1s_H,2s_O} & \alpha_{2s_O} - \varepsilon & \beta_{2s_O,2p_O} - \varepsilon S_{2s_O,2p_O} \\ \beta_{1s_H,2p_O} - \varepsilon S_{1s_H,2p_O} & \beta_{2s_O,2p_O} - \varepsilon S_{2s_O,2p_O} & \alpha_{2p_O} - \varepsilon \end{vmatrix}$$

avec

- α_{ij} : l'énergie de l'orbitale i dans l'atome j.
- $\beta_{ij,i'j'}$: L'intégrale de résonance entre l'obitale i de l'atome j et l'orbitale i' de l'atome j'.
- $S_{ij,i'j'}$: L'intégrale de recouvrement entre l'obitale i de l'atome j et l'orbitale i' de l'atome j'.

C.I.10.d. L'énergie de l'orbitale 1s de l'hydrogène est connue et vaut -13,6 eV. Les deux autres énergies correspondent donc aux orbitales de l'oxygène. L'orbitale 2s étant la plus profonde son énergie est -32,4 eV, ce qui laisse une énergie de -15,9 eV pour la 2p de l'oxygène.

C.I.10.e. Les trois orbitales peuvent être schématisées de la façon suivante :

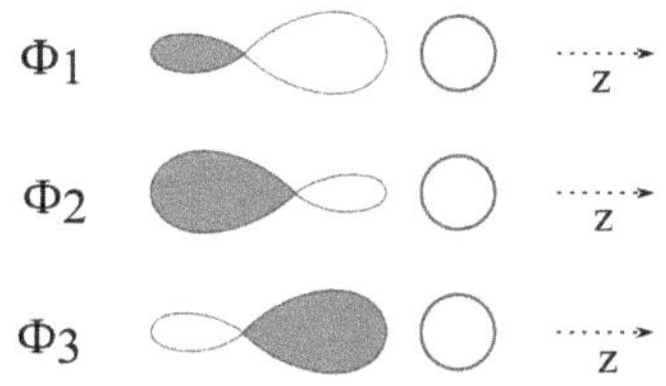

C.I.10.f. Le diagramme d'orbitales moléculaires associé aux électrons de valence pour le radical $HO^{\bullet}$ est le suivant :

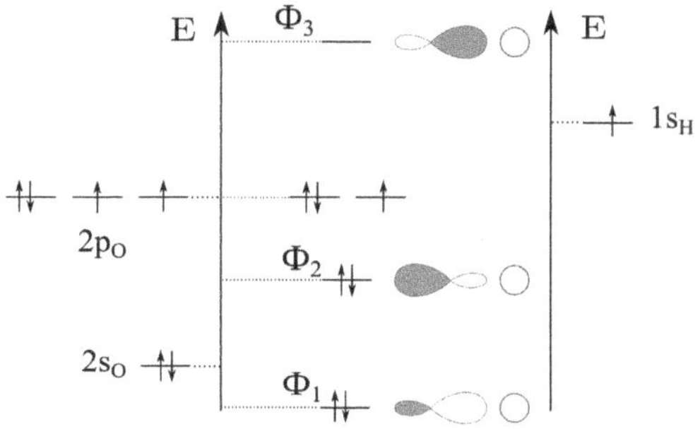

Les orbitales $2p_x$ et $2p_x$, n'interagissant pas avec la 1s de l'hydrogène, elles donnent lieu à deux nouvelles orbitales de même énergie et de même symétrie.

C.I.10.g. Les deux orbitales 2p non perturbées donnent des orbitales dégénérées π notées $1\pi_1$ et $1\pi_2$. Les trois orbitales moléculaires issues de l'interaction à trois orbitales sont de symétrie σ. On a donc par ordre d'énergie croissant : $\phi_1 = 1\sigma$, $\phi_2 = 2\sigma$, $\phi_3 = 3\sigma$.

C.I.10.h. La configuration électronique du radical $HO^{\bullet}$ dans son état fondamental est donc : $(1\sigma)^2(2\sigma)^2(1\pi)^3$.

C.II. Généralités de spectroscopie

C.II.1. La lettre X indique qu'il s'agit de la configuration de l'état fondamental. La lettre Π indique l'étiquette de symétrie de l'état électronique, celle-ci est obtenue en effectuant le produit direct sur tous les électrons des représentations irréductibles associées aux orbitales occupées. Les orbitales pleines correspondent à la représentation totalement symétrique, on trouve donc l'étiquette de symétrie à partir des orbitales partiellement remplies. Ici la 1π est partiellement remplie, l'étiquette de symétrie de l'état fondamental est donc Π (en considérant l'équivalence électron-trou). Enfin, l'exposant 2 placé à gauche de l'étiquette de symétrie indique la valeur de la multiplicité de spin de l'état électronique. Dans le cas du radical $HO^{\bullet}$, il y a un électron célibataire donc le spin de l'état fondamental est $S = \frac{1}{2}$. La multiplicité de spin est donnée par $2S + 1 = 2$.

C.II.2. La configuration électronique du premier état excité du radical $HO^{\bullet}$ peut être $(1\sigma)^2(2\sigma)^1(1\pi)^4$ ou $(1\sigma)^2(2\sigma)^2(1\pi)^2(3\sigma)^1$.

C.II.3. La configuration excitée issue de la promotion d'un électron de l'orbitale 2σ vers l'orbitale 1π mène à un état pour lequel une seule orbitale moléculaire est partiellement occupée, le terme spectroscopique $^2\Sigma$ s'obtient donc simplement. La seconde configuration excitée présente quant à elle deux orbitales moléculaires partiellement occupées (1π et 3σ). Cette configuration électronique mène, entre autres, à un terme spectroscopique $^2\Sigma$.

Remarque : La configuration électronique issue de la promotion d'un électron de l'orbitale 1π mène en fait à trois termes spectroscopiques et il n'est pas simple de savoir lequel est le plus stable. Cependant, le sujet demandant de montrer que les deux premiers états excités mènent au même terme spectroscopique, on suppose pour la suite que l'état le plus stable est l'état $^2\Sigma$.

C.II.4. Dans sa définition la plus générale, la spectroscopie optique est l'étude des rayonnements électromagnétiques émis ou absorbés par un échantillon.

C.II.5. La spectroscopie de masse ou encore la RMN sont des exemples de spectroscopies non optiques.

Remarque : On parle plus souvent de spectrométrie de masse.

C.II.6.
- La précision d'un appareil de mesure caractérise la répétabilité des mesures effectuées. Plus la répartition statistique d'un ensemble de valeur obtenues pour des mesures indépendantes et dans des conditions identiques est faible, plus l'appareil est précis.
- La sensibilité d'un appareil de mesure décrit l'amplitude de réponse de l'appareil envers une variation de la grandeur mesurée. Ceci s'exprime par le quotient de la variation observée par la variation correspondante de la grandeur mesurée.
- La résolution d'un appareil de mesure représente le plus petit écart entre deux valeurs apparaissant comme distinctes pour la grandeur mesurée.

Lors de la réalisation de spectres, par exemple l'obtention d'un spectre d'absorption, l'appareil détecte l'intensité I du rayonnement transmis en fonction de la longueur d'onde λ d'irradiation. La sensibilité de l'appareil est alors donnée par $\dfrac{\mathrm{d}\,I}{\mathrm{d}\,\lambda}$. La résolution est quant à elle donnée par $\Delta\lambda$, le plus petit écart de longueur d'onde mesurable entre deux pics d'absorption distincts. La précision traduit l'accord des valeurs obtenues pour une série de spectres obtenus dans des conditions identiques.

C.II.7. Une transition entre deux niveaux électroniques consécutifs correspond à un nombre d'onde de l'ordre de 10^4 cm^{-1}. Les ordres de grandeurs correspondants pour des états vibrationnels et rotationnels sont respectivement, 10^3 cm^{-1} et 10 cm^{-1}.

C.II.8. Le domaine du visible s'étend de 400 à 800 nm soit de 12500 à 25000 cm^{-1}. D'après la question précédente, une radiation dans le visible correspond à une transition électronique.

C.II.9. À basse résolution (spectre *a*), le spectre infrarouge présente une bande correspondant à une transition vibrationnelle de la molécule de HCl. La résolution augmentant, les spectres montrent la présence d'une sous-structure rotationnelle. On parle alors de transition rovibrationnelles, c'est-à-dire que la transition vibrationnelle est couplée à une transition rotationnelle.

C.II.10.

C.II.10.a. Les intensités relatives des deux spectres sont grossièrement 2 pour 3.

C.II.10.b. Le dédoublement des raies est en fait dû à la superposition des spectres des molécules $H^{35}Cl$ et $H^{37}Cl$. Le rapport d'intensité des deux spectres est donné par le rapport des abondances relatives des deux isotopes de l'atome de chlore. L'obtention de deux spectres différents pour ces molécules peut être expliqué simplement dans le cadre du modèle classique de l'oscillateur harmonique. En effet, la loi de Hooke donne le nombre d'onde de transition vibrationnelle en fonction de la masse réduite de l'oscillateur. $\sigma = \dfrac{1}{2\pi c}\sqrt{\dfrac{k}{\mu}}$. La masse réduite de l'oscillateur dépendant de l'isotope de l'atome de chlore considéré, deux valeurs de nombre d'onde sont obtenues. Les raies apparaissent donc "dédoublées".

Remarque : Les abondances isotopiques (25% et 75%) devraient mener à des intensités relatives de 1 pour 3, ce qui n'est pas exactement ce que l'on observe sur le spectre présenté.

C.III. Spectroscopie de « rotation pure » et de « rotation / vibration » : molécules diatomiques hétéronucléaires

C.III.1. L'expression la plus générale pouvant être écrite pour une énergie de transition est :

$$\sigma = E' - E'' = T'_e - T''_e + G_{v'} - G_{v''} + F_{v'}(J') - F_{v''}(J'')$$

C.III.2.

C.III.2.a. Dans le cas d'un spectre de rotation pure, l'expression générale de σ est la suivante

$$\sigma = F_v(J') - F_v(J'') = B_v[J'(J'+1) - J''(J''+1)]$$

Il faut ensuite distinguer deux cas selon la valeur de ΔJ.

- $\Delta J = +1$

$$\sigma = 2B_v(J''+1)$$

- $\Delta J = -1$

$$\sigma = -2B_v J''$$

C.III.2.b. L'écart entre deux raies est donné par $\Delta\sigma = \sigma(J''+1) - \sigma(J'')$. D'après l'expression établie pour $\sigma(J'')$ dans la question précédente, deux raies consécutives sont séparées par $2B_v$. La constante B_v s'obtient donc simplement à partir de la mesure de l'écart entre les raies de rotations.

C.III.2.c. D'après les résultats précédemment établis, on trouve

$$B_0 = 17,4485 \text{ cm}^{-1}$$

C.III.2.d. Il est plus aisé d'observer des spectres de rotation pure en émission, car l'absorption des rayonnements interstellaires a de grandes chances de mener à des excitations couplées des niveaux rotationnels, vibrationnels et électroniques.

C.III.3.

C.III.3.a. L'expression générale de σ est, dans le cas de transitions rovibrationnelles :

$$\sigma = G_{v'} - G_{v''} + B'_{v'}J'(J'+1) - B''_{v''}J''(J''+1)$$

On trouve alors les trois expressions suivantes :

$$\sigma_R(J'') = G_{v'} - G_{v''} + B'_{v'}(J''+1)(J''+2) - B''_{v''}J''(J''+1)$$
$$\sigma_P(J'') = G_{v'} - G_{v''} + B'_{v'}(J''-1)J'' - B''_{v''}J''(J''+1)$$
$$\sigma_Q(J'') = G_{v'} - G_{v''} + B'_{v'}J''(J''+1) - B''_{v''}J''(J''+1)$$

C.III.3.b. En manipulant simplement les expressions de $\sigma_R(J'')$ et $\sigma_P(J'')$ elles deviennent :

$$\sigma_R(J'') = G_{v'} - G_{v''} + (B'_{v'} + B''_{v''})(J''+1) + (B'_{v'} - B''_{v''})(J''+1)^2$$
$$\sigma_P(J'') = G_{v'} - G_{v''} + (B'_{v'} + B''_{v''})(-J'') + (B'_{v'} - B''_{v''})(-J'')^2$$

Il est alors possible d'exprimer $\sigma_R(J'')$ et $\sigma_P(J'')$ par la forme unique :

$$\sigma = \sigma^\circ + a.m + b.m^2$$

avec $\sigma^\circ = G_{v'} - G_{v''}$, $a = (B'_{v'} + B''_{v''})$ et $b = (B'_{v'} - B''_{v''})$. La variable m prend la valeur $J''+1$ pour une branche R et $-J''$ pour une branche P.

C.III.3.c. Avec les énergies de transition expérimentales, il est possible de tracer la fonction $\dfrac{\sigma - \sigma^\circ}{m} = a + bm$. Une régression linéaire permet de cette façon de déterminer a et b. Les constantes de rotations s'en déduisent alors facilement avec $B'_{v'} = \dfrac{a+b}{2}$ et $B''_{v''} = \dfrac{a-b}{2}$.

C.III.3.d. Le minimum de la parabole de Fortrat est obtenu en annulant la dérivée de σ par rapport à m. On a donc

$$\frac{\mathrm{d}\sigma}{\mathrm{d}m}(m_H) = B'_{v'} + B''_{v''} + 2(B'_{v'} - B''_{v''})m_H = 0$$

et, par conséquent,

$$m_H = -\frac{B'_{v'} + B''_{v''}}{2(B'_{v'} - B''_{v''})}$$

C.III.4.

C.III.4.a. On a

$$\begin{aligned}\Delta_2\sigma'(J'') &= a(J''+1) + b(J''+1)^2 - [a(-J'') + b(-J'')^2] \\ &= (2J''+1)(a+b) \\ &= 2B'_{v'}(2J''+1)\end{aligned}$$

De même,

$$\begin{aligned}\Delta_2\sigma''(J'') &= a(J'') + b(J'')^2 - [a(-(J''+1)) + b(-(J''+1))^2] \\ &= (2J''+1)(a-b) \\ &= 2B''_{v''}(2J''+1)\end{aligned}$$

C.III.4.b. Les régressions linéaires des fonctions

$$\frac{\Delta_2\sigma'(J'')}{2} = f(2J''+1) \qquad \text{et} \qquad \frac{\Delta_2\sigma''(J'')}{2} = f(2J''+1)$$

donnent respectivement les équations y = 17,773501 x (cm^{-1}, R^2 = 0,9998) et y = 18,542173 x (cm^{-1}, R^2 = 0,9998).
On en déduit alors, $B_1 = 17,773501$ cm^{-1} et $B_0 = 18,542173$ cm^{-1}.

C.III.4.c. En utilisant l'expression de la parabole de Fortrat, pour la transition $\sigma_R(0)$, on obtient

$$\sigma_R(0) = \sigma^\circ + 2B_1$$

On en déduit $\sigma^\circ = \sigma_R(0) - 2B_1 = 3555,9784\ \text{cm}^{-1}$ On peut faire de même en utilisant l'expression de la parabole de Fortrat pour la transition $\sigma_P(1)$.

$$\sigma_P(1) = \sigma^\circ - 2B_1$$

On en déduit $\sigma^\circ = \sigma_P(1) + 2B_1 = 3553,6904\ \text{cm}^{-1}$. Nous prendrons par la suite la moyenne de ces deux valeurs :

$$\sigma^\circ = 3554,8344\ \text{cm}^{-1}$$

C.III.4.d. D'après les questions précédentes, et en arrondissant à l'entier le plus proche, on a

$$m_H = -\frac{B_1 + B_0}{2(B_1 - B_0)} \approx 24$$

Le tableau de valeur donné par l'énoncé n'est donc pas suffisant pour mettre en évidence ce minimum (il faudrait $J'' = 23$ au minimum).

C.IV. Applications et conclusions

C.IV.1. Pour les questions suivantes, il est nécessaire de déterminer la valeur de la masse réduite de l'espèce $^{16}\text{OH}^-$. En utilisant les données de l'énoncé, et en convertissant les unités de masse atomique en kg, on trouve

$$\mu = \frac{m_{^{16}\text{O}} m_{^1\text{H}}}{m_{^{16}\text{O}} + m_{^1\text{H}}} = \frac{15,994914.10^{-3} \times 1,007825.10^{-3}}{6,022045.10^{23}(15,994914.10^{-3} + 1,007825.10^{-3})}$$

$$\mu = 1,574360.10^{-27}\ \text{kg}$$

La loi de Hooke se reformule de la façon suivante

$$k = (2\pi c \sigma^\circ)^2 \mu = (2\pi \times 2,99792458.10^8 \times 355483,44)^2 \times 1,574360.10^{-27}$$

$$k = 705,9012\ \text{kg.s}^{-2}$$

Pour déterminer r_0 il faut exprimer le moment d'inertie en fonction de la constante rotationnelle

$$I_0 = \frac{h}{8\pi^2 B_0 c}$$

En combinant avec l'expression du moment d'inertie en fonction de r_0 on trouve

$$r_0 = \sqrt{\frac{h}{8\pi^2 B_0 c \mu}}$$

$$r_0 = \sqrt{\frac{6,626176.10^{-34}}{8\pi^2 \times 1854,2173 \times 2,99792458.10^8 \times 1,574360.10^{-27}}}$$

$$r_0 = 97,92508\ \text{pm}$$

Remarque : Il y a ici une erreur dans la formule donnée par l'énoncé pour la constante de rotation B, la bonne expression est

$$B_v = \frac{h}{8\pi^2 c I_v}$$

C.IV.2. La méthode est la même qu'à la question précédente la masse réduite restant inchangée, on trouve

$$k_X = 780,5 \text{ kg.s}^{-2} \quad r_{0X} = 97,910 \text{ pm}$$

$$k_A = 564,5 \text{ kg.s}^{-2} \quad r_{0A} = 146,0 \text{ pm}$$

$$k_B = 24,3 \text{ kg.s}^{-2} \quad r_{0B} = 187,0 \text{ pm}$$

C.IV.3. On remarque que les grandeurs r_0 et k varient en sens opposé pour les espèces considérées. Cela n'est pas surprenant puisque ces deux grandeurs caractérisent la force de la liaison au sein de la structure diatomique. On peut donc classer les espèces par ordre de r_0 croissants, c'est-à-dire par ordre de force de liaison décroissante.

$$^{16}\text{OH}^{\bullet}_X < {}^{16}\text{OH}^{-} < {}^{16}\text{OH}^{\bullet}_A < {}^{16}\text{OH}^{\bullet}_B$$

La force de la liaison O-H est quasiment inchangée entre l'état fondamental du radical et l'anion, par contre les états excités du radical vont de paire avec un fort affaiblissement de la liaison.

C.IV.4. D'après le diagramme orbitalaire de O-H établi précédemment, la configuration électronique de l'anion $^{16}\text{OH}^-$ est $(1\sigma)^2(2\sigma)^2(1\pi)^2(2\pi)^2$. L'électron supplémentaire est venu peupler une orbitale non liante, la force de la liaison n'est donc que très peu modifiée ce qui est cohérent avec les résultats précédents.

On peut à présent attribuer les états excités à leur configuration électroniques. La promotion d'un électron de l'orbitale 2σ non liante vers l'orbitale 1π non liante affaiblit moins la liaison que la promotion d'une électron de l'orbitale non liante 1π vers l'orbitale anti-liante 3σ. On en déduit donc les configurations des états excités.

$$\text{A}: \quad (1\sigma)^2(2\sigma)^1(1\pi)^4$$

$$\text{B}: \quad (1\sigma)^2(2\sigma)^2(1\pi)^2(3\sigma)^1$$

C.IV.5. Pour les deux isotopomères radicalaires $^{18}\text{OH}^{\bullet}$ et $^{16}\text{OD}^{\bullet}$, les valeurs des masses réduites sont modifiées. On a

$$\mu_{^{18}\text{OH}^{\bullet}} = \frac{m_{^{18}\text{O}} m_{^{1}\text{H}}}{m_{^{18}\text{O}} + m_{^{1}\text{H}}} = \frac{17,999160.10^{-3} \times 1,007825.10^{-3}}{6,022045.10^{23}(17,999160.10^{-3} + 1,007825.10^{-3})}$$

$$\mu_{^{18}\text{OH}^{\bullet}} = 1,584821.10^{-27} \text{ kg}$$

et

$$\mu_{^{16}\text{OD}^{\bullet}} = \frac{m_{^{16}\text{O}} m_{\text{D}}}{m_{^{16}\text{O}} + m_{\text{D}}} = \frac{15,994914.10^{-3} \times 2,014108.10^{-3}}{6,022045.10^{23}(15,994914.10^{-3} + 2,014108.10^{-3})}$$

$$\mu_{^{16}\text{OD}^{\bullet}} = 2,970507.10^{-27} \text{ kg}$$

En supposant que la présence des isotopes ne modifie par la force de la liaison, c'est-à-dire que les valeurs de r_0 et de k sont les mêmes que pour la molécule de $^{16}\text{OH}^{\bullet}$, on trouve

$$\sigma^{\circ}_{^{18}\text{OH}^{\bullet}} = \frac{1}{2\pi c}\sqrt{\frac{k}{\mu_{^{18}\text{OH}^{\bullet}}}}$$

$$\sigma^{\circ}_{^{18}OH^{\bullet}} = \frac{1}{2\pi \times 2,99792458.10^{8}}\sqrt{\frac{780,5}{1,584821.10^{-27}}} = 3726 \text{ cm}^{-1}$$

$$B_{0^{18}OH^{\bullet}} = \frac{h}{8\pi^2 c \mu_{^{18}OH^{\bullet}} r_0^2}$$

$$B_{0^{18}OH^{\bullet}} = \frac{6,626176.10^{-34}}{8\pi^2 \times 1,584821.10^{-27} \times (9,7910.10^{-11})^2 \times 2,99792458.10^{8}}$$

$$B_{0^{18}OH^{\bullet}} = 18,425 \text{ cm}^{-1}$$

Et de même

$$\sigma^{\circ}_{^{16}OD^{\bullet}} = \frac{1}{2\pi c}\sqrt{\frac{k}{\mu_{^{16}OD^{\bullet}}}}$$

$$\sigma^{\circ}_{^{16}OD^{\bullet}} = \frac{1}{2\pi \times 2,99792458.10^{8}}\sqrt{\frac{780,5}{2,970507.10^{-27}}} = 2721 \text{ cm}^{-1}$$

$$B_{0^{16}OD^{\bullet}} = \frac{h}{8\pi^2 c \mu_{^{16}OD^{\bullet}} r_0^2}$$

$$B_{0^{16}OD^{\bullet}} = \frac{6,626176.10^{-34}}{8\pi^2 \times 2,970507.10^{-27} \times (9,7910.10^{-11})^2 \times 2,99792458.10^{8}}$$

$$B_{0^{16}OD^{\bullet}} = 9,8503 \text{ cm}^{-1}$$

Ces résultats nous montrent que le spectre de $^{18}OH^{\bullet}$ est très proche de celui de $^{16}OH^{\bullet}$ alors que celui de l'autre isotopomère $^{16}OD^{\bullet}$ est centré sur un nombre d'onde plus faible et présente des raies plus rapprochées. Les abondances isotopiques des deux isotopomères sont cependant tellement faibles que les spectres de ces espèces ne seront pas détectables sur le spectre du radical $^{16}OH^{\bullet}$.

FIN DU CORRIGÉ

Échanges de particules

Le sujet se compose de deux parties A. et B. totalement indépendantes et au sein desquelles de nombreuses questions, parties ou sous-parties sont elles-mêmes indépendantes des autres.

Dans une première partie, on aborde l'aspect thermodynamique des échanges de protons et la mesure du pH, notion essentielle dans cette étude. Comme dans toute étude de métrologie, la précision (en particulier le nombre de chiffres significatifs à conserver) est cruciale. Le caractère non idéal des solutions sera donc pris en compte dans l'activité des ions.

La seconde partie présente quant à elle quelques aspects théoriques et applicatifs de la photochimie et fait donc intervenir transferts d'électrons et de photons.

A. Étude thermodynamique des échanges de protons

On pourra utiliser les relations données par l'énoncé qu'on les ait démontrées ou non.

A.I. Définitions des acides

A.I.1. Rappeler la définition d'un acide selon Brønsted et Lowry.

A.I.2. Rappeler la définition d'un acide selon Lewis.

A.I.3. Donner une troisième définition d'un acide. La définition d'Arrhénius est exclue. On commentera brièvement (10 lignes au maximum) cette nouvelle définition en précisant ce qu'elle apporte par rapport aux deux précédentes.

A.II. Détermination de coefficients d'activité dans le cadre de la théorie de Debye-Hückel

Pour déterminer une valeur de pH la plus précise possible, il faut tenir compte des écarts à l'idéalité. Cette partie se propose de montrer que le coefficient d'activité d'un ion A_c s'écrit sous la forme suivante dans le cadre de la théorie de Debye-Hückel :

$$\log(\gamma_c) = -z_c^2 \frac{A\sqrt{I_m}}{1 + d_c B\sqrt{I_m}}$$

Les grandeurs intervenant dans cette relation seront définies par la suite.

On se place en solution aqueuse à 25 °C, sauf indication contraire de l'énoncé. On utilise l'échelle des molalités pour les solutés A_i.

Notations intervenant dans la suite de cette partie :

- m_i, γ_i, M_i et $z_i e$: respectivement, la molalité (mol.kg^{-1}), le coefficient d'activité (échelle des molalités), la masse molaire (kg.mol^{-1}) et la charge algébrique (C) d'un soluté A_i ;
- I_m la force ionique de la solution (mol.kg^{-1}) ;
- d_c la distance minimale d'approche de l'ion « central » A_c pour un autre ion A_i ;

- w_e le travail nécessaire pour porter réversiblement de 0 à $z_c e$ la charge de l'ion A_c au potentiel $\phi_{\text{anion}}(d_c)$ créé par l'atmosphère ionique à la surface accessible de A_c, tous les ions gardant leur distribution spatiale ;
- $\rho_c(r)$ la charge volumique moyenne à la distance r du centre de l'ion A_c ;
- $\phi_c(r)$ le potentiel électrostatique moyen à la distance r du centre de l'ion A_c ;
- N_i le nombre moyen d'ions A_i par unité de volume (m^3) de la solution ;
- ε la permittivité du solvant considéré comme un diélectrique homogène, ici : $\varepsilon = 6,96.10^{-10}$ F.m^{-1}. On admet que la permittivité des solutions est celle du solvant.
- $\mathcal{N}_A$ la constante d'Avogadro, $\mathcal{N}_A = 6,022.10^{23}$ mol^{-1}
- F la constante de Faraday, $F = 9,65.10^3$ C.mol^{-1} ;
- R la constante des gaz parfaits, $R = 8,31$ J.mol^{-1}.K^{-1} ;
- k_B la constante de Boltzmann, $k_B = 1,38.10^{-23}$ J.K^{-1} ;
- e la charge élémentaire, $e = 1,60.10^{-19}$ C ;
- m° la molalité unitaire, m° = 1 mol.kg^{-1} ;
- ρ° la masse volumique de l'eau, $\rho^\circ = 0,997070$ kg.L^{-1} à 25 °C.

A.II.1. Définir la molalité d'un soluté. Quel intérêt présente cette grandeur par rapport à la concentration molaire volumique ?

A.II.2. Exprimer le potentiel chimique μ_c du soluté A_c en explicitant les termes utilisés qui n'auraient pas été définis plus haut.

A.II.3. Écrire deux relations traduisant la neutralité électrique, l'une globale notée (a) reliant N_i et z_i, l'autre prise du point de vue de la particule centrale et reliant $z_c e$ et $\rho_c(r)$, notée (b).

A.II.4. Rappeler les hypothèses de base de la théorie de Debye-Hückel.

A.II.5. On considère que l'écart à l'idéalité de la solution ionique résulte essentiellement des interactions ioniques. Établir une relation existant entre γ_c et w_e.

A.II.6. En raison de la symétrie sphérique considérée dans cette étude, l'équation de Poisson s'écrit sous la forme :

$$\frac{1}{r^2}\frac{\mathrm{d}\left(r^2\dfrac{\mathrm{d}\,\phi_c(r)}{\mathrm{d}\,r}\right)}{\mathrm{d}\,r} = -\frac{\rho_c(r)}{\varepsilon} \tag{1}$$

En se servant de la relation de Boltzmann et moyennant une approximation, on obtient :

$$\rho_c(r) = \sum_i N_i z_i e \exp\left(-\frac{z_i e \phi_c(r)}{k_B T}\right) \tag{2}$$

A.II.6.a. Quelle approximation a été commise pour obtenir la relation (2) à partir de la relation de Boltzmann ?

A.II.6.b. On réalise un développement au premier ordre de (2).

A.II.6.b.1. Effectuer le calcul. En déduire une relation approchée donnant $\rho_c(r)$. On notera (3) l'équation ainsi obtenue.

A.II.6.b.2. Justifier brièvement un tel développement limité. Étudier le cas particulier des électrolytes où les cations et les anions ont même valeur absolue de la charge.

A.II.7. On pose

$$\kappa^2 = \frac{\sum_i N_i z_i^2 e^2}{\varepsilon k_B T} \tag{4}$$

A.II.7.a. Donner l'unité de κ.

A.II.7.b. Écrire la relation donnant l'expression de la force ionique I_m du milieu.

A.II.7.c. On se place dans des solutions aqueuses diluées. On néglige les variations de volume de la solution lors de l'ajout de l'électrolyte. Relier κ^2 et la force ionique I_m.

A.II.7.d. À partir des relations (1), (3) et (4) obtenir une équation différentielle que l'on intégrera pour obtenir une équation, notée (5), qui exprime le potentiel $\rho_c(r)$. On pourra s'aider du changement de variable : $u_c(r) = r\phi_c(r)$.

A.II.8.

A.II.8.a. Exprimer $q_{\text{sph}}(r)$, charge d'une pellicule sphérique de solution de rayon r.

A.II.8.b. Pour quel rayon cette charge est-elle extrêmale ?

A.II.9. Le potentiel $\phi_c(r)$ obtenu dans l'équation (5) peut être considéré comme la superposition du potentiel coulombien crée par l'ion « central » A_c et du potentiel $\phi_{\text{atm}}(r)$ créé par l'atmosphère ionique autour de cet ion.

A.II.9.a. Exprimer $\phi_{\text{atm}}(r)$.

A.II.9.b.

A.II.9.b.1. Montrer que l'on peut écrire :

$$\phi_{\text{atm}}(d_c) = \frac{-\kappa}{4\pi\varepsilon(1+\kappa d_c)} q$$

où q est la charge de l'ion A_c.

A.II.9.b.2. Déterminer w_e.

A.II.9.c. En déduire que l'on peut écrire :

$$\log(\gamma_c) = -z_c^2 \frac{A\sqrt{I_m}}{1 + d_c B\sqrt{I_m}} \tag{6}$$

où A et B sont des paramètres dont on demande, pour chacun, l'expression.

On donne $A = 0{,}507\ \text{kg}^{1/2}\text{mol}^{-1/2}$ et $B = 3{,}28.10^9\ \text{kg}^{1/2}\text{mol}^{-1/2}\text{m}^{-1}$.

A.II.10. Expérimentalement, un seul type d'ions (soit cation soit anion) ne peut exister en solution. On considère ici des électrolytes C_xA_y forts dans l'eau :

$$C_xA_y \longrightarrow xC^{z_+ +} + yA^{z_- -}$$

A.II.10.a. Exprimer le potentiel chimique de l'électrolyte en solution.

A.II.10.b. Définir un coefficient d'activité moyen $\gamma_\pm$ pour cet électrolyte.

A.II.10.c. En introduisant un paramètre d'interaction ionique $d_\pm$ assimilable à la distance minimale d'approche du cation et de l'anion, on montre que $\log(\gamma_\pm)$ peut se mettre sous une forme voisine de la relation (6). Écrire la nouvelle relation ainsi obtenue et notée (7).

A.II.10.d. En comparant les propriétés des ions potassium et chlorure (Tableau 1), MacInnes a fait une hypothèse permettant de calculer les coefficients d'activité des ions K^+ et Cl^-. On rappelle les numéros atomiques : potassium : 19 ; chlore : 17.

Ion	Conductivité molaire ionique ($mS.m^2.mol^{-1}$)	Masse molaire ($g.mol^{-1}$)	Distance minimale d'approche (pm)
K^+	7,35	39,1	300
Cl^-	7,63	35,5	300

Tableau 1 : Comparaison des ions potassium et chlorure.

A.II.10.d.1. Proposer une formulation de l'hypothèse de MacInnes.

A.II.10.d.2. Calculer les coefficients d'activité de K^+ et de Cl^- dans une solution aqueuse de chlorure de potassium de molalité $0,0100$ mol.kg^{-1}.

A.II.10.d.3. Citer un intérêt de cette hypothèse.

A.III. Solutions tampons primaires

On se place en solution aqueuse. Dans cette sous-partie, on utilise l'échelle des molalités.

On note :

- n_S la quantité de matière de l'eau (mol) dans la solution étudiée et M_S la masse molaire de l'eau ($kg.mol^{-1}$) ;
- a_H l'activité des protons solvatés qui pourront être écrits H^+ ;
- E le potentiel d'oxydoréduction d'un couple (V) ;
- E_{pile} la tension à vide d'une pile (V) : il s'agit de la tension à courant nul ;
- f_j la fugacité d'un gaz A_j ;
- $P°$ la pression standard $P° = 1,000000$ bar ;
- $k = \dfrac{RT}{F}\ln(10)$: $k = 0,05916$ V à 298 K (constante nernstienne).

A.III.1. Rappeler la définition formelle ou conventionnelle (ou encore *notionale*) du pH.

A.III.2. Peut-on mesurer l'activité d'une seule espèce ionique ? Justifier brièvement.

La réponse à la question précédente impose une définition expérimentale du pH qui repose sur les méthodes mises en œuvre pour le mesurer. La mesure potentiométrique est la plus répandue et la plus exacte.

Dans le cas de la mesure primaire du pH, on mesure une tension entre une électrode à hydrogène (électrode de mesure) et une électrode à argent/chlorure d'argent (électrode de référence) dans une cellule sans jonction appelée « cellule de Harned » dont une photographie est représentée sur la Figure 1 et un schéma sur la Figure 2.

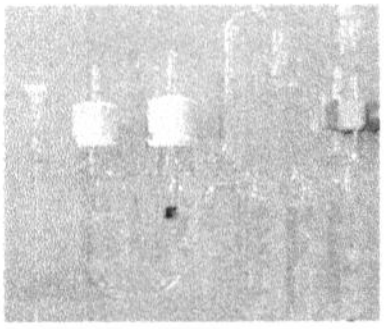

Figure 1 : Photographie d'une cellule de Harned vide.

Dans la branche de gauche du tube en U (partie gauche de la photographie) se trouve un fil de platine recouvert d'argent et de chlorure d'argent solides. Dans la branche de droite du tube en U, on observe une plaque de platine platiné fixée à un fil de platine. Le dihydrogène arrive par les bulleurs de la partie droite de la photographie.

La mesure primaire du pH se décompose en quatre étapes essentielles abordées ci-dessous.

A.III.3. Fabrication des électrodes de référence

A.III.3.a. Citer un avantage des électrodes à argent/chlorure d'argent sur les électrodes au calomel.

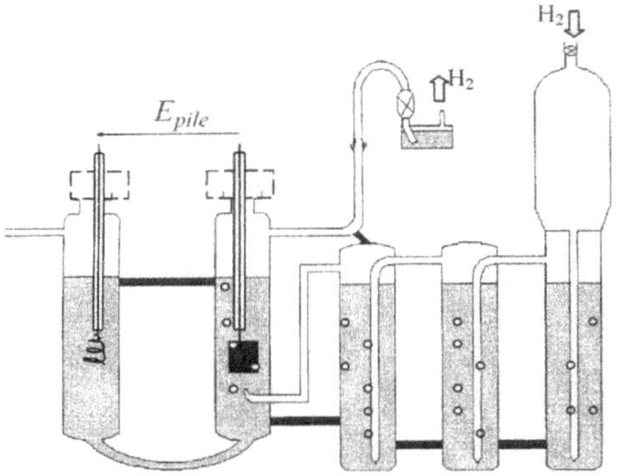

Figure 2 : Schéma de principe d'une cellule de Harned.

Pour les mesures primaires, les électrodes de référence doivent avoir une stabilité de quelques microvolts, elles sont donc sont fabriquées dans un laboratoire de métrologie.

A.III.3.b. On synthétise de l'oxyde d'argent (I) par réaction entre des solutions d'hydroxyde de sodium et de nitrate d'argent. La pâte d'oxyde d'argent obtenue est laissée vieillir pendant un mois. Pourquoi ?

A.III.3.c. Cette pâte est déposée sur les spires d'électrodes en platine puis calcinée à 450 °C.

A.III.3.c.1. Écrire l'équation de réaction de la transformation chimique qui se produit.

A.III.3.c.2. A l'aide des données du Tableau 2 valables à 25 °C, calculer la constante de cet équilibre à 450 °C. On explicitera les approximations commises lors du calcul. La transformation se produit à l'air libre, que peut-on en conclure ?

Composé	$Ag_{(s)}$	$Ag_2O_{(s)}$	$O_{2(g)}$
$\Delta_f H°$ (kJ.mol^{-1})		-31	
$S°$ (J.mol^{-1}.K^{-1})	42,5	121,3	205,0

Tableau 2 : Données thermodynamiques à 25 °C.

A.III.3.d. Lorsque la masse du dépôt d'argent est suffisante, une électrolyse est effectuée dans une solution molaire d'acide chlorhydrique pour transformer une partie de l'argent déposé en chlorure d'argent. Chaque électrode ainsi obtenue est mise au repos pendant un mois.

A.III.3.d.1. Écrire chaque réaction qui se produit aux deux électrodes en nommant ces dernières.

A.III.3.d.2. Quel est l'intérêt de déposer initialement l'argent sur du platine, compte-tenu de l'objectif final ?

A.III.3.d.3. Le chlorure d'argent, comme les autres halogénures d'argent, présente des défauts. Citer les deux défauts ponctuels les plus communs qui peuvent conserver la stœchiométrie. Les présenter brièvement. Quel est le type de défauts prédominant dans les halogénures d'argent ? Pourquoi a-t-on particulièrement étudié ces défauts dans les halogénures d'argent ?

A.III.4. Détermination du potentiel standard des électrodes de référence

Le potentiel standard est obtenu à partir de mesures réalisées dans une cellule de Harned symbolisée comme suit :

$$Pt_{(s)}|H_{2(g)}|H^+, Cl^-(\text{molalité } m)|AgCl_{(s)}|Ag_{(s)}$$

Dans ce paragraphe (A.III.4), on opère sous une pression partielle de dihydrogène : $P_{H_2} = 1,00000$ bar.

A.III.4.a. Exprimer la tension à vide E_{pile} de cette pile en fonction des grandeurs ou paramètres adéquats, en particulier en fonction de m, molalité d'acide chlorhydrique de la solution considérée. À quelle(s) condition(s) peut-on confondre la tension mesurée avec la tension calculée par l'équation de Nernst ? *On considérera ce(s) condition(s) satisfaite(s) par la suite.*

A.III.4.b. En considérant la valeur de la pression de dihydrogène, que peut-on déduire quant à la fugacité du dihydrogène ? Justifier brièvement la réponse.

A.III.4.c. En admettant pour le coefficient d'activité moyen de l'acide chlorhydrique une expression simplifiée de l'équation (7), proposer une méthode graphique permettant l'obtention du potentiel standard cherché par extrapolation.

A.III.4.d. À l'aide du Tableau 3 déterminer le potentiel standard du couple $AgCl_{(s)}$ /Ag noté $E°$ par la suite.

A.III.4.e. Dans un laboratoire de métrologie, on peut préférer mesurer E_{pile} pour une valeur donnée de la molalité de l'acide chlorhydrique connue avec une grande précision soit $m = 1,00000.10^{-2}$ mol.kg^{-1}. On opère à la

$10^4 m$ (mol.kg^{-1})	1,000	5,000	10,000	20,000	40,000
E_{pile} (V)	0,6962	0,6142	0,5792	0,5443	0,5094

Tableau 3 : Évolution de E_{pile}, en fonction de la molalité d'acide chlorhydrique.

même pression $P_{H_2} = 1,00000$ bar et avec plusieurs électrodes de référence sélectionnées. Un exemple de résultats, pour une température fixée, est donné dans le Tableau 4.

Électrode	1	2	3	4	5	6	7
$E°$(mV)	228,536	228,557	228,528	228,513	228,533	228,508	228,523

Tableau 4 : Évolution du potentiel standard avec l'électrode de référence.

Commenter brièvement les résultats obtenus.

A.III.5. Mesure de la fonction d'acidité et calcul du pH d'une solution tampon primaire.

La représentation de la cellule pour l'étude d'une solution tampon primaire est :

$$\text{Pt}_{(s)}|\text{H}_{2(g)}|\text{solution tampon(S)}, \text{Cl}^-|\text{AgCl}_{(s)}|\text{Ag}_{(s)}$$

On définit la fonction d'acidité : $p_a = -\log(a_H \gamma_{Cl^-})$

A.III.5.a. Pourquoi faut-il ajouter des ions chlorure à la solution tampon ?

A.III.5.b. Exprimer p_a en fonction de E_{pile}, de m_{Cl^-} et d'autres paramètres adéquats.

On calcule la valeur de la fonction d'acidité pour au moins trois molalités différentes en anions chlorure. Par extrapolation linéaire, on évalue la valeur

$$-\log(a_H \gamma_{Cl^-})^\circ$$

valeur de la fonction d'acidité à molalité nulle en ions chlorure.

On note $\gamma^\circ_{Cl^-}$ le coefficient d'activité de l'ion chlorure à molalité nulle (de cette espèce) dans la solution tampon primaire. Cette valeur est calculée en utilisant la convention de Bates-Guggenheim qui s'appuie sur la théorie de Debye-Hückel :

$$\log(\gamma^\circ_{Cl^-}) = -\frac{A\sqrt{\dfrac{I_m}{m^\circ}}}{1 + 1,5\sqrt{\dfrac{I_m}{m^\circ}}} \tag{7}$$

où A est analogue à la constante de Debye-Hückel définie en A.II.9.c.

A.III.5.c. Montrer que l'on peut écrire :

$$\text{pH(S)} = -\log(a_H \gamma_{Cl^-})^\circ + \log(\gamma^\circ_{Cl^-})$$

A.III.5.d. On étudie ici un tampon phosphate.

Il s'agit d'un mélange d'hydrogénophosphate de potassium et de dihydrogénophosphate de potassium, chacun à la molalité de $2,500.10^2$ $mol.kg^{-1}$ dans le mélange. Les résultats expérimentaux sont fournis dans le Tableau 5.

p_a	6,9820	6,9752	6,9695
m_{NaCl} ($mol.kg^{-1}$)	$4,9439.10^{-3}$	$1,0276.10^{-2}$	$1,4959.10^{-2}$

Tableau 5 : Évolution de la fonction d'acidité avec la molalité en ions chlorure.

A.III.5.d.1. À 20 °C, $A = 0,5046\ kg^{1/2}.mol^{-1/2}$. Déterminer le pH de la solution tampon primaire de phosphates à 20 °C.

A.III.5.d.2. Par la méthode précédente on trouve un pH égal à 6,865 à 25 °C pour cette solution. On donne :
- $d_{H_2PO_4^-} = 4,20.10^{-10}$ m
- $d_{HPO_4^{2-}} = 4,00.10^{-10}$ m
- $pK_a(H_2PO_4^-/HPO_4^{2-}) = 7,20$

Calculer le pH de cette solution. On se servira de la relation (6) de la question A.II.9.c. Comparer avec la valeur expérimentale et conclure.

A.III.5.e. On s'intéresse à une estimation des incertitudes des mesures d'un pH primaire. Un exemple de résultats avec les valeurs et le poids en pourcentage de la contribution à l'incertitude sur le pH de la solution est donné dans le Tableau 6.

Grandeur	Valeur	Contribution à l'incertitude (%)
$\mathcal{E}$ (V)	0,89889	22,1
$E°$ (V)	0,22563	53,5
T (K)	293,15	14,6
m_{Cl^-} ($mol.kg^{-1}$)	$5,000.10^{-3}$	6,3
P_{H_2} (Pa)	100237	3,4

Tableau 6 : Contributions de différentes grandeurs à l'incertitude totale.

Commenter les valeurs précédentes. En particulier, on précisera tout l'intérêt du choix d'une pile de type « cellule de Harned » lors de l'étude expérimentale.

A.III.6. Solution tampon de carbonates

Cette solution tampon est préparée à partir de carbonate de sodium et d'hydrogénocarbonate de sodium très purs et conservés dans un dessicateur. L'eau utilisée est obtenue après ébullition d'eau ultra-pure. La dissolution des électrolytes est effectuée dans un flacon de polyéthylène. Le remplissage des cellules de Harned est effectué par poussée de la solution dans la cellule au moyen d'un flux d'argon.

A.III.6.a. Quel(s) phénomène(s) veut-on éviter en prenant toutes ces précautions avec cette solution ?

A.III.6.b. Malgré toutes ces précautions, les mesures de potentiel dans la cellule n'atteignent jamais un palier de stabilité. Pourquoi ?

A.III.6.c. La Figure 3 rassemble des résultats donnant l'évolution du potentiel d'une cellule au cours du temps pour une solution tampon de carbonates à 25 °C.

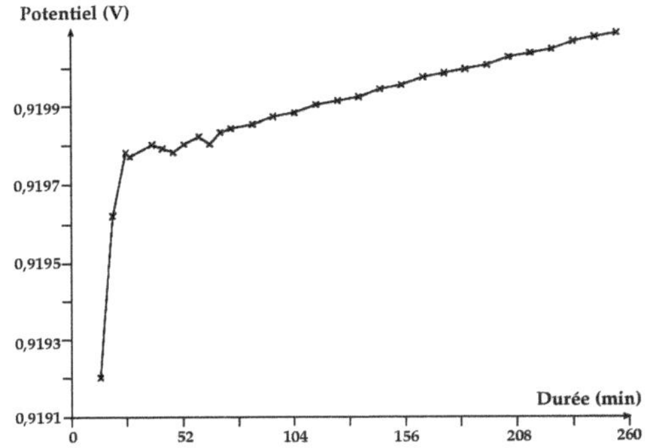

Figure 3 : Évolution du potentiel en fonction du temps.

A.III.6.c.1. Dans ces conditions comment peut-on définir une valeur de potentiel considérée comme « stable » ? Proposer une valeur pour ce potentiel.

A.III.6.c.2. Quelles transformations (au sens chimique du terme) permettent d'interpréter ces variations temporelles ?

A.IV. Définition opérationnelle du pH

Les mesures du pH des solutions tampons primaires demandent une grande durée. En pratique, on utilise des solutions tampons secondaires dont le pH est déterminé de façon « opérationnelle » en s'appuyant sur la relation de Nernst. On notera dans la suite :

- S_{TP} une solution tampon primaire dont le pH est noté pH_{TP}
- S_{TS} une solution tampon secondaire dont le pH est noté pH_{TS}

Pour chacune des mesures de E_{pile} on peut utiliser la même cellule de Harned ; on opère alors dans des conditions opératoires aussi identiques que possible : même température, même pression de dihydrogène, même solution concentrée (molalité m^*) de chlorure de potassium.

La représentation de la cellule pour l'étude d'une solution tampon primaire est :

$$Pt_{(s)}|H_{2(g)}|S_{TP}, K^+(m^*), Cl^-(m^*)|AgCl_{(s)}|Ag_{(s)}$$

La tension à vide mesurée est notée $\mathcal{E}_P$.

La représentation de la cellule pour l'étude d'une solution tampon secondaire est :

$$Pt_{(s)}|H_{2(g)}|S_{TS}, K^+(m^*), Cl^-(m^*)|AgCl_{(s)}|Ag_{(s)}$$

La tension à vide mesurée est notée $\mathcal{E}_S$.

A.IV.1. Exprimer $\mathcal{E}_P$ et $\mathcal{E}_S$.

A.IV.2. Quelle approximation légitime l'usage d'une solution concentrée de chlorure de potassium ?

A.IV.3. Exprimer pH_{TS} en fonction de pH_{TP}, $\mathcal{E}_P$, $\mathcal{E}_S$ et de k (constante définie en A.III.). La relation ainsi obtenue constitue la définition opérationnelle du pH.

A.IV.4. On peut utiliser une cellule avec jonction. On réalise alors deux mesures de tension à vide dans les mêmes conditions expérimentales de température et de pression de dihydrogène, une mesure avec le tampon primaire, la seconde avec le tampon secondaire. Dans les deux expériences, on utilise la même solution concentrée (molalité m^*)de chlorure de potassium.

Ainsi, la représentation de la cellule pour l'étude d'une solution tampon primaire est :

$$Pt_{(s)}|H_{2(g)}|S_{TP} \vdots K^+(m^*), Cl^-(m^*)|AgCl_{(s)}|Ag_{(s)}$$

On conserve les mêmes notations pour les tensions à vide que précédemment. On note alors $E_j(TP)$ et $E_j(TS)$ les potentiels de jonction correspondants.

Dans de tels cas, quelle est la définition opérationnelle du pH pour la solution tampon secondaire ? On notera (9) la relation obtenue.

A.IV.5. Le potentiel de jonction entre deux solutions (1) et (2) est donné par :

$$E_j = -k \int_{(1)}^{(2)} \sum_{\text{ions}} \frac{t_i}{z_i} \, \mathrm{d} \ln(a_i)$$

t_i, z_i et a_i étant respectivement le nombre de transport, la charge et l'activité de l'ion A_i.

A.IV.5.a. À quelle condition la valeur de pH_{TS} « représente-t-elle » l'activité des cations oxonium dans S_{TS} ?

A.IV.5.b. Justifier l'intérêt que présente une solution concentrée de chlorure de potassium pour le respect de cette condition. *On pourra se reporter à la question A.II.10.d*

A.V. Détermination potentiométrique du pH

Les mesures routinières de pH mettent en œuvre une électrode de verre (notée EV), une électrode de référence et un millivoltmètre nommé pH-mètre pour la circonstance. Par la suite l'électrode de référence utilisée sera une électrode argent/chlorure d'argent et l'électrolyte de la référence sera une solution concentrée de chlorure de potassium. L'électrode de référence peut être combinée avec l'électrode de verre dans une même unité structurale, on parle alors d'électrode de verre combinée (notée EVC).

La représentation de la cellule électrochimique constituée lorsque l'on mesure le pH d'une solution inconnue (S_X) est :

$$Ag_{(s)}|AgCl_{(s)}|K^+(m^*), Cl^-(m^*) \vdots \text{ solution inconnue}(S_x)|EV$$

La tension à vide de cette cellule est donnée par :

$$\mathcal{E} = E^\circ_{EV} - E^\circ_{AgCl/Ag} + k' \log a_{Cl^-} + k' \log a_{H^+} + E_{j_x}$$

où :

– E°_{EV} est le potentiel standard de l'EV ;

– $E^{\circ}_{AgCl/Ag}$ est le potentiel standard de l'électrode de référence ;
– k' est la pente nernstienne de la cellule.

A.V.1. La pente k' n'est pas idéale et diffère légèrement de k. Proposer une interprétation à cet écart.

A.V.2. Dessiner un schéma légendé d'une électrode de verre combinée.

A.V.3. Usuellement on réalise le calibrage ou l'étalonnage d'une EVC avec deux solutions tampons, $\mathcal{E}_{Si}$, pH_i et $E_{j,i}$ désignent respectivement la tension à vide, le pH et le potentiel de jonction relatifs à une solution tampon (S_i), avec i = 1 ou 2.

Exprimer pH_{S_x} le pH de (S_x), en fonction des grandeurs précédentes, de E_{j_x} et de $\mathcal{E}$.

A.V.4. Citer quatre causes d'erreur qui peuvent affecter les mesures du pH réalisées au moyen d'une électrode de verre.

A.V.5. On s'intéresse à la stabilité dans le temps du signal fourni par une EVC. Dans une première étape, on suit l'évolution au cours du temps de E_{pile} d'une cellule où la solution « inconnue » est une solution d'oxalate de potassium de concentration 0,05 mol.L^{-1}. On a réalisé la même expérience trois fois et on porte en ordonnées le potentiel E, valeur moyenne des trois mesures. La Figure 4 présente les résultats obtenus.

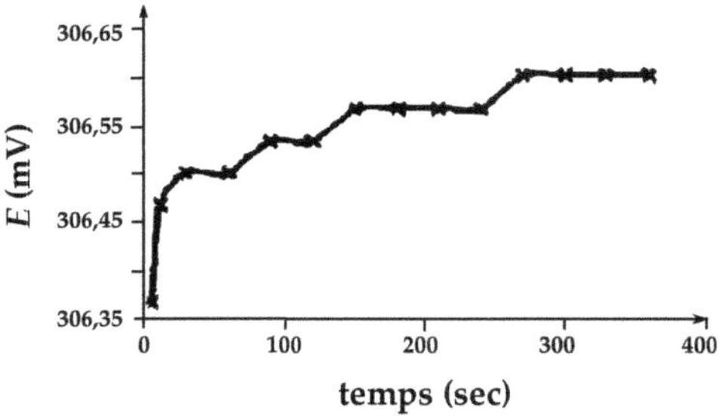

Figure 4 : Évolution du potentiel d'une solution d'oxalate de potassium au cours du temps.

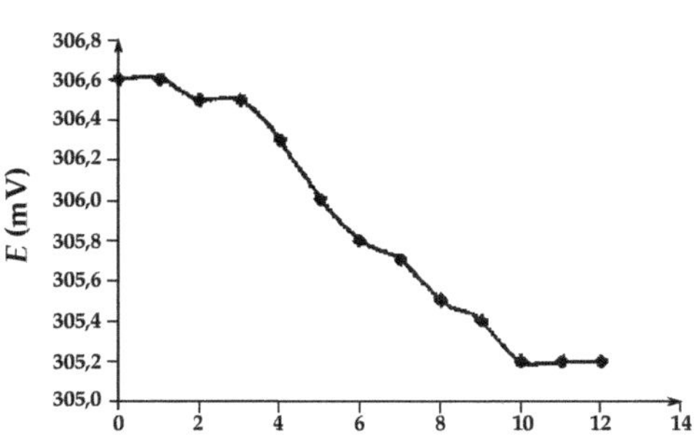

Figure 5 : Évolution du potentiel d'une solution constituée d'un mélange d'acide chlorhydrique et de nitrate de potassium au cours du temps.

Dans une seconde étape, on suit l'évolution au cours du temps de E_{pile}, d'une cellule où la solution « inconnue » est un mélange d'acide chlorhydrique et de nitrate de potassium. La force ionique est molaire et la concentration en acide est de 0,02 mol.L^{-1}. On a réalisé la même expérience trois fois et on porte en ordonnées le potentiel E, valeur moyenne des trois mesures. La Figure 5 présente les résultats obtenus.

Commenter et interpréter brièvement l'allure de chacune des deux courbes.

A.VI. Concentrations molaires et molalités

Usuellement les solutions sont préparées dans l'échelle des concentrations molaires (par exemple, dans la question précédente). Pour pouvoir effectuer certains calculs de paramètres thermodynamiques, une conversion à la molalité est nécessaire.

On note :

- ρ la masse volumique de la solution étudiée (kg.L^{-1}) ;
- ρ_i la masse volumique d'une solution où le seul soluté est A_i et dont la force ionique molaire (mol.L^{-1}) est celle du mélange étudié ;
- c_i la concentration molaire (mol.L^{-1}) du soluté A_i ;
- V le volume (L) de la solution étudiée ;
- T la période propre de l'oscillateur (défini plus loin) ;
- k_r la constante de raideur du ressort de l'oscillateur ;
- W_r la masse à vide de l'oscillateur ;
- ρ_{air} la masse volumique de l'air : $\rho_{\text{air}} = 1,17457.10^{-3}$ kg.L^{-1} à 25 °C ;
- masses molaires en kg.mol^{-1} : HCl : 36,46074.10^{-3} KCl : 74,55110.10^{-3}.

On rappelle la valeur de la masse volumique de l'eau $\rho^\circ = 0,997070$ kg.L^{-1} à 25 °C.

A.VI.1. Exprimer la molalité m_i d'une soluté en fonction des concentrations molaires des solutés, de leur masse molaire et de la masse volumique de la solution.

A.VI.2. Le principe de détermination de la masse volumique est basé sur le changement de fréquence propre d'un oscillateur possédant une cavité en forme de U dans laquelle est placé le fluide étudié lorsque la nature du fluide employé varie.

A.VI.2.a. Rappeler l'expression de la période propre T d'un oscillateur harmonique de masse m et dont la constante de raideur du ressort est k_r.

A.VI.2.b. Exprimer la période propre de l'oscillateur en fonction de k_r, W_r, ρ et V.

A.VI.2.c. Montrer que T^2 peut se mettre sous la forme :

$$T^2 = C\rho + D \tag{10}$$

où C et D sont deux constantes que l'on exprimera en fonction des paramètres adéquats.

Par la suite, la relation (10) pourra être utilisée même si elle n'a pas été démontrée.

A.VI.2.d. Le calibrage de l'appareil est réalisé à 25 °C, température où toutes les mesures sont effectuées. On note T_0 une période de référence arbitraire. Lorsque la cavité est remplie d'eau, la période vaut T_1 = 15,66503 T_0, lorsque l'on opère avec de l'air, on a $T_2 = 11{,}17028\ T_0$. Déterminer les valeurs de C et de D en fonction de T_0

A.VI.2.e. Lorsque les solutions utilisées sont de l'acide chlorhydrique puis du chlorure de potassium, chacune à une molarité de 0,10000 mol.L^{-1}, les périodes respectives sont alors de $15{,}67332\ T_0$ et $15{,}68556\ T_0$. Calculer la masse volumique de chacune de ces solutions.

A.VI.3. On admet que la masse volumique d'une solution d'électrolytes est donnée par :

$$\rho = \frac{\sum_i c_i \rho_i}{\sum_i c_i}$$

Calculer la masse volumique d'une solution de force ionique molaire 0,10000 mol.L^{-1}, mélange équimolaire de chlorure de potassium et d'acide chlorhydrique. En déduire la molalité de chacun des ions présents ainsi que la force ionique exprimée en kg.mol^{-1}.

A.VII. Application à des mélanges acide chlorhydrique/chlorure de potassium

On opère avec des mélanges dont la force ionique totale est 0,10100 mol.kg^{-1}. Le tableau suivant indique les valeurs moyennes des pH obtenus après étalonnage avec deux tampons :

m_{acide} (mol.kg^{-1})	0,00020	0,00101	0,00251
pH	3,80	3,10	2,69

Tableau 7 : Mesures de pH pour une solution de force ionique égale à 0,10100 mol.kg^{-1}.

A.VII.1. En vous servant de la relation (6) (question A.II.9.c), calculer le pH de chacune des solutions. Comparer avec les résultats expérimentaux. On donne $d_{H^+} = 9{,}12.10^{-10}$ m.

A.VII.2. Les tableaux suivants indiquent les valeurs moyennes des pH obtenues après étalonnage avec deux tampons (« pH ») et les valeurs des pH calculées à partir de la relation (6) notées « pH_{DH} » et ce pour deux séries de mélanges de force ionique respectivement égales à 1,03500 et 3,31400 mol.kg^{-1}.

m_{acide} (mol.kg^{-1})	0,00207	0,01035	0,02069
pH	2,75	2,05	1,74
pH_{DH}	2,81	2,11	1,81

Tableau 8 : Mesures de pH pour une solution de force ionique égale à 1,03500 mol.kg^{-1}.

Comparer les résultats théoriques et expérimentaux.

Proposer des interprétations à ces écarts et des méthodes pour les réduire.

m_{acide} (mol.kg^{-1})	0,00663	0,03314	0,08279
pH	2,03	1,32	0,93
pH_{DH}	2,32	1,62	1,22

Tableau 9 : Mesures de pH pour une solution de force ionique égale à 3,31400 mol.kg^{-1}.

B. Transfert d'électrons et de photons : éléments de photochimie

B.I. Généralités sur les transitions entre états électroniques

On considère un système moléculaire d'état fondamental singulet noté S_0.
Les états excités singulets sont notés S_i et les états excités triplets T_i.

Il est d'usage de visualiser les différentes possibilités de passage entre ces différents états électroniques par un diagramme dit « de Perrin-Jablonski », tel celui représenté Figure 6 pour un système à 3 niveaux (S_0, S_1 et T_1).

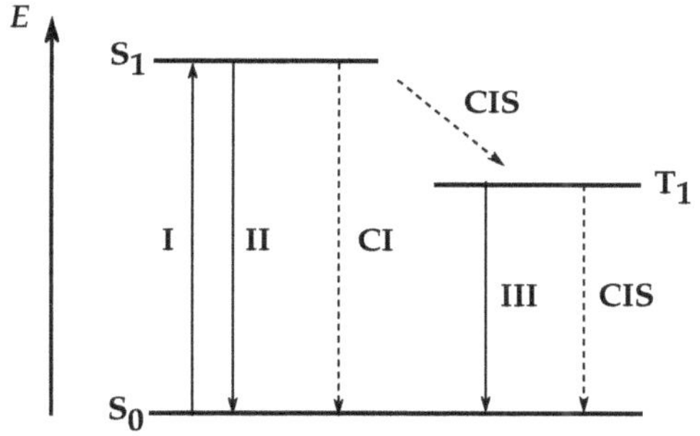

Figure 6 : Diagramme de Perrin — Jablonski.

On notera que, sur ce schéma et ceux à suivre, les processus radiatifs (ceux qui font intervenir un photon) sont indiqués en traits pleins, les processus non-radiatifs sont indiqués en pointillés.

B.I.1. À quelle grandeur caractéristique d'un système moléculaire les termes *singulets* et *triplets* font-ils référence ? On pourra raisonner sur le cas limite d'un système à deux électrons actifs. En particulier, quel serait pour le système π de l'éthylène la configuration électronique fondamentale ? Quelle serait sa première configuration excitée ?

B.I.2.

B.I.2.a. Comment appelle-t-on, de façon générique, le phénomène correspondant à la transition notée I ? Donner un exemple d'application quotidienne.

B.I.2.b. Comment appelle-t-on, de façon générique, le phénomène correspondant à la transition notée II ? Donner un exemple d'application quotidienne.

B.I.2.c. Comment appelle-t-on, de façon générique, le phénomène correspondant à la transition notée III ? Donner un exemple d'application quotidienne.

B.I.3. Interpréter, de façon très concise et très qualitative, le fait que, dans la plupart des cas, le phénomène d'émission radiative de T_1 vers S_0 se produit de façon beaucoup plus lente et donne lieu à des signaux beaucoup moins intenses que le phénomène d'émission radiative de S_1 vers S_0.

B.I.4. Par la seule lecture du diagramme précédent, comparer les longueurs d'onde des photons intervenant lors des transitions de S_1 vers S_0 ou de S_0 vers S_1 ?

B.I.5. Toujours selon ce diagramme, observera-t-on expérimentalement des *bandes* ou des *raies* ?

Ce diagramme indique des possibilités de transition de type CI (*Conversion Interne* : changement d'état électronique non radiatif avec conservation du spin) ou de type CIS (*Conversion Inter-Systèmes* : changement d'état électronique non radiatif avec changement de spin).

B.I.6.

B.I.6.a. Dans le cadre de ce très simple schéma, donner quelques raisons physiques pouvant expliquer ces transitions non-radiatives.

B.I.6.b. Le phénomène CIS est souvent renforcé dans le cas de systèmes présentant des atomes lourds. Pourquoi ?

Si l'on veut aller plus loin dans l'interprétation, il est nécessaire de faire appel à un diagramme affiné et considérer en particulier que chaque état électronique se compose de plusieurs sous-niveaux ainsi que présenté sur la Figure 7.

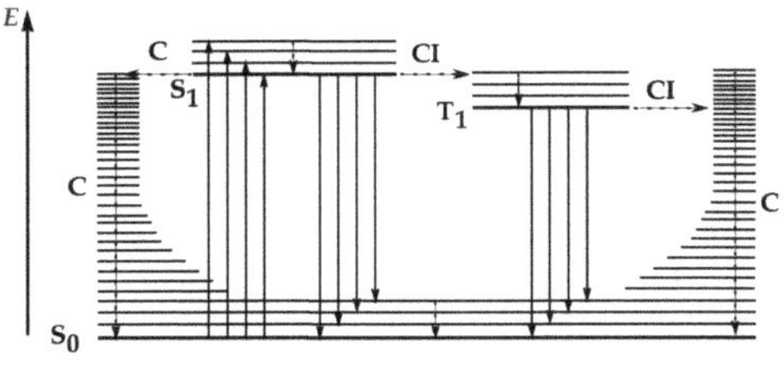

Figure 7 : Diagramme de Perrin — Jablonski affiné.

B.I.7. Quelle est la nature quantique des sous-niveaux indiqués ?

B.I.8. Ces sous-niveaux sont-ils eux-mêmes composés de sous-niveaux ? Si oui, de quelle origine physique ?

B.I.9. En déduire l'allure expérimentale des signaux de transition observés à basse résolution : *bandes* ou *raies* ?

On admet ici que, hors tout pré-conditionnement expérimental particulier, lorsque l'on travaille sur la transition S_0 vers S_1, seul le plus bas sous-niveau de S_0 est peuplé.

B.I.10. Quelle grande règle physique permet de justifier cette hypothèse ?

On admet également que les transitions entre sous-niveaux de S_1 d'une part et transitions entre sous-niveaux de T_1 d'autre part sont infiniment plus rapides que les transitions électroniques entre S_0 et S_1 (absorption ou émission) ou entre S_0 et T_1 (absorption ou émission).

B.I.11. On fait souvent l'hypothèse que, durant une transition (absorption ou émission), la géométrie du système considéré ne change pas. Quel est le nom donné à cette hypothèse ? Sur quel(s) argument(s) s'appuie-t-elle ?

B.I.12. Expliquer dans ce cadre pourquoi le spectre d'émission de S_1 vers S_0 sera différent (position des signaux observés) de celui de l'absorption de S_0 vers S_1. Lequel des deux signaux apparaîtra, globalement, à plus haute énergie que l'autre ?

B.I.13. À l'aide de ce schéma et des sous-niveaux introduits, donner une autre explication physique possible des phénomènes de conversion interne et de conversion inter-systèmes.

B.II. Phénomène d'absorption

On se place dans cette sous-partie dans le cadre de la transition radiative de S_0 vers S_1.

On considère le système expérimental usuel ; spectrophotomètre à deux faisceaux. L'efficacité avec laquelle une lumière de longueur d'onde λ émise par le dispositif expérimental avec une intensité de référence I^0_λ est absorbée par le milieu contenant une substance susceptible de procéder à une transition de son état fondamental S_0 vers un état excité S_1 est caractérisée par l'absorbance $A^i(\lambda)$ définie par :

$$A^i(\lambda) = \log\left(\frac{I^0_\lambda}{I^i_\lambda}\right)$$

expression dans laquelle I^i_λ représente l'intensité du faisceau transmis après parcours du milieu absorbant.

Dans de très nombreux cas, on constate que $A^i(\lambda)$ suit la relation suivante :

$$A^i(\lambda) = \varepsilon^i_\lambda \ell c$$

expression dans laquelle c désigne la concentration du composé absorbant, ℓ désigne la longueur du chemin optique traversé par le faisceau incident, et où ε est un coefficient appelé « coefficient d'absorption » dépendant, entre autre, du niveau excité S_i et de la longueur d'onde λ, du rayonnement incident.

B.II.1. Expliquer pourquoi le coefficient ε dépend à la fois de l'état électronique considéré (« i ») et de la longueur d'onde λ du faisceau incident.

B.II.2. Dans le cas où le composé absorbant se trouve en solution, quelle est l'unité la plus usuelle de ε ?

B.II.3. Quel est le nom universellement accepté de la relation donnée précédemment ?

B.II.4. Préciser son domaine d'applicabilité en indiquant les phénomènes physico-chimiques responsables de ses limites.

B.II.5. Pour un composé et une transition donnés, la valeur ε n'est pas tabulée en fonction de λ, mais au « maximum d'absorption ». Pourquoi ?

B.II.6. Dans le cas où le composé absorbant se trouve dans un solvant, on doit utiliser soit un « spectrophotomètre à deux cuves » soit « réaliser un blanc » si on utilise un spectrophotomètre à une unique cuve. Pour quelles raisons ?

B.II.7. Au vu de la question précédente, que représente, effectivement, la grandeur ℓ introduite dans l'expression de $A^i(\lambda)$? Que représente cette longueur, en pratique ?

B.II.8. De quelle matière sont composées les cuves les plus fréquemment utilisées au cours d'études photochimiques ? Sont-elles utilisables pour tout type d'études ? Si non, pourquoi ? Indiquer alors quel(s) autre(s) type(s) de cuves sont utilisables, avec leur(s) avantage(s) et inconvénient(s) respectif(s) ?

B.II.9. Selon les composés absorbants, les valeurs des grandeurs ε peuvent varier de plusieurs ordres de grandeur : de façon très qualitative, indiquer quels sont les facteurs qui, *a priori*, régissent l'amplitude du coefficient ε pour une longueur d'onde donnée. On pourra par exemple, mais sans obligation ni restriction, considérer le cas des complexes de métaux de transition.

B.III. Application du phénomène d'observation à la mesure de l'oxygénation du sang

La solubilisation efficace du dioxygène et son transport sont critiques pour le bon fonctionnement de l'organisme. Une baisse de l'apport. en dioxygène entraîne des conséquences pathologiques en moins de cinq minutes. Il est donc nécessaire de disposer d'outils rapides et fiables pour mesurer cet apport, c'est le principe de l'oxymétrie qui repose sur des méthodes spectroscopiques et qui doit être applicable sans délai en cas d'urgence médicale

B.III.1. Solubilisation du dioxygène

La concentration en dioxygène dans l'eau c_{O_2} en fonction de la pression partielle de dioxygène gazeux p_{O_2} peut s'écrire sous la forme suivante :

$$p_{O_2} = k_H c_{O_2}$$

avec $k_H = 779,3$ bar.L.mol^{-1} à 298 K.

La constante des gaz parfaits sera prise égale à 8,31 J.mol^{-1}.K^{-1}.

B.III.1.a. Qui est à l'origine de la loi ci-dessus ? Situer dans le temps la découverte de cette loi : 1700-1750, 1750-1800, 1800-1850, 1850-1900 ?

B.III.1.b. Estimer la concentration du dioxygène dissous dans l'eau à 298 K en présence d'air à la pression atmosphérique.

B.III.1.c. Exprimer puis calculer la valeur de k_H à la température du corps (37 °C), On donne l'enthalpie standard de solubilisation du dioxygène à 298 K : $\Delta_{sol}H^\circ = -14,1$ kJ.mol^{-1}.

B.III.1.d. En déduire la concentration de dioxygène dissous dans le sang et le volume de gaz, à pression atmosphérique, correspondant à tout le dioxygène dissous dans les 5,00 L de sang du corps humain.

Il existe dans le sang un autre mode de transport du dioxygène : la complexation par des hémoprotéines comme l'hémoglobine Hb.

B.III.1.e. Même question que précédemment en sachant que chaque sous-unité capable de fixer une molécule de dioxygène à une masse molaire de l'ordre de 16,0 kg.mol^{-1} et que la numération sanguine moyenne de ces sous-unités est 150 g.L^{-1}. Conclure.

La mesure de l'oxygène présent dans le sang repose sur la connaissance de la concentration en hémoglobine oxygénée, [HbO_2]. Usuellement on décompose cette détermination en deux termes, d'une part la concentration totale d'hémoglobine et le pourcentage d'hémoglobine oxygénée : la saturation y. On peut déterminer ces deux termes par des méthodes spectroscopiques en utilisant la partie proche infra-rouge des spectres d'absorption reportés sur la Figure 8.

B.III.2. Les deux espèces possèdent un point particulier vers 800 nm. Comment appelle-t-on ce point ? Dans un cadre plus général, quelle peut être l'utilité pratique de l'existence d'un tel point ?

B.III.3. Mesures *in situ* ou *in vitro*

Il est possible d'utiliser cette propriété pour mesurer la saturation *in vivo* ou *in situ* dans une veine à l'aide d'un cathéter adapté. La mesure se fait à deux longueurs d'onde, 660 et 800 nm, et on suppose qu'aucune autre espèce n'absorbe dans le sang.

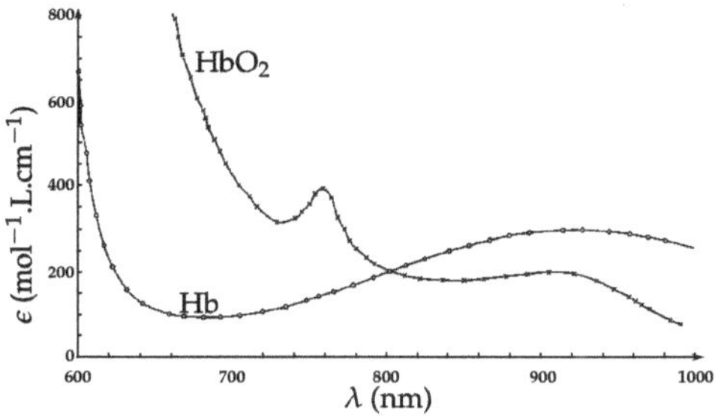

Figure 8 : Spectres visibles et proche infra-rouge de Hb et HbO_2 (d'après B.L. Horecker).

B.III.3.a. Écrire les absorbances à deux longueurs d'onde en fonction des coefficients d'absorption molaires $\varepsilon_i(\lambda)$ des espèces i (Hb et HbO_2).

B.III.3.b. En déduire l'expression de la saturation y. Comment se simplifie-t-elle dans le cas présent ?

B.III.3.c. Quels sont les désavantages des méthodes *in vitro* et *in situ* ?

En 1942, G. A. Millikan a mis au point un dispositif basé sur le rayonnement transmis au travers du lobe de l'oreille. Malheureusement, les données recueillies n'étaient pas quantitatives.

B.III.3.d. Quelles sont les sources d'erreur du dispositif de Millikan ?

B.III.4. Oxymétrie de pouls

Partant de l'expérience de Millikan, nombre de procédés non-invasifs ont été mis au point, mais l'avancée la plus conséquente fut l'oxymètre de pouls inventé par Aoyagi en 1975 qui est toujours employé en routine. Comme son nom l'indique cette technique est basée sur la mesure de la composante pulsatile du flot sanguin ce qui permet de s'affranchir des sources d'erreurs communes avec le dispositif de Millikan. Lors d'un battement de cœur, le volume artériel change alors que celui relatif aux autres tissus traversés par les faisceaux lumineux restent inchangés. On peut donc mesurer la saturation en traitant astucieusement le signal.

En pratique, on mesure le rapport suivant :

$$R = \frac{AC_{660}/DC_{660}}{AC_{940}/DC_{940}}$$

expression où AC_λ représente la composante pulsatile de l'absorbance et DC_λ la composante constante à la longueur d'onde λ. La valeur de R est alors reportée sur un abaque ou comparée à des valeurs tabulées dans un dispositif électronique qui fournit la saturation correspondante.

B.III.4.a. Comment traiter le signal pour isoler les deux composantes ?

En première approximation, on peut limiter l'étude au rapport des deux composantes pulsatiles $R = AC_{660}/AC_{940}$, les résultats étant qualitativement les mêmes.

B.III.4.b. En explicitant l'expression de R en fonction des coefficients d'absorption molaires du Tableau 10 ci-dessous, calculer $y = f(R)$ puis représenter l'abaque qui donne la saturation y en fonction de R.

On suppose comme précédemment que seuls Hb et HbO_2 absorbent dans le sang artériel.

λ (nm)	660	940
ε(Hb)	792	168
ε(HbO_2)	100	295
ε(MetHb)	715	745
ε(HbCO)	90	15

Tableau 10 : Coefficients d'absorption molaires ($mol^{-1}.L.cm^{-1}$).

En présence de monoxyde de carbone, l'hémoglobine forme un complexe très stable, HbCO.

B.III.4.c. On considère qu'une fraction x de l'hémoglobine est complexée par du monoxyde de carbone. Donner la nouvelle expression de R en fonction de x, y et $\varepsilon_i(\lambda)$.

B.III.4.d. À l'aide des valeurs du tableau précédent, comparer la valeur de la saturation mesurée à la valeur réelle. On étudiera les cas d'une légère intoxication $x = 0,05$ et celui d'un gros fumeur $x = 0,15$ pour une saturation réelle $y = 0,85$. Conclure.

Une autre source de perturbation peut être la présence d'hémoglobine dont l'ion fer(II) a été oxydé en fer(III) pour donner la methémoglobine (MetHb), rendant ainsi la protéine non-fonctionnelle. Cette oxydation peut être causée par la présence d'ions nitrate.

B.III.4.e. Écrire l'équation de l'oxydation de Hb en MetHb par les ions nitrate.

B.III.4.f. On considère désormais qu'une fraction z de l'hémoglobine est sous forme MetHb. Donner la nouvelle expression de R en fonction de z, y et $\varepsilon_i(\lambda)$.

À l'aide des valeurs du tableau précédent, comparer la valeur de la saturation mesurée à la valeur réelle. On étudiera les cas $z = 0,05$ et $z = 0,15$ pour une saturation réelle $y = 0,85$. Conclure.

B.III.4.g. Proposer une méthode de mesure qui permettrait de corriger les déviations de mesure observées aux questions précédentes.

B.III.4.h. Quelles sont les autres sources d'erreurs ou de non-fonctionnement possibles ?

B.IV. Phénomènes de fluorescence

B.IV.1. Fluorescence « impulsionnelle » ou « résolue en temps »

On considère ici une molécule M fluorescente en solution diluée (la concentration de M sera exprimée en mol.L^{-1}). À un instant $t = 0$, une impulsion lumineuse de durée infiniment courte, fait passer, par absorption de photon, une fraction de molécules M dans l'état excité S_1. De telles molécules excitées seront notées M*. Les différentes voies de désactivation de l'état S_1 peuvent se résumer sur le diagramme suivant qui fait intervenir, pour chaque processus, une constante de vitesse :

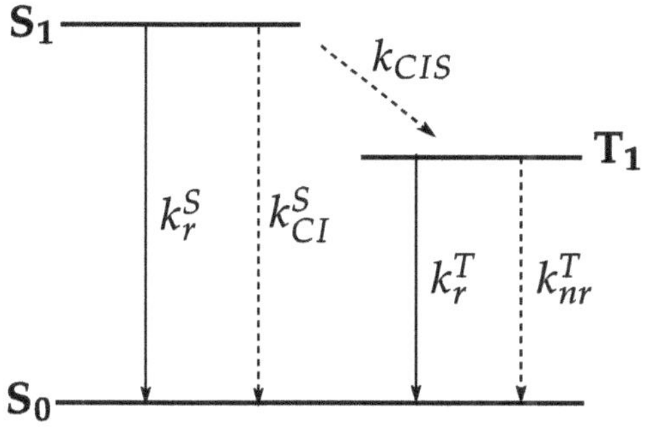

Figure 9 : Diagramme de Perrin-Jablonski : notations cinétiques.

On notera $k_{nr}^S = k_{CI}^S + k_{CIS}$

B.IV.1.a. Une impulsion lumineuse de durée infiniment courte peut-elle être monochromatique ? Justifier brièvement votre réponse indépendamment de toute considération expérimentale.

B.IV.1.b. Exprimer, en fonction de [M*], k_r^S et k_{nr}^S la vitesse de disparition de M*.

B.IV.1.c. En déduire la Concentration [M*] à chaque instant. On l'exprimera en fonction de $[M^*]_0$, concentration initiale en M* induite par l'impulsion lumineuse à $t = 0$, du temps t et de la grandeur τ_S définie par :

$$\tau_S = \frac{1}{k_r^S + k_{nr}^S}$$

τ_S est appelée durée de vie de fluorescence de l'espèce M*.

B.IV.1.d. On définit l'intensité de fluorescence $i_F(t)$ comme la quantité de photons (en mol) émise par unité de temps et par unité de volume de solution selon l'équation :

$$M^* \xrightarrow{k_r^S} M + \text{photon}$$

Donner l'expression de $i_F(t)$ en fonction de t, k_r^S, $[M^*]_0$ et de τ_S.

B.IV.1.e. La mesure de l'intensité de fluorescence en fonction du temps après une excitation impulsionnelle à 366 nm d'une solution d'anthracène à la concentration de $1,0.10^{-5}$ mol.L^{-1} dans l'éthanol a conduit aux valeurs regroupées dans le Tableau 11. Déterminer la durée de vie de fluorescence de l'anthracène dans l'éthanol.

t (ns)	0	1	2	3	4	5
$i_F(t)$	62 620	50 408	41 250	32 472	27 218	21 556
t (ns)	6	7	8	9	10	
$i_F(t)$	17 708	14 247	11 352	9 139	7 560	

Tableau 11 : Déclin de fluorescence d'une solution d'anthracène. $i_F(t)$ est donné en photons par unité de temps.

B.IV.2. On appelle rendement quantique de fluorescence, et on note Φ_F, la fraction de molécules M* qui retournent à l'état fondamental S_0 au moyen d'une émission de fluorescence. Montrer que l'on a :

$$\Phi_F = k_r^S \tau_S$$

B.IV.3. Fluorescence « stationnaire »

Un autre moyen d'étudier les phénomènes de fluorescence moléculaire est, non plus d'envoyer un signal impulsionnel de très brève durée pour suivre le déclin ultérieur de fluorescence de l'échantillon, mais, au contraire, de maintenir cet échantillon sous un faisceau d'excitation constant et continu. On note ici $[M]_0$ la concentration en espèce M dans l'échantillon avant toute irradiation et [M] sa concentration une fois le régime stationnaire établi.

B.IV.3.a. Par une considération expérimentale simple, justifier le fait que l'on a :

$$[M] \approx [M]_0$$

B.IV.3.b. Rappeler ce que l'on entend par AEQS (Approximation des États Quasi-Stationnaires) et à quel type d'espèce(s) elle est susceptible d'être appliquée.

B.IV.3.c. On note k_a^S la constante de vitesse de formation de M* à partir de M. Montrer que les quantités [M] et [M*] sont proportionnelles en précisant le facteur de proportionnalité.

B.IV.3.d. Montrer alors que $i_F(t)$ ne dépend plus du temps et l'exprimer en fonction de $[M]_0$. Cette quantité sera notée I_F par la suite.

B.IV.3.e. Exprimer I_F en fonction de Φ_F.

B.V. Comparaison absorption / émission de fluorescence

Les spectres d'absorption et de fluorescence de quelques hydrocarbures aromatiques polycycliques ont été étudiés afin de déterminer le seuil de détection de chaque composé suivant la technique utilisée. Les résultats obtenus sont consignés dans le Tableau 12.

Hydrocarbure polycyclique aromatique	Absorption			Fluorescence	
	λ (nm)	$10^4\varepsilon$ ($mol^{-1}.L.cm^{-1}$)	Seuil de détection ($\mu g.L^{-1}$)	λ (nm)	Seuil de détection ($\mu g.L^{-1}$)
Benzo[a]anthracène	288	9,8	1,1	387	0,32
Benzo[a]pyrène	297	6,0	2,7	405	0,12
Benzo[k]fluoranthène	307	6,7	2,1	403	0,04
Chrysène	268	14,3	0,8	382	0,33

Tableau 12 : Seuils de détection d'hydrocarbures aromatiques pour différentes techniques.

B.V.1. Analyser ces résultats en comparant d'une part, les valeurs obtenues pour les coefficients d'absorption molaires et les seuils de détection en absorption, et d'autre part en comparant les valeurs obtenues pour les seuils de détection en absorption et en fluorescence.

B.V.2. Conclure quant à la sensibilité de chacune de ces deux techniques d'analyse.

B.VI. Phénomène d'inhibition de fluorescence (« Quenching »)

Des processus d'inhibition peuvent entrer en compétition avec le processus de désexcitation intrinsèque de M*, Nous allons nous intéresser à deux d'entre eux. Dans toute la suite, on note respectivement k_r et k_{nr} les sommes des constantes cinétiques relatives respectivement aux processus radiatifs et non-radiatifs à partir de l'état S_1.

B.VI.1. Inhibition dynamique

Elle met en jeu l'interaction d'une molécule excitée M* avec une autre molécule Q (« *quencher* ») suivant le schéma simplifié suivant :

$$\mathrm{M}^* + Q \xrightarrow{k_q} \text{produits}$$

$$\mathrm{M}^* + Q \xrightarrow{k_r + k_{nr}} \mathrm{M} + \mathrm{Q}$$

k_q représente la constante de vitesse observée pour le processus bimoléculaire conduisant aux « produits ».

B.VI.1.a. Établir la relation damant l'évolution temporelle de $[\mathrm{M}^*]$ à la suite d'une excitation impulsionnelle. On notera $[\mathrm{M}^*]_0$ la concentration en M* à $t = 0$.

B.VI.1.b. On note τ_0 la durée de vie de fluorescence en l'absence d'inhibiteur et τ la durée de vie de fluorescence en présence d'inhibiteur. Établir la relation liant $\frac{\tau_0}{\tau}$ et [Q].

B.VI.1.c. Donner l'expression du rendement quantique Φ en présence d'inhibiteur.

B.VI.1.d. On note I l'intensité de fluorescence stationnaire observée en présence d'inhibiteur et I_0 l'intensité de fluorescence stationnaire observée en l'absence d'inhibiteur. Établir la relation liant $\frac{I_0}{I}$ et [Q]. Le produit $k_q\tau_0$ est noté K_{SV} et est appelé constante de Stern-Volmer.

B.VI.2. Inhibition statique

Elle met en jeu la formation d'un complexe physico-chimique de stœchiométrie 1 : 1 non fluorescent suivant l'équation de réaction $M + Q = MQ$. La constante d'équilibre thermodynamique associée à cette réaction est notée K.

B.VI.2.a. Le déclin de fluorescence à la suite d'une excitation impulsionnelle est-il affecté par la présence de l'inhibiteur ?

B.VI.2.b. On considère des solutions diluées. On note I l'intensité de fluorescence stationnaire en présence d'inhibiteur et I_0 l'intensité de fluorescence stationnaire en l'absence d'inhibiteur. Établir la relation liant $\frac{I_0}{I}$ et [Q].

B.VI.3. Inhibitions statique et dynamique simultanées

Les inhibitions dynamique et statique peuvent avoir lieu simultanément. Le rapport $\frac{I}{I_0}$ obtenu pour l'inhibition dynamique doit alors être multiplié par la fraction de molécules fluorescentes.

B.VI.3.a. Établir la relation entre $\frac{I_0}{I}$ et [Q].

B.VI.3.b. Montrer qu'une exploitation graphique adéquate permet la détermination de K_{SV} et de K.

B.VI.4. Étude de quelques systèmes

Trois systèmes fluorophore / inhibiteur ont été étudiés par fluorescence résolue en temps et par fluorescence stationnaire :
- le système iodure de N-méthylacridinium / sel disodique de la guanosine 5' monophosphate, noté par la suite N-MEAI / GMP ;
- le système acide 1-pyrènesulfonique / iodure de potassium, noté par la suite PSA / I^- ;
- le système 2-acétylnaphtalène / β-cyclodextrine, noté par la suite 2-AN / β-CD.

Les mesures de fluorescence stationnaire conduisant à I (exprimées ici en unités arbitraires, u.a.) et les mesures de fluorescence résolue en temps conduisant aux durées de vie τ (exprimées en ns) ont été effectuées à 21 °C, en fonction de la concentration en inhibiteurs. Les résultats obtenus sont consignés dans le Tableau 13.

B.VI.4.a. Lequel de ces systèmes présente un processus d'inhibition purement statique ? Justifier votre réponse.

B.VI.4.b. On s'intéresse au système dont le processus d'inhibition est purement statique.

B.VI.4.b.1. Déterminer la valeur de la constante d'équilibre thermodynamique K de la réaction de formation du complexe à 21 °C.

N-MEAI / GMP	$[GMP]10^3$ (mol.L^{-1})	0,0	1,0	2,0	3,0	4,0	6,0	8,0
	τ (ns)	34,8	30,9	27,8	25,0	22,5	18,8	15,7
	I (u.a.)	6,3	5,2	4,4	3,8	3,3	2,6	2,1
PSA / I^-	$[I^-]10^3$ (mol.L^{-1})	0,0	3,0	6,0	9,0	12,0		
	τ (ns)	58,6	37,2	26,4	20,7	17,1		
	I (u.a.)	6,8	4,2	3,1	2,4	2		
2-AN / β-CD	$[\beta\text{-CD}]10^3$ (mol.L^{-1})	0,00	0,10	0,50	0,75	1,00	1,50	2,00
	τ (ns)	2,0	1,9					
	I (u.a.)	5,9		4,7	4,1	3,8	3,2	2,7

Tableau 13 : Mesures de fluorescence pour différents systèmes fluorophore / inhibiteur.

Des mesures de fluorescence stationnaire réalisées dans de mêmes conditions de concentrations ont permis de déterminer la valeur de la constante K pour différentes températures. Ces valeurs sont rassemblées dans le Tableau 14 qui pourra être complété par le résultat de la question précédente pour la température de 21 °C.

θ (°C)	11	31	41
K	690	490	430

Tableau 14 : Évolution de la constante thermodynamique K en fonction de la température.

B.VI.4.b.2. Énoncer l'approximation d'Ellingham.

B.VI.4.b.3. En vous plaçant dans le cadre de l'approximation d'Ellingham, déterminer l'enthalpie et l'entropie standard de réaction pour la réaction de formation du complexe fluorophore-inhibiteur.

B.VI.4.c. On s'intéresse maintenant aux deux autres systèmes.

B.VI.4.c.1. Pour lequel de ces systèmes le processus d'inhibition est-il purement dynamique ? Ce résultat était-il prévisible ? Justifier vos réponses.

B.VI.4.c.2. Déterminer pour ce système la valeur de k_q.

B.VI.4.c.3. Montrer que la valeur de k_q déterminée à partir des mesures de fluorescence stationnaire est en accord avec celle déterminée à partir des mesures de fluorescence résolue en temps. Expliquer pourquoi cet accord traduit une inhibition purement dynamique.

B.VI.4.c.4. Le troisième et dernier système étudié présente un processus d'inhibition couplant modèles statique et dynamique. Déterminer pour ce cas les valeurs de K (constante d'équilibre thermodynamique de la réaction de formation du complexe fluorophore-inhibiteur) et de k_q.

FIN DE L'ÉNONCÉ

Échanges de particules

A. Étude thermodynamique des échanges de protons

A.I. Définitions des acides

A.I.1. Brønsted et Lowry définissent en 1923 un acide comme une espèce pouvant libérer un ou plusieurs protons (et une base de capter un ou plusieurs protons). Cette définition est une définition plus systématique par rapport à celle d'Arrhénius qui ne définit les acides et les bases qu'en solution aqueuse par rapport au couple de l'eau H_2O/HO^-.

A.I.2. Lewis en 1923 définit un acide comme une espèce présentant une vacance électronique (et une base comme une espèce présentant un doublet libre).

A.I.3. Une troisième définition possible des acides est donné par Lux et Flood qui considèrent qu'un acide est une espèce pouvant accepter l'ion O^{2-}. Cette définition est une extension de la définition d'acide à des milieux non protiques et est utilisé en géologie pour décrire les roches. Elle joue aussi un rôle important en métallurgie. Par contre cette notion d'acidité n'est englobée dans aucune des deux définitions précédentes. En effet, la silice SiO_2 est un acide selon la définition de Lux et Flood mais pas selon Lewis ou Brønsted.

A.II. Détermination de coefficients d'activité dans le cadre de la théorie de Debye-Hückel

A.II.1. La molalité se définit comme la quantité de matière (exprimée en mol) contenue dans 1000 g de solvant. Elle s'exprime donc en mol.kg^{-1}. La masse étant indépendante de la température contrairement au volume, la molalité est indépendante de la température (contrairement à la molarité ou concentration molaire volumique).

A.II.2. $\mu_c = \mu_c^\circ + RT\ln\left(\frac{\gamma_c m_c}{m^\circ}\right)$, où μ_c° désigne le potentiel chimique standard de référence sur l'échelle des molalités de l'espèce A_C. L'état de référence correspond à l'état hypothétique d'une solution de molalité unitaire et donc le comportement serait le même que celui d'une solution infiniment diluée.

A.II.3. Du point de vue global l'électroneutralité de la solution s'écrit :

$$\sum_i z_i e N_i = 0$$

Du point du vue de l'espèce A_c, l'électroneutralité de la solution s'écrit :

$$\int_{d_c}^{+\infty} \rho_c(r) 4\pi r^2 \,\mathrm{d}r + z_c e = 0$$

A.II.4. Le modèle de Debye-Hückel est basé sur les hypothèses suivantes :
- Les ions sont sphériques en équilibre stationnaire
- Le solvant est un fluide de constante diélectrique uniforme.
- La température du système est supposée constante et uniforme égale à T.

- Les interactions entre les ions sont considérées comme étant purement électrostatiques entre des sphères chargées non polarisées. L'énergie d'interaction électrostatique étant faible devant l'énergie thermique.
- L'électrolyte est supposé complétement dissocié (électrolyte fort).

A.II.5. L'application du premier principe à un ion A_c entre l'instant initial (fictif) où il n'est pas chargé et l'instant final où l'ion est chargé donne que :

$$\Delta U = Q + w_{\text{pression}} + w_e$$

Donc en appliquant le second principe à une transformation réversible entre l'instant initial fictif et notre état final :

$$\delta Q = TdS \Rightarrow \Delta G = w_e$$

D'après les hypothèses de Debye-Hückel, lorsque l'ion n'est pas chargé, le comportement est celui d'une solution idéale donc :

$$\mu_c(z_c = 0) = \mu_c^\circ + RT \ln\left(\frac{m_c}{m^\circ}\right)$$

Lorsque l'ion est chargé, il y a alors un écart à l'idéalité caractérisé par le coefficient d'activité :

$$\mu_c(z_c) = \mu_c^\circ + RT \ln\left(\frac{\gamma_c m_c}{m^\circ}\right)$$

Or d'après la définition du potentiel chimique, et comme l'enthalpie libre est une grandeur extensive : $G_c = \dfrac{\mu_c}{\mathcal{N}_A}$, d'où :

$$k_B T \ln(\gamma_c) = w_e$$

A.II.6.

A.II.6.a. Pour pouvoir appliquer la relation de Boltzmann, on a fait l'hypothèse d'équilibre local. De plus, on suppose que seul le potentiel crée par l'ion central A_c influe sur la répartition spatiale des autres ions. Enfin, on confond aussi le nombre d'ions A_i dans l'état fondamental (c'est-à-dire jouant le rôle d'ion central) par unité de volume de la solution avec le nombre moyen d'ions A_i par unité de volume en solution.

A.II.6.b.

A.II.6.b.1. On utilise l'expression du développement limité de l'exponentielle dans l'équation (2).

$$\exp(u) = 1 + u + O(u^2)$$

Par conséquent :

$$\rho_c(r) = \sum_i N_i z_i e \left(1 - \frac{z_i e \phi_c(r)}{k_B T}\right) \qquad (3)$$

Soit en utilisant la relation d'électroneutralité de la question A.II.3., on obtient :

$$\rho_c(r) = -\sum_i N_i z_i^2 e^2 \frac{\phi_c(r)}{k_B T}$$

A.II.6.b.2. Un tel développement limité est valable dans le cas où

$$\frac{-z_i e \phi_c(r)}{k_B T} \ll 1$$

Cette condition est réalisée lorsque l'énergie d'interaction entre l'ion central et les autres ions est plus faible que l'énergie d'agitation thermique. Cette approximation est donc valable aux températures élevées. Dans le cas d'un électrolyte où les cations et les anions ont la même charge en valeur absolue, séparons la somme en deux termes :

$$\rho_c(r) = \sum_{i \text{ cation}} N_i z_i e \left(1 - \frac{z_i e \phi_c(r)}{k_B T}\right) + \sum_{j \text{ anion}} N_j z_j e \left(1 - \frac{z_j e \phi_c(r)}{k_B T}\right)$$

$$\rho_c(r) = \sum_{i \text{ cation}} N_i\, |z_i| e \left(1 - \frac{|z_i| e \phi_c(r)}{k_B T}\right) - \sum_{j \text{ anion}} N_j |z_j| e \left(1 + \frac{|z_j| e \phi_c(r)}{k_B T}\right)$$

$$\rho_c(r) = -2 \sum_{i \text{ cation}} N_i |z_i| e \frac{|z_i| e \phi_c(r)}{k_B T} = 2e^2 \frac{\phi_c(r)}{k_B T} \sum_{i \text{ cation}} N_i z_i^2$$

Remarque : Le terme d'ordre 2 est rigoureusement nul, par conséquent cette expression est aussi valable à l'ordre 2.

A.II.7.

A.II.7.a. $[\kappa^2] = \dfrac{(A.s)^2 m^{-3}}{A^2.s^4.kg^{-1}.m^{-3}.kg.m^2 K^{-1}.s^{-2}.K}$

κ est homogène à l'inverse d'une longueur.

A.II.7.b. Par définition, la force ionique est définie comme :

$$I_m = \frac{1}{2} \sum_i m_i z_i^2$$

Elle s'exprime en mol.kg^{-1}

A.II.7.c.

$$\kappa^2 = \frac{\sum_i N_i z_i^2 e^2}{\epsilon k_b T} = \frac{\sum_i m_i z_i^2 \mathcal{N}_A 10^3 \rho^\circ e^2}{\epsilon k_b T} = 2.10^3 \frac{\mathcal{N}_A I_m \rho^\circ e^2}{\epsilon k_b T}$$

$$\kappa^2 = 2.10^3 \frac{F^2 I_m \rho^\circ}{\varepsilon R T}$$

A.II.7.d. En combinant les équations (3) et (1), on obtient l'équation différentielle suivante :

$$\varepsilon \frac{1}{r^2} \frac{\mathrm{d}\left(r^2 \dfrac{\mathrm{d}\,\phi_c(r)}{\mathrm{d}\,r}\right)}{\mathrm{d}\,r} = \sum_i N_i z_i^2 e^2 \frac{\phi_c(r)}{k_B T}$$

Soit en utilisant l'équation (4) :

$$\frac{\mathrm{d}\left(r^2 \dfrac{\mathrm{d}\,\phi_c(r)}{\mathrm{d}\,r}\right)}{\mathrm{d}\,r} = \kappa^2 r^2 \phi_c(r)$$

En développant le premier terme de l'équation,

$$2r\frac{\mathrm{d}\,\phi_c(r)}{\mathrm{d}\,r} - r^2\frac{\mathrm{d}^2\,\phi_c(r)}{\mathrm{d}r^2} = \kappa^2 r^2 \phi_c(r)$$

Dérivons deux fois $u_c(r)$:

$$\frac{\mathrm{d}^2\,u_c(r)}{\mathrm{d}r^2} = \frac{\mathrm{d}\,(\phi_c(r) + r\frac{\mathrm{d}\,\phi_c(r)}{\mathrm{d}\,r})}{\mathrm{d}\,r} = 2\frac{\mathrm{d}\,\phi_c(r)}{\mathrm{d}\,r} + r\frac{\mathrm{d}^2\,\phi_c(r)}{\mathrm{d}r^2}$$

On obtient donc au final que :

$$\frac{\mathrm{d}^2\,u_c(r)}{\mathrm{d}r^2} = \kappa^2 u_c(r)$$

On peut intégrer cette équation différentielle du second ordre à coefficients constants :

$$u_c(r) = A\exp(-\kappa r) + B\exp(\kappa r)$$

Le potentiel ne pouvant pas diverger quand $r \to \infty$, B = 0. D'où :

$$\phi_c(r) = \frac{A}{r}\exp(-\kappa r)$$

$$\rho_c(r) = -A\sum_i N_i z_i^2 e^2 \frac{\exp(-\kappa r)}{r k_B T}$$

En utilisant l'équation d'électroneutralité (question A.II.3.) pour déterminer A :

$$-4\pi\int_{d_c}^{+\infty} A\sum_i N_i z_i^2 e^2 \frac{\exp(-\kappa r)}{k_B T} r\,\mathrm{d}r + z_c e = 0$$

D'où,

$$4\pi A\sum_i \frac{N_i z_i^2 e^2}{k_B T}\int_{d_c}^{+\infty}\exp(-\kappa r) r\,\mathrm{d}r = z_c e$$

$$4\pi A\varepsilon\kappa^2\left[-\exp(-\kappa r)\frac{\kappa^{-1}+r}{\kappa}\right]_{d_c}^{+\infty} = z_c e$$

$$4\pi A\varepsilon\kappa\exp(-\kappa d_c)(\kappa^{-1}+d_c) = z_c e$$

On en tire la valeur de A :

$$A = \frac{z_c e}{4\pi\varepsilon\exp(-\kappa d_c)(1+\kappa d_c)}$$

Et donc finalement,

$$\phi_c(r) = \frac{z_c e\exp(\kappa(d_c - r))}{4\pi\varepsilon r(1+\kappa d_c)} \tag{5}$$

A.II.8.

A.II.8.a.

$$q_{\text{sph}}(r) = 4\pi\rho_c(r)r^2 = -\kappa^2 z_c e r \frac{\exp(\kappa(d_c - r))}{1 + \kappa d_c}$$

$$q_{\text{sph}}(r) = -z_c\kappa^2 e \frac{\exp(\kappa d_c)}{1 + \kappa d_c} r \exp(-\kappa r)$$

A.II.8.b. Dérivons la charge de la sphère par rapport à r :

$$\frac{\mathrm{d}\, q_{\text{sph}}(r)}{\mathrm{d}\, r} = -\kappa^2 z_c e(1 - \kappa r)\frac{\exp(\kappa(d_c - r))}{1 + \kappa d_c}$$

La charge est donc extrêmale lorsque $(1 - \kappa r) = 0 \Leftrightarrow r = \kappa^{-1}$.

Remarque : Ce rayon est appelé longueur de Debye.

A.II.9.

A.II.9.a. Le potentiel coulombien créé par l'ion A_c est :

$$\phi_{A_c}(r) = \frac{z_c e}{4\pi\varepsilon r}$$

Donc par définition :

$$\phi_{\text{atm}}(r) = \frac{z_c e \exp(\kappa(d_c - r))}{4\pi\varepsilon r(1 + \kappa d_c)} - \frac{z_c e}{4\pi\varepsilon r} = \frac{z_c e}{4\pi\varepsilon r}\left(\frac{\exp(\kappa(d_c - r))}{1 + \kappa d_c} - 1\right)$$

A.II.9.b.

A.II.9.b.1. Il suffit de remplacer r par d_c dans la formule précédente.

$$\phi_{\text{atm}}(d_c) = \frac{z_c e}{4\pi\varepsilon d_c}\left(\frac{1}{1 + \kappa d_c} - 1\right) = \frac{-\kappa z_c e}{4\pi\varepsilon(1 + \kappa d_c)} = \frac{-\kappa q}{4\pi\varepsilon(1 + \kappa d_c)}$$

où q est la charge de l'ion A_c.

A.II.9.b.2. Le travail w_e se définit comme le travail nécessaire pour électriser la charge centrale :

$$w_e = \int_0^{z_c e} \phi_{\text{atm}}(d_c)\, \mathrm{d}q = \frac{-\kappa(z_c e)^2}{8\pi\varepsilon(1 + \kappa d_c)}$$

A.II.9.c. On utilise la relation liant le travail w_e et le coefficient d'activité :

$$\ln(\gamma_c) = \frac{w_e}{k_B T} = \frac{-\kappa(z_c e)^2}{8\pi\varepsilon k_B T(1 + \kappa d_c)}$$

En utilisant la relation entre les logarithmes népérien et décimal :

$$\log(\gamma_c) = \frac{-\kappa(z_c e)^2}{8\pi \ln(10)\varepsilon k_B T(1 + \kappa d_c)}$$

De plus, en utilisant la relation $\kappa = \left(2.10^3 \frac{\mathcal{N}_A I_m \rho^\circ e^2}{\varepsilon k_b T}\right)^{1/2}$,

$$\log(\gamma_c) = -z_c^2 \frac{A\sqrt{I_m}}{1 + d_c B\sqrt{I_m}}$$

avec :

$$A = \frac{e^3\sqrt{2.10^3\mathcal{N}_A\rho^\circ}}{8\pi(\varepsilon k_b T)^{3/2}\ln(10)} \text{ et } B = \sqrt{2.10^3\frac{\mathcal{N}_A\rho^\circ e^2}{\varepsilon k_b T}} = F\sqrt{2.10^3\frac{\rho^\circ}{\varepsilon RT}}$$

A.II.10.

$$\mathrm{C_xA_y} \longrightarrow x\mathrm{C}^{z_+ +} + y\mathrm{A}^{z_- -}$$

A.II.10.a. Par définition :

$$\begin{aligned}\mu_{C_xA_y} &= x\mu_{C^{z_+ +}} + y\mu_{A^{z_- -}} \\ &= x\mu^\circ_{C^{z_+ +}} + y\mu^\circ_{A^{z_- -}} + RT\ln\left(\frac{\gamma^x_{C^{z_+ +}}.\gamma^y_{A^{z_- -}}.m^x_{C^{z_+ +}}.m^y_{A^{z_- -}}}{(m^\circ)^2}\right)\end{aligned}$$

A.II.10.b. On définit le coefficient d'activité moyen de l'électrolyte comme :

$$\gamma_\pm = \sqrt[x+y]{\gamma^x_{C^{z_+ +}} \cdot \gamma^y_{A^{z_- -}}}$$

C'est une moyenne géométrique.

A.II.10.c. En appliquant la relation (6) aux deux ions, on trouve que :

$$\log(\gamma_\pm) = -z_+z_-\frac{A\sqrt{I_m}}{1 + d_\pm B\sqrt{I_m}}$$

A.II.10.d.

A.II.10.d.1. D.A. MacInnes avait remarqué que les ions K^+ et Cl^- ont sensiblement la même masse, la même mobilité ionique, la même charge électronique et le même volume (même distance d'approche). Il en avait conclu que ces deux ions devaient avoir les mêmes coefficients d'activité dans une solution diluée de KCl.

A.II.10.d.2. A.N. : I_m=0,0100 mol.kg^{-1} et donc $\gamma_{\mathrm{Cl}} = \gamma_{\mathrm{K}}$=0,899

A.II.10.d.3. Cette hypothèse permet de déterminer expérimentalement le coefficient d'activité des ions K^+ et Cl^- comme la moyenne géométrique du coefficient d'activité de la solution de KCl. On peut alors déterminer le coefficient d'activité des autres ions lorsqu'ils sont impliqués avec soit l'ion K^+ soit l'ion Cl^- dans une autre solution de même force ionique que celle de KCl de référence.

A.III. Solutions tampons primaires

A.III.1. Le pH se définit comme :

$$\mathrm{pH} = -\log(a_{\mathrm{H}})$$

A.III.2. L'activité des ions H^+ dépend des toutes les autres espèces ioniques présentes en solution. Par électroneutralité, ceux-ci ne peuvent être seuls en solution. On ne peut donc pas mesurer l'activité d'un ion sans tenir compte des autres ions présents en solution.

A.III.3.

A.III.3.a. Les électrodes au calomel saturé contiennent du mercure qui est toxique pour l'homme et pour l'environnement. Il est donc préférable d'utiliser comme électrode de référence une électrode Ag/AgCl.

A.III.3.b. Le vieillissement de la pâte est nécessaire pour obtenir des cristaux de taille adéquate.

A.III.3.c.

A.III.3.c.1. $Ag_2O_{(s)} = \frac{1}{2}O_{2(g)} + 2Ag_{(s)}$

A.III.3.c.2. On applique la loi de Hess pour calculer l'enthalpie et l'entropie standard de réaction :

$$\Delta_r H^\circ(T = 25°C) = \frac{1}{2}\Delta_f H^\circ(O_{2(g)}) + 2\Delta_f H^\circ(Ag_{(s)}) - \Delta_f H^\circ(Ag_2O_{(s)})$$

$$\Delta_r H^\circ(T = 25°C) = 31 \text{ kJ.mol}^{-1}$$

$$\Delta_r S^\circ(T = 25°C) = \frac{1}{2}S^\circ(O_{2(g)}) + 2S^\circ(Ag_{(s)}) - S^\circ(Ag_2O_{(s)}) = 66,2 \text{ J.mol}^{-1}.\text{K}^{-1}$$

On en déduit l'enthalpie libre standard de réaction en supposant que l'enthalpie et l'entropie standard de réaction varient très peu en fonction de la température :

$$\Delta_r G^\circ(T = 450°C) \approx \Delta_r H^\circ(T = 25°C) - T\Delta_r S^\circ(T = 25°C) = -16,9 \text{ kJ.mol}^{-1}$$

On utilise maintenant la relation entre l'enthalpie libre standard de réaction et la constante d'équilibre de la réaction :

$$K^\circ(T = 450°C) = \exp\left(\frac{-\Delta_r G^\circ(T = 450°C)}{RT}\right) = 16,6$$

K° étant plus grand que l'unité, la réaction est donc thermodynamiquement favorisée.
Calculons maintenant le quotient de réaction à l'air ambiant en assimilant en première approximation la fugacité à la pression partielle.

$$Q = \sqrt{\frac{P_{O_2}}{P^\circ}} = \sqrt{\frac{0,23.P_{\text{atm}}}{P^\circ}} = \sqrt{\frac{0,23.1,025}{1}} = 0,49$$

Comme $K^\circ \gg Q$, et comme la pression partielle en dioxygène dans l'air ambiant reste quasiment inchangé lors de la réaction (la faible quantité de dioxygène libérée par la réaction ne va pas changer la pression partielle), l'affinité chimique est positive. Par conséquent, l'oxyde d'argent va être totalement consommé. Pour que l'équilibre soit atteint, il faudrait une pression partielle en oxygène de 276 bar, condition qui ne sera jamais réalisée.

Remarque : Ce n'est pas parce que la constante d'équilibre est grande que la réaction sera totale. Tout dépend du quotient réactionnel au début de la réaction et du quotient réactionnel final. Ici, la variance du système vaut 1 et si la température et la pression de O_2 sont fixées, il y a forcément rupture de l'équilibre.

A.III.3.d.

A.III.3.d.1. À la cathode : $H^+_{(aq)} + e^- \rightarrow \frac{1}{2}H_{2(g)}$, il y a réduction des protons.

À l'anode : $Ag_{(s)} + Cl^-_{(aq)} \rightarrow AgCl_{(s)} + e^-$, il y a oxydation de l'argent en chlorure d'argent.

A.III.3.d.2. Les fils de platine permettent la mesure expérimentale de la tension à vide qui est une différence de potentiel entre deux métaux de même nature. De plus, le platine est un métal inoxydable et ne forme pas de composé mixte avec l'argent.

A.III.3.d.3. Il existe deux défauts principaux qui conservent la stœchiométrie :
- Les défauts de Schottky qui sont des paires de défauts dans les cristaux ioniques.
- Les défauts de Frenkel qui résultent de la migration d'un ion dans un site interstitiel.

Les défauts les plus courants dans les halogénures d'argent sont les défauts de Frenkel. Ces défauts sont très importants dans le processus de photographie dit argentique et ont donc été abondamment étudiés par le passé.

A.III.4.

A.III.4.a. La tension à vide correspond à la tension mesurée entre le fil d'argent et de platine :

$$\begin{aligned}E_{\text{pile}} &= \Phi_{\text{Pt}_d} - \Phi_{\text{Pt}_g} \\ &= \Phi_{\text{Pt}_d} - \Phi_{\text{Ag}} + \Phi_{\text{Ag}} - \Phi_{\text{sol droite}} + \Phi_{\text{sol droite}} - \Phi_{\text{sol gauche}} + \Phi_{\text{sol gauche}} \\ &\quad - \Phi_{\text{Pt}_g} \\ &= \Phi_{\text{Pt}_d} - \Phi_{\text{Ag}} + E_{\text{Nernst(Ag/AgCl)}} + (\Phi_{\text{sol droite}} - \Phi_{\text{sol gauche}}) - E_{\text{Nernst}(H^+/H_2)}\end{aligned}$$

Pour identifier la tension à vide de la pile avec la différence des potentiels de Nernst, il faut négliger le potentiel de jonction $\Phi_{\text{sol droite}} - \Phi_{\text{sol gauche}}$ et $\Phi_{\text{Pt}_d} - \Phi_{\text{Ag}}$. Dans ce cas :

$$E_{\text{pile}} = E^\circ_{\text{Ag/AgCl}} + \frac{RT}{F}\ln\left(\frac{1}{a_{\text{Cl}}}\right) - E^\circ_{H^+/H_2} - \frac{RT}{F}\ln\left(\frac{a_{\text{H}}}{\sqrt{a_{H_2}}}\right)$$

$$E_{\text{pile}} = E^\circ_{\text{Ag/AgCl}} + \frac{RT}{F}\ln\left(\frac{m^\circ}{\gamma_{\text{Cl}} m}\right) - E^\circ_{H^+/H_2} - \frac{RT}{F}\ln\left(\frac{\gamma_{\text{H}} m}{m^\circ\sqrt{a_{H_2}}}\right)$$

$$E_{\text{pile}} = E^\circ_{\text{Ag/AgCl}} - E^\circ_{H^+/H_2} - k\log\left(\frac{\gamma_{\text{H}}\gamma_{\text{Cl}} m^2}{(m^\circ)^2\sqrt{a_{H_2}}}\right)$$

A.III.4.b. On peut considérer le dihydrogène comme étant un gaz parfait car la pression et faible et le dihydrogène est apolaire.

$$f_{H_2} = 1 \text{ bar}$$

A.III.4.c. Prenons une expression simplifiée de l'équation (7) :

$$\log(\gamma_\pm) = -A\sqrt{I_m} = \frac{1}{2}\log(\gamma_{\text{Cl}}\gamma_{\text{H}})$$

Ici,

$$I_m = \frac{1}{2}\sum_i m_i z_i^2 = m$$

$$E_{\text{pile}} = E^\circ_{\text{Ag/AgCl}} - E^\circ_{\text{H}^+/\text{H}_2} - k\left(2\log\left(\frac{m}{m^\circ}\right) - 2A\sqrt{m}\right)$$

En traçant la tension à vide en fonction de $2\log\left(\frac{m}{m^\circ}\right) - 2A\sqrt{m}$, on peut trouver en extrapolant l'ordonnée à l'origine : $E^\circ_{\text{Ag/AgCl}} - E^\circ_{\text{H}^+/\text{H}_2}$.

A.III.4.d. On trace la droite évoquée précédemment.
L'équation de la droite est : $E_{\text{pile}} = -0,0593\left(2\log\left(\frac{m}{m^\circ}\right) - 2A\sqrt{m}\right) + 0,2216$ V avec un $R^2 = 1$. Comme $E^\circ_{\text{H}^+/\text{H}_2} = 0$ V/ESH par convention, $E^\circ_{\text{Ag/AgCl}} = 0,2216$ V/ESH.

A.III.4.e. Tout d'abord les résultats obtenus sont très précis. Ils restent reproductibles à 4 chiffres significatifs près. Cependant, on voit que même avec une très grande précision sur la molalité de la solution d'acide chlorhydrique, les résultats obtenus fluctuent. La limitation vient de la qualité de l'électrode de référence utilisée.

A.III.5.

A.III.5.a. Si on ne rajoute pas d'ion chlorure dans la solution, le chlorure d'argent risque de se dissoudre dans la solution tampon. De plus, la demi-équation rédox fait intervenir les ions chlorures non nécessairement présents dans le tampon.

A.III.5.b.

$$\begin{aligned}E_{\text{pile}} &= E^\circ_{\text{Ag/AgCl}} - E^\circ_{H^+/H_2} - k\log\left(\gamma_{\text{H}}\gamma_{\text{Cl}}\frac{m_{\text{H}}m_{\text{Cl}}}{(m^\circ)^2}\sqrt{\frac{P^\circ}{f_{\text{H}_2}}}\right)\\ &= E^\circ_{\text{Ag/AgCl}} - E^\circ_{\text{H}^+/\text{H}_2} + k.p_a - k\log\left(\frac{m_{\text{Cl}}}{m^\circ}\sqrt{\frac{P^\circ}{f_{\text{H}_2}}}\right)\end{aligned}$$

$$p_a = \frac{E_{\text{pile}} + E^\circ_{\text{H}^+/\text{H}_2} - E^\circ_{\text{Ag/AgCl}}}{k} + \log\left(\frac{m_{\text{Cl}}}{m^\circ}\right) - \frac{1}{2}\log\left(\frac{f_{\text{H}_2}}{P^\circ}\right)$$

A.III.5.c. En utilisant le fait que pH(S) $= -\log(a^\circ_H)$ (car le pH de la solution tampon est défini en l'absence des ions chlorure rajoutés), on trouve que :

$$\text{pH(S)} = -\log\left(a_{\text{H}}\gamma_{\text{Cl}^-}\right)^\circ + \log\left(\gamma^\circ_{\text{Cl}^-}\right)$$

A.III.5.d.

A.III.5.d.1. Il convient d'abord d'extrapoler la valeur de p_a à concentration en NaCl nulle, ici $p_a^o = 6,9881$. Il faut ensuite calculer I_m. On notera m_S la molalité des acides.

$$I_m = \frac{1}{2}\sum_i m_i z_i^2 = 4m_S = 0,1000 \text{ mol.kg}^{-1}$$

Remarque : il ne faut pas oublier les contre-ions et la charge des ions. Étant donné la valeur donnée à la question précédente, la valeur de la molalité en acide doit être $2,5.10^{-2}$ mol.kg^{-1} et non pas $2,5.10^{2}$ mol.kg^{-1}. De plus cette concentration est bien supérieure à celle de la solubilité de KH_2PO_4 qui est de l'ordre de 1,6 mol.L^{-1}.

A.N. : $\log(\gamma^\circ_{\text{Cl}}) = -0,1082$ et donc $\text{pH(S)} = 6,880$.

A.III.5.d.2.

$$K_a = \frac{a_{\text{HPO}_4{}^{2-}} a_{\text{H}}}{a_{\text{H}_2\text{PO}_4{}^{-}}} = \frac{\gamma_{\text{HPO}_4{}^{2-}} a_{\text{H}}}{\gamma_{\text{H}_2\text{PO}_4{}^{-}}} = \frac{\gamma_{\text{HPO}_4{}^{2-}} 10^{-\text{pH}}}{\gamma_{\text{H}_2\text{PO}_4{}^{-}}}$$

Donc

$$\text{pH} = \text{p}K_a - \log\left(\gamma_{\text{HPO}_4{}^{2-}} \gamma_{\text{H}_2\text{PO}_4{}^{-}}\right)$$

AN : pH = 7,20 – 0,341 = 6,86

La cellule de Harned permet donc d'avoir une très grande précision sur la mesure du pH.

A.III.5.e. Les incertitudes principales viennent des mesures potentiométriques, et en particulier de la mesure de E° . Il faut donc avoir une électrode indicatrice reproductible, ce qui est le cas de la cellule considérée ici. Un des gros avantages de la cellule de Harned est l'absence du potentiel de jonction (absence de membrane) ce qui rend la mesure du potentiel encore plus précise.

A.III.6.

A.III.6.a. On évite le contact avec l'air qui contient du dioxyde de carbone qui peut se dissoudre dans l'eau pour donner l'acide $H_2O.CO_2$ et donc former l'acide conjugué de l'hydrogénocarbonate. La molalité serait alors différente de celle introduite précédemment.

A.III.6.b. Le dihydrogène qui barbote dans la solution peut dégazer la solution et donc changer la molalité des acides et bases du tampon.

A.III.6.c.

A.III.6.c.1. On remarque que le potentiel évolue linéairement après l'étape de stabilisation de la solution. On prolonge donc la droite et on obtient par extrapolation la valeur du potentiel : 0,9198 V.

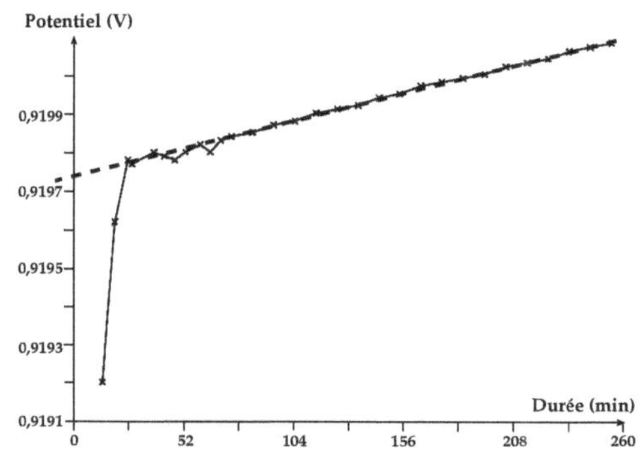

Figure 1 : Évolution du potentiel en fonction du temps.

A.III.6.c.2. Les transformations qui se produisent sont les suivantes :

$$\begin{aligned} CO_3{}^{2-}{}_{(aq)} + H_2O_{(l)} &\rightleftarrows HCO_3{}^-{}_{(aq)} + HO^-_{(aq)} \\ HCO_3{}^-{}_{(aq)} + H_2O_{(l)} &\rightleftarrows H_2CO_{3(aq)} + HO^-_{(aq)} \\ H_2CO_{3(aq)} &\rightleftarrows H_2O_{(l)} + CO_{2(aq)} \end{aligned}$$

Le barbotage de dihydrogène déplaçant les équilibres vers la droite en éliminant le $CO_{2(aq)}$. Le pH de la solution augmente, le potentiel aussi.

A.IV. Définition opérationnelle du pH

A.IV.1. $\mathcal{E}_P = E^\circ_{Ag/AgCl} + k.pH_{TP} - k\log\left(\frac{\gamma_{Cl}m^*}{m^\circ}\right) + \frac{k}{2}\log\left(\frac{f_{H_2}}{P^\circ}\right)$

$\mathcal{E}_S = E^\circ_{Ag/AgCl} + k.pH_{TS} - k\log\left(\frac{\gamma_{Cl}m^*}{m^\circ}\right) + \frac{k}{2}\log\left(\frac{f_{H_2}}{P^\circ}\right)$

A.IV.2. On peut supposer grâce à l'utilisation d'une solution concentrée que la force ionique est uniquement déterminée par la molalité en KCl.

A.IV.3. En combinant les équations des deux potentiels on trouve immédiatement que :

$$pH_{TS} = \frac{1}{k}(\mathcal{E}_S - \mathcal{E}_P) + pH_{TP}$$

A.IV.4. Pour connaître l'influence du potentiel de jonction, on reprend le même raisonnement que dans la question A.III.4.a., en sachant que le potentiel de jonction se définit comme la différence de potentiel entre les deux solutions :

$$\mathcal{E}_P = E^\circ_{Ag/AgCl} + k.pH_{TP} - k\log\left(\frac{\gamma_{Cl}m^*}{m^\circ}\right) + E_{j(TP)} + \frac{k}{2}\log\left(\frac{f_{H_2}}{P^\circ}\right)$$

$$\mathcal{E}_S = E^\circ_{Ag/AgCl} + k.pH_{TS} - k\log\left(\frac{\gamma_{Cl}m^*}{m^\circ}\right) + E_{j(TS)} + \frac{k}{2}\log\left(\frac{f_{H_2}}{P^\circ}\right)$$

$$\Rightarrow pH_{TS} = \frac{1}{k}\left(\mathcal{E}_S - E_{j(TS)} - \mathcal{E}_P + E_{j(TP)}\right) + pH_{TP}$$

A.IV.5.

A.IV.5.a. La valeur de pH_{TS} opérationnel correspond à l'activité des ions oxonium lorsque les tensions de jonction se compensent ou sont nulles.

A.IV.5.b. Les ions Cl^- et K^+ ont à peu près les mêmes conductivités molaires, donc les mêmes nombres de transports. De plus comme la solution est concentrée, on peut faire les approximations suivantes :

$$\sum_{ions} \frac{t_i}{z_i} \approx -t_{Cl^-} + t_{K^+} \approx 0$$

Les tensions de jonction sont donc nulles et la mesure « représente » l'activité des ions oxonium.

A.V. Détermination potentiométrique du pH

A.V.1. La pente k' est inférieure à la pente Nernstienne k car les groupes fonctionnels silicates situés à la surface de l'électrode de verre se dissocient dans l'eau. Par conséquent, la réponse de l'électrode de verre n'est plus idéale et la tension de jonction entre la solution intérieure et la solution extérieure est plus petite.

A.V.2. Schéma d'une électrode de verre combinée :

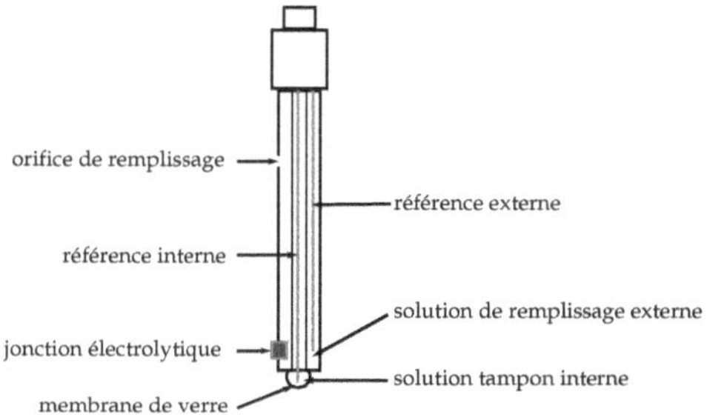

A.V.3. On va calculer les différents potentiels pour les deux tampons :

$$\mathcal{E}_{S_1} = E^\circ_{EV} - E^\circ_{Ag/AgCl} + k' \log(a_{Cl^-}) - k'.pH_1 + E_{j1}$$

$$\mathcal{E}_{S_2} = E^\circ_{EV} - E^\circ_{Ag/AgCl} + k' \log(a_{Cl^-}) - k'.pH_2 + E_{j2}$$

$$\mathcal{E}_{S_2} - \mathcal{E}_{S_1} = k'(pH_1 - pH_2) + E_{j2} - E_{j1} \Rightarrow k' = \frac{\mathcal{E}_{S_2} - \mathcal{E}_{S_1} - (E_{j2} - E_{j1})}{pH_1 - pH_2}$$

D'où :

$$\mathcal{E} = \mathcal{E}_{S_1} - E_{j1} - \frac{\mathcal{E}_{S_2} - \mathcal{E}_{S_1} - (E_{j2} - E_{j1})}{pH_1 - pH_2}(pH_{S_x} - pH_1) + E_{j,x}$$

$$pH_{S_x} = pH_1 + (pH_1 - pH_2)\frac{\mathcal{E}_{S_1} - \mathcal{E} + E_{jx} - E_{j1}}{\mathcal{E}_{S_2} - \mathcal{E}_{S_1} - (E_{j2} - E_{j1})}$$

A.V.4. La mesure du pH à l'aide d'une électrode de verre peut être affectée par certains types d'erreurs :
- Un mauvais étalonnage de l'électrode à l'aide des solutions étalons.
- Si on oublie d'hydrater pendant deux heures la membrane poreuse avant la mesure, la mesure peut être faussée.
- L'erreur alcaline, qui est due à l'interférence des ions sodium ou d'autres alcalins avec la membrane en silice. Par conséquent la valeur du pH est sous-estimée lorsque le pH est supérieur à 3. Il existe aussi une erreur acide d'origine mal connue.
- Le potentiel de la référence n'est pas stable dans le temps lorsque la solution n'est plus saturée.
- Une trop faible force ionique
- Une erreur d'asymétrie due aux potentiels de jonction différents entre les solutions tampons et la solution inconnue.

A.V.5. On s'intéresse tout d'abord à la solution d'oxalate de potassium. On remarque qu'après quelques secondes, le potentiel est relativement stable (dérive inférieur à 0,1 mV, ce qui est la limite de précision d'une électrode de verre). La valeur du potentiel mesuré dérive un peu au fur et à mesure du temps, ce qui peut être dû à de faibles variations de températures qui faussent la mesure ou alors à l'interaction des ions oxalate avec la membrane qui entraîne une variation du potentiel de membrane. Dans le cas du mélange d'acide chlorhydrique et de nitrate de potassium, la valeur n'est stable qu'au bout de 10 heures. Cette déviation peut être expliquée par une variation du potentiel de jonction $E_{j,x}$ au cours du temps due à une interaction entre la membrane et les ions en solution. On voit donc qu'il est important que l'étalonnage d'une électrode soit fait juste avant la mesure pour avoir une mesure du pH fiable.

A.VI. Concentrations molaires et molalités

A.VI.1. On utilise la définition de m_i et de la masse volumique :

$$m_i = \frac{n_i}{m_{\text{solvant}}} = \frac{c_i V}{n_{\text{eau}} M_{\text{eau}}} = \frac{c_i V}{\rho V - \sum\limits_{i \text{ soluté}} n_i M_i} = \frac{c_i}{\rho - \sum\limits_{i \text{ soluté}} c_i M_i}$$

A.VI.2.

A.VI.2.a. Dans le cadre d'un oscillateur harmonique :

$$T = 2\pi\sqrt{\frac{m}{k_r}}$$

A.VI.2.b. Il suffit d'exprimer la masse **totale** de l'oscillateur

$$T = 2\pi\sqrt{\frac{W_r + \rho V}{k_r}}$$

A.VI.2.c. On calcule le carré de la période :

$$T^2 = (2\pi)^2 \frac{W_r + \rho V}{k_r} = C.\rho + D$$

$$\text{Avec } C = (2\pi)^2 \frac{V}{k_r} \text{ et } D = (2\pi)^2 \frac{W_r}{k_r}$$

.

A.VI.2.d. On applique la relation (10) à l'air et à l'eau

$$T_1^2 = C.\rho_1 + D \text{ et } T_2^2 = C.\rho_2 + D$$

$$C = \frac{T_1^2 - T_2^2}{\rho_1 - \rho_2} \text{ et } D = T_1^2 - \frac{T_1^2 - T_2^2}{\rho_1 - \rho_2}\rho_1$$

A.N. : C = 121,1151 T_0^2 (L.kg^{-1}) et D = 124,6329 T_0^2 (sans unité)

A.VI.2.e. ρ_{HCl} = 0,999215 kg.L^{-1} et ρ_{KCl} = 1,002384 kg.L^{-1}

A.VI.3. Si on note c la concentration en acide, on a :

$$\rho = \frac{\sum_i c_i \rho_i}{\sum_i c_i} = \frac{\rho_{\mathrm{KCl}} + \rho_{\mathrm{HCl}}}{2} = 1,000800\ \mathrm{kg.L^{-1}}$$

On applique alors la relation entre les concentrations et la molalité :

$$m_i = \frac{c_i}{\rho - \sum_{i\ \text{soluté}} c_i M_i}$$

Ce qui donne $m_{\mathrm{H^+}} = m_{\mathrm{K^+}} = 0,10104\ \mathrm{mol.kg^{-1}}$ et $m_{\mathrm{Cl^-}} = 0,20208\ \mathrm{mol.kg^{-1}}$ soit une force ionique $I_m = 0,20208\ \mathrm{mol.kg^{-1}}$

A.VII. Application à des mélanges acide chlorhydrique/chlorure de potassium

A.VII.1. L'acide chlorhydrique est un acide fort, il est donc totalement dissocié dans l'eau. En appliquant la formule de Debye-Hückel. On trouve un coefficient d'activité pour les ions oxonium : $\log(\gamma_{\mathrm{H}}) = -0,08$ et donc $\gamma_{\mathrm{H}} = 0,83$. On applique alors la définition du pH et on trouve comme valeurs :

m_{acide} ($\mathrm{mol.kg^{-1}}$)	0,00020	0,00101	0,00251
pH	3,78	3,08	2,68

Tableau 1 : pH calculés pour une solution de force ionique égale à 0,10100 $\mathrm{mol.kg^{-1}}$.

On peut remarquer que la différence entre le pH mesuré et le pH théorique est de l'ordre de 0,01 unité pH, ce qui représente un excellent accord. Cela peut s'expliquer à cause d'une différence dans les potentiels de jonctions entre les solutions tampons et la solution à mesurer. Cependant ces différences restent dans la limite de l'incertitude de l'électrode de verre et sont donc difficiles à interpréter.

A.VII.2. On remarque que les écarts entre les valeurs théoriques et les valeurs expérimentales sont d'autant plus grands que la concentration en acide est importante. On peut proposer deux explications à cela :
- L'écart entre la force ionique de référence par rapport à la force ionique imposée lorsque la concentration en acide est grande entraîne une mauvaise évaluation du coefficient d'activité par la loi de Debye-Hückel et un potentiel de jonction différent entre les solutions tampons et la solution à analyser.
- À forte force ionique, la loi de Debye-Hückel n'est plus valable ($I_m > 0,1\ \mathrm{mol.kg^{-1}}$).

Il faut alors utiliser des formules plus développées de calcul du coefficient d'activité. Citons par exemple la méthode MSA (Mean Spherical Approximation) qui permet le calcul des fonctions de corrélation à deux corps et donc du coefficient d'activité. Il est également possible d'utiliser des méthodes de dynamique moléculaire ou Monte-Carlo pour simuler le comportement de la solution.

B. Transfert d'électrons et de photons : éléments de photochimie

B.I. Généralités sur les transitions entre états électroniques

B.I.1. Les termes *singulets* et *triplets* font référence à la valeur de la multiplicité de l'état de spin du système moléculaire. Pour un système à deux électrons actifs, il est possible d'obtenir deux états de spin pour le système moléculaire. Prenons l'exemple du système π de l'éthylène, il y a deux électrons et deux orbitales moléculaires (π et π^*). Dans l'état fondamental, la configuration électronique de l'éthylène est $(\pi)^2$, et d'après le principe d'exclusion de Pauli, les électrons ont des spins antiparallèles ($\uparrow\downarrow$ ou encore $\alpha(1)\beta(2)$). Le spin total de cet état est $S = 0$, on en déduit alors la multiplicité de spin $M = 2S + 1 = 1$; il s'agit donc d'un état singulet. La première configuration excitée de l'éthylène est $(\pi)^1(\pi^*)^1$, ce qui donne lieu à deux états d'énergies différentes ; un état singulet et un état triplet. On peut représenter les fonctions d'onde de chaque état de façon simplifiée.

Etat singulet	Etat triplet
$\pi(1)\pi^*(2)\frac{1}{\sqrt{2}}[\alpha(1)\beta(2) - \alpha(2)\beta(1)]$	$\pi(1)\pi^*(2)\alpha(1)\alpha(2)$ $\pi(1)\pi^*(2)\beta(1)\beta(2)$ $\pi(1)\pi^*(2)\frac{1}{\sqrt{2}}[\alpha(1)\beta(2) + \alpha(2)\beta(1)]$

Remarque : Pour retrouver rapidement à quels états électroniques sont associées la demi somme et la demi différence, il est utile de se rappeler que la fonction d'onde totale doit être antisymétrique par l'échange de deux électrons. Les différentes fonctions d'onde de spin de l'état triplet sont associées à la même partie spatiale, elles doivent donc être de même symétrie. Les deux premières fonctions de l'état triplet se retrouve facilement et il est aisé de voir qu'elles sont symétriques par échange de deux électrons, il vient donc que la troisième fonction de l'état triplet est la demi-somme et que la demi-différence correspond à la partie de spin de l'état singulet.

B.I.2.

B.I.2.a. La transition I de l'état S_0 à l'état S_1 est un phénomène d'absorption. Ce phénomène est mis à profit dans le quotidien avec les capteurs solaires par exemple.

B.I.2.b. La transition II de l'état S_1 à l'état S_0 est un phénomène de fluorescence. Les tubes fluorescents sont très utilisés dans les grandes surfaces, car plus économiques que les ampoules traditionnelles. Les avions ou les pales d'hélices d'hélicoptères sont marquées par une peinture fluorescente afin d'éviter les collisions. La fluorescence est également très utilisée en médecine et en biologie (sondes fluorescentes).

B.I.2.c. La transition III de l'état T_1 à l'état S_0 est un phénomène de phosphorescence. Ce phénomène est présent dans la plupart des objets qui brillent dans le noir (aiguilles de réveil, jouets lumineux...), mais il existe aussi des peintures phosphorescentes utilisées pour les marquages au sol par exemple.

B.I.3. Le passage entre deux états électroniques de spin différent, comme c'est le cas dans la transition T_1 vers S_0, est théoriquement interdit par la règle de sélection liée au spin ($\Delta S = 0$). Une violation de cette règle est toutefois rendue possible par un couplage spin-orbite, cependant la probabilité de la transition est très faible, ce qui donne lieu à des signaux peu intenses et une émission moins fréquente.

B.I.4. Sur le diagramme proposé, l'écart énergétique ne varie pas lorsque l'on passe de l'état S_0 à l'état S_1 ou de l'état S_1 à l'état S_0. Les photons intervenant lors de ces transitions ont donc la même longueur d'onde.

B.I.5. Sur le diagramme proposé, l'énergie de transition entre les états S_0 et S_1 ou entre les états S_1 et S_0 est parfaitement définie et unique, on observera donc des *raies*.

B.I.6.

B.I.6.a. Les transitions non-radiatives peuvent être expliquées par des relaxations vibrationnelles ou encore des chocs intermoléculaires.

B.I.6.b. L'intensité du couplage spin-orbite varie comme Z^4, Z étant la charge atomique de l'élément. La présence d'atomes lourds favorise donc le couplage spin-orbite, ce qui a pour effet de renforcer le phénomène CIS.

B.I.7. Les sous-niveaux indiqués sont des états vibrationnels, associés à chaque état électronique.

B.I.8. Ces sous-niveaux sont eux-même composés de sous-niveaux dus à la rotation de la molécule dans son ensemble.

B.I.9. À basse résolution, les niveaux sont trop rapprochés pour être résolus : on observera expérimentalement des bandes.

B.I.10. La statistique de Maxwell-Boltzmann permet d'affirmer que l'état de plus basse énergie est le plus peuplé, on peut admettre que les écarts énergétiques entre les sous-niveaux de S_0 sont suffisants pour que seul le plus bas soit peuplé.

B.I.11. Le principe de Franck-Condon considère que les transitions électroniques sont instantanées et qu'en conséquence la géométrie du système n'a pas le temps de changer (les mouvements des noyaux se font sur des temps caractéristiques plus longs). La transition est donc verticale sur un diagramme représentant l'énergie potentielle en fonction de la géométrie du système.

B.I.12. Une approche semi-classique du problème permet de faire appel à des oscillateurs harmoniques pour représenter les profils énergétiques des différents états. Les états S_0 et S_1 peuvent donc être représentés par des profils paraboliques. La géométrie du système étant différente dans les deux états, les deux profils sont décalés l'un par rapport à l'autre. La transition verticale supposée par le principe de Franck-Condon alliée à la considération que l'émission de S_1 vers S_0 se fait à partir du plus bas sous-niveau de S_1 (règle de Kasha), mettent en évidence que les écarts d'énergie mis en jeu dans l'absorption sont différents de ceux de l'émission. Le signal d'absorption apparaîtra globalement à plus haute énergie. (cf. Figure 2)

B.I.13. L'existence de sous-niveaux vibrationnels et rotationnels permet de réduire l'écart énergétique entre les états singulet S_1 et triplet T_1 et entre les états singulets S_1 et S_0. Il y a alors transition **isoénergétique** vers un niveau vibrationnel excité puis relaxation vibrationnelle.

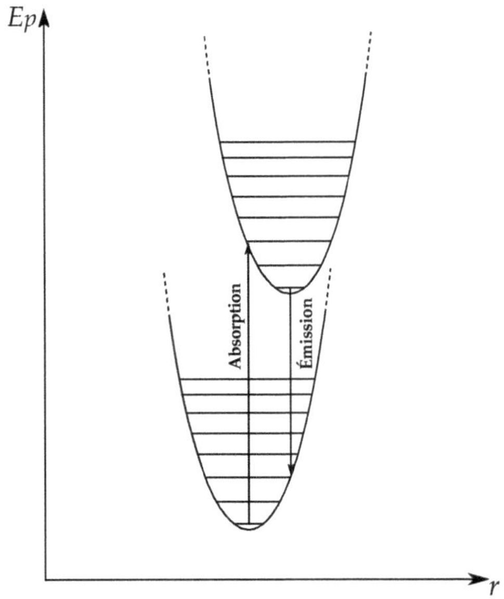

Figure 2 : Transition verticale entre deux états électroniques

B.II. Phénomène d'absorption

B.II.1. Le coefficient d'absorption traduit la capacité d'un composé à absorber le rayonnement incident. L'intensité d'une transition électronique (traduite par le coefficient d'absorption) est modulée par le facteur de Franck-Condon, c'est-à-dire le recouvrement des fonctions d'onde vibrationnelles de l'état fondamental et de l'état excité. La nature de l'état excité intervient donc fortement dans la valeur du coefficient d'absorption. Le coefficient d'absorption est ensuite dépendant de la longueur d'onde et est maximal à la longueur d'onde correspondant à l'énergie nécessaire à la transition.

B.II.2. L'unité usuelle de ε est $L.mol^{-1}.cm^{-1}$.

B.II.3. La relation précédente est connue sous le nom de loi de Beer-Lambert.

B.II.4. La linéarité de la relation entre l'absorbance et la concentration n'est valable que pour des concentrations pas trop élevées. Aux concentrations élevées ($c > 0,01M$) les particules interagissent avec leurs voisines ce qui peut modifier leurs propriétés d'absorption. Un autre problème aux concentrations élevées est que le faisceau sortant de l'échantillon devient trop faible pour être correctement détecté par l'appareil. D'autres limitations concernent le rayonnement du faisceau incident qui doit être monochromatique, ou encore le fait que la solution ne doit pas être le siège d'une réaction photochimique et doit être homogène.

B.II.5. La dépendance du coefficient ε en fonction de λ pour une transition donnée n'est pas une information nécessaire, la seule connaissance de la valeur au « maximum d'absorption » permet de caractériser le composé et la transition considérés.

B.II.6. Le spectre expérimental est la différence entre le spectre obtenu avec la solution et celui du blanc afin de ne dépendre que du produit chimique étudié.

Le solvant peut en effet absorber une partie du rayonnement incident. Le blanc permet de même de s'affranchir des phénomènes de réfraction et de réflexion sur la cuve utilisée.

Remarque :En théorie, les deux cuves utilisées lors de l'utilisation d'un spectrophotomètre à deux cuves ont des caractéristiques identiques ce qui permet de s'affranchir de faire un blanc. En pratique, il est souvent nécessaire de faire un blanc sur ce type d'appareil pour s'affranchir des effet dus à la cuve.

B.II.7. La grandeur ℓ est la différence de chemin optique parcouru par le faisceau entre le blanc ou la référence et l'échantillon. En pratique il s'agit simplement de la longueur de la cuve.

B.II.8. Les cuves les plus fréquemment employées sont en verre. Leur utilisation dans l'UV ($\lambda < 400$ nm) n'est pas recommandée car le verre absorbe ces rayonnements, entrainant des incertitudes sur la mesure. Il est alors possible d'utiliser des cuves en quartz qui permettent une large fenêtre spectrales et sont résistantes, elles sont néanmoins plus chères que celles en verre. Les cuves en plastiques sont bon marché mais sont peu précises à cause de la forte absorption de ce matériau, elles sont de plus incompatibles avec de nombreux solvants organiques.

B.II.9. De façon très générale, la capacité d'une espèce chimique à absorber la lumière dépend de sa structure. La présence de cycles aromatiques, la présence ou non d'une charge ou même le type de liaison mise en jeu sont des facteurs influençant la valeur du coefficient d'absorption molaire ε. La valeur du coefficient ε caractérise la transition mise en jeu. Le cas des complexes des métaux de transition donne un exemple des transitions possibles. Si la transition est interdite de spin et de symétrie, le coefficient ε sera très faible, de 10^{-3} à 1 L.mol^{-1}.cm^{-1}. Si la transition est autorisée de spin, mais reste interdite de symétrie, le coefficient ε est plus élevé, de 1 à 10^3 L.mol^{-1}.cm^{-1}. (ex : transition d-d d'un complexe centro-symétrique). Si la transition est à la fois autorisée de spin et de symétrie, les valeurs prises par le coefficient ε sont plus élevées, vers 10^2 à 10^6 L.mol^{-1}.cm^{-1}. (ex :transition d-d d'un complexe non-centrosymétrique ou encore un transfert de charge).

B.III. Application du phénomène d'observation à la mesure de l'oxygénation du sang

B.III.1.

B.III.1.a. Le physicien et chimiste britannique William Henry est à l'origine de la loi ci-dessus. Cette loi a été formulée en 1803 (donc 1800-1850).

B.III.1.b. En considérant l'air comme un mélange de gaz parfait, il vient

$$p_{O_2} = x_{O_2} P_{atm}$$

avec x_{O_2} la fraction molaire de dioxygène dans l'air ($x_{O_2} = 0,210$) et P_{atm} la pression atmosphérique (P_{atm} =1,01 bar).

On en déduit l'expression de la concentration en dioxygène dissous :

$$c_{O_2} = \frac{x_{O_2} P_{atm}}{k_H} = \frac{0,210 \cdot 1,01}{779,3} = 2,72.10^{-4} \text{ mol.L}^{-1}$$

B.III.1.c. Considérons la réaction de dissolution du dioxygène, la constante thermodynamique d'équilibre de cette réaction peut s'écrire :

$$K^\circ = \frac{c_{O_2}}{C^\circ}\frac{P^\circ}{p_{O_2}} = \frac{1}{k_H}.$$

Par ailleurs, la loi de Van't Hoff donne la relation suivante :

$$\frac{\mathrm{d}\ \ln K^\circ}{\mathrm{d}\,T} = \frac{\Delta_{\text{sol}}H^\circ}{RT^2}$$

L'intégration de la loi de Van't Hoff entre 298 K et 310 K, à pression constante (la pression atmosphérique) et en considérant que l'enthalpie de dissolution ne dépend pas de la température dans la gamme considérée (approximation d'Ellingham), donne la relation :

$$\ln K^\circ(310\ \text{K}) - \ln K^\circ(298\ \text{K}) = \frac{\Delta_{\text{sol}}H^\circ}{R}\left(\frac{1}{298} - \frac{1}{310}\right)$$

soit

$$\ln\frac{1}{k_H(310\ \text{K})} - \ln\frac{1}{k_H(298\ \text{K})} = \frac{\Delta_{\text{sol}}H^\circ}{R}\left(\frac{1}{298} - \frac{1}{310}\right)$$

ce qui donne enfin

$$k_H(310\ \text{K}) = k_H(298\ \text{K})\exp\left[\frac{\Delta_{\text{sol}}H^\circ}{R}\left(\frac{1}{310} - \frac{1}{298}\right)\right] =$$

$$779,3 \times \exp\left[\frac{14,1.10^3}{8,31}\left(\frac{1}{310} - \frac{1}{298}\right)\right] = 625\ \text{bar.L.mol}^{-1}$$

B.III.1.d. Par un raisonnement analogue à la question B.III.1.b., il vient

$$c_{O_2} = \frac{x_{O_2}P_{\text{atm}}}{k_H(310\ \text{K})} = \frac{0,210 \cdot 1,01}{625} = 3,40.10^{-4}\ \text{mol.L}^{-1}$$

En prenant le volume molaire des gaz à pression atmosphérique et à 310 K, $V_m = 25,0\ \text{L.mol}^{-1}$, on obtient

$$V_{\text{tot}} = V_m n_{O_2} = V_m c_{O_2} V_{\text{sang}} = 25,0 \times 3,40.10^{-4} \times 5,00 = 42,5\ \text{mL}$$

B.III.1.e. La numération sanguine moyenne de ces sous-unités est de 150 g.L^{-1}, il y a donc 750 g de sous-unités dans le corps. La masse molaire de ces sous-unités est de 16,0 kg.mol^{-1}, il y a donc 46,9 mmol de sous-unités dans le corps. Cela donne au maximum 46,9 mmol de dioxygène dans le sang fixé par les hémoprotéines. La concentration c_{O_2} dissous est donc de 9,38 mmol.L^{-1}, ce qui correspond à 310 K et à pression atmosphérique à un volume $V_{\text{tot}} = 1,17$ L. La complexation du dioxygène par l'hémoglobine permet donc d'augmenter de deux ordres de grandeur le volume de dioxygène transporté dans le sang.

B.III.2. Le point particulier vers 800 nm est un point isobestique. À cette longueur d'onde les deux espèces possèdent le même coefficient d'absorption molaire ε, il y a donc un point d'intersection des spectres d'absorption. Les points isobestiques sont utiles en cinétique chimique, car ils sont constants au long de la réaction et peuvent ainsi servir de référence. D'un point de vue mécanistique, la présence d'un point isobestique indique que la réaction se déroule en une unique étape. Une autre application est trouvée en thermodynamique où la présence d'un point isobestique peut permettre de démontrer une stoechiometrie 1 : 1 pour un équilibre donné. Enfin, du fait de l'invariance des points isobestiques, ils sont également utilisés pour vérifier la précision de spectrophotomètres.

B.III.3.

B.III.3.a. L'additivité des absorbances permet d'écrire

$$A_1 = \ell(\varepsilon_{\mathrm{Hb}}(\lambda_1)[\mathrm{Hb}] + \varepsilon_{\mathrm{HbO_2}}(\lambda_1)[\mathrm{HbO_2}])$$
$$A_2 = \ell(\varepsilon_{\mathrm{Hb}}(\lambda_2)[\mathrm{Hb}] + \varepsilon_{\mathrm{HbO_2}}(\lambda_2)[\mathrm{HbO_2}])$$

B.III.3.b. La saturation est définie de la façon suivante :

$$y = \frac{[\mathrm{HbO_2}]}{[\mathrm{HbO_2}] + [\mathrm{Hb}]}$$

L'absorbance peut être exprimée en fonction de la saturation

$$\begin{aligned}\frac{A_i}{\ell([\mathrm{HbO_2}] + [\mathrm{Hb}])} &= \frac{\varepsilon_{\mathrm{Hb}}(\lambda_i)[\mathrm{Hb}] + \varepsilon_{\mathrm{HbO_2}}(\lambda_i)[\mathrm{HbO_2}]}{[\mathrm{HbO_2}] + [\mathrm{Hb}]} \\ &= \varepsilon_{\mathrm{Hb}}(\lambda_i)(1-y) + \varepsilon_{\mathrm{HbO_2}}(\lambda_i)y \\ &= \varepsilon_{\mathrm{Hb}}(\lambda_i) + y(\varepsilon_{\mathrm{HbO_2}}(\lambda_i) - \varepsilon_{\mathrm{Hb}}(\lambda_i))\end{aligned}$$

La relation précédente est en particulier vraie à la longueur d'onde du point isobestique. En ce point, on a de plus $\varepsilon_{HbO_2} = \varepsilon_{Hb} = \varepsilon_{iso}$ la relation devient alors

$$\frac{A_{800}}{\ell([\mathrm{HbO_2}] + [\mathrm{Hb}])} = \varepsilon_{800}$$

On en déduit l'expression de la concentration totale en hémoglobine $[\mathrm{HbO_2}] + [\mathrm{Hb}] = \frac{A_{800}}{\ell\varepsilon_{800}}$. En injectant cette expression dans la relation précédente et en se plaçant à $\lambda_1 = 660$ nm, on obtient un expression de la saturation.

$$y = \frac{A_{660}\varepsilon_{800}}{A_{800}(\varepsilon_{\mathrm{HbO_2}}(660) + \varepsilon_{\mathrm{Hb}}(660))} - \frac{\varepsilon_{\mathrm{Hb}}(660)}{\varepsilon_{\mathrm{HbO_2}}(660) + \varepsilon_{\mathrm{Hb}}(660)}$$

B.III.3.c. La méthode *in situ* présente le désavantage d'être invasive, la méthode *in vitro* n'est quant à elle pas invasive mais présente le désavantage de ne pas reproduire exactement les conditions physiologiques.

B.III.3.d. Le dispositif de Millikan suppose une mesure à travers la peau du lobe. Bien que cette méthode soit non invasive, elle est limitée par la présence d'éléments autres que le sang artériel absorbant la lumière, comme le sang veineux, les tissus mous, l'os et les pigments cutanés.

B.III.4. Oxymétrie de pouls

B.III.4.a. Pour isoler la composante continue DC du signal, on utilise un filtre passe-bas, tandis que pour avoir la composante alternative AC, on utilise un filtre passe-haut . Il suffit alors de régler adéquatement les fréquences de coupure.

B.III.4.b. En utilisant les relations obtenues à la question B.III.3.b., il vient

$$R = \frac{AC(660)}{AC(940)} = \frac{\varepsilon_{\mathrm{Hb}}(660) + y(\varepsilon_{\mathrm{HbO_2}}(660) - \varepsilon_{\mathrm{Hb}}(660))}{\varepsilon_{\mathrm{Hb}}(940) + y(\varepsilon_{\mathrm{HbO_2}}(940) - \varepsilon_{\mathrm{Hb}}(940))} = \frac{792 - 692y}{168 + 127y}$$

On en déduit la fonction y=f(R)

$$y = \frac{792 - 168R}{692 + 127R}$$

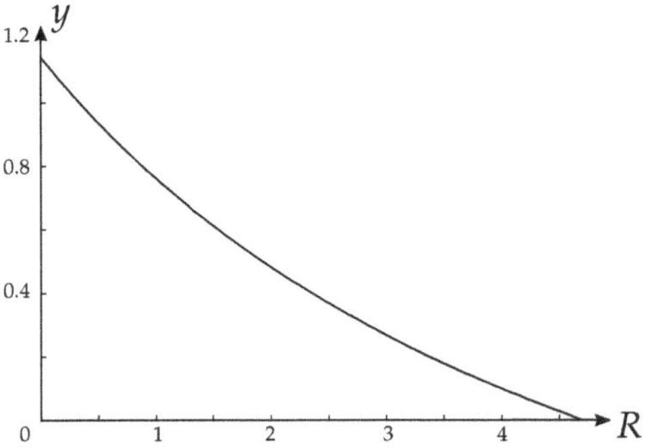

La saturation négative n'ayant pas de sens, l'abaque est tracé pour des valeurs de y positives.

B.III.4.c. La fraction x d'hémoglobine complexée est définie comme suit

$$x = \frac{[\text{HbCO}]}{[\text{Hb}] + [\text{HbO}_2] + [\text{HbCO}]} = \frac{[\text{HbCO}]}{c_{\text{tot}}}$$

L'expression de l'absorbance est à présent

$$A_i = \ell(\varepsilon_{\text{Hb}}(\lambda_i)[\text{Hb}] + \varepsilon_{\text{HbO}_2}(\lambda_i)[\text{HbO}_2] + \varepsilon_{\text{HbCO}}(\lambda_i)[\text{HbCO}]$$

Par le même raisonnement que précédemment on relie l'absorbance aux fractions x et y.

$$\begin{aligned} \frac{A_i}{\ell c_{\text{tot}}} &= \frac{\varepsilon_{\text{Hb}}(\lambda_i)[\text{Hb}] + \varepsilon_{\text{HbO}_2}(\lambda_i)[\text{HbO}_2] + \varepsilon_{\text{HbCO}}(\lambda_i)[\text{HbCO}]}{c_{\text{tot}}} \\ &= \varepsilon_{\text{Hb}}(\lambda_i)(1-x-y) + \varepsilon_{\text{HbO}_2}(\lambda_i)y + \varepsilon_{\text{HbCO}}(\lambda_i)x \\ &= \varepsilon_{\text{Hb}}(\lambda_i) + y(\varepsilon_{\text{HbO}_2}(\lambda_i) - \varepsilon_{\text{Hb}}(\lambda_i)) + x(\varepsilon_{\text{HbCO}}(\lambda_i) - \varepsilon_{\text{Hb}}(\lambda_i)) \end{aligned}$$

On en déduit l'expression de R

$$R = \frac{\varepsilon_{\text{Hb}}(660) + y(\varepsilon_{\text{HbO}_2}(660) - \varepsilon_{\text{Hb}}(660)) + x(\varepsilon_{\text{HbCO}}(660) - \varepsilon_{\text{Hb}}(660))}{\varepsilon_{\text{Hb}}(940) + y(\varepsilon_{\text{HbO}_2}(940) - \varepsilon_{\text{Hb}}(940)) + x(\varepsilon_{\text{HbCO}}(940) - \varepsilon_{\text{Hb}}(940))}$$

B.III.4.d. Dans le cas d'une légère intoxication ($x = 0,05$) pour une saturation réelle de $y = 0,85$ on aura un rapport de $R = 0,63$. En utilisant l'abaque de la question b la saturation mesurée sera de 0,88. Dans le cas d'un gros fumeur, $x = 0,15$, on mesure un rapport $R = 0,39$ c'est-à-dire une valeur mesurée de saturation de 0,97. Si la fraction d'hémoglobine complexée par le monoxyde de carbone reste faible, la valeur de la saturation mesurée varie peu (écart de moins de 4%) par rapport à la valeur réelle. Par contre, si cette fraction est plus élevée, la valeur mesurée augmente, s'éloignant ainsi de la valeur réelle (14% d'écart relatif). La présence de HbCO provoque donc la mesure d'une valeur plus élevée que la valeur réelle.

B.III.4.e. L'équation d'oxydation met en jeu le couple MetHb/Hb et le couple NO_3^-/N_2

$$10\text{Hb} + 2\text{NO}_3^- + 12\text{H}^+ = 10\text{MetHb} + 6\text{H}_2\text{O} + \text{N}_2.$$

B.III.4.f. Par un raisonnement analogue à la question B.III.4.c, en remplaçant x par z et HbCO par MetHb, on obtient :

$$R = \frac{\varepsilon_{Hb}(660) + y(\varepsilon_{HbO_2}(660) - \varepsilon_{Hb}(660)) + z(\varepsilon_{MetHb}(660) - \varepsilon_{Hb}(660))}{\varepsilon_{Hb}(940) + y(\varepsilon_{HbO_2}(940) - \varepsilon_{Hb}(940)) + z(\varepsilon_{MetHb}(940) - \varepsilon_{Hb}(940))}$$

Dans le cas où $z = 0,05$ et pour une saturation réelle $y = 0,85$, le rapport mesuré est $R = 0,66$ et mène à une valeur de la saturation mesurée $y = 0,87$. Il y a un faible écart (3%) entre la valeur mesurée et la valeur réelle. Dans le cas où $z = 0,15$, le rapport mesuré est $R = 0,53$ et la valeur mesurée de la saturation est 0,91. L'écart avec la valeur réelle est donc plus important (7%). Comme dans le cas de l'intoxication par le monoxyde de carbone, la présence de méthémoglobine entraîne une valeur de la saturation mesurée supérieure à la valeur réelle.

B.III.4.g. Pour corriger les déviations de mesures observées, il est possible d'utiliser plus de longueurs d'ondes afin d'avoir accès à la concentration des quatre espèces d'hémoglobine et d'appliquer les corrections nécessaires au signal mesuré pour avoir la valeur réelle de saturation.

B.III.4.h. Une autre source d'erreur peut être l'absorbance due à d'autres substances présentes dans le tissu biologique sondé aux deux longueurs d'onde 660 et 940 nm. Pour corriger ceci, le tissu biologique (doigt, lobe de l'oreille) est compressé pour chasser tout le sang avant de prendre la mesure. Cette valeur servira de ligne de base et permettra d'éliminer l'absorbance due à d'autres substances. Il faut que le signal pulsé ne corresponde qu'au flux sanguin. Sur un malade qui a une pulsation faible du flux sanguin, la mesure est moins bonne il est alors possible d'utiliser des crèmes vaso-dilatantes par exemple.

B.IV. Phénomènes de fluorescence

B.IV.1.

B.IV.1.a. Le principe d'incertitude d'Heisenberg exprimé en termes de temps et d'énergie ($\Delta E.\Delta t \geqslant \frac{\hbar}{2}$) indique qu'une émission sur un temps infiniment court mène à une répartition en énergie infiniment grande donc une lumière polychromatique.

B.IV.1.b. La vitesse de disparition de M* s'exprime ici comme la somme des vitesses des réactions consommant M*.

$$\begin{aligned} v &= v_{nr} + v_{CI} + v_{CIS} \\ &= k_r^S[\mathrm{M}^*] + k_{CI}^S[\mathrm{M}^*] + k_{CIS}[\mathrm{M}^*] \\ v &= [\mathrm{M}^*](k_r^S + k_{nr}^S) \end{aligned}$$

B.IV.1.c. Par définition de la vitesse de disparition de M*, on a l'équation différentielle suivante

$$-\frac{\mathrm{d}\,[\mathrm{M}^*]}{\mathrm{d}\,t} = [\mathrm{M}^*](k_r^S + k_{nr}^S)$$

En tenant compte de la condition initiale, cette équation s'intègre pour donner l'expression de [M*].

$$[\mathrm{M}^*]=[\mathrm{M}^*]_0\ \mathrm{e}^{-\frac{t}{\tau_S}}$$

B.IV.1.d. Par définition, $I_F = k_r^S[\mathrm{M}^*]=k_r^S[\mathrm{M}^*]_0\ \mathrm{e}^{-\frac{t}{\tau_S}}$.

B.IV.1.e. En regardant l'équation précédente, on s'aperçoit que la fonction $\ln I_F = f(t)$ est une fonction affine ayant pour coefficient directeur $a = -\frac{1}{\tau_S}$. Une régression linéaire à partir des valeurs du tableau donne l'équation de droite suivante : $\ln i_F = -0,21t + 11$ (R^2 = 0,9998). On en déduit alors $\tau = 4,7$ ns.

B.IV.2. Par définition, $\Phi_F = \dfrac{k_r}{k_r^S + k_{nr}^S} = k_r \tau_S$.

B.IV.3.

B.IV.3.a. Les lasers utilisés pour les expériences de fluorescence ont des puissances P de l'ordre du kilowatt. Nous pouvons donc calculer qualitativement la quantité de photon qui arrivent sur l'échantillon par unité de temps : $N = \dfrac{P}{h\nu}$. Le régime stationnaire étant établi, la vitesse d'excitation est égale à celle de désexcitation, on en déduit que $N = (k_r^S + k_{nr}^S)N_{M^*}$ et enfin on trouve le nombre de molécules excitées en supposant que tous les photons incidents ont mené à l'obtention d'une molécule excitée.

$$N_{M^*} = N\tau_S = \frac{P\tau_S}{h\nu} = \frac{10^3 \cdot 10^{-9}}{10^{-33} \cdot 10^{15}} = 10^{12}$$

En supposant que l'échantillon de départ a une concentration de l'ordre de 10^{-5} mol.L^{-1} pour un volume de 20 mL. La quantité de molécule excitée reste encore inférieure de quatre ordres de grandeurs à la quantité de molécules dans l'état fondamental. On peut donc raisonnablement dire que $[M] \approx [M]_0$.

B.IV.3.b. L'AEQS est une approximation aussi appelée principe de Bodenstein qui consiste à considérer que pour des intermédiaires réactionnels très réactifs, la variation de la concentration est très faible. Dans le cas qui nous concerne, l'AEQS peut être appliqué à l'espèce M^*, c'est-à-dire que l'on peut écrire

$$\frac{d\,[M^*]}{d\,t} = 0$$

Remarque : Un intermédiaire réactionnel est dit très réactif si sa formation est difficile et sa disparition facile. Appliquer l'AEQS à cet intermédiaire réactionnel c'est écrire qu'il se forme aussi vite qu'il disparaît.

B.IV.3.c. En appliquant l'AEQS à M^*, on obtient

$$\frac{d\,[M^*]}{d\,t} = k_a^S[M] - (k_r^S + k_{nr}^S)[M^*] = 0$$

On en déduit $[M]=\dfrac{k_r^S + k_{nr}^S}{k_a}[M^*]$.

B.IV.3.d. D'après ce qui précède,

$$I_F = k_r^S[M^*]=\frac{k_r^S k_a^S}{k_r^S + k_{nr}^S}[M]=\frac{k_r^S k_a^S}{k_r^S + k_{nr}^S}[M]_0$$

B.IV.3.e. L'expression de Φ_F est inchangée : $\Phi_F = \dfrac{k_r^S}{k_r^S + k_{nr}^S}$.

On en déduit

$$I_F = k_a^S \Phi_F [M]_0$$

B.V. Comparaison absorption / émission de fluorescence

B.V.1. En cherchant à comparer les valeurs données de ε et du seuil de détection, on s'aperçoit que les unités ne sont pas compatibles. Cependant les espèces considérées ont des masses molaires assez proches, et on pourra donc faire un raisonnement qualitatif valide. La première observation est que bien que les valeurs d'ε et du seuil de détection varient d'un composé à l'autre, elles appartiennent toutes au même ordre de grandeur. On peut ensuite remarquer que plus le coefficient d'absorption est grand, plus le seuil de détection est faible. Cela peut aisément se comprendre, la méthode étant basée sur la comparaison de deux intensités, plus celles-ci sont différentes (c'est-à-dire plus le faisceau émergeant est faible) plus la détection est aisée. Pour comparer les seuils de détection des deux techniques, on pourrait penser que plus une espèce absorbe plus elle émet, cependant ce serait oublier la notion de rendement quantique. Il parait alors que les deux techniques sont totalement décorrélées, comme le montrent les résultats présentés dans le tableau.

B.V.2. D'après les observations précédentes, on peut conclure que la fluorescence est une technique permettant une détection plus sensible des espèces en solution.

B.VI. Phénomène d'inhibition de fluorescence (« Quenching »)

B.VI.1.

B.VI.1.a. L'écriture de la vitesse de disparition de M* mène à l'équation différentielle suivante :

$$-\frac{\mathrm{d}\,[\mathrm{M}^*]}{\mathrm{d}t} = [\mathrm{M}^*](k_r + k_{nr} + k_q[\mathrm{Q}])$$

Cette équation s'intègre, et en tenant compte des conditions initiales définies par l'énoncé, on trouve

$$[\mathrm{M}^*]=[\mathrm{M}^*]_0\,\mathrm{e}^{-\frac{t}{\tau}} \text{ avec } \tau = \frac{1}{k_r + k_{nr} + k_q[\mathrm{Q}]}$$

B.VI.1.b. On peut écrire $\frac{\tau_0}{\tau} = \frac{k_r + k_{nr} + k_q[\mathrm{Q}]}{k_r + k_{nr}} = 1 + k_q\tau_0[\mathrm{Q}] = \frac{\tau_0}{\tau}$

B.VI.1.c. En présence d'inhibiteur, le rendement quantique a pour expression $\Phi = \frac{k_r}{k_r + k_{nr} + k_q[\mathrm{Q}]}$

B.VI.1.d. D'après l'expression de I précédemment établie,

$$\begin{aligned}
\frac{I_0}{I} &= \frac{k_a\Phi_0[\mathrm{M}]}{k_a\Phi[\mathrm{M}]} \\
&= \frac{\Phi_0}{\Phi} \\
&= \frac{k_r + k_{nr} + k_q[\mathrm{Q}]}{k_r + k_{nr}} \\
&= 1 + k_q\tau_0[\mathrm{Q}] \\
\frac{I_0}{I} &= 1 + K_{SV}[\mathrm{Q}]
\end{aligned}$$

B.VI.2.

B.VI.2.a. La quantité de molécule dans l'état fondamental M n'intervient pas dans les expressions du déclin de fluorescence pour une excitation impulsionnelle, la présence d'un inhibiteur ne joue donc pas sur cette dernière.

B.VI.2.b. Pour une fluorescence stationnaire on peut écrire comme précédemment $\frac{I_0}{I} = \frac{k_a \Phi_0 [\mathrm{M}]_0}{k_a \Phi [\mathrm{M}]}$. Or, le rendement quantique de fluorescence n'est pas affecté par la présence d'inhibiteur, on a donc plus simplement $\frac{I_0}{I} = \frac{[\mathrm{M}]_0}{[\mathrm{M}]}$.

En raisonnant sur la conservation de la quantité totale d'espèces de M, et en utilisant l'expression de la constant d'équilibre thermodynamique associée à la formation du complexe, on obtient

$$\begin{aligned}[\mathrm{M}]_0 &= [\mathrm{M}] + [\mathrm{MQ}] \\ &= [\mathrm{M}] + \frac{K[\mathrm{M}][\mathrm{Q}]}{C^\circ} \\ &= [\mathrm{M}]\left(1 + \frac{K[\mathrm{Q}]}{C^\circ}\right)\end{aligned}$$

d'où, en remplaçant dans l'expression du rapport $\frac{I_0}{I}$,

$$\frac{I_0}{I} = 1 + \frac{K[\mathrm{Q}]}{C^\circ}$$

Dans le cas où K est non nul, il s'agit bien d'une inhibition.

B.VI.3.

B.VI.3.a. La fraction de molécules fluorescentes correspond au rapport $\frac{[\mathrm{M}]}{[\mathrm{M}]_0}$ établi à la question précédente. En multipliant ce rapport par les résultats établis pour une inhibition dynamique pure, on obtient l'expression du nouveau rapport $\frac{I_0}{I}$

$$\begin{aligned}\frac{I_0}{I} &= (1 + K_{SV}[\mathrm{Q}])\left(1 + \frac{K[\mathrm{Q}]}{C^\circ}\right) \\ &= 1 + \left(K_{SV} + \frac{K}{C^\circ}\right)[\mathrm{Q}] + K_{SV}\frac{K}{C^\circ}[\mathrm{Q}]^2\end{aligned}$$

B.VI.3.b. L'expression précédente ne permet pas sous cette forme d'identifier une représentation adéquate. Cependant, en l'écrivant sous la forme suivante

$$\left(\frac{I_0}{I} - 1\right)\frac{1}{[\mathrm{Q}]} = \left(K_{SV} + \frac{K}{C^\circ}\right) + K_{SV}\frac{K}{C^\circ}[\mathrm{Q}]$$

on s'aperçoit que le tracé de la fonction $\left(\frac{I_0}{I} - 1\right)\frac{1}{[\mathrm{Q}]} = f([\mathrm{Q}])$, donne une droite de pente $a = \frac{K_{SV}K}{C^\circ}$ et d'ordonnée à l'origine $b = K_{SV} + \frac{K}{C^\circ}$.

B.VI.4.

B.VI.4.a. Dans le cas d'un processus d'inhibition purement statique, la durée de vie de fluorescence ne dépend pas de la concentration de l'inhibiteur. D'après le tableau de valeur fourni par l'énoncé, le système 2-AN correspond à ces conditions. En effet, les variations de valeurs de τ restent du domaine de l'incertitude de mesure.

B.VI.4.b.

B.VI.4.b.1. D'après les résultats précédemment établis lors de l'étude d'une inhibition de fluorescence purement statique, la fonction $\frac{I_0}{I} = f([\text{Q}])$ est une droite affine de pente $\frac{K}{C^\circ}$ et dont l'ordonnée à l'origine est égale à l'unité. La valeur de I_0 est donnée dans le tableau puisqu'elle correspond à l'intensité en présence d'une concentration nulle d'inhibiteur. Une régression linéaire donne l'équation de droite suivante $\frac{I_0}{I} = 1,0 + 6,0.10^2[\beta - \text{CD}](R^2 = 0,99)$ on en déduit alors la valeur de la constante thermodynamique de la réaction de formation de complexe à 21°C.

$$K = 6,0.10^2$$

B.VI.4.b.2. L'approximation d'Ellingham considère que l'enthalpie standard et l'entropie standard de réaction d'une réaction donnée ne dépendent pas de la température en dehors de tout changement d'état dans le domaine de température considéré.

B.VI.4.b.3. En se plaçant dans le cadre de l'approximation d'Ellingham, l'enthalpie libre de réaction dépend linéairement de la température, et s'exprime de la façon suivante

$$\Delta_r G^\circ(T) = \Delta_r H^\circ - T\Delta_r S^\circ$$

Ce qui par définition de la constante d'équilibre thermodynamique permet d'écrire

$$\begin{aligned} -RT\ln K &= \Delta_r H^\circ - T\Delta_r S^\circ \\ \ln K &= \frac{\Delta_r S^\circ}{R} - \frac{\Delta_r H^\circ}{RT} \end{aligned}$$

La fonction $\ln K = f(\frac{1}{T})$ est donc une fonction affine d'ordonnée à l'origine $\frac{\Delta_r S^\circ}{R}$ et de pente $\frac{-\Delta_r H^\circ}{R}$. Une régression linéaire à partir des données de l'énoncé fournit une droite d'équation $\ln K = \frac{15}{T} + 1,4(R^2 = 0,99)$. On en déduit alors les grandeurs thermodynamiques demandées.

$$\Delta_r H^\circ = -12 \text{ kJ.mol}^{-1} \text{ et } \Delta_r S^\circ = 12 \text{ J.mol}^{-1}.\text{K}^{-1}$$

B.VI.4.c.

B.VI.4.c.1. Dans le cas d'un processus d'inhibition purement dynamique on a,

$$\frac{I_0}{I} = \frac{\tau_0}{\tau} = 1 + K_{SV}[\text{Q}]$$

Les tracés des fonctions $\frac{I_0}{I} = f([\text{Q}])$ et $\frac{\tau_0}{\tau} = g([\text{Q}])$ doivent donc coïncider et être une droite de pente K_{SV} et d'ordonnée à l'origine

1. Le système PSA remplit ces conditions comme le montre le graphique suivant.

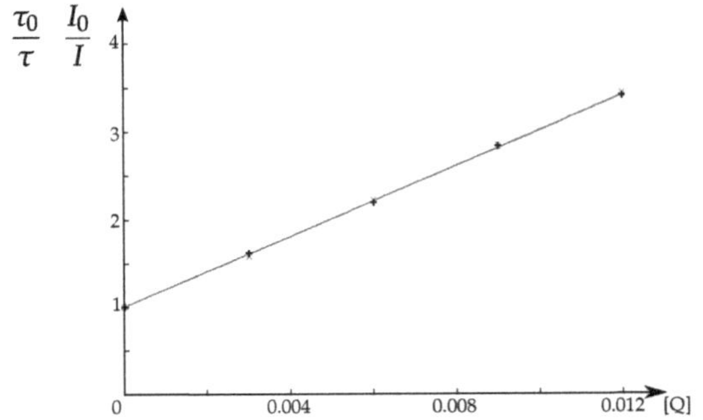

On pouvait prévoir l'absence de processus de quenching statique car le fluorophore comme l'inhibiteur sont sous forme anionique en solution aqueuse ce qui limite la probabilité de former un complexe, l'approche des deux réactifs étant gênée par une répulsion électrostatique.

B.VI.4.c.2. Une régression linéaire de la fonction $\frac{1}{\tau} = \frac{1}{\tau_0} + k_q[\mathrm{Q}]$ donne l'équation de droite suivante $\frac{1}{\tau} = 3,5.10^9[\mathrm{Q}] + 1,7.10^7$ (s^{-1}, $\mathrm{R}^2 = 0,99$). On en déduit la valeur de k_q

$$k_q = 3,5.10^9 \text{ mol}^{-1}.\text{L.s}^{-1}$$

B.VI.4.c.3. Les deux droites tracées précédemment coïncidant, les valeurs de k_q que l'on peut obtenir par les deux méthodes sont concordantes. Ceci est caractéristique d'un processus d'inhibition purement dynamique. Un processus purement statique aurait entrainé une invariance de la durée de vie de fluorescence, tandis qu'un processus à la fois statique et dynamique n'aurait pas mené à l'obtention d'une droite pour la représentation des intensités de fluorescence.

B.VI.4.c.4. Nous étudions donc à présent le système N-MEAI. Une régression linéaire de la fonction $\frac{1}{\tau}$ mène à l'équation de droite suivante $\frac{1}{\tau} = 4,4.10^9[\mathrm{Q}] + 2,8.10^7$ (s^{-1}, $R^2 = 0,99$). On en déduit la valeur de k_q

$$k_q = 4,4.10^9 \text{ mol}^{-1}.\text{L.s}^{-1}$$

Une régression linéaire de la fonction

$$\frac{\left(\frac{I_0}{I} - 1\right)}{[\mathrm{Q}]} = (k_q\tau_0 + \frac{K}{C^\circ}) + k_q\tau_0\frac{K}{C^\circ}[\mathrm{Q}] = f([\mathrm{Q}])$$ donne l'équation de droite suivante

$$\frac{\left(\frac{I_0}{I} - 1\right)}{[\mathrm{Q}]} = 5,5.10^3[\mathrm{Q}] + 2,2.10^2 \ (\text{mol}^{-1}.\text{L}, R^2 = 0,99)$$

On en déduit la valeur de la constante d'équilibre de la réaction de formation du complexe

$$K = 36$$

FIN DE L'ÉPREUVE

Autour de la physicochimie du vanadium et de ses composés au degré d'oxydation +V

Le sujet se compose de plusieurs parties indépendantes et au sein desquelles de nombreuses questions ou sous-parties sont elles-mêmes indépendantes des autres.

Données et notations générales :
- numéros atomiques P (Z = 15) V (Z = 23)
- masse molaire du vanadium : 50,9 g.mol^{-1}
- δ_v déplacement chimique du ^{51}V, exprimé en ppm
- $\mathcal{N}_A$ la constante d'Avogadro, $\mathcal{N}_A = 6,022 \times 10^{23}$ mol^{-1}
- $\mathcal{F}$ la constante de Faraday, $\mathcal{F} = 9,65 \times 10^4$ C.mol^{-1}
- R la constante des gaz parfaits, R = 8,31 J.mol^{-1}.K^{-1} ;
- k_B la constante de Boltzmann, $k_B = 1,38 \times 10^{-23}$ J.K^{-1}
- e la charge élémentaire, $e = 1,60 \times 10^{-19}$ C
- $P°$ la pression standard $P°$ = 1 bar ;
- $LiClO_4$, est un sel totalement dissocié en solution aqueuse
- Vanadium métal : structure CI (cubique centrée) ; densité 5,96

Données thermodynamiques à 298 K :
- Potentiels standards (notés $E°$) :
  - $E°(V^{2+}(aq)/V(s)) = -1,175$ V
  - $E°(Cl_2(g)/Cl^-(aq)) = -1,358$ V
  - $E°(Br_2(aq)/Br^-(aq)) = 1,087$ V
  - $E°(Br_2(l)/Br^-(aq)) = 1,066$ V
  - $E°(V_2O_5(s)/VO^{2+}(aq)) = 0,957$ V
- Potentiels standard apparent à pH $= 7,0$ (notés $E'°$)
  - Vanadate/vanadyl : 0,58 V
  - Hémoglobine/méthémoglobine : 0,15 V
  - Cystéine/cystine : -0,14 V
  - $NAD^+/NADH,H^+$: -0,32 V
- Enthalpies standard de formation (kJ.mol^{-1})

Composé	SO_2(g)	SO_3(g)	CaO(cr)	V_2O_5(cr)	V_2O_3(cr)
$\Delta_f H°$	-296,83	-395,72	-635,09	-1551,06	-1218,8

- Entropies molaires standard (J.K^{-1}.mol^{-1})

Composé	O_2(g)	V(cr)	V_2O_5(cr)
$S°$	205	28,9	131

Données concernant V_2O_5 :
- Le nom IUPAC du composé de formule V_2O_5 est pentaoxyde de divanadium mais on peut également utiliser les noms d'usage : pentoxyde de vanadium, anhydride vanadique, anhydride de vanadium ou pentoxyde de divanadium.
- C'est un solide jaune-orange de température de fusion 690 °C, température d'ébullition (décomposition) 1750 °C.
- Solubilité dans l'eau : 0,8 g/100 mL à 20 °C

A. Le vanadium : quelques aspects généraux

A.I. L'élément vanadium

A.I.1. Quelle est l'étymologie du mot vanadium ?

A.I.2. Citer quelques usages importants de l'élément vanadium.

A.I.3. D'après les données fournies, quelle valeur peut-on attendre pour le rayon métallique du vanadium ? Quelle technique expérimentale permet de le vérifier ?

A.I.4. Configuration électronique.

A.I.4.a. Rappeler la configuration électronique de l'atome de vanadium.

A.I.4.b. Quels sont les degrés d'oxydation stables attendus pour le vanadium ? On proposera une justification générale et courte.

A.I.4.c. Indiquer à l'aide des règles de Hund que l'on rappellera, le terme spectroscopique fondamental de l'atome de vanadium.

A.I.4.d. Préciser si ce terme est susceptible de donner lieu à un couplage spin-orbite. Dans l'affirmative, indiquer quels sont les termes de structure fine qu'il peut générer dans le cadre du couplage L-S (autrement appelé "couplage Russell-Saunders").

A.I.5. Proposer une explication au fait que le complexe hexacarbonylevanadium se réduise facilement. Quel est l'ion obtenu ?

On fournit ci-après le diagramme potentiel-pH de l'élément vanadium, tel qu'il a été publié originellement, la notation « M » désignant ici « mol.L^{-1} » :

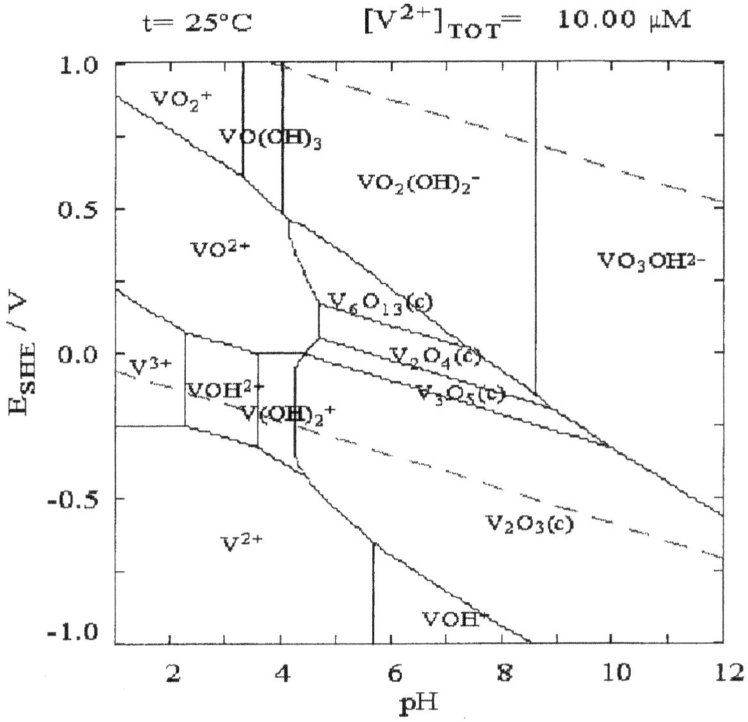

A.I.6. Quel autre nom donne-t-on aux diagrammes potentiel-pH ?

A.I.7. Que signifie le sigle « SHE » ?

A.I.8. Au regard de ce diagramme, le vanadium est-il un métal plutôt réducteur ou plutôt noble ? Parmi les espèces considérées dans ce diagramme, quelles sont celles qui sont stables en solution aqueuse ? Que se passe-t-il si on considère une solution aqueuse « aérée » ?

A.I.9. Parmi les espèces considérées dans ce diagramme, quelles sont celles qui sont susceptibles de se dismuter ? Indiquer pour chacune d'entre elles et selon le pH de la solution les composés obtenus.

A.I.10. Pourquoi V_2O_5 n'est-il pas présent sur ce diagramme ?

A.II. Quelques aspects métallurgiques : obtention du métal pur vanadium

A.II.1. Dans la nature, on ne trouve pas le vanadium à l'état pur mais associé à d'autres éléments sous forme de minerais. Justifier qualitativement.

A.II.2. On peut obtenir le vanadium pur, métal mou de couleur gris argenté, en chauffant V_2O_5 avec du carbone et du dichlore pour produire le chlorure de vanadium (III). On procède ensuite à la réduction du chlorure de vanadium (III) par le magnésium dans une atmosphère d'argon.

A.II.2.a. Proposer une équation-bilan pour chacune de ces deux étapes.

A.II.2.b. Pourquoi faut-il une atmosphère d'argon dans la deuxième étape ?

A.II.3. Une autre méthode consiste à réduire V_2O_5 par le calcium. Quel nom général donne-t-on à la réduction d'un oxyde métallique par le calcium métal ?

A.II.4. Justifier la faisabilité de cette réaction.

A.II.5. Sur les surfaces de métal vanadium en contact avec l'air, il se forme une couche d'oxyde ; quel nom donne-t-on à ce phénomène général ? Justifier la formation de cette couche d'oxyde en évaluant l'ordre de grandeur dans les conditions usuelles d'une grandeur caractéristique associée à ce phénomène.

A.III. Le ferrovanadium

Le ferrovanadium est un mélange de V(85%), Fe(3%) et C(12%) en masses obtenu en réduisant V_2O_5 par Al en présence de Fe. Ce ferrovanadium est ajouté au fer pour faire un ferro-alliage de vanadium. Cet alliage présente une dureté importante et une bonne résistance à la traction.

A.III.1. Nommer une échelle permettant de comparer les duretés de différents matériaux. Présenter en une phrase le principe de classification.

A.III.2. Quelle grandeur quantifie la résistance à la traction ? Définir précisément cette grandeur.

A.IV. Supraconducteurs à base de vanadium.

V_3Si, V_3Ga et V_3Ge, sont des supraconducteurs à température critique élevée. Définir les termes *supraconducteur* et *température critique*.

A.V. Préparation de V_2O_5

Il existe plusieurs façons d'obtenir V_2O_5.

A.V.1. On peut chauffer du vanadium métal en présence d'un excès de dioxygène mais cette méthode présente un inconvénient majeur. Lequel ?

A.V.2. Au laboratoire, on peut décomposer du vanadate d'ammonium (de formule NH_4VO_3) vers 200°C. Proposer une équation-bilan traduisant cette obtention.

B. V_2O_5 catalyseur d'oxydations

B.I. Généralités sur la synthèse de l'acide sulfurique

B.I.1. Citer quelques utilisations importantes de l'acide sulfurique.

B.I.2. Quelques aspects historiques :

Au moyen âge, on fabriquait déjà l'acide sulfurique par chauffage intense du sulfate de fer(II) et absorption dans l'eau des gaz dégagés.

B.I.2.a. Quel nom médiéval correspond à l'acide sulfurique ?

B.I.2.b. Proposer une équation-bilan à cette réaction sachant que l'oxyde de fer (III) est également obtenu.

B.I.2.c. Justifier la faisabilité thermodynamique d'une telle réaction.

Données thermodynamiques à 298 K :

Composé	$FeSO_{4(s)}$	$Fe_2O_{3(s)}$	$SO_{2(g)}$	$SO_{3(g)}$
$\Delta_f H°$ (kJ.mol^{-1})	-928,4	-1118,4	-296,83	-395,72
$S°$ (J.mol^{-1}.K^{-1})	107,5	146,4	248,2	256,8

À partir du XII^{e}siècle, on fabrique des solutions aqueuses diluées d'acide sulfurique par chauffage d'un mélange de soufre et de salpêtre (nitrate de potassium) sous une cloche de verre renversée sur une cuve à eau. Plus tard, le procédé sera amélioré en remplaçant les cloches de verre par des *chambres de plomb*.

B.I.2.d. Proposer une équation-bilan à cette réaction.

B.I.3. Quel nom usuel donne-t-on à cette synthèse selon la voie d'obtention actuelle ?

B.I.4. Dans une étape préalable, on brûle du soufre ou un composé contenant du soufre.

B.I.4.a. Proposer une équation-bilan simple associée à cette étape préalable.

B.I.4.b. Quel peut-être l'avantage de cette étape (outre le fait d'obtenir le réactif de l'étape suivante) ?

B.I.5. On s'intéresse d'abord aux aspects thermodynamiques de l'oxydation catalytique à proprement parler. On cherche à optimiser cette réaction.

B.I.5.a. Écrire l'équation-bilan de cette réaction (on prendra les coefficients tous entiers et les plus petits possibles).

B.I.5.b. Nommer et énoncer le principe général qui regroupe les lois dites de « déplacement ou de rupture de l'équilibre chimique ». On datera son énoncé originel (à plus ou moins 15 ans près).

B.I.5.c. Montrer qu'il est possible de « jouer » de façon indépendante sur les trois facteurs d'équilibre suivants : P, T et proportion des deux réactifs avant le passage sur le catalyseur.

Dans toute la suite, on étudiera l'influence d'un seul paramètre à la fois (i.e. en supposant les deux autres fixés)

B.I.5.d. Discuter de l'influence thermodynamique des paramètres physiques P et T sur cette réaction.

B.I.5.e. Composition du mélange initial :

B.I.5.e.i. Rappeler la définition générale du taux d'avancement d'une réaction.

B.I.5.e.ii. Indiquer quelle proportion des deux réactifs utiliser pour, à P, T et quantité totale de gaz initialement introduite fixées, maximiser la quantité de produit formée. On démontrera le résultat.

B.I.5.e.iii. Quel est l'effet de l'ajout d'un gaz inactif (toujours à P et T fixées) sur la synthèse ?

B.I.5.e.iv. Industriellement, on utilise de l'air déshydraté et on introduit un mélange contenant 5 fois plus d'air que de SO_2. Commenter.

B.I.5.e.v. Compte-tenu de la question précédente, quelle définition du taux de conversion peut-on adopter dans la suite ?

B.I.6. À présent, on s'intéresse également aux aspects cinétiques de cette oxydation catalytique.

B.I.6.a. Discuter de l'influence cinétique des paramètres physiques P et T sur cette réaction. Confronter aux résultats du B.I.5 et conclure.

B.I.6.b. Industriellement, on travaille à une pression de l'ordre de 1 ou 2 bar. Commenter.

B.I.6.c. On fournit ci-après les taux de conversion obtenus en fonction de la température pour différents débits gazeux : d_1, d_2 et d_3, l'un d'eux correspondant à un débit infiniment faible. On précise qu'on opère toujours dans le même réacteur.

T (°C)	300	400	500	600	700	800	900	1 000
Taux (d_1)	29	48	63	57	36	14	5	<1
Taux (d_2)	79	87	84	69	40	22	7	<1
Taux (d_3)	99	98	89	75	50	25	9	<1

B.I.6.c.i. Justifier qualitativement le sens de variation des courbes d_1 et d_2 en fonction de T.

B.I.6.c.ii. Classer les 3 débits par valeur croissante.

B.I.6.c.iii. Comment peut-on appeler la courbe d_3 en fonction de T ? Justifier son sens de variation.

B.I.6.c.iv. Comment expliquer le choix d'une température comprise entre 450 et 550 °C comme étant la température optimale d'un point de vue industriel ?

B.I.7. Dans les 2 dernières étapes, on convertit SO_3 en oléum puis en acide sulfurique.

B.I.7.a. Que désigne-t-on sous l'appellation oléum ?

B.I.7.b. Pourquoi ne transforme-t-on pas directement SO_3 en acide sulfurique ?

B.II. Catalyseur industriel

Dans son utilisation industrielle, V_2O_5 n'est pas utilisé pur mais mélangé à un thiosulfate alcalin et à des sulfates alcalins. Ce mélange est liquide à la température de fonctionnement du procédé.

B.II.1. Construction du diagramme de phase du système $V_2O_5 - K_2S_2O_7$

B.II.1.a. Comment peut-on construire expérimentalement un diagramme de phase liquide-solide ?

B.II.1.b. Définir les termes eutectique et composé défini.

B.II.1.c. Folkmann et coll. ont choisi de construire le diagramme de phase à partir de mesures de conductivité électrique. La conductivité κ est représentée sur le graphe ci-après pour différentes compositions du mélange. Dans un souci de clarté, les courbes sont décalées les unes par rapport aux autres d'un facteur arbitraire pour les ordonnées.

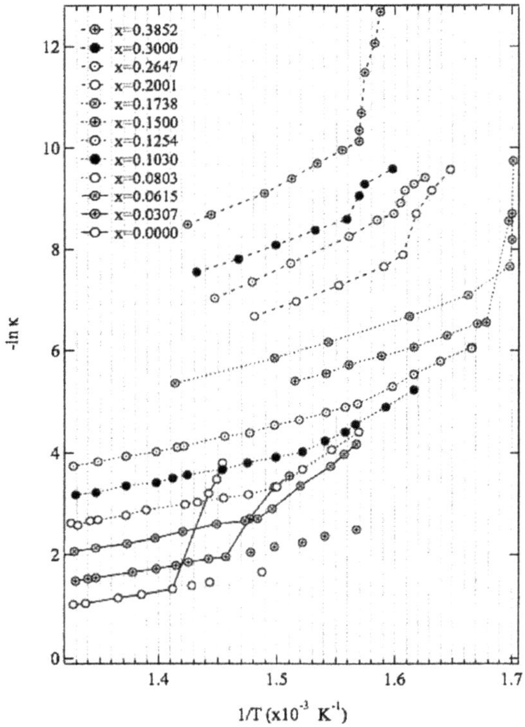

B.II.1.d. Expliquer succinctement le principe d'une mesure de conductivité électrique.

B.II.1.e. À partir du tracé choisi par les auteurs de cette étude — $\ln(\kappa) = f(1/T)$, déterminer la dépendance attendue de la conductivité en fonction de la température. Commenter.

B.II.1.f. Que penser des pentes de part et d'autre du point de fusion ?

Dans certaines conditions, la rupture de pente n'est pas observée et l'on obtient alors des points dans le prolongement des précédents comme représenté pour les courbes de composition x = 0,0000 et x = 0,0307.

B.II.1.g. À quoi correspond ce phénomène ? Comment l'éviter ?

La RMN du ^{39}K a par ailleurs permis de déterminer les points suivants du diagramme.

$x(V_2O_5)$	0,25	0,33	0,38	0,41	0,44	0,50
T (K)	624	668	647	659	682	696

B.II.1.h. Expliquer comment la RMN permet de déterminer un changement de phase liquide-solide.

B.II.1.i. Sachant que le diagramme présente un eutectique pour $x(V_2O_5) = 0{,}27$ pour une température de 621 K, représenter l'allure du diagramme de phase à partir des données à votre disposition.

B.II.1.j. Donner les compositions et températures des eutectiques

B.II.1.k. Donner les compositions, températures de fusion et formules pour les composés définis.

B.II.1.l. Donner la plage de température minimale de fonctionnement pour le procédé sachant que la teneur en V_2O_5 varie entre 0,20 et 0,33.

B.II.2. Étude du milieu catalytique par cryométrie

Une étude plus précise de la composition du mélange peut être effectuée à l'aide de la mesure de l'abaissement de point de fusion ou cryométrie.

B.II.2.a. Montrer que l'ajout d'un constituant dans la phase liquide mais insoluble dans la phase solide abaisse la température de fusion.

Pour des solutions diluées, on observe que l'abaissement de température ΔT est proportionnel à la molalité de soluté introduit. $\Delta T = K_c m$ où K_c est appelée constante cryoscopique et ne dépend que du solvant.

B.II.2.b. Comment appelle-t-on le type de propriétés qui ne dépendent que de la nature du solvant ? Citer d'autres exemples.

B.II.2.c. En partant de l'expression du potentiel chimique du solvant, déterminer l'expression de la constante cryoscopique.

B.II.2.d. Comment se transforme l'expression précédente si le composé introduit se dissocie en solution ?

B.II.2.e. Des expériences menées par Hansen et coll. ont conduit aux résultats suivants dans le milieu $K_2S_2O_7$ avec m la molalité des solutés en mol/kg. On donne $\Delta_{fus}H°(K_2S_2O_7) = 19{,}931$ kJ/mol et $M(K_2S_2O_7) = 254{,}33$ g/mol

$m(K_2S_2O_4)$	0	0,0150	0,0299	0,0391	0,0391	0,0391	0,0391
$m(V_2O_5)$	0	0	0	0	0,0147	0,0292	0,0377
T_f (°C)	418,52	417,76	417,00	416,54	415,13	413,59	412,74

$m(K_2S_2O_4)$	0	0,1027	0,1027	0,1027	0,1027	0,1027
$m(V_2O_5)$	0	0	0,0150	0,0286	0,0373	0,0734
T_f (°C)	418,54	413,59	412,74	411,72	411,05	407,87

B.II.2.e.i. Commenter les résultats pour l'introduction de $K_2S_2O_4$.

B.II.2.e.ii. Même question pour V_2O_5, on distinguera les cas de faible et forte concentrations en sulfate.

B.III. Un exemple d'utilisation de V_2O_5 comme catalyseur en chimie organique

L'utilisation la plus importante de V_2O_5 en tant que catalyseur est la production d'acide sulfurique mais on peut également l'utiliser pour oxyder des aldéhydes en esters méthyliques : le solvant est le méthanol et le réactif l'eau oxygénée. On donne dans le tableau ci-après quelques exemples :

Réactif	Temps de réaction	Rendement
paranitrobenzaldéhyde	30 min (reflux)	96%
cinnamaldéhyde	2 h (reflux)	95%
furfural	2 h (reflux)	>99%

B.III.1. Donner la formule semi-développée des produits obtenus dans le cas des 3 exemples.

B.III.2. Justifier la qualification d'oxydation pour une telle réaction. Proposer une équation-bilan simple pour cette réaction (on considérera un des exemple au choix où on notera l'aldéhyde R-CHO).

B.III.3. Le mécanisme proposé fait intervenir l'intermédiaire O=V(OH)$_2$(OOH), noté **I** et issu de la réaction entre V_2O_5 et H_2O_2 (un dégagement de dioxygène est observé), sur l'hémiacétal formé à partir de l'aldéhyde.

B.III.3.a. Montrer que la formation de **I** par réaction entre V_2O_5 et H_2O_2 rend bien compte de l'observation expérimentale.

B.III.3.b. Proposer un mécanisme (faisant intervenir entre autres une étape électrocyclique) expliquant l'obtention de l'ester et la formation de O=V(OH)=O.

B.III.3.c. En quoi l'observation de la présence de O=V(OH)=O permet-elle de dire que le vanadium(V) joue le rôle de catalyseur de cette réaction ?

B.III.4. Quels sont les principaux avantages de cette réaction ?

C. Les espèces du vanadium au degré d'oxydation +V en solution aqueuse

On rencontre de nombreuses formes du vanadium(V) en solution aqueuse. On se propose d'étudier les équilibres entre ces différentes formes au moyen de courbes de titrage de solutions de vanadate et de la RMN du ^{51}V.

C.I. Approche quantique de la RMN

Traditionnellement les principales méthodes d'études d'espèces métalliques en solution sont la spectrométrie UV-visible et l'électrochimie. Malheureusement, ces données seules donnent assez peu d'information pour les espèces du vanadium. Les avancées techniques récentes de la RMN en ont fait une méthode de choix pour aborder ces questions.

C.I.1. Que signifie l'acronyme RMN ?

C.I.2. Dater à 15 ans près l'invention de cette technique.

Cette partie se propose après avoir revu quelques éléments théoriques concernant cette technique de montrer comment elle a aidé à mieux comprendre la répartition des différentes espèces (ou spéciation) du vanadium (V) en solution.

La RMN consiste à manipuler et étudier les spins nucléaires de certains isotopes. Les opérateurs de spins nucléaires possèdent les mêmes propriétés que les opérateurs de spins électroniques. L'opérateur de spin $\hat{I}$ possède les mêmes propriétés que l'opérateur moment cinétique $\hat{L}$. Soit $|m_l\rangle$ une fonction propre des opérateurs de spin, on a donc :

$\hat{I}_z|m_l\rangle = m_l|m_l\rangle$ et $\hat{I}^2|m_l\rangle = I(I+1)|m_l\rangle$

I le spin total est un entier ou demi-entier et m_l varie par pas de une unité entre $+I$ et $-I$.

C.I.3. On considère les noyaux ^{1}H, ^{2}H, ^{51}V, dont les propriétés sont regroupées dans le tableau suivant. Donner les valeurs propres pour les opérateurs $\hat{I}_z$ et $\hat{I}^2$ correspondant à ces trois noyaux.

Noyau	Spin nucléaire I	Abondance (%)	γ (10^7 rad / T s)
^{1}H	1/2	99,98	26,75
^{2}H	1	0,015	4,11
^{51}V	7/2	99,75	7,05

Comme pour les électrons, on associe au spin nucléaire I le moment magnétique μ suivant :

$$\mu = \frac{\gamma h}{2\pi} I$$

avec $h = 6,626 \times 10^{-34}$ J.s. En présence d'un champ magnétique B_0 orienté conventionnellement selon l'axe z, l'énergie associée est $E = -\mu_z B_0$

C.I.4. Comment se nomment les facteurs γ et h ?

C.I.5. Comment s'exprime le hamiltonien correspondant à cette énergie en fonction de l'opérateur $\hat{I}$?

Une conséquence importante de la présence de ce champ est la levée de dégénérescence pour les différentes valeurs de m_l de la projection selon l'axe z de l'opérateur $\hat{I}$.

C.I.6. Comment se nomme cet effet ? Quel est l'équivalent pour le moment cinétique orbitalaire ?

On considère maintenant les transitions entre deux niveaux d'énergie consécutifs ainsi obtenus. Soit ν_0 la fréquence du rayonnement nécessaire pour réaliser cette transition. L'un des derniers appareils mis en service annonce une fréquence de résonance pour ^{1}H de 1 000 MHz.

C.I.7. Calculer le champ magnétique en tesla nécessaire pour obtenir cette fréquence de résonance. De quelle gamme de longueur d'onde s'agit-il ?

C.I.8. Pour un spectromètre annoncé à 500 MHz pour ^{1}H, calculer la fréquence de résonance pour les noyaux ^{2}H et ^{51}V.

C.I.9. Quelle serait l'allure du spectre observé si on ne considère que cet effet, tout autre couplage étant négligé ?

La RMN est utilisée en routine pour faire de l'analyse fonctionnelle, ce qui repose sur le fait que différentes fonctions chimiques vont présenter différentes fréquences de résonance.

C.I.10. Expliquer cette propriété en introduisant les concepts d'*écrantage* et de *déplacement chimique*.

Nous allons dans ce qui suit nous intéresser à la structure fine des raies en considérant les différents types de couplages à l'aide d'une description quantique des phénomènes.

C.I.11. Comme les fonctions propres de $\hat{I}^2$ et $\hat{I}_z$ ne sont pas les fonctions propres de $\hat{I}_x$ et $\hat{I}_y$, l'étude quantique plus détaillée est facilitée par l'introduction de commutateurs définis comme :

$$[A, B] = AB - BA$$

où A et B sont deux opérateurs.

On peut montrer que $[\hat{I}_x, \hat{I}_y] = i\hat{I}_z$, $[\hat{I}_y, \hat{I}_z] = i\hat{I}_x$, $[\hat{I}_z, \hat{I}_x] = i\hat{I}_y$ puis en utilisant les relations précédentes que $\hat{I}_x$, $\hat{I}_y$ et $\hat{I}_z$ commutent avec $\hat{I}^2$.

On définit les opérateurs suivants : $\hat{I}_\pm = \hat{I}_x \pm i\hat{I}_y$

C.I.11.a. Calculer le commutateur $[\hat{I}_\pm, \hat{I}_z]$

Soit $|m_I\rangle$ une fonction propre des opérateurs de spin $\hat{I}^2$ et $\hat{I}_z$ telle que précédemment définie.

C.I.11.b. Montrer que $\hat{I}_\pm|m_I\rangle$ est aussi une fonction propre de $\hat{I}_z$

C.I.11.c. En déduire que le rôle des opérateurs $\hat{I}_\pm$ est de réaliser les transitions entre les différents niveaux.

Plus généralement on peut montrer $\hat{I}_\pm|m_I\rangle = \sqrt{I(I+1) - m_I(m_I+1)}|m_I \pm 1\rangle$

Effet d'un champ B_1

Au champ statique B_0 on superpose un champ oscillant B_1 de composantes (B_{1x}, B_{1y}, B_{1z}) et de fréquence ν_0.

C.I.12.

C.I.12.a. Écrire le hamiltonien $\mathcal{H}'$ correspondant.

C.I.12.b. Montrer qu'il peut se réécrire de la façon suivante :

$$\mathcal{H}' = -\frac{\gamma h}{2\pi}\cos(2\pi\nu_0 t)\left(\frac{1}{2}(B_{1x} - iB_{1y})\hat{I}_+ + \frac{1}{2}(B_{1x} + iB_{1y})\hat{I}_- + B_{1z}\hat{I}_z\right) \quad (1)$$

Considérons le cas d'un spin 1/2 avec les deux fonctions propres $|\alpha\rangle$ et $|\beta\rangle$, correspondant respectivement aux valeurs propres -1/2 et +1/2. On cherche ensuite à savoir quelles propriétés doit posséder ce champ pour être à l'origine d'une transition $|\beta\rangle$ vers $|\alpha\rangle$.

C.I.12.c. Comment est reliée la probabilité de transition à $\langle\alpha|\mathcal{H}'|\beta\rangle$? Quel est le nom de cette règle ?

C.I.12.d. Calculer $\langle\alpha|\mathcal{H}'|\beta\rangle$ et en déduire dans quelles conditions un champ B_1 permet de réaliser cette transition. Quelle est l'application pratique de ce résultat ?

Il existe plusieurs types de couplages à même de modifier les niveaux d'énergies des spins nucléaires.

C.I.13. Couplage scalaire entre deux noyaux (a) et (b)

C.I.13.a. Expliquer par quel mécanisme physique le couplage dit scalaire est transmis.

Dans ce cas, le hamiltonien total s'écrit sous la forme suivante (en termes de fréquences pour simplifier l'écriture) :

$$\mathcal{H} = \mathcal{H}_z^{(a)} + \mathcal{H}_z^{(b)} + \mathcal{H}_J^{(ab)} = -\nu_a \hat{I}_z^{(a)} - \nu_b \hat{I}_z^{(b)} + J\hat{I}^{(a)}\hat{I}^{(b)}$$

C.I.13.b. Exprimer le terme de couplage $\mathcal{H}_J^{(ab)}$ en fonction des opérateurs $\hat{I}_+$, $\hat{I}_-$ et $\hat{I}_z$.

Pour deux noyaux de spins 1/2, les différents états du système peuvent être représentés par la fonction $|\phi\rangle$ qui peut prendre les valeurs suivantes : $|\phi_1\rangle = |\beta\beta\rangle$, $|\phi_2\rangle = |\alpha\beta\rangle$, $|\phi_3\rangle = |\beta\alpha\rangle$ ou $|\phi_4\rangle = |\alpha\alpha\rangle$.

C.I.13.c. Déterminer les niveaux d'énergies pour un couplage nul ($J = 0$ dans l'expression du hamiltonien).

C.I.13.d. Quelles sont les énergies associées aux transitions entre niveaux ? Commenter l'allure du spectre.

Considérons maintenant ce couplage scalaire comme une perturbation. Au premier ordre, la correction de l'énergie s'écrit comme $\langle\phi|\mathcal{H}_J^{(ab)}|\phi\rangle$ où $|\phi\rangle$ est un produit de fonctions de spin vecteurs propres des hamiltoniens $\mathcal{H}_z$ définis précédemment.

C.I.13.e. Déterminer les niveaux d'énergies correspondants en incluant cette correction au premier ordre.

C.I.13.f. Quelle est alors l'allure du spectre ?

C.I.13.g. Expliquer brièvement à partir du résultat précédent quel peut être l'intérêt de ce couplage en terme d'analyse structurale.

Dans certains cas, la correction au premier ordre est insuffisante et il faut traiter cette question dans le détail en trouvant les nouveaux vecteurs propres et valeurs propres de l'hamiltonien $\mathcal{H}$.

C.I.13.h. Montrer que $|\phi_1\rangle = |\beta\beta\rangle$ et $|\phi_4\rangle = |\alpha\alpha\rangle$ sont des fonctions propres de $\mathcal{H}$ et donner les valeurs propres correspondantes.

C.I.13.i. Écrire la matrice $\langle\phi_i|\mathcal{H}|\phi_j\rangle$ pour les fonctions $|\phi_2\rangle = |\alpha\beta\rangle$ et $|\phi_3\rangle = |\beta\alpha\rangle$

C.I.13.j. Calculer les énergies E_2 et E_3 valeurs propres de l'hamiltonien pour le sous-système précédent. On pourra introduire le couplage réduit $n = J/|\nu_a - \nu_b|$

On donne les vecteurs propres correspondants :

$$|\phi_2'\rangle = C|\alpha\beta\rangle - \sqrt{1-C^2}|\beta\alpha\rangle \qquad |\phi_3'\rangle = \sqrt{1-C^2}|\alpha\beta\rangle + C|\beta\alpha\rangle$$

avec : $C = \dfrac{1}{\sqrt{1 + \dfrac{\left(1-\sqrt{1+n^2}\right)^2}{n^2}}}$

C.I.13.k. Montrer que ces résultats sont compatibles avec la correction au premier ordre dans le cas d'un faible couplage $n \ll 1$

C.I.13.l. Calculer les énergies associées aux transitions et donner l'allure du spectre.

C.I.13.m. L'intensité d'une raie est proportionnelle à la probabilité de transition évoquée à la question C.I.12.c. En admettant que l'opérateur qui permet de faire les transitions est $\hat{I}_+^{(a)} + \hat{I}_+^{(b)}$, montrer que dans le cas d'un couplage fort, apparaît un effet de toit pour les intensités des raies.

C.I.13.n. Il existe un autre type de couplage entre spins appelé *couplage dipolaire.* Expliquez l'origine physique de ce couplage.

C.I.13.o. Que pensez vous de la présence d'une espèce paramagnétique à proximité d'un noyau qu'on souhaite étudier ?

C.I.13.p. Quelle est la conséquence importante pour l'étude des espèces du vanadium ?

C.I.13.q. Quelle autre technique analogue à la RMN peut-on employer pour étudier les espèces paramagnétiques ?

C.I.14. Couplage quadrupolaire

les noyaux de spins supérieurs à 1/2 présentent une homogénéité de charge électrique au sein du noyau qui ajoute un terme supplémentaire dans le hamiltonien (terme quadrupolaire).

$$\mathcal{H} = \mathcal{H}_z + \mathcal{H}_Q = -\nu \hat{I}z + C_Q \left(3(\hat{I}_z)^2 - \hat{I}^2\right)$$

où C_Q est une fonction du spin I mais aussi de l'orientation entre la distribution de charge à l'intérieur du noyau et le champ magnétique extérieur.

C.I.14.a. Comment sont modifiés les niveaux d'énergie calculés précédemment en ne tenant compte que de l'effet du champ magnétique, si on inclut cette interaction supplémentaire pour les noyaux suivants : ^{2}H$(I = 1)$ et ^{51}V$(I = 7/2)$?

C.I.14.b. Donner les énergies associées aux transitions entre les niveaux. Que deviennent les spectres dans ce cas pour ces deux noyaux ?

C.I.14.c. Calculer l'intensité respective des différentes transitions.

On a reproduit ci-après un extrait du spectre d'ion ^{51}V vanadate dans un cristal liquide. Ce type de phase peut se former à partir de molécule comme la N(p-MethoxyBenzyliden)p-ButyAniline (MBBA).

C.I.14.d. Expliquer le terme *cristal liquide.*

C.I.14.e. Donner la formule développée de la MBBA et expliquer les raisons pour lesquelles cette molécule peut former un cristal liquide.

C.I.14.f. Montrer que le spectre ci-dessous est compatible avec les effets d'un couplage quadrupolaire pour le vanadium.

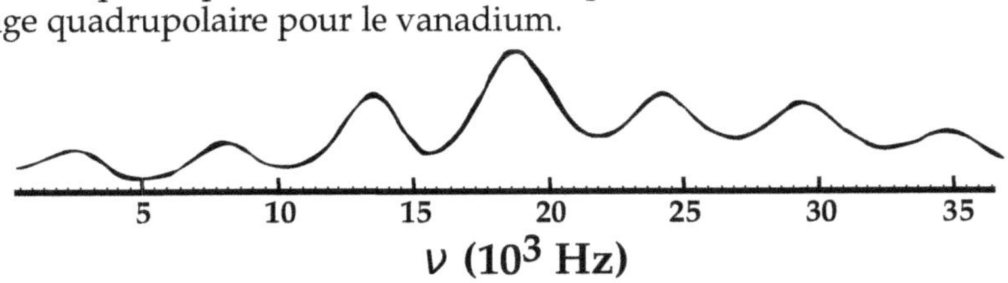

C.I.14.g. Calculer la valeur de C_Q dans ce cas.

C.I.14.h. Que penser de l'effet du terme quadrupolaire pour les espèces du vanadium en solution.

C.I.15. Application à l'ion décavanadate

On donne la formule de l'ion décavanadate ci-dessous :

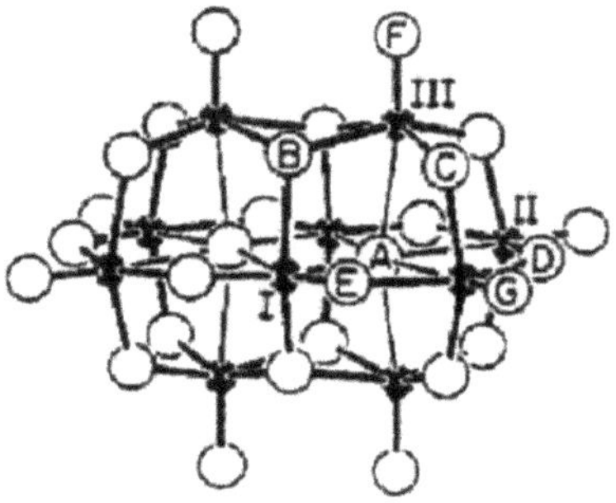

Les atomes de vanadium sont représentés en noir et les atomes d'oxygène sont en blanc.

C.I.15.a. Donner la formule et la charge de l'ion décavanadate.

C.I.15.b. Donner le nombre d'atomes d'oxygène et de vanadium équivalents par symétrie. En déduire le nombre et l'intensité relative de pics observés en RMN de ^{17}O et ^{51}V.

Le spectre de RMN ^{51}V de l'ion décavanadate a été mesuré sur un spectromètre à 360 MHz (pour ^1H) avec une référence externe de $VOCl_3$ pur. Ses caractéristiques sont données ci-dessous :

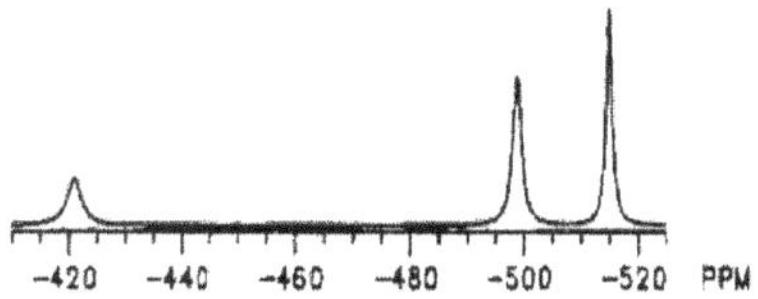

pic	δ (ppm)	intégration	$\delta\nu_{1/2}$ (Hz)
1	-423	1	370
2	-500	2	260
3	-515	2	160

C.I.15.c. Sachant que des données complémentaires font apparaître que le pic à -500 ppm n'est pas lié à un oxygène μ_3 (triplement lié), attribuer les pics aux atomes de vanadium correspondant.

C.I.15.d. D'autres expériences ont permis d'estimer la constante de couplage scalaire J_{V-O-V} autour de 10 Hz. Discuter l'allure du spectre obtenu. On pourra s'aider de l'analogie des spectres de bandes pour la spectrophotométrie UV-visible.

C.II. Équilibres en solution aqueuse entre les différentes espèces étudiées.

C.II.1. Monomères :

On se place pour le moment dans des conditions telles qu'il n'y a pas de condensations. Seul le monomère vanadate $[VO_4]^{3-}$ et ses éventuelles formes protonées sont considérés.

C.II.1.a. Proposer une représentation de Lewis et une géométrie pour cet ion.

Les déplacements chimiques RMN du ^{51}V (exprimés en ppm) observés sont donnés en fonction du pH. Les solutions sont diluées en vanadium (de l'ordre de 10^{-4} mol.L^{-1}) et contiennent 2,0 mol.L^{-1} de Li(ClO_4). L'étude est réalisée à température constante et égale à 20 °C.

δ_V	-541	-538	-538	-538,5	-540,7	-547,5	-545,5	-549,2
pH	13	11	10	9	8,7	8,5	8,2	8,0
δ_V	-553	-556	-557,5	-558	-559	-560,4	-560,4	-560,4
pH	7,7	7,5	7,2	7,0	6,5	6,0	5,0	4,5

C.II.1.b. Justifier qu'on n'observe qu'un seul signal quel que soit le pH.

C.II.1.c. Tracer la courbe expérimentale obtenue : pH en fonction de δ_V.

C.II.1.d. Montrer que moyennant une (ou des) approximation(s) que l'on formulera, on peut accéder à la constante d'acidité d'un des couples considérés. Donner la valeur numérique du pK_a de ce couple.

C.II.1.e. Montrer qu'un autre couple acide/base doit être considéré ? Quel est ce couple ? Pourquoi ne peut-on pas ici déterminer précisément la valeur de son pK_a ?

C.II.1.f. Quel peut-être l'intérêt de réaliser la même série d'expériences à une température différente ? Quelle(s) grandeur(s) peut-on ainsi déterminer ?

C.II.1.g. Les résultats diffèrent également suivant la valeur de la concentration de $LiClO_4$. Toutes choses égales par ailleurs, que peut-on penser de l'influence de la concentration de $LiClO_4$ sur la position de l'équilibre acido-basique ?

C.II.1.h. Les résultats précédents peuvent être confirmés par RMN ^{17}O ; pourquoi ?

C.II.2. Dimères : On considère à présent le dimère dit pyrovanadate $[V_2O_7]^{4-}$ et ses éventuelles formes protonées obtenus par condensation de $[VO_4]^{3-}$.

C.II.2.a. Proposer une représentation de Lewis et une géométrie pour cet ion $[V_2O_7]^{4-}$.

C.II.2.b. Quels sont a priori les facteurs qui favorisent la dimérisation du vanadium(V) en solution aqueuse ?

Ainsi, pour une concentration différente en vanadium, on observe (en plus de la courbe obtenue en C.II.1.a) une autre courbe pH = $f(\delta_V)$ décroissante (δ_V variant entre 561,0 et 572,7 ppm environ) et présentant 2 inflexions, l'une à pH = 7,2 et l'autre à pH = 8,9.

C.II.2.c. Que peut-on déduire de ces observations ?

C.II.3. Tétramères et pentamères : $V_4O_{12}{}^{4-}$ **et** $[V_5O_{15}]^{5-}$

Pour une concentration en vanadium supérieure à 10 mol.L^{-1}, on observe de nouveaux signaux uniquement pour un domaine de pH compris entre 6 et 9 environ. Les valeurs de δ_V, sont indépendantes du pH. On admet que ces signaux sont associés aux tétramères et pentamères de formules respectives $V_4O_{12}{}^{4-}$ et $[V_5O_{15}]^{5-}$; que peut-on déduire des observations expérimentales ?

C.III. Diagramme de distribution simplifié des vanadates et titrage

On donne à présent le diagramme de distribution simplifié des vanadates (à 2 dimensions : pH et [V], qui représente la concentration totale en élément vanadium en solution). Seules les espèces prédominantes sont considérées dans ce diagramme. Le diagramme fourni est incomplètement légendé : seules les espèces V_2O_5 et $H_2V_{10}O_{28}{}^{4-}$ sont placées.

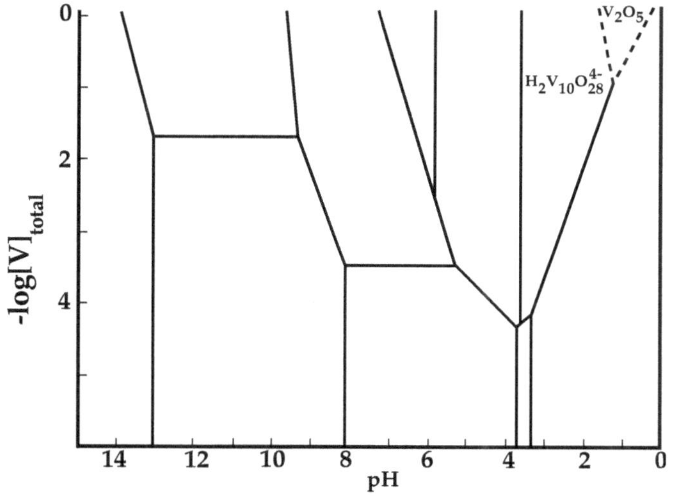

On fournit également les valeurs des constantes d'équilibre (à 25°C) de quelques réactions impliquant les vanadates en solution aqueuse :

Réaction	$-\log(K°)$
$VO_2{}^+ + 2\,H_2O = H^+ + H_3VO_4$	3,2
$H_3VO_4 = H^+ + H_2VO_4{}^-$	3,8
$H_2VO_4{}^- = H^+ + HVO_4{}^{2-}$	7,8
$HVO_4{}^{2-} = H^+ + VO_4{}^{3-}$	13,2
$H_2V_{10}O_{28}{}^{4-} = H^+ + HV_{10}O_{28}{}^{5-}$	3,6
$HV_{10}O_{28}{}^{5-} = H^+ + V_{10}O_{28}{}^{6-}$	5,8
$2\,H_2VO_4{}^- = H^+ + H_2O + HV_2O_7{}^{3-}$	5,12
$2\,HVO_4{}^{2-} = H_2O + V_2O_7{}^{4-}$	-1,68
$3\,H_2VO_4{}^- = 3\,H_2O + V_3O_9{}^{3-}$	-7,14
$4\,H_2VO_4{}^- = 4\,H_2O + V_4O_{12}{}^{4-}$	-10,10
$10\,H_2VO_4{}^- + 6\,H^+ = 12\,H_2O + H_2V_{10}O_{28}{}^{4-}$	-61,8
$10\,VO_2{}^+ + 8\,H_2O = 16\,H^+ + H_2V_{10}O_{28}{}^{4-}$	6,75

C.III.1. Les données indiquées en 3e et 4e ligne sont elles conformes aux résultats établis au C.II.1 ? Commenter.

C.III.2. À quoi correspond une frontière entre deux domaines de prédominance parallèle à l'axe des abscisses ? Même question pour une parallèle à l'axe des ordonnées ?

C.III.3. Justifier le signe de la pente de la frontière éventuelle entre $H_2V_{10}O_{28}{}^{4-}$ et V_2O_5 d'une part et entre V_2O_5 et $VO_2{}^+$ d'autre part ?

C.III.4. Compléter entièrement le diagramme. On admettra que les espèces à placer sont celles de la liste ci-après : H_3VO_4, $H_2VO_4{}^-$, $HVO_4{}^{2-}$, $VO_4{}^{3-}$, $VO_2{}^+$, $V_2O_7{}^{4-}$, $V_4O_{12}{}^{4-}$, $HV_{10}O_{28}{}^{5-}$, $V_{10}O_{28}{}^{6-}$.

C.III.5. Comment expliquer les différences observées entre ce diagramme et les résultats de l'étude du C.II.2.c ?

C.III.6. Justifier la cohérence entre ce diagramme de distribution et le diagramme potentiel-pH puis expliquer les différences entre les espèces du vanadium considérées dans ce diagramme de distribution et celles (au degré d'oxydation V) considérées dans le diagramme potentiel-pH.

C.III.7. En réalité, l'espèce $[V_5O_{15}]^{5-}$ est également présente sur ce diagramme.

C.III.7.a. Indiquer qualitativement comment modifier le diagramme précédent.

C.III.7.b. Retrouve-ton l'observation expérimentale du C.II.3 ?

On ne tiendra pas compte de l'espèce $[V_5O_{15}]^{5-}$ dans la suite. Le diagramme de distribution précédemment complété peut également être établi (ou validé) par le titrage par H_3O^+ de solutions de vanadate à différentes concentration en vanadium.

C.III.8. En utilisant le diagramme de distribution précédemment complété, indiquer quelle est l'allure attendue pour la courbe donnant le pH en fonction du rapport quantité de H_3O^+ versée sur quantité de vanadium initial dans le cas du titrage d'une solution contenant initialement 10^{-3} mol.L^{-1} de vanadium et dont le pH initial est proche de 14 par H_3O^+. On indiquera les valeurs approchées des coordonnées des points remarquables.

C.III.9. Quelles sont les modifications observées pour cette courbe si on augmente la concentration du vanadium à 10^{-2} mol.L^{-1} puis à 10^{-1} mol.L^{-1} ?

C.IV. Aspects cinétiques de la décomposition en milieu acide du décavanadate et formation de V_2O_5

On constate que les solutions de décavanadate $V_{10}O_{28}{}^{6-}$ se décomposent en milieu acide en V_2O_5 entre autres espèces (observations conformes au diagramme de distribution). On cherche à identifier quelle(s) espèce(s) acido-basique(s) du décavanadate est(sont) impliquée(s) dans le mécanisme de cette réaction de décomposition, $V_{10}O_{28}{}^{6-}$ étant considérée comme une hexabase. On notera A^{n-} l'anion de charge $n-$, n pouvant varier a priori entre 2 et 6.

Le mécanisme supposé est le suivant (hypothèse validée par des études qui dépassent le cadre de notre étude) mais on ignore à ce stade quelle est la valeur de n :

$$A^{n-} + H^+ = HA^{(n-1)-} \quad (a)$$

$$HA^{(n-1)-} + H^+ = H_2A^{(n-2)-} \quad (b)$$

$$H_2A^{(n-2)-} \xrightarrow{k_c} P \text{ produits} \quad (c)$$

On utilise des solutions en décavanadate de l'ordre de 10^{-2} mol.L^{-1} (pH initial compris entre 2 et 6), et des solutions d'ions H^+ de 0,2 à 1 mol.L^{-1} ; la force ionique est maintenue avec $NaNO_3$ à une concentration de 1,3 mol.L^{-1}.

C.IV.1. (a) et (b) sont considérés comme des « pré-équilibres rapides » de constantes d'équilibre respectives $K_{n(\mathrm{a})}$ et $K_{n(\mathrm{b})}$. Que signifie le terme « pré-équilibres rapides » et sur quelle hypothèse repose cette considération ?

C.IV.2. Montrer que la vitesse de la réaction peut s'écrire : $\dfrac{\mathrm{d}P}{\mathrm{d}t} = k_{\mathrm{exp}}C_{\mathrm{tot}}$ avec $k_{\mathrm{exp}} = k_c \dfrac{K_{n(\mathrm{a})}K_{n(\mathrm{b})}[\mathrm{H}^+]^2}{1 + K_{n(\mathrm{a})}[\mathrm{H}^+] + K_{n(\mathrm{a})}K_{n(\mathrm{b})}[\mathrm{H}^+]^2}$ Où C_{tot} désigne la concentration totale en espèces A^{n-}, $\mathrm{HA}^{(n-1)-}$ et $\mathrm{H_2A}^{(n-2)-}$

C.IV.3. Pourquoi peut-on penser que $\dfrac{K_{n(\mathrm{a})}}{K_{n(\mathrm{b})}}$ est toujours de l'ordre de 10^2 ? (On pourra utiliser certaines données de la question C.III.)

C.IV.4. Quelles sont alors les valeurs approximatives (calculées ou extrapolées) de $K_{n(\mathrm{a})}$ pour n variant de 6 à 2.

On se propose de simplifier l'expression de k_{exp} en : $k_{\mathrm{exp}} = k_c \dfrac{K_{n(\mathrm{a})}K_{n(\mathrm{b})}[\mathrm{H}^+]^2}{1 + K_{n(\mathrm{a})}[\mathrm{H}^+]}$.

C.IV.5. Discuter de la légitimité de cette simplification.

C.IV.6. On dispose des valeurs expérimentales de k_{exp} pour différentes valeurs de $[\mathrm{H}^+]$ reportées ci-après.

$[\mathrm{H}^+]$ (mol.L^{-1})	0,1	0,2	0,3	0,4	0,5
k_{exp} (s^{-1})	0,007	0,015	0,027	0,038	0,050
$[\mathrm{H}^+]$ (mol.L^{-1})	0,6	0,7	0,8	0,9	1,0
k_{exp} (s^{-1})	0,062	0,078	0,093	0,108	0,122

C.IV.6.a. Commenter les résultats obtenus.

C.IV.6.b. Expliquer pourquoi dans le cadre de cette simplification, le tracé de k_{exp} en fonction de $[\mathrm{H}^+]$ permet une détermination graphique de $K_{n(\mathrm{a})}$.

C.IV.6.c. Donner la valeur numérique de $K_{n(\mathrm{a})}$.

C.IV.6.d. Quelle est la valeur de n la plus probable ?

C.IV.6.e. Expliquer en quoi ce résultat est en conformité avec le diagramme de distribution.

D. Comparaison phosphates — vanadates

D.I. Pourquoi peut-on faire une analogie structurelle entre vanadates et phosphates ?

Au cours de la partie C., nous avons vu que les vanadates peuvent se condenser (en polyanions) par acidification. Ce n'est pas effectif dans le cas des phosphates.

D.II. Comment peut-on concrètement condenser les phosphates ?

D.III. Comment peut-on expliquer cette différence de comportement ?

D.IV. Vanadates et aspects biologiques

La distribution du vanadium dans un organisme animal (en l'occurrence des poules) est étudiée par l'administration orale de ^{48}V, radioactif par désintégration β^+ et de période radioactive $T = 16$ jours.

D.IV.1. En quoi consiste la radioactivité par désintégration β^+ ?

D.IV.2. Présenter en quelques mots le principe de cette étude.

On admet que dans la cellule, la forme prédominante du vanadium est l'ion vanadyl (VO^{2+}) et que les vanadates sont majoritaires dans le milieu extra-cellulaire. On indique pour la suite que les ions vanadyl se fixent aux protéines intracellulaires ou à d'autres petites molécules (comme le glutathion) et que les liaisons entre V et ligands intracellulaires sont beaucoup plus faibles dans le cas du vanadate que dans le cas du vanadyl (facteur 100 à 400 usuellement).

D.IV.3. Pour un couple rédox Ox/Réd donné et dont on écrira la demi-équation électronique de réduction, rappeler le lien qui existe entre le potentiel standard $E°$ et le potentiel standard apparent à pH = 7 (noté E'°).

D.IV.4. Montrer que les ions vanadate peuvent perturber nombre de processus rédox cellulaires. À quel type d'agressions les cellules deviennent-elles particulièrement vulnérables ?

On constate que l'ajout d'acide L-ascorbique a un effet modérateur de la toxicité du vanadium chez la poule.

D.IV.5. Quel est le nom usuel de ce composé ? Quelle propriété de cette molécule intervient ici ? Justifier l'effet modérateur observé.

On constate également que la présence d'ion vanadyl réduit l'activité de certaines enzymes (comme les phosphatases ou l'isocitrate déshydrogénase intervenant dans le cycle de production d'ATP à partir de carbone organique pour ne prendre que deux exemples), Dans le deuxième cas, on attribue cela au fait que le vanadyl est fortement lié au niveau cellulaire à la molécule ADP.

D.IV.6. Quel nom donne-t-on à ce cycle ?

D.IV.7. Que signifie le sigle ADP ? Pourquoi le vanadium se fixe-t-il si bien à l'ADP ?

D.IV.8. Quel qualificatif peut-on donner à l'ion vanadyl ?

D.IV.9. En conclusion de cette sous-partie indiquer ce qui conditionne principalement la distribution et les effets du vanadium dans un organisme animal.

FIN DE L'ÉNONCÉ

Autour de la physicochimie du vanadium et de ses composés au degré d'oxydation +V

A. Le vanadium : quelques aspects généraux

A.I. L'élément vanadium

A.I. Le nom vanadium vient de Vanadis, surnom de Freyja, déesse scandinave de la beauté, car celui-ci présente des composés chimiques très colorés. Ce nom a été donné en 1830 par le chimiste suédois N. G. Sefström.

A.II. Le vanadium est utilisé dans les céramiques, dans les alliages et comme catalyseur pour la synthèse de l'acide sulfurique (donné dans le sujet).

A.III. Dans la maille cubique centrée, il y a deux atomes par maille. Dans le modèle des sphères dures, il y a contact sur la grand diagonale du cube donc

$$a\sqrt{3} = 4r_V \tag{1}$$

La masse volumique s'écrit :

$$\rho = \frac{2M(\mathrm{V})}{a^3 \times \mathcal{N}_A} \tag{2}$$

De la relation (2) on obtient la valeur de a et grâce à la relation (1) on déduit la valeur de r_V :

$$r_V = \frac{a\sqrt{3}}{4} = \frac{\sqrt{3}}{4}\sqrt[3]{\frac{2M(\mathrm{V})}{\rho \times \mathcal{N}_A}} = \frac{\sqrt{3}}{4}\sqrt[3]{\frac{2 \times 50,9.10^{-3}}{5,96.10^3 \times 6,022.10^{23}}} = 132 \text{ pm}$$

La diffraction aux rayons X d'un cristal permet de vérifier cette valeur. La valeur tabulée est de 135 pm.

A.IV.

A.IV.a. $1s^2 2s^2 2p^6 3s^2 3p^6 3d^3 4s^2$

A.IV.b. Les degrés d'oxydation accessibles sont II, III, IV, V. De nombreux degrés d'oxydation sont accessibles car les potentiels d'ionisation associés sont relativement faibles : les électrons sont assez écrantés par les couches internes.

A.IV.c. Règle de Hund : Le terme spectroscopique fondamental est le terme de nombre quantique S le plus élevé, si deux termes ont le même nombre quantique S, c'est le terme de nombre quantique L le plus élevé qui est fondamental. Pour le Vanadium $S = \frac{3}{2}$ et $L = 3$. On a donc un fondamental ^{4}F.

A.IV.d. L et S sont non nuls, il y a donc un couplage spin-orbite non nul. On a $|L - S| \leq J \leq L + S$. Donc $\frac{3}{2} \leq J \leq \frac{9}{2}$ qui correspondent aux termes électroniques de structure fine $^4F_{\frac{3}{2}}$, $^4F_{\frac{5}{2}}$, $^4F_{\frac{7}{2}}$, $^4F_{\frac{9}{2}}$

A.V. Le complexe $[V(CO)_6]$ a 17 électrons de valence (5 électrons *d* et 6 ligands *L* : $NEV = 5 + 6 \times 2 = 17$). Les ligands CO sont σ-donneurs, π-accepteurs, ils favorisent des complexes à 18 électrons pour avoir un maximum d'électrons dans les orbitales liantes t_{2g} (règles des 18 électrons). Ce complexe se réduit donc en $[V(CO)_6]^-$ qui a 18 électrons.

A.VI. On les appelle également diagrammes de Pourbaix en hommage à Marcel Pourbaix, chimiste belge.

A.VII. SHE : «Standard Hydrogen Electrode» ou électrode standard à hydrogène qui sert de référence pour la mesure du potentiel.

A.VIII. On peut voir sur le diagramme le vanadium a un domaine d'existence disjoint avec l'eau, il n'est donc pas stable en milieu aqueux. On en déduit que le vanadium est un métal plutôt réducteur. Les espèces stables sont celles dont le domaine de prédominance/existence est compris dans le domaine de l'eau tracé en pointillé. Les espèces suivantes sont donc stables : $V^{3+}{}_{(aq)}$, $VOH^{2+}{}_{(aq)}$, $V(OH)_2{}^+{}_{(aq)}$, $V_2O_{3(cr)}$, $V_3O_{5(cr)}$, $V_2O_{4(cr)}$, $V_6O_{13(cr)}$, $VO^{2+}{}_{(aq)}$, $VO_2{}^+{}_{(aq)}$, $VO(OH)_{3(aq)}$, $VO_2(OH)_2{}^-{}_{(aq)}$, $VO_3OH^{2-}{}_{(aq)}$. Pour une solution aqueuse aérée, il faut que les domaines soient aussi commun avec celui de O_2 pour que l'espèce soit stable.

A.IX. V_3O_5(cr), V_2O_4(cr), V_6O_{13}(cr) peuvent se dismuter.

V_3O_5(cr) se dismute en V_2O_3(cr) et en $VO_3(OH)^{2-}$(aq) (pH $\geqslant$ 10).

V_2O_4(cr) se dismute en V_3O_5(cr) et en $VO_3(OH)^{2-}$(aq) (pH $\geqslant$ 9).

V_6O_{13}(cr) se dismute en V_2O_4(cr) et en $VO_2(OH)_2{}^{2-}$(aq) (pH $\geqslant$ 7).

A.X. V_2O_5 n'est pas présent sur le diagramme car sa solubilité vaut 8 g.L^{-1} ce qui correspond à $4,4.10^{-2}$ mol.L^{-1} soit une concentration bien supérieure à celle du tracé.

A.II. Quelques aspects métallurgiques : obtention du métal pur vanadium

A.I. Le vanadium pur a un potentiel d'oxydation négatif qui indique qu'il est facilement oxydé, on le trouve donc plutôt sous forme d'oxydes et de sulfures (patronite). (Il est non noble.)

A.II.

A.II.a.

$$2\,V_2O_{5(s)} + 5\,C_{(s)} + 6\,Cl_{2(g)} = 4\,VCl_{3(s)} + 5\,CO_{2(g)} \quad (3)$$

$$2\,VCl_{3(s)} + 3\,Mg_{(s)} = 2\,V_{(s)} + 3\,MgCl_{2(s)} \quad (4)$$

A.II.b. En travaillant sous atmosphère inerte, on empêche la ré-oxydation du vanadium puisqu'il n'y a pas de dioxygène.

A.III. On parle de réduction calciothermique.

Remarque : À ne surtout pas confondre avec la calcination qui consiste généralement à faire une combustion complète d'un échantillon.

A.IV.

$$\frac{2}{5}\,V_2O_{5(s)} + Ca_{(s)} = 2CaO_{(s)} + \frac{4}{5}\,V_{(s)} \quad \Delta_r G_5^\circ \quad (5)$$

$$\Delta_r H_5^\circ = 2\Delta_f H^\circ\,(\mathrm{CaO(s)}) - \frac{2}{5}\Delta_f H^\circ\,(\mathrm{V_2O_5(s)}) = -649{,}76\ \mathrm{kJ.mol^{-1}}$$

À priori, les termes enthalpiques pour les réactifs et les produits sont du même ordre de grandeur, le terme $T \times \Delta_r S^\circ$ devrait être faible devant $\Delta_r H_5^\circ$. Le $\Delta_r G^\circ$ de la réaction devrait donc être négatif, ce qui montre que la réaction est possible.

Remarque : On peut essayer d'être plus qualitatif en disant que le calcium est un métal encore plus réducteur que le vanadium métallique.

A.V. C'est le phénomène de passivation. On va calculer la pression de corrosion :

$$\frac{4}{5}\,\mathrm{V_{(s)}} + \mathrm{O_{2(g)}} = \frac{2}{5}\,\mathrm{V_2O_{5(s)}} \quad K_6 \qquad (6)$$

On va calculer la constante d'équilibre associée en utilisant l'approximation d'Ellingham :

$$\Delta_r G_6^\circ = \frac{2}{5}\Delta_f H^\circ(\mathrm{V_2O_5, s}) - T\left(\frac{2}{5}S^\circ(\mathrm{V_2O_5, s}) - \frac{4}{5}S^\circ(\mathrm{V, s}) - S^\circ(\mathrm{O_2, g})\right)$$

$$= \frac{2}{5} \times (-1\,551{,}06.10^3) - T\left(\frac{2}{5} \times 131 - \frac{4}{5} \times 28{,}9 - 205\right)$$

$$\Delta_r G_6^\circ = -620.10^3 + 175T \qquad \Delta_r G_6^\circ(298\ \mathrm{K}) = -568\ \mathrm{kJ.mol^{-1}}$$

$$K_3 = 3{,}8.10^{99}$$

À l'équilibre, on a $K_6 = \dfrac{P^\circ}{P(\mathrm{O_2})}$. La pression de corrosion vaut donc $\dfrac{P^\circ}{K_6} \approx 0{,}3.10^{-99}$ bar (beaucoup plus faible que 0,2 bar la pression partielle de dioxygène dans l'air).

A.III. Le ferrovanadium

A.I. Il existe l'échelle de Mohs où la dureté est définie en comparant deux matériaux : si l'un est capable de rayer l'autre, il est plus dur.

Remarque : C'est une échelle empirique non linéaire.

A.II. Le module d'Young caractérise la résistance à la traction. $\sigma = E\epsilon$ avec σ la contrainte (homogène à une pression), ϵ est l'allongement relatif $\dfrac{l - l_0}{l_0}$ et E le module d'Young.

A.IV. Supraconducteurs à base de vanadium

Un supraconducteur est un matériau pour lequel la résistance est strictement nulle. On observe cette propriété en dessous d'une température appelée température critique pour laquelle il y a transition entre la phase supraconducteur et la phase conducteur.

A.V. Préparation de V_2O_5

A.I. Cette réaction est hétérogène, la diffusion du dioxygène dans le vanadium métallique est très lente. L'obtention d'un matériau homogène sera donc très difficile.

A.II. $2\ NH_4VO_{3(s)} = V_2O_{5(s)} + H_2O_{(g)} + 2\ NH_{3(g)}$

B. V_2O_5 catalyseur d'oxydations

B.I. Généralités sur la synthèse de l'acide sulfurique

B.I. L'acide sulfurique est utilisé dans la production d'engrais (production de phosphates), la métallurgie (lixiviation, décapage, ...), dans les batteries au plomb, la fabrication de polymères, le textile, l'agro-alimentaire (déshydratation pour des fruits secs), etc.

B.II.

B.II.a. Au moyen-âge, on appelait l'acide sulfurique « vitriol ».

B.II.b.

$$2\ FeSO_{4(s)} = Fe_2O_{3(s)} + SO_{3(g)} + SO_{2(g)} \qquad (7)$$

B.II.c. On applique la loi de Hess :

$$\Delta_r H_7^\circ = \Delta_f H^\circ\ (Fe_2O_3, s) + \Delta_f H^\circ\ (SO_3, g) + \Delta_f H^\circ\ (SO_2, g) - 2\Delta_f H^\circ\ (FeSO_4, s)$$

$$\Delta_r H_7^\circ = -1118,4 - 296,83 - 395,72 + 2 \times 928,4 = 45,85\ \text{kJ.mol}^{-1}$$

$$\Delta_r S_7^\circ = S^\circ\ (Fe_2O_3, s) + S^\circ\ (SO_3, g) + S^\circ\ (SO_2, g) - 2S^\circ\ (FeSO_4, s)$$

$$\Delta_r S_7^\circ = 146,4 + 248,2 + 256,8 - 2 \times 107,5 = 436,4\ \text{J.mol}^{-1}.\text{K}^{-1}$$

$$\Delta_r G_7^\circ = \Delta_r H_4^\circ - T\Delta_r S_7^\circ = 45,85.10^3 - 298 \times 436,4 = -8,420\ \text{kJ.mol}^{-1}$$

Vu que $\Delta_r G_7^\circ$ est négatif, la réaction peut thermodynamiquement avoir lieu. De plus, la réaction est endothermique, d'après la loi de Van't Hoff, le chauffage favorise la formation des produits.

B.II.d.

$$\frac{1}{4}\ S_{8(s)} + 2\ H_2O_{(l)} + 3\ O_{2(g)} = 4\ H^+_{(aq)} + 2\ SO^{2-}_{4(aq)}$$

En pratique on commence par former SO_2 par chauffage de $S_{8(s)}$ puis on utilise l'acide nitrique comme catalyseur. Au cours de la synthèse, on forme l'espèce intermédiaire HSO_4NO qui s'hydrolyse en monoxyde d'azote et en acide sulfurique.

B.III. On l'appelle procédé de contact car on met en contact l'oléum avec l'eau.

B.IV.

B.IV.a.

$$S_{8(s)} + 8\ O_{2(g)} = 8\ SO_{2(g)}$$

B.IV.b. Les données fournies nous permettent de montrer que la réaction est exothermique, on peut donc fournir de l'énergie avec cette étape pour favoriser une étape endothermique suivante. On économise ainsi le coût énergétique du chauffage.

B.V.

B.V.a.

$$2\,SO_{2(g)} + O_{2(g)} = 2\,SO_{3(g)} \qquad (8)$$

B.V.b. Loi de le Chatelier en hommage à Henry Le Chatelier, chimiste français :

> Lorsque les modifications extérieures apportées à un système physico-chimique en équilibre provoquent une évolution vers un nouvel état d'équilibre, l'évolution s'oppose aux perturbations qui l'ont engendrée et en modère l'effet.

En toute rigueur cette loi n'est pas valable pour les ruptures d'équilibre. L'énoncé de la loi date de 1884.

B.V.c. Il faut calculer la variance du système :

$$V = N + 2 - \phi - R = 3 + 2 - 1 - 1 = 3$$

(3 constituants physico-chimiques, température, pression, une phase et un équilibre chimique). La variance est de 3, on peut donc utiliser les trois paramètres proposés pour contrôler l'équilibre.

B.V.d. La réaction a lieu en phase gaz et s'accompagne d'une diminution du nombre de moles de gaz, l'augmentation de pression va favoriser la réaction dans le sens direct.

$\Delta_r H_8^\circ = 2\Delta_f H^\circ\,(SO_3) - 2\Delta_f H^\circ\,(SO_2) - \Delta_f H^\circ\,(O_2) = 2 \times (-395,72) + 2 \times 296,83 = -197,78\ \text{kJ.mol}^{-1}$

La réaction est exothermique, une élévation de température va donc favoriser le sens indirect (loi de Van't Hoff).

B.V.e.

B.V.e.i. Le taux d'avancement est le rapport de la quantité de matière ayant réagit sur quantité de matière pouvant réagir si la réaction était totale.

B.V.e.ii. Pour avoir la fraction molaire en produit la plus élevée, il faut être dans les proportions stœchiométriques.

$$K = \frac{x_{SO_3}^2}{x_{SO_2}^2 \times x_{O_2}} \frac{P^\circ}{P} \qquad x_{SO_3} + x_{SO_2} + x_{O_2} = 1$$

On applique une différentielle logarithmique à pression constante :

$$\begin{cases} 2\dfrac{dx_{SO_3}}{x_{SO_3}} - 2\dfrac{dx_{SO_2}}{x_{SO_2}} - \dfrac{dx_{O_2}}{x_{O_2}} = 0 \\ dx_{SO_3} + dx_{SO_2} + dx_{O_2} = 0 \end{cases}$$

Lorsque la fraction molaire de SO_3 est maximale : $dx_{SO_3} = 0$, on en déduit $dx_{SO_2} = -dx_{O_2}$ et donc $x_{SO_2} = 2x_{O_2}$, ce qui correspond bien aux proportions stœchiométriques.

B.V.e.iii. $Q = \dfrac{n_{SO_3}^2}{n_{SO_2}^2 \times n_{O_2}} \dfrac{n_{tot} P^\circ}{P}$ où n_{tot} est le nombre total de moles en phase gaz. En ajoutant un gaz inerte, on augmente n_{tot} ce qui favorise le sens indirect.

B.V.e.iv. Ce choix de conditions permet d'être proche des proportions stœchiométriques (l'air a 20% de dioxygène, on a donc un mélange équimolaire de O_2 et de SO_2 au lieu d'un rapport 1 : 2) tout en limitant l'introduction de gaz inertes défavorables à la synthèse de $SO_{3(g)}$. De plus, on se place en milieu déshydraté pour éviter l'hydrolyse de $SO_{2(g)}$. On se place donc dans des conditions favorisant le sens direct.

B.V.e.v. Ici, vu que SO_2 est en défaut le taux de conversion doit être défini par apport à ce réactif.

B.VI.

B.VI.a. L'augmentation de pression à température fixée augmente la fréquence de collisions et donc favorise le sens direct. L'augmentation de température favorise également la cinétique de la réaction . Ici, la pression favorise la réaction sur le plan cinétique et thermodynamique, ce qui n'est pas le cas pour la température car la réaction est exothermique.

B.VI.b. On travaille sous pression une pression modérée car la pression de vapeur saturante de SO_2 est très faible (de l'ordre de 4 bar). À pression plus élevée, on risquerait de liquéfier SO_2.

B.VI.c.

B.VI.c.i. Les taux de conversion augmentent puis diminuent avec la température on voit la compétition entre effets cinétiques et thermodynamiques.

B.VI.c.ii. $d_1 > d_2 > d_3$ car plus le débit est faible, plus le temps de séjour sera long et donc l'avancement élevé.

B.VI.c.iii. On a une fonction de type sigmoïde. Elle est décroissante car la réaction est exothermique. À l'équilibre, la valeur du taux d'avancement va décroitre avec K. (cf question B.V.d, Loi de Van't Hoff)

B.VI.c.iv. En milieu industriel, on doit avoir un débit élevé, le cas d_3 n'est donc pas exploitable. Il faut donc faire un compromis entre favoriser la cinétique du système en augmentant la température et diminuer le taux d'avancement maximal qui est purement thermodynamique.

B.VII.

B.VII.a. L'*oléum* est un mélange d'acide sulfurique et de trioxyde de soufre.

B.VII.b. On ne transforme pas directement le trioxyde de soufre en acide sulfurique car l'hydratation est tellement exothermique qu'elle ne fait en général que vaporiser l'eau. Il y a alors formation d'un brouillard.

B.II. Catalyseur industriel

B.I. Construction du diagramme de phase du système $V_2O_5 \cdot K_2S_2O_7$

B.I.a. Pour construire un diagramme de phase solide-liquide, on chauffe suffisamment un mélange de composition donnée dans une enceinte calorifugée pour avoir un système liquide puis on laisse le liquide refroidir avec les fuites thermiques. Les ruptures de pentes de l'évolution de la température en fonction du temps indiquent l'apparition ou un changement de phase.

B.I.b. Pour les deux comportements, le changement de phase s'effectue à température fixée. Pour un eutectique, on a un changement de phase à température fixée mais une cristallisation en deux composés alors que pour un composé défini, il y a une cristallisation homogène du matériau dans une structure cristalline donnée.

B.I.c. Il n'y a pas de question.

B.I.d. Pour mesurer la conductivité, on place le système entre deux électrodes puis on trace la caractéristique du système qui permet d'accéder à la conductance qui est l'inverse de la résistance. La mesure nécessite un étalonnage pour ramener la valeur de la conductance – extensive – à la conductivité – intensive.

B.I.e. Les auteurs attendent une conductivité suivant une loi de la forme : $\kappa = A\exp(-E_a/RT)$. On voit que dans cette formule, on a une conductivité qui augmente avec la température, ce qui correspond à un comportement métallique. Cependant, ici, on a un sel fondu, on peut donc décrire le procédé via une loi de type Arrhénius où l'énergie d'activation représente l'énergie nécessaire pour vaincre le potentiel électrostatique des ions environnants dans le sel fondu.

B.I.f. À gauche du diagramme, on a uniquement un sel fondu qui conduit par migration des ions. En présence de solide, la conduction diminue car il ne peut pas y avoir de migration des ions dans le solide.

B.I.g. On peut avoir un état métastable qui fait que l'on observe pas le changement de phase attendu. Pour éviter ce phénomène, il faut espacer les mesures pour atteindre l'état stable thermodynamiquement ou essayer de favoriser la rupture de cet état métastable (agitation, vibrations).

B.I.h. En RMN du liquide, les interactions sont en général moyennées et isotropes. Dans les solides, les interactions ne sont plus isotropes et des termes supplémentaires viennent s'ajouter. Le spectre du solide va donc être plus élargi et va faire apparaître de nouveaux pics associés à des informations directionnelles.

B.I.i. On repère les changements de pente :

$x(V_2O_5)$	0	0,0307	0,0615	0,0803	0,103	0,1254	0,15	0,1738	0,2001
T (K)	707	685	673	667	658	637	595	588	623

$x(V_2O_5)$	0,2647	0,27	0,3	0,3852	0,25	0,33	0,38	0,41	0,44	0,5
T (K)	625	621	641	637	624	668	647	659	682	696

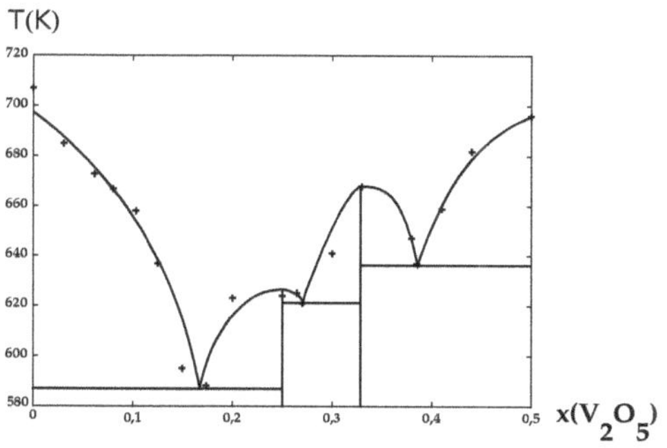

B.I.j. Il y a trois eutectiques :

$x(V_2O_5)$	0, 1738	0.27	0.3852
$T(K)$	588	621	637

B.I.k. Il y a trois composés définis :

Formule	$3\,K_2S_2O_7 \cdot V_2O_5$	$2\,K_2S_2O_7 \cdot V_2O_5$	$K_2S_2O_7 \cdot V_2O_5$
$T_{\text{fusion}}(K)$	624	668	696

B.I.l. Pour une composition $x_{V_2O_5}$ entre 0,2 et 0,33, on veut qu'il y ait présence d'une phase liquide, donc se placer au moins au delà de la température du deuxième eutectique qui est de 621 K. Si on veut être en phase totalement liquide, il faut se placer au dessus du liquidus et donc opérer au moins à 668 K.

B.II. Étude du milieu catalytique par cryométrie

B.II.a. On écrit l'égalité du potentiel chimique entre les deux phases pour le composé $K_2S_2O_7$:

$$\mu_s = \mu_l \Leftrightarrow \mu_s^\circ = \mu_l^\circ + RT\ln(a_{K_2S_2O_7})$$

En différenciant par rapport à la température :

$$\frac{\mathrm{d}\,\dfrac{\mu_s^\circ - \mu_l^\circ}{RT}}{\mathrm{d}\,T} = \frac{\mathrm{d}\,\ln(a_{K_2S_2O_7})}{\mathrm{d}\,T}$$

$$\frac{\Delta_{\text{fusion}}H^\circ}{RT^2} = \frac{\mathrm{d}\,\ln(a_{K_2S_2O_7})}{\mathrm{d}\,T}$$

car $\mu_l^\circ - \mu_s^\circ = \Delta_{\text{fusion}}G^\circ$.

Et maintenant, on intègre par rapport à l'activité du solvant :

$$\int_{T=T_{\text{fus}}}^{T} \frac{\Delta_{\text{fusion}}H^\circ}{RT^2}\,\mathrm{d}T = \int_{a_{K_2S_2O_7}=1}^{a_{K_2S_2O_7}} \mathrm{d}\ln(a)$$

Les bornes correspondent à l'intégration entre l'état « solvant pur » et l'état où il y a des espèces dissoutes.

$$\ln(a_{K_2S_2O_7}) = -\frac{\Delta_{\text{fusion}}H^\circ}{R}\left(\frac{1}{T} - \frac{1}{T_{\text{fus}}}\right)$$

en supposant que : $a_{K_2S_2O_7} = 1 - \sum_i x_i$ (valable si $\sum_i x_i \ll 1$) et en supposant qu'il n'y a qu'un seul soluté. On peut faire un développement limité de $\ln(a_{K_2S_2O_7}) = \ln(1-x) \approx -x$. On rappelle que $\ln(1-x) \approx -x$.

$$-x = -\frac{\Delta_{\text{fusion}}H^\circ}{R}\left(\frac{1}{T} - \frac{1}{T_{\text{fus}}}\right) = -\frac{\Delta_{\text{fusion}}H^\circ}{R}\frac{T_{\text{fus}} - T}{TT_{\text{fus}}}$$

en notant $\Delta T = T_{\text{fus}} - T$ et qu'à faible dilution $T \approx T_{\text{fus}}$ on a :

$$\Delta T = \frac{R}{\Delta_{\text{fusion}}H^\circ} \times x \times T_{\text{fus}}^2$$

Toute les autres grandeurs (x, R, $\Delta_{\text{fusion}}H^\circ$) étant positives, on en déduit que ΔT est positif. Il y a abaissement de le température de fusion.

B.II.b. Les propriétés ne dépendant que du solvant sont les propriétés colligatives. La pression osmotique est une de ces propriétés, ainsi que l'augmentation du point d'ébullition.

B.II.c. En redéfinissant l'état de référence, il y a équivalence entre les différentes expressions du potentiel chimique :

$$\mu_1 = \mu^\circ_{1,\text{fraction molaire}} + RT\ln(1-x) = \mu^\circ_{1,\text{molalité}} + RT\ln(1-m)$$

On préfère la molalité car elle est généralement indépendante de la température alors que la concentration peut changer avec l'évolution du volume molaire du solvant. On obtient alors une expression équivalente à celle obtenue en B.II.a. Il faut faire attention a bien relier la molalité à la fraction molaire.

Pour $x \ll 1 : x = \dfrac{n}{n+n_S} \approx \dfrac{n}{n_S} = \dfrac{n}{\dfrac{m_s}{M_s}}$

Soit $x \approx mM_s$ On a donc :

$$\Delta T = \frac{R}{\Delta_{\text{fusion}}H^\circ} \times m \times M_s \times T^2_{\text{fus}}$$

On en déduit :

$$K_c = \frac{RT^2_{\text{fus}}M_s}{\Delta_{\text{fusion}}H^\circ}$$

B.II.d. Si le composé se dissocie en solution, il faut remplacer m par $\sum_i m_i$ avec m_i la molalité de chaque composé en solution.

B.II.e.

B.II.e.i. En traçant $\Delta T = f(m_{K_2SO_4})$ pour les quatre premier points du tableau on obtient une relation linéaire ($R^2 = 1$) et le coefficient directeur obtenu vaut : $K_c = 50,7$ K.mol^{-1}.kg. Si on calcule la valeur de la constante cryoscopique, on trouve :

$$K_c = \frac{8,31 \times (418,58 + 273,15)^2 \times 254,33.10^{-3}}{19,931.10^3} = 50,73\ \text{K.mol}^{-1}\text{.kg}$$

Les deux valeurs sont identiques, on peut donc en déduire qu'une mole de K_2SO_4 se dissous complètement et ne forme qu'une seule espèce en solution. (Sinon on aurait seulement une fraction de la constante calculée en coefficient directeur de la droite.)

Remarque : Si on ajoute les deux premiers points du deuxième tableau, l'accord entre les deux constantes crysoscopique est un peu moins bon, on trouve alors $K_c = 48,1$ K.mol^{-1}.kg.

Ici il faut faire attention à exprimer la température en K.

B.II.e.ii. Pour $[K_2SO_4] = 0.0391$ mol.kg^{-1}, si on trace $\Delta T = f(m_{V_2O_5})$ on obtient une relation linéaire ($R^2 = 1$) et le coefficient directeur obtenu vaut 101.4 K.mol^{-1}.kg $\approx 2K_c$. On en déduit que V_2O_5 forme deux espèces en solution à faible concentration.

Pour $[K_2SO_4] = 0,1027$ mol.kg^{-1}, si on trace $\Delta T = f(m_{V_2O_5})$ on obtient une relation qui n'est plus très linéaire et le coefficient obtenu n'est pas un multiple entier de K_c. On en déduit qu'à plus forte concentration, le comportement est plus complexe, il peut y avoir deux équilibre compétitifs : un pour lequel V_2O_5 forme une seule espèce en solution et l'autre ou V_2O_5 forme deux espèces en solution. Il peut également y avoir un équilibre impliquant V_2O_5 et K_2SO_4

B.III. Un exemple d'utilisation de V_2O_5 comme catalyseur en chimie organique

B.I. En haut le réactif, en bas le produit.

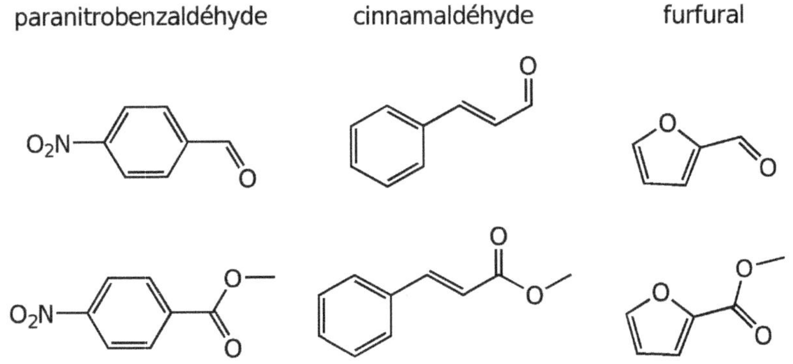

B.II. Le carbone qui porte la fonction aldéhyde est oxydé au cours de la réaction. Son nombre d'oxydation augmente de 2 au cours de la réaction.

$$\text{R-CHO}_{(org)} + \text{MeOH}_{(org)} + H_2O_{2(aq)} \longrightarrow \text{R-COOMe}_{(org)} + 2\,H_2O_{(l)}$$

B.III.

B.III.a. $V_2O_{5(s)} + 3\,H_2O_{2(aq)} \longrightarrow 2\,\mathbf{I}_{(aq)} + \frac{1}{2}\,O_{2(g)}$

B.III.b. Mécanisme de formation de l'ester :

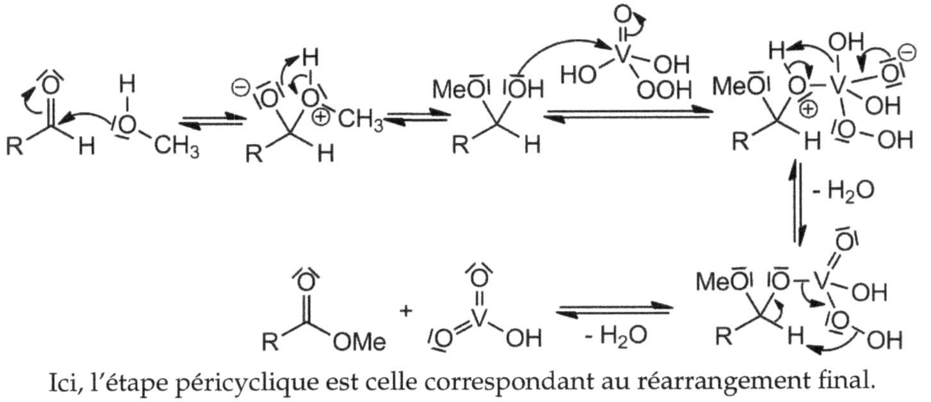

Ici, l'étape péricyclique est celle correspondant au réarrangement final.

B.III.c. Le composé O=V(OH)=O peut reformer V_2O_5 :

$$2VO_2(OH)_{(aq)} \longrightarrow V_2O_{5(s)} + H_2O_{(l)}$$

V_2O_5 agit donc bien comme un catalyseur.

B.IV. Avec cette réaction, on opère dans des conditions relativement douces, les temps de réactions sont courts avec un excellent rendement et il est facile d'isoler le produit.

C. Les espèces du vanadium au degré d'oxydation +V en solution aqueuse

C.I. Approche quantique de la RMN

C.I. RMN signifie **R**ésonance **M**agnétique **N**ucléaire

C.II. On peut avoir deux dates fondatrices pour la RMN : Rabi en 1938 (PN en 1944) ou Bloch et Purcell en 1946 (PN en 1952).

C.III. Pour ^{1}H : $\hat{I}^2$ la valeur propre associée est $I(I+1) = 3/4$, $\hat{I}_z$ a pour valeur propre 1/2 ou -1/2

Pour ^{2}H : I^2 la valeur propre associée est 2, I_z a pour valeur propre 1, 0 ou -1

Pour ^{51}V : I^2 la valeur propre associée est 63/4, I_z a pour valeur propre 7/2, 5/2, 3/2, 1/2, -1/2, -3/2 -5/2, -7/2

C.IV. γ est le rapport gyromagnétique, h est la constante de Planck.

C.V. De l'expression de l'énergie, on déduit : $\hat{\mathcal{H}} = -\dfrac{\gamma h}{2\pi}\hat{I}_z B_0$

C.VI. La levée de dégénérescence grâce à un champ magnétique s'appelle l'effet Zeeman. En demandant l'analogue pour le moment orbitalaire, l'énoncé fait peut être référence à l'effet Stark qui est lié à une levée de dégénérescence sous l'action d'un champ électrique, mais ce n'est pas l'équivalent pour le moment cinétique orbitalaire car l'effet Zeeman agit également sur le moment cinétique orbitalaire.

C.VII. $h\nu_0 = \dfrac{\gamma h}{2\pi} B_0 \Longleftrightarrow B_0 = \nu_0 \times \dfrac{2\pi}{\gamma} = \dfrac{10^9 \times 2\pi}{26,75.10^7} = 23,49$ T

Même si ce champ est déjà très élevé, il est possible de créer des champs de l'ordre de 500 T. Cependant, pour la RMN, il faut un champ magnétique très homogène, ce qui est très difficile à réaliser.

La longueur d'onde correspondante est micrométrique ($\lambda = \dfrac{c}{\nu_0}$).

C.VIII. Le champ magnétique vaut 11,74 T pour une résonance à 500 MHz. On en déduit :

$$\nu_0(^2\text{H}) = \frac{\gamma B_0}{2\pi} = \frac{4,11.10^7 \times 11,74}{2\pi} = 76,8 \text{ MHz}$$

$$\nu_0(^{51}\text{V}) = \frac{7,05.10^7 \times 11,74}{2\pi} = 131,7 \text{ MHz}$$

Remarque : On peut aussi calculer $\nu_0(^2\text{H})$ de la manière suivante en considérant que seul le γ change : $\nu_0(^2\text{H}) = \dfrac{\nu_0(^1\text{H}) \times \gamma_{^2\text{H}}}{\gamma_{^1\text{H}}}$

C.IX. On observerait pour ^2H une transition à 76,8 MHz (transition correspondant à une variation de M_s de 1).
Pour ^{51}V, on aurait une transition à $\nu_0(^{51}V) = 131,7$ MHz.

C.X. Les électrons présentent également un spin et vont agir sur le champ magnétique local. C'est le phénomène d'écrantage. Cet écrantage modifie le champ magnétique local au niveau du noyau et donc la fréquence de résonance correspondante. Au lieu de résonner à ν_0, le noyau résonne à $\nu_0 \pm \epsilon$ avec $\epsilon \ll \nu_0$.
On définit le déplacement chimique comme $\dfrac{\nu - \nu_{\text{ref}}}{\nu_0} \times 10^6$ avec ν_{ref} la valeur de la résonance pour un composé de référence. (Le tétraméthylsilane pour ^1H par exemple.)

C.XI.

C.XI.a. $[\hat{I}_+, \hat{I}_z] = [\hat{I}_x + i\hat{I}_y, \hat{I}_z] = [\hat{I}_x, \hat{I}_z] + i[\hat{I}_y, \hat{I}_z] = -i\hat{I}_y - \hat{I}_x = -\hat{I}_+$
$[\hat{I}_-, \hat{I}_z] = [\hat{I}_x - i\hat{I}_y, \hat{I}_z] = [\hat{I}_x, \hat{I}_z] - i[\hat{I}_y, \hat{I}_z] = -i\hat{I}_y + \hat{I}_x = \hat{I}_-$
$[\hat{I}_\pm, \hat{I}_z] = \mp \hat{I}_\pm$

Remarque : Ici, il ne faut pas hésiter à prendre un peu de temps pour voir que l'opérateur de commutation est distributif et que $[A, B] = -[B, A]$.

C.XI.b. Il faut montrer que $\hat{I}_z|\hat{I}_\pm m_I\rangle = \alpha|\hat{I}_\pm m_I\rangle$ avec α entier ou demi-entier.
Pour cela, on utilise la question précédente : $\hat{I}_z|\hat{I}_+ m_I\rangle = \hat{I}_z\hat{I}_+|m_I\rangle = (\hat{I}_+ I_z + I_+)|m_I\rangle = \hat{I}_+(m_I + 1)|m_I\rangle = (m_I + 1)|\hat{I}_+ m_I\rangle$
Pour $\hat{I}_-$, on trouve que $\hat{I}_z|\hat{I}_- m_I\rangle = (m_I - 1)|\hat{I}_- m_I\rangle$
On a donc montré que les fonctions $\hat{I}_\pm|m_I\rangle$ sont fonctions propre de $\hat{I}_z$.

Remarque : On retrouve les opérateurs de montée et descente très utiles en mécanique quantique qui permettent d'augmenter ou de diminuer de 1 la valeur de m_I sauf quand on va au delà de I ou $-I$ pour m_I, auquel cas on obtient une fonction nulle.

C.XI.c. Les opérateurs $\hat{I}_\pm$ permettent de passer à différentes fonctions propres de $\hat{I}^2$ et $\hat{I}_z$ de même I mais de m_I différent. On peut donc bien faire des transitions entre niveaux.

C.XII.

C.XII.a. $\mathcal{H}' = -\mu.B_1 = -\dfrac{\gamma h}{2\pi}\hat{I}.B_1(x, y, z, t)$

$\mathcal{H}' = -\dfrac{\gamma h}{2\pi}\cos(2\pi\nu_0 t) \times (B_{1x}\hat{I}_x + B_{1y}\hat{I}_y + B_{1z}\hat{I}_z)$

C.XII.b. $\dfrac{1}{2}(B_{1x} - iB_{1y})\hat{I}_+ + \dfrac{1}{2}(B_{1x} + iB_{1y})\hat{I}_- = \dfrac{1}{2}B_{1x}(\hat{I}_+ + \hat{I}_-) + \dfrac{1}{2}iB_{1y}(\hat{I}_- - \hat{I}_+)$
$= B_{1x}\hat{I}_x + B_{1y}\hat{I}_y$
On retrouve la formule demandée :

$$\mathcal{H}' = -\frac{\gamma h}{2\pi}\cos(2\pi\nu_0 t)\left(\frac{1}{2}(B_{1x} - iB_{1y})\hat{I}_+ + \frac{1}{2}(B_{1x} + iB_{1y})\hat{I}_- + B_{1z}\hat{I}_z\right) \quad (9)$$

ATTENTION : L'énoncé définit de manière ambiguë les fonctions $|\alpha\rangle$ et $|\beta\rangle$.
On a choisi ici : $\hat{I}_z|\alpha\rangle = \dfrac{1}{2}|\alpha\rangle$ et $\hat{I}_z|\beta\rangle = -\dfrac{1}{2}|\beta\rangle$ qui est la convention usuelle.

C.XII.c. La probabilité de transition s'écrit $\dfrac{2\pi}{\hbar}|\langle\alpha|\mathcal{H}'|\beta\rangle|^2 \rho$ où ρ est la densité d'état α. C'est la règle d'or de Fermi.

C.XII.d. En utilisant la question C.XI.b on a :

$$\hat{I}_+|\beta\rangle = 0 \qquad \hat{I}_-|\beta\rangle = \sqrt{\frac{1}{2}\left(1+\frac{1}{2}\right) - \frac{1}{2}\left(\frac{1}{2}-1\right)}|\alpha\rangle = \alpha$$

$$\mathcal{H}'|\beta\rangle = -\frac{\gamma h}{2\pi}\cos(2\pi\nu_0 t)\left(\frac{1}{2}(B_{1x}-iB_{1y})|\alpha\rangle - B_{1z}\frac{1}{2}|\beta\rangle\right)$$

Étant donné que $\langle\alpha|\alpha\rangle = \langle\beta|\beta\rangle = 1$ et $\langle\alpha|\beta\rangle = 0$ On en déduit :

$$\langle\alpha|\mathcal{H}'|\beta\rangle = -\frac{\gamma h}{2\pi}\cos(2\pi\nu_0 t)\left(\frac{1}{2}(B_{1x}-iB_{1y})\right)$$

Il faut donc que B_1 soit dans le plan (Oxy) pour que la transition soit possible. En général, on utilise la bobine de détection pour générer ce champ. On peut voir que le temps d'application de B_1 est également un facteur important. C'est pourquoi on utilise en général des pulses de temps contrôlé pour effectuer des transitions.

C.XIII.

C.XIII.a. Le couplage scalaire correspond au couplage entre spins nucléaires. Ce couplage a généralement lieu via les électrons associés à la formation de la liaison entre les deux atomes.

C.XIII.b. Ici, il faut s'inspirer de la question C.XII.b et de l'équation (9) pour la transformation, il suffit de remplacer le champ **B** par $\hat{I}^{(a)}$ et $\hat{I}$ par $\hat{I}^{(b)}$. On en déduit :

$$H_J^{(ab)} = J\left(\frac{1}{2}\hat{I}_-^{(a)}\hat{I}_+^{(b)} + \frac{1}{2}\hat{I}_+^{(a)}\hat{I}_-^{(b)} + \hat{I}_z^{(a)}\hat{I}_z^{(b)}\right)$$

C.XIII.c.

$$-\nu_a\hat{I}_z^{(a)}|\alpha\alpha\rangle = -\frac{1}{2}\nu_a|\alpha\alpha\rangle \qquad -\nu_b\hat{I}_z^{(b)}|\alpha\alpha\rangle = -\frac{1}{2}\nu_b|\alpha\alpha\rangle$$

$$-\nu_a\hat{I}_z^{(a)}|\alpha\beta\rangle = -\frac{1}{2}\nu_a|\alpha\beta\rangle \qquad -\nu_b\hat{I}_z^{(b)}|\alpha\beta\rangle = \frac{1}{2}\nu_b|\alpha\beta\rangle$$

$$-\nu_a\hat{I}_z^{(a)}|\beta\alpha\rangle = \frac{1}{2}\nu_a|\beta\alpha\rangle \qquad -\nu_b\hat{I}_z^{(b)}|\beta\alpha\rangle = -\frac{1}{2}\nu_b|\beta\alpha\rangle$$

$$-\nu_a\hat{I}_z^{(a)}|\beta\beta\rangle = \frac{1}{2}\nu_a|\beta\beta\rangle \qquad -\nu_b\hat{I}_z^{(b)}|\beta\beta\rangle = \frac{1}{2}\nu_b|\beta\beta\rangle$$

Les niveaux d'énergie sont donc :

$$E_{\alpha\alpha} = -\frac{1}{2}(\nu_a+\nu_b) \qquad E_{\alpha\beta} = \frac{1}{2}(\nu_b-\nu_a)$$

$$E_{\beta\beta} = \frac{1}{2}(\nu_a+\nu_b) \qquad E_{\beta\alpha} = \frac{1}{2}(\nu_a-\nu_b)$$

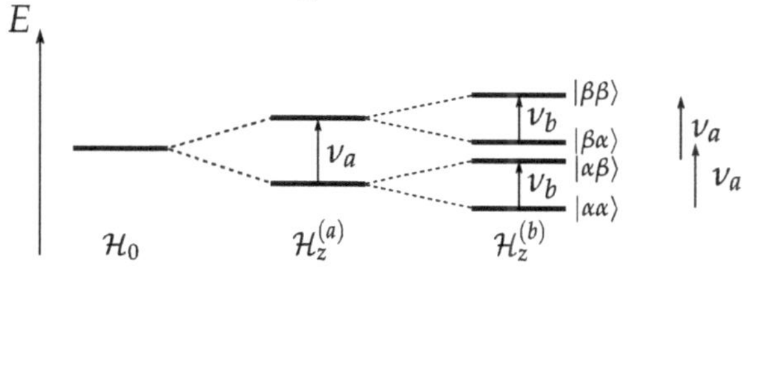

Les différentes transitions ont lieu pour ν_a et ν_b. Chaque site transite indépendamment l'un de l'autre.

Remarque : On exprime ici des énergies en terme de fréquence pour coller à l'énoncer, sinon, il faut rajouter un facteur h pour repasser en joule.

C.XIII.d. On a deux transitions.

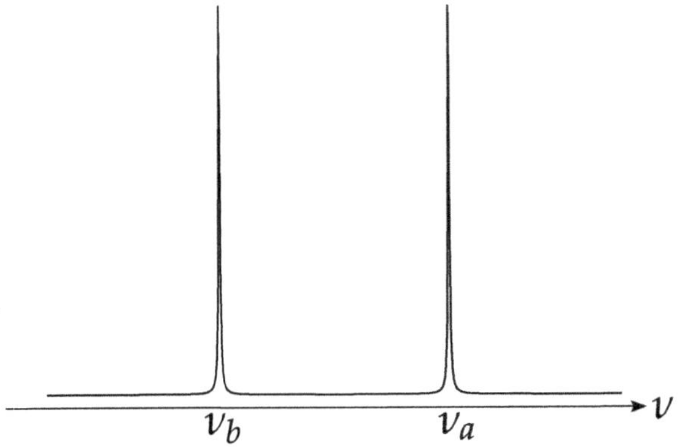

Avec ce spectre, on aura des transitions à différentes énergies, mais aucune indication sur le lien chimique entre les noyaux. C'est le couplage scalaire qui va apporter de l'information sur la topologie de la molécule.

C.XIII.e. $\langle\alpha\alpha|\mathcal{H}_J^{(ab)}|\alpha\alpha\rangle = 0 + 0 + \frac{1}{4}J \qquad \langle\alpha\beta|\mathcal{H}_J^{(ab)}|\alpha\beta\rangle = 0 + 0 - \frac{1}{4}J$

$\langle\beta\alpha|\mathcal{H}_J^{(ab)}|\beta\alpha\rangle = 0 + 0 - \frac{1}{4}J \qquad \langle\beta\beta|\mathcal{H}_J^{(ab)}|\beta\beta\rangle = 0 + 0 + \frac{1}{4}J$

$E_{\alpha\alpha} = -\frac{1}{2}(\nu_a + \nu_b) + \frac{1}{4}J \qquad E_{\alpha\beta} = \frac{1}{2}(\nu_b - \nu_a) - \frac{1}{4}J$

$E_{\beta\beta} = \frac{1}{2}(\nu_a + \nu_b) + \frac{1}{4}J \qquad E_{\beta\alpha} = \frac{1}{2}(\nu_a - \nu_b) - \frac{1}{4}J$

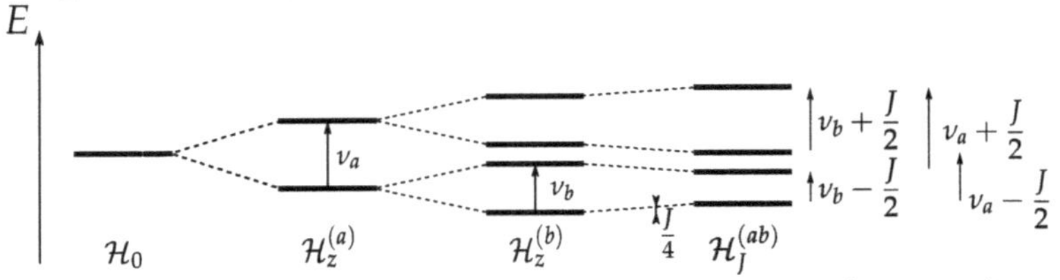

Les différentes transitions ont lieu pour : $\nu_a + \frac{1}{2}J$, $\nu_a - \frac{1}{2}J$, $\nu_b - \frac{1}{2}J$, $\nu_b + \frac{1}{2}J$

C.XIII.f.

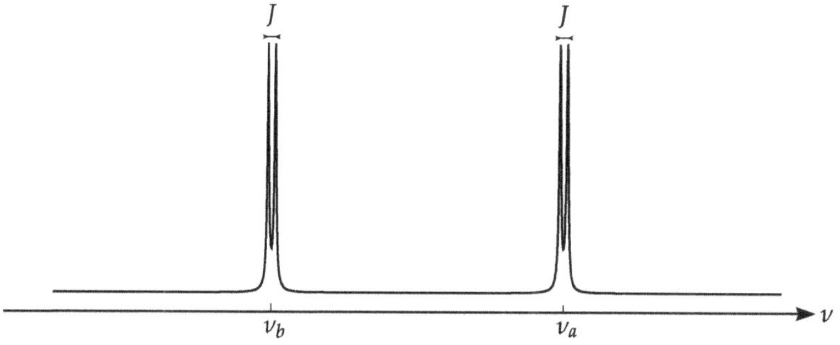

C.XIII.g. On peut maintenant savoir qu'il y a couplage entre les sites a et b en étudiant les différences entre les fréquences à laquelle apparaissent les transitions. On a donc une information structurale.

C.XIII.h. $\mathcal{H}|\alpha\alpha\rangle = \left(-\frac{1}{2}\nu_a - \frac{1}{2}\nu_b + \frac{1}{4}J\right)|\alpha\alpha\rangle$

$\mathcal{H}|\beta\beta\rangle = \left(\frac{1}{2}\nu_a + \frac{1}{2}\nu_b + \frac{1}{4}J\right)|\beta\beta\rangle$

Ce sont bien des vecteurs propres. Les valeurs propres associées sont $E_{\alpha\alpha} = -\frac{1}{2}\nu_a - \frac{1}{2}\nu_b + \frac{1}{4}J$ et $E_{\beta\beta} = \frac{1}{2}\nu_a + \frac{1}{2}\nu_b + \frac{1}{4}J$

C.XIII.i. Les termes diagonaux sont ceux calculés à la question C.XIII.e. Pour les termes hors diagonaux, on a : $\langle\alpha\beta|\mathcal{H}|\beta\alpha\rangle = \frac{1}{2}J$ et $\langle\beta\alpha|\mathcal{H}|\alpha\beta\rangle = \frac{1}{2}J$

On va supposer $\nu_a > \nu_b$ par commodité pour les calculs, le cas inverse ne ferait qu'intervertir le rôle de $|\alpha\beta\rangle$ et $|\beta\alpha\rangle$.

$$\begin{pmatrix} \frac{1}{2}(\nu_b - \nu_a) - \frac{1}{4}J & \frac{1}{2}J \\ \frac{1}{2}J & \frac{1}{2}(\nu_a - \nu_b) - \frac{1}{4}J \end{pmatrix} = \frac{1}{2}(\nu_a - \nu_b) \begin{pmatrix} -1 - \frac{1}{2}n & n \\ n & 1 - \frac{1}{2}n \end{pmatrix}$$

C.XIII.j. On calcule les valeurs propres avec les racines du polynôme caractéristique :

$\left(-1 - \frac{1}{2}n - E\right)\left(1 - \frac{1}{2}n - E\right) - n^2 = E^2 + nE - 1 - \frac{3}{4}n^2$

Le discriminant vaut $4(n^2 + 1)$. Les deux racines du polynôme valent donc :

$$E_3 = \frac{1}{2}(\nu_a - \nu_b)\left(-\frac{1}{2}n + \sqrt{n^2+1}\right) \quad \text{et} \quad E_2 = \frac{1}{2}(\nu_a - \nu_b)\left(-\frac{1}{2}n - \sqrt{n^2+1}\right)$$

C.XIII.k. Un développement au premier ordre en n donne :

$E_3 = \frac{1}{2}(\nu_a - \nu_b)\left(-\frac{1}{2}n + 1\right)$ et $E_2 = \frac{1}{2}(\nu_a - \nu_b)\left(-\frac{1}{2}n - 1\right)$

$C = 1$

Les valeurs calculées correspondent à celles obtenues en C.XIII.e pour un développement au premier ordre en n. (Les termes du second ordre en n sont par contre non nuls)

C.XIII.l. On a quatre transitions pour $E_{①} = E_1 - E_3$, $E_{②} = E_1 - E_2$, $E_{③} = E_2 - E_4$, $E_{④} = E_3 - E_4$

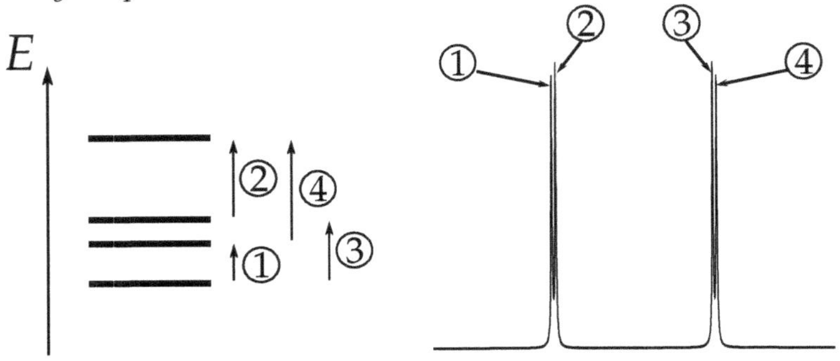

C.XIII.m. Il faut calculer les moments de transition associés à chaque transition.

$$\mathcal{P}_{①} \propto \left| \langle \phi_4 | \mathcal{H} | \phi_2' \rangle \right|^2 = \left| \langle \alpha\alpha | \hat{I}_+^{(a)} + \hat{I}_+^{(b)} | C|\alpha\beta\rangle - \sqrt{1-C^2}|\beta\alpha\rangle \rangle \right|^2$$
$$= \left(C - \sqrt{1-C^2} \right)^2 = 1 - 2C\sqrt{1-C^2}$$

$$\mathcal{P}_{②} \propto \left| \langle \phi_3' | \mathcal{H} | \phi_4 \rangle \right|^2 = \langle C|\alpha\beta\rangle + \sqrt{1-C^2}|\beta\alpha\rangle | \hat{I}_+^{(a)} + \hat{I}_+^{(b)} | \beta\beta \rangle$$
$$= \left(C + \sqrt{1-C^2} \right)^2 = 1 + 2C\sqrt{1-C^2}$$

$$\mathcal{P}_{③} \propto \left| \langle \phi_1 | \mathcal{H} | \phi_3' \rangle \right|^2 = \langle \alpha\alpha | \hat{I}_+^{(a)} + \hat{I}_+^{(b)} | C|\alpha\beta\rangle + \sqrt{1-C^2}|\beta\alpha\rangle \rangle$$
$$= \left(C + \sqrt{1-C^2} \right)^2 = 1 + 2C\sqrt{1-C^2}$$

$$\mathcal{P}_{④} \propto \left| \langle \phi_2' | \mathcal{H} | \phi_4 \rangle \right|^2 = \langle C|\alpha\beta\rangle - \sqrt{1-C^2}|\beta\alpha\rangle | \hat{I}_+^{(a)} + \hat{I}_+^{(b)} | \beta\beta \rangle$$
$$= \left(C - \sqrt{1-C^2} \right)^2 = 1 - 2C\sqrt{1-C^2}$$

On voit que plus C est élevé (donc plus n est grand), plus l'intensité des transitions 1 et 4 sera faible. On verra donc un effet de toit où les transitions ne sont plus toutes d'égale intensité.

C.XIII.n. Le couplage dipolaire est lié au fait qu'un noyau se comporte comme un dipôle magnétique. Deux noyaux en interaction sont donc liés via un couplage dipolaire qui va dépendre de la distance entre les noyaux.

C.XIII.o. Une espèce paramagnétique va présenter un couplage fort entre le spin électronique et le spin nucléaire de l'espèce. La relaxation nucléaire va donc fortement être influencée par l'espèce paramagnétique. On observe généralement un élargissement des raies.

C.XIII.p. Le vanadium étant paramagnétique, l'étude des espèces de vanadium va demander de prendre en compte ce couplage pour comprendre les interactions au sein de l'espèce.

C.XIII.q. Pour étudier le couplage entre spins électroniques, on peut utiliser la RPE (Résonance Paramagnétique Électronique).

C.XIV.

C.XIV.a. Pour ^{2}H :

$E_{I=1,I_z=1} = -\nu + C_Q \quad E_{I=1,I_z=0} = -2C_Q \quad E_{I=1,I_z=-1} = \nu + C_Q$

Pour ^{51}V :

$$E_{I=7/2,I_z=7/2} = -\frac{7}{2}\nu + 21C_Q \qquad E_{I=7/2,I_z=-7/2} = \frac{7}{2}\nu + 21C_Q$$
$$E_{I=7/2,I_z=5/2} = -\frac{5}{2}\nu + 3C_Q \qquad E_{I=7/2,I_z=-5/2} = \frac{5}{2}\nu + 3C_Q$$
$$E_{I=7/2,I_z=3/2} = -\frac{3}{2}\nu - 9C_Q \qquad E_{I=7/2,I_z=-3/2} = \frac{3}{2}\nu - 9C_Q$$
$$E_{I=7/2,I_z=1/2} = -\frac{1}{2}\nu - 15C_Q \qquad E_{I=7/2,I_z=-1/2} = \frac{1}{2}\nu - 15C_Q$$

Il n'y a plus une évolution arithmétique entre les niveaux, on va donc augmenter le nombre de transitions observables.

C.XIV.b. Pour le ^{2}H, on va avoir des transitions à $\nu - 3C_Q$, $\nu + 3C_Q$.

Pour le ^{51}V, on va avoir des transitions à $\nu - 18C_Q$, $\nu - 12C_Q$, $\nu - 6C_Q$, ν, $\nu + 6C_Q$, $\nu + 12C_Q$, $\nu + 18C_Q$.

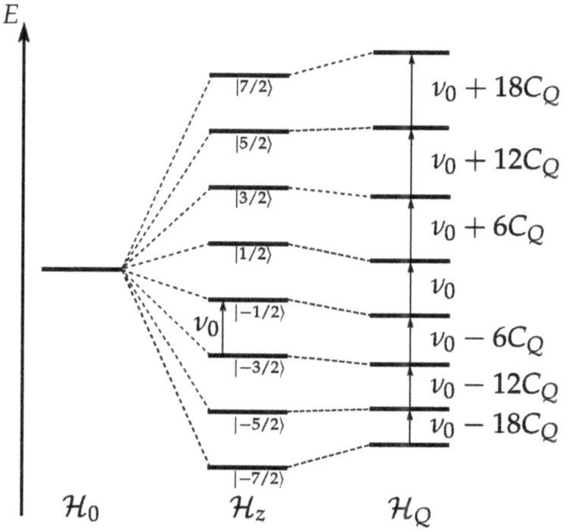

Au lieu d'avoir une seule raie, on va avoir une succession de raies séparées par des multiples de C_Q.

C.XIV.c. Le moment de transition $\mathcal{P}_{m_I}$ est proportionnel à $|\langle m_I + 1|\mathcal{H}'|m_I\rangle|^2$ vu la relation donnée dans l'énoncé à la question C.XI.c, il est donc proportionnel à $I(I+1) - m_I(m_I+1)$.

Les intensités relatives sont donc :

$$\mathcal{P}_{-7/2} \propto \frac{7}{2} \times \frac{9}{2} - \left(-\frac{7}{2} \times -\frac{5}{2}\right) = 7$$
$$\mathcal{P}_{-5/2} \propto \frac{7}{2} \times \frac{9}{2} - \left(-\frac{5}{2} \times -\frac{3}{2}\right) = 12$$
$$\mathcal{P}_{-3/2} \propto \frac{7}{2} \times \frac{9}{2} - \left(-\frac{3}{2} \times -\frac{1}{2}\right) = 15$$
$$\mathcal{P}_{-1/2} \propto \frac{7}{2} \times \frac{9}{2} - \left(-\frac{1}{2} \times \frac{1}{2}\right) = 16$$
$$\mathcal{P}_{1/2} \propto \frac{7}{2} \times \frac{9}{2} - \left(\frac{1}{2} \times \frac{3}{2}\right) = 15$$
$$\mathcal{P}_{3/2} \propto \frac{7}{2} \times \frac{9}{2} - \left(\frac{3}{2} \times \frac{5}{2}\right) = 12$$
$$\mathcal{P}_{5/2} \propto \frac{7}{2} \times \frac{9}{2} - \left(\frac{5}{2} \times \frac{7}{2}\right) = 7$$

C.XIV.d. Dans un cristal, il y a un ordre à longue distance dans les trois directions. Pour un liquide, il y a un ordre uniquement à courte distance. Pour un cristal liquide, il y a un ordre à longue distance dans une ou plusieurs dimensions, mais pas dans toutes. Ainsi, pour un cristal nématique, il y a aura un ordre orientationnel. Il existe également les cristaux liquides de type smectique ou cholestérique.

C.XIV.e. La MBBA est une molécule qui a une structure en bâtonnet et forme une phase nématique où les bâtonnets sont orientés dans une direction privilégiée. Ce cristal liquide a la particularité d'être nématique à température ambiante. On peut prédire un comportement nématique car on a deux parties aromatiques séparées par un pont rigide ainsi qu'une longue chaîne alkyl et un groupement polaire.

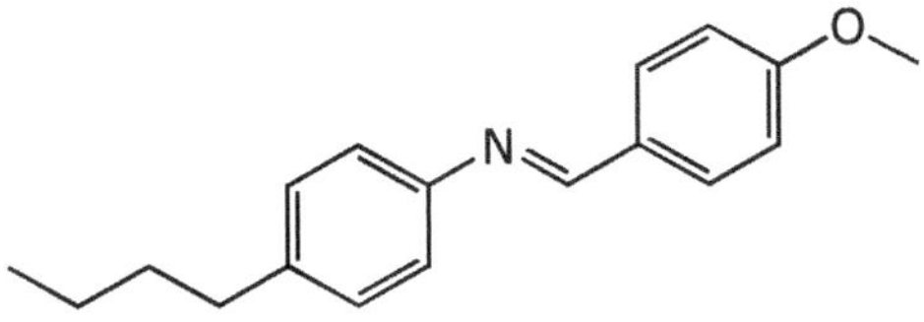

C.XIV.f. On observe bien 7 transitions espacées d'un intervalle régulier correspondant à $6C_Q$ avec un maximum pour $\nu = \nu_0$.

C.XIV.g. On trouve $36C_Q = 32,6$ kHz soit $C_Q = 0,9$ kHz.

C.XIV.h. En solution, les termes quadrupolaires sont nuls car en moyenne, la distribution de charge est aléatoire, ce qui n'est pas le cas pour une phase ordonnée.

C.XV.

C.XV.a. $V_{10}O_{28}{}^{6-}$

On obtient la charge en considérant que l'on a uniquement des ions vanadium au degré (V) et des oxygènes au degré d'oxydation (-II).

$$q = 10 \times 5 - 2 \times 28 = -6$$

C.XV.b. La molécule appartient au groupe de symétrie D_{4h}. Il y a quatre V(II), deux V(I) et quatre V(III). On a deux O(A), quatre O(B), huit O(C), deux O(D), quatre O(E), quatre O(F), quatre O(G). On aura a priori trois pics pour le vanadium d'intensité relative 1 :2 :2 et sept pour l'oxygène d'intensité relative 1 :1 :2 :2 :2 :2 :4.

C.XV.c. L'intégration indique que le pic à -423 ppm correspond aux vanadium (I). Le pic à -515 ppm étant lié à un oxygène μ_3 (O(B)), c'est le vanadium III et le pic à -500 ppm le vanadium II.

C.XV.d. Le couplage scalaire étant très faible devant la résolution de l'appareil, on ne distingue plus les raies, mais on observe un spectre élargi.

C.II. Équilibre en solution aqueuse entre les différentes espèces étudiées

C.I.

C.I.a. On a une structure tétraédrique. Le nombre d'électrons de valence vaut $V = 5 + 4 \times 6 + 3 = 32$.

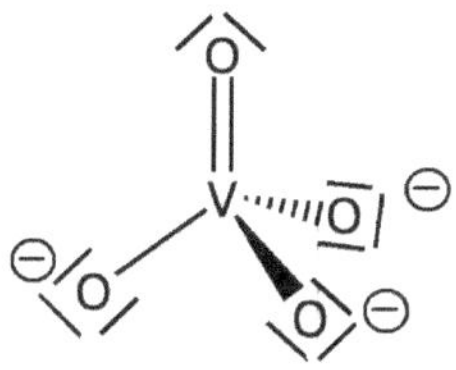

C.I.b. Quel que soit le niveau de protonation, la vitesse d'échange des hydrogène est suffisamment rapide pour que la RMN moyenne les signaux. Tous les atomes de vanadium ont un entourage électronique équivalent sur l'échelle de temps de la détection RMN. Par contre, l'environnement électronique moyen dépend quand même du pH.

Remarque : Si on abaisse suffisamment la température, on peut finir par arriver à distinguer les différents types de vanadium en diminuant la vitesse des échanges de proton.

C.I.c.

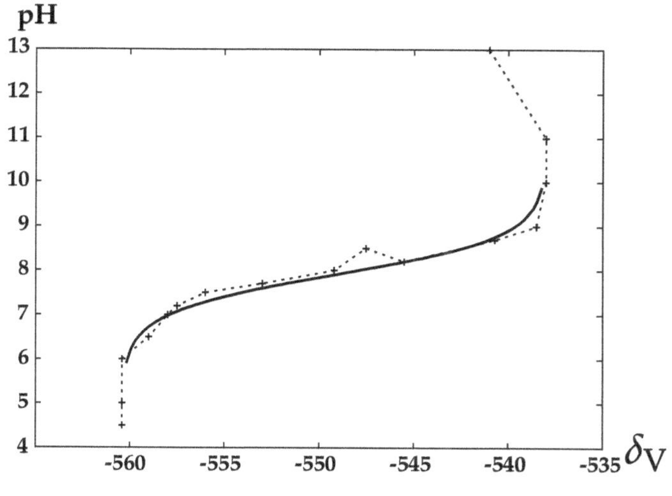

C.I.d. En supposant que :

1. $H_2VO_4^-$ et HVO_4^{2-} sont les deux seules espèces prédominantes en solution. On les note respectivement AH et A^- et la fraction molaire en AH sera notée x (la fraction molaire de A^- vaut $1 - x$) ;
2. l'espèce acide a un déplacement chimique δ_{AH} égal à $-560,4$ ppm et que l'espèce basique a un déplacement chimique δ_{A^-} égal à -538 ppm ;
3. le déplacement chimique observé est la moyenne pondérée par les fractions molaires de chacune des espèces : $\delta_V = x\delta_{AH} + (1-x)\delta_{A^-}$.

L'hypothèse (1) permet également d'écrire que

$$\mathrm{pH} = \mathrm{p}K_a + \log\left(\frac{[A^-]}{[AH]}\right) = \mathrm{p}K_a + \log\left(\frac{1-x}{x}\right) \quad (10)$$

L'hypothèse (3) permet de déduire la valeur de x à partir de δ_V :

$$x = \frac{\delta_V - \delta_{A^-}}{\delta_{AH} - \delta_{A^-}} \quad (11)$$

En injectant l'expression de x donnée dans l'équation (11) dans l'équation (10) on trouve l'expression liant le pH à δ_V. Le pH est égal au pK_a lorsque $x = 1/2$, donc lorsque le pH est égal à la moyenne des valeurs de δ_{AH} et δ_{A^-}. On en déduit p$K_a = 7,9$.

Remarque : La courbe en trait plein donnée à la question précédente est l'expression mathématique trouvée avec les hypothèses faites et la valeur du pK_a trouvée.

C.I.e. On voit qu'à pH élevé, la valeur de δ_V ré-augmente subitement. Il faut donc prendre en compte un autre couple acido-basique ayant un pK_a plus élevé : VO_4^{3-}/HVO_4^{2-}. Ici, on ne peut pas aller à des valeurs suffisamment élevées de pH pour avoir l'espèce VO_4^{3-} majoritaire. On ne peut donc pas accéder au pK_a du couple.

C.I.f. On peut ainsi accéder à la valeur de K_a à différentes températures et ainsi accéder à la valeur de $\Delta_r H^\circ$ et $\Delta_r S^\circ$

C.I.g. $K_a = \dfrac{[H_3O^+][HVO_4^{2-}]}{[H_2VO_4^-]} K_\gamma$ avec $K_\gamma = \dfrac{\gamma_{H_3O^+} \times \gamma_{HVO_4^{2-}}}{\gamma_{H_2VO_4^-}}$

Comme $\ln \gamma_i = -Az_i^2\sqrt{I}$ où z_i est la charge de l'ion et I la force ionique (loi de Debye-Hückel), $\gamma_{HVO_4^{2-}}$, et donc K_γ, diminuent fortement quand la force ionique augmente. On va donc favoriser la formation de l'espèce basique.

C.I.h. Le couplage avec le vanadium est également visible en RMN de l'oxygène (réciprocité des interactions). On pourra donc confirmer les résultats obtenus en RMN du vanadium. Au lieu d'avoir deux types de constantes de couplage, on aura deux types d'oxygènes.

C.II.

C.II.a. Chaque vanadium garde une structure tétraédrique :

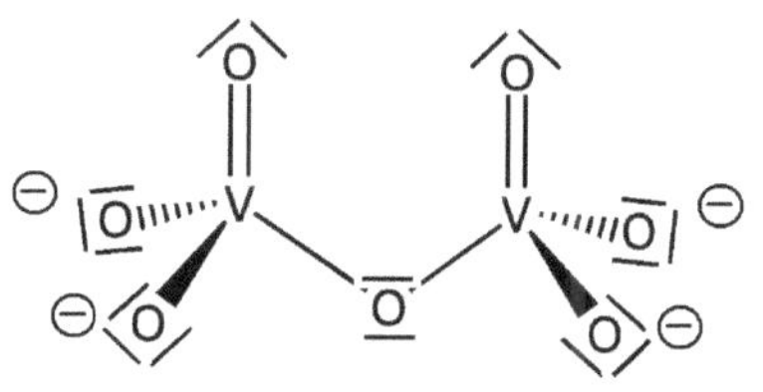

C.II.b. À priori, les fortes concentration en vanadium et le pH vont favoriser la dimérisation. La pression va également affecter l'équilibre mais dans une moindre mesure

C.II.c. On en déduit qu'à plus fortes concentrations, il y a deux espèces dosées successivement. On peut supposer qu'il y a donc formation de dimères.

C.III. Les nouveaux signaux sont indépendants du pH, on peut donc supposer qu'ils correspondent à un vanadium éloigné des centres acido-basiques de la molécule. On peut donc supposer qu'il y a un atome de vanadium central qui est éloigné des centres acido-basiques.

C.III. Diagramme de distribution simplifié des vanadates et titrage

Dans l'énoncé, il y a une erreur de frappe, au lieu de :

$$10\,VO_2{}^+ + 8\,H_2O = 16\,H^+ + H_2V_{10}O_{28}{}^{4-}$$

il faut lire :

$$10\,VO_2{}^+ + 8\,H_2O = 14\,H^+ + H_2V_{10}O_{28}{}^{4-}$$

C.I. La valeur du pK_a du couple $H_2VO_4{}^-/HVO_4{}^{2-}$ donnée dans le tableau correspond bien à celle trouvée et on retrouve que la valeur du pK_a du couple $HVO_4{}^{2-}/VO_4{}^{3-}$ est bien trop élevée pour être déterminée expérimentalement.

C.II. Une frontière horizontale correspond à la formation d'un oligomère sans échange de proton et une frontière verticale correspond à un simple échange de proton sans changement de stœchiométrie pour le vanadium.

C.III.

$$5\,V_2O_{5(s)} + 3\,H_2O_{(l)} = H_2V_{10}O_{28}{}^{4-}_{(aq)} + 4\,H^+_{(aq)} \qquad K_{12} \qquad (12)$$

On déduit de l'expression de la constante d'équilibre :

$$[H^+]^4 = \frac{K_{12} \times a^5_{V_2O_5}}{[H_2V_{10}O_{28}{}^{4-}]}$$

Étant donné que $a_{V_2O_5}$ vaut 1 vu que c'est un solide. Le pH vaut donc :

$$pH = -\frac{1}{4}\left[\log K_{12} - \log\left[H_2V_{10}O_{28}{}^{4-}\right]\right]$$

À la frontière $[H_2V_{10}O_{28}{}^{4-}] = [V]_{total}$, on a donc :

$$-\log\left[V_{total}\right] = -4pH + \log K_{12}$$

La pente est de -4.

$$2\,VO_2{}^+_{(aq)} + H_2O_{(l)} = 2\,H^+_{(aq)} + V_2O_{5(s)} \qquad K_{13} \tag{13}$$

En faisant de même, on obtient :

$$pH = -\frac{1}{2}\left[\log K_{13} + 2\log\left[VO_2{}^+\right]\right]$$

donc :

$$-\log\left[V_{total}\right] = pH + \frac{1}{2}\log K_{13}$$

On a une pente de 1.

Les deux pentes sont cohérentes avec le tracé donné.

Remarque : Attention, ici, les deux axes sont orientés de manière non conventionelle.

C.IV.

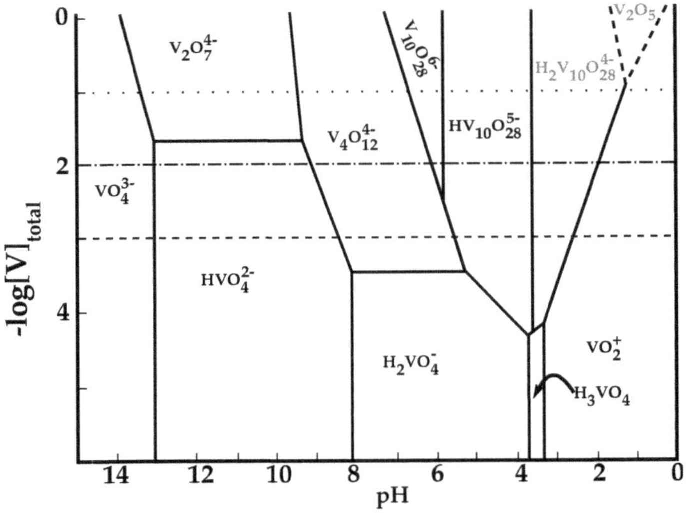

C.V. Les espèces acido-basiques correspondant aux dimères sont en fait des tétra et des décamères. De plus, le passage du tétramère au décamère se fait sans échange de proton. On retrouve l'observation expérimentale.

C.VI. Pour une concentration en vanadium faible (proche de celle choisie pour le tracé dans la partie A), on trouve les mêmes espèces que celles données comme existant en solution dans le diagramme E-pH. Ici, on voit qu'en changeant la concentration de tracé, on aurait changé le diagramme potentiel-pH.

C.VII.

C.VII.a. L'équilibre associé serait $H_2VO_4{}^-_{(aq)} + V_4O_{12}{}^{4-}_{(aq)} = V_5O_{15}{}^{5-}_{(aq)} + H_2O_{(l)}$

Il faudrait donc ajouter un domaine horizontal intermédiaire entre celui de $H_2VO_4{}^-$ et de $V_4O_{12}{}^{4-}$.

C.VII.b. Ce domaine se trouverait en effet pour un pH entre 6 et 9.

C.VIII. Il faut se placer sur l'horizontale correspondant à une concentration en vanadium totale égale à 10^{-3} mol.L^{-1} (ligne pointillée sur le schéma de la question C.IV). Chaque intersection avec un domaine de prédominance correspond à un saut de pH si les écarts sont suffisants. Les équations de réaction des dosages sont les suivantes :

$$VO_4{}^{3-}_{(aq)} + H^+_{(aq)} = HVO_4{}^{2-}_{(aq)} \tag{14}$$

$$4\,HVO_4{}^{2-}_{(aq)} + 4\,H^+_{(aq)} = V_4O_{12}{}^{4-}_{(aq)} + 4\,H_2O_{(l)} \tag{15}$$

$$5\,V_4O_{12}{}^{4-}_{(aq)} + 10\,H^+_{(aq)} = 2\,HV_{10}O_{28}{}^{5-}_{(aq)} + 4\,H_2O_{(l)} \tag{16}$$

$$HV_{10}O_{28}{}^{5-}_{(aq)} + H^+_{(aq)} = H_2V_{10}O_{28}{}^{4-}_{(aq)} \tag{17}$$

$$H_2V_{10}O_{28}{}^{4-}_{(aq)} + 14\,H^+_{(aq)} = 10\,VO_2{}^+_{(aq)} + 8\,H_2O_{(l)} \tag{18}$$

Si on considère qu'on utilise un volume V_0 pour la première équivalence, les dosage successifs auront lieu à 1 V_0 / 2 V_0 / 2,5 V_0 / 2,6 V_0 / 4 V_0. Les pH correspondants aux demi-équivalences seront approximativement ceux donnés comme frontière : 13 / 8,5 / 6 / 3,5 / 2,5. Le premier saut vers pH = 13 risque d'être relativement faible et inobservable avec une électrode de verre. Le saut vers 3,2 sera également difficilement observable. Les saut à 2,5 et $2,6\ V_0$ risquent également de se superposer.

On propose cette allure pour l'évolution qualitative du pH au cours du dosage.

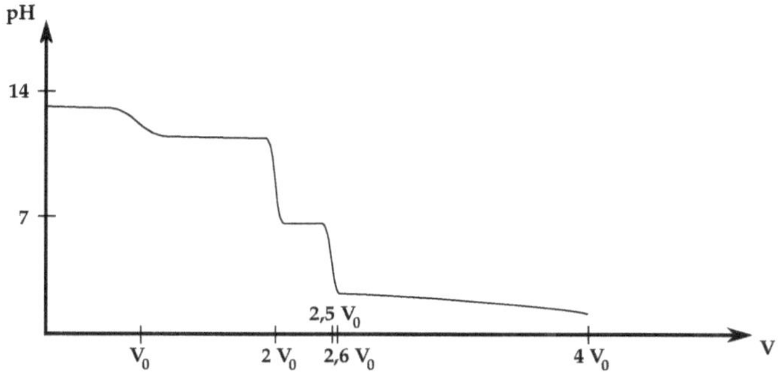

C.IX. Il faudrait se placer sur les droites correspondantes sur le schéma de la question C.IV : sur la ligne pointillée alternée pour 10^{-2} mol.L^{-1} et sur les points pour 10^{-1} mol.L^{-1}. À 10^{-2} mol.L^{-1}, on verra un petit épaulement vers un pH de 6 correspondant au dosage de $V_{10}O_{28}{}^{6-}$ et à 10^{-1} mol.L^{-1} on dosera $V_2O_7{}^{4-}$ au lieu de $HVO_4{}^{2-}$.

C.IV. Aspects cinétiques de la décomposition en milieu acide du décavanadate et formation de V_2O_5

C.I. Ici, pré-équilibre rapide veut dire qu'à tout moment, les deux équilibres (a) et (b) sont satisfaits. Cela indique que les constantes de vitesse pour les réactions (a) et (b) sont très supérieures à celle de de la réaction (c) et du temps de mesure d'une électrode de pH.

C.II. $v = k_c[H_2A^{(n-2)-}]$

$$\frac{[H_2A^{(n-2)-}]}{[H^+][HA^{(n-1)-}]} = K_{n(b)} \qquad \frac{[HA^{(n-1)-}]}{[A^{n-}][H^+]} = K_{n(a)}$$

D'où $v = k_cK_{n(b)}[H^+][HA^{(n-1)-}] = k_cK_{n(a)}K_{n(b)}[H^+]^2[A^{n-}]$

$$\begin{aligned} C_{tot} =& [A^{n-}] + [HA^{(n-1)-}] + [H_2A^{(n-2)-}] \\ =& [A^{n-}]\left(1 + K_{n(a)}[H^+] + K_{n(a)}K_{n(b)}[H^+]^2\right) \end{aligned}$$

On en déduit :

$$v = k_cK_{n(a)}K_{n(b)}[H^+]^2 \times \frac{C_{tot}}{1 + K_{n(a)}[H^+] + K_{n(a)}K_{n(b)}[H^+]^2}$$

On retrouve l'expression demandée avec le bon k_{exp}.

C.III. Les pK_a des couples ${V_{10}O_{28}}^{6-}/{HV_{10}O_{28}}^{5-}$ et ${HV_{10}O_{28}}^{5-}/{H_2V_{10}O_{28}}^{4-}$ ont plus de deux unités d'écart donc on a bien un rapport de l'ordre de 10^2. De plus les valeurs attendues pour des valeurs moindres de n et la formule donnée pour l'ion décavanadate montre qu'a priori, des sites équivalents de protonation sont relativement éloignés les uns des autres, on peut donc penser que chaque protonation est indépendante et s'accompagne d'une variation de l'ordre de 2 pour le pK_a associé.

C.IV. On a $K_{6(a)} = 10^{-5,8}$, $K_{5(a)} = 10^{-3,6}$, $K_{4(a)} = 10^{-1,6}$, $K_{3(a)} = 10^{0,4}$, $K_{2(a)} = 10^{2,4}$.

C.V. Il faut comparer $K_{n(a)}K_{n(b)}[H^+]^2$ à $K_{n(a)}[H^+]$ et 1. Ce terme est négligeable par rapport à $K_{n(a)}[H^+]$ si $K_{n(b)}[H^+]$ est petit devant 1, ce qui est le cas car $[H^+] \leqslant 1$ et $K_{n(b)}$ est inférieur à 10^{-2} tant que n est supérieur ou égal à 4. De même, par rapport à 1, le produit $K_{n(a)}K_{n(b)}$ est très petit devant 1 tant que $n \geqslant 2$. Pour conclure, tant que $n \geqslant 4$, on peut faire cette approximation.

C.VI.

C.VI.a. On voit que la constante de vitesse augmente presque linéairement avec la concentration en $[H^+]$.

C.VI.b. On a une expression de la forme $k_{obs} = \alpha\dfrac{x^2}{1+x} = \alpha\left(x - 1 + \dfrac{1}{1+x}\right)$ avec $x = K_{n(a)}[H^+]$ cette fonction a donc pour asymptote $x - 1$ en $+\infty$. Si $K_{n(a)}$ est suffisamment grand, en traçant la tangente à la courbe pour les grandes valeurs de $[H^+]$ on a une intersection avec l'axe des abscisses pour une valeur telle que $K_{n(a)}[H^+] = 1$

Remarque : Ici, vu qu'on ne peut pas dépasser la valeur de 1 mol.L^{-1} pour $[H^+]$, la validité de cette exploitation graphique est discutable. Il faudrait un $K_{n(a)}$ encore plus élevé pour que sa détermination graphique soit sans ambigüité.

C.VI.c. On trouve une intersection de la tangente à k_{obs} avec l'axe des abscisses pour $[H^+]_a = 0,13$ mol.L^{-1}. On en déduit $K_{n(a)} = \dfrac{c^\circ}{[H^+]_a} = 6,7$.

Remarque : On vérifie réciproquement que $K_{n(a)}$ est suffisamment grand pour que la méthode proposée soit valable.

C.VI.d. Vu la valeurs attendue pour $K_{4(a)}$, la valeur de n est probablement 4.

C.VI.e. On trouve bien que c'est l'espèce chargée 4− qui a un domaine de stabilité conjoint avec V_2O_5.

Remarque : Ici, le lecteur est amené à consulter la publication de B.W. Clare donnée dans la bibliographie de l'épreuve. Vu la valeur de $K_{n(a)}$ trouvée, l'exploitation graphique est sujette à caution. De plus, les auteurs trouvent $n = 4$, mais l'exploitation des données pouvait amener à conclure $n = 3$. Nous avons ici cherché à répondre au sujet sans commenter le fond de l'épreuve et les résultats sur lesquels elle s'appuie.

D. Comparaison phosphates - vanadates

D.I. Comme les vanadates, les phosphates ont un environnement tétraédrique pour l'atome central et forment des polyhèdres à partir de ce motif de base.

D.II. On peut utiliser des déshydratations pour condenser les phosphates.

D.III. La charge partielle sur le phosphore est plus importante que celle sur le vanadium, on va donc plus facilement hydrolyser les complexes des phosphates que les complexes de vanadates.

D.IV. Vanadates et aspects biologiques

D.IV.1. La radioactivité β^+ correspond à l'émission d'un positron et d'un neutrino par le noyau père.

D.IV.2. On étudie la radioactivité totale émise par l'animal en fonction du temps pour suivre la quantité restante de vanadium fixée par l'organisme.

D.IV.3.

$$\alpha\,\mathrm{Ox} + n\,\mathrm{e}^- + m\,\mathrm{H}^+ \longrightarrow \beta\,\mathrm{Red} + \frac{m}{2}\,\mathrm{H_2O}$$

$$\begin{aligned} E =& E^\circ + \frac{RT}{n\mathcal{F}} \ln\left(\frac{a_{\mathrm{H}^+}^m \times a_{\mathrm{Ox}}^\alpha}{a_{\mathrm{Red}}^\beta}\right) \\ =& E^\circ + \frac{RT}{n\mathcal{F}} \ln\left([\mathrm{H}^+]^m\right) + \frac{RT}{n\mathcal{F}} \ln\left(\frac{[\mathrm{Ox}]^\alpha}{[\mathrm{Red}]^\beta}\right) + \frac{RT}{n\mathcal{F}} \ln K_\gamma \end{aligned}$$

où $K_\gamma = \dfrac{\gamma_{\mathrm{H}^+}^m \times \gamma_{\mathrm{Ox}}^\alpha}{\gamma_{\mathrm{Red}}^\beta}$ avec les γ_i coefficients d'activité des différentes espèces.

Pour le potentiel apparent, on a : $E = E^{\circ\prime} + \dfrac{RT}{n\mathcal{F}} \ln\left(\dfrac{[\mathrm{Ox}]^\alpha}{[\mathrm{Red}]^\beta}\right)$ On en déduit :

$E^{\circ\prime} = E^\circ + \dfrac{RT}{n\mathcal{F}} \ln\left([\mathrm{H}^+]^m\right) + \dfrac{RT}{n\mathcal{F}} \ln K_\gamma$

En supposant que les activités sont égales aux concentrations, K_γ vaut 1 et on a alors pour pH=7 :

$E^{\circ\prime} = E^\circ - \dfrac{m}{n} 0{,}06\mathrm{pH} = E^\circ - \dfrac{m}{n} \times 0{,}42\ V$

D.IV.4. Les vanadyl peuvent oxyder la cystéine en cystine (qui favorise les calculs rénaux), l'hémoglobine en méthémoglobine (qui fixe irréversiblement le dioxygène) et oxyder NAD^+ en NADH (responsable du transport d'électrons). De plus, en se fixant au glutathion, elle empêche la détoxification des cellules aux métaux lourds car le glutathion se fixe aux métaux via une liaison soufre métal qui désactive le métal.

D.IV.5. C'est la vitamine C. On utilise les propriétés antioxydantes de la vitamine C qui empêche l'oxydation par le vanadyl et donc réduit sa toxicité.

D.IV.6. Il s'agit du cycle de Krebs, ou cycle du citrate.

D.IV.7. **A**dénosine **di**phosphate. Le vanadium va pouvoir se substituer à la partie diphosphate sans changer la structure mais en changeant les propriétés physico-chimiques.

D.IV.8. L'ion vanadyl est cytotoxique (par oxydation).

D.IV.9. Il faut éviter la formation du vanadyl qui va pouvoir oxyder de nombreux composés vitaux. Il faut donc avoir un milieu intracellulaire relativement réducteur.

FIN DE L'ÉPREUVE

CHIMIE ORGANIQUE

Acides aminés et peptides

Les protéines, constituants essentiels de toute cellule vivante, sont des macromolécules assemblées à partir des acides aminés en fonction de l'information présente dans les gènes. Les protéines peuvent être des enzymes, des hormones, des récepteurs, ou des neurotransmetteurs par exemple. Dans l'alimentation, les protéines sont désagrégées durant la digestion au niveau de l'estomac, hydrolysées en petits peptides, fournissant la principale source d'acides aminés pour l'organisme.

I. Les acides aminés

I.1. Généralités

Les peptides et protéines sont créés à partir d'un répertoire d'acides α-aminés naturels de configuration L. Les acides α-aminés sont des acides carboxyliques porteurs d'un groupement amino en position C2 et répondent à la formule générale $RCH(NH_2)COOH$. La nature des acides aminés ne varie qu'en fonction de la chaîne latérale R. De part la présence simultanée de la fonction amine et de la fonction acide carboxylique, les acides aminés se comportent à la fois comme des acides et comme des bases.

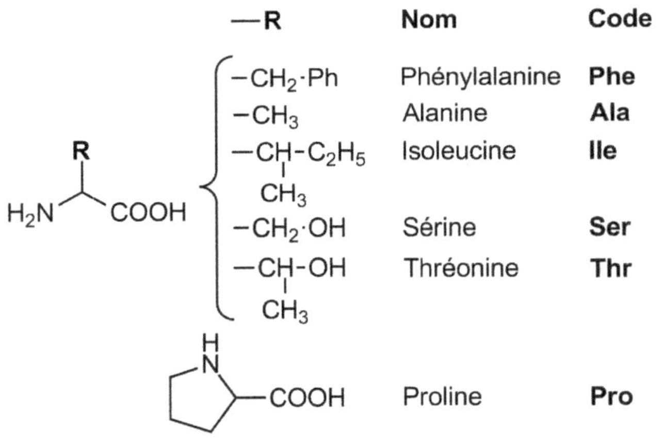

I.1.a. Combien d'acides aminés naturels différents peut-on retrouver dans les protéines humaines ?

I.1.b. Parmi les acides aminés dans lesquels R est un groupement alkyle, quelle technique spectroscopique de choix permet de distinguer la proline ? Justifier.

I.1.c. Que signifie configuration L pour les acides α-aminés ? Dessiner la L-alanine en projection de Fischer. Donner la configuration absolue du centre stéréogène de la L-alanine.

I.1.d. Donner un ordre de grandeur des pK_a de l'alanine en précisant les couples acido-basiques mis en jeu.

I.1.e. Donner le diagramme de prédominance de l'alanine en fonction du pH du milieu.

I.1.f. Définir le point isoélectrique (isoionique) ou pH isoélectrique d'un acide aminé. Exprimer sa valeur en fonction des pK_a de la fonction acide et de la fonction amine dans le cas de l'alanine.

I.1.g. Analyser le spectre de RMN du proton de l'alanine dans le chloroforme deutéré.

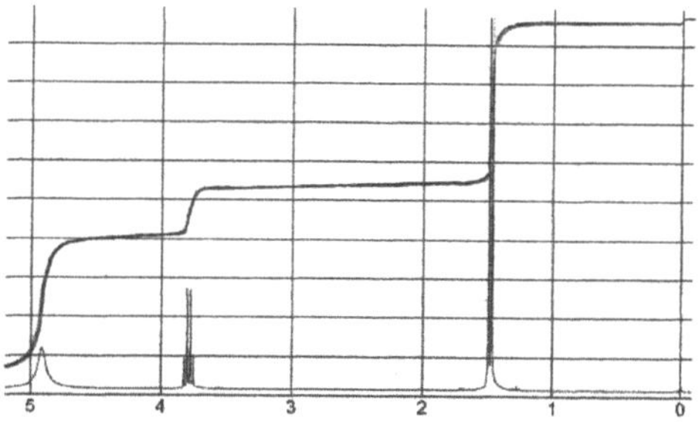

I.1.h. Du fait de la présence d'un groupement acide carboxylique et d'une fonction amine, le proton porté par le carbone C2 d'un acide aminé a une certaine mobilité en milieu basique, ce qui favorise la racémisation. Écrire le mécanisme réactionnel de la racémisation de la L-alanine en milieu basique.

I.2. Synthèse non stéréosélective d'un acide α-aminé

Il existe de nombreuses stratégies de synthèse permettant de préparer des acides α-aminés, sous la forme de mélanges racémiques ou d'énantiomères isolés. Une de ces méthodes met en jeu la réaction de Hell-Volhard-Zelinsky, une réaction d'alpha bromation d'acides carboxyliques. Dans un premier temps, un bromure d'alcanoyle est formé. Celui-ci s'éno1ise rapidement dans le milieu acide. L'énol formé est ensuite bromé, avant de subir une réaction d'échange avec une molécule d'acide carboxylique restante, via la formation d'un anhydride intermédiaire. Ainsi, le bromoacide souhaité est généré avec une autre molécule de bromure d'alcanoyle permettant le réamorçage du cycle de la réaction. La réaction de Hell-Volhard-Zelinsky suivie d'une amination, peut de ce fait permettre de transformer les acides carboxyliques en acides α-aminés.

Suivant ce principe, la synthèse d'un acide α-aminé est réalisée à partir de l'acide propanoïque. À une solution d'acide propanoïque fraîchement distillé et de dibrome (1,1 équivalent), sous argon et sous agitation, est additionné lentement du tribromure de phosphore (0,2 équivalent). Le milieu réactionnel est chauffé à 70 °C pendant quatre heures. Après distillation fractionnée sous vide (125-140 °C/ 18-20 mmHg) du milieu réactionnel, le composé **1** est obtenu avec un rendement de 66%. Ce dernier est ensuite traité par 10 mL d'une solution d'ammoniaque concentrée (35%), pour conduire après agitation à température ambiante pendant quatre jours, et traitement, à l'acide α-aminé **2**, sous la forme de cristaux blancs, avec un rendement de 49%.

I.2.a. Donner la structure du composé **1** et l'équation de réaction de la transformation de l'acide propanoïque en **1**.

I.2.b. Proposer un schéma synthétique de la réaction de Hell-Volhard-Zelinski faisant apparaître les différents intermédiaires. Donner le mécanisme réactionnel rendant compte uniquement de l'échange entre l'énol bromé et la deuxième molécule d'acide carboxylique.

I.2.c. En présence d'un excès de tribromure de phosphore, quel composé sera majoritairement formé ?

I.2.d. Donner la structure du composé **2** et le mécanisme réactionnel de la transformation de **1** en **2**. Nommer le composé **2**.

I.2.e. La séquence réactionnelle permettant la synthèse du composé **2** à partir de l'acide propanoïque est-elle stéréosélective ? Justifier.

I.2.f. Proposer un schéma réactionnel de synthèse de la L-isoleucine, acide (2*S*, 3*S*)-2-amino-3-méthylpentanoïque, à partir de l'acide (*S*)-3-méthylpentanoïque en utilisant la réaction de Hell-Volhard-Zelinsky.

Découverte en 1850, la réaction de Strecker, permet quant à elle de préparer à grande échelle des acides α-aminés à partir de l'aldéhyde correspondant, de chlorure d'ammonium (ou de différentes amines), et d'acide cyanhydrique.

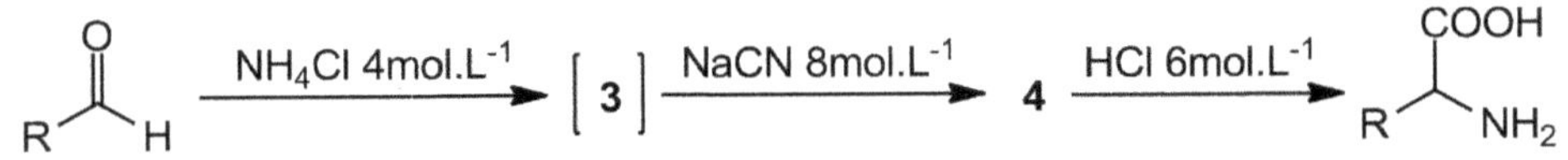

I.2.g. Donner la structure du composé **3** ainsi que le mécanisme de sa formation.

I.2.h. Donner la structure du produit obtenu par condensation de la diéthylamine sur l'éthanal. Nommer le groupement fonctionnel ainsi généré.

I.2.i. Proposer un mécanisme d'hydrolyse des imines non substituées sur l'azote permettant de justifier leur instabilité en milieu acide.

I.2.j. L'imine **3** étant un intermédiaire instable, proposer des conditions expérimentales pour éviter son hydrolyse et permettre de ce fait la synthèse du composé **4**.

I.2.k. Les systèmes C=N **6** et **7** sont-ils plus, ou moins, stables vis-à-vis d'une hydrolyse acide que les imines ? Justifier la réponse.

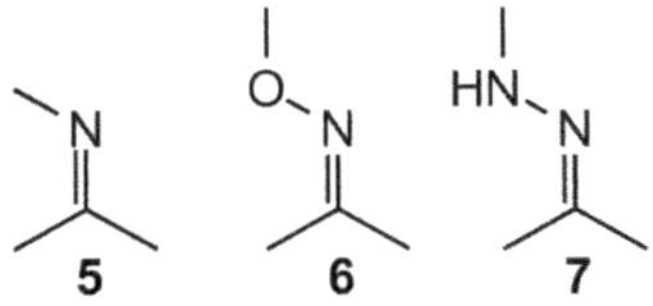

5 **6** **7**

I.2.l. Donner la structure et le nom générique du composé **4**.

I.3. Dédoublement d'un mélange racémique d'acides α-aminés

Dans le cas de la synthèse d'acides α-aminés sous la forme d'un mélange racémique, plusieurs méthodes permettent de séparer l'acide aminé dont le centre stéréogène C2 est de configuration (*S*), de son énantiomère dont le centre stéréogène C2 est de configuration (*R*). Le dédoublement d'un mélange racémique de (*R,S*)-alanine a été étudié selon le protocole suivant.

À une solution refroidie à 0 °C de (*R,S*)-alanine dans la soude aqueuse à 0,5 mol.L^{-1} (2,0 équivalents) est additionné goutte à goutte du chlorure de benzoyle (2,0 équivalents). Après agitation à température ambiante pendant quatre heures, le milieu réactionnel est acidifié à pH = 2 par une solution d'acide chlorhydrique concentré. Le précipité formé est filtré et séché. Après purification par recristallisation dans l'éther de pétrole, le composé **8** est obtenu avec un rendement de

60%. À une solution aqueuse de **8** chauffée à 50 °C est ensuite additionnée de la strychnine (1,0 équivalent). Le milieu réactionnel est agité pendant une heure, puis laissé sans agitation à 4 °C pendant 12 heures. Il se forme un précipité. Le précipité formé est filtré (le filtrat est conservé), recristallisé dans l'eau, pour conduire au composé **9a** avec un rendement de 44%. Le filtrat conservé précédemment est évaporé sous pression réduite pour fournir le composé **9b** avec un rendement de 45%. Les deux composés **9a** et **9b** sont alors traités parallèlement de la même manière selon le protocole suivant : (i) agitation à température ambiante en présence d'une solution aqueuse de potasse (1,3 mol.L^{-1}, 1,0 équivalent), (ii) filtration du précipité formé, (iii) acidification du filtrat avec une solution d'acide chlorhydrique concentrée à 0 °C jusqu'à pH = 1, afin de générer respectivement les composés **10a** et **10b** sous la forme de cristaux blancs avec un rendement de l'ordre de 90%. La température de fusion du composé **10a** est de 148 °C, celle du composé **10b** est de 148 °C. Une solution de **10a** de concentration c= 67 mg.mL^{-1} dans la potasse à 1 mol.L^{-1} placée dans une cellule de longueur 10 cm et éclairée par une lampe au sodium a un pouvoir rotatoire spécifique $[\alpha]_{25\,°C}$ de +37. Une solution de **10b** a un pouvoir rotatoire spécifique $[\alpha]_{25\,°C}$ de -37, en appliquant les mêmes conditions. Le composé **10a** et le composé **10b**, sont ensuite solubilisés séparément dans 5 mL d'une solution d'acide chlorhydrique à 20% qui est portée à reflux pendant une heure. Après refroidissement du milieu réactionnel, traitement et purification, les composés **11a** et **11b** sont obtenus séparément avec un rendement quantitatif.

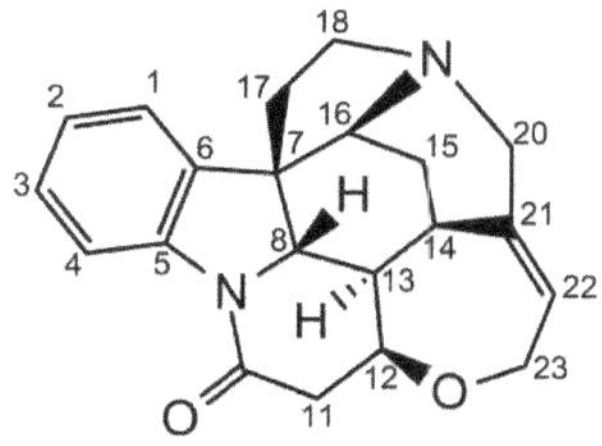

Strychnine

$C_{21}H_{22}N_2O_2$, T_f = 284 °C
$[\alpha]_{25°C}$ de -104 (c = 5g.L^{-1} dans l'éthanol, 20°C)
Solubilité médiocre dans l'eau (156 mg.L^{-1})
Très bonne solubilité dans le chloroforme (200 mg.mL^{-1})

I.3.a. Donner la configuration absolue des centres stéréogènes de la strychnine en justifiant les ordres de priorité et en utilisant la numérotation proposée.

I.3.b. Donner la structure du composé **8** et le mécanisme réactionnel de la transformation de l'alanine en **8**.

I.3.c. Justifier l'utilisation d'une base lors de la réaction et préciser le rôle de l'acidification par l'acide chlorhydrique lors des traitements.

I.3.d. De nombreux produits secondaires peuvent se former lors de l'obtention du composé **8**, expliquant le rendement modeste de la réaction. Donner la structure de deux produits secondaires probables.

I.3.e. Donner la structure des composés **9a** et **9b** ainsi que des composés **10a** et **10b**, en prenant en compte le fait que le dérivé dextrogyre obtenu possède un centre stéréogène (*S*).

I.3.f. Expliquer et schématiser cette méthode de dédoublement racémique, en n'omettant pas de justifier l'utilisation d'une solution aqueuse de potasse et l'acidification subséquente du filtrat lors de l'obtention des composés **10a** et **10b**.

I.3.g. Donner la structure des composés **11a** et **11b** et le mécanisme de leur formation.

I.3.h. Justifier la réaction initiale de *N*-benzoylation.

Une autre méthode de dédoublement racémique consiste à utiliser le chlorure d'acide de Mosher pour former l'amide à partir du mélange racémique d'acides aminés.

Réactif de Mosher 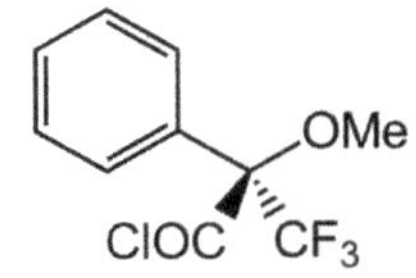

I.3.i. Définir la diastéréoisomérie.

I.3.j. Donner la configuration absolue du centre stéréogène du chlorure d'acide de Mosher.

I.3.k. Détailler la méthode de dédoublement racémique utilisant le chlorure d'acide de Mosher.

I.3.l. Comparer les deux méthodes de dédoublement racémique.

I.4. Synthèse stéréosélective d'un acide α-aminé

La première version asymétrique de la réaction de Strecker n'a été développée que tardivement. Actuellement, deux stratégies sont utilisées, l'approche diastéréosélective dans laquelle une amine chirale est mise en jeu, et l'approche énantiosélective dans laquelle les réactifs non chiraux sont mis en présence d'un catalyseur chiral.

À une solution de (*R*)-2-amino-2-phényléthanamide et de pivaldéhyde (2,2-diméthylpropanal, 1,1 équivalent) dans le méthanol à température ambiante, sont additionnés, lentement et simultanément, sous agitation, une solution méthanolique de cyanure de sodium (1,1 équivalent) et de l'acide acétique glacial (1,1 équivalent). Après 20 heures d'agitation, le mélange réactionnel reste limpide. Après évaporation sous pression réduite, les composés **12a** et **12b** sont obtenus avec un rendement de 80%, dans un rapport **12a**/**12b** de 65/35. La configuration absolue du centre stéréogène créé dans le composé majoritaire est *S*. Lorsque la réaction est réalisée à 70 °C dans l'eau, en utilisant une solution aqueuse, et non méthanolique, de cyanure de sodium (1,1 équivalent), le composé **12a** précipite au fur et à mesure de sa formation. Après 20 heures d'agitation à 70 °C, refroidissement du milieu réactionnel, et filtration, le composé **12a** est obtenu seul avec un rendement de 92%.

Le composé **12a** est ensuite hydrolysé, sans racémisation, dans des conditions drastiques, en présence d'acide sulfurique dans le dichlorométhane pendant deux heures, pour générer le composé **13** de formule brute $C_{14}H_{21}N_3O_2$. Ce dernier est directement mis en solution dans de l'éthanol sous une pression de dihydrogène de deux bars, en présence d'une quantité catalytique de palladium sur charbon actif, pendant 20 heures, avant de réagir avec de l'acide chlorhydrique concentré à reflux pendant 24 heures, pour conduire à l'acide α-aminé correspondant avec un rendement global de 80%.

I.4.a. Définir le terme d'auxiliaire chiral. Citer un inconvénient majeur lié à une approche diastéréosélective utilisant un auxiliaire chiral.

I.4.b. Dessiner le (*R*)-2-amino-2-phényléthanamide en représentation de Cram.

I.4.c. Les doubles liaisons C=N des imines existent sous deux configurations *Z* et *E*. Quelle est la configuration la plus stable de l'imine intermédiairement formée lors de la réaction entre le (*R*)-2-amino-2-phényléthanamide et le pivaldéhyde ? Justifier.

I.4.d. Quelle espèce chimique forme-t-on *in situ* en introduisant une solution méthanolique de cyanure de sodium et de l'acide éthanoïque ?

I.4.e. Donner la structure des composés **12a** et **12b** et le mécanisme de leur formation, en précisant la configuration absolue des centres stéréogènes. Représenter sur un modèle l'approche de l'acide cyanhydrique permettant de justifier la stéréosélectivité observée en solution méthanolique.

I.4.f. Rappeler la définition d'un excès diastéréoisomérique ou "e.d.". Donner la valeur de l'excès diastéréoisomérique obtenu lors de l'utilisation d'une solution méthanolique.

I.4.g. Justifier l'obtention d'un seul stéréoisomère lorsque la réaction est effectuée en milieu aqueux.

I.4.h. Donner la structure du composé **13** et de l'acide α-aminé synthétisé.

I.4.i. Décrire une stratégie pour synthétiser l'énantiomère de l'acide α-aminé synthétisé.

II. La liaison peptidique

II.1. Généralités

Une protéine est une macromolécule dans laquelle une liaison peptidique relie la fonction amine d'un acide α-aminé et la fonction acide carboxylique d'un autre acide α-aminé. En général, on parle de protéine lorsque la chaîne contient plus de 50 acides aminés. Dans le cas contraire, on parle de peptides et de polypeptides.

Dans l'écriture d'une chaîne peptidique, l'acide aminé *N*-terminal (extrémité aminée) est représenté par convention à gauche alors que l'acide aminé *C*-terminal (extrémité carboxylique) est représenté à droite. La chaîne primaire peptidique se replie et s'organise pour former des structures secondaires (hélice α, feuillet β) résultant de la rigidité des liaisons amides et de la présence notamment de nombreuses liaisons hydrogènes.

II.1.a. Donner un exemple d'un rôle biologique important que peut avoir une protéine.

II.1.b. Expliquer pourquoi la liaison peptidique est plane. Préciser quels atomes sont coplanaires.

II.1.c. Donner la définition d'une liaison hydrogène et représenter une liaison hydrogène intramoléculaire dans un peptide.

II.1.d. Créer une liaison peptidique ne pose pas de difficulté, le problème est de créer une liaison spécifique. Par exemple la L-alanine et la L-proline peuvent former plusieurs dipeptides différents. Combien et lesquels (les citer en utilisant l'écriture peptidique conventionnelle précisée ci-dessus) ?

II.2. Utilisation de groupements protecteurs

Afin de synthétiser le dipeptide Ala-Pro de manière sélective, la stratégie suivante a été employée. D'une part, la L-alanine (Ala) est solubilisée dans l'eau en présence d'anhydride de l'acide tert-butyloxyméthanoïque (Boc_2O, 1,1 équivalent) et de carbonate de sodium (1,1 équivalent) pour conduire après 12 heures d'agitation à température ambiante et traitement au composé **14** de manière quantitative. D'autre part, à une suspension à 0 °C de L-proline dans de l'éthanol anhydre, est additionné, sous agitation, du chlorure de triméthylsilane (5,0 équivalents). Après agitation à température ambiante du milieu réactionnel pendant une nuit, puis évaporation sous pression réduite, le produit **15** est obtenu sous la forme d'une huile incolore avec un rendement quantitatif. Le spectre RMN ^1H ($CDCl_3$, 90 MHz) du composé **15** présente les signaux suivants (sl = singulet large, t = triplet, q = quadruplet, m = multiplet) :

1,28 (t, $J = 7,1$ Hz, 3H), 1,74-2,13 (m, 4H), 2,88-3,05 (m, 2H), 3,66-3,74 (m, 1H), 4,19 (q, $J = 7,1$ Hz, 2H), 8,52 (sl, 2H).

II.2.a. Nommer la fonction -O-CO-NH- impliquée dans la protection de la fonction amine.

II.2.b. Donner la structure du composé **14** ainsi que le mécanisme réactionnel de sa formation.

II.2.c. Le groupement tert-butyloxycarbonyle est acido-labile. Écrire l'équation de réaction et le mécanisme réactionnel qui permet la déprotection de la fonction amine de la *N*-Boc-L-alanine en présence d'une solution d'acide trifluoroacétique (TFA) à 80% dans le dichlorométhane.

II.2.d. Donner la structure du composé **15** ainsi que l'équation de réaction de la transformation de la L-proline en **15**.

II.2.e. Donner la définition de la saponification. Détailler le mécanisme réactionnel de saponification du composé **15**. De quelle réaction secondaire risque de s'accompagner la saponification de **15** ?

II.2.f. Attribuer les signaux de RMN ^1H du composé **15**.

II.2.g. Dans le cas de la synthèse d'un dipeptide Ser-Pro, quel groupement protecteur de la fonction hydroxyle présente sur la chaîne latérale peut-on envisager d'utiliser ? Proposer un schéma synthétique de Ser-Pro en utilisant des acides aminés convenablement protégés.

II.3. Couplage peptidique

La dicyclohexylcarbodiimide (DCC), dont la réactivité électrophile est analogue à celle d'un isocyanate, est un agent de couplage qui permet, en milieu basique non racémisant, l'activation de la fonction acide libre de l'acide aminé en *O*-acylurée.

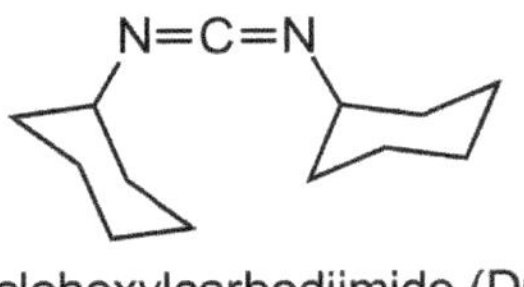

Dicyclohexylcarbodiimide (DCC)

À une suspension de chlorhydrate de l'ester éthylique de la L-proline dans le dichlorométhane est additionnée, goutte à goutte, à température ambiante et sous agitation, de la diisopropyléthylamine (3,4 équivalents). Après dissolution totale, et refroidissement à 0 °C du milieu réactionnel, la *N*-Boc-L-alanine (1,0 équivalent) et la dicyclohexylcarbodiimide (DCC, 1,1 équivalent) sont ajoutées successivement. Le milieu réactionnel est ensuite agité à température ambiante pendant 12 heures. Après filtration de l'urée insoluble et évaporation sous vide du solvant, le brut réactionnel est repris dans l'acétate d'éthyle et lavé successivement par (i) une solution d'acide citrique à 10%, (ii) une solution d'hydrogénocarbonate de sodium, (iii) une solution de chlorure de sodium saturée. Après séchage de la phase organique sur sulfate de sodium, évaporation sous vide et purification par chromatographie sur gel de silice, le composé **16** est obtenu avec un rendement de 74%.

II.3.a. Donner la structure du composé **16** en précisant sa stéréochimie.

II.3.b. Donner la structure de la *O*-acylurée intermédiairement formée, très réactive vis-à-vis des nucléophiles. Proposer un mécanisme réactionnel pour la synthèse du composé **16**.

II.3.c. Proposer une autre stratégie d'activation de l'acide carboxylique de l'acide aminé *N*-protégé.

II.3.d. Une des réactions secondaires possibles lors de l'utilisation de la DCC est le réarrangement de la *O*-acylurée en *N*-acylurée. Donner la structure du produit secondaire formé et justifier sa différence de réactivité vis-à-vis d'un nucléophile.

II.3.e. Une autre réaction secondaire possible lors de l'utilisation de la DCC est la cyclisation de la *N*-Boc-Ala activée en *N*-carboxyanhydride. Proposer une structure pour le produit secondaire formé.

II.3.f. Nommer et donner la structure de l'urée, produit secondaire insoluble dans le solvant de couplage peptidique utilisé. Quel avantage l'insolubilité de cette dernière confère-t-elle à la manipulation ?

II.3.g. Justifier le lavage acide.

II.3.h. Justifier le lavage basique.

II.3.i. Quelle serait l'étape synthétique suivante indispensable avant d'initier un autre couplage peptidique ?

II.4. Synthèse de peptide sur phase solide

Il est possible d'automatiser la synthèse de peptides en utilisant un support solide polymérique, insoluble et inerte à tout solvant ou réactif utilisés en chimie organique, sur lequel le premier acide aminé est ancré. Les étapes de déprotection et de couplage peptidique s'effectuent sur le support, en milieu hétérogène. Une dernière étape de clivage est nécessaire pour décrocher le peptide du support.

Le polymère le plus fréquemment utilisé par les peptidistes est un copolymère styrène-divinylbenzène convenablement fonctionnalisé. Le procédé initié par R.B. Merrifield (Prix Nobel, 1984), utilise une résine *p*-chlorométhylée sur laquelle le premier acide aminé, par exemple la *N*-Boc-L-alanine, est greffé. Après déprotection de l'amine supportée, la chaîne peptidique peut croître par une succession de couplages peptidiques et déprotections.

II.4.a. Donner le mécanisme de la polymérisation du styrène (phényléthylène, vinylbenzène) en présence de peroxyde de benzoyle. Le copolymère est constitué de 2% de *p*-divinylbenzène. Quel est le rôle du divinylbenzène ?

II.4.b. La chlorométhylation du polymère s'effectue en présence de chlorométhyléthyléther et de tétrachlorure d'étain (IV). Proposer un mécanisme réactionnel pour la synthèse de la résine de Merrifield à partir du copolymère styrène-divinylbenzène.

II.4.c. Discuter de la solubilité du copolymère styrène-divinylbenzène (i) dans un solvant organique tel que le dichlorométhane, (ii) dans l'eau.

II.4.d. Quel type de réaction permettra d'accrocher le premier acide aminé, la *N*-Boc-L-alanine, sur la résine de Merrifield ?

II.4.e. Quels sont les avantages majeurs apportés par la méthode de synthèse sur phase solide ?

III. Application à la synthèse de la trunkamide A

La trunkamide A, heptapeptide cyclique naturel isolé d'un organisme marin de la famille des ascidies est un agent anti-tumoral prometteur actuellement en phase d'expérimentation clinique. La synthèse totale de cette substance naturelle a été réalisée récemment par l'équipe du Professeur Wipf et a permis de corriger la structure initialement proposée pour cette molécule. La trunkamide A est constituée d'un squelette peptidique phénylalanine, proline, alanine, isoleucine, et de deux aminoacides, la sérine et la thréonine, dont la fonction hydroxyle de la chaîne latérale a été modifiée par un éther de type diméthylallyle. La trunkamide A possède également dans sa structure un noyau hétérocyclique de type thiazoline.

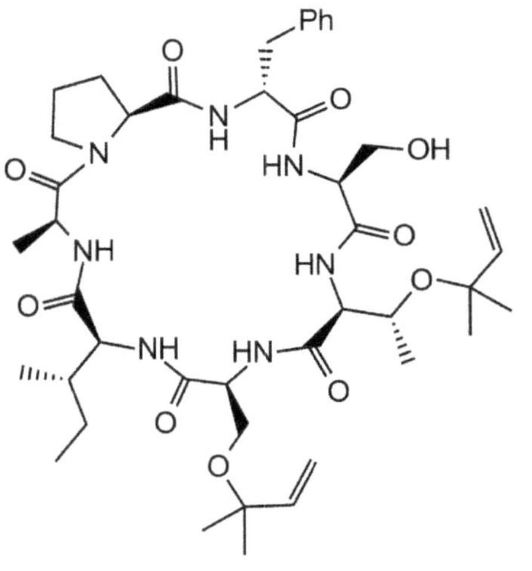

Trunkamide A

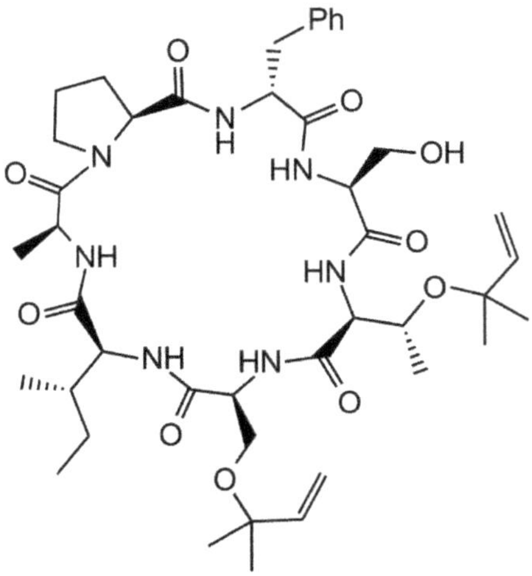

Composé E

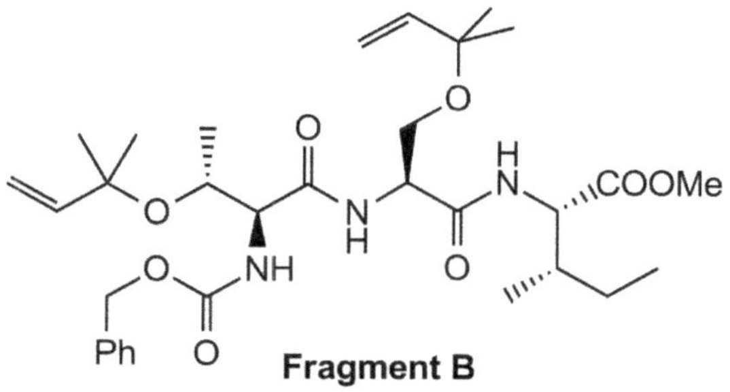

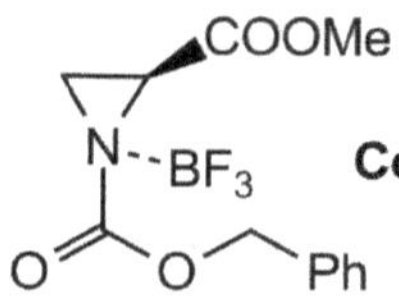

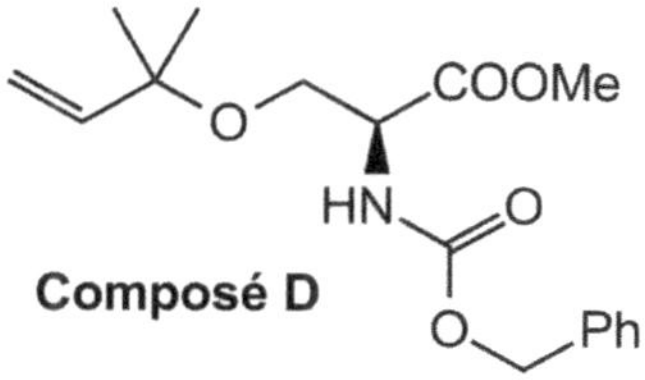

III.1. Synthèse du fragment A : préparation du peptide P_1-Ala-Pro-D-Phe-Ser(TBS)-OBn

Dans l'écriture d'une chaîne peptidique, dans le cas où l'acide aminé *N*-terminal représenté par convention à gauche est protégé, sa protection doit être mentionnée avant l'acide aminé incriminé. Pour l'acide aminé *C*-terminal représenté à droite, sa protection doit être mentionnée après l'acide aminé incriminé. Les groupements protecteurs présents sur les chaînes latérales sont représentés quant à eux entre parenthèse après l'acide aminé impliqué. Dans le peptide **P_1-Ala-Pro-D-Phe-Ser(TBS)-OBn** (TBS = *tert*-butyldiméthylsilyle, Bn =benzyle) la fonction amine de l'alanine est protégée par un groupement protecteur nommé "P_1". Quant à la sérine, elle est doublement protégée, à la fois sur sa chaîne latérale par un groupement de type TBS et sur sa chaîne principale sous la forme d'un ester benzylique, qui se coupe généralement dans des conditions d'hydrogénation catalytique en présence de palladium. Tous les acides aminés présents dans ce peptide possèdent un centre stéréogène de configuration (*S*) sauf la phénylalanine (la lettre D indiquant la configuration non naturelle de cet acide aminé).

III.1.a. Dessiner le peptide **P_1-Ala-Pro-D-Phe-Ser(TBS)-OBn** en représentation de Cram.

III.1.b. Schématiser brièvement un protocole de synthèse de ce tétrapeptide, en utilisant les acides α-aminés de votre choix convenablement protégés si nécessaire et en attribuant à P_1 les caractéristiques indispensables à la mise en place de votre stratégie.

III.2. Synthèse du fragment B

La synthèse du fragment **B** met en jeu plusieurs étapes réactionnelles. Dans un premier temps les composés **C** et **D** seront synthétisés.

À une solution de chlorhydrate de l'ester méthylique de la L-sérine et de triéthylamine (2,0 équivalents) dans le dichlorométhane est additionnée sous agitation à 0 °C, une solution de chlorure de trityle (chlorotriphénylméthane, 1,0 équivalent) dans le dichlorométhane. Après 24 heures d'agitation à 0 °C et évaporation sous vide du milieu réactionnel, le résidu est solubilisé dans l'acétate d'éthyle. La phase organique est lavée successivement par de l'eau, par une solution d'acide citrique à 10%, puis par une solution de chlorure de sodium saturée. La phase organique est enfin séchée sur sulfate de sodium, et évaporée sous vide pour conduire au composé **17** sous la forme d'une huile avec un rendement quantitatif. À une solution de **17** dans de la triéthylamine anhydre est additionnée, sous atmosphère inerte, à -10 °C, une solution de chlorure d'acide *p*-toluènesulfonique (3,0 équivalents) dans de la triéthylamine anhydre. Après agitation pendant trois jours à -10 °C, et traitement du milieu réactionnel, le composé **18** est obtenu avec un rendement de 82%. Le composé **18**, en solution dans le THF, en présence de triéthylamine (3,0 équivalents), est alors porté à reflux sous agitation pendant deux jours. Après traitement et purification, le composé **19** est obtenu avec un rendement de 90%. Le spectre RMN ^{1}H ($CDCl_3$, 200 MHz) du composé **19** présente les signaux suivants (s = singulet, dd = doublet de doublet, m = multiplet) :

1,41 (1H, dd, $J = 7,0$ Hz, $J = 1,6$ Hz), 1,89 (1H, dd, $J = 7,0$ Hz, $J = 3,0$ Hz), 2,55 (1H, dd, $J = 3,0$ Hz, $J = 1,6$ Hz), 3,75 (3H, s), 7,17-7,55 (15H, m).

III.2.a. Donner la structure du composé **17** et le mécanisme de sa formation.

III.2.b. Donner la structure du composé **18** et le mécanisme de sa formation.

III.2.c. Donner la structure du composé **19** et le mécanisme de sa formation.

III.2.d. Attribuer les signaux de RMN ^{1}H du composé **19**.

À une solution de **19** dans le méthanol est additionné sous agitation à 0 °C de l'acide trifluoroéthanoïque (15,0 équivalents). Après agitation du milieu réactionnel pendant trois heures à 0 °C et évaporation sous vide, le résidu généré est solubilisé dans l'éther diéthylique et extrait avec de l'eau. Aux différentes phases aqueuses combinées contenant le composé **20**, est additionnée une solution d'hydrogénocarbonate de sodium (5,0 équivalents). Après ajout d'acétate d'éthyle, le milieu réactionnel est refroidi à 0 °C, Sous agitation vigoureuse, est additionnée une solution de chloroformate de benzyle (1,1 équivalent) dans l'acétate d'éthyle. Après agitation à température ambiante pendant treize heures, traitement et purification du milieu réactionnel, le composé **C** est obtenu sous la forme d'une huile translucide, avec un rendement de 73%. À une solution de **C** et du composé **21** (10,0 équivalents) est additionné goutte à goutte sous agitation à 0 °C, de l'éthérate diéthylique de trifluorure de bore (2,0 équivalents). Après agitation à température ambiante pendant treize heures, traitement et purification du milieu réactionnel, le composé **D** est obtenu sous la forme d'un solide incolore, avec un rendement de 72%.

III.2.e. Donner la structure du composé **20** et l'équation de réaction de la transformation de **19** en **20**.

III.2.f. L'ouverture de l'aziridine s'effectue en présence d'éthérate diéthylique de trifluorure de bore. Donner la structure du composé **21** et le mécanisme d'obtention de **D**. Justifier la régiosélectivité observée.

À une solution de **D** dans un mélange THF/eau 3/1 est additionné sous agitation à température ambiante de l'hydroxyde de lithium monohydraté (1,1 équivalent). Après agitation pendant 11 heures, de l'eau est additionnée au milieu réactionnel, puis le THF est éliminé par évaporation sous vide. La solution est ensuite acidifiée par ajout d'une solution de dihydrogénophosphate de potassium à 1,0 mol.L^{-1}, puis extraite à l'acétate d'éthyle. Après séchage de la phase organique sur sulfate de sodium, le composé **22** est obtenu sous la forme d'un solide translucide avec un rendement quantitatif.

À une solution de **22** dans le dichlorométhane refroidie à 0 °C, sont additionnés sous agitation de la triéthylamine (1,1 équivalent), l'ester méthylique de la

L-isoleucine (acide (2*S*,3*S*)-2-amino-3-méthylpentanoïque, 1,1 équivalent), et de la dicyclohexylcarbodiimide (DCC, 1,1 équivalent). Après agitation du milieu réactionnel pendant trois heures à température ambiante, la dicyclohexylurée est éliminée par filtration, le filtrat est ensuite lavé trois fois par une solution d'acide citrique à 10%, puis par une solution de chlorure de sodium saturée. La phase organique est ensuite séchée sur sulfate de sodium et évaporée sous vide. Le résidu est alors purifié par chromatographie sur gel de silice pour conduire au composé **23** avec un rendement de 80%.

Une étape de déprotection sélective de la fonction amine selon une réaction de transfert d'hydrogène par catalyse hétérogène conduit au composé **24**. À une solution de **24** dans le dichlorométhane refroidie à -5 °C, sont additionnés sous agitation de la triéthylamine (1,1 équivalent), le composé **25** (1,1 équivalent), et de la dicyclohexylcarbodiimide (1,1 équivalent). Après agitation du milieu réactionnel pendant deux heures à -5 °C, la dicyclohexylurée est éliminée par filtration, le filtrat est ensuite lavé trois fois par une solution d'acide citrique à 10%, puis par une solution de chlorure de sodium saturée. La phase organique est ensuite séchée sur sulfate de sodium et évaporée sous vide. Le résidu est alors purifié par chromatographie sur gel de silice pour conduire au fragment **B** sous la forme d'un solide incolore avec un rendement de 74%.

III.2.g. Donner la structure du composé **22**.

III.2.h. Donner la structure du composé **23** en précisant sa stéréochimie.

III.2.i. Donner la structure du composé **24**.

III.2.j. Donner la structure du composé **25** en précisant sa stéréochimie.

III.2.k. Écrire l'équation de réaction de la transformation du composé **24** en fragment **B**.

III.3. Synthèse de la trunkamide A

Le dernier fragment linéaire, **26**, est synthétisé par couplage peptidique entre le fragment **B**, dont la fonction amine aura été préalablement déprotégée selon une réaction de transfert d'hydrogène par catalyse hétérogène, et le peptide P_1-Ala-Pro-D-Phe-Ser(TBS)- OBn, dont la fonction ester benzylique aura été préalablement coupée par hydrogénation catalytique au palladium. Le composé **26** possède alors encore trois groupements protecteurs : -P_1, -TBS et -OMe. Plusieurs étapes de coupure sélective d'un ou plusieurs groupements protecteurs, ainsi qu'une étape de macro-cyclisation permettent d'accéder au composé **E**.

III.3.a. Donner la structure du composé **26**.

III.3.b. Énumérer dans l'ordre chronologique les étapes de déprotection et de macro-cyclisation permettant l'obtention du composé **E**.

Enfin, l'accès à la **trunkamide A** finale nécessite la formation de l'hétérocycle thiazolidine qui ne peut être généré que lorsque la cyclisation du fragment linéaire a été réalisée. Ces dernières étapes font intervenir un réactif particulier, le trifluorure de diéthylaminosulfure (DAST), un agent fluorant également utilisé dans les réactions de formation d'une oxazoline à partir d'un hydroxyamide, ou d'une thiazoline à partir d'un hydroxythioamide, grâce à la formation intermédiaire d'un bon nucléofuge -O-SF_2NEt_2.

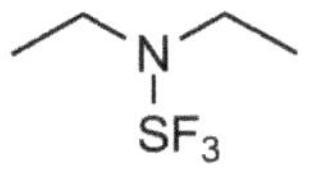

Trifluorure de diéthylaminosulfure (DAST)

À une solution de **E** (21,5 mg, 25,6 μmol) dans 0,2 mL de dichlorométhane refroidie à -20 °C, est additionné lentement sous atmosphère inerte 200 μL d'une solution à 0,28 mol.L^{-1} de DAST. Après agitation du milieu réactionnel pendant une heure, traitement et purification, l'oxazoline **27** est obtenue sous la forme d'un solide incolore, avec un rendement de 63%. Une solution de **27** (13 mg, 16,0 μmol) dans un mélange méthanol/triéthylamine 2/1 (1 mL) est saturée, à température ambiante, en sulfure d'hydrogène gazeux. Le milieu réactionnel est agité pendant deux jours, traité, puis purifié par chromatographie sur couche mince préparative, pour générer l'hydroxythioamide **28**, sous la forme d'un solide incolore, avec un rendement de 88%. À une solution de **28** (5,4 mg, 6,3 μmol) dans 0,2 mL de dichlorométhane refroidie à -20 °C est additionnée lentement, sous atmosphère inerte, 50 μL d'une solution à 0,28 mol.L^{-1} de DAST. Après agitation du milieu réactionnel pendant une heure, traitement et purification, la thiazoline est formée et la **trunkamide A** est obtenue sous la forme d'un solide amorphe incolore, avec un rendement de 85%.

III.3.c. Donner la structure du composé **27** et le mécanisme de sa formation.

III.3.d. Donner la structure du composé **28** et le mécanisme de sa formation.

III.3.e. Donner le mécanisme de la transformation de **28** en **Trunkamide A**.

III.3.f. Commenter les faibles quantités de matière utilisées pour la réalisation de ces dernières étapes.

Synthèse totale de la fluvirucinine A_1

Les fluvirucines sont une nouvelle famille d'antibiotiques de structure macrolactame produites par des souches d'actinomycètes. Ces composés ont attiré l'attention des chercheurs car ils possèdent une structure inédite et des propriétés biologiques prometteuses. Nous nous intéresserons ici à la synthèse stéréosélective de la fluvirucinine A_1 développée par l'équipe de Y. Suh (1999). Cette synthèse est linéaire et passe par les intermédiaires **A** et **B** représentés ci-dessous.

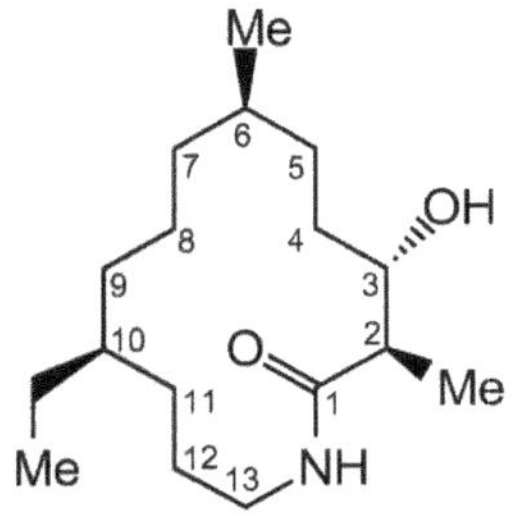

fluvirucinine A_1

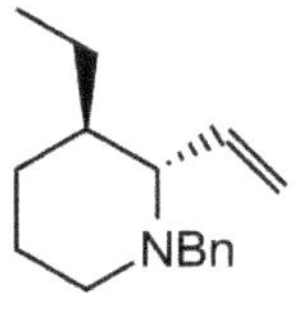

A

Bn = benzyle (CH_2Ph)
Cbz = carbamate de benzyle

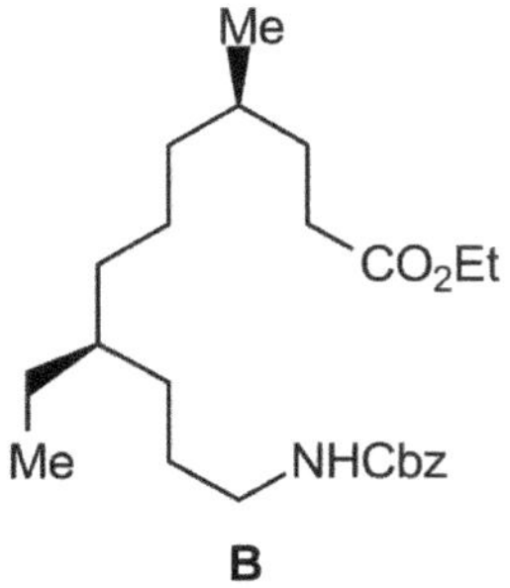

B

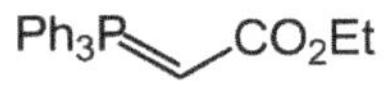

(carbéthoxyméthylène)triphénylphosphorane

I. Synthèse du composé A

I.1. Préparation du précurseur 3

Le chlorhydrate de la (*1S,2R*)-noréphédrine (ou 2-amino-1-phényl-propan-1-ol) est agité mécaniquement à 110 °C en présence de diphénylcarbonate (1,1 équivalent) et de carbonate de potassium anhydre (1,1 équivalent) pendant 5 heures. Le mélange est refroidi, additionné de méthanol puis porté au reflux pendant 30 minutes. Après refroidissement du milieu réactionnel à température ambiante, de l'eau est ensuite ajoutée, le méthanol évaporé puis le mélange est extrait trois fois avec du dichlorométhane. La phase organique est ensuite lavée successivement par une solution de soude, par une solution d'acide chlorhydrique, puis par une solution de chlorure de sodium saturée pour conduire, après séchage sur sulfate de sodium et évaporation, au composé cyclique **1** avec un rendement de 90%. Les spectres RMN ^1H (300 MHz) et ^{13}C (75 MHz) du composé **1** dans le $CDCl_3$ sont décrits (en ppm) dans le tableau 1 ci-dessous (s = singulet, sl = singulet large, d = doublet, dq = doublet de quadruplet, m = multiplet).

RMN ^1H	7,35-7,23 (m, 5H) ; 6,90 (sl, 1H) ; 5,65 (d, $J = 8,0$ Hz, 1H) ; 4,17 (dq, $J = 8,0$ et $6,8$ Hz, 1H) ; 0,76 (d, $J = 6,8$ Hz, 3H)
RMN ^{13}C	160,2 ; 135,3 ; 128,7 ; 128,6 ; 126,2 ; 81,2 ; 52,7 ; 17,7.

Tableau 1 :

I.1.a. Donner la configuration absolue des centres stéréogènes de la fluvirucinine A_1. Justifier les attributions en utilisant la numérotation indiquée.

I.1.b. Donner la structure du composé **1** en précisant sa stéréochimie et le mécanisme de sa formation. Quel est le rôle du carbonate de potassium ?

I.1.c. Quel est le rôle du traitement par le méthanol ? Donner l'équation de réaction de la transformation mise en jeu.

I.1.d. Justifier les lavages successifs de la phase organique.

I.1.e. Attribuer les signaux de RMN ^1H du composé **1**.

I.1.f. Attribuer les signaux de RMN ^{13}C du composé **1**.

Le composé **1**, mis en présence de *n*-butyllithium (1,0 équivalent) dans le THF (tétrahydrofurane) à -78 °C réagit avec le chlorure de 5-bromopentanoyle (1,5 équivalent) pour conduire, après traitement et purification au composé **2** avec un rendement de 90%. Celui-ci est ensuite mis en solution dans le diméthylformamide, puis additionné d'azoture de sodium (1,2 équivalent) pour donner, après traitement, le composé **3** avec un rendement de 97%.

I.1.g. Donner la structure du composé **2** en précisant sa stéréochimie et le mécanisme de sa formation.

I.1.h. Donner le schéma de Lewis de l'ion azoture et la structure du composé **3**.

I.2. Synthèse de la pipéridinone 7

Le composé **3** est mis en présence de bis(triméthylsilyl)amidure de sodium (NaHMDS, 2,0 équivalents) dans le THF à -78 °C pour conduire à l'intermédiaire

4 de configuration Z. Celui-ci est rapidement additionné de trifluorométhanesulfonate d'éthyle pour conduire, après traitement et purification, au composé **5** sous la forme d'un seul diastéréoisomère avec un rendement de 93%.

I.2.a. Donner la structure de l'intermédiaire **4** en précisant sa stéréochimie. Justifier l'obtention du seul diastéréoisomère Z.

I.2.b. Donner la structure du composé **5** en précisant sa stéréochimie. Donner la configuration absolue du nouveau centre stéréogène formé.

I.2.c. Modéliser l'approche du trifluorométhanesulfonate d'éthyle sur l'intermédiaire **4** permettant de justifier la stéréosélectivité observée.

Le composé **5** réagit ensuite selon une réaction de réduction de Staudinger avec de la triphénylphosphine (2,0 équivalents) en présence d'une solution aqueuse d'hydrogénocarbonate de sodium. Il y a d'abord formation d'un intermédiaire **6** de formule brute $C_{17}H_{24}N_2O_3$, puis cyclisation de celui-ci pour conduire au lactame **7** de formule brute $C_7H_{13}NO$ avec un rendement de 97%.

I.2.d. Donner la structure de l'intermédiaire **6** et le mécanisme de sa formation.

I.2.e. Donner la structure du composé **7** en précisant sa stéréochimie et l'équation de réaction de la transformation de l'intermédiaire **6** en composé **7**.

I.3. Synthèse du composé A

Le composé **7** est ensuite additionné d'hydrure de sodium (1,3 équivalent) dans le THF à 0 °C, puis de bromure de benzyle (3,0 équivalents) pour conduire, après traitement et purification, au composé **8** avec un rendement de 79%. Ce dernier est alors additionné à une solution de triéthoxyhydruroaluminate de lithium (1,2 équivalent) dans l'éther à 0 °C. Après 30 minutes d'agitation, du bromure de vinylmagnésium (ou bromure d'éthénylmagnésium, 3,0 équivalents) est ensuite ajouté et la réaction est laissée sous agitation pendant 24 heures à 0 °C. Après traitement, le composé **A** est obtenu accompagné du diastéréoisomère minoritaire **A'** dans un rapport 95 :5. Une purification par chromatographie sur gel de silice permet l'obtention du seul composé **A** énantiomériquement et diastéréoisomériquement pur avec un rendement de 70%.

I.3.a. Donner la structure du composé **8** et l'équation de réaction de la transformation du composé **7** en composé **8**.

I.3.b. Donner le mécanisme de formation du composé **A**.

I.3.c. Donner la structure du diastéréoisomère minoritaire **A'**. Préciser la configuration relative des deux centres du composé **A'**. Justifier l'obtention majoritaire du diastéréoisomère **A**.

La détermination de la configuration relative *trans* du composé **A** a été effectuée par RMN. Les spectres RMN ^{1}H des composés **A** et **A'** dans le $CDCl_3$ ont été réalisés et comparés. Le spectre RMN ^{1}H du composé **A** dans le $CDCl_3$ (300 MHz) présente entre 0,79 et 1,80 ppm divers massifs intégrant au total pour 12 protons. Le spectre RMN ^{1}H du composé **A'** dans le $CDCl_3$ (300 MHz) présente entre 0,77 et 2,41 ppm divers massifs intégrant au total pour 12 protons. Les signaux dont le déplacement chimique est supérieur sont décrits dans le tableau 2 ci-dessous.

I.3.d. Représenter le composé **A** dans sa conformation la plus stable.

RMN ^1H du composé **A**	RMN ^1H du composé **A′**
7,26-7,15 (m, 5H)	7,27-7,12 (m, 5H)
5,64 (ddd, $J = 17,3$ Hz ; 10,2 Hz ; 9,0 Hz, 1H)	5,95 (ddd, $J = 17,0$ Hz ; 10,3 Hz ; 10,0 Hz, 1H)
5,17 (dd, $J = 10,2$ Hz ; 2,0 Hz, 1H)	5,20 (dd, $J = 10,3$ Hz ; 2,5 Hz, 1H)
5,08 (dd, $J = 17,3$ Hz ; 2,0 Hz, 1H)	4,98 (dd, $J = 17,0$ Hz ; 2,5 Hz, 1H)
4,06 (d, $J = 13,7$ Hz, 1H)	3,48 (d, $J = 13,7$ Hz, 1H)
2,91 (d, $J = 13,7$ Hz, 1H)	3,38 (d, $J = 13,7$ Hz, 1H)
2,74 (dd, $J = 9,6$ Hz ; 9,0 Hz, 1H)	3,07 (dd, $J = 10,0$ Hz ; 4,1 Hz, 1H)

Tableau 2 :

I.3.e. Représenter le composé **A′** dans sa conformation la plus stable. Justifier. On précise que l'enthalpie libre standard de réaction pour l'équilibre conformationnel équatorial/axial du cyclohexane monosubstitué est de 6,2kJ.mol^{-1} pour un groupement vinyle (ou éthényle) et de 7,5 kJ.mol^{-1} pour un groupement éthyle.

I.3.f. Attribuer les signaux de RMN ^1H du composé **A** en justifiant les valeurs des constantes de couplage.

I.3.g. Attribuer les signaux de RMN ^1H du composé **A′** en justifiant les valeurs des constantes de couplage.

I.3.h. En utilisant les valeurs des constantes de couplage observées, justifier la configuration relative *trans* établie pour le composé **A** ainsi que la configuration relative établie pour le composé **A′**.

II. Synthèse du composé B

II.1. Préparation du macrolactame 13

À une solution du composé **A** dans l'acétonitrile est additionné du chloroformate de 2,2,2-trichloroéthyle (1,2 équivalent). Après deux heures d'agitation à reflux et traitement, le produit est purifié pour conduire au composé **9** de formule brute $C_{12}H_{18}Cl_3NO_2$ avec un rendement de 74%. Son spectre infra-rouge présente une bande d'absorption intense à 1715 cm^{-1}. Le composé **9** est ensuite mis en réaction avec un large excès de zinc en poudre dans l'acide acétique. Après trois heures d'agitation, le milieu réactionnel est filtré sur célite, puis celle-ci est rincée avec du dichlorométhane. Après évaporation des solvants, l'intermédiaire **10** est isolé, puis mis en solution dans le dichlorométhane en présence d'une quantité catalytique de DMAP (4-(diméthylamino)pyridine), de la triéthylamine (3,0 équivalents) et de l'anhydride propanoïque (1,5 équivalent). Après 24 heures d'agitation, traitement et purification, le composé **11** est isolé avec un rendement de 78%. Son spectre infra-rouge présente une bande d'absorption intense à 1650 cm^{-1}.

II.1.a. Donner la structure du composé **9** et l'équation de réaction de la transformation du composé **A** en composé **9**. À quelle vibration de valence correspond le signal IR observé pour le composé **9** ?

II.1.b. Donner la structure de l'intermédiaire **10** et le mécanisme de sa formation. Quel est le rôle de la filtration sur célite ? Justifier pourquoi la mise en place d'un protocole conventionnel de déprotection de l'amine benzylée n'est pas judicieux.

II.1.c. Donner la structure du composé **11** et le mécanisme de sa formation. Justifier l'emploi d'au moins deux équivalents de triéthylamine.

II.1.d. À quelle vibration de valence correspond le signal IR observé pour le composé **11** ?

Le composé **11**, mis en présence de bis(triméthylsilyl)amidure de lithium (LiHMDS, 2,0 équivalents) dans le toluène au reflux conduit, *in situ*, à l'intermédiaire **12** de configuration Z, donnant naissance (après traitement) à un composé de même formule brute que le composé **11**, le composé **13**, sous la forme d'un seul diastéréoisomère, avec un rendement de 74%. Le spectre RMN ^{1}H dans $CDCl_3$ du composé **13** présente, entre 5 et 6 ppm, deux signaux correspondant chacun à un proton et possédant une constante de couplage entre eux de valeur ^3J = 15,6 Hz. Le spectre infra-rouge du composé **13** présente une large bande à 3315 cm^{-1} ainsi qu'une bande d'absorption intense à 1646 cm^{-1}.

II.1.e. Donner la structure de l'intermédiaire **12** en précisant sa stéréochimie.

II.1.f. À quels types de protons correspondent les signaux observés en RMN ^{1}H entre 5 et 6 ppm ? Quel renseignement supplémentaire apporte la valeur de la constante de couplage observée ?

II.1.g. Donner la structure du composé **13** en précisant sa stéréochimie et le mécanisme de sa formation. Donner la configuration absolue du centre stéréogène formé à cette étape ainsi que celle de la double liaison formée.

II.1.h. À quelles vibrations de valence correspondent les signaux IR observés pour le composé **13** ?

II.1.i. Représenter la conformation réactive de **12** et justifier la stéréochimie observée pour le composé **13**.

II.2. Obtention du composé B

Le composé **13**, en solution dans le méthanol et en présence d'une quantité catalytique de palladium sur charbon, est placé sous atmosphère de dihydrogène. Après agitation pendant 18 heures, filtration sur célite, évaporation des solvants et purification, le composé **14** est obtenu avec un rendement de 99%. Le composé **14** est ensuite mis en réaction avec du *n*-butyllithium (1,1 équivalent) dans le THF à -78 °C, puis du chloroformate de benzyle (1,2 équivalent) est ajouté. Après deux heures d'agitation à -78 °C, une solution saturée de chlorure d'ammonium est additionnée. Après extraction et purification, le composé **15** est isolé avec un rendement de 94%. À celui-ci, mis en solution dans du dichlorométhane à -78 °C, est additionné lentement de l'hydrurobis(2-méthylpropyl)aluminium (ou hydrure de diisobutylaluminium, DIBAL-H, 1,1 équivalent). Après une heure d'agitation à -78 °C, la réaction est traitée par une solution aqueuse à 15% de tartrate double de sodium et de potassium (sel de Seignette). Après extraction et évaporation des solvants, le composé acyclique **16** est isolé. Son spectre infra-rouge présente deux signaux d'absorption intense à 1712 cm^{-1} et 1730 cm^{-1} ainsi qu'une bande large à 3410 cm^{-1}. Le composé **16** est ensuite directement mis en réaction dans du dichlorométhane avec du (carbéthoxyméthylène)-triphénylphosphorane (1,3 équivalent), pour conduire, après traitement et purification au composé **17** diastéréomériquement pur avec un rendement global de 68%, calculé à partir du composé **15**. Le spectre infra-rouge de **17** présente deux signaux d'absorption intense à 1716 cm^{-1} et 1724 cm^{-1} ainsi qu'une bande large à 3400 cm^{-1}. Le composé **B** est finalement obtenu avec un rendement de 95%, après traitement et purification, en faisant réagir le composé **17** avec du tétrahydruroborate de sodium (1,00 équivalent) en présence de CuCl (0,05 équivalent) à 0 °C dans un mélange MeOH/THF 3/1.

II.2.a. Donner la structure du composé **14** en précisant sa stéréochimie.

II.2.b. Donner la structure du composé **15** et l'équation de réaction de la transformation de **14** en **15**.

II.2.c. Donner la structure du composé **16** et le mécanisme de sa formation. Quel est le rôle du traitement par le tartrate double de sodium et de potassium ? À quelles vibrations de valence correspondent les signaux IR observés pour le composé **16** ?

II.2.d. Donner la structure du composé **17** et le mécanisme de sa formation. Préciser la configuration de sa double liaison. Justifier. À quelles vibrations de valence correspondent les signaux IR observés pour le composé **17** ?

II.2.e. Quel est le rôle du CuCl ?

III. Obtention de la fluvirucinine A_1

III.1. Formation de deux centres stéréogènes

À une solution du composé **B** dans le THF à 0 °C est ajouté de l'hydrurobis(2-méthylpropyl)aluminium (ou hydrure de diisobutylaluminium, DIBAL-H, 2,3 équivalents) pour conduire, après traitement au composé **18**. Du diméthylsulfoxyde (2,4 équivalents) est additionné goutte à goutte à une solution de chlorure d'oxalyle (2,0 équivalents) dans le dichlorométhane à -78 °C. Après 10 minutes, une solution du composé **18** dans le dichlorométhane est ajoutée et la température est maintenue à -40 °C pendant deux heures ; de la triéthylamine (4,0 équivalents) est alors additionnée et la température laissée remonter à température ambiante. Après traitement et purification, le composé **19** est obtenu pur avec un rendement global quantitatif à partir du composé **B**. D'autre part, le composé **1** est mis en réaction avec du *n*-butyllithium (1,0 équivalent), puis, après 30 minutes d'agitation à -78 °C, du chlorure de propanoyle (1,1 équivalent) est additionné, pour conduire après traitement au composé **20** avec un rendement de 93%. Du trifluorométhanesulfonate de di-*n*-butylborane (1,1 équivalent) est ajouté goutte à goutte à une solution du composé **20** (1,1 équivalent) dans le dichlorométhane à -78 °C. De la triéthylamine (1,2 équivalent) est ensuite additionnée et la réaction est laissée sous agitation à 0 °C pendant une heure. L'intermédiaire **21**, dont la double liaison est de configuration Z se forme exclusivement. Le milieu réactionnel est alors refroidi à nouveau à -78 °C pour y additionner le composé **19** (1,0 équivalent) goutte à goutte. Après traitement et purification, le composé **22** est obtenu avec un rendement global de 79% à partir de **B**, et ce sous la forme d'un seul stéréoisomère.

III.1.a. Donner la structure du composé **18** et l'équation de réaction de la transformation du composé **B** en composé **18**.

III.1.b. Donner la structure du composé **19** et le mécanisme de sa formation.

III.1.c. Donner la structure du composé **20**.

III.1.d. Donner la structure de l'intermédiaire **21** en précisant sa stéréochimie.

III.1.e. Donner la structure du composé **22** en précisant sa stéréochimie et le mécanisme de sa formation.

III.1.f. Modéliser l'approche du composé **19** sur l'intermédiaire **21** permettant de justifier la stéréosélectivité observée.

III.2. Fin de la synthèse

À une solution du composé **22** dans le dichlorométhane à -78 °C est ajouté de la 2,6-lutidine (2,6-diméthylpyridine, 2,0 équivalents) et du trifluorométhanesulfonate de *tert*-butyldiméthylsilyle (TBSOTf, 1,2 équivalent). Après une heure d'agitation à -78 °C, traitement et purification, le composé **23** est obtenu avec un rendement de 67%. Ce dernier est alors mis en solution dans un mélange THF/eau 3/1 à 0 °C, puis une solution de peroxyde d'hydrogène (eau oxygénée) à 30%, et d'hydroxyde de lithium (2,0 équivalents) sont additionnés. Après deux heures d'agitation à 0 °C, le mélange réactionnel est traité par une solution aqueuse de sulfite de sodium 1,5 mol.L^{-1}, évaporé sous vide, puis extrait et purifié, pour conduire au composé **24** avec un rendement de 72%. Ce dernier, en solution dans du méthanol, est alors placé sous une atmosphère de dihydrogène en présence de palladium sur charbon. Après deux heures d'agitation, la filtration sur célite et l'évaporation conduisent au composé **25**. Celui-ci est ensuite directement mis en solution dans du dichlorométhane, puis additionné de pentafluorophénol (3,0 équivalents) et de chlorhydrate de *N,N'*-dicyclohexylcarbodiimide (5,0 équivalents). Le traitement et la purification donnent accès au composé **26** avec un rendement global de 62% sur deux étapes. La fluvirucinine A_1 est obtenue par action de fluorure de tétrabutylammonium (1,5 équivalent) dans le THF avec un rendement de 98% après traitement et purification.

III.2.a. Donner la structure du composé **23** et le mécanisme de sa formation.

III.2.b. Donner la structure du composé **24** et le mécanisme de sa formation. Quel est le rôle du traitement par le sulfite de sodium ?

III.2.c. Donner la structure du composé **25** et l'équation de réaction de la transformation conduisant à celui-ci.

III.2.d. Donner la structure du composé **26** et le mécanisme de sa formation.

III.2.e. Donner l'équation de réaction de la transformation conduisant à la fluvirucinine A_1.

III.2.f. Calculer le rendement global de la synthèse.

III.2.g. S'agit-il d'une synthèse totale de la fluvirucinine A_1 énantiosélective ? Diastéréosélective ? Ni l'un ni l'autre ?

FIN DE L'ÉNONCÉ

Acides aminés et peptides

I. Les acides aminés

I.1. Généralités

I.1.a. Il existe vingt et un acides aminés différents présents dans les protéines humaines.

Remarque : Parmi ceux-ci, 20 proviennent de la traduction universelle du code génétique et sont largement répandus chez les différents organismes vivants (Alanine, Cystéine, Acide aspartique, Acide glutamique, Phénylalanine, Glycine, Histidine, Isoleucine, Lysine, Leucine, Méthionine, Asparagine, Proline, Glutamine, Arginine, Sérine, Thréonine, Valine, Tryptophane, Tyrosine). La sélénocystéine, qui fut découverte plus tardivement car plus rare, est issue d'un mode de transcription différent.

I.1.b. La proline étant le seul acide aminé avec un azote secondaire, son spectre IR ne possédera qu'une seule bande d'élongation N-H (vers 3100-3500 cm^{-1}), ce qui le distinguera des autres qui posséderont deux bandes (élongations symétriques et antisymétriques des deux liaisons N-H).

I.1.c. La configuration L pour un acide aminé signifie que dans une représentation de Fischer, le groupement NH_2 se situe à gauche. Le carbone asymétrique de la L-alanine est de configuration *S* comme le montre le schéma ci-dessous (> signifiant "prioritaire devant" selon les règles CIP) :

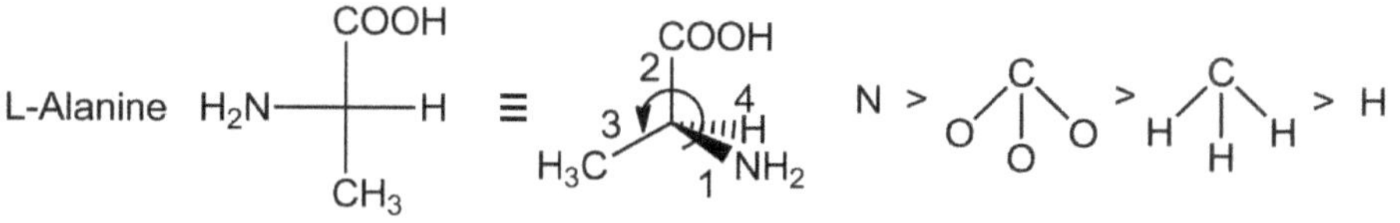

I.1.d. Les valeurs de pK_a de l'alanine sont les suivantes :

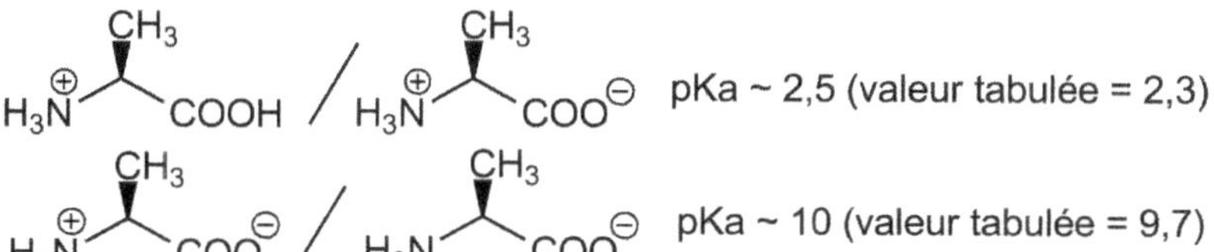

I.1.e. Le diagramme de prédominance de l'alanine en fonction du pH est donc :

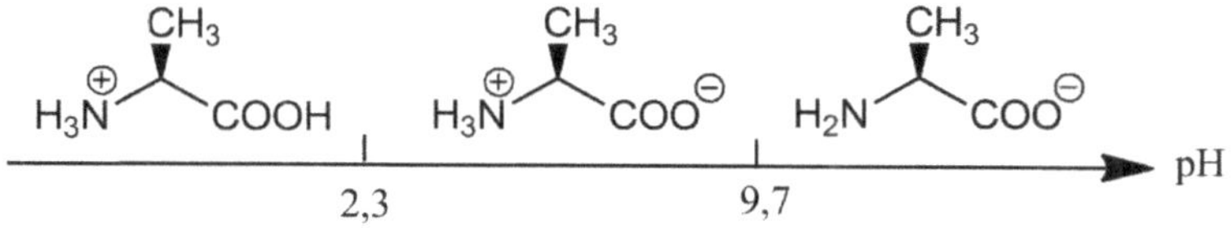

I.1.f. Le point isoélectrique d'un acide aminé correspond au pH auquel sa charge électrique nette est nulle. Pour l'alanine, sa valeur est égale à la demi somme des pK_a des deux couples soit 6,0.

I.1.g. Le doublet vers 1,5 ppm correspond aux trois protons du groupement méthyle qui couplent avec le proton voisin. Le quadruplet vers 3,8 ppm correspond au proton porté par le carbone asymétrique qui couplent avec les 3 protons du groupement méthyle voisin. La bande large vers 5 ppm correspond aux trois protons labiles de la fonction ammonium.

I.1.h. En représentant la base par B^-, le mécanisme d'épimérisation de l'alanine en milieu basique peut s'écrire comme suit :

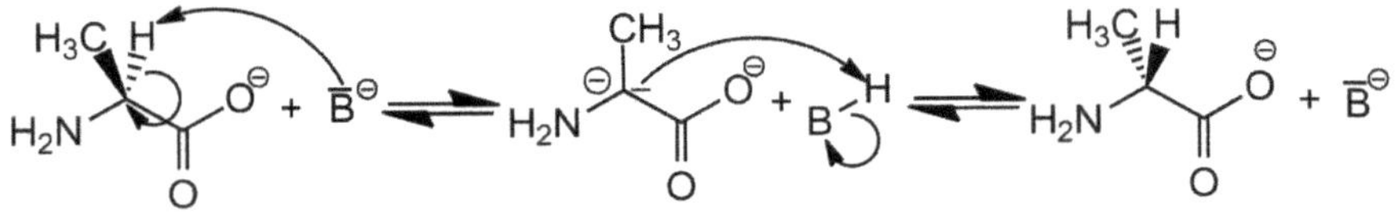

I.2. Synthèse non stéréosélective d'un acide α-aminé

I.2.a. Structure de **1** et équation de réaction de sa formation :

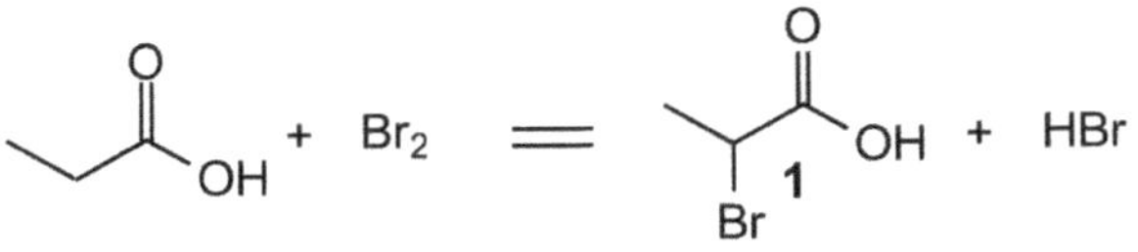

I.2.b. Schéma synthétique de la réaction de Hell-Volhard-Zelinsky :

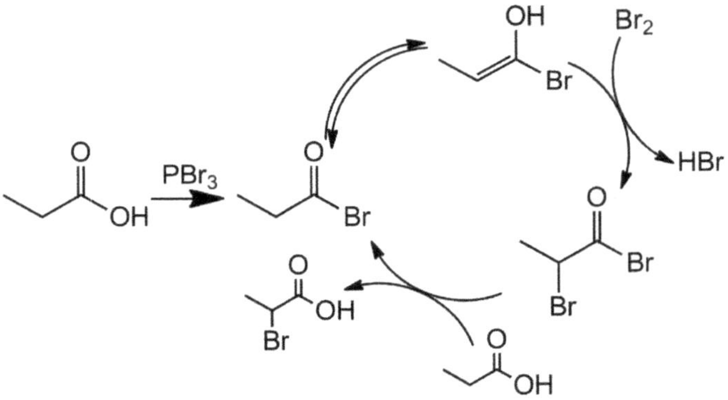

Mécanisme de la dernière étape d'échange :

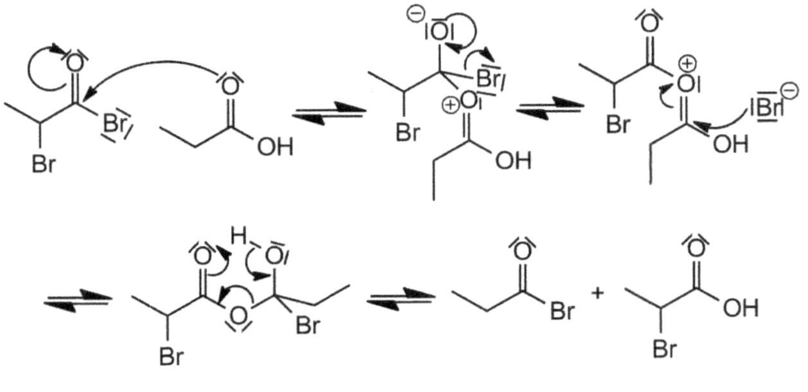

I.2.c. Un excès de tribromure de phosphore aurait agit sur **1** pour former le bromure d'alcanoyle suivant :

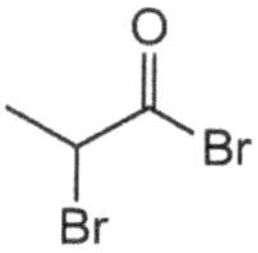

I.2.d. Le composé **2** est l'alanine. Sa formation suit un mécanisme de S_N2 :

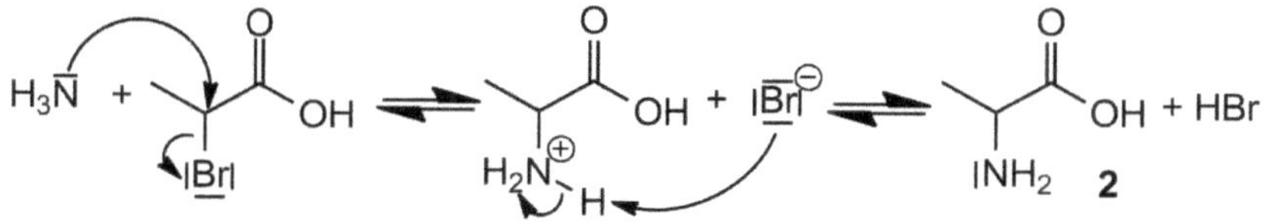

I.2.e. Cette synthèse aboutit au mélange racémique de l'alanine. Elle n'est donc pas stéréosélective.

I.2.f. La L-isoleucine peut être synthétisée à partir de l'acide (*S*)-3-méthylpentanoïque selon le schéma réactionnel suivant :

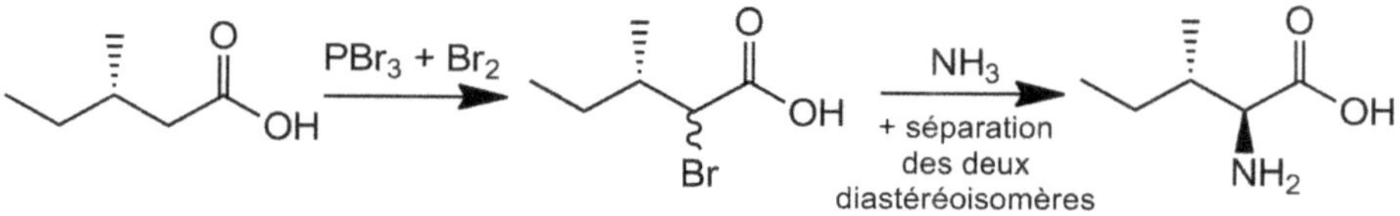

Remarque : Deux diastéréoisomères ayant des propriétés différentes, il est possible de les séparer par chromatographie ou par cristallisation. Il est ainsi possible d'obtenir la molécule finale énantiopure.

I.2.g. Structure du composé **3** et mécanisme de sa formation :

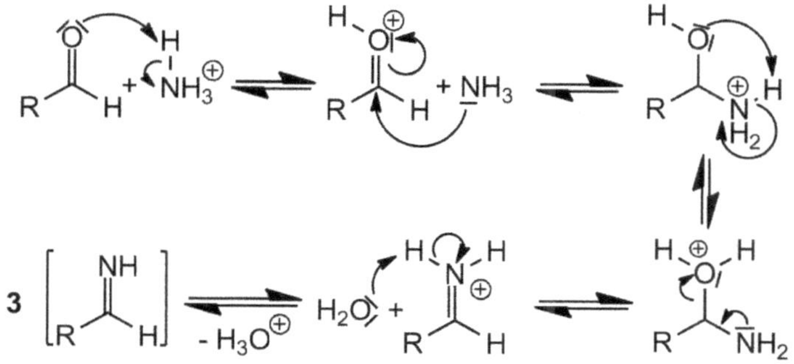

I.2.h. La condensation de la diéthylamine sur l'éthanal génère le groupement énamine suivant :

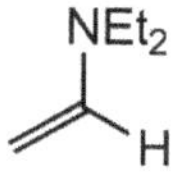

I.2.i. En représentant une imine non substituée sur l'azote avec des groupements génériques R et R', on peut écrire le mécanisme d'hydrolyse en milieu acide comme suit :

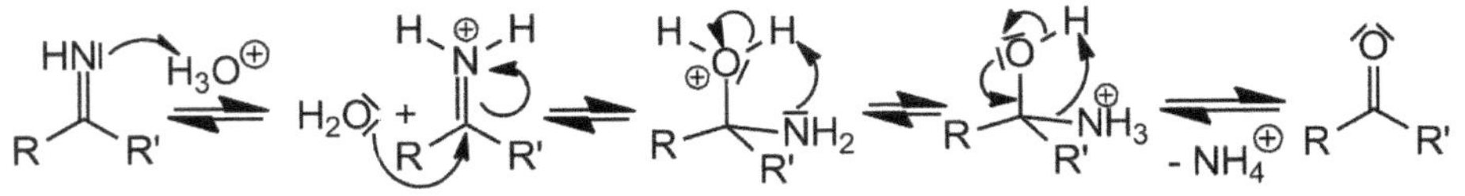

I.2.j. Les imines étant instables, la formation de **4** doit être faite *in situ* juste après l'action du chlorure d'ammonium sur l'aldéhyde. L'imine **3** n'est donc pas isolée.

I.2.k. Dans les systèmes **6** et **7**, l'azote de la liaison C=N est relié à un atome mésomère donneur qui enrichit en électron la double liaison et diminue ainsi son caractère électrophile. L'addition de la molécule d'eau est alors défavorisée, ce qui rend ces composés plus stables vis-à-vis de l'hydrolyse que les imines.

I.2.l. Structure du composé **4** :

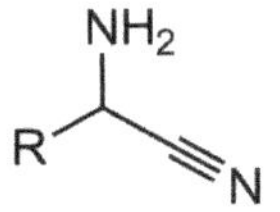

Ce type de composé est un α-aminonitrile.

I.3. Dédoublement d'un mélange racémique d'acides α-aminés

I.3.a. Les carbones 7, 8, 12, 13, 14 et 16 sont asymétriques. Le carbone 7 est de configuration *R* (> signifiant "prioritaire devant" selon les règles CIP) :

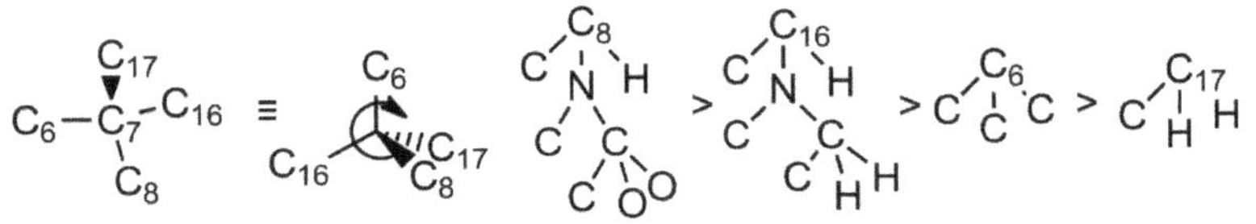

Le carbone 8 est de configuration *S* :

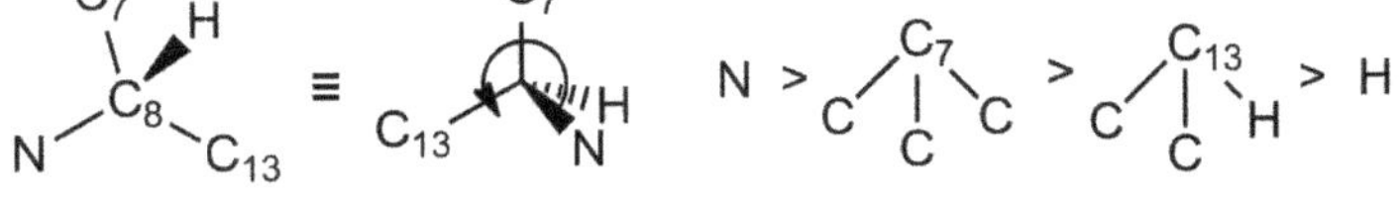

Le carbone 12 est de configuration *S* :

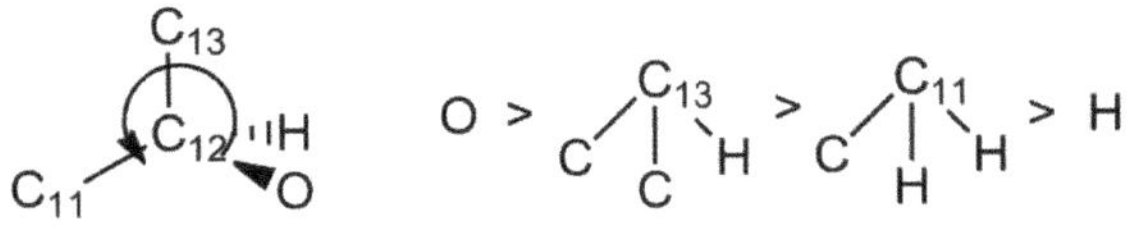

Le carbone 13 est de configuration *R* :

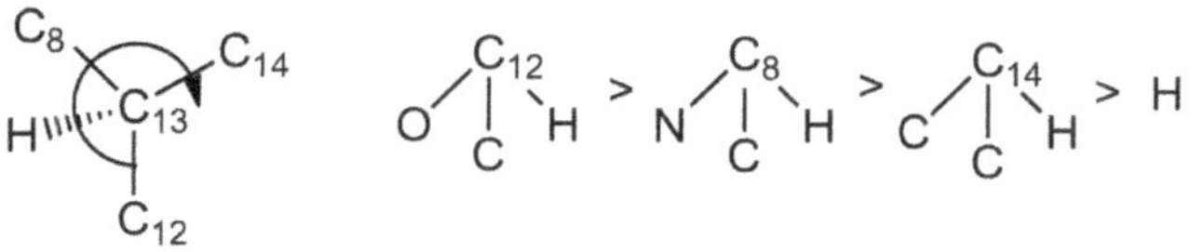

Le carbone 14 est de configuration *R* :

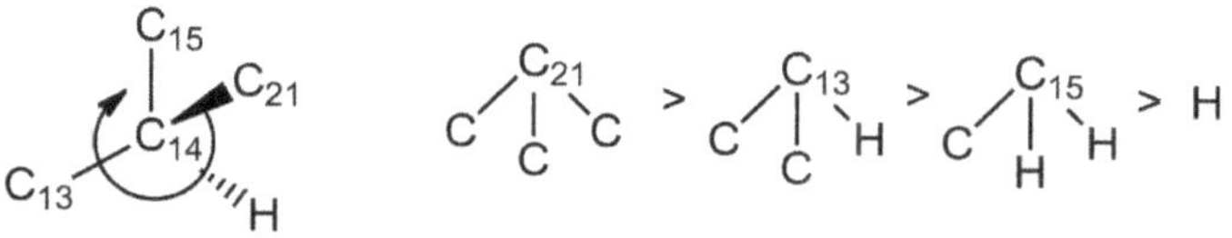

Le carbone 16 est de configuration *S* :

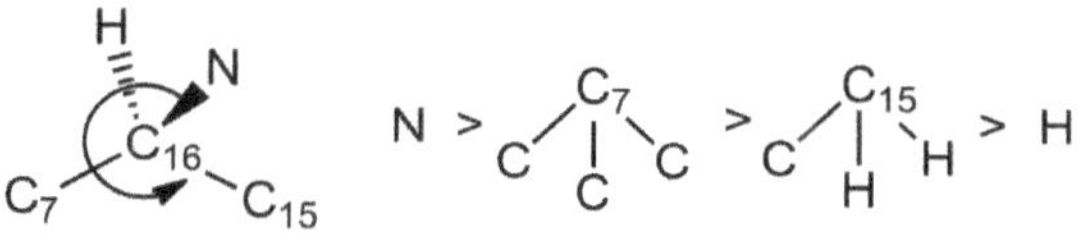

I.3.b. Structure du composé **8** et mécanisme de sa formation :

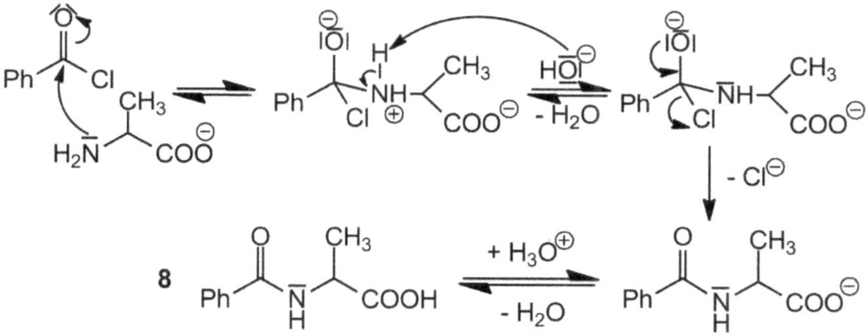

I.3.c. La base sert à déprotoner le groupement amine pour le rendre nucléophile afin qu'il puisse effectuer la réaction d'addition-élimination. Le traitement à l'acide chlorhydrique sert quant à lui à reprotoner le groupement acide carboxylique pour faire précipiter le produit.

I.3.d. Produits secondaires probables lors de l'obtention du composé **8** :

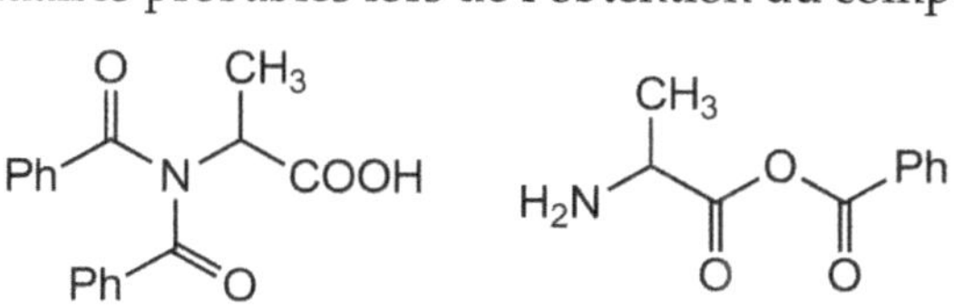

I.3.e. Structures des composés **9a, 9b, 10a** et **10b** :

10a 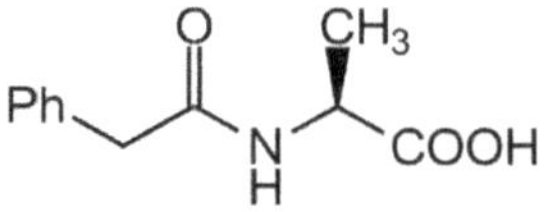 **10b** 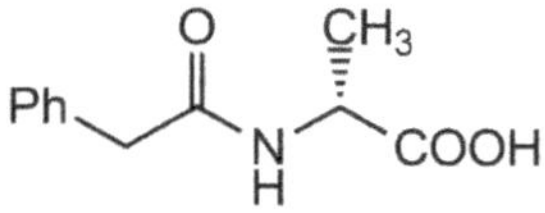

9a

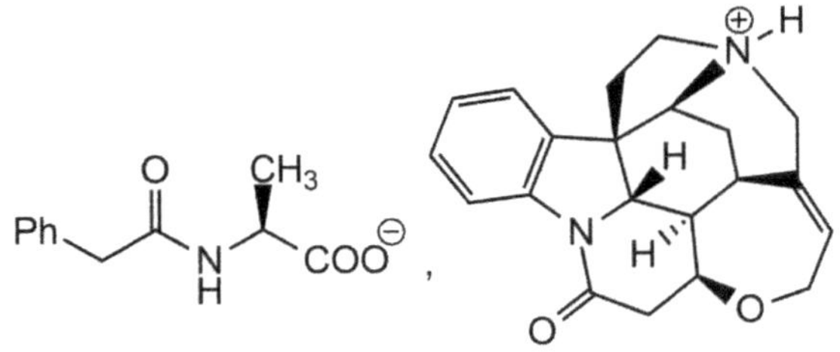

9b

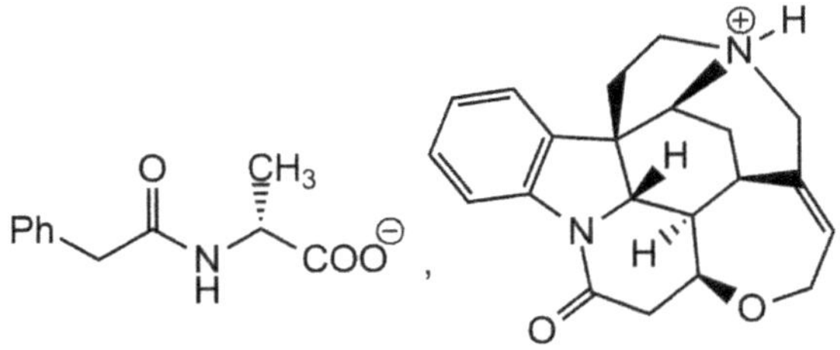

I.3.f. Cette méthode consiste à rajouter une molécule énantiopure (la strychnine) à un mélange racémique de manière à former des sels diastéréoisomériques (**9a** et **9b**) qui auront alors des propriétés différentes. Ceci permet ici de les séparer par précipitation et filtration. Chaque sel est ensuite traité séparément : (i) un premier traitement basique sert à déprotoner la strychnine pour la faire précipiter, (ii) on l'élimine alors par filtration et (iii) on acidifie le filtrat pour reprotoner l'acide du substrat et le faire précipiter afin de récupérer les deux composés **10a** et **10b** après filtration.

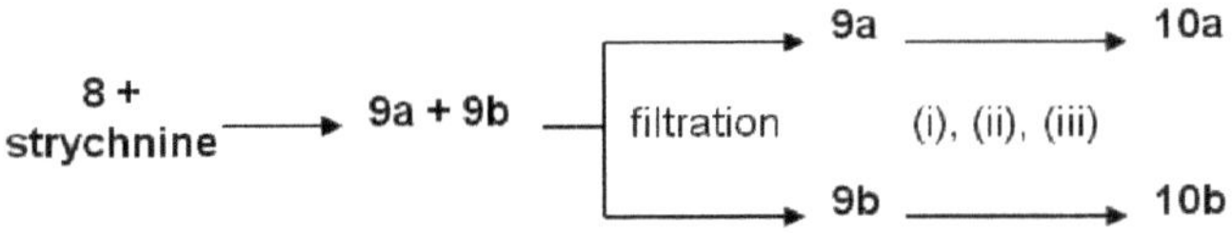

I.3.g. Structure des composés **11a** et **11b** :

11a

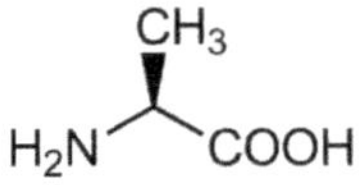

11b

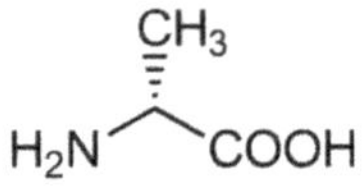

Mécanisme de formation de **11a** et **11b** :

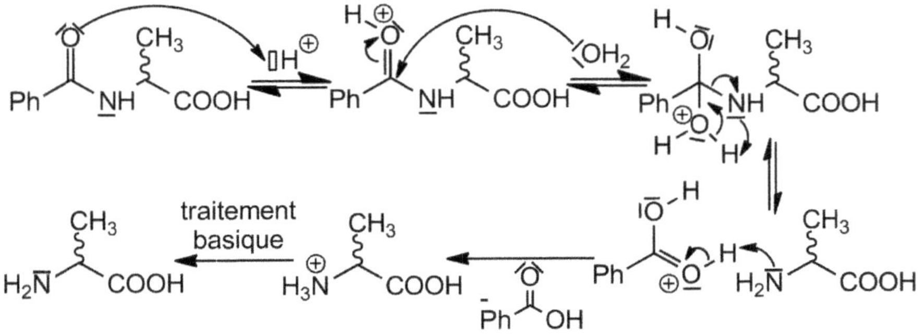

Remarque : L'acide benzoïque étant peu soluble dans des solutions d'HCl, il précipite dans le milieu, déplaçant les équilibres.

I.3.h. La réaction initiale de *N*-benzoylation permet de protéger la fonction amine pour qu'elle ne puisse pas jouer le rôle de base de l'amine de la strychnine et empêcher la formation des sels **9a** et **9b**.

I.3.i. La stéréoisomérie est la relation qui lie des composés qui ont une même formule semi-développée mais un agencement spatial des atomes différent. La diastéréoisomérie est le cas particulier où ces composés ne sont pas images l'un de l'autre par un miroir plan.

I.3.j. Le centre stéréogène du chlorure d'acide de Mosher est de configuration *S* (> signifiant 'prioritaire devant' selon les règles CIP) :

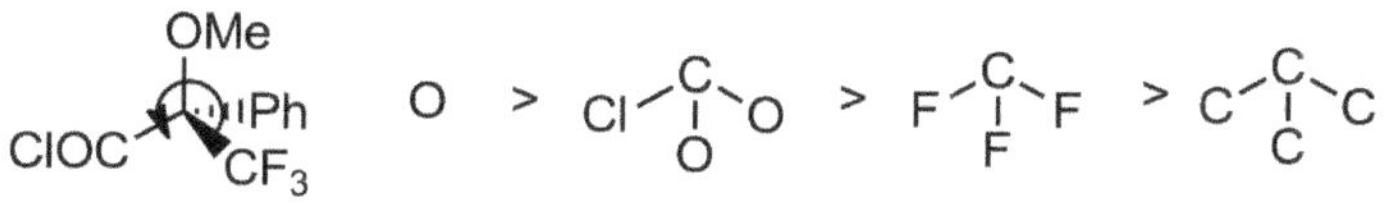

I.3.k. En faisant réagir le chlorure d'acide de Mosher avec le mélange racémique d'acides aminés, on forme deux amides diastéréoisomères puisque ces derniers auront au moins deux carbones asymétriques et un seul sera de configuration différente (on parle dans ce cas d'épimères). Ces deux composés ayant des propriétés différentes, ils pourront être séparés (par chromatographie ou précipitation...) puis il ne restera qu'à cliver séparément ces fonctions amides pour régénérer les acides aminés énantiopurs.

I.3.l. La première méthode utilise un agent de dédoublement (la strychnine) qui va effectuer des interactions intermoléculaires diastéréoisomériques avec les deux énantiomères à séparer, tandis que la deuxième forme deux diastéréoisomères de manière covalente.

I.4. Synthèse stéréosélective d'un acide α-aminé

I.4.a. Un auxiliaire chiral est un composé énantio-enrichi qui est greffé sur un substrat d'intérêt lors d'une synthèse pour induire une chiralité lors des étapes suivantes et ainsi permettre d'effectuer des réactions stéréosélectives sur ce substrat. Une fois ces réactions effectuées, l'auxiliaire est éliminé par le biais d'une réaction de clivage. Le principal inconvénient de cette approche elle qu'elle rajoute deux étapes à la synthèse : la fixation et le clivage de l'auxiliaire chiral.

I.4.b. Représentation de Cram du (*R*)-2-amino-2-phényléthanamide :

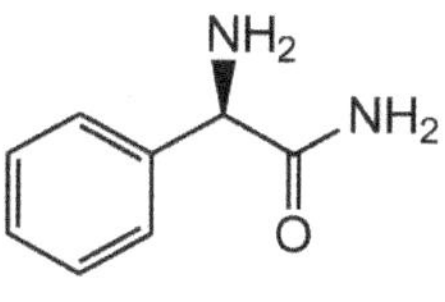

I.4.c. La configuration *E* de l'imine intermédiaire est la plus stable car elle permet de réduire l'encombrement stérique en plaçant le groupement *tert*-butyle du pivaldéhyde le plus loin possible du reste de la molécule.

I.4.d. L'acide éthanoïque (pK_a = 4,8) réagit *in situ* avec les ions cyanure (pK_a = 9,2) pour former l'ion éthanoate et de l'acide cyanhydrique selon une réaction acido-basique thermodynamiquement très favorable ($K = 10^{4,4}$).

I.4.e. Structure des composés **12a** et **12b** :

12a

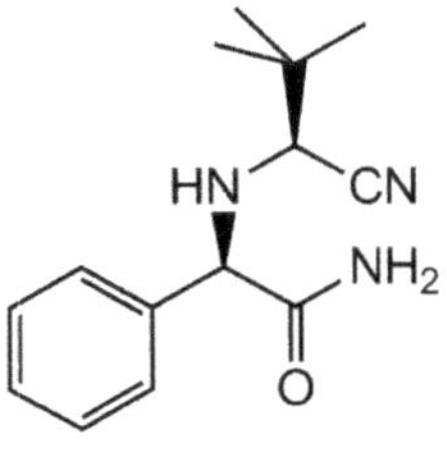

12b

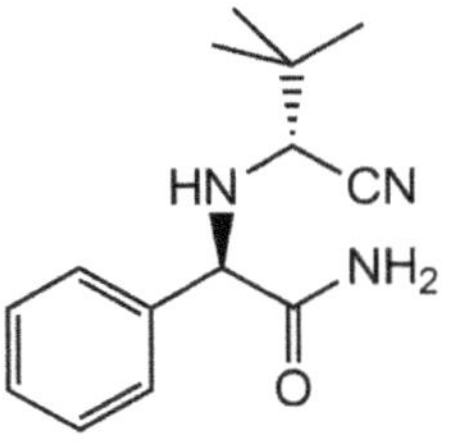

Le composé **12a** obtenu majoritairement possède un nouveau centre stéréogène de configuration *S* tandis que celui du composé **12b** est de configuration *R*. Mécanisme de la formation du composé **12a** majoritaire :

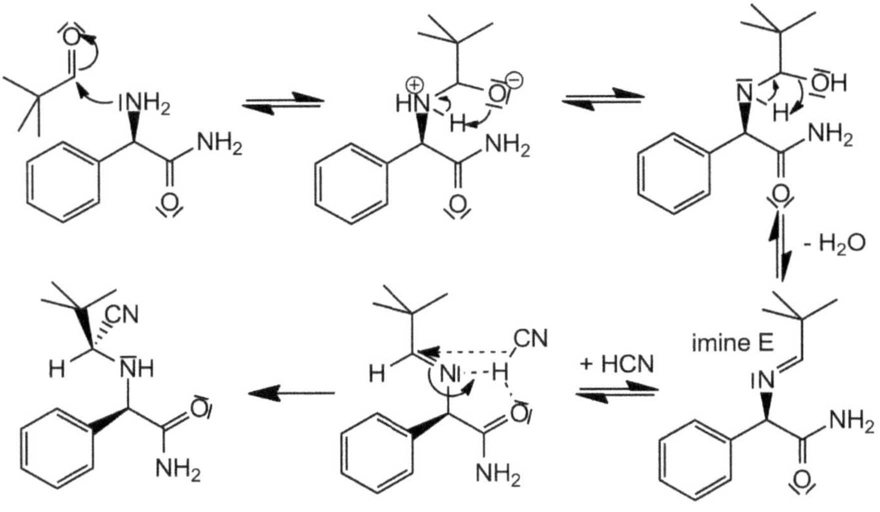

Comme le montre la dernière étape du mécanisme précédent, le proton de l'acide cyanhydrique va être chélaté par l'oxygène et l'azote du substrat de manière à former un cycle à 5 atomes. Le nucléophile CN^- va alors pouvoir attaquer sur la face de devant ou sur la face de derrière de la double liaison C=N. Or dans ce modèle d'approche, le groupement phényle encombre la face avant, privilégiant l'attaque par derrière qui mène au composé **12a** de configuration *S*. Dans ce cas, la stéréosélectivité est donc guidée par un contrôle cinétique.

I.4.f. L'excès diastéréoisomérique "e.d." exprimé en % est le rapport entre la différence des fractions molaires des deux diastéréoisomères obtenus sur leur somme, le tout multiplié par 100. Ce qui donne ici :

$$e.d. = \frac{65 - 35}{65 + 35} \times 100 = 30\%$$

I.4.g. En travaillant à 70 °C dans une solution aqueuse, l'expérimentateur se place sous contrôle thermodynamique. L'attaque du groupement cyano devient donc réversible : il y a équilibre entre les deux diastéréoisomères formés. Or un seul des deux diastéréoisomère (**12a**) précipite en solution aqueuse. Cette précipitation déplace donc l'équilibre dans le sens de la formation de **12a** qui est obtenu exclusivement.

I.4.h. Structures respectives du composé **13** et de l'acide α-aminé synthétisé :

13

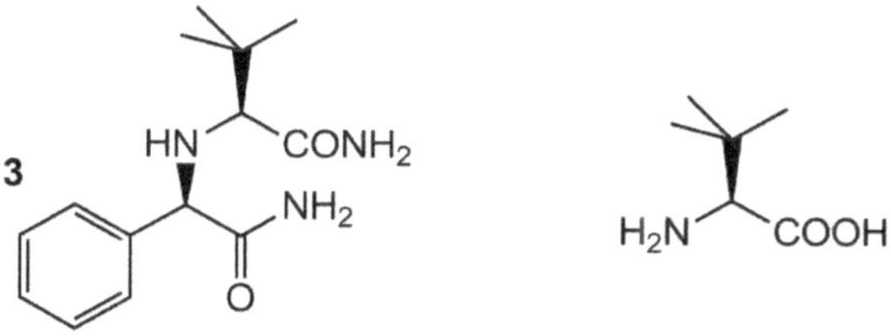

I.4.i. Afin de synthétiser l'énantiomère de l'acide α-aminé obtenu, il faut partir de l'énantiomère du réactif initial : le (*S*)-2-amino-2-phényléthanamide, et effectuer la même séquence réactionnelle.

II. La liaison peptidique

II.1. Généralités

II.1.a. L'hémoglobine et la myoglobine sont par exemple des protéines qui sont responsables du transfert et du stockage du dioxygène chez l'homme.

Remarque : De manière plus générale, les enzymes sont des protéines qui permettent la synthèse de la majorité des composés produits chez un organisme vivant.

II.1.b. Le carbone du groupement carbonyle ainsi que l'atome d'azote ont un caractère trigonal partiel à cause de l'existence des deux formes mésomères suivantes. Ces deux atomes ainsi que les quatre autres qui y sont reliés (2C, 1O et 1H) sont donc dans un même plan.

II.1.c. La liaison hydrogène est une interaction intermoléculaire stabilisante qui se forme entre un atome électronégatif porteur d'un doublet non liant et un atome d'hydrogène relié de manière covalente à un autre atome électronégatif.

Un exemple de liaison hydrogène dans un peptide est représenté ci-dessous :

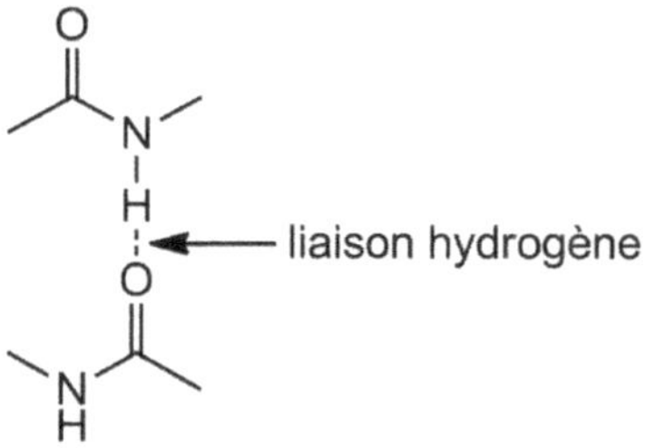

II.1.d. L'alanine et la proline peuvent former quatre dipeptides différents : Ala-Ala, Ala-Pro, Pro-Ala et Pro-Pro.

II.2. Utilisation de groupements protecteurs

II.2.a. La fonction -O-CO-NH- impliquée dans la protection de la fonction amine est appelée urée ou carbamate.

II.2.b. Structure du composé **14** :

14

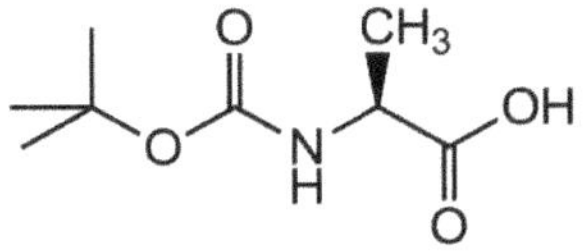

Mécanisme de sa formation :

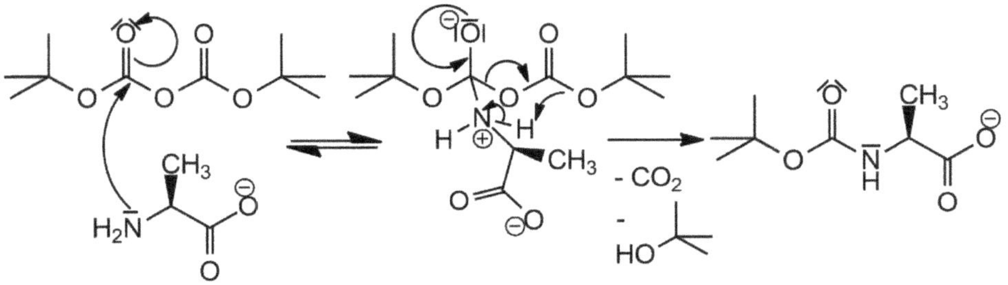

II.2.c. Equation de réaction de déprotection de la *N*-Boc-L-alanine :

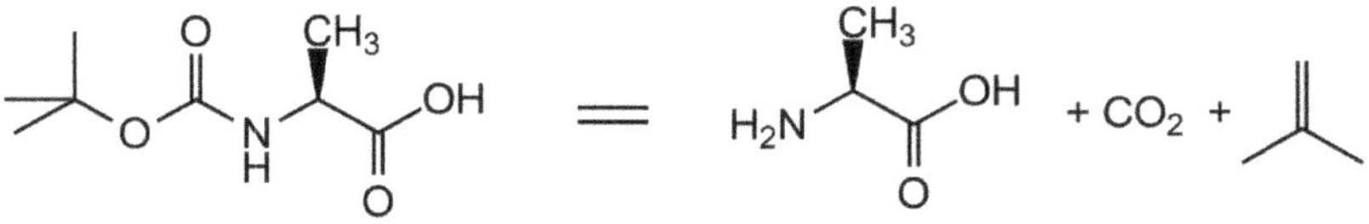

Mécanisme de déprotection de la *N*-Boc-L-alanine :

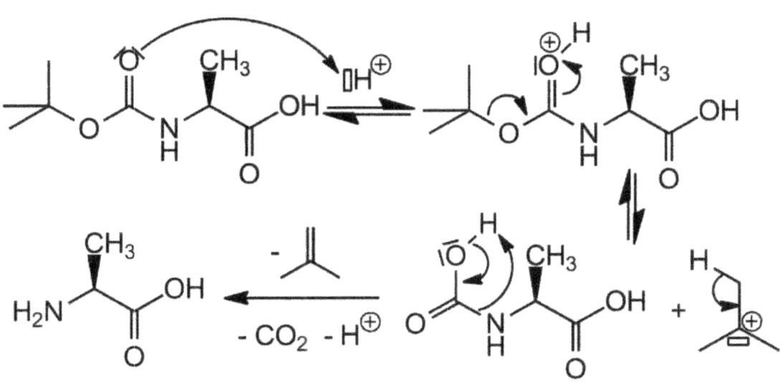

II.2.d. Structure du composé **15** et équation de réaction de sa formation :

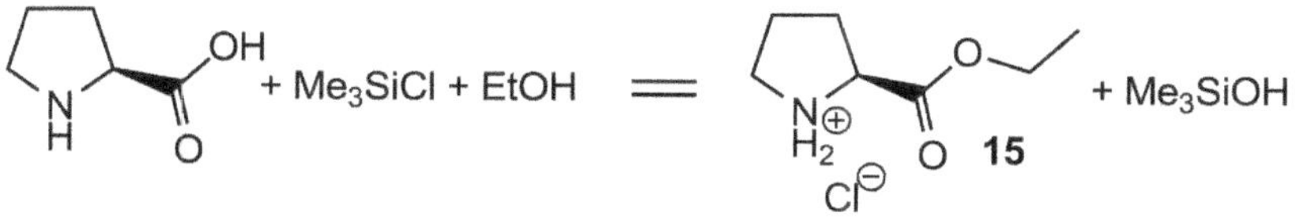

II.2.e. La saponification est le nom de la réaction d'hydrolyse en milieu basique d'une fonction ester. Dans le cas de la saponification du composé **15**, le fait d'utiliser un milieu basique pourrait engendrer une réaction d'épimérisation secondaire au niveau du carbone asymétrique.

Mécanisme de saponification de **15** :

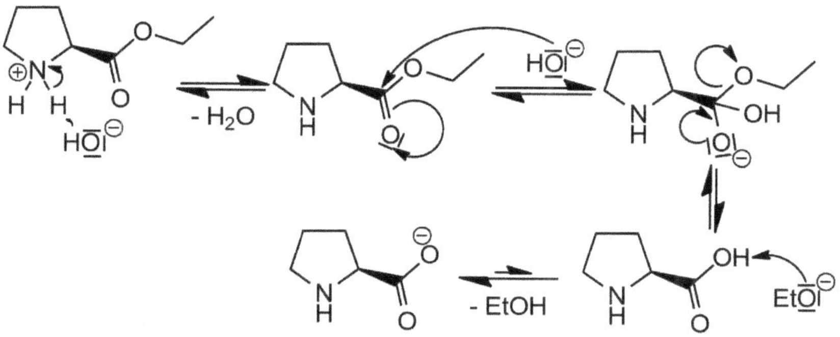

II.2.f. Signaux RMN ^1H du composé **15** :

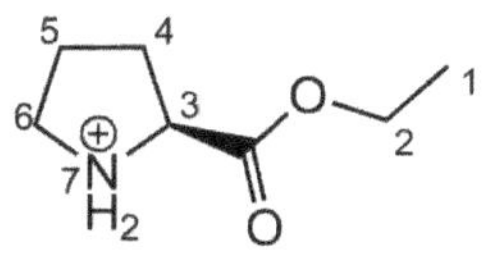

H^1	1,28 (t, $J = 7,1$ Hz, 3H)
H^2	4,19 (q, $J = 7,1$ Hz, 2H)
H^3	3,66-3,74 (m, 1H)
H^4-H^5	1,74-2,13 (m, 4H)
H^6	2,88-3,05 (m, 2H)
H^7	8,52 (sl, 2H)

Justification : H^1 et H^2 forment la seule combinaison de trois et deux protons qui couplent ensemble : ils correspondent donc aux signaux à 1,28 et 4,19 ppm. H^3 est le seul proton qui peut correspondre à un signal n'intégrant que pour un seul proton : c'est donc celui à 3,66-3,74 ppm. H^4 et H^5 ont des environnements chimiques assez similaires, ils intègrent donc dans une même gamme de déplacement chimique pour former un multiplet à 1,74-2,13 ppm. Entre H^6 et H^7, les derniers sont directement portés par un atome très électronégatif, leur déplacement chimique est donc beaucoup plus élevé : ils correspondent donc au signal à 8,52 ppm.

II.2.g. Les alcools sont très souvent protégés sous forme d'éther silylés. Une possibilité pourrait être d'utiliser le groupement stable TBS (*tert*-butyldiméthylsilane) qui pourra être déprotégé en même temps que le groupement Boc. Schéma synthétique de Ser-Pro :

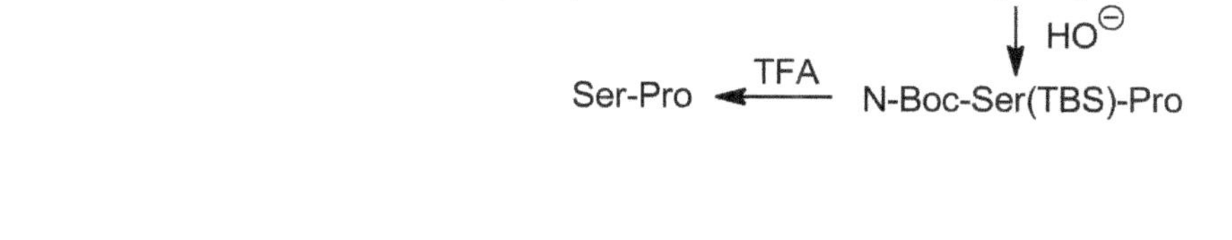

II.3. Couplage peptidique

II.3.a. Structure du composé **16** :

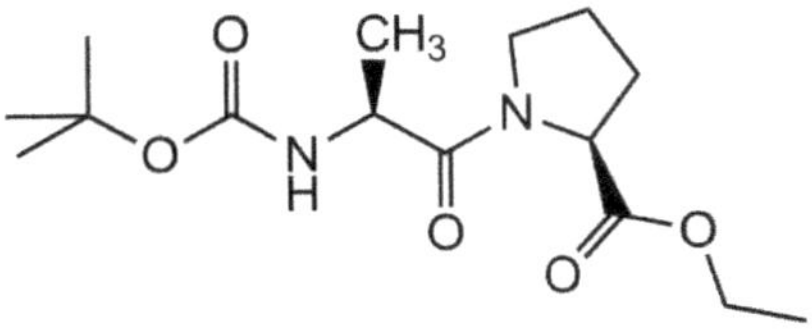

II.3.b. Structure de la *O*-acylurée intermédiairement formée :

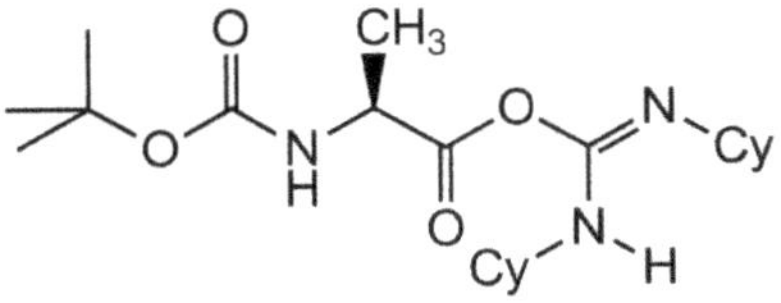

Mécanisme de formation du composé **16** :

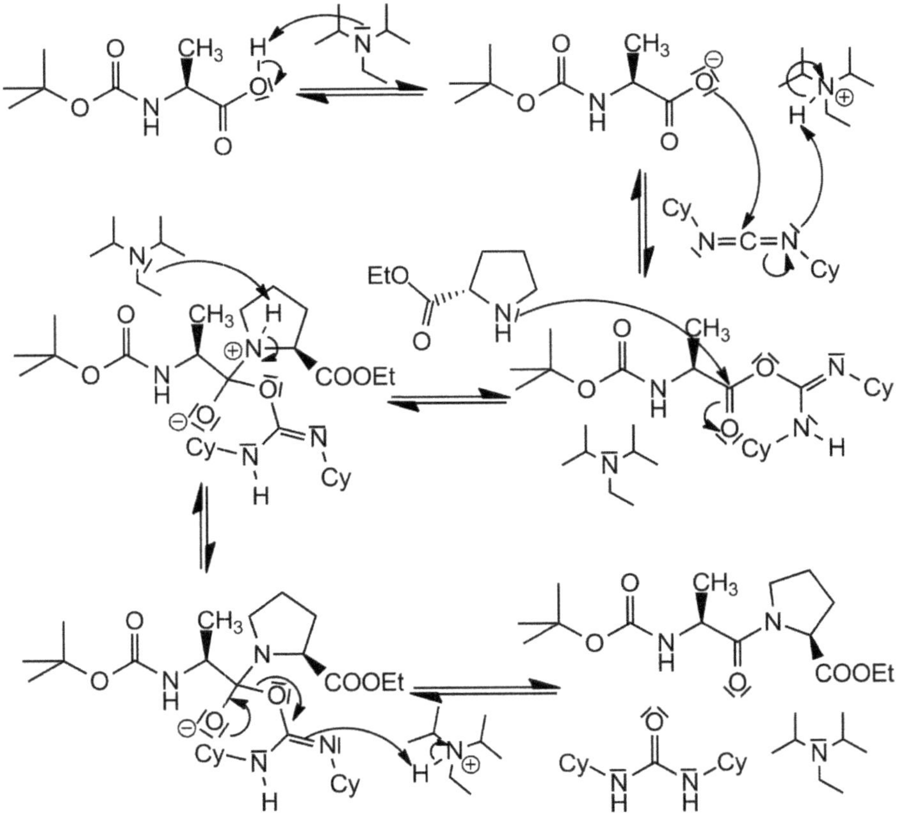

II.3.c. Une possibilité serait d'activer l'acide carboxylique sous forme d'un chlorure d'acide à l'aide de chlorure de thionyle ($SOCl_2$). Une autre solution (souvent utilisée en synthèse peptidique) est d'utiliser le réactif PyBOP :

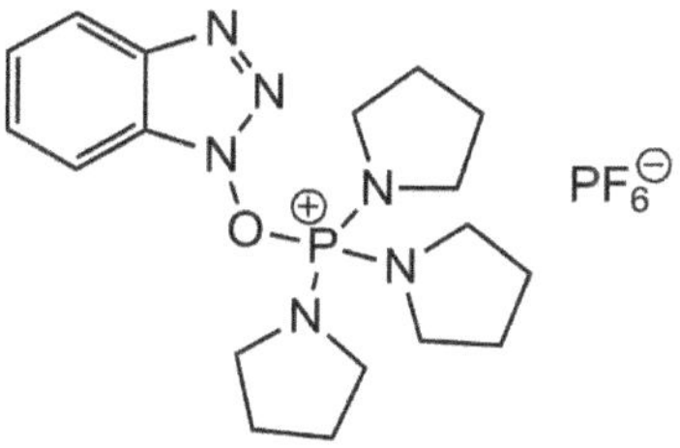

II.3.d. Structure de la *N*-acylurée secondaire :

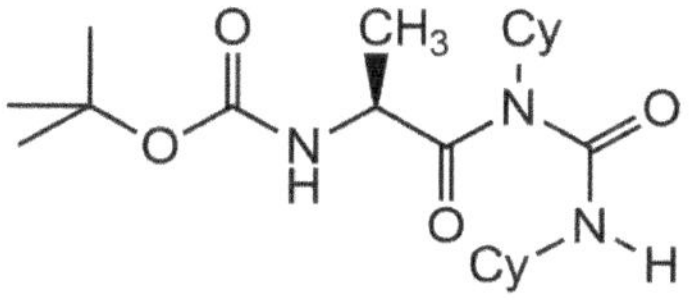

Dans cette structure, le site électrophile est beaucoup plus encombré à cause de la proximité du cyclohexane, de plus la fonction s'apparente alors à un dérivé d'amide et non plus à un ester. Son électrophilie est donc amoindrie : il sera moins réactif vis-à-vis de l'attaque d'un nucléophile par rapport à l'intermédiaire *O*-acylurée.

II.3.e. Structure du produit secondaire formé par cyclisation :

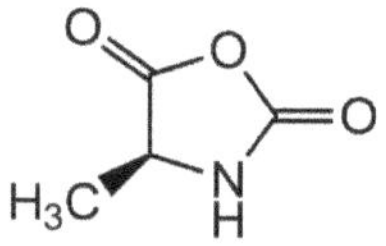

II.3.f. Structure de la *N,N*-dicyclohexylurée, produit secondaire insoluble dans CH_2Cl_2 :

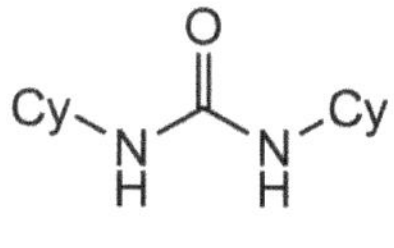

L'insolubilité de ce produit secondaire permet de l'éliminer simplement par filtration.

II.3.g. Le lavage acide a pour but d'éliminer la diisopropyléthylamine et l'ester éthylique de la L-proline restants. Il va en effet protoner leur fonction amine afin de les rendre ioniques et donc fortement solubles dans l'eau.

II.3.h. Le lavage basique a pour but d'éliminer la *N*-Boc-L-Alanine restante. Il va en effet déprotoner cet acide carboxylique afin de le rendre ionique et donc fortement soluble dans l'eau.

II.3.i. Il faut alors déprotéger la fonction acide carboxylique de la proline en saponifiant l'ester en milieu basique afin de pouvoir l'activer en vue d'un autre couplage peptidique.

II.4. Synthèse de peptide sur phase solide

II.4.a. Mécanisme de la polymérisation du styrène :

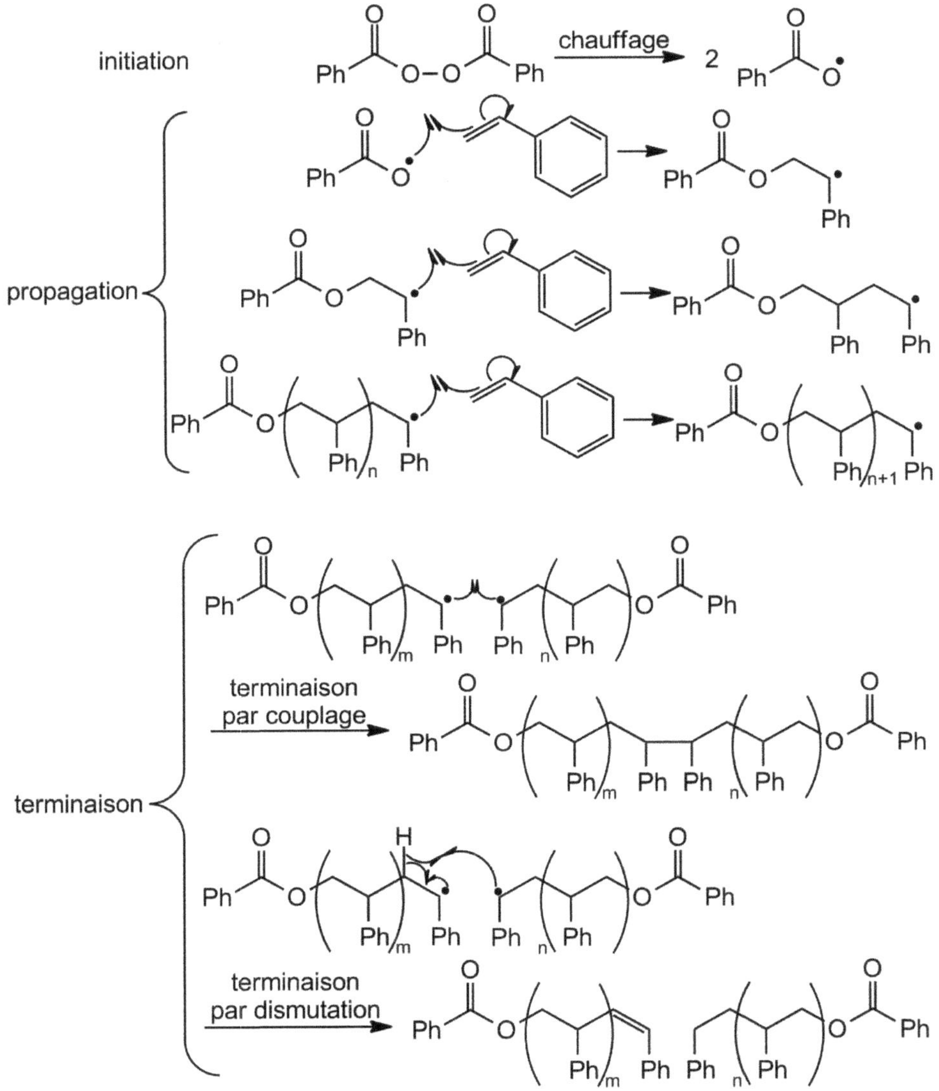

La polymérisation s'effectue ici en présence de divinylbenzène qui présente deux fonctions alcènes sur une même molécule. Ceci va permettre de faire partir deux chaines à partir d'un même centre et donc de créer un copolymère réticulé.

II.4.b. Mécanisme de la synthèse de la résine de Merrifield : chlorométhylation des noyaux aromatiques du polystyrène :

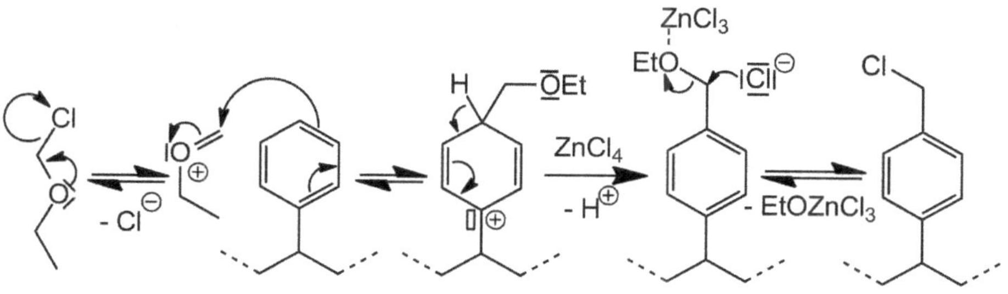

II.4.c. Le copolymère styrène-divinylbenzène est fortement apolaire, ce qui signifie qu'il sera soluble dans les solvants organiques tel que le dichlorométhane mais insoluble dans l'eau.

II.4.d. Le premier acide aminé, la *N*-Boc-L-alanine, va pouvoir être accroché sur la résine de Merrifield par une réaction de substitution nucléophile entre la fonction carboxylate et l'atome de chlore précédemment introduit :

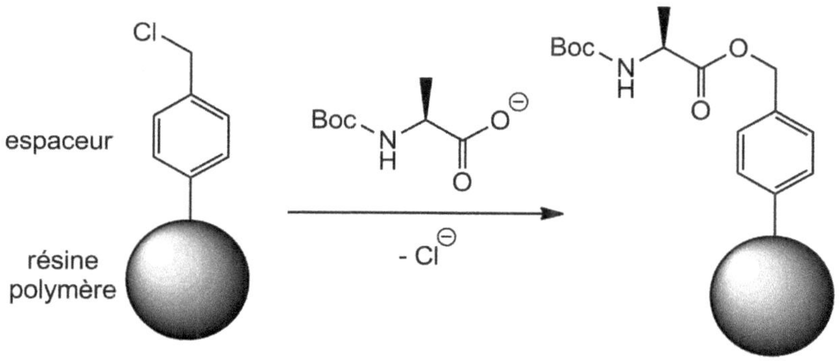

II.4.e. L'utilisation d'une phase solide propose un très grand avantage pratique qui est de pouvoir éliminer tous les sous produits de chaque réaction du procédé par simple filtration.

III. Application à la synthèse de la trunkamide A

III.1. Synthèse du fragment A : préparation du peptide P$_1$-Ala-Pro-D-Phe-Ser(TBS)-OBn

III.1.a. Représentation de Cram du peptide **P$_1$-Ala-Pro-D-Phe-Ser(TBS)-OBn** :

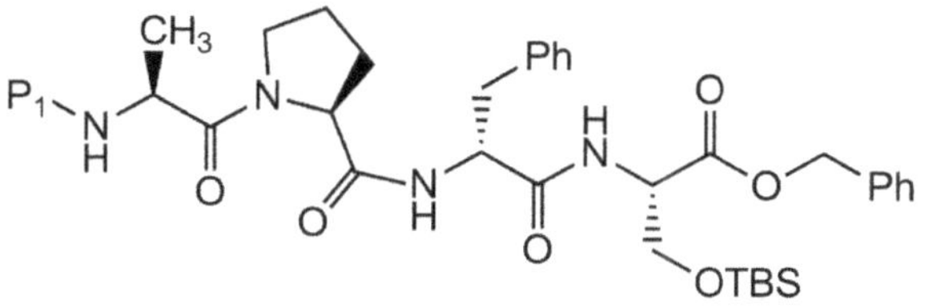

III.1.b. Schéma de synthèse de l'obtention du peptide :

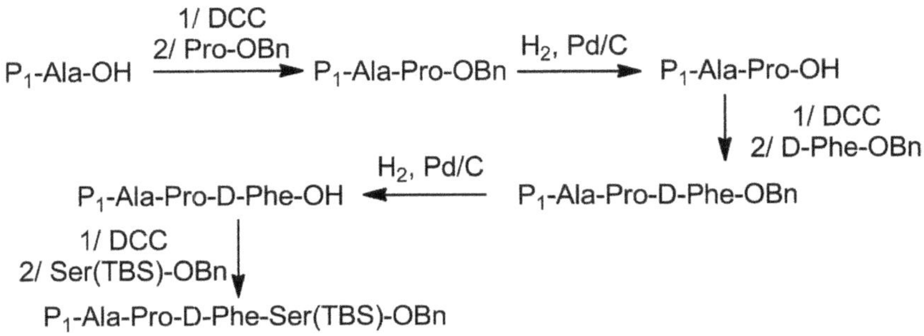

P_1 doit être stable dans les conditions d'hydrogénation catalytique utilisées pour déprotéger la partie C terminale.

III.2. Synthèse du fragment B

III.2.a. Structure du composé **17** et mécanisme de sa formation (en symbolisant le groupement trytile CPh_3 par Tr) :

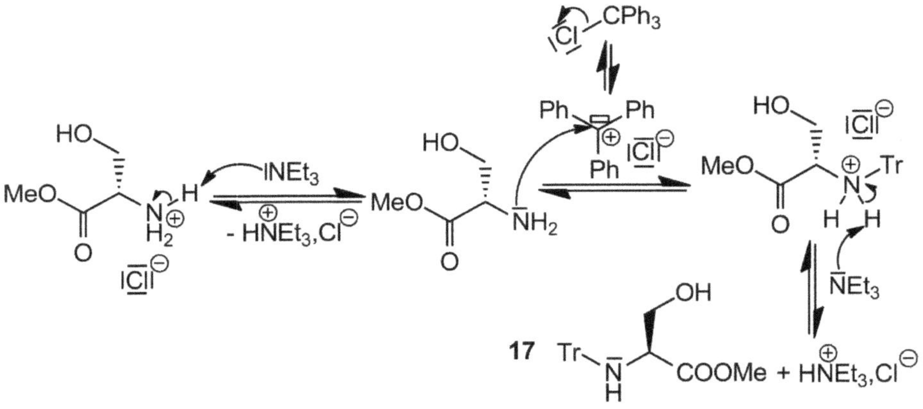

III.2.b. Structure du composé **18** et mécanisme de sa formation (en symbolisant le groupe *p*-toluène sulfonate par OTs) :

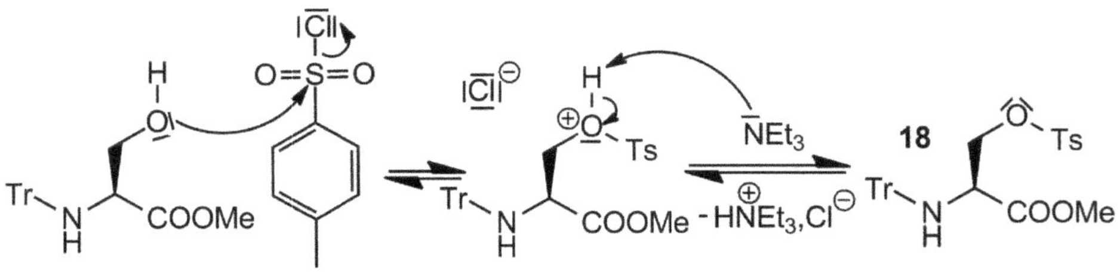

Remarque : Les chlorures de sulfonyle subissent des attaques nucléophiles selon un mécanisme de type S_N2, contrairement aux dérivés carbonylés où le mécanisme est de type addition-élimination.

III.2.c. Structure du composé **19** et mécanisme de sa formation :

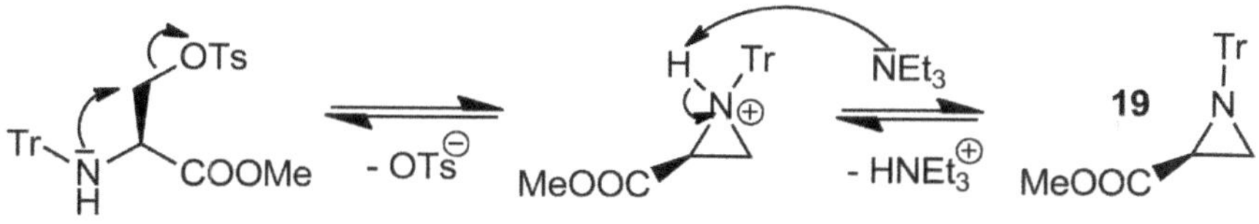

III.2.d. Signaux RMN ^{1}H du composé **19** :

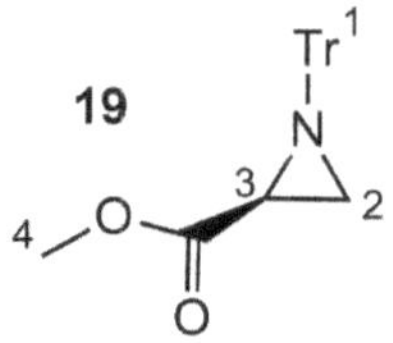

H^1	7,17-7,55 (m, 15H)
H^2	1,41 (dd, $J = 7,0$ et $1,6$ Hz, 1H)
$H^{2'}$	1,89 (dd, $J = 7,0$ et $3,0$ Hz, 1H)
H^3	2,55 (dd, $J = 3,0$ et $1,6$ Hz, 1H)
H^4	3,75 (s, 3H)

Justification : Les quinze protons H^1 des cycles aromatiques du groupement trityle sont déblindés et ils intègrent pour des déplacements chimiques voisins formant un multiplet vers 7 ppm. Les protons H^4 sont les seuls à ne coupler avec aucun autre proton : ils correspondent donc au singulet à 3,75 ppm. Le proton H^3 est plus déblindé que les protons H^2 car plus proche de la fonction ester : il correspond donc au signal à 2,55 ppm. Les protons H^3, H^2 et $H^{2'}$ sortent sous la forment de doublet de doublet car ils couplent tous les trois les uns avec les autres. En effet, les deux protons H^2 et $H^{2'}$ portés pourtant par le même carbone sont diastéréotopiques.

III.2.e. Structure du composé **20** et équation de la transformation de **19** en **20** :

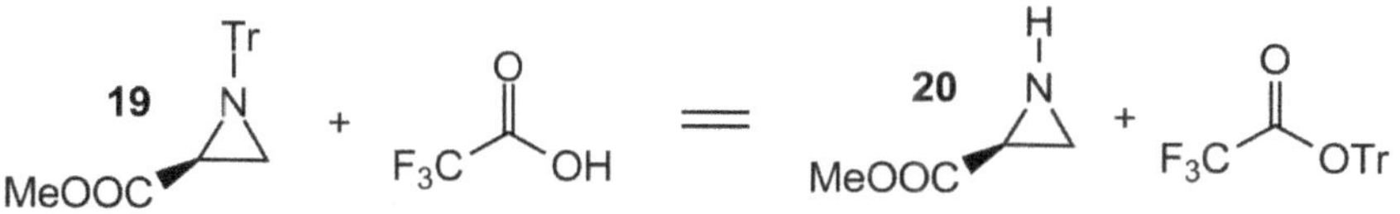

III.2.f. Structure du composé **21** :

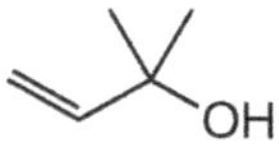

Mécanisme de la formation de **D** :

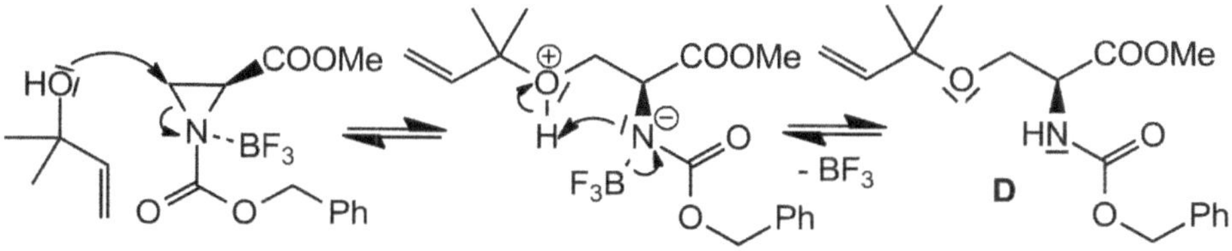

La régiosélectivité de cette réaction s'explique par le fait que l'alcool nucléophile est fortement encombré. Il va donc attaquer sur le carbone le moins encombré de l'aziridine afin de limiter la gêne stérique.

III.2.g. Structure du composé **22** :

22

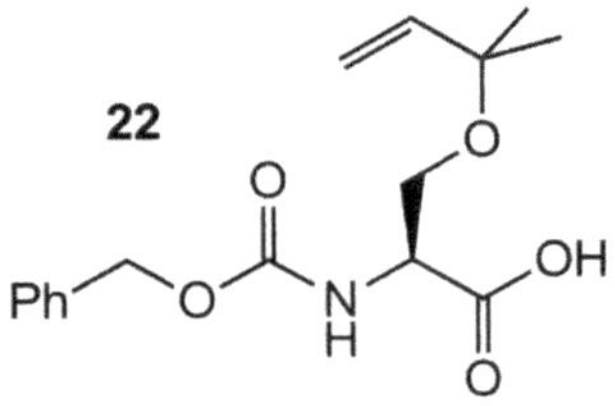

III.2.h. Structure du composé **23** :

23

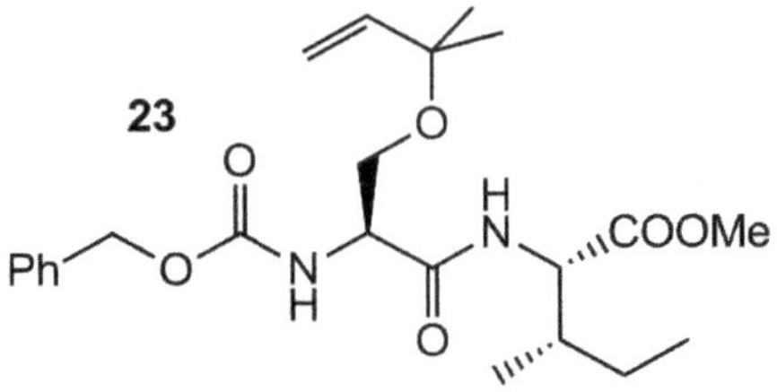

III.2.i. Structure du composé **24** :

24

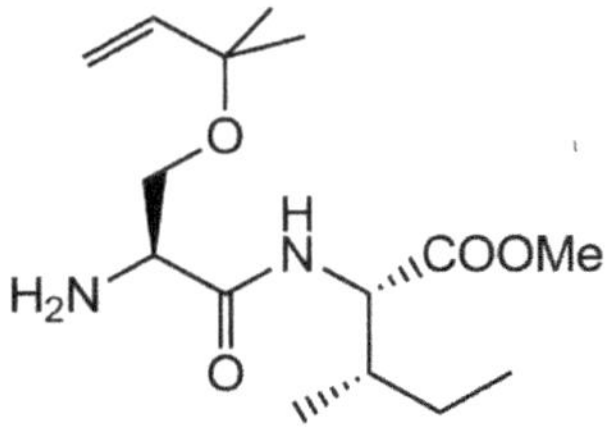

III.2.j. Structure du composé **25** :

25

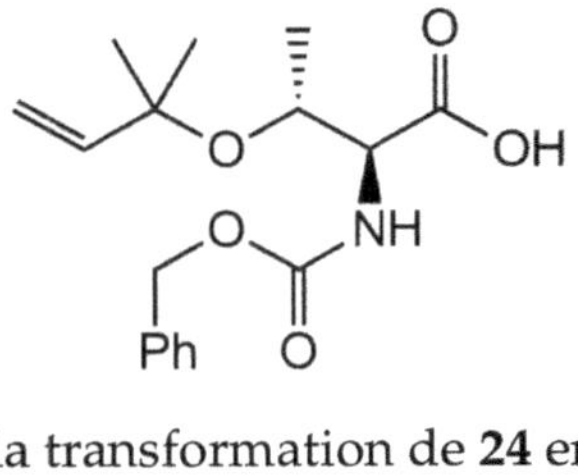

III.2.k. Équation de réaction de la transformation de **24** en **B** :

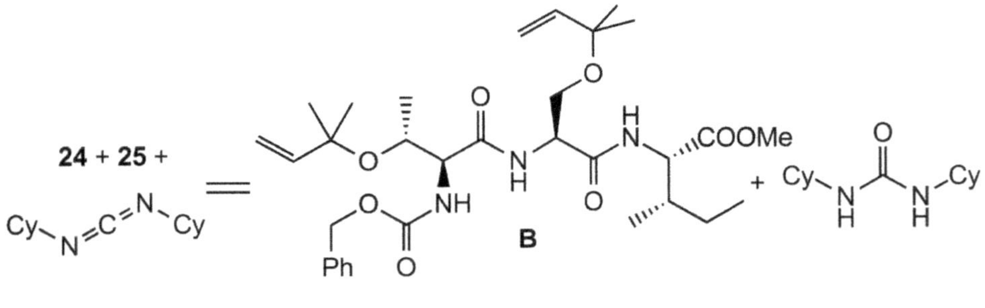

III.3. Synthèse de la trunkamide A

III.3.a. Structure du composé **26** :

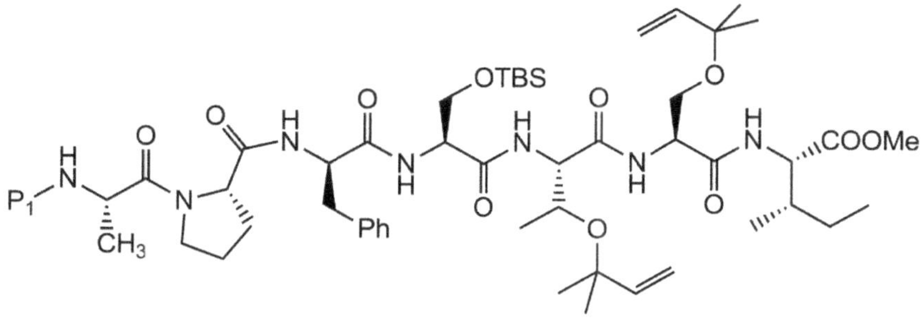

III.3.b. Ordre chronologique des étapes pour la transformation de **26** en **E** :

- Déprotection du groupement P_1.
- Déprotection du groupement OMe par LiOH/H_2O.
- Macro-cyclisation à l'aide de DCC/Et_3N.
- Déprotection du groupement TBS à l'aide de fluorure de tertiobutylammonium (TBAF).

III.3.c. Structure du composé **27** :

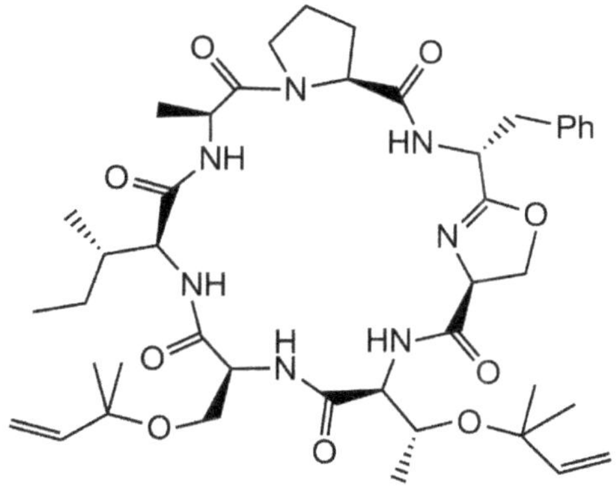

Mécanisme de la formation de **27**. (Seule la partie hydroxyamide du composé **E** où s'effectue la réaction sera représentée afin de simplifier l'écriture du mécanisme)

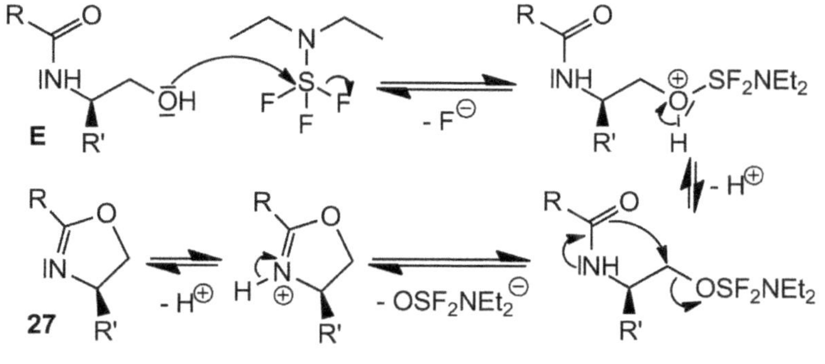

III.3.d. Structure du composé **28** :

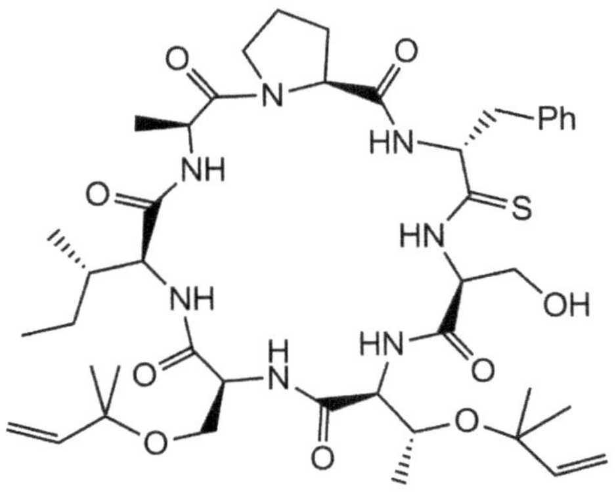

Mécanisme de la formation de **28**. (Seule la partie oxazoline du composé **27** où s'effectue la réaction sera représentée afin de simplifier l'écriture du mécanisme)

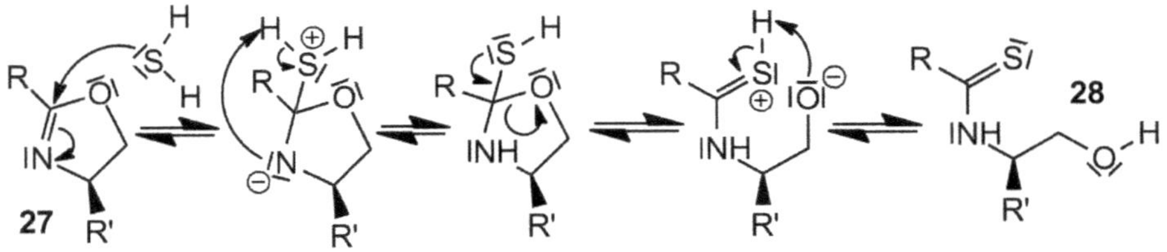

III.3.e. Mécanisme de la formation de la **trunkamide A** à partir de **28**. (Seule la partie hydroxythioamide du composé **28** où s'effectue la réaction sera représentée afin de simplifier l'écriture du mécanisme)

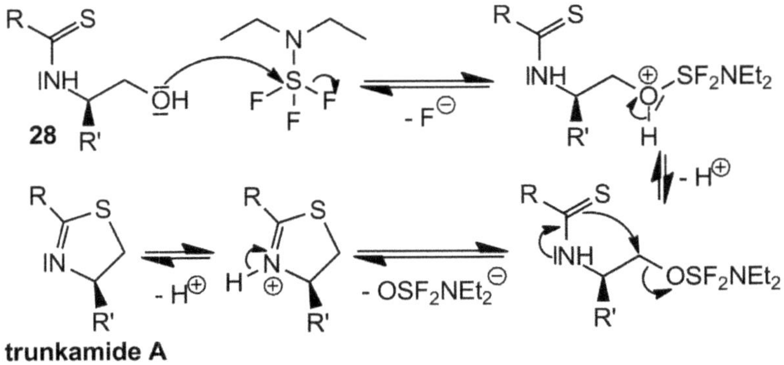

III.3.f. La faible quantité de produit obtenu à la fin de cette synthèse ne permet pas d'envisager une production importante de cet anti-tumoral en vue d'une utilisation thérapeutique. Cependant les quelques milligrammes obtenus sont suffisants pour effectuer une caractérisation complète de la structure et ils ont ainsi permis à l'équipe du Professeur Wipf de corriger la structure initialement proposée pour cette molécule.

Synthèse totale de la fluvirucinine A_1

I. Synthèse du composé A

I.1. Préparation du précurseur 3

I.1.a. Les carbones 2, 3, 6 et 10 sont asymétriques.

Le carbone 2 est de configuration *R* (> signifiant "prioritaire devant" selon les règles CIP) :

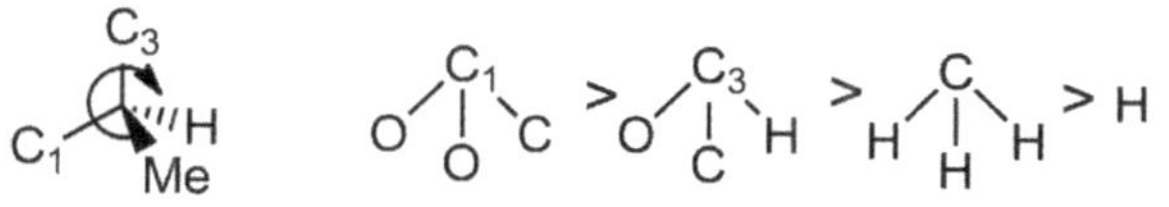

Le carbone 3 est de configuration *S* :

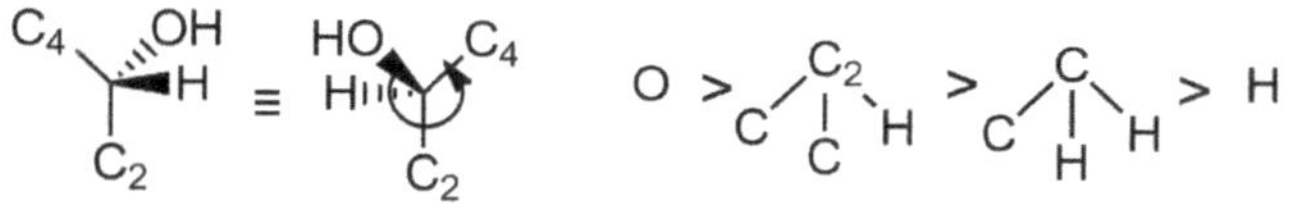

Le carbone 6 est de configuration *R* :

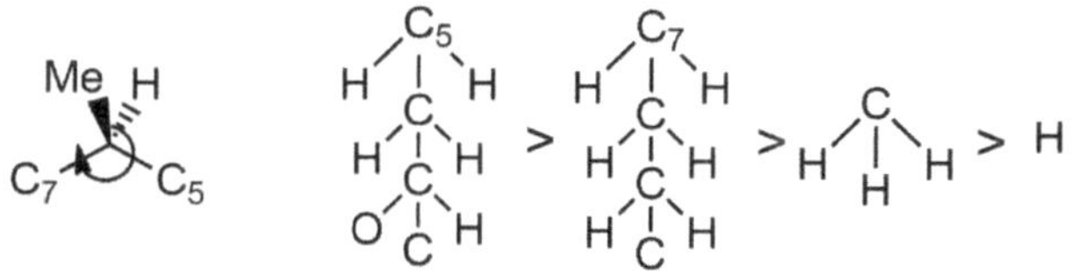

Le carbone 10 est de configuration *S* :

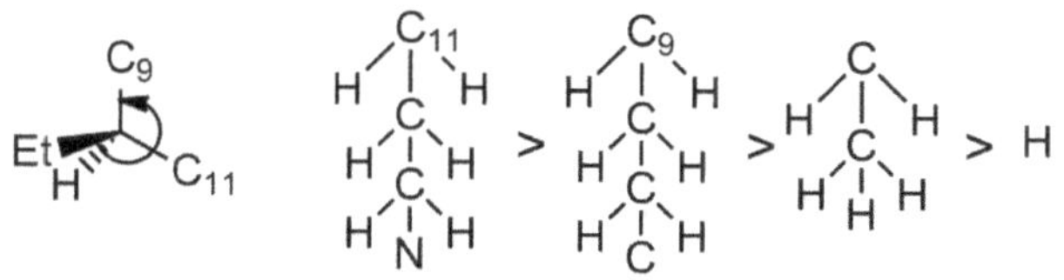

I.1.b. Structure du composé **1** et mécanisme de sa formation :

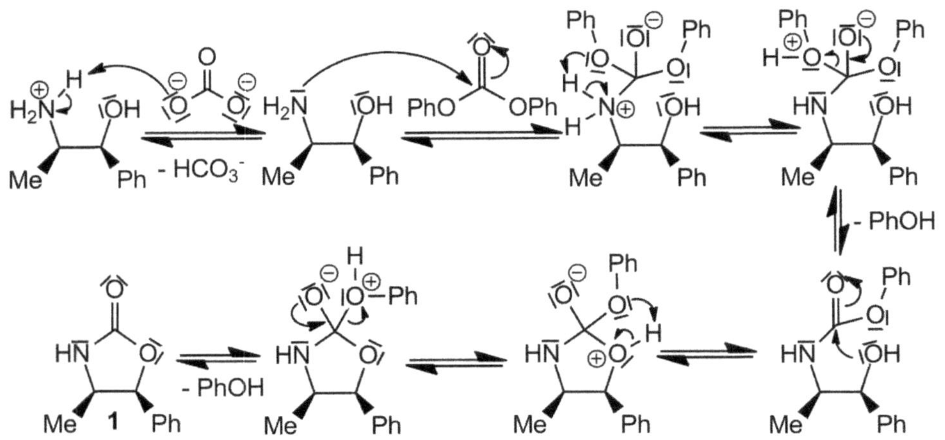

Le carbonate de potassium sert à déprotoner le chlorhydrate afin de libérer la nucléophilie de l'atome d'azote.

I.1.c. Le traitement au méthanol sert à transformer l'excès de diphénylcarbonate en diméthylcarbonate qui est plus soluble dans l'eau et qui pourra alors être éliminé lors des lavages. La réaction mise en jeu est une réaction de transestérification :

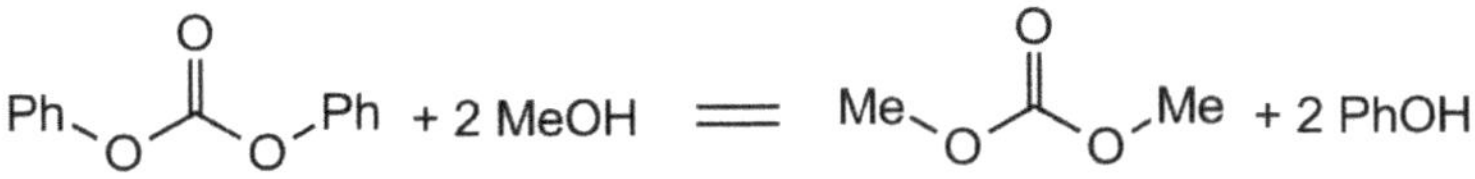

I.1.d. Le lavage à la soude permet d'éliminer les phénols en excès par déprotonation ainsi que les carbonates et les phénolates. Le lavage acide permet ensuite d'éliminer la noréphédrine restante par protonation de sa fonction amine. Puis le lavage par une solution de chlorure de sodium saturée permet de présécher la phase organique.

I.1.e. Signaux RMN ^{1}H du composé **1** :

1

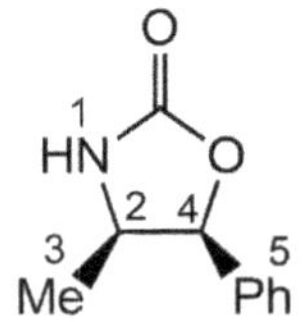

H^1	6,90 (sl, 1H)
H^2	4,17 (dq, $J = 8$ et $6,8$ Hz, 1H)
H^3	0,76 (d, $J = 6,8$ Hz, 3H)
H^4	5,65 (d, $J = 8$ Hz, 1H)
H^5	7,23-7,35 (m, 5H)

Justification : Les cinq protons H^5 du cycle aromatique sont déblindés et ont des déplacements chimiques voisins formant un multiplet vers 7 ppm. Les protons H^3 correspondent au signal intégrant pour trois protons, c'est-à-dire celui à 0,76 ppm. Le proton H^2 couple avec les protons H^3 ($J = 6,8$ Hz) et H^4 ($J = 8$ Hz) : il correspond donc au doublet de quadruplet à 4,17 ppm. Le proton H^4 couple avec le proton H^2 ($J = 6,8$ Hz) : il correspond donc au doublet à 5,65 ppm.

I.1.f. Signaux RMN ^{13}C du composé **1** :

1 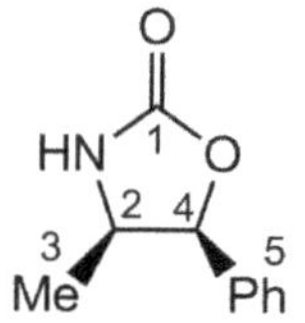

C^1	160,2
C^2	52,7
C^3	17,7
C^4	81,2
C^5	135,3 ; 128,7 ; 128,6 ;126,2

Justification : Le carbone C^1 est entouré d'atomes électronégatifs qui le rendent très déblindé, d'où son signal à 160 ppm. Le noyau aromatique comporte ensuite quatre types de carbones magnétiquement différents qui intègrent pour des valeurs voisines (135,3 ; 128,7 ; 128,6 ; 126,2 ppm). Les carbones C^4, C^2 et C^3 sont ensuite respectivement de moins en moins déblindés car de plus en plus loin d'un atome électronégatif.

I.1.g. Structure du composé **2** :

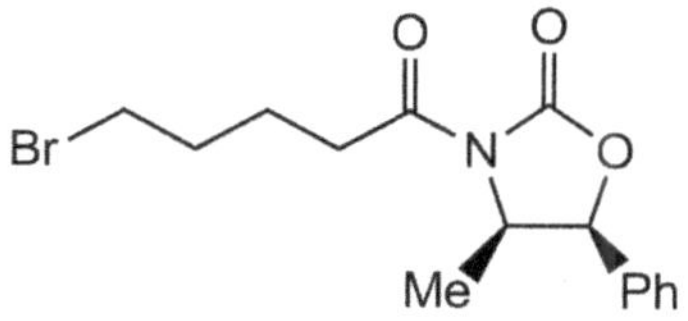

Mécanisme de sa formation :

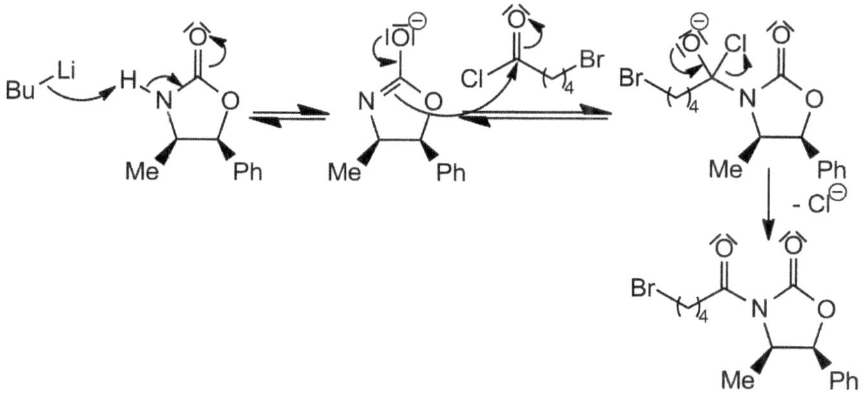

I.1.h. Schéma de Lewis de l'ion azoture :

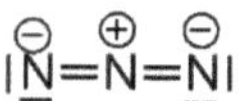

Structure du composé **3** :

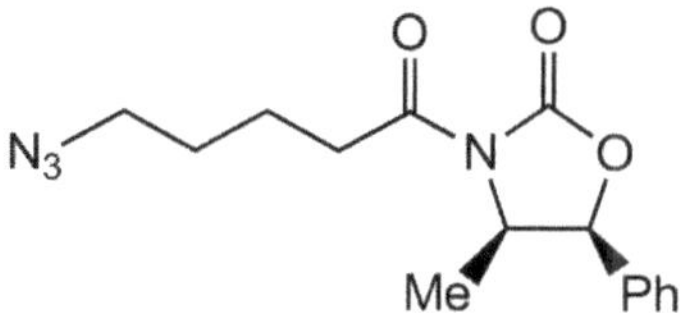

I.2. Synthèse de la pipéridinone 7

I.2.a. Structure de l'intermédiaire **4** de stéréochimie Z :

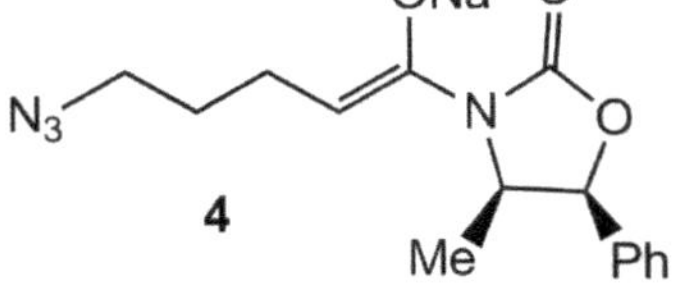

4

L'obtention du seul diastéréoisomère Z peut s'expliquer à l'aide du modèle d'approche d'Ireland. En symbolisant la copule chirale par R*, on peut représenter les deux approches possibles comme suit :

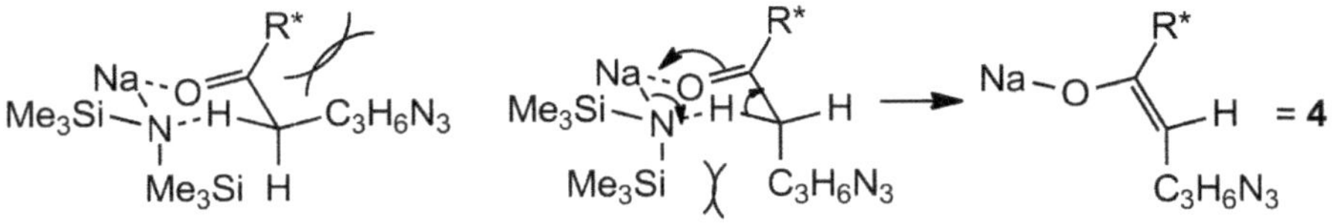

L'encombrement stérique de la copule chirale R* étant très important, le modèle de droite où le groupement $C_3H_6N_3$ se place du côté de $SiMe_3$ sera plus favorable et mènera à l'obtention du seul stéréoisomère Z.

I.2.b. Structure du composé **5** :

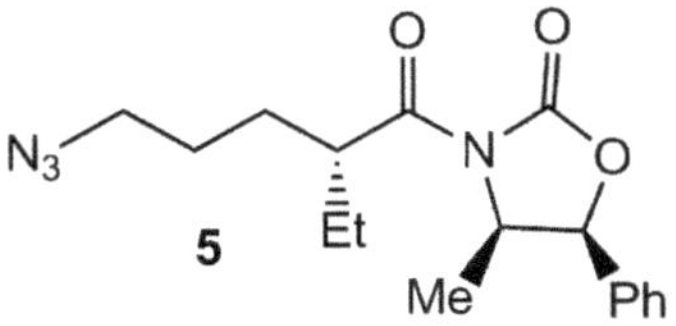

5

Le nouveau centre stéréogène formé est de configuration *R* :

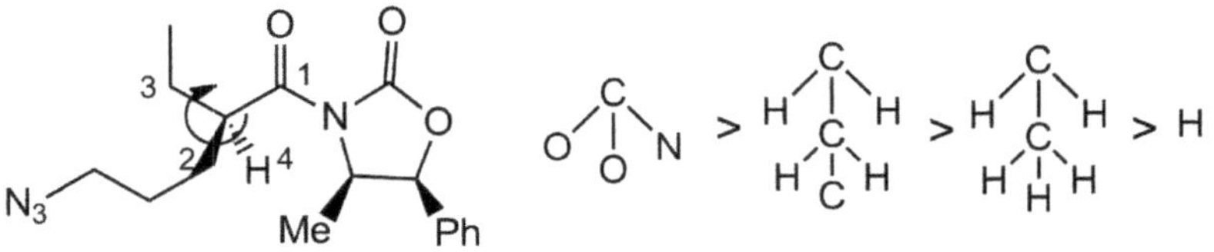

I.2.c. L'ion sodium chélate les deux atomes d'oxygène de l'intermédiaire **4** afin de bloquer la position de la copule chirale. Les groupements méthyle et phényle encombrent ainsi la face avant de l'énolate qui va donc être approché par la face arrière par le trifluorométhanesulfonate d'éthyle :

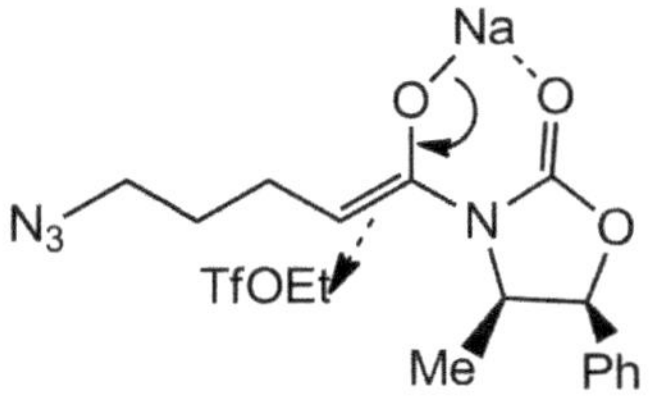

I.2.d. Structure de l'intermédiaire **6** :

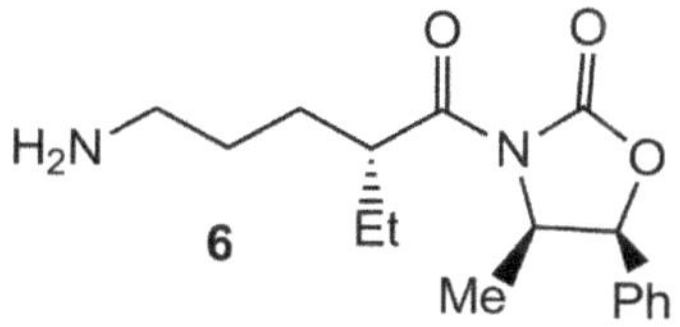

Mécanisme de la formation de **6** (en représentant **5** par R-N_3) : Réaction de Staudinger

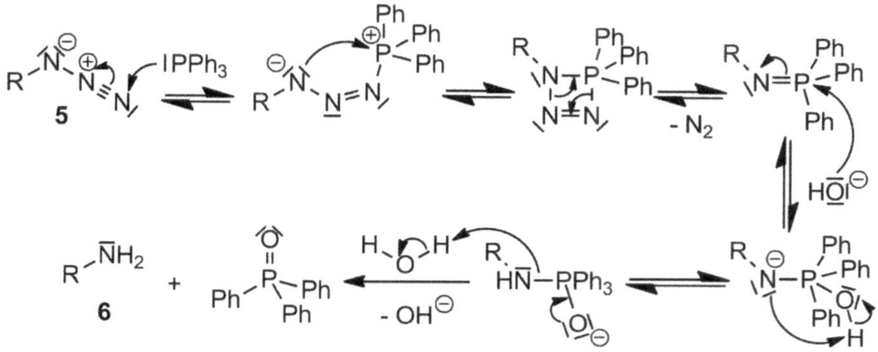

I.2.e. Structure du composé **7** et équation de réaction de sa formation :

I.3. Synthèse du composé A

I.3.a. Structure du composé **8** et équation de réaction de sa formation :

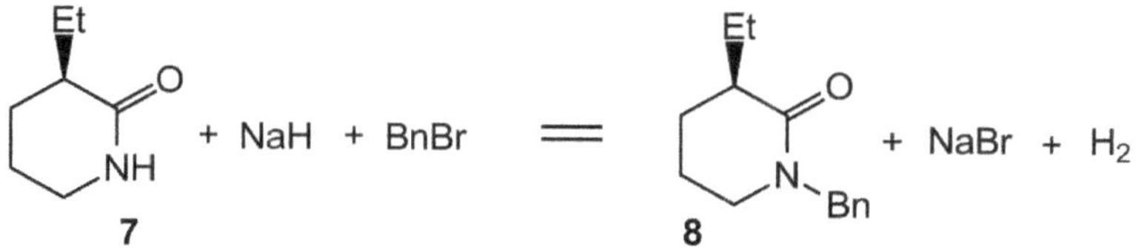

I.3.b. Mécanisme de formation du composé **A** :

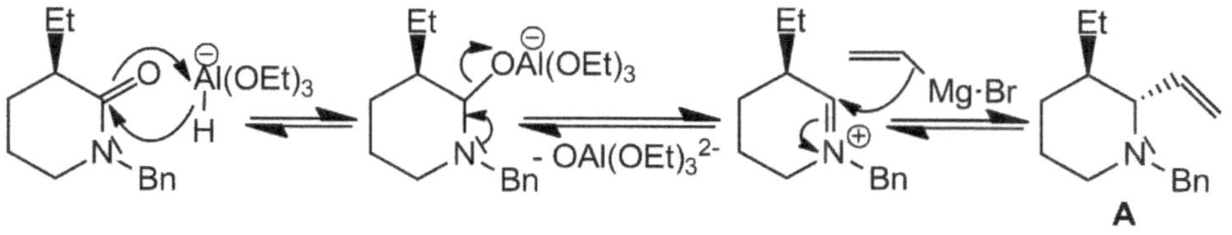

I.3.c. Structure du diastéréoisomère minoritaire **A′** :

A'

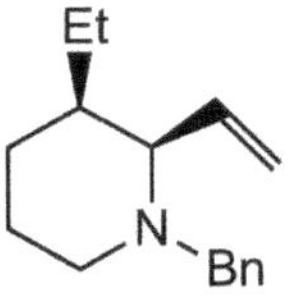

Les deux centres stéréogènes du composé **A′** ont une configuration relative *cis*. Ce composé est obtenu minoritairement par rapport à **A** car lors de la dernière étape du mécanisme, le magnésien attaque majoritairement par la face du dessous. En effet, le groupement éthyle du cycle encombre la face supérieure.

I.3.d. Conformation la plus stable du composé **A** :

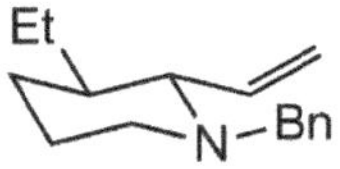

I.3.e. Conformation la plus stable du composé **A′** :

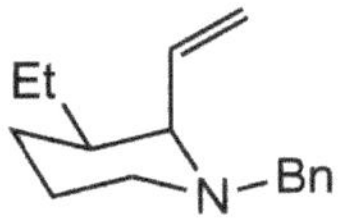

L'enthalpie libre standard de réaction pour l'équilibre conformationnel du cyclohexane monosubstitué est plus importante pour un groupement éthyle que pour un groupement vinyle, ce qui signifie qu'il est plus favorable de placer ce dernier en axial.

I.3.f. Signaux RMN ^1H du composé **A** :

A

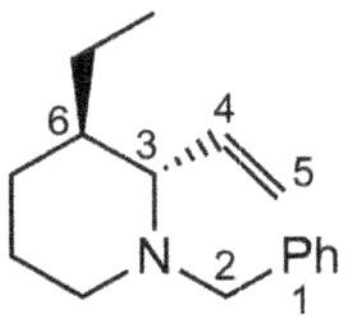

H^1	7,26-7,15 (m, 5H)
H^2	2,91 (d, $J = 13,7$ Hz, 1H)
$H^{2'}$	4,06 (d, $J = 13,7$ Hz, 1H)
H^3	2,74 (dd, $J = 9,6$ et $9,0$ Hz, 1H)
H^4	5,64 (ddd, $J = 17,3$ $10,2$ et $9,0$ Hz, 1H)
H^5	5,17 (dd, $J = 10,2$ et $2,0$ Hz, 1H)
$H^{5'}$	5,08 (dd, $J = 17,3$ et $2,0$ Hz, 1H)

Justification : H^2 et $H^{2'}$ sont des protons diastéréotopiques, ils couplent donc entre eux avec une constante ^2J élevée (13,7 Hz). H^3 couple avec des constantes ^3J avec les protons H^4 (9,0 Hz) et H^6 (9,6 Hz). H^4 couple en plus avec les deux protons éthyléniques H^5 avec des constantes respectives $^3J_{trans}$ et $^3J_{cis}$. Pour des doubles liaisons C=C : $^3J_{trans} > {}^3J_{cis}$ donc ici : $^3J_{trans} = 17,3$ Hz et $^3J_{cis} = 10,2$ Hz. Enfin les deux protons H^5 couplent entre eux avec une constante ^2J éthylénique qui est toujours faible (2,0 Hz).

I.3.g. Signaux RMN ^{1}H du composé **A'** :

A'
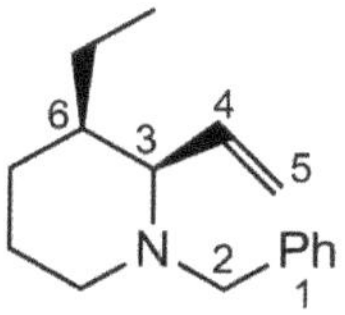

H^1	7,27-7,12 (m, 5H)
H^2	3,48 (d, $J = 13,7$ Hz, 1H)
$H^{2'}$	3,38 (d, $J = 13,7$ Hz, 1H)
H^3	3,07 (dd, $J = 10,0$ et $4,1$ Hz, 1H)
H^4	5,95 (ddd, $J = 17,0$ $10,3$ et $10,0$ Hz, 1H)
H^5	5,20 (dd, $J = 10,3$ et $2,5$ Hz, 1H)
$H^{5'}$	4,98 (dd, $J = 17,0$ et $2,5$ Hz, 1H)

Justification : Les explications sont similaires au composé **A**, on peut cependant noter une forte évolution de la constante de couplage ^3J entre les protons H^3 et H^6 due à l'inversion du carbone asymétrique qui transforme la constante de couplage $^3J_{trans}$ en $^3J_{cis}$, diminuant sa valeur de 9,0 à 4,1 Hz.

I.3.h. La constante de couplage $^3J_{trans}$ étant supérieure à la constante $^3J_{cis}$ pour un cycle à 6 atomes, le composé **A** est bien celui qui a une configuration relative *trans* car c'est celui qui a la plus forte constante de couplage entre les protons H^3 et H^6 (9,0 *vs* 4,1 Hz).

II. Synthèse du composé B

II.1. Préparation du macrolactame 13

II.1.a. Structure du composé **9** et équation de réaction de sa formation :

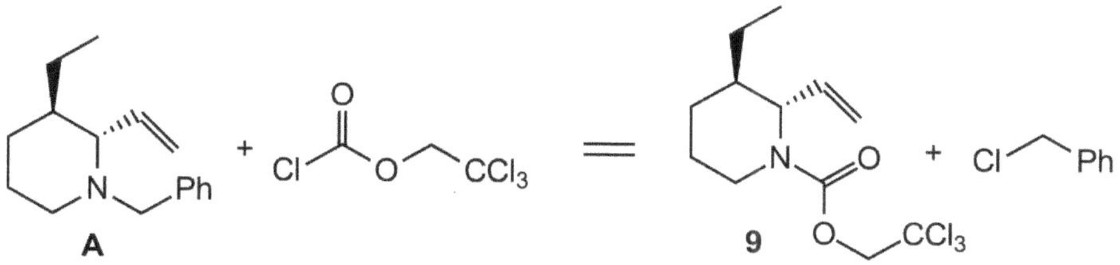

Le signal IR à 1715 cm^{-1} correspond à la vibration d'élongation de la liaison C=O.

II.1.b. Structure de l'intermédiaire **10** :

10
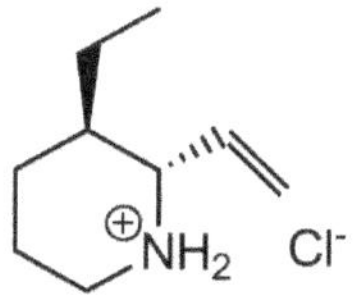

La filtration sur célite sert ici à éliminer l'excès de zinc en poudre introduit.

Les amines benzylées sont habituellement déprotégées par coupure de la liaison benzilique à l'aide d'une hydrogénation catalytique mais celle-ci entraînerait également la réduction de la fonction alcène du composé **A**.

Mécanisme de la formation de l'intermédiaire **10** :

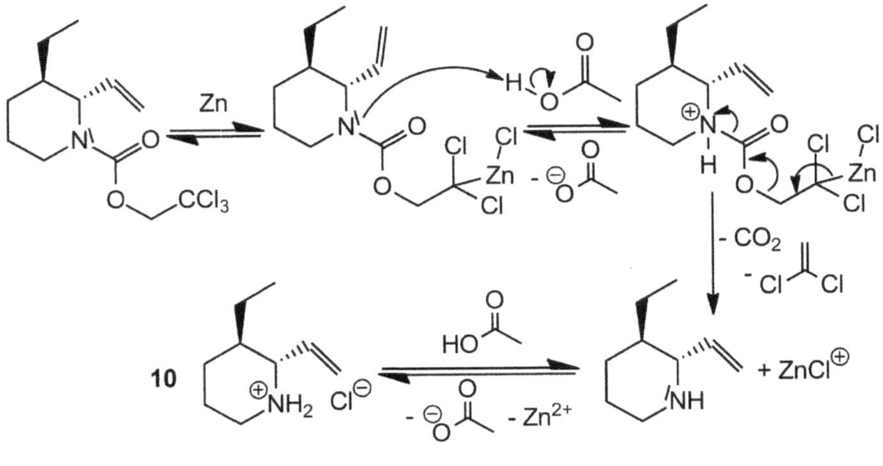

II.1.c. Structure du composé **11** et mécanisme de sa formation :

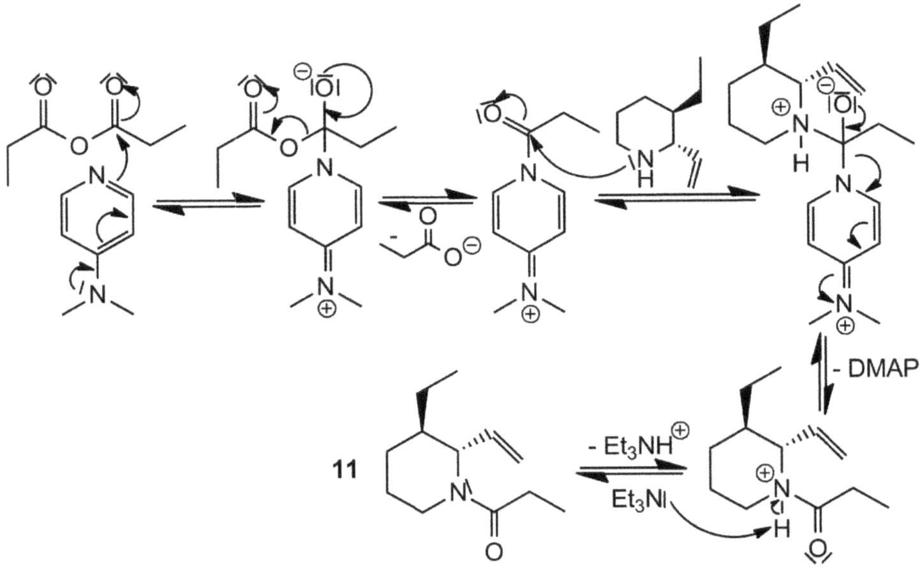

Un premier équivalent de triéthylamine sert à déprotoner l'intermédiaire **10** afin de former l'amine qui attaquera le groupement carbonyle activé et un deuxième équivalent est utilisé lors de la dernière étape du mécanisme pour former le composé **11**. Ceci permet de pouvoir utiliser la DMAP en quantité catalytique.

II.1.d. Le signal IR à 1650 cm^{-1} correspond à la vibration d'élongation de la liaison C=O de la fonction amide.

II.1.e. Structure de l'intermédiaire **12** de configuration Z :

12

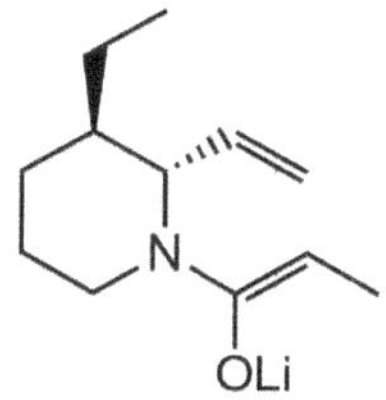

II.1.f. Les signaux RMN ^{1}H observés entre 5 et 6 ppm correspondent à des protons éthyléniques. La valeur de la constante de couplage $^3J = 15,6$ Hz est caractéristique d'un couplage $^3J_{trans}$, ce qui prouve la formation d'une double liaison C=C de stéréochimie E.

II.1.g. Structure du composé **13** :

13

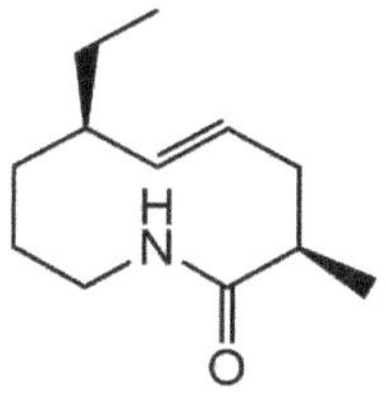

Mécanisme de sa formation : réarrangement de type aza-Claisen

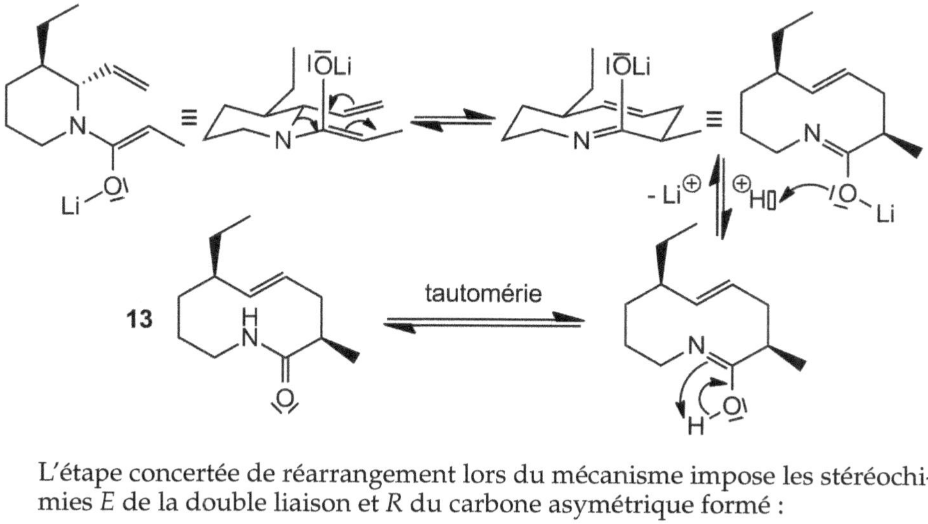

L'étape concertée de réarrangement lors du mécanisme impose les stéréochimies E de la double liaison et R du carbone asymétrique formé :

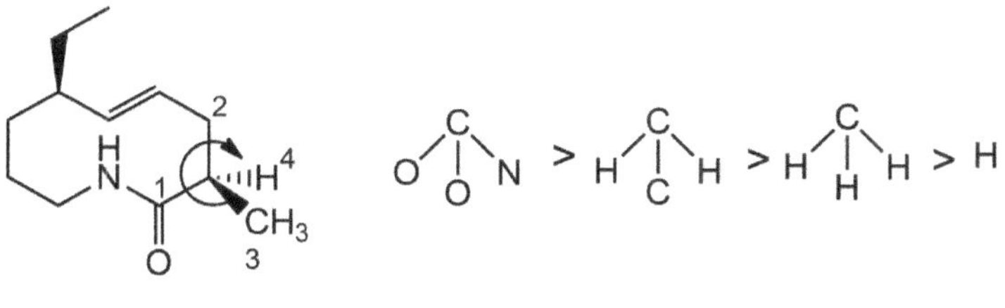

II.1.h. Le signal large à 3315 cm^{-1} correspond à la vibration d'élongation de la liaison N-H de la fonction amide et le signal intense à 1646 cm^{-1} correspond à la vibration d'élongation de la liaison C=O.

II.1.i. La conformation majoritaire pour l'intermédiaire **12** est une double conformation chaise où un maximum de constituants sont en position équatoriales ou pseudo-équatoriales. Elle est représentée dans le mécanisme ci-dessus. Cela entraîne un positionnement initial des différents groupements qui aboutit à la stéréochimie (*E*,*R*) obtenue.

II.2. Obtention du composé B

II.2.a. Structure du composé **14** :

14

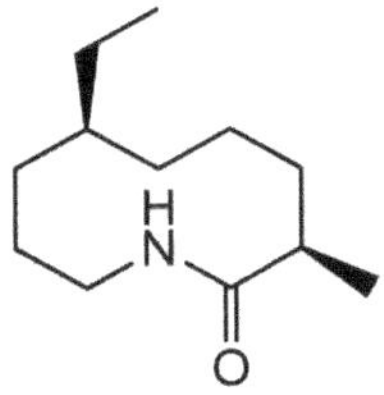

II.2.b. Structure du composé **15** et équation de réaction de sa formation :

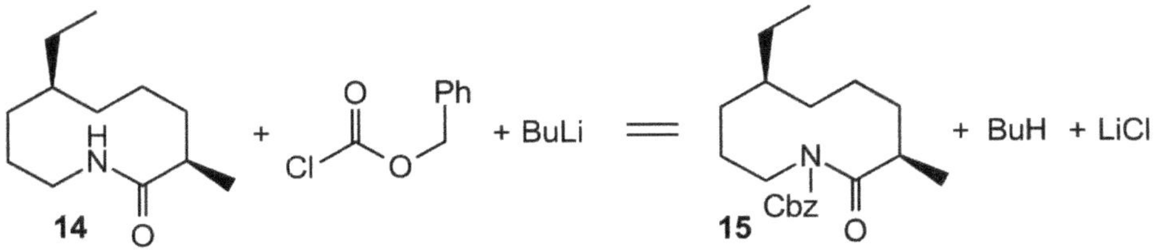

II.2.c. Structure du composé **16** et mécanisme de sa formation :

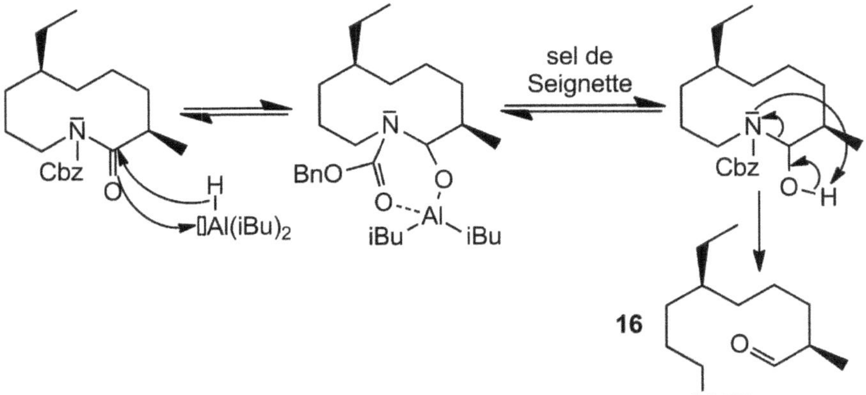

Le premier intermédiaire de ce mécanisme est particulièrement stable à cause de la présence d'interactions intramoléculaires entre l'aluminium et les oxygènes du groupement Cbz, bloquant la réduction à ce stade. Le tartrate double de sodium et de potassium va alors chélater l'atome d'aluminium et briser ces interactions intramoléculaires afin de pouvoir obtenir le composé **16** avec une fonction aldéhyde.

Le signal large à 3410 cm^{-1} correspond à la vibration d'élongation de la liaison N-H, le signal intense à 1712 cm^{-1} correspond à la vibration d'élongation de la liaison C=O de la fonction aldéhyde et le signal intense à 1730 cm^{-1} correspond à la vibration d'élongation de la liaison C=O de la fonction carbamate du groupement Cbz.

II.2.d. Structure du composé **17** et mécanisme de sa formation : Réaction de Wittig avec un ylure stabilisé

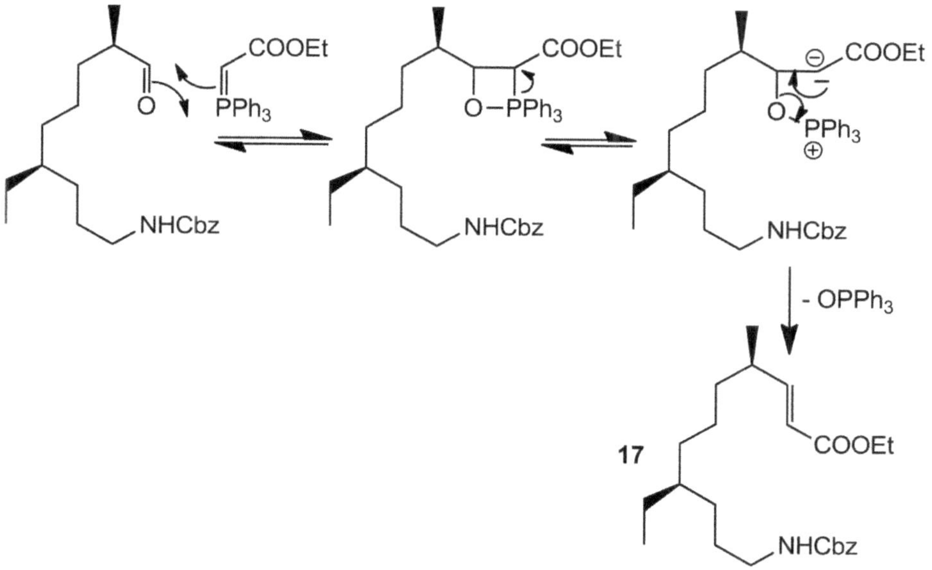

17

La double liaison C=C formée possède une stéréochimie *E*. Cela est dû au fait que l'oxaphosphétane formée est en équilibre avec sa forme ouverte qui est stabilisée par la présence d'un groupement ester COOEt électro-attracteur en α de la charge négative. La libre rotation autour de la liaison C-C dans cette forme va permettre à ce groupement de s'éloigner du reste de la chaîne pour limiter la gêne stérique et ainsi aboutir au composé *E*.

Le signal large à 3400 cm^{-1} correspond à la vibration d'élongation de la liaison N-H, le signal intense à 1716 cm^{-1} correspond à la vibration d'élongation de la liaison C=O de la fonction ester et le signal intense à 1724 cm^{-1} correspond à la vibration d'élongation de la liaison C=O de la fonction carbamate du groupement Cbz.

II.2.e. CuCl est un acide de Lewis mou qui se coordine au système π et favorise une attaque 1,4 de l'hydrure en augmentant le coefficient de l'orbitale mise en jeu (la BV du composé **17**) à cette position. Ceci permet la réduction régiosélective de la double liaison C=C.

III. Obtention de la fluvirucinine A_1

III.1. Formation de deux centres stéréogènes

III.1.a. Structure du composé **18** et équation de réaction de sa formation :

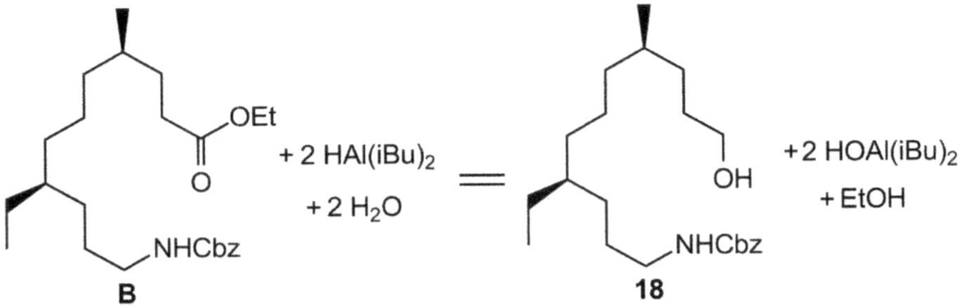

III.1.b. Structure du composé **19** :

19

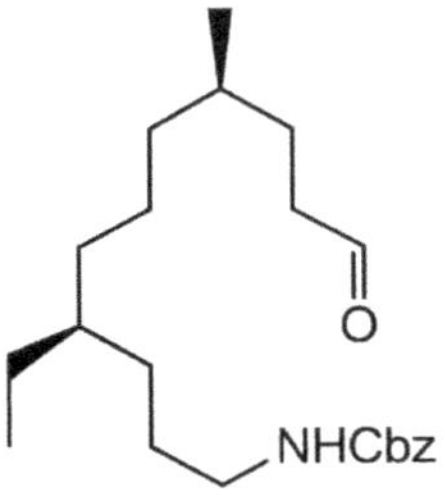

Mécanisme de sa formation : Oxydation de Swern (le composé **18** sera représenté par la notation R-CH_2-OH)

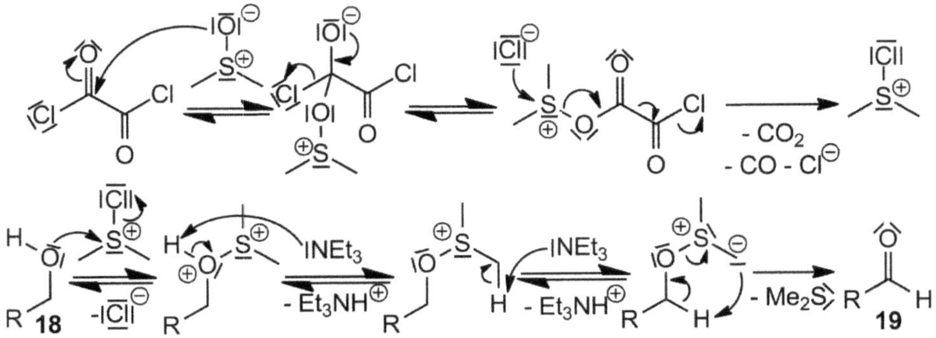

III.1.c. Structure du composé **20** :

20

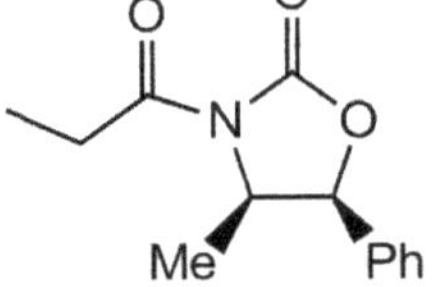

III.1.d. Structure de l'intermédiaire **21** :

21 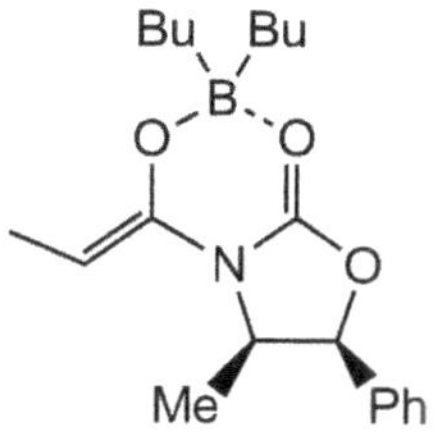

III.1.e. Structure du composé **22** :

22 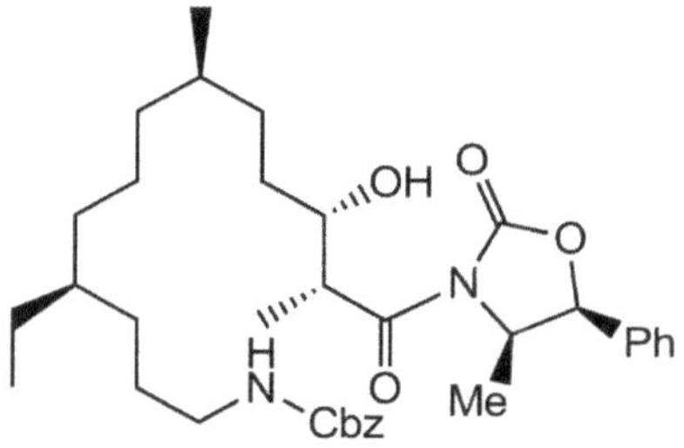

Mécanisme de la formation du composé **22** (le composé **19** sera représenté par R-CH=O) :

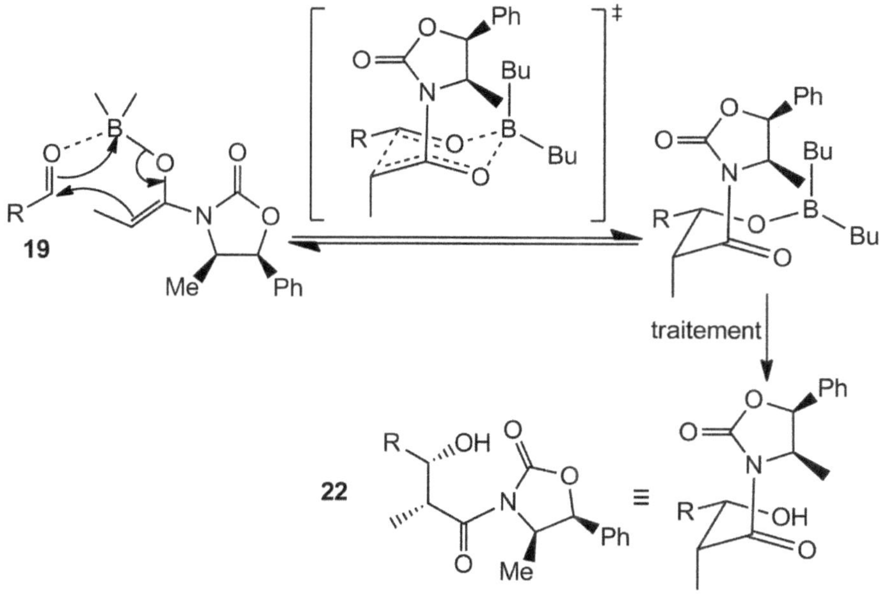

III.1.f. L'approche du composé **19** sur l'intermédiaire **21** s'effectue selon un état de transition chaise de type Zimmerman-Traxler (cf. mécanisme ci-dessus). L'atome de bore se complexe non plus à l'auxiliaire de chiralité mais à l'oxygène de l'aldéhyde afin de l'activer. La copule chirale libérée change alors de sens afin de minimiser le moment dipolaire total de l'état de transition. L'approche de l'aldéhyde se fait ensuite par la face arrière afin de diminuer l'encombrement stérique.

III.2. Fin de la synthèse

III.2.a. Structure du composé **23** :

23

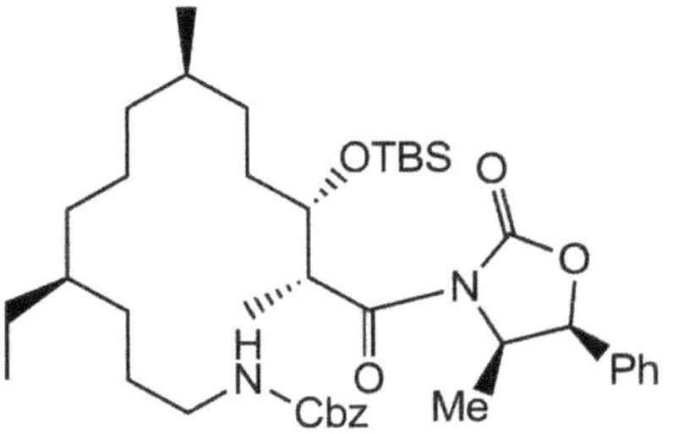

Mécanisme de sa formation (le composé **22** sera représenté par la notation R-C(OH)-R′) :

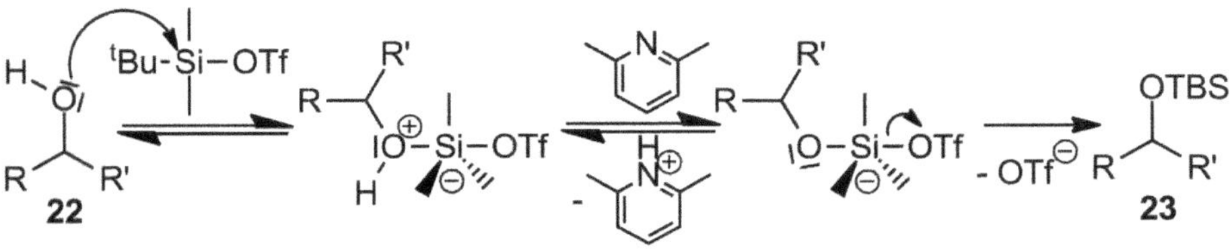

III.2.b. Structure du composé **24** :

24

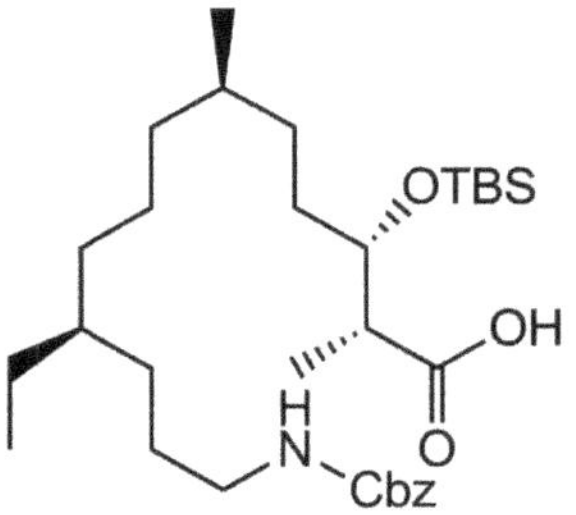

Mécanisme de sa formation :

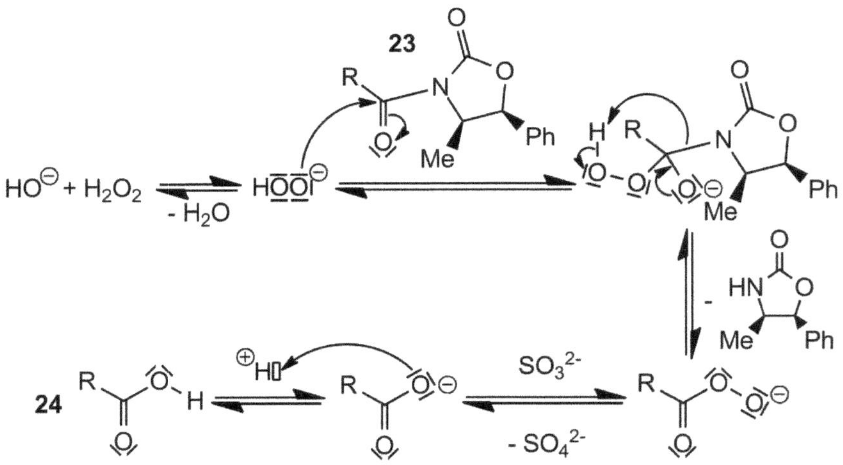

L'ion sulfite sert à réduire la fonction peracide formée intermédiairement en carboxylate afin d'aboutir à l'acide voulu après protonation.

III.2.c. Structure du composé **25** et équation de réaction de sa formation :

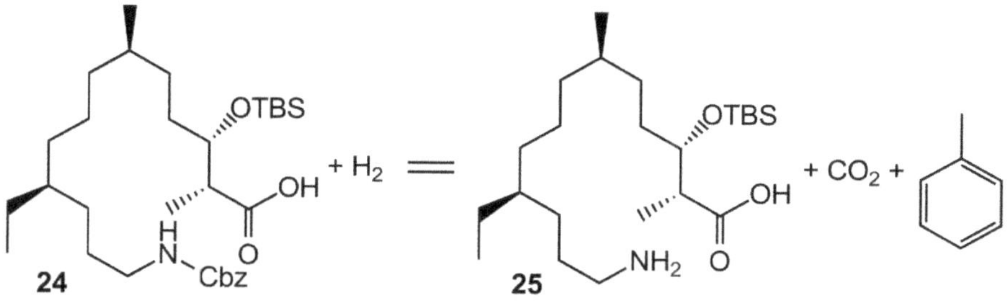

III.2.d. Structure du composé **26** et mécanisme de sa formation :

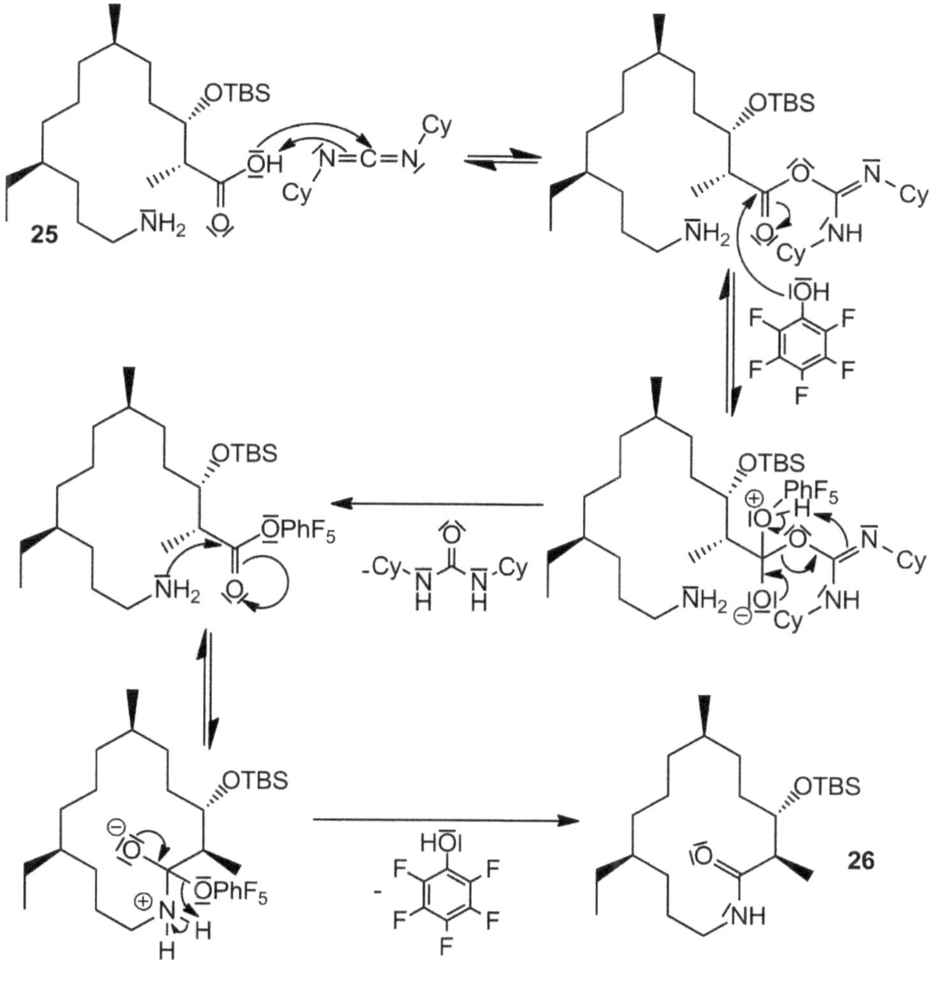

III.2.e. Équation de réaction de la formation de la fluvirucinine A_1 :

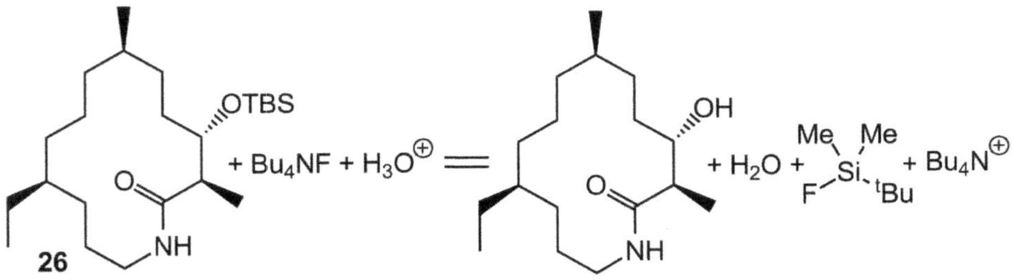

III.2.f. Rendement global de la synthèse :

$$\begin{aligned}\eta =&0,9 \times 0,9 \times 0,97 \times 0,93 \times 0,97 \times 0,79 \times 0,70 \times 0,74 \times 0,78 \times 0,74\\ &\times 0,99 \times 0,94 \times 0,68 \times 0,95 \times 0,79 \times 0,67 \times 0,72 \times 0,62 \times 0,98\\ =&2,3\%\end{aligned}$$

III.2.g. Cette synthèse de la fluvirucinine A_1 est à la fois diastéréosélective et énantiosélective.

FIN DE L'ÉPREUVE

La chimie des dérivés nitrés

Les dérivés nitrés sont très présents en chimie médicinale, faisant notamment partie des médicaments préconisés dans le traitement de l'insuffisance cardiaque ou de l'angine de poitrine (trinitrine ou trinitroglycérine). En outre, leur chimie particulièrement riche en fait des intermédiaires de synthèse très utilisés. Nous nous proposons dans ce sujet, de voir différents aspects de cette chimie.

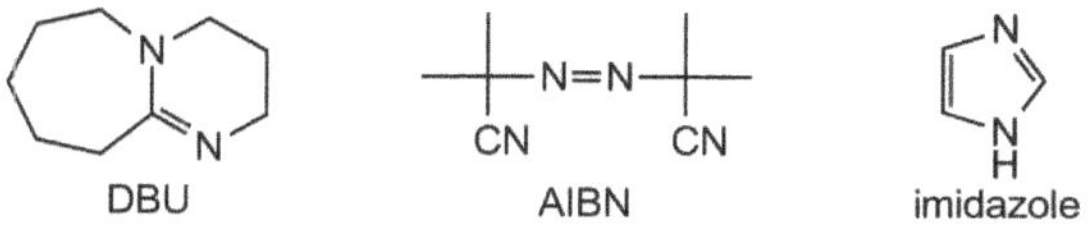

Figure 1 :

I. Synthèse des dérivés nitrés

I.1. Nitration des composés aromatiques

La nitration des halogénobenzènes est une réaction très importante car elle permet notamment d'introduire aisément une fonction azotée sur le noyau aromatique. Par exemple, le chlorobenzène est traité dans un mélange acide nitrique /acide sulfurique concentré à température ambiante pendant deux heures pour conduire, après traitement, à la formation de trois produits **1a** (35%), **1b** (1%) et **1c** (64%). Les spectres RMN ^{1}H (400 MHz) de ces composés dans le chloroforme deutéré sont fournis figure 2.

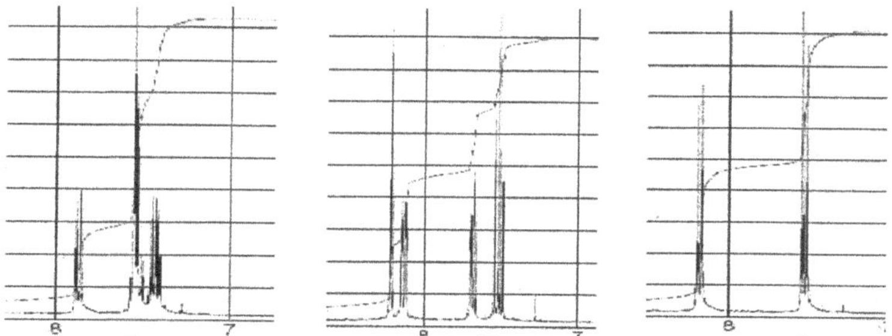

1a **1b** **1c**

Figure 2 :

I.1.a. Nommer et donner la structure de l'entité électrophile mise en jeu dans cette réaction. Proposer un mécanisme pour expliquer sa formation.

I.1.b. En utilisant les différents spectres RMN proposés (figure 2), identifier la structure des trois composés **1a**, **1b**, **1c**. Résumer brièvement votre raisonnement.

I.1.c. Proposer un mécanisme pour la réaction de nitration du chlorobenzène.

I.1.d. Justifier la régiosélectivité observée.

I.1.e. Expliquer pourquoi aucun produit de polynitration n'est observé dans ces conditions.

I.1.f. Expliquer pourquoi généralement le contrôle frontalier ne permet pas de justifier la régiosélectivité observée.

I.1.g. Proposer des conditions opératoires pour obtenir la *para*-chloroaniline à partir de l'un des trois produits **1**.

Le composé **1c** est mis en solution dans le *N,N*-diméthyl formamide (DMF) et traité par du phénol (1,0 équivalent) et de l'hydrure de sodium (1,0 équivalent) à température ambiante. Après traitement et purification, le produit **2** ayant pour formule brute $C_{12}H_9NO_3$ est isolé avec 79% de rendement.

I.1.h. De quel type de réaction s'agit-il ?

I.1.i. Donner la structure du composé **2**.

I.1.j. Proposer un mécanisme pour expliquer la formation du composé **2**.

I.1.k. Selon la classification de Parker, à quelle catégorie de solvant appartient le DMF ? Justifier son utilisation dans cette réaction.

I.1.l. Quelle est l'influence du groupement nitro sur la réactivité du composé **1c** ?

I.2. Nitration des halogéno alcanes

Les nitro alcanes peuvent être formés par alkylation du nitrite de sodium. Ainsi, par exemple, la bromo oxazoline **3** (figure 3), mise en solution dans le *N*-*N*-diméthyl formamide (DMF) est traitée par du nitrite de sodium (1,0 équivalent) à température ambiante. Après une heure d'agitation, une chromatographie sur couche mince de silice du mélange réactionnel révèle la formation d'un nouveau composé **4**, dont le spectre de masse indique un pic moléculaire correspondant à la masse du produit ayant la formule brute suivante : $C_{10}H_{10}N_2O_3$. Si l'agitation est poursuivie pendant quatre heures, le produit **5** apparaît. Celui-ci possède une polarité différente du composé **4**, d'après les chromatographies sur couche mince de silice effectuées au cours de la réaction. Par contre, les analyses de spectrométrie de masse indiquent un pic moléculaire identique pour les composés **4** et **5**.

3

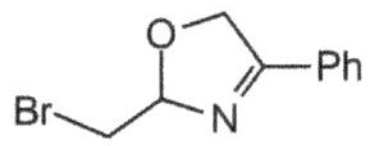

Figure 3 :

I.2.a. Donner la structure du composé **4** formé intermédiairement.

I.2.b. Proposer un mécanisme pour expliquer la formation du composé **4**.

I.2.c. Qu'en conclure quant à cette première étape ?

I.2.d. Proposer une structure pour le composé **5** ainsi qu'un mécanisme pour expliquer sa formation.

I.2.e. La réaction s'avère plus rapide si une quantité catalytique d'iodure de sodium est ajoutée dans le mélange réactionnel. Quel est le rôle de cet additif ?

II. Réaction de Henry

La chimie des dérivés nitrés repose principalement sur l'acidité des hydrogènes en α du groupe nitro. Ainsi, la réaction de Henry permet le couplage entre un composé nitré (pK_a 10) et un dérivé carbonylé en présence d'une quantité catalytique de base, généralement une amine tertiaire. Les produits issus de ce couplage sont des β-nitro alcools. Ces dérivés sont eux même des intermédiaires de synthèse très intéressantes comme nous allons le voir dans la suite du sujet.

II.1. Étude de la réaction de Henry

Le 2-méthylpropanal est mis en solution dans l'acétonitrile en présence de nitroéthane (1,1 équivalent) et de 0,1 équivalent de DBU (1,8-diazabicyclo[5.4.0]undéc-7-ène, figure 1). Le mélange est agité à température ambiante pendant 24 heures. Après traitement de la réaction, le brut réactionnel est distillé sous pression réduite pour conduire au β-nitro alcool **6** sous la forme d'un mélange d'isomères avec un rendement de 63%. Le spectre infra-rouge présente une large bande d'absorption à 3426 cm^{-1} ainsi que deux bandes d'absorption intenses à 1553 et 1360 cm^{-1}. Les spectres RMN ^1H et ^{13}C d'un isomère du composé **6** dans le $CDCl_3$ sont présentés dans le tableau 1.

RMN ^1H (250 MHz)	4,57 (quintuplet, $J = 6,9$ Hz, 1H) ; 3,79 (multiplet, 1H) ; 2,75 (singulet large, 1H) ; 1,70 (septuplet dédoublé, $J = 6,8$ Hz, $J = 4,3$ Hz, 1H) ; 1,45 (d, $J = 6,9$ Hz, 3H) ; 0,96 (d, $J = 6,8$ Hz, 3H) ; 0,84 (d, $J = 6,8$ Hz, 3H).
RMN ^{13}C (63,5 MHz)	84,6 ; 77,6 ; 30,8 ; 19,7 ; 18,4 ; 15,1

Tableau 1 :

II.1.a. Justifier le pK_a particulièrement faible des nitro alcanes.

II.1.b. Donner la structure des différents isomères de **6** en précisant la configuration absolue des centres stéréogènes. Préciser la relation d'isomérie qui existe entre les différents composés obtenus dans le mélange final.

II.1.c. Proposer un mécanisme pour expliquer la formation du composé **6**. Justifier l'emploi d'une quantité substœchiométrique de base.

II.1.d. Justifier le choix d'un solvant polaire aprotique pour cette réaction.

II.1.e. Pourquoi n'observe-t-on pas de réaction de condensation de l'aldéhyde sur lui-même dans ces conditions ?

II.1.f. Quel est l'intérêt d'utiliser une pression réduite pour distiller le brut réactionnel ? Est-il envisageable par cette méthode de séparer les différents isomères obtenus ?

II.1.g. À quelle vibrations de valence correspondent les signaux IR observés pour le composé **6** ?

II.1.h. Interpréter les différents signaux fournis pour le spectre RMN ^1H d'un isomère du composé **6**. Quelle multiplicité aurait-on pu attendre pour le signal à 3,79 ppm ? Les spectres RMN ^1H des différents isomères du composé **6** sont-ils identiques ?

II.1.i. Interpréter au mieux les différents signaux fournis pour le spectre RMN ^{13}C d'un isomère du composé **6**.

La réaction de Henry est très utile pour allonger la chaîne carbonée de dérivés carbonylés dans des conditions opératoires très douces mais elle est malheureusement peu stéréosélective dans sa version originale. De nombreuses variantes ont été décrites afin d'améliorer la stéréosélectivité de la réaction.

II.2. Variante de la réaction de Henry

Une des variantes proposées consiste à réaliser la réaction en présence d'un chlorosilane. Ainsi, le nitroéthane (1,1 équivalent) en solution dans le tétrahydrofurane (THF) est traité à température ambiante par du chlorure de *tert*-butyldiméthylsilyle (TBSCl ; 1,1 équivalent) et de la triéthylamine (1,2 équivalent) pour former un intermédiaire **7**. Ce dernier est traité *in situ* par de l'hexanal (1,0 équivalent) en présence de 0,1 équivalent de fluorure de tétrabutylammonium (TBAF) à basse température. En fin de réaction, une hydrolyse acide est effectuée en maintenant le mélange réactionnel à -78 °C. Après les traitements usuels, le β-nitro silyloxy **8** est isolé avec 69% de rendement sous la forme d'un isomère majoritaire dans lequel les groupes silyloxy et nitro sont en position relative *anti*.

II.2.a. Donner la structure de l'intermédiaire **7**.

II.2.b. Quel est le rôle du fluorure de tétrabutylammonium dans ce couplage ?

II.2.c. Sachant que le déplacement du groupement silylé s'effectue de manière intermoléculaire, donner le mécanisme de formation du β-nitro silyloxy **8**.

II.2.d. Justifier la non-renversabilité de la réaction de Henry dans ces conditions.

II.2.e. En gardant les mêmes conditions opératoires, proposer un système chimique pour rendre la réaction énantiosélective. Justifier ce choix.

La réaction effectuée sur le (*R*)-2-(*N*,*N*-dibenzylamino)-4-méthylpentanal **9** conduit à la formation du seul diastéréoisomère **10** dans lequel tous les substituants sont en position relative *anti*.

II.2.f. Représenter un modèle de l'état de transition de la réaction justifiant l'obtention du seul diastéréoisomère dans lequel le groupe amino et le groupe silyloxy sont en *anti* l'un par rapport à l'autre.

Outre l'excellente diastéréosélectivité, cette variante permet d'obtenir le nitro alcool protégé, beaucoup plus stable.

II.3. La réaction de Henry plus en détails

II.3..1 Réaction de Henry et aldéhydes aromatiques

Dans le cas des aldéhydes aromatiques, la réaction de Henry donne le plus souvent des mélanges de produits. Pour éviter cela, le milieu réactionnel est généralement chauffé. Ainsi, lorsque le 3,4-diméthoxybenzaldéhyde **11** est chauffé en présence de nitrométhane (1,0 équivalent) et d'une quantité catalytique d'acétate d'ammonium dans l'acétonitrile à 90 °C pendant plusieurs heures, le composé **12** est isolé après traitement et purification avec 90% de rendement.

II.3.a. À quelle réaction de la chimie des carbonyles cette réaction s'apparente-t-elle ?

II.3.b. Justifier pourquoi il est difficile d'isoler le β-nitro alcool dans le cas présenté ici.

II.3.c. Donner la structure du composé **12** et le mécanisme de sa formation.

II.3..2 Transformation des adduits de Henry

Dans le cas des aldéhydes aliphatiques, les β-nitro alcools obtenus par réaction de Henry sont aisément transformés en nitro alcènes. Ainsi, le composé **13** représenté ci-dessous (figure 4) est traité par de l'anhydride trifluoroacétique (TFAA) (1,1 équivalent) dans le dichlorométhane à -10 °C. De la triéthylamine (2,0 équivalents) est ensuite ajoutée et le mélange est agité pendant 30 minutes à -10 °C. Après traitement et purification, le nitro alcène **14** est isolé avec un rendement de 88%.

13

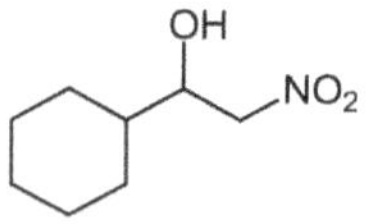

Figure 4 :

Le spectre infra-rouge du composé **14** présente trois bandes d'absorption à 1645, 1520 et 1350 cm^{-1}. Des données partielles concernant les spectres RMN ^{1}H, et ^{13}C de ce composé dans le $CDCl_3$ sont présentés dans le tableau 2. Pour le spectre RMN ^{1}H, seuls sont fournis les signaux dont le déplacement chimique est supérieur à 6 ppm ; pour le spectre RMN ^{13}C, seuls sont fournis les signaux dont le déplacement chimique est supérieur à 30 ppm.

RMN ^{1}H (400 MHz)	7,16 (dd, J = 13,4 Hz et 7,3 Hz, 1H), 6,89 (d, J = 13,4 Hz, 1H)
RMN ^{13}C (100,6 MHz)	147,1 ; 138,0 ; 37,3

Tableau 2 :

II.3.a. Quel est le rôle de l'anhydride trifluoroacétique ?

II.3.b. Donner la structure du composé **14** et proposer un mécanisme pour expliquer sa formation.

II.3.c. Proposer d'autres conditions pour former le produit **14** à partir du composé **13**.

II.3.d. À quelles vibrations de valence correspondent les signaux IR observés pour le composé **14** ?

II.3.e. Interpréter les différents signaux fournis pour les spectres RMN ^{1}H et ^{13}C du composé **14**.

II.3..3 Cétones et réaction de Henry

D'une manière générale, les cétones sont moins réactives que les aldéhydes dans la réaction de Henry. Il est généralement nécessaire de les chauffer en présence d'une amine pour observer une réaction de condensation comme dans l'exemple suivant. Dans un ballon surmonté d'un montage de Dean-Stark, la cyclohexanone et le nitroéthane (1,0 équivalent) sont mis en réaction dans le benzène en présence de 0,3 équivalent de *N*,*N*-diméthyl éthylènediamine (figure 5). Le mélange réactionnel est chauffé au reflux pendant deux heures. Le mélange est ensuite refroidi, lavé avec une solution aqueuse d'acide chlorhydrique à 2,0 mol.L^{-1} puis séché sur sulfate de magnésium anhydre. Le solvant organique est évaporé sous vide. Le dérivé **15** est purifié sur gel de silice et obtenu avec un rendement de 80%. Le spectre infra-rouge de ce composé présente trois bandes d'absorption à 1665, 1546 et 1385 cm^{-1}.

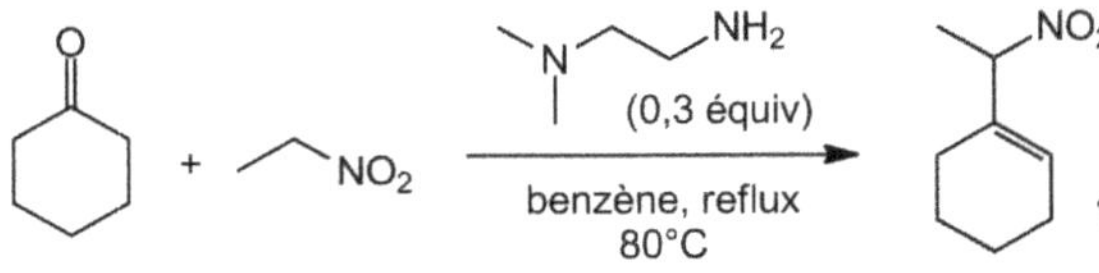

15

Figure 5 :

II.3.a. En utilisant les orbitales frontières, justifier le fait que les cétones sont moins réactives que les aldéhydes de manière générale vis-à-vis de l'attaque nucléophile.

II.3.b. Justifier l'utilisation d'un montage de Dean-Stark dans la réaction de Henry. Rappeler brièvement le principe de fonctionnement d'un tel montage.

II.3.c. Quel est l'intermédiaire formé par réaction de la cétone et de l'amine primaire ? Quelle est l'espèce la plus électrophile présente dans le milieu.

II.3.d. Quel est le rôle de l'amine tertiaire dans cette réaction ?

II.3.e. Quel est l'intérêt de choisir un composé possédant à la fois une fonction amine primaire et une fonction amine tertaire dans cette réaction ?

II.3.f. À quelles vibrations de valence correspondent les signaux IR observés pour le composé **15** ?

II.4. Application à la synthèse de la pancratistatine

Nous nous proposons d'illustrer ici une application de la réaction de Henry à l'obtention d'un synthon clé, le composé **A** (figure 6). Il s'agit d'un intermédiaire dans la synthèse de la pancratistatine, un produit naturel isolé d'une plante hawaïenne, induisant l'apoptose dans les cellules cancéreuses (G. Pettit et coll., 1933).

Le 4-bromobutanoate d'éthyle est mis en solution dans le DMF en présence de zinc (3,0 équivalents) pendant cinq heures à 75 °C puis sont ajoutés, après refroidissement à 0 °C, du cyanure de cuivre (I) (CuCN, 1,0 équivalent) et du chlorure de lithium (LiCl, 2,9 équivalents). Le mélange est ensuite refroidi à -78 °C avant d'ajouter une solution de nitrostyrène **16** (1,0 équivalent) dans le tétrahydrofurane (THF). La solution est agitée pendant cinq heures en laissant remonter la température lentement à 0 °C. Après traitement et purification, est isolé le produit **17** de formule brute $C_{15}H_{19}NO_6$. Le spectre infra-rouge de ce compose présente trois bandes caractéristiques à 1742, 1550 et à 1380 cm^{-1}. À une solution de **17** dans le dichlorométhane à -78 °C est ajoutée goutte à goutte, en prenant soin

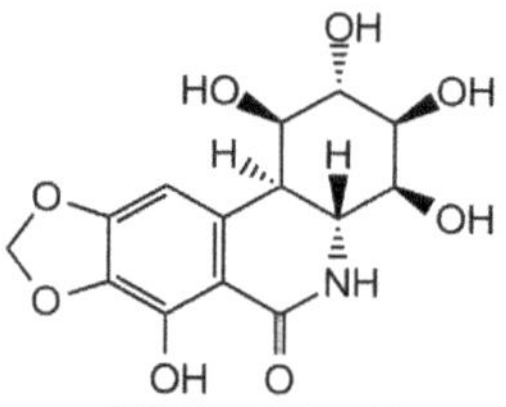

Pancratistatine

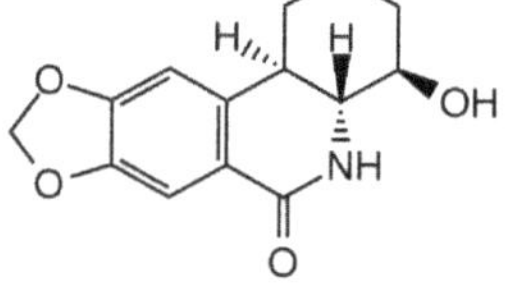

Synthon clé **A**

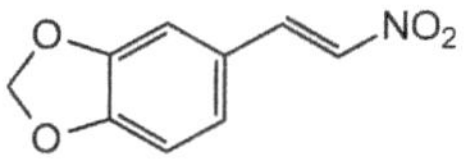

16

Figure 6 :

de maintenir cette température, une solution d'hydrure de di*iso*butylaluminium (DIBAL-H, 1,3 équivalent) pour conduire après traitement au composé **18**. Le spectre infra-rouge de ce composé montre la disparition de la bande à 1742 cm^{-1} et l'apparition d'une nouvelle bande d'absorption intense à 1722 cm^{-1}. Le spectre RMN ^{1}H (400 MHz, $CDCl_3$) présente notamment un pic caractéristique dont le déplacement chimique est de 8,10 ppm. Le composé **18** est engagé sans purification dans l'étape suivante ; il est mis en solution dans l'acétonitrile et traité par une quantité catalytique de DBU pour conduire après purification au composé **19** avec un rendement de 71% sous la forme d'un mélange séparable de deux isomères **19a** et **19b** dans un rapport 95 :5. Le spectre RMN ^{1}H (400 MHz) du composé **19a** dans le $CDCl_3$ est partiellement détaillé dans le tableau 3, et seuls les signaux dont le déplacement chimique est compris entre 3,5 et 5,5 ppm sont décrits.

Isomère **19a**	4,84 (dd, J = 11,2 Hz et 10,0 Hz, 1H), 4,41 (ddd, J = 10,0 Hz J= 8,9 Hz et J=4,5 Hz, 1H), 3,61(ddd, J = 12,4 Hz $J = 11,2$ Hz et $J = 3,8$ Hz, 1H)

Tableau 3 :

L'isomère **19a** est traité par du chlorure de *tert*-butyldiméthylsilyle (1,3 équivalent) en présence d'imidazole (2,5 équivalents) dans le DMF. Le mélange réactionnel est agité pendant 24 heures à température ambiante pour conduire, après traitement, au composé **20**. Ce dernier est mis en solution dans le méthanol en présence d'une quantité catalytique de nickel de Raney sous atmosphère de dihydrogène pendant quatre heures à température ambiante. Après traitement, le composé **21** de formule brute $C_{19}H_{31}NO_3Si$ est isolé avec un rendement quantitatif. Celui-ci est ensuite mis en solution dans le dichlorométhane à 0 °C et traité par du chloroformiate de méthyle ($ClCO_2Me$, 1,5 équivalent) en présence de triéthylamine (2,0 équivalents). Après traitement et purification, le composé **22** est isolé avec 96% de rendement. Le spectre infra-rouge de ce composé présente une bande caractéristique à 1690 cm^{-1}. Enfin, ce dernier est mis en solution dans le dichlorométhane puis traité par de l'anhydride triflique ($(CF_3SO_2)O$, 2,0 équivalents) en présence de 4-diméthylaminopyridine (DMAP, 1,5 équivalent) pendant 15 heures. Après neutralisation et purification, le composé **23**, est isolé avec 85% de rendement. Finalement, le synthon clé **A** est obtenu avec 96% de rendement après déprotection de l'éther silylé.

II.4.a. Quelle est l'espèce formée lorsque le 4-bromobutanoate d'éthyle est traité par un excès de zinc ? Justifier l'emploi de zinc dans cette réaction.

II.4.b. Proposer une structure de l'espèce organométallique réagissant avec le nitrostyrène.

II.4.c. Donner la structure du produit **17**.

II.4.d. À quelle vibrations de valence correspondent les signaux IR observés pour le composé **17** ?

II.4.e. Lors de la transformation de **17** en **18**, quel est l'intermédiaire formé avant hydrolyse du mélange réactionnel ? Pourquoi est-il nécessaire de contrôler la température au cours de cette étape ?

II.4.f. Interpréter les différentes données spectroscopiques fournies pour le composé **18**.

II.4.g. En interprétant les données RMN fournies, proposer une structure pour le composé **19a**. Quel rapport d'isomérie existe-t-il entre les deux molécules **19a** et **19b** ?

II.4.h. Donner la structure du composé **20** et proposer un mécanisme pour justifier sa formation.

II.4.i. Donner la structure du composé **21**.

II.4.j. Décrire le principe de préparation du nickel de Raney.

II.4.k. Donner la structure du composé **22**.

II.4.l. À quelle vibration de valence correspond le signal IR observé pour le composé **22** ?

II.4.m. Proposer un mécanisme pour expliquer la formation du composé **22**.

II.4.n. Donner la structure du composé **23**. Proposer un mécanisme pour expliquer sa formation.

II.4.o. Proposer des conditions opératoires pour obtenir le synthon **A**.

Les dérivés nitrés offrent de multiples possibilités synthétiques car, comme nous allons le voir dans la suite, de nombreuses réactions sont envisageables pour transformer le groupe nitro.

III. Devenir des dérivés nitrés

III.1. Réductions : obtention d'alcanes par réduction radicalaire

Nous avons vu précédemment que le groupe nitro peut être réduit en amine, mais il est également possible de réduire le dérivé nitré par voie radicalaire pour conduire à un carbone non fonctionnalisé. Cette réaction a été, par exemple, utilisée pour former des macrolactones, comme présenté dans le schéma réactionnel suivant.

L'hydroxycétone **24** est traitée par de l'hydrure de sodium (1,1 équivalent) dans le 1,2-diméthoxyéthane (DME) pour former, après neutralisation du milieu réactionnel, le composé **25** (figure 7). Le spectre infra-rouge de ce dernier présente trois bandes caractéristiques à 1735, 1540 et 1353 cm^{-1}. Le composé **25** est mis en solution dans le toluène en présence d'hydrure de tri-*n*-butylétain (5,0 équivalents) et d'une quantité substœchiométrique d'azobisisobutyronitrile (AIBN, 0,5 équivalent, figure 1). Le mélange est chauffé à 86 °C pendant une heure. Après purification, le décanolide **26** est obtenu avec 40% de rendement global sur les deux étapes.

24 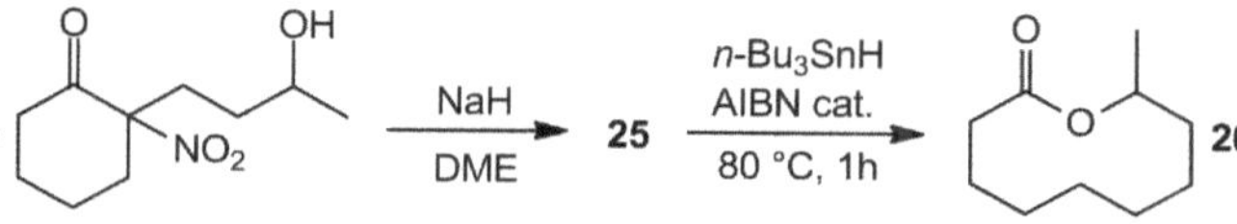

Figure 7 :

III.1.a. Proposer une voie de synthèse du composé **24** à partir de la 2-nitro cyclohexanone et de la but-3-ène-2-one.

III.1.b. Donner la structure du composé **25**, et proposer un mécanisme justifiant sa formation.

III.1.c. Quelle est la force motrice de cette réaction ?

III.1.d. À quelles vibrations de valence correspondent les signaux IR observés pour le composé **25** ?

III.1.e. Pourquoi est-il nécessaire de chauffer le milieu réactionnel à 80 °C lors de la deuxième étape ?

III.1.f. Proposer un mécanisme pour cette seconde étape sachant qu'il se forme du nitrite de tri-*n*-butylétain(*n*-Bu_3SnONO) dans le milieu.

III.2. Cycloadditions

Les cycloadditions 1,3-dipolaires impliquant des dérivés nitrés ont été très utilisées pour la synthèse d'hétérocycles comme les isoxazolines et isoxazolidines. Ainsi, un nitro alcane traité par du chlorure de triméthylsilyle en présence de triéthylamine conduit à un dipôle-1,3, appelé nitronate silylé, qui réagit avec un alcène pour former une structure cyclique.

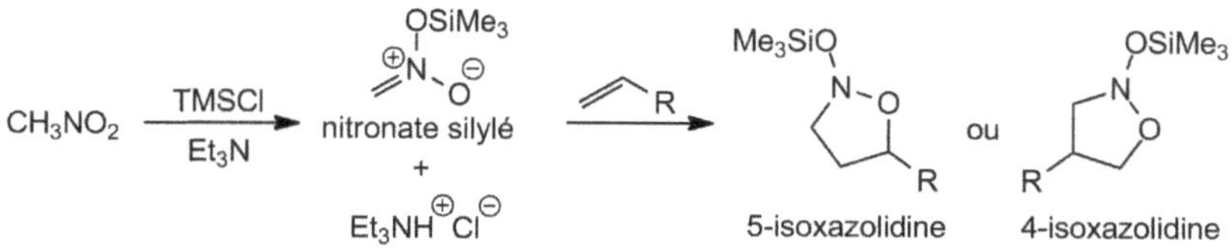

En considérant que les réactions de cycloadditions 1,3-dipolaires (ou cycloadditions [3+2]) sont sous contrôle frontalier, on se propose d'étudier la régiosélectivité de ces réactions en présence de différents alcènes. Pour cela, nous allons déterminer les orbitales moléculaires du nitronate silylé par la méthode Hückel simple. Dans ce modèle, nous négligerons volontairement l'influence du groupe silyloxy sur le système π de la molécule de nitronate.

Les paramètres Hückel choisis pour l'azote et l'oxygène sont les suivants :

$N^+ : \alpha_{N^+} = \alpha + \beta \quad \beta_{CN^+} = \beta \quad O^- : \alpha_{O^-} = \alpha + 0,5\beta \quad \beta_{N^+O^-} = 0,8\beta$

III.2.a. Comparer les valeurs des intégrales coulombiennes proposées pour ces deux atomes avec les valeurs classiquement fournies dans la littérature pour l'azote à 1 électron et l'oxygène à 2 électrons.

$N : \alpha_N = \alpha + 0,5\beta \quad \beta_{CN} = \beta \quad O : \alpha_O = \alpha + 2\beta \qquad \beta_{CO} = 0,8\beta$

III.2.b. Écrire le déterminant séculaire (3 × 3) permettant de déterminer les orbitales moléculaires de symétrie π de la molécule de nitronate silylé par la méthode Hückel simple, en posant $x = (\alpha - E)/\beta$.

La résolution de ce déterminant conduit à l'équation de degré trois qui admet les racines suivantes : $x_1 = -1,95; x_2 = -0,33$ et $x_3 = +0,78$

III.2.c. Déterminer les énergies ainsi que les fonctions d'onde associées (en calculant les coefficients pour chaque atome) des orbitales moléculaires haute occupée (HO) et basse vacante (BV) de la molécule de nitronate silylé.

III.2.d. En considérant que la réaction de cycloaddition [3+2] entre le nitronate silylé et le propène est sous contrôle frontalier, déterminer quelle serait l'isoxazolidine attendue.

Données : Les énergies et les coefficients des orbitales moléculaires de symétrie π du propène sont indiqués ci-dessous. On rappelle que, dans le cadre de la théorie de Hückel simple, le méthyle est considéré comme un hétéroatome apportant deux électrons au système π de la molécule.

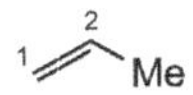

propène

Énergies	C_1	C_2	C_{Me}
$\alpha + 2,27\beta$	0,16	0,35	0,92
$\alpha + 0,81\beta$	0,73	0,59	-0,35
$\alpha - 1,08\beta$	0,67	-0,72	0,16

III.2.e. Suivant un raisonnement analogue, déterminer quelle serait l'isoxazolidine attendue dans le cas d'une réaction avec l'acrylate de méthyle.

Données : Les énergies et les coefficients des orbitales moléculaires de symétrie π de l'acrylate de méthyle sont indiqués ci-dessous, la numérotation des atomes étant précisée dans la figure 8 ci-contre :

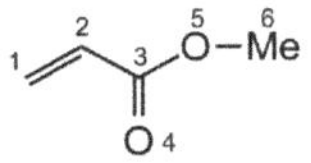

Figure 8 : acrylate de méthyle

Énergies	C_1	C_2	C_3	C_4	C_5	C_6
$\alpha + 2,77\beta$	0,0497	0,1374	0,3306	0,1870	0,7378	0,5386
$\alpha + 1,93\beta$	-0,1653	-0,3190	-0,4502	-0,4843	-0,0820	0,6535
$\alpha + 1,34\beta$	0,1915	0,2559	0,1504	0,4474	-0,6280	0,5297
$\alpha + \beta$	-0,5774	-0,5774	0,0000	0,5774	0,0000	0,0000
$\alpha - 0,44\beta$	-0,6670	0,2907	0,5403	-0,3763	-0,1874	0,0431
$\alpha - 1,60\beta$	0,3940	-0,6293	0,6111	-0,2353	-0,1393	0,0217

Les réactions de cycloaddition 1,3-dipolaires ont été particulièrement utilisées dans leur version intramoléculaire pour former des systèmes bicycliques. Ainsi, le nitrostyrène **27**, mis en solution dans le toluène, est traité par de la diallyl amine (2,0 équivalents) pendant vingt-quatre heures à température ambiante. Après filtration sur célite et évaporation du solvant sous pression réduite, l'isoxazolidine **28** est isolée avec un rendement de 70% (figure 9).

L'isoxazolidine **28** peut être aisément transformée en l'isoxazoline **29** par simple traitement par une solution aqueuse diluée d'acide chlorhydrique à 1,0 mol.L^{-1} suivi d'une neutralisation du milieu. En revanche, le composé **28** traité par du fluorure de tétrabutylammonium (TBAF, 1,0 équivalent) conduit au composé **30** avec un rendement de 85%.

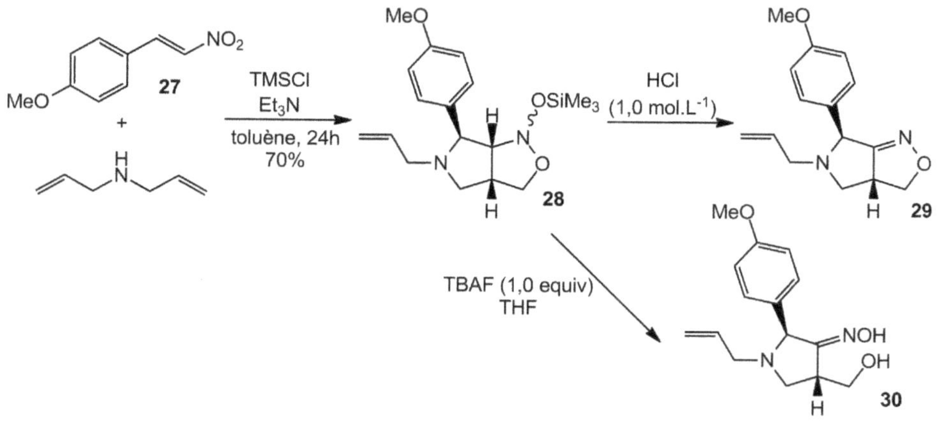

Figure 9 :

III.2.f. Au cours d'une première étape, le nitrostyrène **27** réagit avec l'allyl amine pour former un intermédiaire précurseur du bicycle **28**. Proposer une structure pour cet intermédiaire et un mécanisme pour expliquer sa formation.

III.2.g. Proposer un mécanisme pour expliquer la formation de l'isoxazolidine **28**.

III.2.h. La régiosélectivité observée est-elle en accord avec celle déterminée auparavant pour les alcènes de ce type ? Si ce n'est pas le cas, proposer une explication quant à la différence observée.

III.2.i. Proposer un mécanisme pour expliquer la formation de l'isoxazoline **29**.

III.2.j. Proposer un mécanisme permettant d'expliquer la formation du composé **30**.

III.2.k. En justifiant les ordres de priorités, donner la configuration absolue des centres stéréogènes du composé **30**.

III.3. Dérivés nitrés et chimie organométallique

Enfin, les composés nitrés ont été utilisés en chimie organométallique. Ainsi, le nitro cyclopentène **31** mis en solution dans le DMF est traité par un équivalent de l'anion du diméthyl malonate en présence d'une quantité catalytique d'acétate de palladium ($Pd(OAc)_2$, 1%) et de triphénylphosphine (4%) (figure 10). Le mélange réactionnel est agité à 70 °C pendant trois heures et conduit, après purification, au composé **32** avec un rendement de 70%. Le spectre infra-rouge de ce dernier présente deux bandes caractéristiques à 1750 et 1732 cm^{-1}.

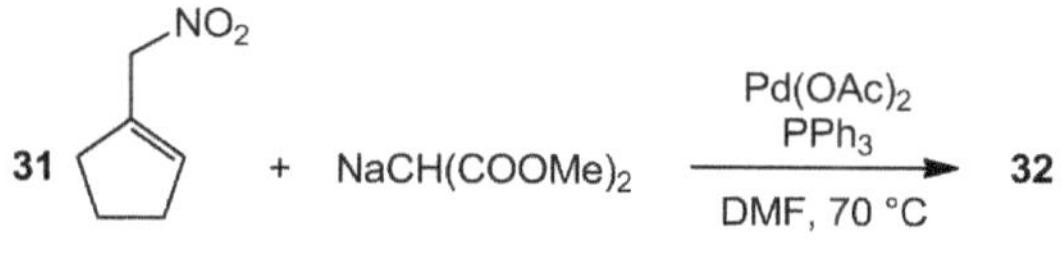

Figure 10 :

III.3.a. Proposer une structure pour le composé **32**.

III.3.b. À quelles vibrations de valence correspondent les signaux IR observés pour le composé **32** ?

III.3.c. Quelle est l'espèce catalytique active du palladium ? Quel est le degré d'oxydation du palladium dans le complexe $Pd(OAc)_2$ et dans l'espèce catalytique active ? Déterminer l'environnement électronique du palladium dans l'espèce active.

III.3.d. Proposer un mécanisme pour expliquer la formation de l'espèce catalytique active.

III.3.e. Proposer un mécanisme pour expliquer la formation du composé **32**.

FIN DE L'ÉNONCÉ

La chimie des dérivés nitrés

I. Synthèse des dérivés nitrés

I.1. Nitration des composés aromatiques

I.1.a. Le mélange acide nitrique/acide sulfurique permet de former l'ion nitronium NO_2^+ qui joue le rôle d'entité électrophile.
Mécanisme de la formation de l'ion nitronium :

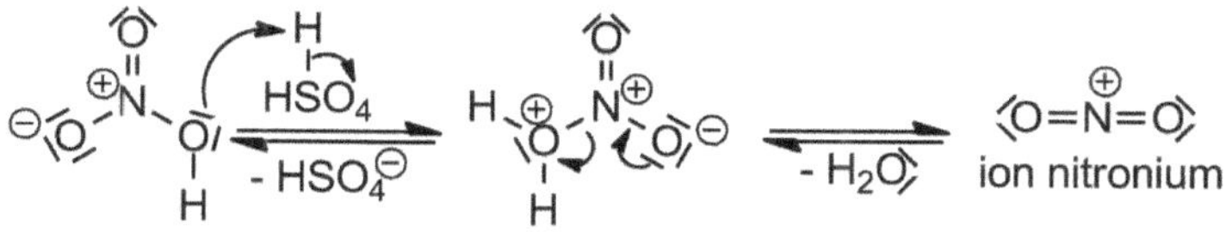

I.1.b. Les différents composés **1** correspondent aux nitrations en ortho, méta ou para du chlorobenzène. Le composé **1c** ne présente que deux types de protons magnétiquement différents, il s'agit donc du produit para. Le composé **1b** étant le seul qui présente un singulet, il possède un proton qui ne couple avec aucun autre noyau, il s'agit donc du produit méta. Reste le composé **1a** qui correspond donc au produit ortho.

1a **1b** **1c**

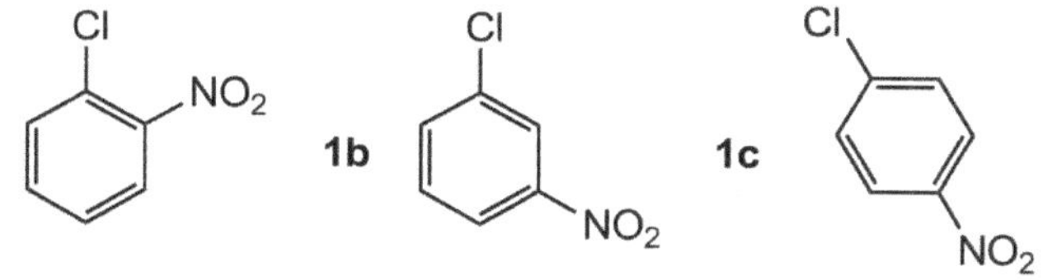

I.1.c. Mécanisme de la nitration du chlorobenzène :

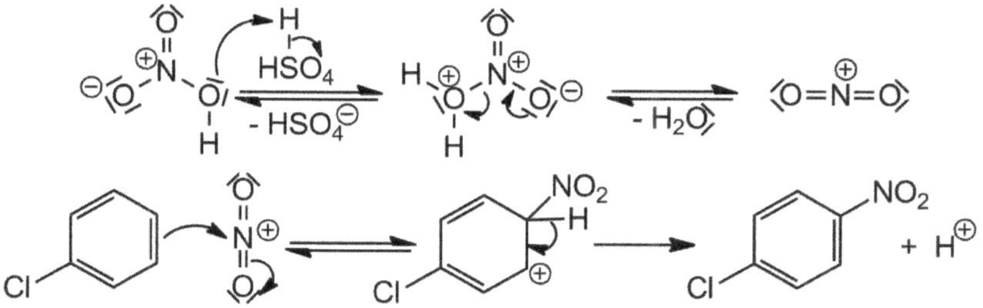

I.1.d. Le chlore est donneur d'électrons par effet mésomère, il oriente donc les réactions de substitution électrophile aromatique en ortho/para selon les règles de Holleman. Entre ces deux produits majoritaires, le composé para est obtenu préférentiellement car le mécanisme de son obtention passe par un état de transition où la gène stérique est amoindrie.

I.1.e. Le groupement nitro $-NO_2$ étant fortement électroattracteur, il déstabilise de manière importante la charge positive portée par l'intermédiaire de Wheland. La cinétique des réactions de polynitrations est donc suffisament diminuée pour que ces composés ne soient pas observés dans ces conditions.

I.1.f. Les réactions de S_EAr passent par un intermédiaire réactionnel (l'intermédiaire de Wheland) non aromatique et donc beaucoup plus haut en énergie que les réactifs et les produits. L'état de transition correspondant à l'étape cinétiquement déterminante (la formation de l'intermédiaire de Wheland) est donc un état de transition tardif. D'après le postulat de Hammond, le complexe activé possède ainsi une structure proche de l'intermédiaire et non du réactif. Or le contrôle frontalier se base sur l'interaction entre les orbitales des réactifs : il n'est donc pertinent que dans le cas d'un état de transition précoce, c'est pourquoi il ne permet pas ici de justifier la régiosélectivité.

I.1.g. La *para*-chloroaniline peut être obtenue par réduction du groupement nitro du composé **1c**, soit à l'aide de fer en milieu acide chlorhydrique, soit par hydrogénation avec H_2 en présence de nickel ou de cuivre.

I.1.h. Il s'agit d'une réaction de substitution nucléophile aromatique (S_NAr).

I.1.i. Structure du composé **2** :

2

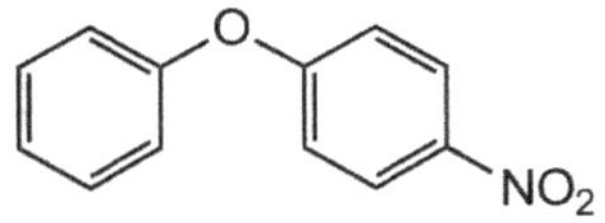

I.1.j. Mécanisme de la formation de **2** :

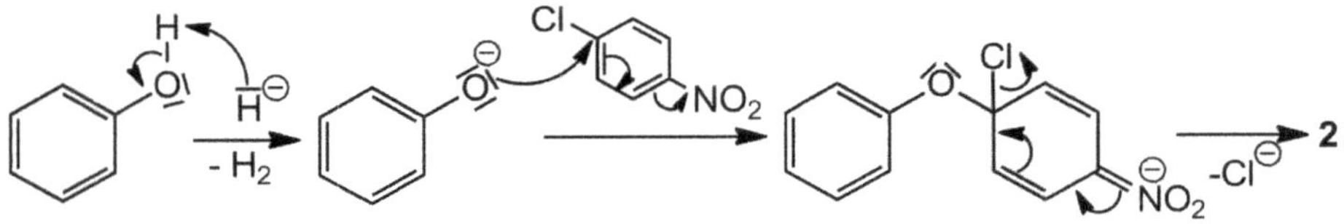

I.1.k. Le DMF est un solvant polaire et aprotique selon la classification de Parker. Sa forte polarité permet de dissocier les paires d'ions. En particulier, il dissocie ici l'ion phénolate de son contre ion sodium afin d'augmenter sa nucléophilie et ainsi accélérer la réaction.

I.1.l. Nous avons vu que le groupement nitro est fortement électroattracteur et qu'il désactive le noyau aromatique vis-à-vis des réactions de S_EAr en diminuant sa nucléophilie. Cependant cela augmente également son électrophilie, ce qui l'active vis-à-vis des réactions de S_NAr.

I.2. Nitration des halogéno alcanes

I.2.a. Structure du composé **4** :

4

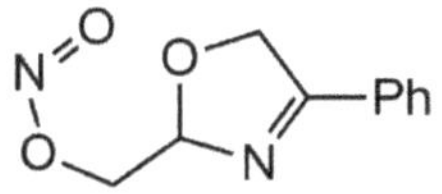

I.2.b. Mécanisme de formation de **4** : S_N2

I.2.c. La formation de **5**, isomère de constitution de **4**, démontre bien le caractère ambident de l'ion nitrite qui possède deux sites nucléophiles pouvant attaquer l'halogénoalcane : l'atome d'oxygène et l'atome d'azote.

I.2.d. Structure du composé **5** et mécanisme de sa formation : S_N2

I.2.e. Les ions iodure peuvent effectuer une réaction de substitution nucléophile pour former un iodoalcane intermédiaire à partir du bromoalcane **3**. Le composé iodé étant alors beaucoup plus réactif que le dérivé bromé, l'attaque de l'ion nitrite NO_2^- est plus rapide et la formation des composés **4** et **5** est accélérée. De plus, l'ion iodure étant alors à chaque fois régénéré, il peut être utilisé en quantité catalytique. On dit que les ions iodure effectuent une catalyse nucléophile.

II. Réaction de Henry

II.1. Étude de la réaction de Henry

II.1.a. Le pK_a particulièrement faible des nitroalcanes est dû à la stabilisation de la base conjuguée par délocalisation électronique :

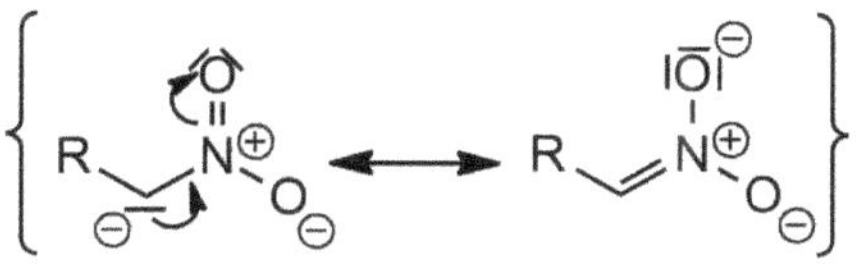

II.1.b. Structure des différents isomères de **6** :

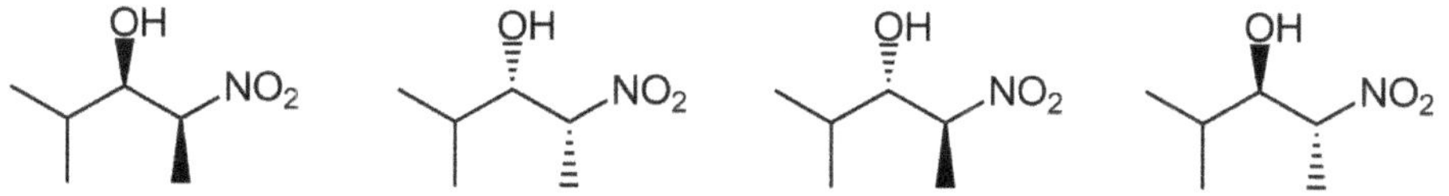

6a **6b** **6c** **6d**

Les couples **6a**/**6b** et **6c**/**6d** forment des couples d'énantiomères tandis que tous les autres couples de composés forment des couples de diastéréoisomères.

En appelant C_1 le carbone lié au groupement nitro et C_2 le carbone lié au groupement hydroxy : Pour l'isomère **6a** : le carbone C_1 est de configuration *S* et le carbone C_2 est de configuration *R*, il est donc (*S*,*R*) (> signifiant "prioritaire devant" selon les règles CIP) :

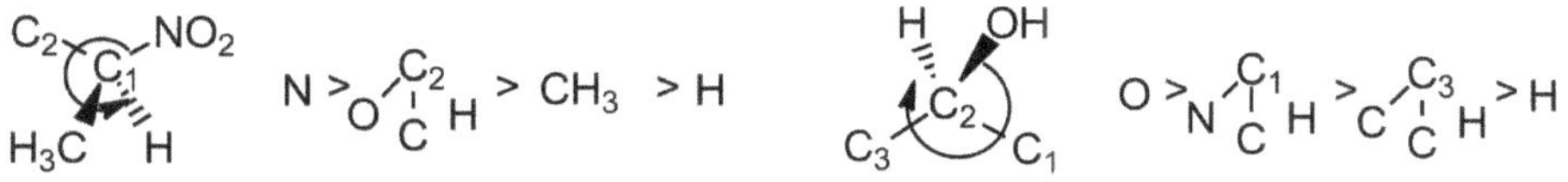

Par analogie, les isomères **6b**, **6c** et **6d** sont respectivement (*R*,*S*), (*R*,*R*) et (*S*,*S*).

II.1.c. Mécanisme de la formation de **6** : Réaction de Henry

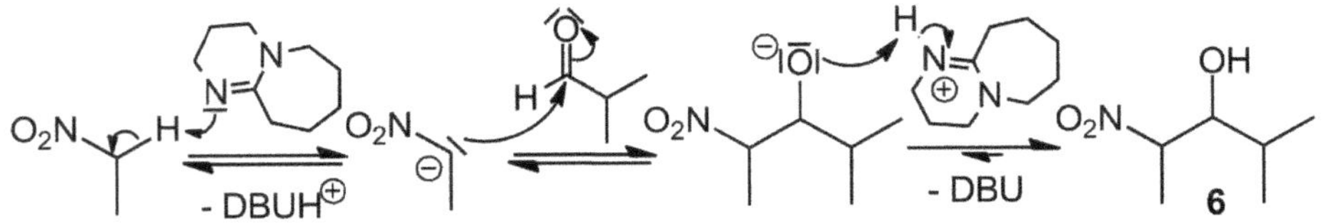

Ce mécanisme montre bien que le DBU est consommé puis régénéré (pK_a = 12 pour le DBU *vs.* 16 pour l'alcoolate), une quantité substœchiométrique est donc suffisante.

II.1.d. Le solvant doit être aprotique pour ne pas solvater (voire reprotoner) la base conjuguée du nitroalcane avant qu'elle n'attaque l'aldéhyde. De plus, il doit être polaire pour dissocier les paires d'ions et ainsi exalter la nucléophilie de ce même intermédiaire.

II.1.e. Une réaction de condensation aldolique résulterait de l'attaque de la base conjuguée de l'aldéhyde sur une autre molécule d'aldéhyde. Or la formation de cette base conjuguée est beaucoup moins favorable thermodynamiquement que celle du nitroalcane (cf. valeurs de pK_a ci-dessous). Cette condensation est donc plus lente que la réaction de Henry et ne peut pas être observée.

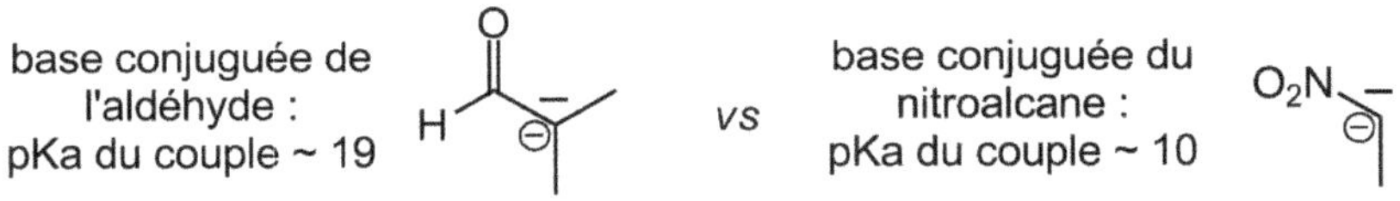

II.1.f. L'utilisation d'une pression réduite lors d'une distillation permet de diminuer le chauffage et donc de limiter la dégradation des composés. Il pourrait être envisageable de séparer les composés **6a** et **6b** des composés **6c** et **6d** par cette technique car ils sont reliés par une relation de diastéréoisomérie et peuvent donc avoir des températures d'ébullition différentes. Cependant, **6a** et **6b** ne peuvent pas être séparés l'un de l'autre (de même pour **6c** et **6d**) car ce sont des énantiomères qui sont présents en quantité égale.

Remarque : Il est possible de séparer partiellement un mélange d'énantiomère non racémique par distillation ou cristallisation. Dans le meilleur des cas, l'énantiomère majoritaire peut ainsi être isolé avec un rendement égal à l'excès énantiomérique mais l'énantiomère minoritaire ne peut pas être obtenu pur.

II.1.g. La bande large à 3426 cm^{-1} correspond à la vibration d'élongation de la liaison OH. Les bandes intenses à 1553 cm^{-1} et 1360 cm^{-1} correspondent aux vibrations d'élongation symétrique et antisymétrique des liaisons NO du groupement nitro.

II.1.h. Signaux RMN ^1H du composé **6** :

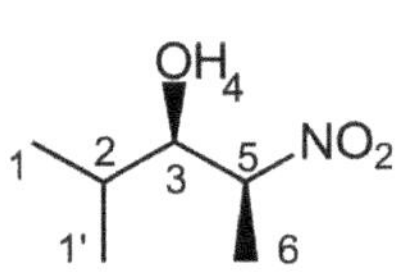

H^1-$H^{1'}$	0,96 (d, $J = 6,8$ Hz, 3H) - 0,84 (d, $J = 6,8$ Hz, 3H)
H^2	1,70 (septuplet dédoublé, $J = 6,8$ Hz et $4,3$ Hz, 1H)
H^3	3,79 (m, 1H)
H^4	2,75 (singulet large, 1H)
H^5	4,57 (q, $J = 6,9$ Hz 1H)
H^6	1,45 (d, $J = 6,9$ Hz, 3H)

Justification : Le proton H^5 est proche du groupement NO_2 fortement électroattracteur, il s'agit donc du proton le plus déblindé. Les protons H^6 correspondent alors à un signal intégrant pour 3H et couplant avec H^5 ($J = 6,9$ Hz) : il s'agit de celui à 1,45 ppm. Les protons diastéréotopiques H^1 et $H^{1'}$ correspondent alors obligatoirement aux deux autres signaux intégrant pour 3 protons : il s'agit de ceux à 0,96 et 0,84 ppm (avec ces seules données, il est impossible de savoir lequel correspond à quel signal). Le proton H^2 correspond alors au signal à 1,70 ppm car il couple avec les protons H^1 et $H^{1'}$ ($J = 6,8$ Hz). Le signal large à 2,75 ppm correspond au proton H^4 de la fonction alcool qui est labile. Il ne reste alors que le signal à 3,79 ppm qui correspond au proton H^3.

Ce dernier couple a priori avec H^2, H^4 et H^5, on pourrait donc s'attendre à un doublet dédoublé dédoublé. Cependant H^4 étant labile, le couplage n'est pas constant et le signal s'élargit pour former un multiplet.

6a et **6b** sont des énantiomères, ils auront donc par définition des spectres RMN identiques (de même pour **6c** et **6d**). Cependant entre ces deux couples, les spectres peuvent être différents car ils sont reliés par une relation de diastéréoisomérie.

II.1.i. Signaux RMN ^{13}C du composé **6** :

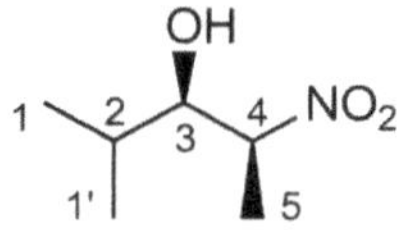

C^1-$C^{1'}$-C^5	15,1 – 18,4 – 19,7
C^2	30,8
C^3	77,6
C^4	84,6

Justification : Le carbone C^4 est proche du groupement NO_2 fortement électroattracteur, il s'agit donc du noyau le plus déblindé. Vient ensuite le carbone C^3 à 77,6 ppm proche de l'oxygène électronégatif puis le carbone C^2 à 30,8 ppm. Enfin les carbones C^1, $C^{1'}$ et C^5 sont très peu déblindés (15,1 , 18,4 et 19,7 ppm), il est donc difficile de les différencier et de savoir à quels signaux ils correspondent.

II.2. Variante de la réaction de Henry

II.2.a. Structure de l'intermédiaire **7** :

7

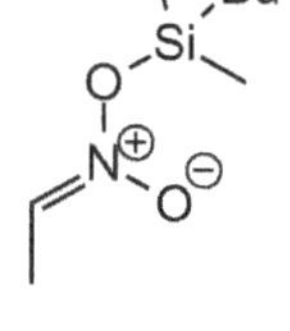

II.2.b. Le fluorure de tétrabutylammonium sert d'agent catalytique dans cette réaction.

Remarque : Il peut en effet attaquer facilement l'atome de silicium pour déprotéger la fonction nitro déprotonée qui peut alors attaquer l'aldéhyde. De plus, il est régénéré comme le montre le mécanisme ci-dessous.

II.2.c. Mécanisme de formation du β-nitro silyloxy **8** :

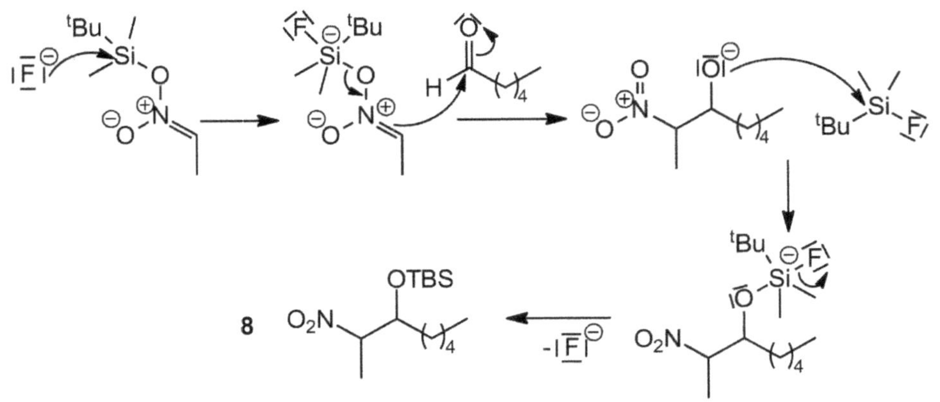

II.2.d. Le composé **8** possède une fonction silyloxy très stable par rapport à celle de l'intermédiaire **7**. La réaction inverse de formation de **7** à partir de **8** est donc difficile car trop lente et ne peut être observée dans ces conditions.

Remarque : Cette non-renversabilité se traduit par des simples flèches dans le mécanisme ci-dessus.

II.2.e. Il existe deux principales possibilités pour rendre cette réaction énantiosélective :

- Dans un premier cas, il est possible d'agir sur l'action de l'ion fluorure en remplaçant son contre ion achiral Bu_4N^+ par un ammonium énantiopur. Un exemple de contre ion chiral utilisé avec succès est donné ci-dessous :

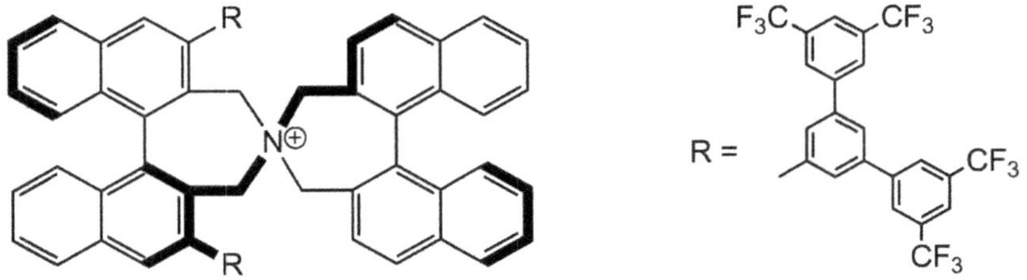

- Dans un deuxième cas, il est possible d'agir sur l'agencement relatif des deux réactifs en utilisant un complexe métallique chiral qui va jouer le rôle d'agent chélatant. Un exemple de complexe de cuivre utilisé à cet effet est donné ci-dessous :

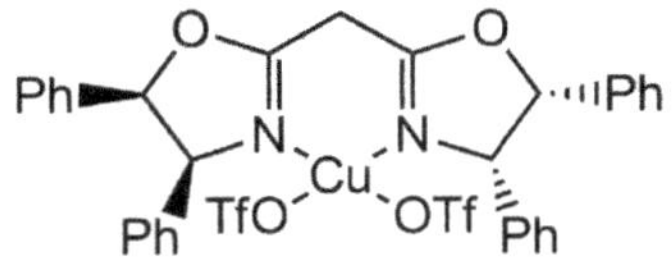

II.2.f. La diastéréosélectivité de la réaction peut être expliquée à l'aide du modèle de Felkin-Anh : le groupement amino est placé perpendiculairement au groupement carbonyle puis la conformation la plus réactive est obtenue lorsque l'hydrogène est situé en bas afin de limiter la gène stérique avec le groupement nucléophile qui approche :

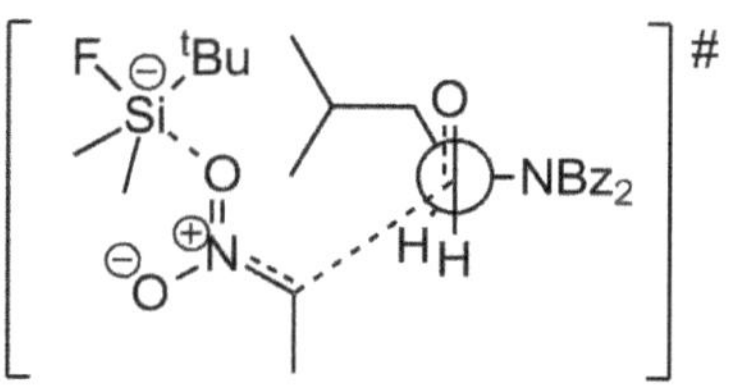

On obtient alors bien le composé possédant les groupements amino et silyloxy en anti :

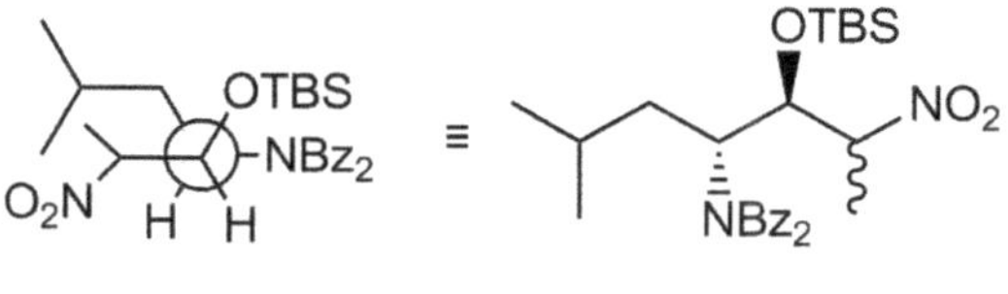

II.3. La réaction de Henry plus en détails

II.3..1 Réaction de Henry et aldéhydes aromatiques

II.3.a. Cette réaction s'apparente aux réactions d'aldolisation-crotonisation.

II.3.b. Dans le cas présenté ici, il est difficile d'isoler le β-nitro aldol car celui-ci peut facilement se déshydrater pour former un composé très stable (cf. ci-dessous). En effet, ce dernier posséderait un système π délocalisé sur l'ensemble de la molécule et reliant un groupement donneur d'électrons par effet mésomère (OMe) à un groupement attracteur d'électrons par effet mésomère (NO_2).

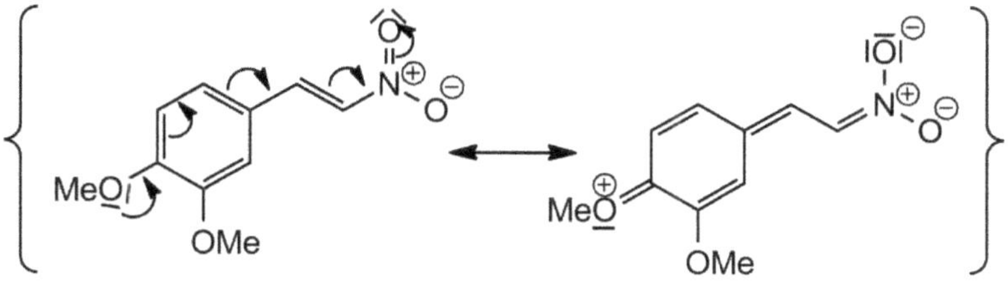

II.3.c. Structure du composé **12** et mécanisme de sa formation :

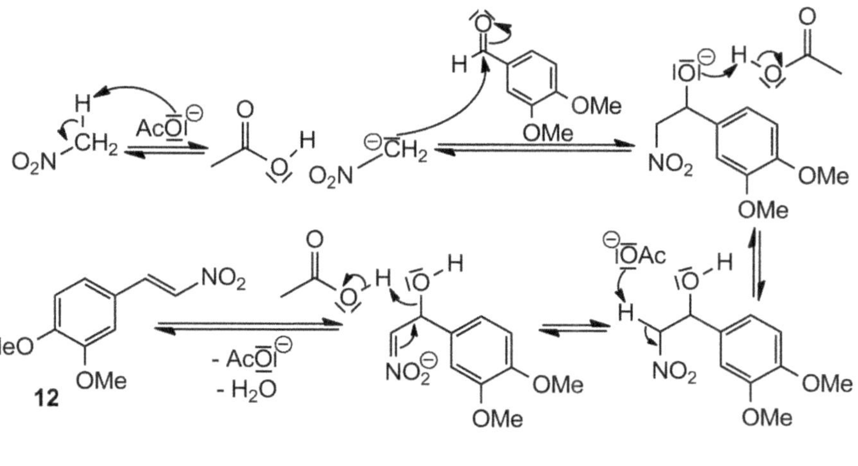

Remarque : Pour éviter qu'il reste des traces de β-nitroaldol, le mélange réactionnel est chauffé afin de pousser la réaction en faveur de la formation du composé le plus stable : le composé **12**.

II.3..2 Transformation des adduits de Henry

II.3.a. L'anhydride trifluoroacétique permet de transformer le groupement hydroxy en groupement nucléofuge pour permettre la formation de l'alcène par déshydratation (cf. mécanisme ci-dessous).

II.3.b. Structure du composé **14** et mécanisme de sa formation :

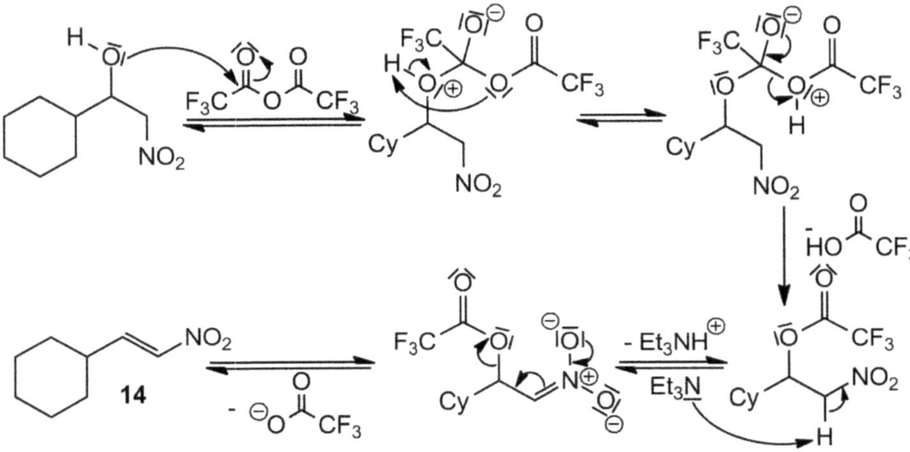

II.3.c. La transformation de **13** en **14** peut être assimilée à une étape de crotonisation. Une possibilité serait donc de traiter le composé **13** en milieu basique à l'aide de KOH dans du méthanol.

II.3.d. La bande à 1645 cm^{-1} correspond à la vibration d'élongation de la liaison double C=C. Les bandes à 1520 cm^{-1} et 1350 cm^{-1} correspondent aux vibrations d'élongation symétrique et antisymétrique des liaisons NO du groupement nitro.

II.3.e. Signaux RMN ^{1}H du composé **14** :

14 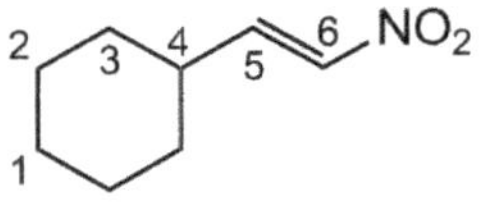

H^5 7,16 (dd, $J = 13,4$ Hz et $7,3$ Hz, 1H)
H^6 6,89 (d, $J = 13,4$ Hz, 1H)

Justification : Seuls les protons éthyléniques H^5 et H^6 du composé **14** sont susceptibles de sortir au dessus de 6 ppm. Ils couplent entre eux avec une constante $J = 13,4$ Hz mais seul le proton H^5 couple avec un autre proton (H^4) : il correspond donc au signal à 7,16 ppm.

Signaux RMN ^{13}C du composé **14** :

14 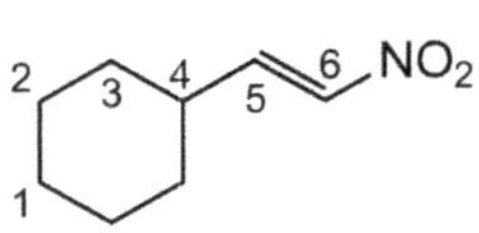

C^6 147,1
C^5 138,0
C^4 37,3

Justification : Les carbones éthyléniques C^5 et C^6 sont beaucoup plus déblindés que les carbones aliphatiques C^{1-4}, ils correspondent donc aux deux signaux à plus de 130 ppm. Le carbone C^6 est un peu plus déblindé que C^5 car plus proche du groupement nitro électroattracteur. Pour la même raison, C^4 est un peu plus déblindé que les carbones C^{1-3} et correspond donc au signal à 37,3 ppm.

II.3..3 Cétones et réaction de Henry

II.3.a. Lors d'une telle attaque, les orbitales frontières mises en jeu sont la plus haute occupée (HO) du nucléophile et la plus basse vacante (BV) du groupement carbonyle. Cette dernière est l'orbitale π^* de la double liaison C=O. Dans le cas des cétones, le système π est perturbé par la présence d'une chaine alkyle supplémentaire qui peut être modélisée par une orbitale π donneuse d'électron. En écrivant le diagramme d'interaction de ces trois orbitales (cf. ci-dessous), on s'aperçoit que la BV augmente en énergie et donc que le caractère électrophile est abaissé. Les cétones sont donc moins réactives que les aldéhydes vis-à-vis des attaques nucléophiles.

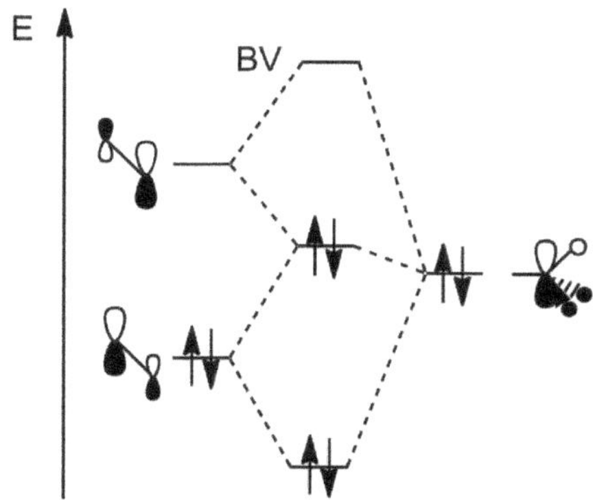

II.3.b. Le montage de Dean-Stark permet d'éliminer l'eau formée lors de la condensation de l'amine primaire sur la cétone pour former une imine. Ceci a pour but de déplacer l'équilibre en faveur de la formation du produit et donc d'augmenter le rendement de la réaction.

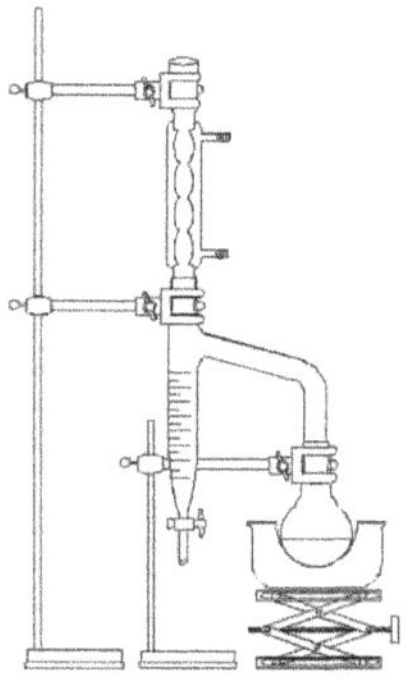

Le schéma du montage est donné ci-dessous. L'eau et le benzène forment un hétéroazéotrope : les vapeurs qui se dégagent du milieu réactionnel vont ainsi avoir la composition de cet hétéroazéotrope et vont donc être partiellement composées d'eau. Celles-ci se recondensent dans le réfrigérant pour tomber dans la burette située à gauche. L'eau et le benzène étant non miscibles, ces deux phases se séparent. De plus le benzène est moins dense que l'eau, il reste donc dans la partie supérieure et retombe dans le ballon par trop plein tandis que l'eau reste au fond de la burette et est ainsi éliminée du milieu réactionnel.

II.3.c. La cétone et l'amine primaire se condensent pour former une imine intermédiaire qui est l'espèce la plus électrophile du milieu :

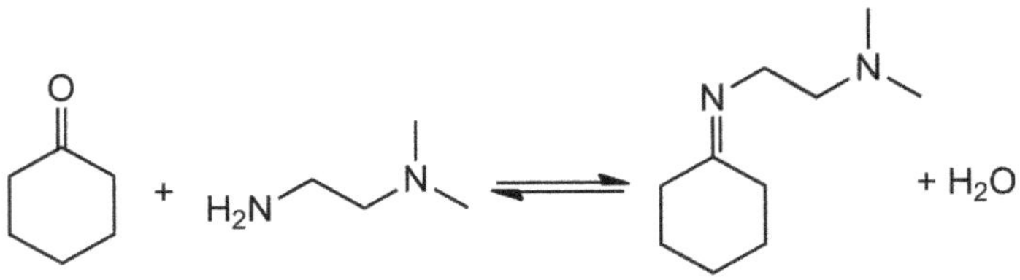

II.3.d. L'amine tertiaire sert de base catalytique : c'est elle qui déprotone en α du groupement nitro.

II.3.e. Ce composé possédant à la fois une amine primaire et une amine tertiaire sert donc de réactif "2 en 1". Il active en effet à la fois l'électrophilie de la cétone par le biais de sa fonction amine primaire et il déprotone en α du groupement nitro pour former l'espèce nucléophile par le biais de sa fonction amine tertiaire.

II.3.f. La bande à 1665 cm^{-1} correspond à la vibration d'élongation de la liaison double C=C. Les bandes à 1546 cm^{-1} et 1385 cm^{-1} correspondent aux vibrations d'élongation symétrique et antisymétrique des liaisons NO du groupement nitro.

II.4. Application à la synthèse de la pancratistatine

II.4.a. Structure de l'espèce formée par traitement avec un excès de zinc :

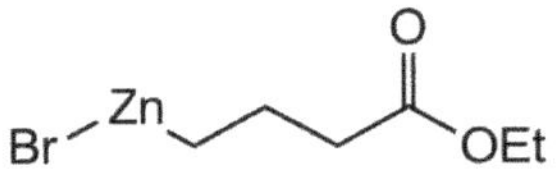

L'introduction d'un atome de métal permet de former un composé organométallique et ainsi de transformer le caractère électrophile du carbone initialement relié à l'halogène en caractère nucléophile. Le choix du zinc provient du fait que les organozinciques n'effectuent pas d'addition nucléophile sur les esters, ce qui évite à ce composé de réagir avec lui-même.

II.4.b. Le cyanure de cuivre permet de former un réactif cuivre-zinc qui sera l'espèce organométallique réagissant avec le nitrostyrène :

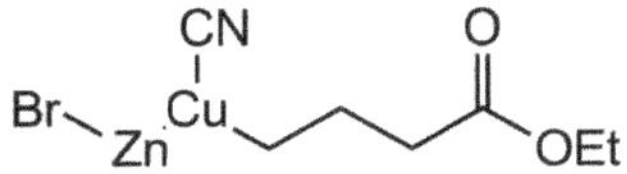

Remarque : on peut faire un lien entre cette espèce nucléophile et un organocuprate lithié : elle possède une chaine alkyle qui est nucléophile (carbone à caractère anionique) et molle selon la théorie HSAB. Elle peut donc effectuer des additions de type Michael (addition en 1,4).

II.4.c. Structure du produit **17** :

17

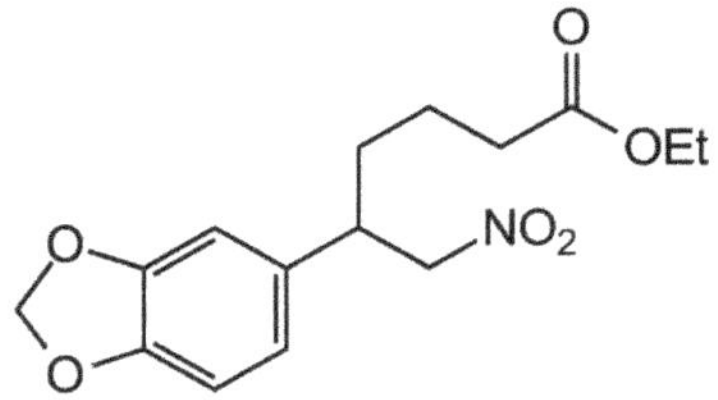

II.4.d. La bande à 1742 cm^{-1} correspond à la vibration d'élongation de la liaison double C=O. Les bandes à 1550 cm^{-1} et 1380 cm^{-1} correspondent aux vibrations d'élongation symétrique et antisymétrique des liaisons NO du groupement nitro.

II.4.e. Structure de l'intermédiaire formé lors de la transformation de **17** en **18** :

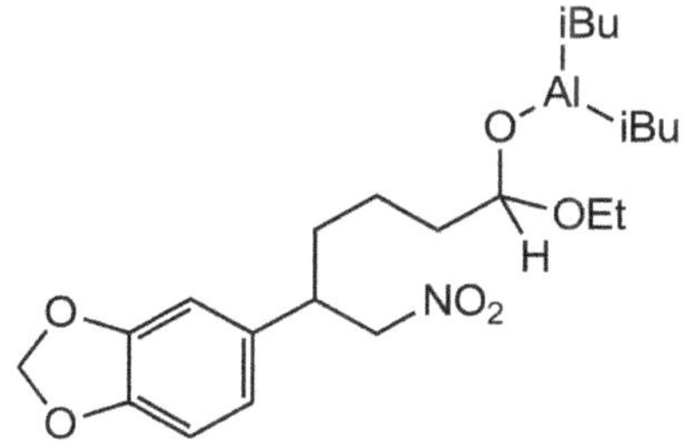

Cet intermédiaire n'est stable qu'à basse température. Ainsi, si la température était trop élevée, il évoluerait pour donner l'aldéhyde **18** dans le milieu réactionnel qui pourrait alors être réduit en alcool par l'excès de DIBAL-H encore présent.

II.4.f. La bande caractéristique de la vibration d'élongation de la liaison double C=O en infra-rouge est modifiée. En effet, cette liaison est affaiblie dans le cas de l'aldéhyde **18** et vibre donc à un nombre d'onde plus faible (1722 *vs* 1742 cm^{-1}).

Les protons des fonctions aldéhydes sont toujours très déblindés (8-10 ppm). Le signal à 8,10 ppm est caractéristique de ce proton et prouve la formation de cette fonction.

18

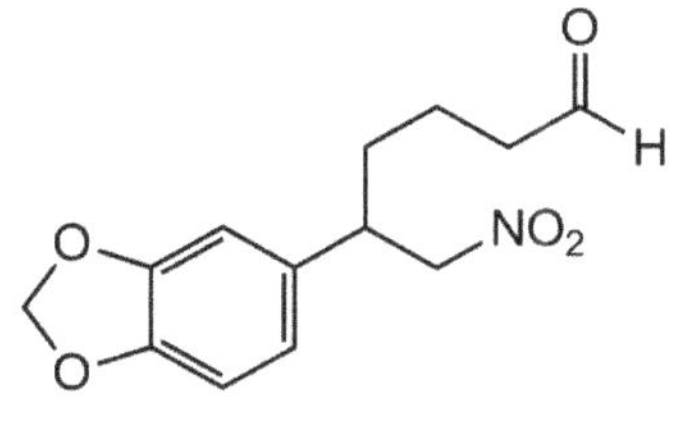

II.4.g. Structure du composé **19a** et signaux RMN ^1H :

19a

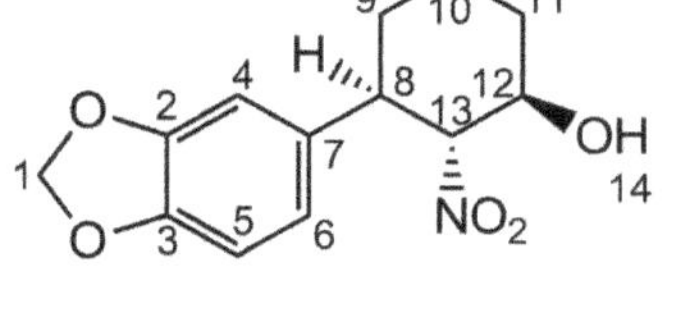

H^{13} 4,84 (dd, $J = 11,2$ Hz et $10,0$ Hz, 1H)

H^{12} 4,41 (ddd, $J = 10,0$ Hz, $8,9$ Hz et $4,5$ Hz, 1H)

H^{8} 3,61 (ddd, $J = 12,4$ Hz, $11,2$ Hz et $3,8$ Hz, 1H)

Justification : Le proton H^{13} est le seul possédant uniquement deux protons voisins différents (H^{12} et H^{8}) et pouvant donc correspondre à un signal de type doublet dédoublé. Les deux autres signaux présentent chacun une constante de couplage commune avec H^{13} : ils sont donc caractéristiques des protons H^{12} et H^{8}. H^{12} étant proche d'un atome d'oxygène électronégatif, il correspond au signal le plus déblindé des deux : celui à 4,41 ppm.

Aucun réactif énantio-enrichi n'est utilisé pour la formation de **19a** et **19b** à partir de **18**. Ces deux isomères étant obtenus dans des ratios différents, ils sont forcément reliés par une relation de diastéréoisomérie et non d'énantiomérie.

Remarque : La structure du composé **19b** est donnée ci-dessous et ne diffère de celle de **19a** que par la configuration absolue d'un seul carbone asymétrique. Ce sont donc bien des diastéréoisomères et plus précisément des épimères.

19b

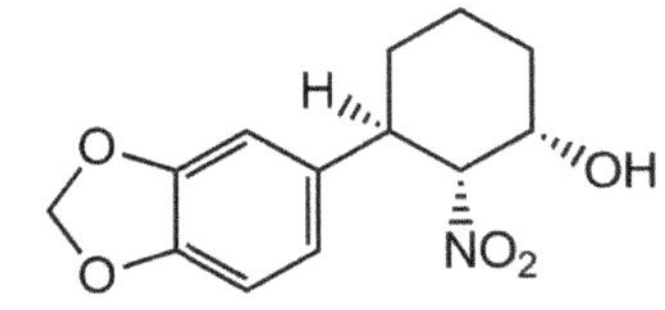

II.4.h. Structure du composé **20** et mécanisme de sa formation :

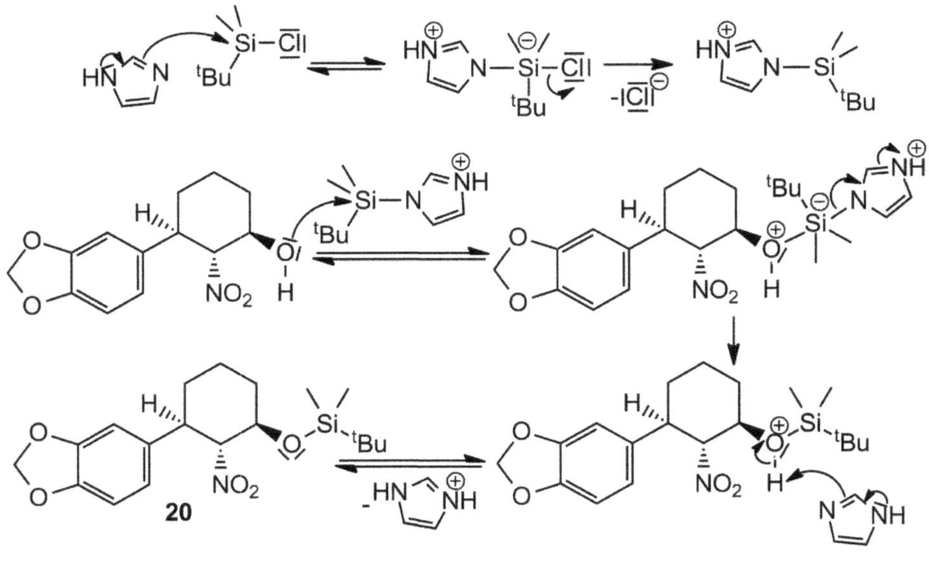

II.4.i. Structure du composé **21** :

21

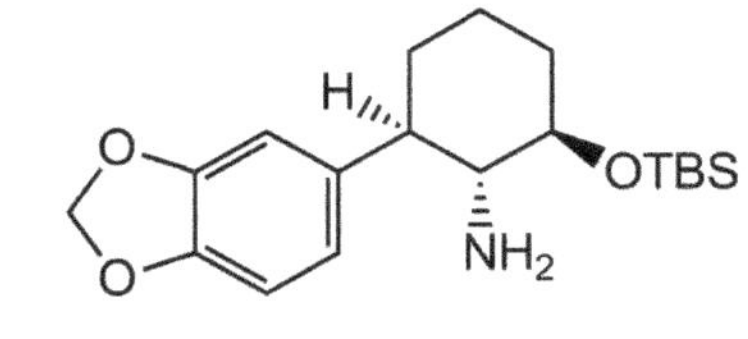

II.4.j. Le nickel de Raney est préparé en traitant un alliage nickel :aluminium 1 :1 par de la potasse concentrée. Les atomes d'aluminium sont alors oxydés selon la réaction donnée ci-dessous, ce qui a deux conséquences : (i) les ions aluminium, sous la forme $Al(OH)_4{}^-$, se dissolvent en créant des pores dans le solide, (ii) des molécules de dihydrogène sont créées et peuvent s'adsorber à la surface de ces pores.

$$2Al + 2HO^- + 6H_2O = 2Al(OH)_4^- + 3H_2$$

Le nickel de Raney possède donc une grande surface spécifique grâce à ces pores et il possède déjà des molécules d'hydrogène qui lui permettent d'être utilisé tel quel pour une réaction d'hydrogénation.

II.4.k. Structure du composé **22** :

22

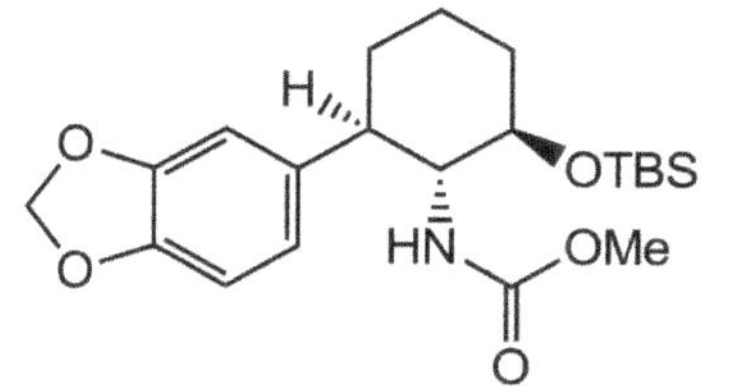

II.4.l. La bande à 1690 cm^{-1} correspond à la vibration d'élongation de la liaison double C=O de la fonction carbamate.

II.4.m. Mécanisme de formation du composé **22** :

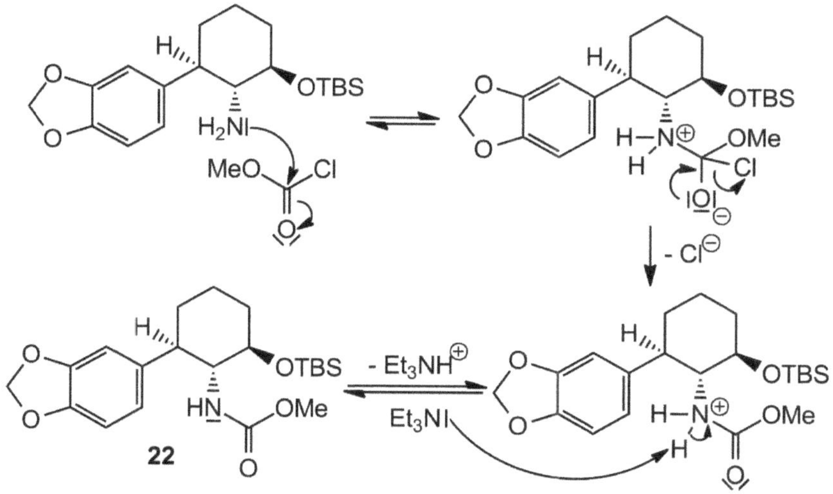

II.4.n. Structure du composé **23** et mécanisme de sa formation :

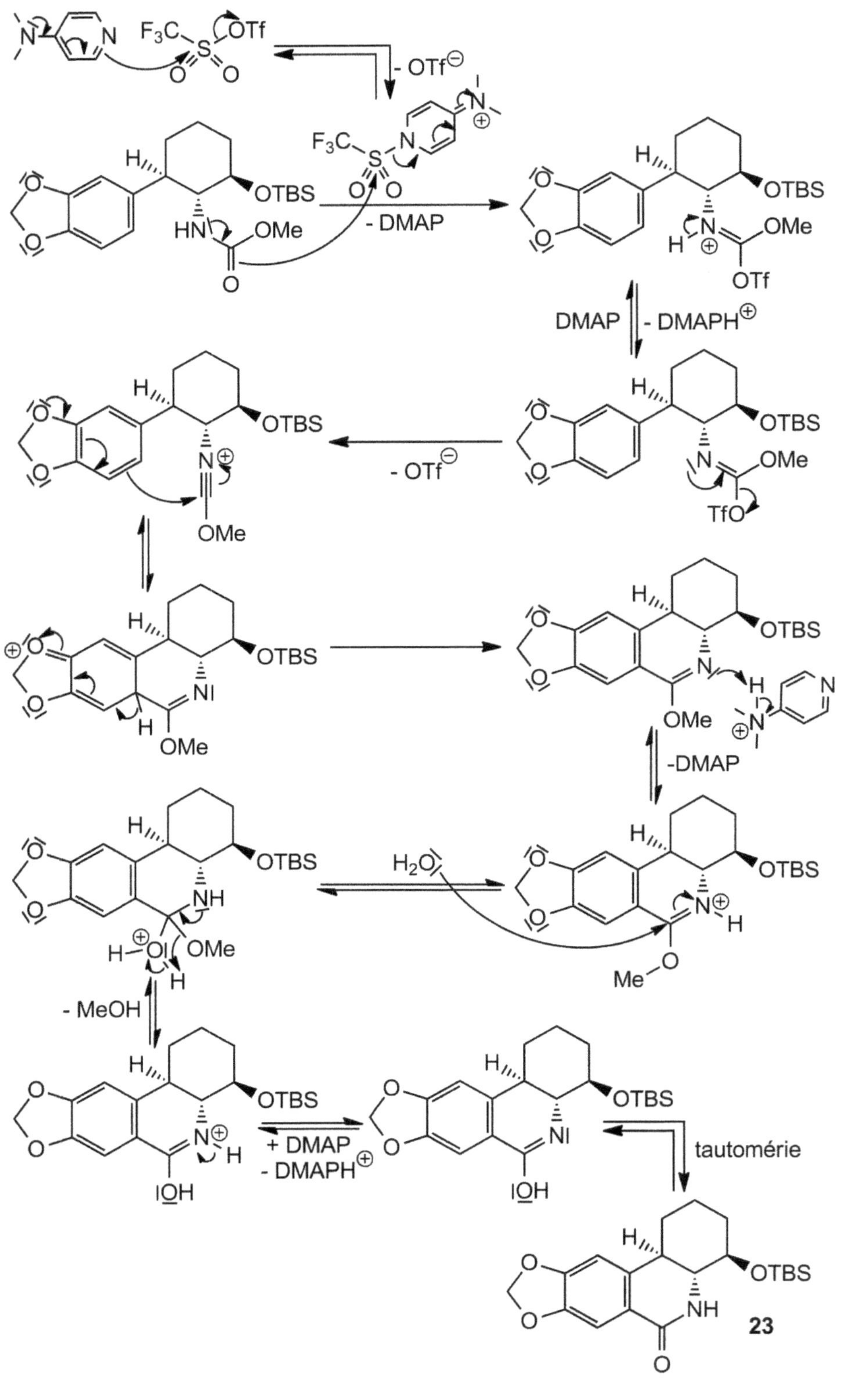

OTf
F_3C
- $OTf^{\ominus}$
OTBS
OMe
- DMAP
DMAP
- $DMAPH^{\oplus}$
- $OTf^{\ominus}$
TfO
-DMAP
H_2O
Me
- MeOH
+ DMAP
- $DMAPH^{\oplus}$
tautomérie

23

II.4.o. La déprotection de l'éther silylé du composé **23** pour obtenir le synthon **A** peut être effectuée soit en milieu acide (HCl) soit à l'aide d'ions fluorure (TBAF ou KF).

III. Devenir des dérivés nitrés

III.1. Réductions : obtention d'alcanes par réduction radicalaire

III.1.a. Voie de synthèse du composé **24** à partir de la 2-nitro cyclohexanone et de la but-3-ène-2-one :

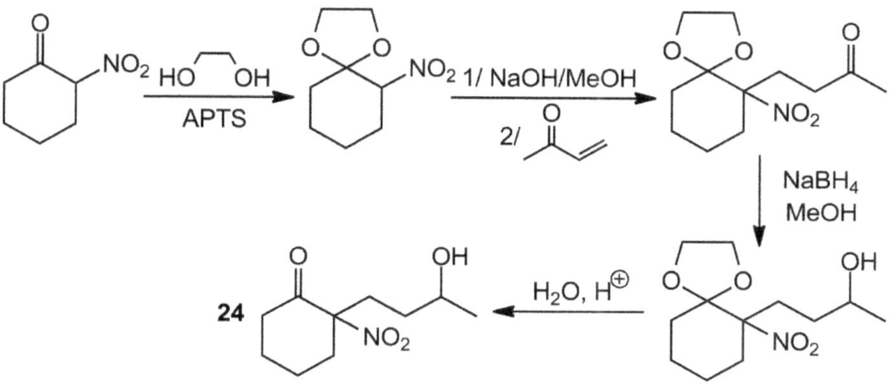

III.1.b. Structure du composé **25** et mécanisme de sa formation :

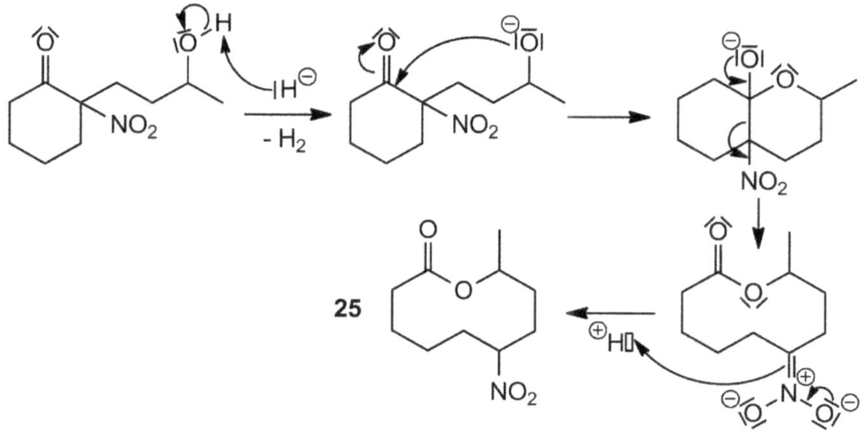

III.1.c. Cette réaction est favorisée par la formation d'une lactone (ester cyclique) qui sont des composés particulièrement stables.

III.1.d. La bande à 1735 cm^{-1} correspond à la vibration d'élongation de la liaison double C=O de la fonction ester. Les bandes à 1540 cm^{-1} et 1353 cm^{-1} correspondent aux vibrations d'élongation symétrique et antisymétrique des liaisons NO du groupement nitro.

III.1.e. Les intermédiaires réactionnels de cette réaction sont des radicaux et sont donc hauts en énergie. Les valeurs d'énergie d'activation sont donc élevées et la cinétique de réaction est lente. Il est donc nécessaire de chauffer pour augmenter cette cinétique. En particulier, la rupture radicalaire de l'AIBN est favorisée par ce chauffage.

III.1.f. Mécanisme de la seconde étape :

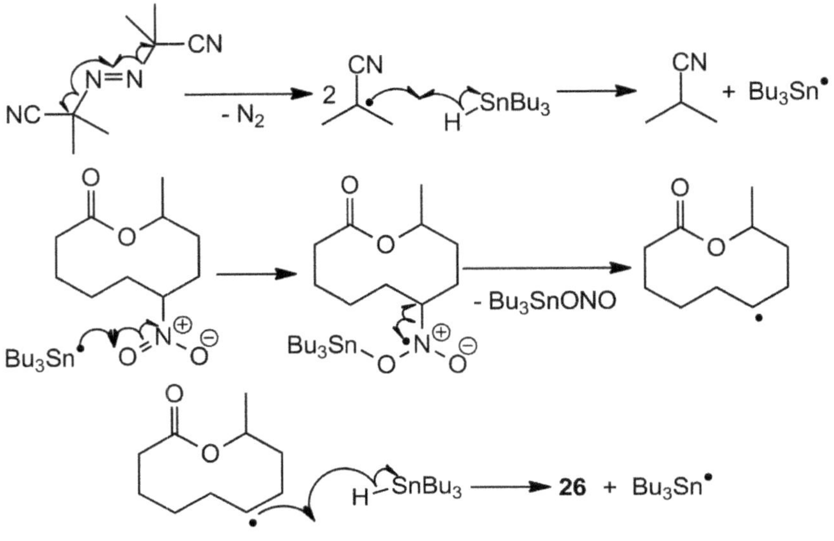

III.2. Cycloadditions

III.2.a. L'intégrale coulombienne α_i correspond à l'énergie d'un électron situé dans l'orbitale p de l'atome i intervenant dans le système π.

Par rapport à N, l'atome N^+ a été appauvri d'un électron : les électrons restant sont donc moins écrantés du noyau et par conséquent plus bas en énergie. L'intégrale coulombienne possède donc une valeur plus faible dans le cas de N^+, comme il l'a été proposé ($\alpha + \beta$ est inférieur à $\alpha + 0.5\beta$ car $\beta < 0$).

A l'inverse O^- possède un électron de plus que O, l'intégrale coulombienne possède donc une valeur plus grande dans le cas de O^-, comme il l'a été proposé.

III.2.b. Déterminant séculaire du système π de la molécule de nitronate silylé :

$$\begin{vmatrix} \alpha_C - E & \beta_{CN^+} & 0 \\ \beta_{CN^+} & \alpha_{N^+} - E & \beta_{N^+O^-} \\ 0 & \beta_{N^+O^-} & \alpha_{O^-} - E \end{vmatrix} = 0 \text{ ou } \begin{vmatrix} x & 1 & 0 \\ 1 & x+1 & 0.8 \\ 0 & 0.8 & x+0.5 \end{vmatrix} = 0$$

Remarque : Le passage de la première forme de déterminant séculaire à la deuxième, s'effectue en divisant par β.

III.2.c. Les énergies se calculent directement à partir des solutions $x = \frac{\alpha - E}{\beta}$ soit $E = \alpha - \beta x$

On obtient ainsi les énergies $E_1 = \alpha + 1,95\beta < E_2 = \alpha + 0,33\beta < E_3 = \alpha - 0,78\beta$.

Le système étant constitué de 4 électrons, E_2 correspond à l'énergie de la HO et E_3 correspond à l'énergie de la BV.

Pour obtenir les coefficients des orbitales, il faut résoudre le système suivant :

$$\begin{cases} xC_C + C_{N^+} = 0 \\ 0,8C_{N^+} + (x+0,5)C_{O^-} = 0 \\ C_C^2 + C_{N^+}^2 + C_{O^-}^2 = 1 \end{cases} \quad \text{soit} \quad \begin{cases} C_{N^+} = -xC_C \\ C_{O^-} = \dfrac{-0,8}{x+0,5}C_{N^+} = \dfrac{0,8x}{x+0,5}C_C \\ C_C^2 = \dfrac{1}{1+x^2+\left(\dfrac{0,8x}{x+0,5}\right)^2} \end{cases}$$

Pour la HO : $x_2 = -0,33$.

On obtient alors les coefficients : $C_C = 0,53$; $C_{N^+} = 0,18$; $C_{O^-} = -0,83$.

Pour la BV : $x_3 = +0,78$.

On obtient alors les coefficients : $C_C = 0,74$; $C_{N^+} = -0,57$; $C_{O^-} = 0,36$.

III.2.d. L'alcène possède un système π à quatre électrons donc sa HO est l'orbitale d'énergie $\alpha + 0,81\beta$ et sa BV est l'orbitale d'énergie $\alpha - 1,08\beta$.

Sous contrôle frontalier, l'interaction prédominante est donc celle entre la HO du nitronate silylé et la BV de l'alcène puisque c'est celle qui minimise l'écart énergétique entre les deux orbitales interagissant ($\Delta E = 1,41\beta$ *vs* $1,59\beta$).

La première liaison se forme alors entre les atomes possédant le plus gros coefficient en valeur absolue dans ces orbitales, c'est-à-dire O^- pour le nitronate et C_2 pour l'alcène.

On obtient alors l'isoxazoline suivante :

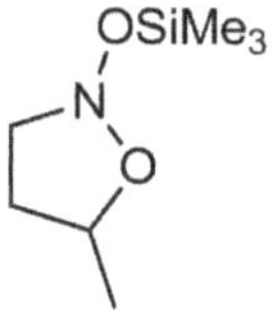

III.2.e. Dans ce deuxième cas, la HO est l'orbitale d'énergie $\alpha + \beta$ et sa BV est l'orbitale d'énergie $\alpha - 0,44\beta$. L'interaction prédominante est toujours celle entre la HO du nitronate silylé et la BV de l'alcène ($\Delta E = 0,77\beta$ *vs* $1,78\beta$). Cependant, c'est le carbone C_1 qui possède cette fois ci le plus gros coefficient en valeur absolue dans cette orbitale. La régiosélectivité s'inverse donc et l'on obtient l'isoxazoline suivante :

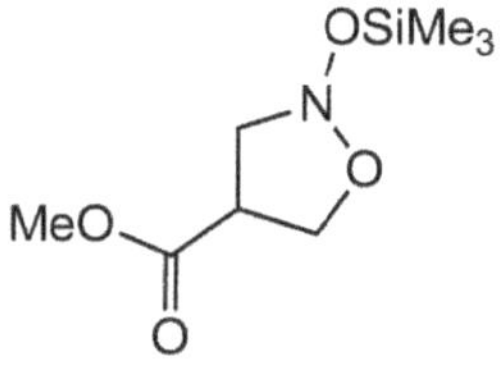

III.2.f. Structure de l'intermédiaire précurseur :

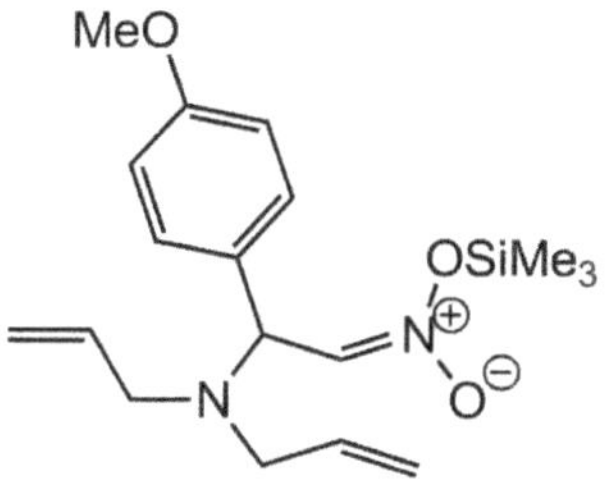

Mécanisme de sa formation :

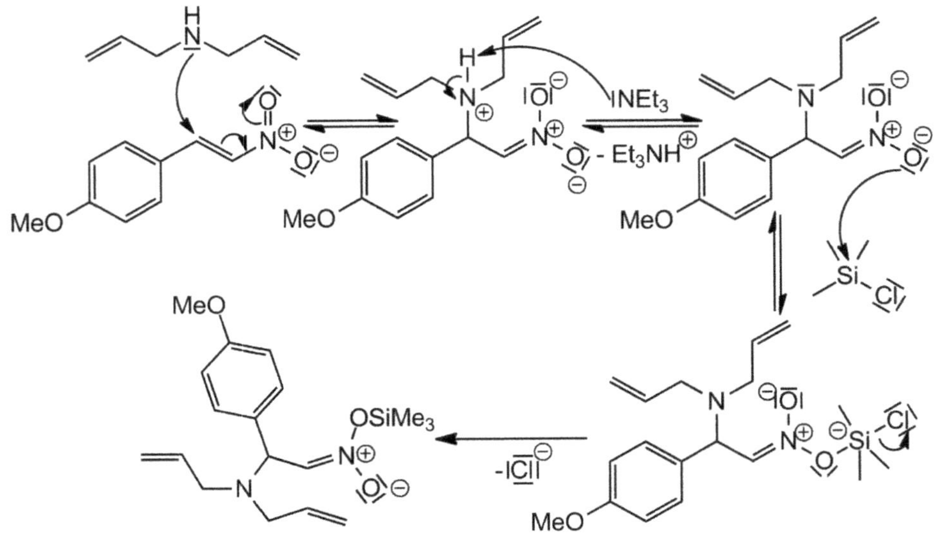

III.2.g. Mécanisme de la formation de **28** : cycloaddition [3+2] concertée

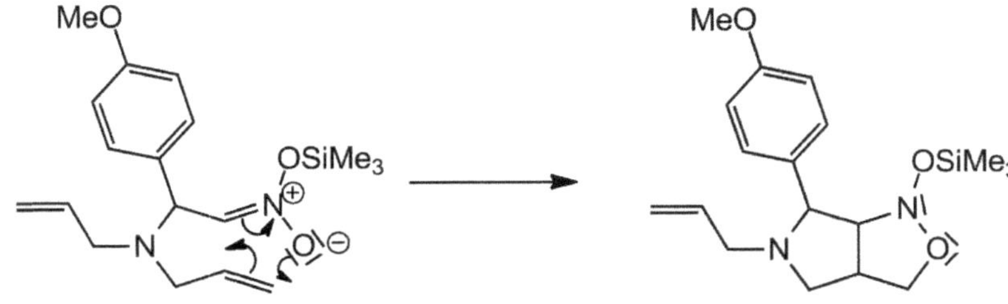

28

III.2.h. L'alcène impliqué dans la cycloaddition précédente s'apparente au premier cas étudié avec la théorie de Huckel puisqu'il est substitué par un groupement alkyle donneur d'électron. Or, le carbone relié à ce groupement alkyle se fixe ici au carbone et non à l'oxygène du nitronate silylé, la régiosélectivité est donc inversée par rapport au cas vu auparavant. Ceci peut s'expliquer par le fait que le produit obtenu possède deux cycles à 5 qui sont les cycles les plus favorables à former cinétiquement, contrairement à son régioisomère qui forme un cycle à 6 (cf. ci-dessous).

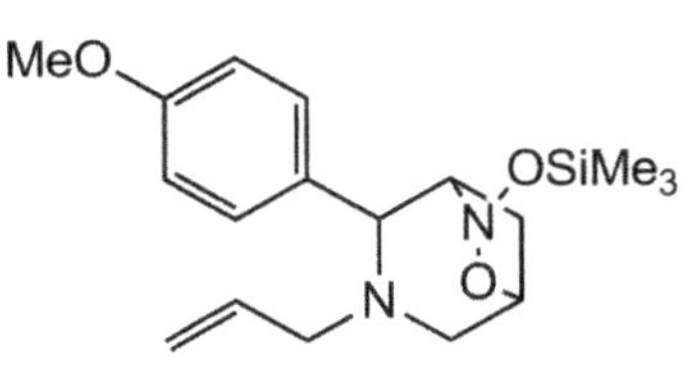

III.2.i. Mécanisme de la formation de **29** :

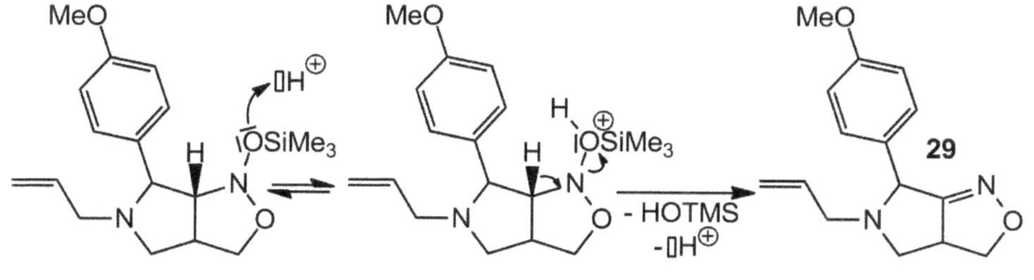

III.2.j. Mécanisme de la formation de **30** :

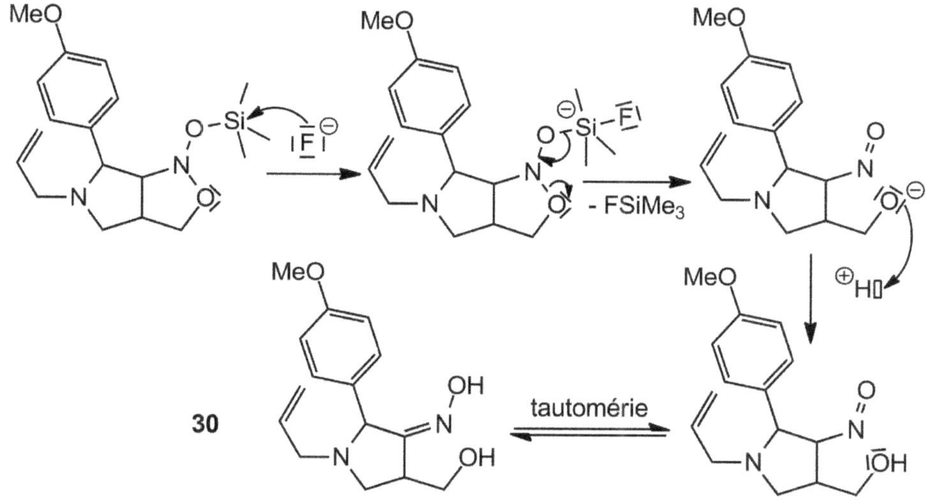

Remarque : Dans ce mécanisme, l'alcoolate formé doit capter un proton pour pouvoir aboutir au composé **30**. L'énoncé ne permet pas de savoir d'où il provient. On peut soit supposer qu'il est arraché à des molécules d'eau résiduelles du THF, soit qu'il provient des traitements.

III.2.k. Le composé **30** possède 2 centres stéréogènes qui sont C_2 et C_4 (cf. notation ci-dessous).

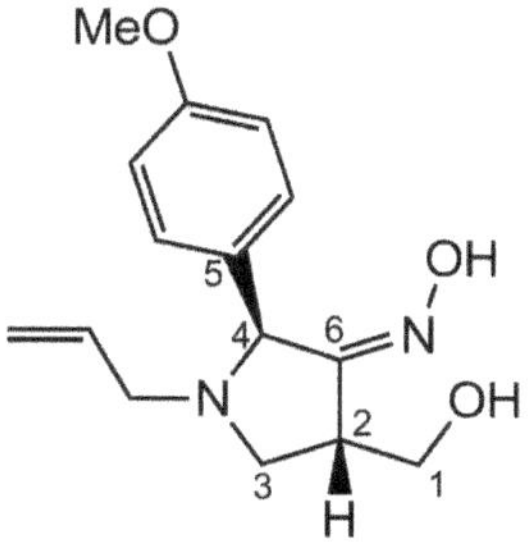

Le carbone 2 est de configuration R (> signifiant "prioritaire devant" selon les règles CIP) :

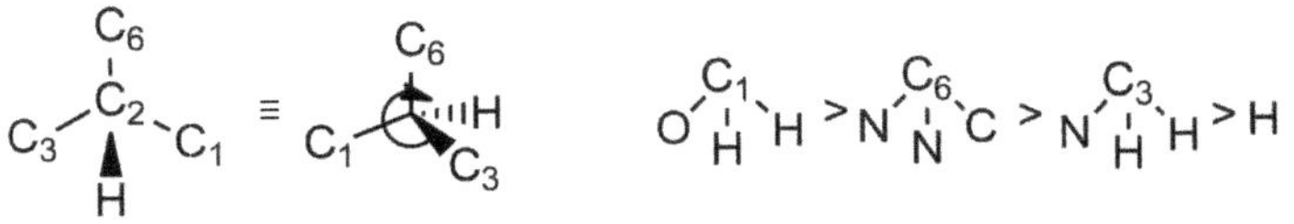

Le carbone 4 est de configuration S :

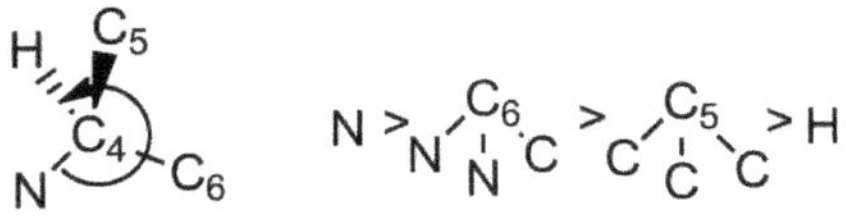

III.3. Dérivés nitrés et chimie organométallique

III.3.a. Structure du composé **32** :

32

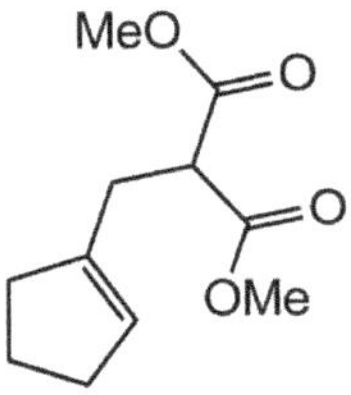

III.3.b. Les deux bandes à 1750 et 1732 cm^{-1} correspondent aux vibrations d'élongation des deux liaisons C=O des fonctions esters.

III.3.c. L'espèce catalytique active du palladium est $Pd(PPh_3)_2$. Le palladium possède alors un degré d'oxydation de 0 contrairement à l'espèce $Pd(OAc)_2$ où il est au degré d'oxydation +II.

Dans cette espèce active, le palladium est au degré 0 et possède deux ligands de type L, il possède donc 14 électrons de valence. En général pour remplir intégralement les orbitales liantes d'un complexe métallique, 16 ou 18 électrons sont nécessaires.

Or les cations des métaux de transition tendent généralement à être entourés de 18 électrons afin de remplir leurs 9 orbitales de valences (4s4p4d dans le cas du palladium). Ce manque d'électrons associé à la faible coordinence du centre métallique (2) rend cette espèce très réactive.

III.3.d. Mécanisme de la formation de l'espèce catalytique de palladium :

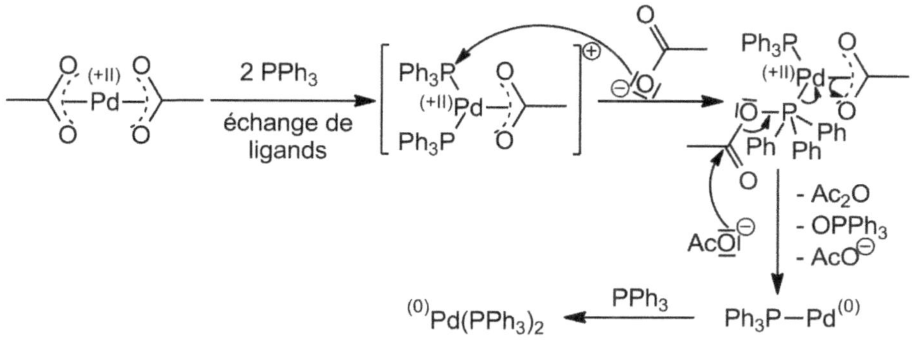

III.3.e. Mécanisme de la formation du composé **32** : cycle catalytique de Tsuji-Trost

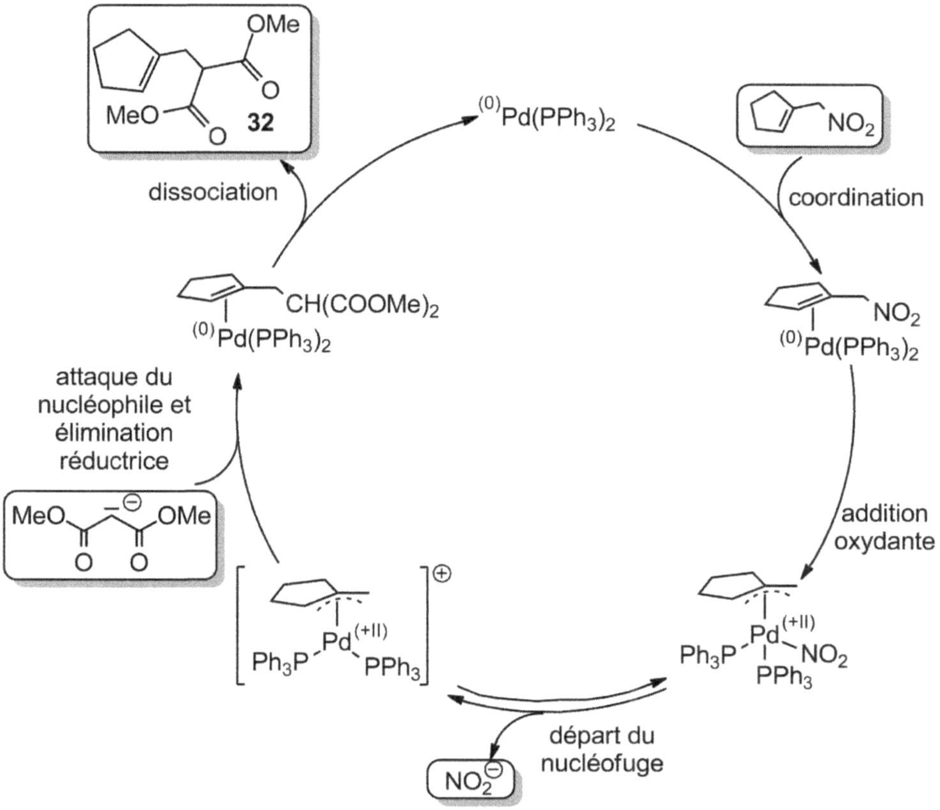

FIN DE L'ÉPREUVE

Autour de la synthèse stéréosélective de l'ingénol

L'ingénol, chef de file des ingénanes, est un diterpène présent naturellement dans le latex des cactus du genre *Euphorbia*, qui possède notamment des propriétés pharmacologiques antitumorales intéressantes.

Dans une première partie, nous aborderons la chimie des dérivés éthyléniques, en particulier celle de l'isoprène et du styrène, deux matières premières essentielles dans la fabrication de polymères, avant de s'intéresser dans une seconde partie à la synthèse totale de l'ingénol.

I. Les dérivés éthyléniques

Nous explorerons en premier lieu quelques aspects de la réactivité des dérivés éthyléniques, en admettant que celle-ci est intrinsèquement liée aux orbitales moléculaires de symétrie π ainsi qu'aux électrons qui peuplent ces orbitales, avant d'étudier certaines réactions classiques de la chimie des dérivés éthyléniques.

I.1. Étude de la réactivité de deux dérivés éthyléniques : l'isoprène et le styrène

L'isoprène.

Afin de déterminer les orbitales moléculaires décrivant le système π de la molécule d'isoprène (2-méthylbuta-1,3-diène), le groupe méthyle est assimilé à un hétéroatome de paramètres $\alpha_{\mathrm{Me}} = \alpha + 2\beta$ et $\beta_{\mathrm{C-Me}} = 0,7\beta$. Les énergies des orbitales moléculaires ainsi que les coefficients des différentes orbitales atomiques dans ces orbitales moléculaires ont été déterminés par la méthode de Hückel simple et sont donnés dans le tableau 1.

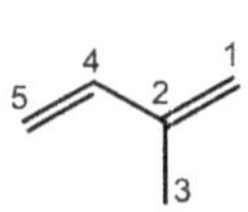

Énergies	c_1	c_2	c_3	c_4	c_5
$\alpha + 2,35\beta$	0,18	0,43	0,85	0,22	0,09
$\alpha + 1,39\beta$	0,29	0,40	-0,46	0,60	0,43
$\alpha + 0,57\beta$	-0,65	-0,37	0,18	0,31	0,55
$\alpha - 0,64\beta$	0,56	-0,36	0,10	-0,40	0,62
$\alpha - 1,66\beta$	0,37	-0,62	0,12	0,58	-0,35

Tableau 1 : Données pour l'isoprène

I.1.a. Nommer et donner la signification physique des paramètres α et β utilisés dans la méthode de Hückel.

I.1.b. Justifier brièvement le fait que le groupe méthyle puisse être modélisé comme un hétéroatome selon la théorie de Hückel.

I.1.c. Identifier les orbitales frontières de l'isoprène.

I.1.d. L'isoprène est-il plus ou moins réactif que l'éthylène vis-à-vis d'un électrophile ? Justifier votre réponse.

I.1.e. En pratique, citer un test qualitatif permettant de caractériser la présence d'alcène. Donner l'équation de réaction correspondant dans le cas du propène.

À une solution d'isoprène dans du chloroforme est additionné, goutte-à-goutte, sous atmosphère inerte, du dibrome (1,0 équivalent). Après évaporation sous pression réduite sans chauffage du solvant, le brut réactionnel est analysé. L'étude du brut réactionnel montre des produits différents si l'on effectue la réaction à -25 °C pendant cinq minutes, ou lorsque le mélange réactionnel est agité à 25 °C pendant une heure.

I.1.f. Préciser les précautions particulières à prendre lors de la manipulation d'une solution de dibrome.

I.1.g. En considérant que la réaction est sous contrôle orbitalaire, écrire la structure du (des) intermédiaire(s) réactionnel(s) carbocationique(s) susceptible(s) de se former au cours de la première étape de cette réaction.

I.1.h. Donner la structure des produits majoritairement formés à basse température et aux temps de réaction courts. Proposer un mécanisme réactionnel et préciser la relation d'isomérie existant entre les différents composés créés.

I.1.i. Commenter l'obtention majoritaire à une température plus élevée et/ou des temps de réaction plus longs, de deux autres produits dont vous donnerez la structure, en précisant leur relation d'isomérie.

Le styrène.

Les réactions d'addition de bromure d'hydrogène sur les alcènes dissymétriques et notamment sur le styrène (phényléthylène) s'effectuent de manière régiosélective.

I.1.j. Proposer des conditions réactionnelles permettant d'obtenir le 1-bromo-1-phényléthane à partir de styrène, ainsi qu'un mécanisme réactionnel pour cette transformation. Justifier la régiosélectivité de la réaction.

I.1.k. Proposer des conditions réactionnelles ainsi qu'un mécanisme réactionnel permettant d'obtenir le 1-bromo-2-phényléthane à partir de styrène. Justifier la régiosélectivité de la réaction.

Les réactions d'oxydation des alcènes sont des réactions importantes en chimie bio-organique, permettant d'accéder à des composés fonctionnalisés.

Une solution de styrène dans le dichlorométhane est placée à -78 °C sous atmosphère inerte. L'ozone, généré par un ozoniseur, est amené à barboter dans la solution jusqu'à apparition d'une couleur bleue persistante. L'excès d'ozone est alors éliminé en faisant barboter de l'argon dans le milieu réactionnel. Un premier produit très instable se forme, et se réarrange rapidement. De la triphénylphosphine (2,5 équivalents) est ensuite additionnée au mélange réactionnel. Après agitation pendant 20 minutes, la solution est laissée revenir à température ambiante. Après évaporation du solvant réactionnel et purification, le produit final est obtenu avec un rendement quantitatif, sous la forme d'une huile à odeur d'amande amère.

I.1.l. Décrire la molécule d'ozone dans le formalisme de Lewis.

I.1.m. Donner la structure du composé formé avant l'ajout de triphénylphosphine. Proposer un mécanisme pour expliquer sa formation. Préciser les précautions opératoires particulières à prendre lors de la manipulation des intermédiaires réactionnels formés avant addition de la triphénylphosphine.

I.1.n. Donner la structure du produit odorant synthétisé. Préciser le rôle de la triphénylphosphine en proposant un mécanisme de réaction. Donner une alternative à l'utilisation de triphénylphosphine.

I.1.o. La réaction d'ozonolyse du styrène s'accompagne de la formation d'un sous-produit. Donner sa structure et préciser sous quelle forme physique il existe à température ambiante et à pression atmosphérique. Ce composé est stable seulement en milieu aqueux. Proposer une structure pour les formes stables dans l'eau en précisant le mécanisme de leur formation. Préciser la ou les formes observées en milieu non aqueux.

I.2. La polymérisation des alcènes

Les alcènes ont un poids économique important de par leur implication dans la synthèse de polymères. En effet, un grand nombre de matériaux plastiques utilisés dans la vie courante sont issus de la polymérisation de dérivés éthyléniques. Les mécanismes mis en jeu impliquent des réactions d'addition de type ionique, radicalaire ou organométallique. La diversité des méthodes utilisées permet d'obtenir des matériaux variés, le choix de l'amorceur étant déterminant quant à la qualité et aux propriétés du polymère obtenu.

I.2.a. Donner la définition générale d'un polymère.

I.2.b. Citer deux polymères utilisés dans la vie courante.
Avec plus d'un million et demi de tonnes par an, le polystyrène constitue l'un des plus importants tonnages de polymère synthétiques. Un des modes de préparation requiert l'utilisation d'un initiateur. La polymérisation est réalisée de la manière suivante. Un mélange de styrène et d'azobisisobutyronitrile (AIBN, $1{,}2.10^{-3}$ équivalent) est chauffé à 90 °C pendant 30 minutes. Après refroidissement à température ambiante, le polymère formé est lavé avec du toluène, puis le milieu réactionnel est versé très doucement dans une solution d'éthanol sous agitation vigoureuse. Après filtration, le polystyrène est obtenu sous la forme d'une poudre blanche.

AIBN 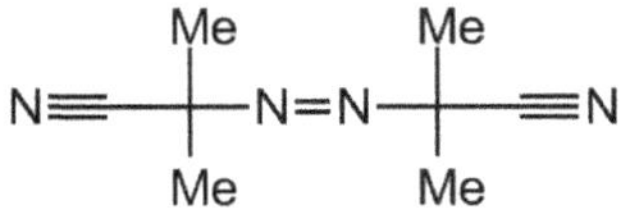

I.2.c. Donner les étapes d'amorçage et de croissance de la chaîne polymérique. Indiquer l'unité de répétition ou motif. Justifier la régiosélectivité de la réaction de polymérisation.

I.2.d. L'analyse élémentaire d'un échantillon de polystyrène indique une teneur massique en azote égale à 0,08%. Déterminer la masse molaire moyenne en nombre de ce polymère, en faisant l'hypothèse que les réactions de terminaison ont lieu uniquement par couplage.

I.2.e. Préciser le rôle du toluène et de l'éthanol dans le traitement expérimental.

I.2.f. Commenter la stéréorégularité du polystyrène ainsi obtenu. Présente-t-il des propriétés mécaniques intéressantes ? Justifier votre réponse.

L'isoprène peut être polymérisé en utilisant le *n*-butyllithium comme amorceur. Dans un ballon sous atmosphère inerte contenant du THF anhydre est additionnée, à -78 °C, une solution de *n*-butyllithium à 1,6 mol.L^{-1} dans l'hexane (0,06 équivalent). Sous agitation, est additionné rapidement l'isoprène, préalablement distillé sur hydrure de calcium. La solution initialement jaune se colore en orange intense. Après agitation à 0 °C pendant dix minutes, le milieu réactionnel est à nouveau refroidi à -78 °C pour effectuer l'addition du 1-(3- bromopropyl)-2,2,5,5-tétraméthyl-1-aza-2,5-disilacyclopentane (0,08 mmole). La solution se décolore rapidement, un produit intermédiaire est formé, puis le milieu réactionnel est laissé à température ambiante sous agitation pendant quatre heures. Une solution aqueuse d'acide chlorhydrique à 1,0 mol.L^{-1} est ensuite ajoutée, puis le mélange réactionnel est agité une nuit à température ambiante. Après traitement et purification, le polymère est obtenu sous forme d'une huile jaunâtre.

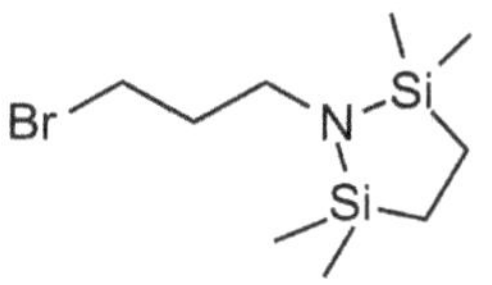

1-(3-Bromopropyl)-2,2,5,5-tétraméthyl-1-aza-2,5-disilacyclopentane

I.2.g. Proposer un mécanisme pour la réaction d'amorçage entre le *n*-butyllithium et l'isoprène. De quel type de mécanisme de polymérisation s'agit-il ? Est-ce une polymérisation vivante ? Justifier.

I.2.h. Proposer un mécanisme pour la réaction de propagation et commenter l'existence de plusieurs unités de répétition possibles. Ce polymère présente-t-il des propriétés mécaniques intéressantes ? Justifier.

I.2.i. Expliquer pourquoi la solution se colore en orange et pourquoi l'ajout de 1-(3- bromopropyl)-2,2,5,5-tétraméthyl-1-aza-2,5-disilacyclopentane entraîne une décoloration de celle-ci. Donner la structure du produit intermédiaire formé avant l'ajout de la solution d'acide chlorhydrique.

I.2.j. L'utilisation de 1-(3-bromopropyl)-2,2,5,5-tétraméthyl-1-aza-2,5-disilacyclopentane permet d'obtenir des polymères fonctionnalisés. Donner la structure du polymère final après ajout d'une solution aqueuse d'acide chlorhydrique et proposer un mécanisme réactionnel pour cette dernière étape.

La polymérisation de l'isoprène peut également être réalisée en utilisant un catalyseur titane/aluminium développé par Ziegler et Natta (Prix Nobel de chimie 1963). Elle conduit au (*Z*)-polyisoprène dont la structure est identique à celle du caoutchouc naturel. Le (*E*)-polyisoprène, appelé gutta-percha, ne possède pas de propriétés élastiques. Il intervient dans la fabrication des balles de golf ou du chewing-gum.

Un mélange équimolaire de tri-isobutylaluminium et de tétrachlorure de titane est agité dans le 1,4-dioxane à température ambiante pendant 48 heures. Après filtration et séchage du solide formé, celui-ci est additionné précautionneusement à l'isoprène contenu dans un réacteur scellé sous atmosphère inerte. Après 80 minutes d'agitation à 10 °C, du propan-2-ol est ajouté. Le polymère formé est ensuite évaporé et séché sous vide.

I.2.k. Donner la configuration électronique du titane (Z = 22) dans son état fondamental. En déduire le nombre d'électrons de valence de ce métal.

I.2.l. Donner l'équation de réaction entre le tri-isobutylaluminium et le tétrachlorure de titane qui conduit à l'espèce réactive.

I.2.m. Proposer un mécanisme général du procédé catalytique permettant la synthèse du caoutchouc à partir de l'isoprène.

I.2.n. Quel est l'état physique du polymère obtenu par la catalyse Ziegler-Natta ? Justifier le fait que le polymère obtenu par la catalyse Ziegler-Natta ait des propriétés d'élasticité différentes de la gutta-percha.

II. Vers la synthèse de l'ingénol : synthèse du composé B

L'ingénol représenté sur la figure 1 est un composé tétracyclique polyoxygéné ayant la particularité de renfermer un système bicyclique ponté [4.4.1] de configuration *trans* ainsi que trois fonctions hydroxyles de configuration *cis*. Il a représenté un véritable défi pour les chimistes organiciens. John L. Wood et son équipe ont proposé récemment la première synthèse asymétrique du (+)-ingénol que nous avons choisie d'étudier ici.

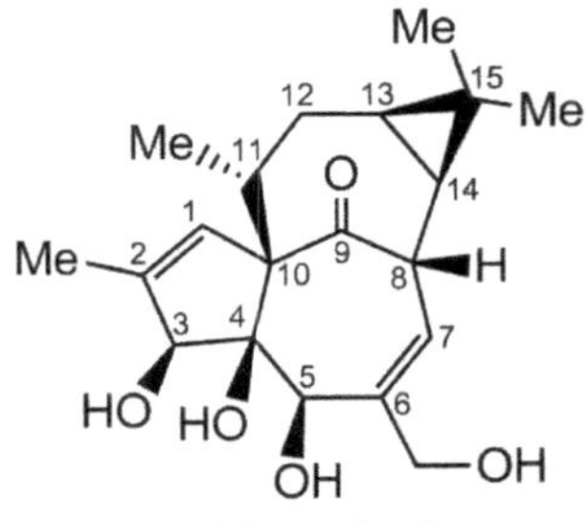

(+)-Ingénol

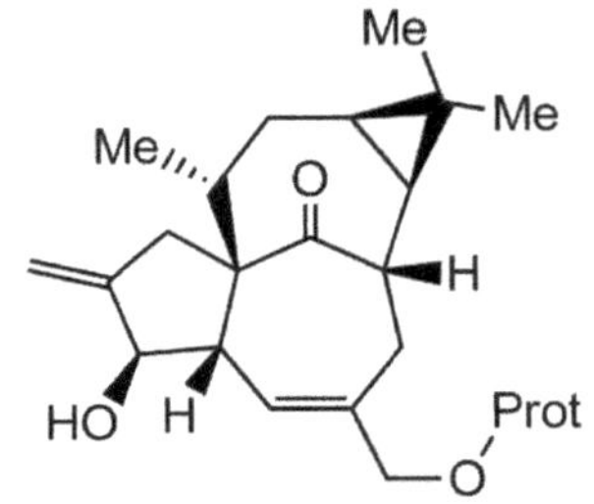

Composé **D**

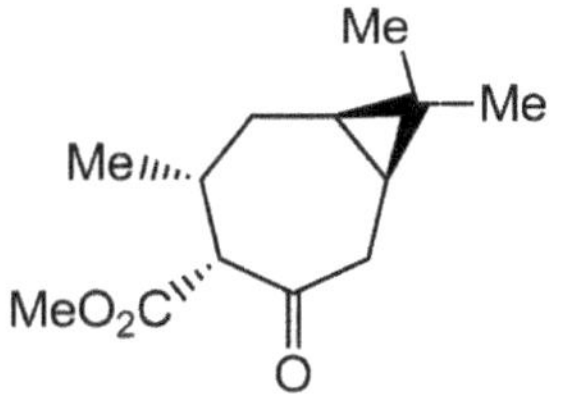

Composé **A**

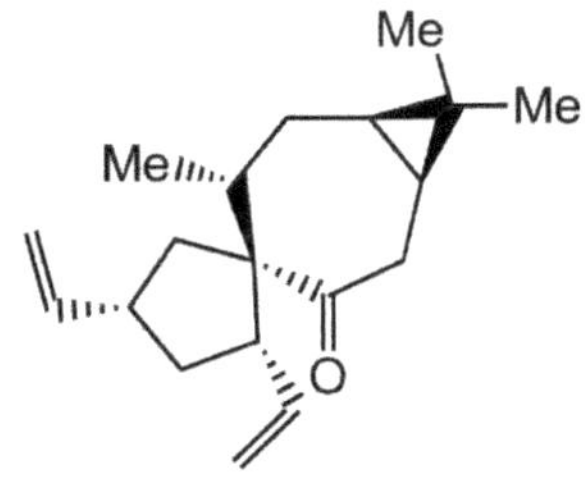

Composé **B**

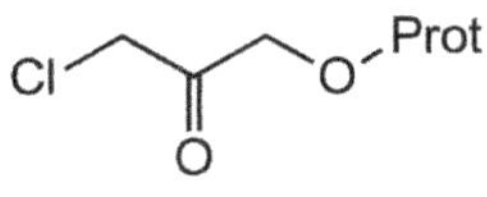

Composé **C**
Prot = Groupement protecteur

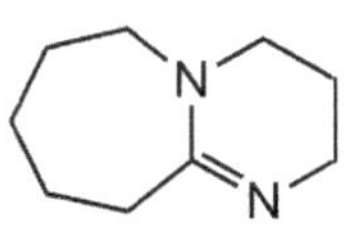

DBU

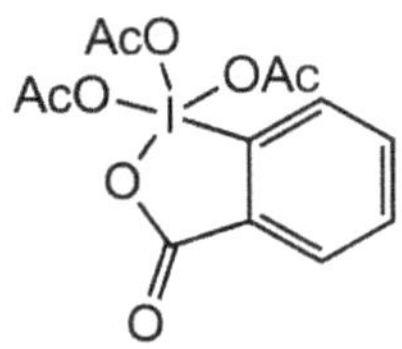

Périodinane de Dess-Martin

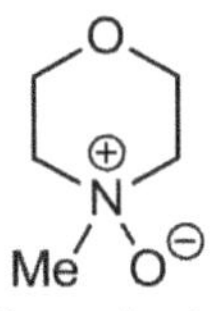

N-oxyde de *N*-méthylmorpholine

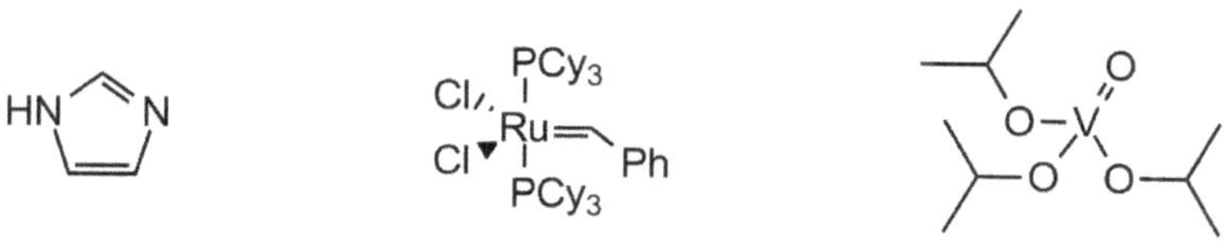

imidazole — catalyseur de Grubbs — Oxyde de trisisopropoxyde de vanadium

Figure 1 :

II.1. Préparation du précurseur 3

Le composé **A**, solubilisé dans le toluène en présence d'éthylène glycol (5,0 équivalents) et d'une quantité catalytique d'acide para-toluène sulfonique (0,1 équivalent), est porté à reflux pendant 12 heures en utilisant un appareil de type Dean-Stark. Après traitement de la réaction, le brut réactionnel est purifié sur colonne de gel de silice pour conduire au composé **1** avec un rendement de 90%. À une solution de ce composé dans l'éther anhydre est additionné du tétrahydruroaluminate de lithium (2,0 équivalents). Le milieu réactionnel est agité sous atmosphère inerte, à température ambiante pendant deux heures. Après divers traitements le composé **2** est obtenu sous la forme d'une huile jaune avec un rendement de 95% et engagé sans purification dans l'étape suivante. À une solution du composé **2** dans l'acétone est additionnée une solution d'acide chlorhydrique à 1,0 mol.L^{-1} (1,0 équivalent). Après agitation du milieu réactionnel à température ambiante pendant 30 minutes, traitement et purification, le composé **3** est obtenu avec un rendement de 95% sous la forme d'une huile incolore. Son spectre infra-rouge présente notamment une bande large d'absorption à 3430cm^{-1} ainsi qu'une bande d'absorption intense à 1698 cm^{-1}.

II.1.a. Donner la définition d'un terpène.

II.1.b. Donner la structure du composé **1**, le nom de la nouvelle fonction formée et l'équation de réaction modélisant la transformation de **A** en **1**.

II.1.c. Donner la structure du composé **2**. Pourquoi une réduction totale est-elle observée ? Justifier votre réponse.

II.1.d. Proposer une méthode de synthèse du tétrahydruroaluminate de lithium. Justifier les conditions anhydres mises en jeu dans la synthèse de **2**.

II.1.e. Donner la structure du composé **3** et proposer un mécanisme pour sa formation.

II.1.f. À quelles vibrations de valence correspondent les signaux IR observés pour le composé **3** ?

II.2. Préparation du précurseur 5

À une solution du composé **3** dans la pyridine est additionné, sous atmosphère inerte, de l'anhydride acétique (5,0 équivalents). Après agitation du milieu réactionnel à température ambiante pendant une demi-heure, traitement et purification sur colonne de gel de silice, le composé **4** est obtenu sous la forme d'une huile incolore avec un rendement de 96%. Ce composé, solubilisé dans le toluène, est ensuite mis en réaction avec un excès de DBU (1,8-diazabicyclo[5.4.0]undéc-7-ène, 3,0 équivalents, figure 1). Après agitation du milieu réactionnel à reflux pendant dix heures, traitement et purification, le composé **5** est isolé sous la forme d'une huile jaune avec un rendement de 88%. Le spectre RMN ^{1}H du produit **5** dans C_6D_6 (500 MHz) présente entre 0,57 et 2,69 plusieurs massifs intégrant au total pour 16 protons. Les signaux dont le déplacement chimique est supérieur à 3,0 ppm sont décrits dans le tableau 2 ci-dessous. Des données partielles concernant le spectre RMN ^{13}C dans C_6D_6 (125,8 MHz) sont également fournies dans le tableau 2.

RMN ^{1}H	6,07 (dd, J = 2,0 Hz et 0,5 Hz, 1H), 5,06 (dd, J = 2,0 Hz et 1,0 Hz, 1H).
RMN ^{13}C	201,8 ; 155,0 ; 118,3 ; 29,0 ; 15,3.

Tableau 2 :

II.2.a. Donner la structure du composé **4** et proposer un mécanisme pour sa formation.

II.2.b. Donner la structure du composé **5** et proposer un mécanisme pour sa formation.

II.2.c. Attribuer les signaux de RMN ^{1}H du tableau 2 en précisant la multiplicité des signaux observés. Commenter l'ordre de grandeur des constantes de couplage observées.

II.2.d. Attribuer les signaux de RMN ^{13}C du tableau 2.

II.3. Préparation du composé B

À une solution de composé **5** dans le toluène sous atmosphère inerte, refroidie à -78 °C, sont additionnés l'adduit éthérate diéthylique de trifluorure de bore ($BF_3.OEt_2$, 2,0 équivalents) ainsi que du cyclopentadiène fraîchement distillé (10,0 équivalents). Après agitation du milieu réactionnel pendant une heure, et traitements, le brut réactionnel est purifié sur colonne de gel de silice en utilisant un mélange d'éluants hexane :diéthyléther 150 :1. Quatre stéréoisomères **6a**, **6b**, **6c** et **6d** de formule brute identique $C_{17}H_{24}O$ sont isolés l'un après l'autre dans un rapport 26 :65 :6 :3. Le composé **6b** majoritairement obtenu avec un rendement de 60% est alors mis en solution dans du dichlorométhane en présence de catalyseur de Grubbs (0,05 équivalent). Le milieu réactionnel est agité à température ambiante en présence d'éthylène gazeux pendant 12 heures. Après traitement du milieu réactionnel et purification, le composé **B** est obtenu sous la forme d'un solide blanc avec un rendement de 98%.

II.3.a. Pourquoi le cyclopentadiène doit-il être fraîchement distillé ? Pourquoi travaille-t-on à basse température ? Donner la structure des composés **6a** et **6b**.

II.3.b. Proposer un mécanisme réactionnel pour la transformation de **5** en **6b**. Modéliser en perspective l'approche des réactifs permettant de justifier, sans les nommer, l'obtention des stéréo-isomères **6a** et **6b**.

II.3.c. Le cyclopentadiène est modélisé par le butadiène et le composé **5** par le 2-méthylpropénal. Les coefficients des différentes orbitales atomiques dans les orbitales moléculaires π ainsi que les énergies associées déterminés par la théorie de Hückel simple pour le butadiène et le 2-méthylpropénal sont donnés dans les tableaux 3 et 4 ci-dessous. Justifier l'approche des réactifs du II.3.b en admettant que les effets orbitalaires sont déterminants dans cette réaction. Détailler le raisonnement.

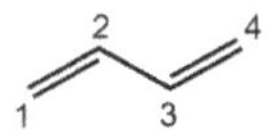

Énergies	$\alpha + 1,62\beta$	$\alpha + 0,62\beta$	$\alpha - 0,62\beta$	$\alpha - 1,62\beta$
c_1	0,37	-0,60	0,60	0,37
c_2	0,60	-0,37	-0,37	-0,60
c_3	0,60	0,37	-0,37	0,60
c_4	0,37	0,60	0,60	-0,37

Tableau 3 : Données pour le butadiène.

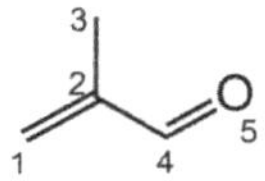

Énergies	$\alpha + 2,37\beta$	$\alpha + 1,72\beta$	$\alpha + 0,86\beta$	$\alpha - 0,36\beta$	$\alpha - 1,60\beta$
c_1	0,18	0,10	-0,62	-0,63	0,42
c_2	0,43	0,18	-0,53	0,22	-0,67
c_3	0,82	-0,44	0,33	-0,07	0,13
c_4	0,26	0,51	-0,07	0,60	0,56
c_5	0,19	0,71	0,47	-0,44	-0,21

Tableau 4 : Données pour le 2-méthylpropénal.

II.3.d. Donner finalement la structure du composé **6b** en justifiant votre réponse.

II.3.e. Préciser le(s) rôle(s) de la catalyse par l'adduit éthérate diéthylique de trifluorure de bore.

II.3.f. Donner l'équation de réaction de la transformation de l'intermédiaire **6b** en composé **B**, ainsi que le nom de cette réaction. Préciser quelle est la force motrice de cette réaction.

III. Synthèse du composé D

III.1. Préparation du précurseur 11

À une solution du composé **B** dans un mélange THF :H_2O 4 :1 sont additionnés une solution à 2,5% de tétraoxyde d'osmium (0,03 équivalent) dans le 2-méthylpropan-2-ol ainsi que du *N*-oxyde de *N*-méthylmorpholine (1,1 équivalent). Après traitement, le composé **7** ainsi obtenu, dont le spectre infra-rouge présente une bande large à 3330 cm^{-1}, est engagé sans purification dans l'étape suivante. À une solution du composé **7** dans un mélange MeOH/THF (4 :1) est additionnée une solution aqueuse à 0,5 mol.L^{-1} de méta-periodate de sodium ($NaIO_4$). Après traitement, le composé **8**, dont le spectre infra-rouge ne présente plus la bande large à 3330 cm^{-1}, est obtenu sans purification supplémentaire. À une solution dans le toluène du composé **8** sont additionnés de l'éthylène glycol (1,0 équivalent) ainsi qu'une quantité catalytique d'acide para-toluène sulfonique (0,1 équivalent). Le milieu réactionnel est alors porté à reflux pendant quatre heures en utilisant un appareil Dean-Stark. Après traitement de la réaction, le brut réactionnel est purifié sur colonne de gel de silice pour conduire au composé **9** de formule brute $C_{20}H_{30}O_3$ avec un rendement global sur les trois étapes de 73%. Le spectre infra-rouge du composé **9** présente notamment une bande d'absorption intense à 1696 cm^{-1}.

III.1.a. Donner la structure du composé **7**.

III.1.b. Quel est le degré d'oxydation de l'osmium dans le tétraoxyde d'osmium (Z(Os) = 76) ? Quel sous-produit de l'osmium forme-t-on sans ajout de *N*-Oxyde de *N*-méthylmorpholine ? Préciser le rôle de cet additif.

III.1.c. Donner la structure du composé **8** et proposer un mécanisme pour sa formation.

III.1.d. Donner la structure du composé **9** et justifier la chimiosélectivité observée.

À une solution d'hydrure de potassium (2,0 équivalents) dans le THF anhydre portée à reflux sous atmosphère inerte est additionnée précautionneusement une solution du composé **9** et du composé **C** (1,6 équivalent, figure 1) préalablement solubilisés dans le THF. Le composé **C** possède un groupement protecteur nommé "Prot", qui sera clivé dans la dernière étape de synthèse de l'ingénol. Après agitation sous reflux une nuit, traitement et purification, le diène **10** est obtenu sous la forme d'un seul diastéréo-isomère avec un rendement de 98%. À une solution du composé **10** dans le toluène sous atmosphère inerte, est additionnée une quantité catalytique de catalyseur de Grubbs (0,05 équivalent, figure 1). Après agitation du milieu réactionnel sous reflux pendant 30 heures, le milieu réactionnel est refroidi, puis purifié directement sur colonne de gel de silice pour conduire au composé **11** sous la forme d'une huile verte, avec un rendement de 76%. Le spectre infra-rouge de ce composé présente entre autre plusieurs bandes intenses à 1720, 1612, et 1248 cm^{-1}.

III.1.e. Donner la structure du composé **10** et proposer un mécanisme pour sa formation.

III.1.f. Préciser la configuration absolue du nouveau carbone asymétrique créé et justifier brièvement la stéréochimie de la réaction.

III.1.g. Donner la structure du composé **11**, commenter la bande d'absorption observée à 1612 cm^{-1}.

III.1.h. En réalité, le complexe de ruthénium introduit dans la solution est un précurseur du catalyseur, encore appelé pré-catalyseur. Donner la structure du catalyseur. Proposer un mécanisme pour expliquer la formation du catalyseur. Quel est le sous-produit formé au cours de cette réaction ?

III.1.i. Proposer un mécanisme pour expliquer l'obtention du produit **11**.

III.1.j. Quel est le sous-produit formé au cours de la réaction ? Cette réaction est-elle renversable dans les conditions opératoires précisées ci-dessus ?

III.2. Préparation du composé D

Le composé **11** est solubilisé dans une solution aqueuse d'acide chlorhydrique à 1,0 $mol.L^{-1}$ et porté à reflux sous agitation pendant trois heures. Après traitement, l'intermédiaire huileux **12** dont le spectre infra-rouge présente une bande d'absorption intense à 1760 cm^{-1}, est engagé sans purification dans l'étape suivante. À une solution du composé **12** dans l'éthanol est additionné à 0 °C du tétrahydruroborate de sodium (0,3 équivalent). Après 15 minutes d'agitation, traitement du milieu réactionnel et purification, le composé **13**, de formule brute $C_{20}H_{29}O_3$ – Prot et dont le spectre infra-rouge possède une bande large d'absorption à 3320 cm^{-1} ainsi qu'une bande intense à 1612 cm^{-1}, est obtenu avec un rendement global de 77%, pour ces deux dernières étapes. Ce composé est mis en solution dans le THF anhydre en présence de triphénylphosphine (1,3 équivalent), de diiode (1,2 équivalent) et d'imidazole (1,2 équivalent). Après traitement, l'intermédiaire **14** dont le spectre infra-rouge ne présente plus de bande infra-rouge large à 3320 cm^{-1}, est engagé sans purification dans l'étape suivante. À une solution de *tert*-butanolate de potassium (4,5 équivalents) dans le DMSO anhydre est additionné, sous atmosphère inerte, le composé **14** solubilisé dans le THF anhydre. Après agitation du milieu réactionnel à température ambiante pendant une nuit, traitement et purification, le composé **15** est obtenu sous la forme d'une huile incolore avec un rendement global sur deux étapes de 94%.

À une solution du composé **15** dans le dichlorométhane, sous agitation vigoureuse, sont additionnés du dioxyde de sélénium (0,2 équivalent, sélénium Z = 34) ainsi qu'une quantité catalytique d'acide acétique. Après agitation à température ambiante pendant dix minutes, le milieu réactionnel est refroidi à 0 °C avant l'addition d'une solution dans le décane d'hydroperoxyde de tert-butyle à 5,5 mol.L^{-1} (2,5 équivalents). Après agitation du milieu réactionnel pendant deux heures à température ambiante, traitement et purification, le composé **D**, dont le spectre infra-rouge présente une bande d'absorption large à 2934 cm^{-1}, est obtenu sous la forme d'une huile incolore avec un rendement de 49%.

III.2.a. Donner la structure du composé **12**.

III.2.b. Donner la structure du composé **13** obtenu avec une chimiosélectivité totale. À quelles vibrations de valence correspondent les signaux IR observés pour ce composé ?

III.2.c. Donner la structure du composé **14** et proposer un mécanisme pour sa formation.

III.2.d. Donner la structure du composé **15** et proposer un mécanisme pour sa formation.

III.2.e. Donner la structure de Lewis du dioxyde de sélénium. Proposer un mécanisme simplifié pour la réaction d'oxydation allylique en ne faisant intervenir que le composé **15** et le dioxyde de sélénium.

III.2.f. À quelle vibration de valence correspond le signal IR observé pour le composé **D** ? Proposer une explication quant à la valeur observée.

IV. Synthèse de l'ingénol

IV.1. Préparation du composé E

À une solution du composé **D** dans du dichlorométhane refroidie à -40 °C est additionné du périodinane de Dess-Martin (1,25 équivalent, figure 1). Après agitation à 10 °C pendant 90 minutes, traitement et purification, le composé **16** est obtenu sous la forme d'une huile incolore avec un rendement de 74%. La double liaison exocyclique est alors isomérisée en mettant le composé **16** en présence d'une quantité catalytique de trichlorure de rhodium hydraté ($RhCl_3(H_2O)_3$, 0,3 équivalent) en solution dans l'éthanol à reflux pendant 35 minutes. Après traitement et purification le composé **17** est obtenu sous la forme d'une huile incolore avec un rendement de 74%. Une solution de chlorure de triméthylsilane (1,2 équivalent) de composé **17** et de triéthylamine (2,4 équivalents) dans le diméthylformamide est ensuite agitée à reflux pendant une nuit. Après traitement et purification par distillation, le diène conjugué **18** est obtenu avec un rendement de 61%. À une solution de ce dernier dans le dichlorométhane est additionné par portion de l'acide méta-chloroperbenzoïque (1,1 équivalent). Après agitation du milieu réactionnel pendant 30 minutes, filtration rapide sur Célite®, une solution aqueuse d'acide chlorhydrique à 1,5 $mol.L^{-1}$ est additionnée. Après agitation pendant 15 minutes à température ambiante, la phase organique est récupérée. La phase aqueuse est ensuite extraite trois fois avec du dichlorométhane. Les différentes phases organiques sont ensuite regroupées, séchées sur sulfate de sodium anhydre et le solvant est évaporé. Après purification le composé **19**, de formule brute $C_{20}H_{25}O_4$ – Prot et dont le spectre infra-rouge présente une bande infra-rouge large à 3430 cm^{-1}, est obtenu sous la forme d'un solide blanc avec un rendement de 94%. Cette dernière réaction est totalement stéréosélective, le seul carbone asymétrique nouvellement créé étant de configuration *R*.

IV.1.a. Donner la structure du composé **16** et proposer un mécanisme pour sa formation.

IV.1.b. Donner la structure du composé **17**. Proposer une méthode analytique permettant de différencier le composé **17** du composé **16**. Justifier votre réponse.

IV.1.c. Donner la structure du composé **18** et proposer un mécanisme pour sa formation, en tenant compte de la régiosélectivité de la réaction observée.

IV.1.d. Donner la structure du composé intermédiaire formé lors de l'ajout d'acide méta-chloroperbenzoïque en présence du composé **18**, et proposer un mécanisme pour sa formation.

IV.1.e. Donner la structure du composé **19** et proposer un mécanisme pour sa formation.

IV.2. Obtention de l'ingénol

À une solution du composé **19** dans du toluène refroidie à 10 °C est additionnée une quantité catalytique d'oxyde de trisisopropoxyde de vanadium (0,09 équivalent, figure 1), puis un excès d'hydroperoxyde de *tert*-butyle (6,0 équivalents). Après agitation à température ambiante pendant dix heures, le milieu réactionnel est directement purifié sur colonne de gel de silice, pour fournir le composé **20** sous la forme d'un solide blanc, avec un rendement de 73%. Ce composé est ensuite solubilisé dans le dichlorométhane en présence d'imidazole (2,4 équivalents) et de chlorure de triméthylsilyle (1,4 équivalent). Après huit heures d'agitation à température ambiante, traitement de la réaction et purification, le composé **21**, ne possédant plus de bande infra-rouge large à 3430 cm^{-1}, est obtenu sous la forme d'une huile incolore avec 35% de rendement. Ce dernier est alors solubilisé dans du méthanol à 0 °C, avant ajout précautionneux de tétrahydruroborate de sodium (2,0 équivalents). Après agitation du milieu réactionnel pendant une heure à température ambiante, et traitement, le brut réactionnel est solubilisé sans purification supplémentaire dans du THF, et agité en présence d'une solution aqueuse d'acide chlorhydrique à 1,0 mol.L^{-1} (50,0 équivalents) à température ambiante pendant trois heures. Après traitement, le composé **22a** est obtenu accompagné d'un diastéréoisomère minoritaire **22b**, dans un rapport 80 :20. Une régiosélectivité totale et particulière de la réaction mettant en jeu uniquement les fonctionnalités réactives du cycle le moins tendu est encore observée ici. Une purification par chromatographie sur gel de silice permet l'isolement du composé désiré **22a**, dont le spectre infra-rouge présente une nouvelle bande d'absorption large à 3430 cm^{-1}, avec un rendement de 86%. À une solution refroidie à 0 °C du composé **22a** dans le THF est additionnée goutte à goutte, sous atmosphère inerte, une solution de diisopropylamidure de lithium (LDA ; 3,1 équivalents) dans le THF. Après agitation à reflux pendant deux heures, traitement et purification, le composé **23** est obtenu avec un rendement de 61%. Une ultime étape de déprotection des groupements protecteurs présents permet l'obtention de l'ingénol avec un rendement de 86% après traitement et purification.

IV.2.a. Donner la structure du composé **20** sans préciser la configuration des carbones asymétriques formés, ainsi que l'équation de réaction de la transformation du composé **19** en **20**.

IV.2.b. Donner la structure du composé **21**.

IV.2.c. Donner la structure des composés **22a** et **22b**.

IV.2.d. Donner la structure du composé **23** ainsi que l'équation de réaction de la transformation du composé **22a** en **23**.

IV.2.e. Proposer un mécanisme général de réactivité des oxydes de cyclohexène, en présence d'une solution de LDA. En représentant un modèle de l'état de transition, justifier la sélectivité de la réaction.

FIN DE L'ÉNONCÉ

Autour de la synthèse stéréosélective de l'ingénol

I. Les dérivés éthyléniques

I.1. Étude de la réactivité de deux dérivés éthyléniques : l'isoprène et le styrène

L'isoprène.

I.1.a. Dans la méthode de Hückel, α est l'intégrale coulombienne définie par la relation $\alpha = \iiint_{\text{espace}} \chi_i^* \mathcal{H} \chi_i \, d^3\tau$ où χ_i est l'orbitale atomique 2p de l'atome de carbone i intervenant dans le système π et $\mathcal{H}$ est l'opérateur hamiltonien mono-électronique.

En première approximation, cette valeur représente l'énergie d'un électron occupant cette orbitale dans l'atome isolé. C'est une valeur négative.

β est appelée intégrale d'échange ou de résonance et est définie par la relation $\beta = \iiint_{\text{espace}} \chi_i^* \mathcal{H} \chi_j \, d^3\tau$ où χ_i et χ_j sont les orbitales atomiques 2p des atomes de carbone i et j reliés l'un à l'autre dans le système π et $\mathcal{H}$ est l'opérateur hamiltonien mono-électronique.

Cette valeur est reliée à l'intégrale de recouvrement S_{ij} (l'approximation de Mulliken donne même une relation de proportionnalité : $\beta = kS_{ij}$) et donne ainsi une mesure de la force de la liaison entre les atomes i et j. C'est également une valeur négative.

I.1.b. Le groupe méthyle possède une orbitale moléculaire ayant la même symétrie que les orbitales p présentes dans le système conjugué :

Il peut ainsi participer à la délocalisation des électrons dans ce système conjugué tout comme un hétéroatome participe par le biais de ses propres orbitales p. De plus, cette orbitale est une orbitale occupée par deux électrons dans le diagramme d'OM du groupe méthyle. Ce dernier est donc considéré comme un hétéroatome participant avec deux électrons dans le système π de Hückel.

I.1.c. L'isoprène est constitué de 4 atomes de carbone participant avec un électron au système π et un groupement méthyle participant avec deux électrons, soit un total de 6 électrons pour le système π. β étant une valeur négative, les orbitales sont classées dans le tableau de haut en bas dans l'ordre croissant des énergies.

La HO est donc l'orbitale d'énergie $\alpha + 0,57\beta$ et la BV est l'orbitale d'énergie $\alpha - 0,64\beta$.

I.1.d. Le diagramme d'OM de l'éthylène selon Hückel est le suivant :

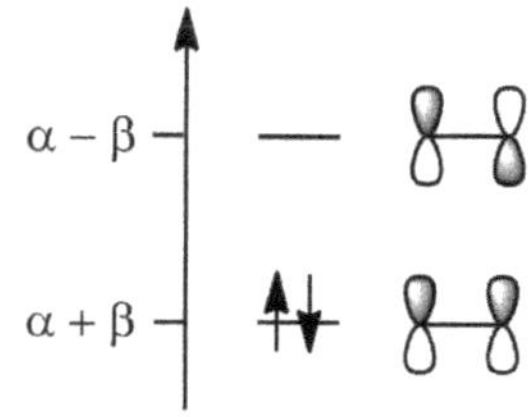

L'isoprène ayant une HO plus haute en énergie que l'éthylène ($\alpha + 0,57\beta$ *vs* $\alpha + \beta$), il sera plus réactif vis-à-vis d'un électrophile.

I.1.e. La présence d'alcènes peut être testée qualitativement par ajout d'eau de brome. Le dibrome, qui présente une forte coloration orangée, réagit avec les fonctions alcènes par réaction d'addition électrophile pour donner des dérivés halogénés généralement incolores. La décoloration de cette solution prouve ainsi la présence d'alcènes.

L'équation de réaction dans le cas du propène s'écrit comme suit :

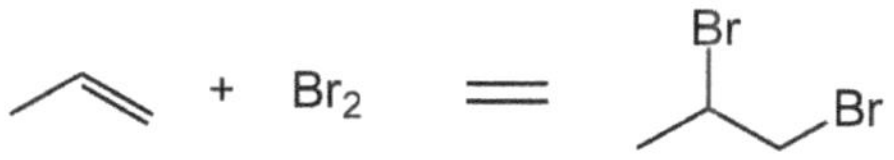

I.1.f. Le dibrome étant hautement oxydant et volatil, il est nécessaire de prendre plusieurs précautions :

- travailler sous une hotte bien ventilée pour éviter de respirer les vapeurs toxiques.
- utiliser des gants de protection (de préférence en nitrile).
- préparer à l'avance une solution réductrice de thiosulfate de sodium ou de soude à verser en alternance avec de l'eau sur les zones de la peau qui auraient pu être touchées par des projections de dibrome.

I.1.g. Lors de la première étape de la réaction, le dibrome joue le rôle d'électrophile qui est attaqué par une des doubles liaisons de l'isoprène. La réaction étant sous contrôle orbitalaire, le dibrome se fixe au carbone ayant le plus gros coefficient en valeur absolue dans la HO de l'isoprène, *i.e.* le carbone C_1. On obtient donc majoritairement le carbocation suivant qui peut être décrit par deux formes mésomères carbocationiques :

Remarque : Le sujet demande d'écrire les intermédiaires carbocationiques, cependant, cet intermédiaire peut aussi être décrit par une forme mésomère où la charge positive est portée par le brome, il s'agit de l'ion ponté bromonium :

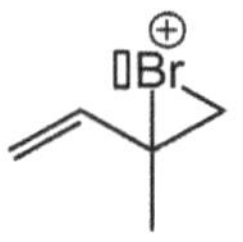

I.1.h. Structure des produits majoritairement formés à basse température et aux temps de réaction courts : produits cinétiques d'addition 1,2

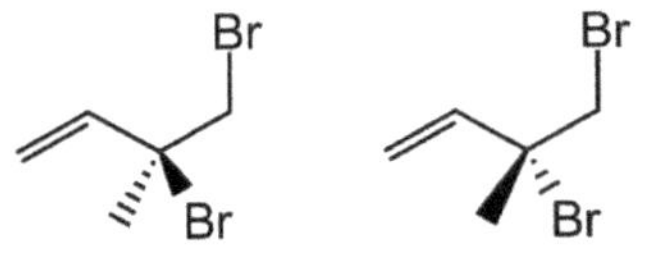

Mécanisme d'addition 1,2 :

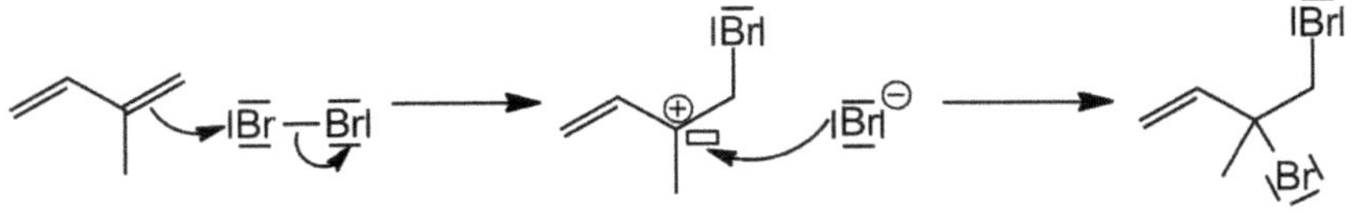

Lors de la deuxième étape, l'ion bromure libéré peut attaquer les carbones C_2 et C_5 possédant un caractère carbocationique. Cependant, l'attaque s'effectue majoritairement sur le carbone C_2 car celui-ci possède une charge partielle positive plus importante (elle est stabilisée par le groupement méthyle électrodonneur). On obtient ainsi les deux produits majoritaires ci-dessus qui sont issus de l'addition 1,2 de part et d'autre du plan du diène. Ces deux composés forment un couple d'énantiomères.

Remarque : L'attaque s'effectuant de manière équiprobable de part et d'autre du plan, on obtient au final un mélange racémique.

I.1.i. A une température plus élevée et/ou des temps de réaction plus longs, les réactions de formation des différents produits s'équilibrent et le contrôle de la réaction devient thermodynamique. Il est ainsi possible de former les produits d'addition 1,2 et 1,4 :

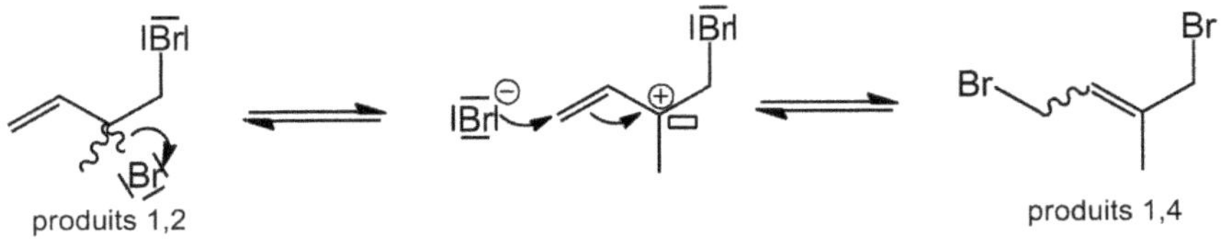

Les produits d'addition 1,4 étant plus stables de part leur double liaison plus substituée, ils sont obtenus majoritairement :

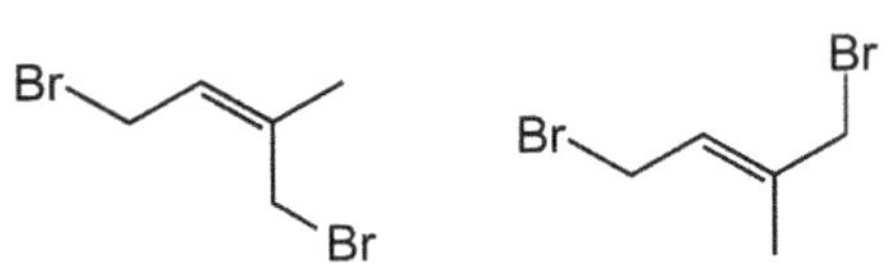

Ces deux produits sont des diastéréoisomères, leur fonction alcène ayant une configuration *Z* ou *E*.

Remarque : Le composé de configuration *E* sera obtenu majoritairement car plus stable.

Le styrène.

I.1.j. Le 1-bromo-1-phényléthane peut être obtenu par hydrobromation ionique du styrène en traitant ce dernier par du HBr dissous dans un solvant polaire et protique, comme de l'acide acétique, en absence de rayonnements UV.

Mécanisme de formation du 1-bromo-1-phényléthane :

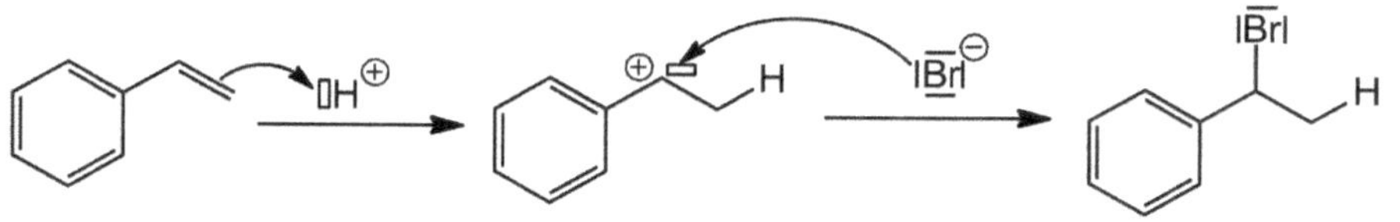

Le 1-bromo-1-phényléthane est obtenu majoritairement car lors de la première étape, qui est cinétiquement déterminante, le proton se fixe préférentiellement sur le carbone terminal afin de former un carbocation stabilisé par mésomérie.

I.1.k. Le 1-bromo-2-phényléthane peut être obtenu par hydrobromation radicalaire du styrène en traitant ce dernier par du HBr dans un solvant apolaire en présence d'amorceurs de radicaux (AIBN, peroxydes...) ou de rayonnements UV.

Mécanisme en chaîne de formation du 1-bromo-2-phényléthane :

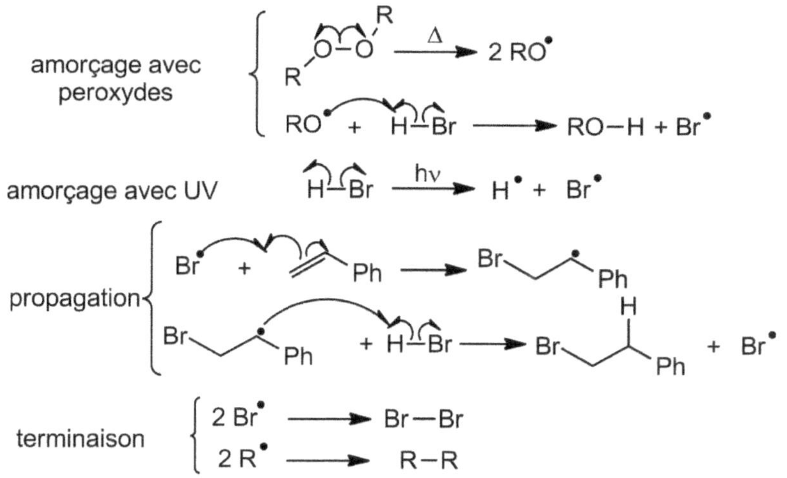

Lors de la première étape de la phase de propagation, le radical Br• se fixe préférentiellement sur le carbone terminal afin de former un radical stabilisé par délocalisation électronique, menant ainsi majoritairement au 1-bromo-2-phényléthane.

I.1.l. Dans le formalisme de Lewis, l'ozone peut être décrit par ces 2 formes mésomères :

I.1.m. Structure de l'ozonide formé avant l'ajout de triphénylphosphine :

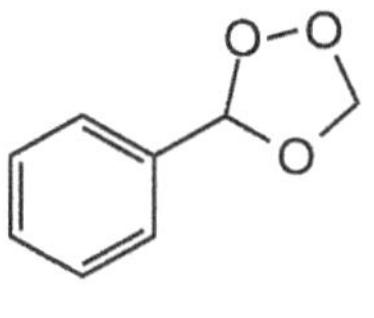

Mécanisme de la formation de l'ozonide : ozonolyse

L'utilisation d'ozone doit être faite avec de grandes précautions :

- Tout d'abord, c'est un composé toxique et oxydant qui nécessite de travailler sous hotte avec des gants adaptés et en ayant préparé initialement une solution aqueuse réductrice (thiosulfate de sodium, iodure de sodium ou de potassium) pour neutraliser les possibles excès d'ozone.
- Il est conseillé de contrôler la quantité d'ozone libérée dans l'atmosphère (sa concentration dans l'air ne doit pas dépasser 0,1 ppm). Ceci peut être fait à l'aide de capteurs d'ozone ou plus simplement avec un papier imbibé d'une solution de KI qui se colore en marron en présence d'ozone.
- L'ozone ainsi que les intermédiaires formés au cours de la réaction jusqu'à l'ajout de triphénylphosphine sont hautement explosifs. Ils doivent donc être manipulés en solutions diluées (le mélange ne doit jamais être concentré avant l'ajout de PPh_3 ou avant une hydrolyse réductrice) loin de tout risque de détonation (sources de chaleur, contacts brusques...)

Remarque : De ce fait, la réaction d'ozonolyse est pratiquée à basse température (- 80 °C). Cependant, l'ozone ne doit jamais être refroidi en dessous de son point d'ébullition (-112 °C) sous risque de liquéfaction et d'explosion.

I.1.n. Cette réaction a permis de former du benzaldéhyde :

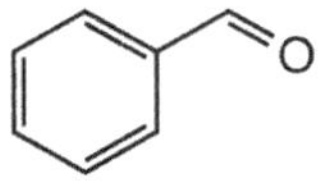

Mécanisme de la formation du benzaldéhyde :

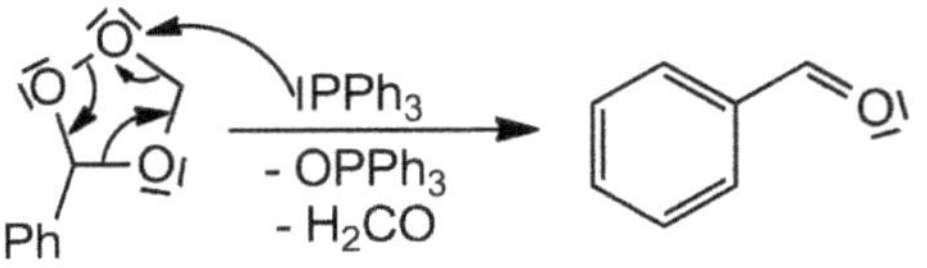

Cette hydrolyse réductrice peut également être menée avec du diméthylsulfure ou une solution aqueuse acide en présence de zinc métallique.

I.1.o. Comme le montre le mécanisme ci-dessus, cette réaction s'accompagne de la formation de formaldéhyde.

À température ambiante et pression atmosphérique, ce composé est gazeux (sa température d'ébullition à pression atmosphérique étant de -21 °C). En solution aqueuse (on parle alors de formol), le formaldéhyde se présente majoritairement sous la forme d'un hydrate ou diol géminal.

Le mécanisme de formation de cet hydrate est le même que celui d'une hémiacétalisation :

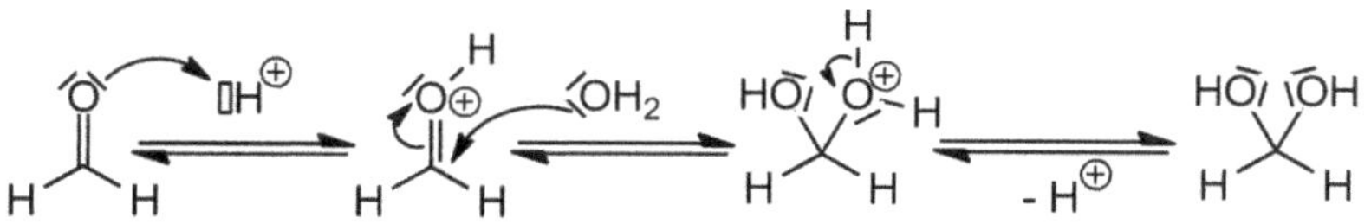

En milieu non aqueux, le formaldéhyde peut polymériser pour former des dérivés cycliques (comme le trioxane $(CH_2O)_3$) ou non cyclique de type H-$(CH_2O)_n$-H (on parle alors de paraformaldéhyde).

I.2. La polymérisation des alcènes

I.2.a. Une molécule polymère est une molécule de masse molaire élevée qui est constituée (mis à part aux extrémités) d'une répétition importante d'un petit groupe d'atomes appelé unité de répétition ou motif.

Un polymère est alors un matériau constitué de telles molécules.

I.2.b. Parmi les polymères les plus utilisés, il est possible de citer le polyéthylène (emballages plastiques : sacs, bouteilles...), le polypropylène (construction automobile : pare-chocs, tableaux de bord...), le polystyrène (emballage d'appareils sensibles au chocs) ou le polychlorure de vinyle (tuyaux de canalisation, cartes plastifiées).

I.2.c. Étapes d'amorçage de la polymérisation :

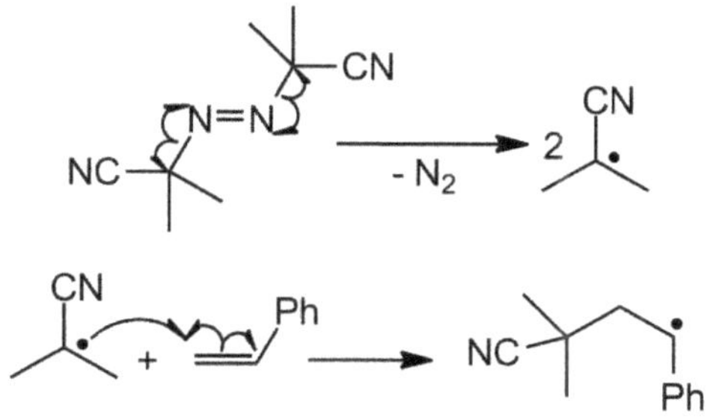

Étapes de propagation de la polymérisation :

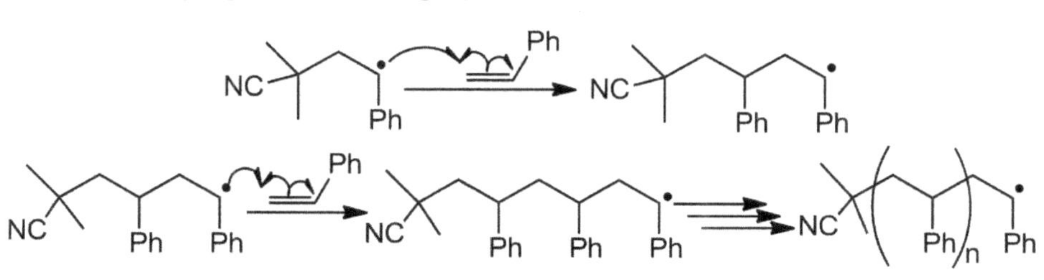

Structure de l'unité de répétition :

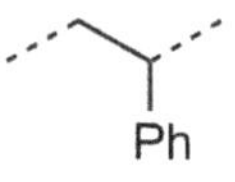

À chaque étape de la phase de propagation, le radical est toujours porté par le carbone relié au cycle phényle car il est alors stabilisé par délocalisation. Ce carbone (queue de l'alcène) se fixe donc toujours au carbone terminal du monomère suivant (tête de l'alcène) : on parle de régiosélectivité "tête à queue".

I.2.d. En supposant que les réactions de terminaison ont lieu uniquement par couplage, chaque molécule aura la structure suivante :

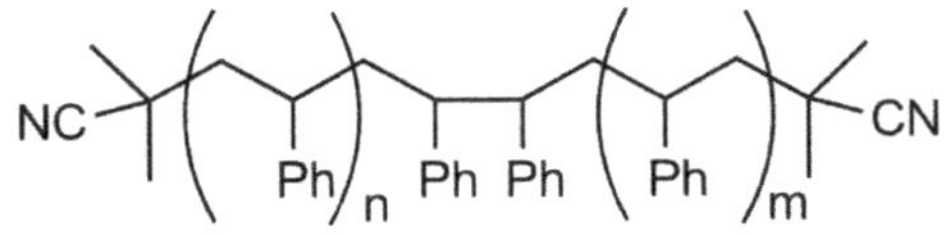

Soit une formule brute $C_{24+8(m+n)}H_{28+8(m+n)}N_2$. L'analyse élémentaire montrant que 0,08 % de la masse est due à l'azote, on a en moyenne :

$$2 \times 14 = \frac{0,08}{100}\left[12 \times (24 + 8\,(m+n)) + (28 + 8\,(m+n)) + 14 \times 2\right]$$

$$28 = \frac{0,08}{100}\left[344 + 104\,(m+n)\right]$$

$$m + n = \frac{28 \times \frac{100}{0,08} - 344}{104} = 333$$

On obtient ainsi une masse molaire moyenne en nombre :

$$M_n = 12 \times (24 + 8 \times 333) + (28 + 8 \times 333) + 14 \times 2 = 35,0 \text{ kg.mol}^{-1}$$

I.2.e. Le milieu réactionnel est versé dans une solution d'éthanol car le polystyrène y est insoluble et va donc précipiter tandis que le styrène et les plus petits oligomères restent solubles. Afin que le polystyrène ne précipite pas d'un bloc en emprisonnant les autres composés, il est initialement dilué dans du toluène et versé le plus doucement possible dans la solution d'éthanol.

I.2.f. À chaque addition, le radical peut approcher de part et d'autre du plan du nouveau monomère. Cette synthèse ne permet donc d'obtenir qu'un polymère atactique. Celui-ci étant amorphe, ses propriétés mécaniques sont plutôt limitées.

Remarque : Il existe des réactions de transfert qui interviennent lors des polymérisations radicalaires. Les polymères ainsi obtenus sont donc ramifiés, c'est ce qui rend ici le polystyrène totalement amorphe.

I.2.g. Mécanisme de la réaction d'amorçage :

Le *n*-butyllithium jouant le rôle de nucléophile, il interagit avec la BV de l'isoprène et donc avec le carbone C_5 qui possède le plus gros coefficient dans cette orbitale (*cf.* question I.1.c).

Le site actif portant une charge négative, on parle de polymérisation anionique. De plus, tant qu'aucun composant protique n'est rajouté au milieu réactionnel, le site actif portera toujours cette charge négative. Ainsi, par ajout de monomère, la polymérisation peut repartir, c'est pourquoi on parle de polymérisation vivante pour cette réaction.

I.2.h. Mécanisme de la réaction de propagation :

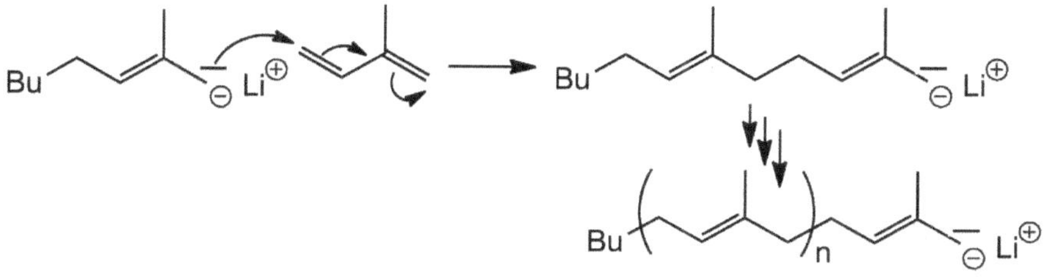

Le mécanisme précédent correspond au cas où le site actif est porté par le carbone C_1 et où l'attaque s'effectue sur le carbone C_5 du nouveau monomère. Si la réaction n'est pas totalement contrôlée, plusieurs unités de répétition peuvent exister puisque des liaisons C-C peuvent être créées entre différents carbones comme le montrent les exemples ci-dessous :

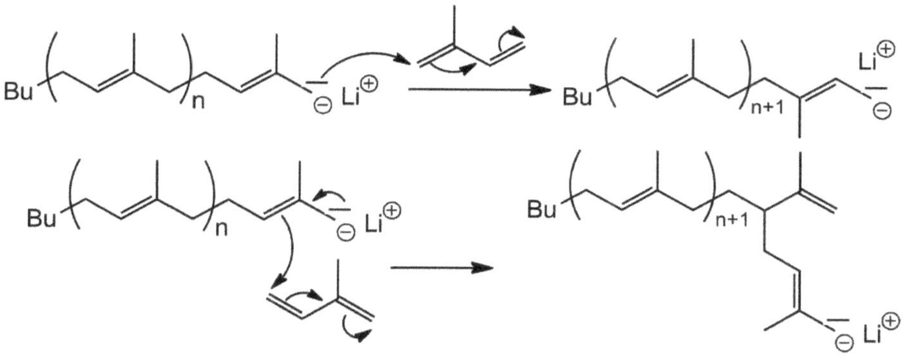

La molécule possède ainsi une régularité faible, ce qui a pour conséquence de fournir un matériau avec des propriétés mécaniques peu intéressantes.

I.2.i. Comme le montre les mécanismes ci-dessus, la phase d'amorçage forme un carbanion délocalisé. Par effet bathochrome, celui-ci absorbe dans le visible et colore la solution en orange.

L'ajout de 1-(3-bromopropyl)-2,2,5,5-tétraméthyl-1-aza-2,5-disilacyclopentane permet de terminer la réaction en formant l'intermédiaire suivant par réaction de substitution nucléophile :

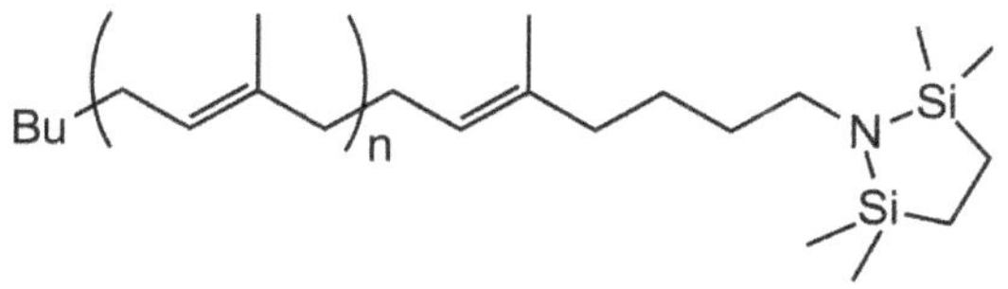

Les molécules polymères ne possédant plus de charge négative délocalisée, il y a perte de l'absorption lumineuse dans le visible et donc perte de la coloration.

I.2.j. Structure du polymère final :

Mécanisme réactionnel de la dernière étape en symbolisant la chaine polymérique par le groupement R :

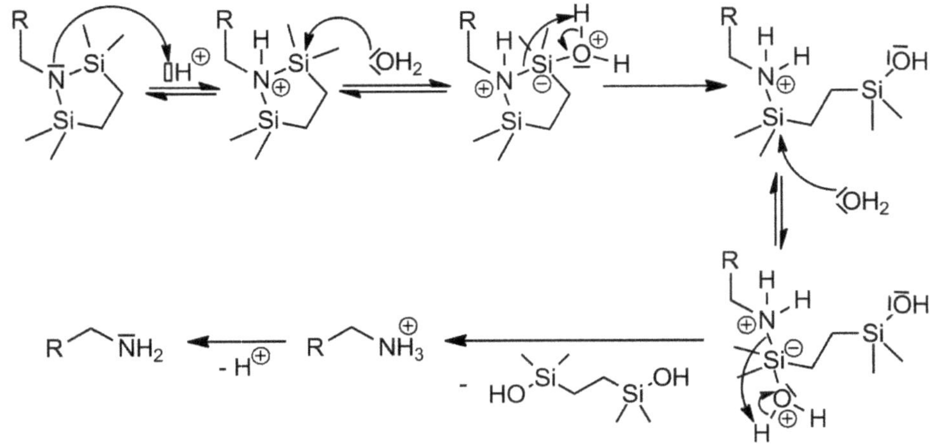

Remarque : La fonction amine ainsi libérée permet de greffer de nombreux groupements différents et donc de fonctionnaliser le polymère.

I.2.k. Configuration électronique du titane dans son état fondamental :
$1s^2 2s^2 2p^6 3s^2 3p^6 3d^2 4s^2$.

Ce métal possède donc 4 électrons de valence ($3d^2 4s^2$).

I.2.l. Équation de réaction entre le tri-isobutylaluminium et le tétrachlorure de titane :

$$\mathrm{Al}(i\mathrm{Bu})_3 + \mathrm{TiCl}_4 = \mathrm{AlCl}(i\mathrm{Bu})_2 + \mathrm{TiCl}_3(i\mathrm{Bu})$$

$TiCl_3(i\mathrm{Bu})$ étant l'espèce catalytique intervenant ensuite dans le processus.

I.2.m. Mécanisme de synthèse du caoutchouc : polymérisation de Ziegler-Natta :

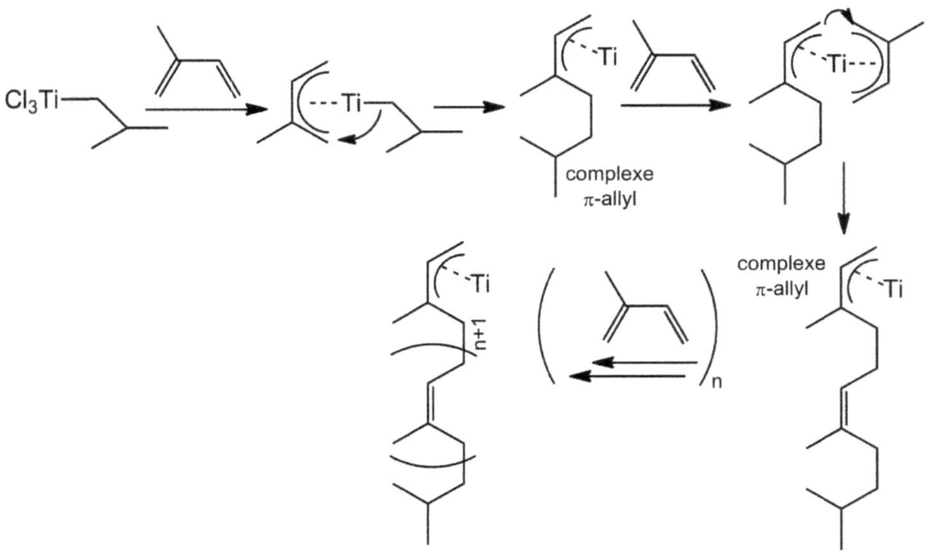

I.2.n. Le polymère (*Z*) ainsi obtenu est dans un état caoutchoutique. La gutta-percha ou (*E*)-polyisoprène possède quant à lui une régularité de chaine plus importante et donc une flexibilité moindre. Son taux de cristallinité à température ambiante étant ainsi plus important (il ne devient totalement amorphe qu'au delà d'une soixantaine de degrés celsius), c'est un thermoplastique qui possède des propriétés d'élasticité différentes.

II. Vers la synthèse de l'ingénol : synthèse du composé B

II.1. Préparation du précurseur 3

II.1.a. Les terpènes sont des hydrocarbures d'origine naturelle dont le squelette carboné est formé de motifs dérivant de l'isoprène. Ces composés sont généralement classés en plusieurs sous-catégories selon le nombre d'atomes de carbone qui compose ce squelette : les hémiterpènes (C_5), les monoterpènes (C_{10}), les sesquiterpènes (C_{15}), les diterpènes (C_{20}), les sesterterpènes (C_{25}), les triterpènes (C_{30}), les tétraterpènes (C_{40}) et les polyterpènes (C_{5n}).

II.1.b. Structure du composé **1** :

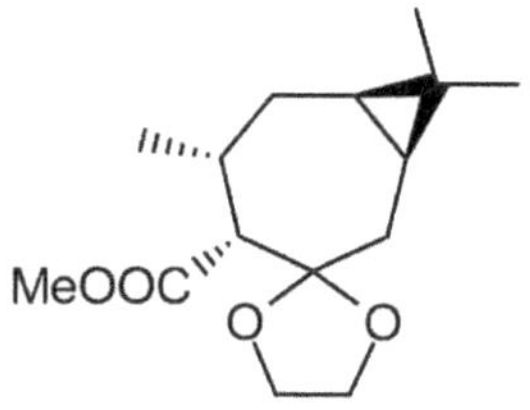

Cette réaction a formé une fonction acétal qui sert ici de groupement protecteur pour la fonction carbonyle.

L'équation de réaction modélisant cette transformation est :

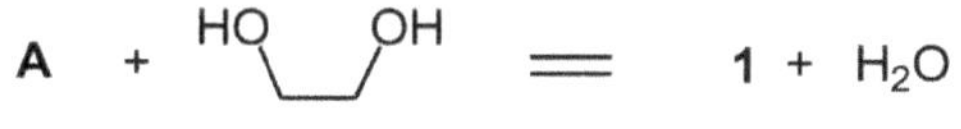

Remarque : Pour cette équation de réaction, il ne faut pas oublier d'utiliser des doubles flèches car la formation d'un acétal est une réaction équilibrée.

II.1.c. Structure du composé **2** :

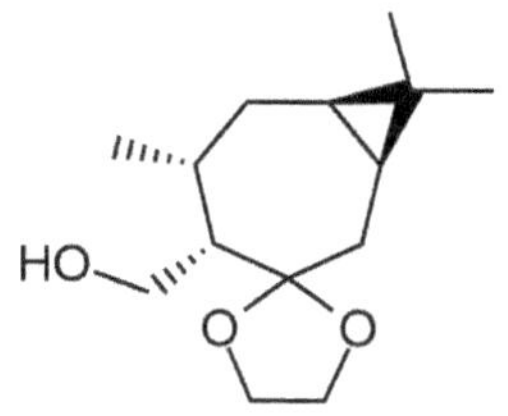

Cette réaction réduit la fonction ester en aldéhyde puis en alcool par transfert d'hydrures. L'aldéhyde étant plus réactif que l'ester, l'utilisation d'un excès de $LiAlH_4$ permet de mener la réduction jusqu'à l'alcool.

II.1.d. $LiAlH_4$ peut être préparé selon la réaction suivante entre LiH et $AlCl_3$:

$$4LiH + AlCl_3 \longrightarrow LiAlH_4 + 3LiCl$$

$LiAlH_4$ doit être utilisé dans des conditions anhydres car il se décompose irréversiblement et violemment en présence d'eau selon la réaction acido-basique suivante :

$$LiAlH_4 + 4H_2O \longrightarrow LiOH + Al(OH)_3 + 4H_2$$

II.1.e. Structure du composé **3** :

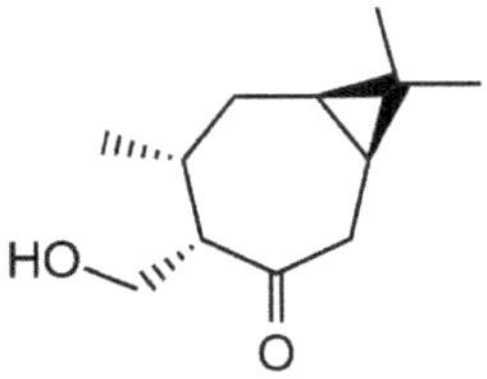

Mécanisme de sa formation : hydrolyse de l'acétal

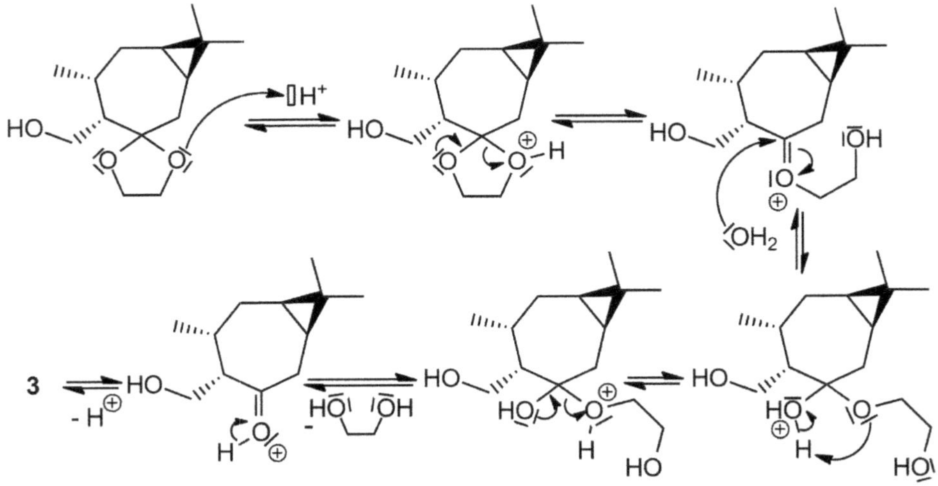

II.1.f. La bande large à 3430 cm^{-1} correspond à la vibration d'élongation de la liaison O-H liée par liaison hydrogène. La bande à 1698 cm^{-1} correspond à la vibration d'élongation de la liaison double C=O de la fonction cétone.

II.2. Préparation du précurseur 5

II.2.a. Structure du composé **4** et mécanisme de sa formation : estérification d'un alcool

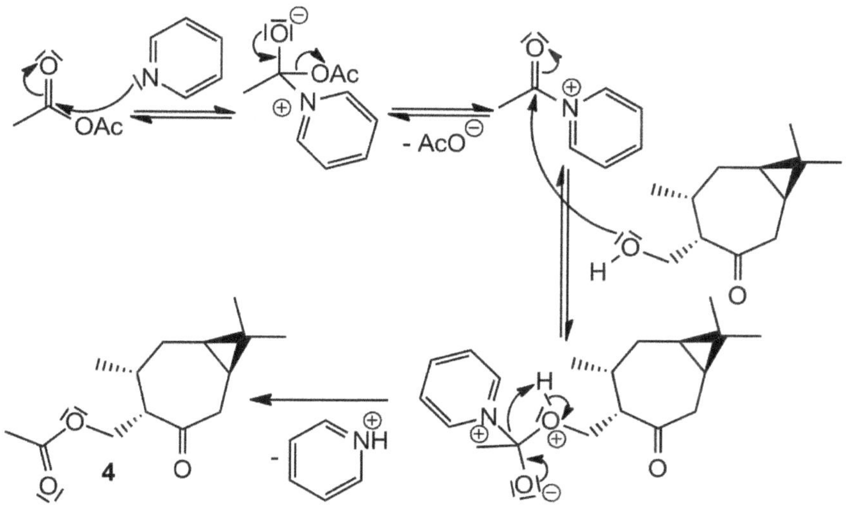

Remarque : Il ne faut pas oublier dans ce mécanisme la pyridine qui effectue une catalyse nucléophile de la réaction.

II.2.b. Structure du composé **5** et mécanisme de sa formation :

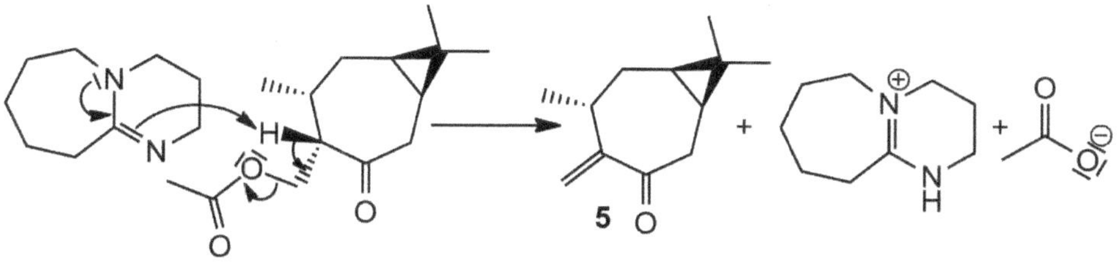

Remarque : Un mécanisme de type E_2 est ici représenté car la base utilisée est faible et l'acétate est un bon groupement partant. Cependant, il se peut que le mécanisme de cette réaction ait un léger caractère E_{1cb} à cause de la présence en α du groupement carbonyle ($pK_a(H_\alpha) \simeq 20$ et $pK_a(DBU) \simeq 12$).

II.2.c. Signaux RMN ^1H du composé **5** :

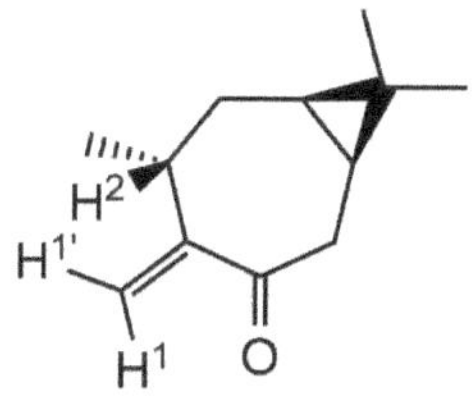

Justification : Les signaux à 6,07 et 5,06 ppm sont caractéristiques de protons vinyliques. Ils correspondent donc aux protons H^1 et $H^{1'}$. Ces deux protons couplent entre eux avec une constante de couplage de 2,0 Hz caractéristique d'un couplage géminal ^2J. Les signaux sont cependant des doublets de doublets car ces derniers couplent également avec le proton H^2. Ces constantes de couplage ont des valeurs faibles (1,0 et 0,5 Hz) car il s'agit de couplages longue distance ^4J.

II.2.d. Signaux RMN ^{13}C du composé **5** :

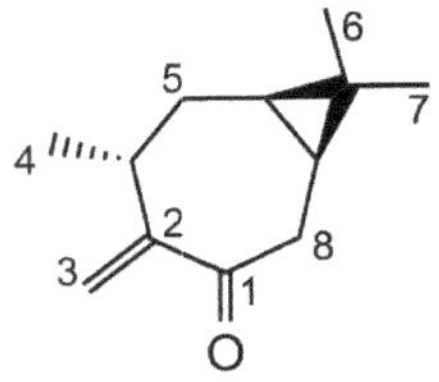

C^1	201,8
C^2	155,0
C^3	118,3
C^5 ou C^8	29,0
C^4 ou C^6 ou C^7	15,3

Justification : Les déplacements chimiques proches de 200 ppm sont caractéristiques de carbones appartenant à des fonctions carbonyles (C^1). De même des déplacements chimiques supérieurs à 100 ppm sont caractéristiques de carbones insaturés (C^2 et C^3). Parmi ces deux carbones, C^2 est plus déblindé car plus substitué. Le signal très peu déblindé à 15,3 ppm est caractéristique d'un groupement CH_3. Il n'est cependant pas possible de distinguer les carbones 4, 6 et 7 sans expérience de RMN 2D. De même, le signal à 29,0 ppm peut être attribué aux carbones C^5 et C^8 sans distinction possible.

II.3. Préparation du composé B

II.3.a. Le cyclopentadiène doit être fraichement distillé car il dimérise dans le temps selon la réaction de Diels-Alder suivante :

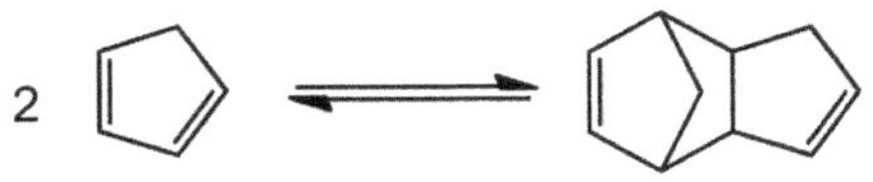

La réaction de formation de **6** pouvant former plusieurs diastéréoisomères, l'expérience est effectuée à basse température (-78 °C) pour être sous contrôle cinétique et ainsi favoriser la formation majoritaire du diastéréoisomère **6b**.

Structure des composés **6a** et **6b** :

6a
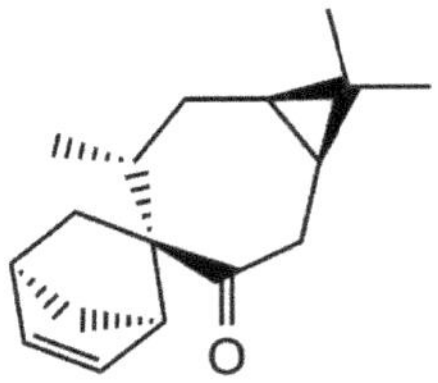

6b
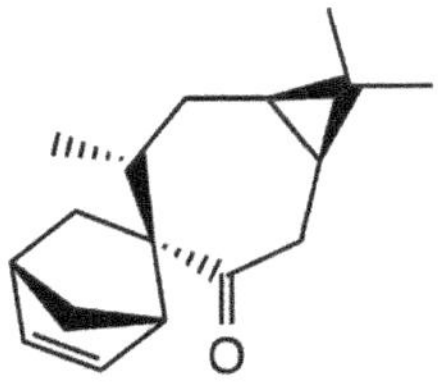

II.3.b. La transformation de **5** en **6b** est une réaction de Diels-Alder. Il s'agit donc d'une cycloaddition [4+2] passant par un mécanisme concerté :

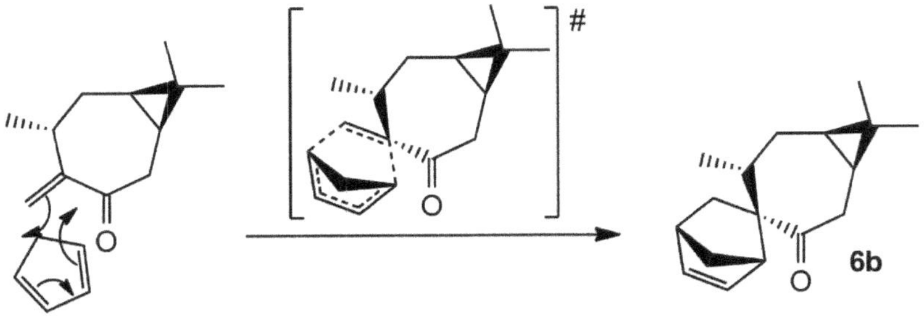

Lors de ce mécanisme, le composé **5** adopte une approche *endo* vis-à-vis du cyclopentadiène afin d'optimiser les interactions orbitalaires secondaires entre le diène et la fonction carbonyle. Cette approche *endo* peut alors s'effectuer par la face supérieure ou la face inférieure du composé **5** afin de mener respectivement aux composés **6b** et **6a**. L'approche par la face inférieure menant au composé minoritaire **6a** est défavorisée par la présence du groupement méthyle voisin qui bloque cette face.

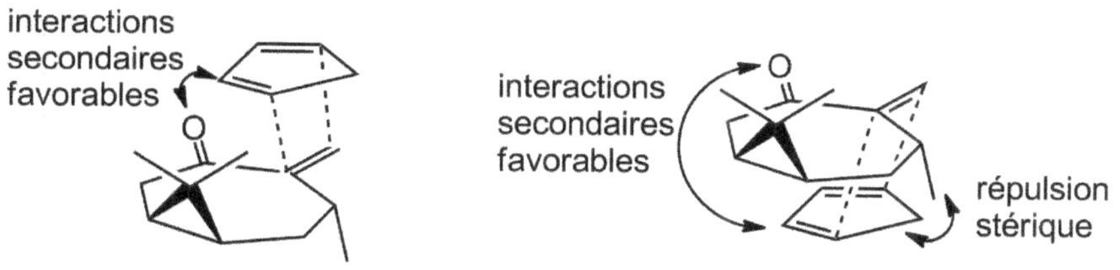

Remarque : Les diastéréoisomères **6c** et **6d** proviennent des deux approches *exo*.

II.3.c. L'interaction mise en jeu lors de cette réaction est celle entre la HO du diène ($\alpha + 0,62\beta$) et la BV du diénophile ($\alpha - 0,36\beta$). C'est en effet l'interaction à deux orbitales et deux électrons qui possède le plus faible écart énergétique ($0,98\beta$ contre $1,48\beta$ pour l'interaction HO(diénophile)/BV(diène)). Il est ainsi possible de représenter ces orbitales sur les modèles d'approches précédent pour voir que les lobes des deux réactifs sont en phases et permettent bien d'apporter des interactions secondaires favorables lors des deux approches *endo* :

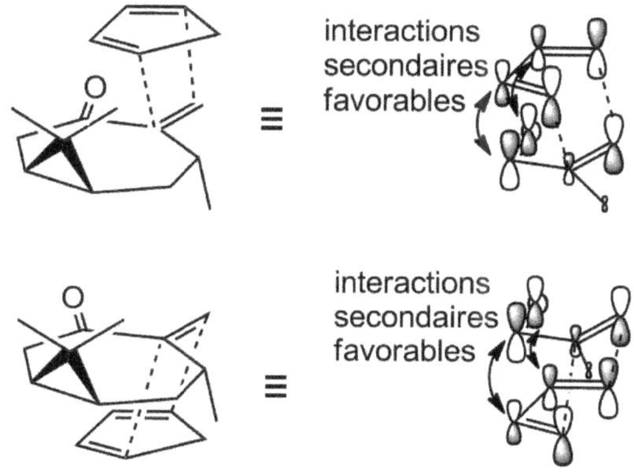

II.3.d. Comme le montrent les questions II.3.a à II.3.c, la structure de **6b** est :

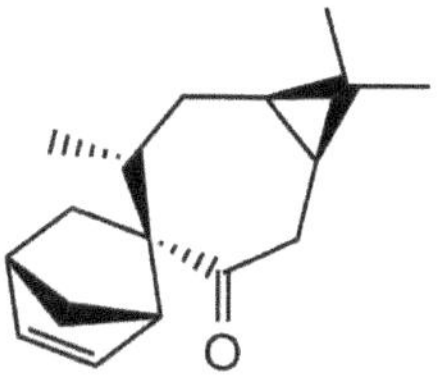

II.3.e. Le trifluorure de bore est un acide de Lewis qui va pouvoir se complexer à l'oxygène de la fonction énone de **5**. Ceci a pour effet d'appauvrir en électron le diénophile **5** pour augmenter son électrophilie (en réduisant le niveau de sa BV) et ainsi catalyser la réaction.

II.3.f. La réaction de formation de **B** est une ouverture de cycle par métathèse d'oléfines (on parle couramment de ring opening metathesis ROM).

L'équation de réaction de cette transformation est :

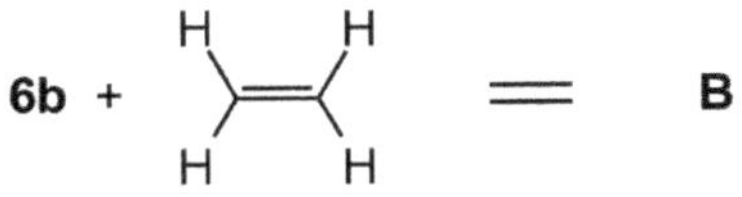

La réaction est favorisée par la libération des contraintes de cycle initialement présentes dans le bicycle de **6b**.

III. Synthèse du composé D

III.1. Préparation du précurseur 11

III.1.a. Structure du composé **7** :

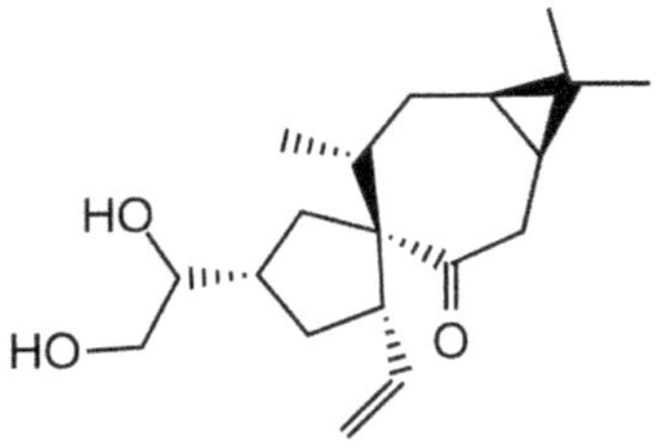

III.1.b. Dans le tétraoxyde d'osmium OsO_4, l'osmium est au degré d'oxydation +VIII. En présence d'eau, cette oxydation forme le sous-produit à base d'osmium suivant :

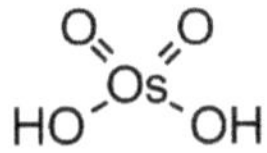

OsO_4 est donc réduit au cours de la réaction, l'osmium passant au degré d'oxydation +VI. Afin de ne pas utiliser ce produit en quantité stœchiométrique (à cause de son prix et de sa toxicité), on utilise un cooxydant qui est, dans ce cas, le *N*-oxyde de *N*-méthylmorpholine. Ce dernier permet de régénérer le tétraoxyde d'osmium selon l'équation de réaction suivante :

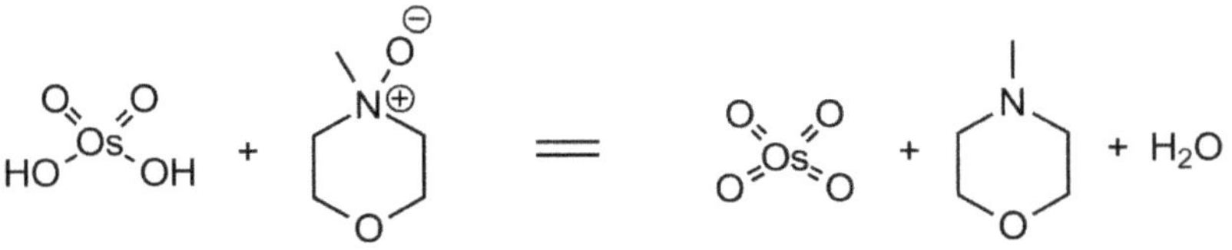

III.1.c. Structure du composé **8** :

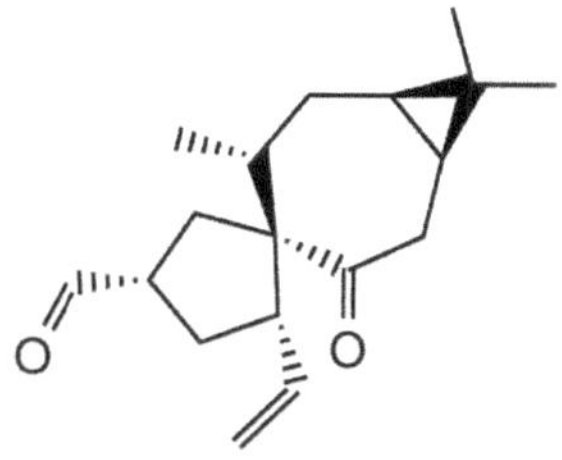

Mécanisme de la formation de **8** : coupure oxydante d'un diol vicinal

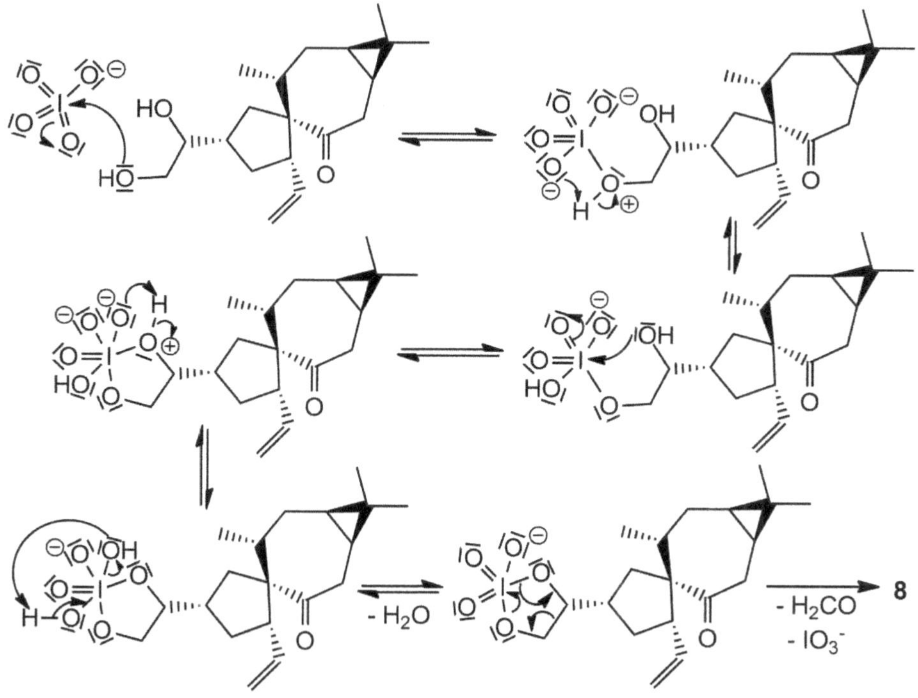

III.1.d. Structure du composé **9** :

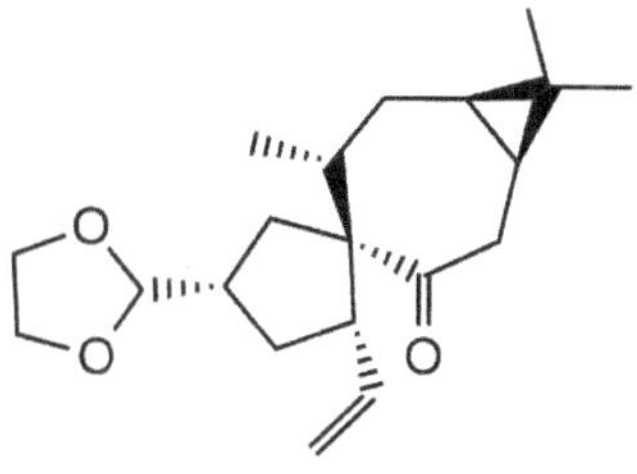

La transformation de **8** en **9** est une acétalisation qui est sous contrôle thermodynamique. La chimiosélectivité dépend donc de la stabilité de la fonction acétal formée. A cause du fort encombrement stérique autour de la cétone, l'éthylène glycol réagit majoritairement avec l'aldéhyde pour former l'acétal cyclique du composé **9**.

III.1.e. Structure du composé **10** :

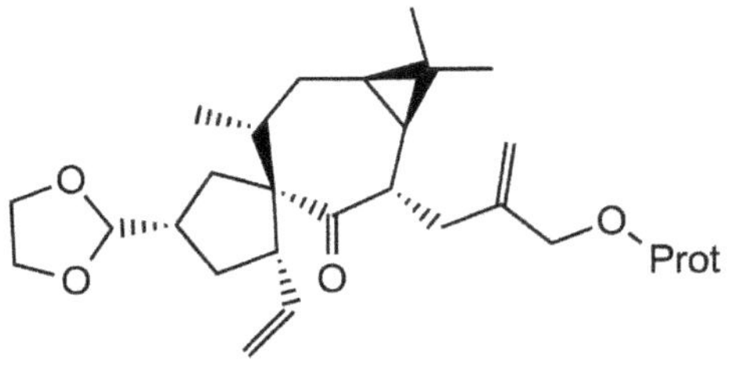

Mécanisme de la formation de **10** : *C*-Alkylation

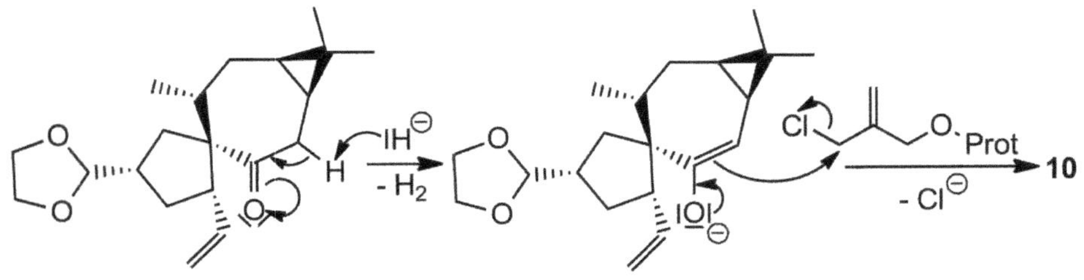

III.1.f. Le carbone asymétrique nouvellement formé est de configuration *S* :

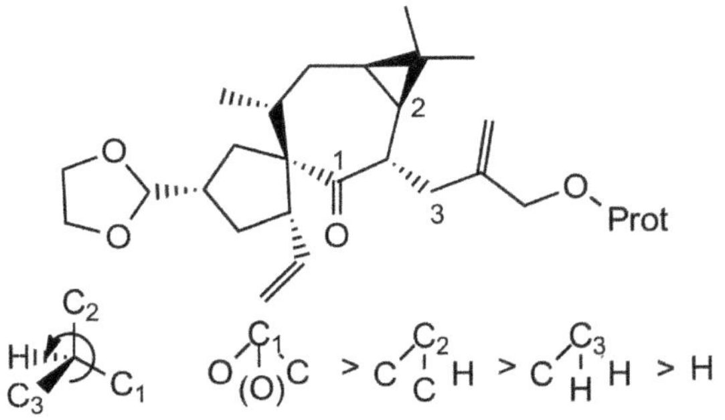

Lors de la *C*-Alkylation, le dérivé halogéné peut s'approcher par la face inférieure ou supérieure de l'énolate intermédiairement formé. La face supérieure étant encombrée par le groupement diméthylcyclopropane, le groupement alkyl se fixe majoritairement sur la face inférieure formant un carbone asymétrique de configuration *S*.

III.1.g. Structure du composé **11** :

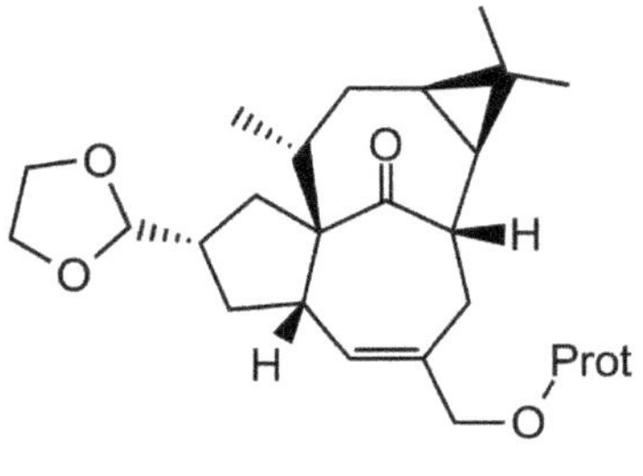

La bande d'absorption à 1612 cm^{-1} correspond à la vibration d'élongation de la liaison double C=C formée par métathèse. Cette valeur est relativement faible (pour un alcène, cette bande est habituellement entre 1640 et 1680 cm^{-1}) à cause des contraintes de cycles qui agissent sur cette liaison endocyclique.

III.1.h. La formation de **11** est une réaction de métathèse cyclisante (on parle couramment de ring closure metathesis RCM). Par soucis de clarté, le composé **10** sera symbolisé par la structure suivante :

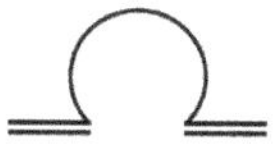

Ce composé **10** effectue une première métathèse avec le pré-catalyseur pour former une espèce qui sera la véritable entité catalytique de la réaction de métathèse cyclisante.

Mécanisme de la formation du catalyseur :

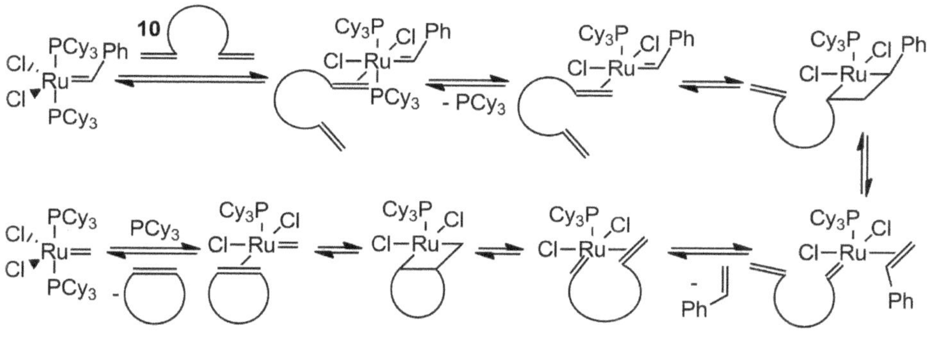

Au cours de cette réaction, du styrène est formé en tant que sous-produit.

III.1.i. Le mécanisme de la formation de **11** est similaire à celui vu ci-dessus :

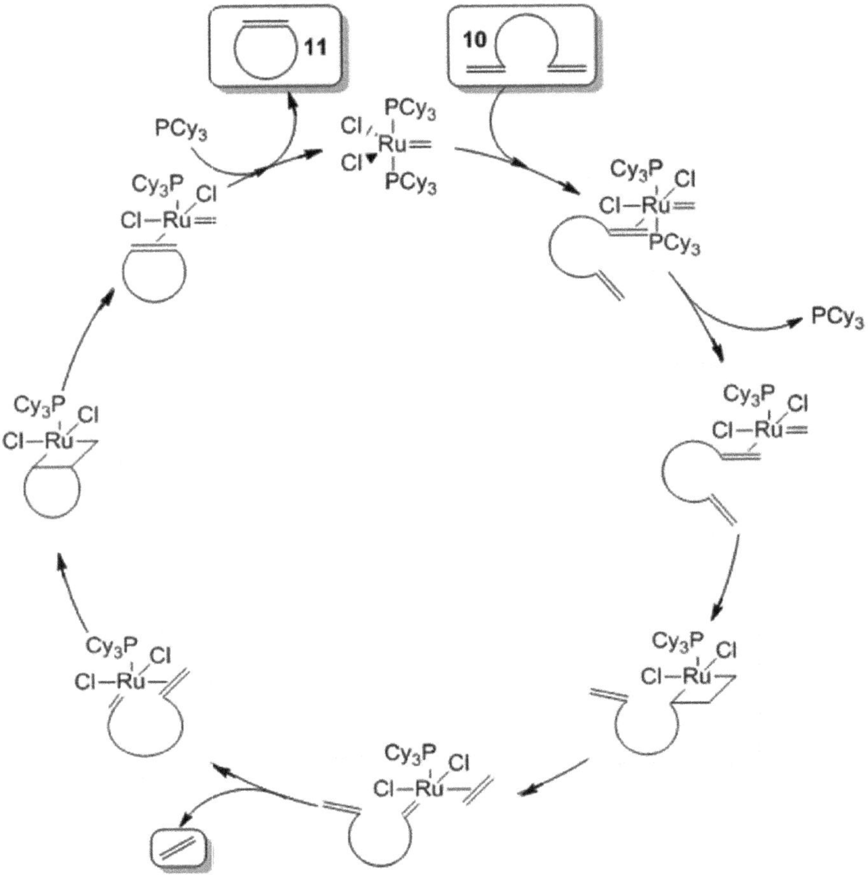

III.1.j. Cette réaction forme donc de l'éthylène comme sous-produit. La réaction étant menée au reflux du toluène (110 °C), l'éthylène est éliminé du milieu réactionnel par évaporation. Cette réaction de métathèse n'est donc pas renversable dans ces conditions opératoires.

III.2. Préparation du composé D

III.2.a. Structure du composé **12** :

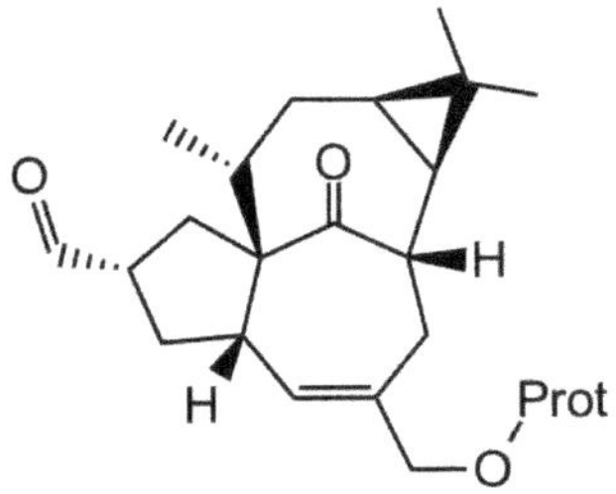

III.2.b. Structure du composé **13** :

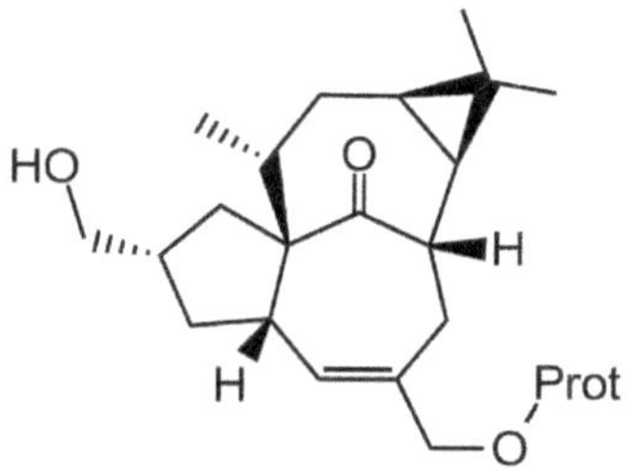

La bande large d'absorption à 3320 cm^{-1} correspond à la vibration d'élongation de la liaison O-H et la bande intense à 1612 cm^{-1} correspond à la vibration d'élongation de la liaison double C=C endocyclique.

III.2.c. Structure du composé **14** :

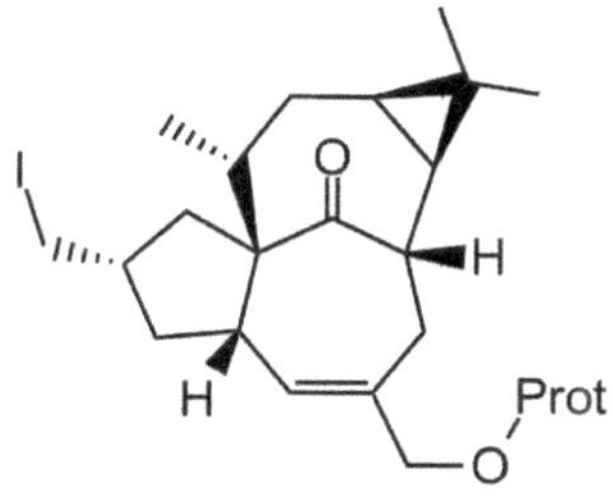

Mécanisme de la formation de **14** en représentant **13** par R-CH_2-OH : variante de la réaction d'Appel

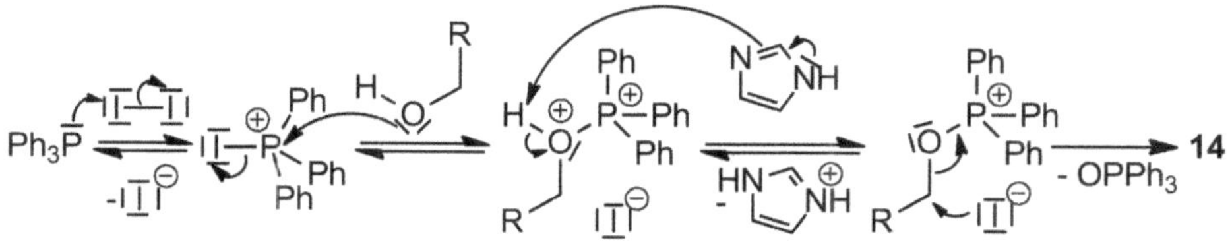

III.2.d. Structure du composé **15** et mécanisme de sa formation : élimination de type E_2

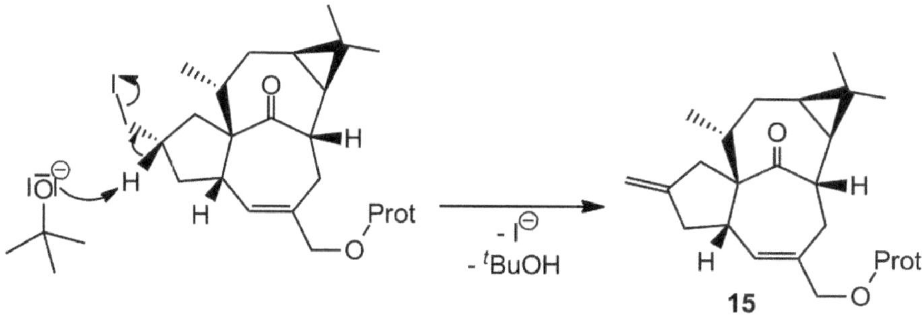

15

III.2.e. Structure de Lewis du dioxyde de sélénium :

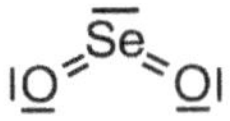

Mécanisme simplifié de la formation de **D** :

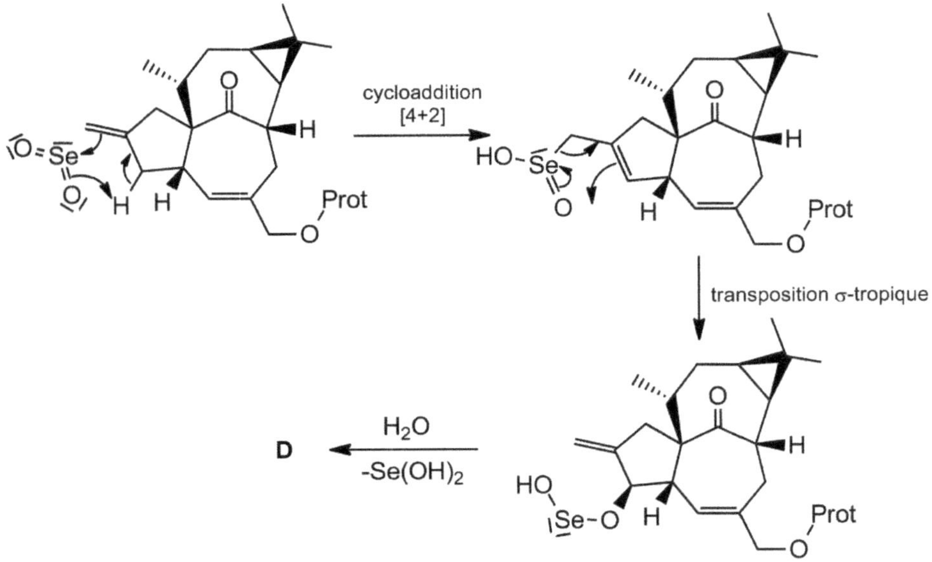

III.2.f. La question laisse penser que la bande large d'absorption à 2934 cm^{-1} pourrait correspondre à la vibration d'élongation de la liaison O-H formée. Selon la loi de Hooke, une si faible valeur est synonyme d'un affaiblissement de la liaison. Une explication possible est la formation d'une liaison hydrogène intramoléculaire avec un atome d'oxygène de la molécule.

Remarque : Cependant, ces derniers étant positionnés assez loin de la fonction alcool, il parait plus probable que cette bande corresponde aux vibrations d'élongation des liaisons C-H des carbones tétragonaux.

IV. Synthèse de l'ingénol

IV.1. Préparation du composé E

IV.1.a. Structure du composé **16** :

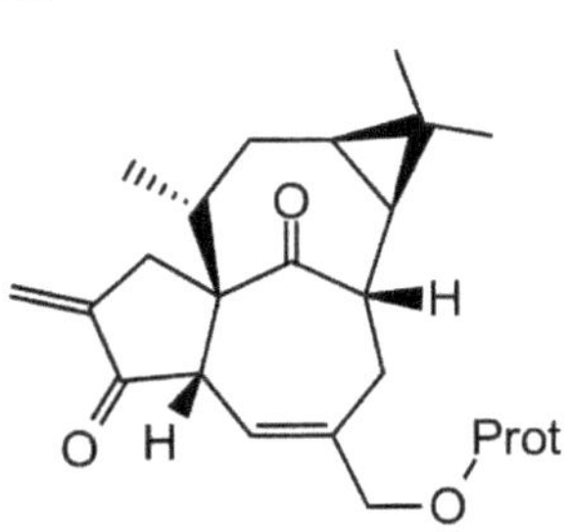

Mécanisme de sa formation : oxydation de Dess-Martin

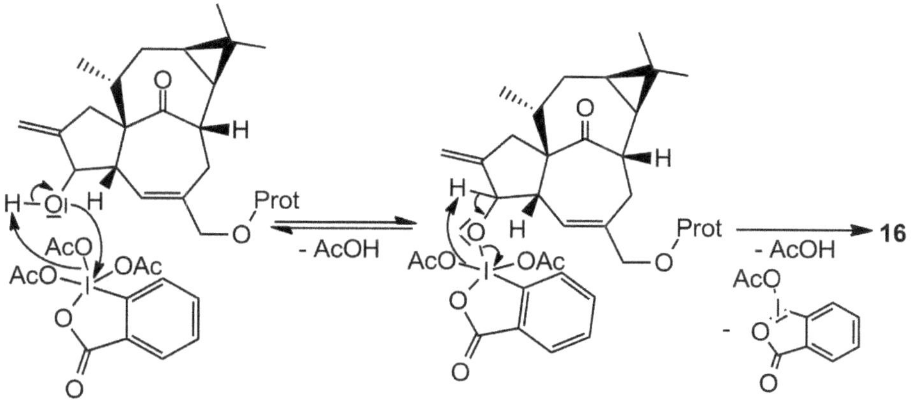

IV.1.b. Structure du composé **17** :

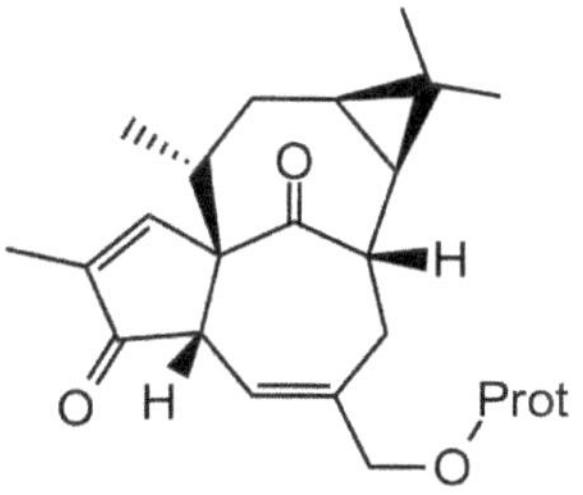

Il est possible de différencier le composé **17** du composé **16** grâce à la spectroscopie RMN ^{1}H. En effet, le composé **16** possède deux protons reliés directement à la double liaison isomérisée tandis que le composé **17** n'en possède qu'un. Le spectre du composé **16** présentera donc deux doublets (couplage ^{2}J entre les deux protons) entre 5 et 6 ppm tandis que le spectre de **17** ne présentera qu'un seul singulet (en plus du singulet correspondant au proton relié à la double liaison non isomérisée et commune aux deux composés).

IV.1.c. Structure du composé **18** :

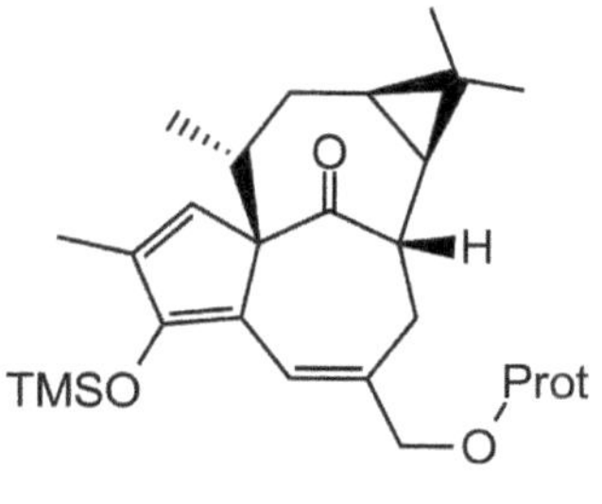

Remarque : L'énoncé parle d'un diène conjugué **18**, il s'agit en fait d'un triène.

Mécanisme de sa formation :

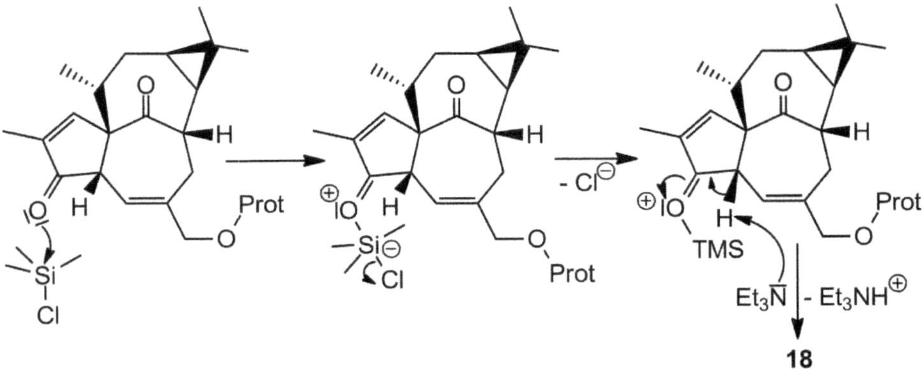

18

IV.1.d. Structure de l'intermédiaire formé lors de l'ajout de *m*CPBA en présence du composé **18** :

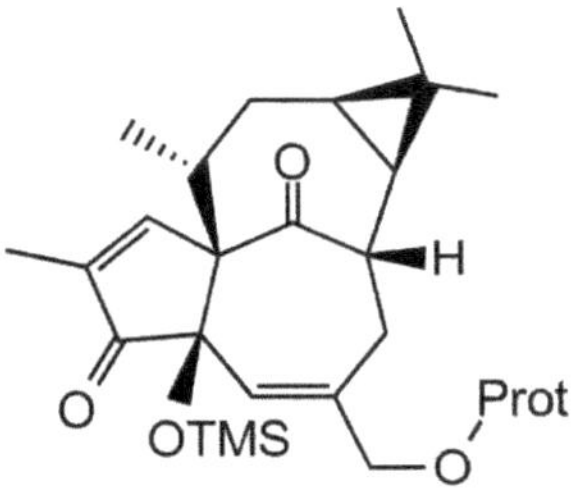

Mécanisme de la formation de cet intermédiaire : oxydation de Rubottom

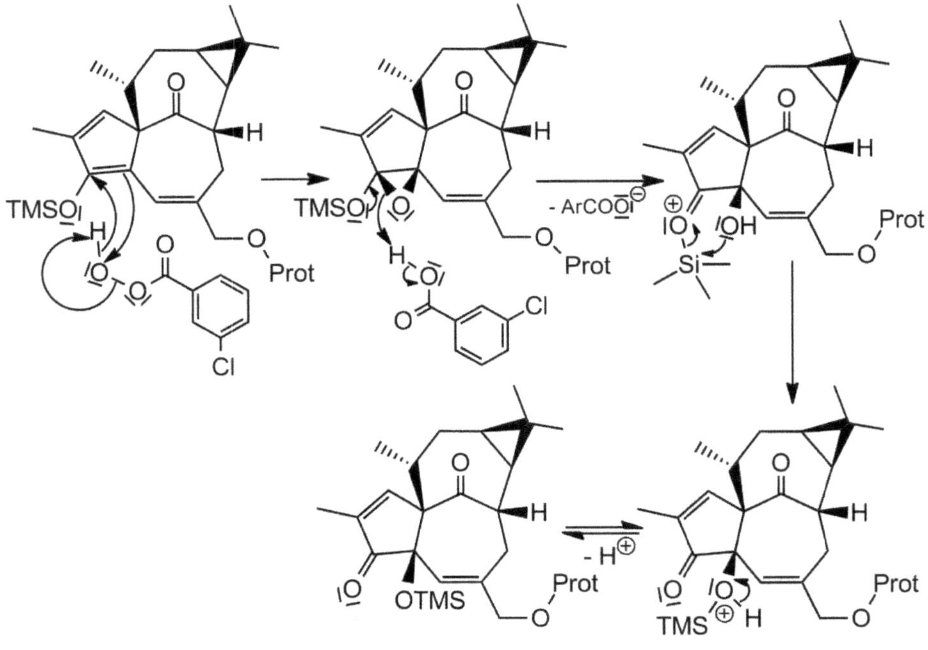

IV.1.e. Structure du composé **19** :

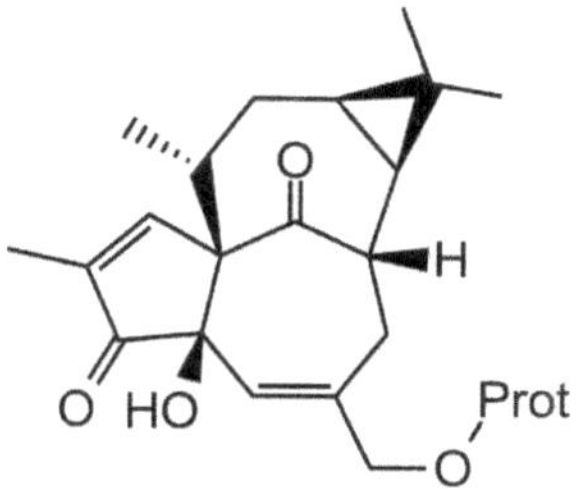

Mécanisme de sa formation : déprotection d'un éther silylé

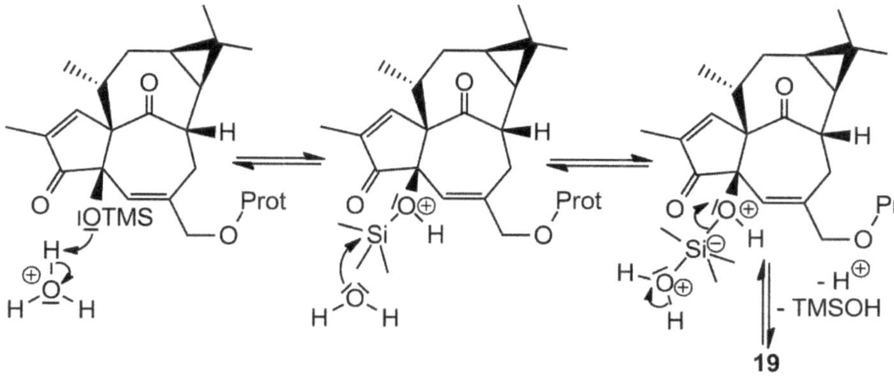

IV.2. Obtention de l'ingénol

IV.2.a. Structure du composé **20** :

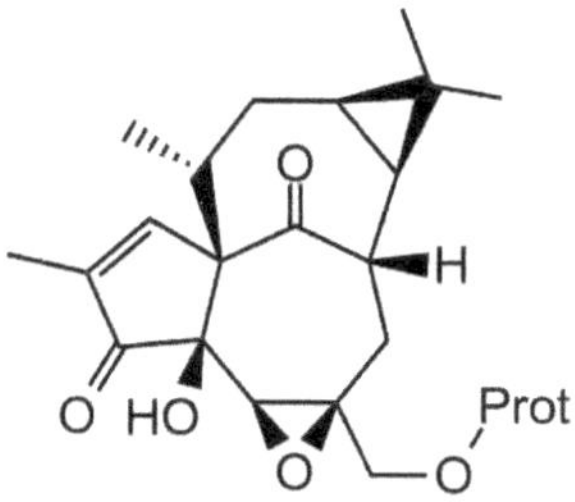

Remarque : L'époxyde nouvellement formé est obtenu majoritairement sur la face supérieure (cf. structure ci-dessus). Le mécanisme est similaire à celui de l'époxydation d'un alcène par *m*CPBA (cf. question IV.1.d) au détail près que le vanadium se coordine à l'oxygène voisin et au peroxyde, orientant son approche et ainsi la stéréochimie du produit.

Équation de réaction de la transformation de **19** en **20** :

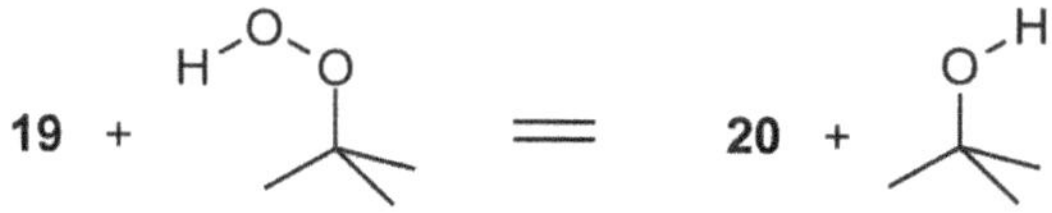

IV.2.b. Structure du composé **21** :

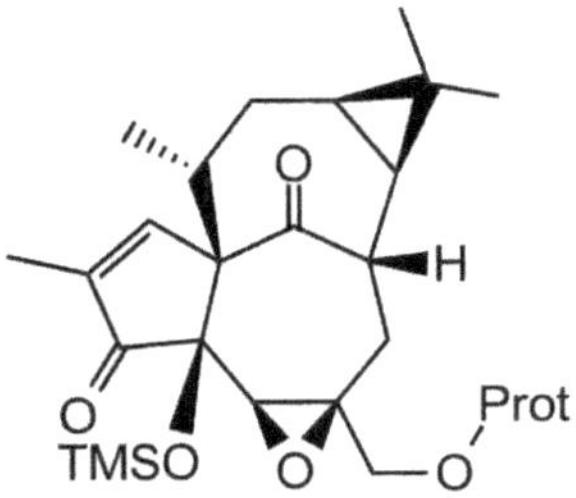

IV.2.c. Structure des composés **22a** et **22b** :

22a

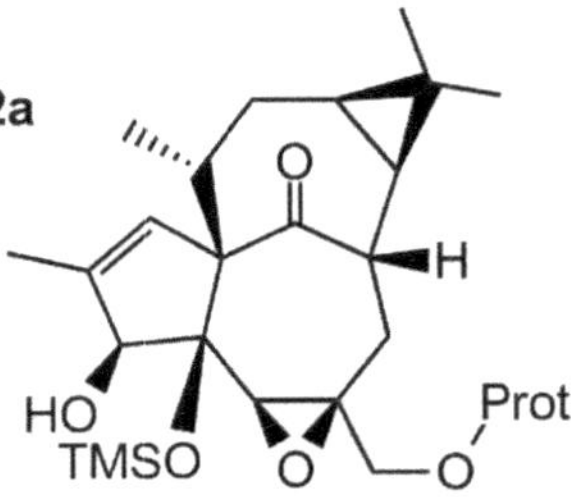

22b

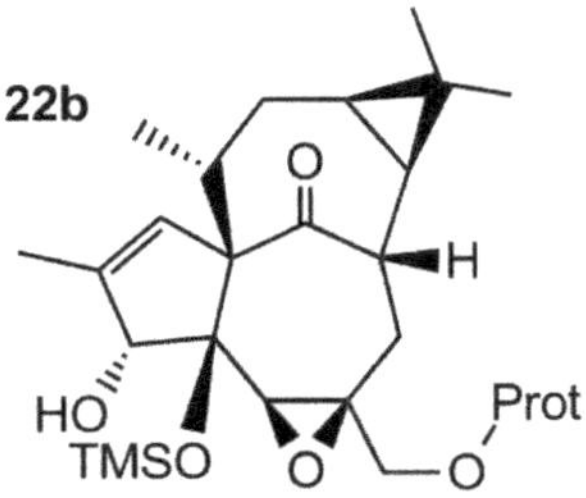

IV.2.d. Structure du composé **23** :

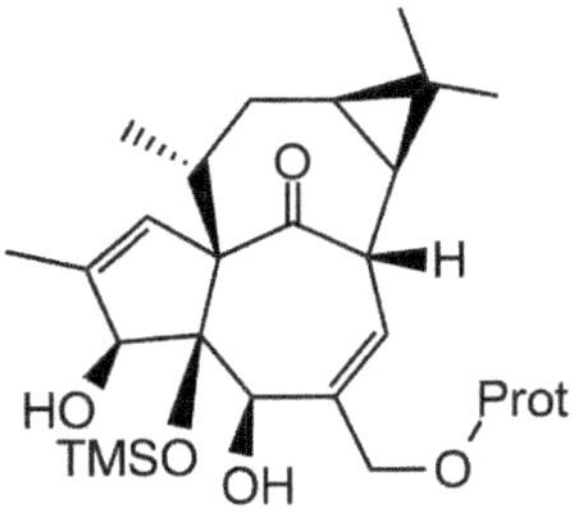

En tenant compte du fait que deux équivalents de LDA doivent tout d'abord déprotoner l'alcool et l'hydrogène en α de la cétone, et que la réaction est suivie d'un traitement aqueux, l'équation de réaction de la transformation de **22a** en **23** s'écrit :

Remarque : Le carbone en α de la cétone ne s'épimérise pas au cours de cette étape (et de manière plus générale, tout au long de la synthèse) car la reprotonation doit être stériquement favorisée sur la face supérieure.

IV.2.e. La LDA est une base très peu nucléophile à cause de son encombrement stérique. L'ouverture des oxydes de cyclohexène par de telles solutions passe donc par un mécanisme d'élimination plutôt qu'un mécanisme de substitution nucléophile :

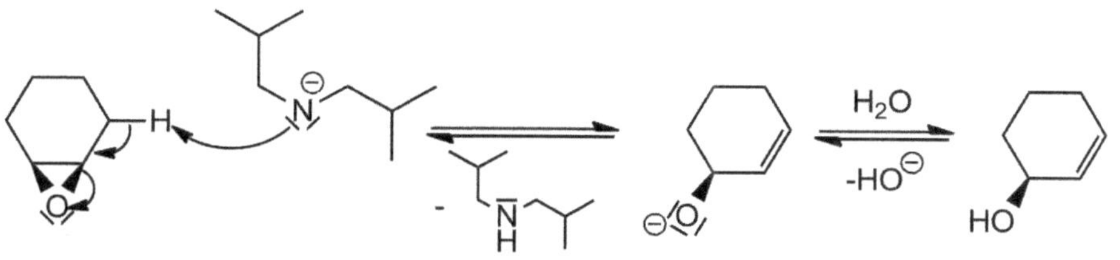

Remarque : **22a** est un oxyde de cycloheptène et non un oxyde de cyclohexène. Cependant, ce mécanisme est général pour des cycles de différentes tailles (dérivés du cyclohexène, du cycloheptène, ou d'autres).

Cette déprotonation passe par un état de transition formant un cycle à 6 où l'amidure est relié à l'hydrogène arraché et le lithium est coordiné à l'oxygène de l'époxyde :

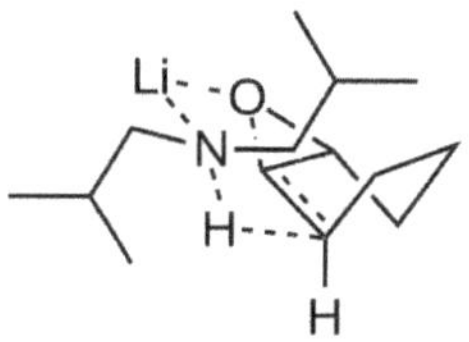

Ainsi, l'hydrogène situé en *cis* par rapport à l'oxygène de l'époxyde est toujours celui qui est arraché. De plus, le fort encombrement de la LDA fait que cette réaction est généralement régiosélective en arrachant le proton le plus accessible (celui du cycle dans le cas présent).

FIN DE L'ÉPREUVE

PHYSIQUE

Conversion énergétique

Ce sujet aborde la physique de plusieurs dispositifs destinés à la conversion d'énergie dans l'habitat en privilégiant les sources d'énergie renouvelable. Il est composé de 5 parties indépendantes entre elles. La partie A. traite de la conversion de l'énergie du rayonnement solaire en chaleur, et du principe de fonctionnement du « mur capteur ». Dans la partie B., on étudie le dispositif du puit canadien qui permet de tempérer l'air de ventilation d'une maison par un processus de transfert thermique conducto-convectif dans le sous-sol. Les parties C. et D. proposent l'étude d'une pompe à chaleur géosolaire et du moteur électrique asynchrone qui l'entraîne. Enfin, la partie E. aborde, grâce aux outils de la mécanique des fluides, le principe de récupération de l'énergie du vent par une éolienne domestique.

Données :

- constante de Stefan $\sigma = 5,67.10^{-8}$ W.m^{-2}.K^{-4} ;
- jour solaire moyen $T_{\text{jour}} = 86400$ s ;
- « constante » solaire : flux solaire maximum au niveau du sol $C_0 \approx 1$ kW.m^{-2} ;
- capacité thermique massique isobare de l'air sec à 20 °C : $c_P = 1004$ J.kg^{-1}.K^{-1} ;
- masse volumique de l'air sec à 20 °C $\rho = 1,25$ kg.m^{-3}

A. Chauffage solaire

Dans cette partie, on étudie un mode simple de chauffage solaire : le mur capteur. Les deux sous parties A.1. et A.2. sont indépendantes entre elles.

A.1. Température d'équilibre d'un capteur solaire

On se propose ici de calculer de façon approchée la température d'équilibre d'un capteur solaire dans différentes configurations et différentes modélisations.

A.1.1. Flux de rayonnement solaire
Le flux énergétique solaire reçu au niveau du sol par beau temps, lorsque le soleil est au zénith est noté C_0, et vaut sensiblement $C_0 = 1$ kW.m^{-2}.

A.1.1.1. Déterminer l'expression $C(\theta)$ du flux incident sur une surface de normale inclinée d'un angle θ par rapport aux rayons solaires.

A.1.1.2. En se situant à l'équateur et à l'équinoxe, et en prenant pour origine des temps le passage du soleil au zénith (midi solaire), la direction des rayons solaires fait un angle avec la normale au sol donné par :

$$\theta(t) = \frac{\pi}{2}\frac{t}{T_{\text{jour}}/4} \qquad \text{pour} \quad -T_{\text{jour}}/4 < t < T_{\text{jour}}/4$$

T_{jour} étant la durée du jour solaire.

A.1.1.2.i. Justifier rapidement l'expression ci-dessus. Que se passe t-il lorsque t n'est pas dans l'intervalle indiqué ?

A.1.1.2.ii. Donner l'expression du flux solaire incident au sol $C(t)$ pour :

$$-T_{\text{jour}}/2 < t < T_{\text{jour}}/2$$

Tracer cette courbe en fonction de t.

A.1.1.2.iii. Exprimer la valeur moyenne sur **24 heures** du flux solaire C_m en fonction de C_0, et donner sa valeur numérique.

A.1.2. Équilibre d'un corps noir dans le vide.

Un corps noir absorbe tout le rayonnement électromagnétique qu'il reçoit, et émet un rayonnement dit « rayonnement thermique du corps noir » qui ne dépend que de la température de ce corps. Plus précisément, le flux de rayonnement total émis par unité de surface d'un corps noir à la température T est donné par la loi de Stefan :

$$\phi_{\text{th}} = \sigma T^4$$

où la constante de Stefan vaut $\sigma = 5,67.10^{-8}$ W.m^{-2}.K^{-4}. De plus la longueur d'onde du maximum d'émission est donnée par la loi de déplacement de Wien :

$$\lambda_{\max} \times T = Cte = 3 \text{ mm.K}$$

A.1.2.1. On considère un corps noir plan (une plaque d'épaisseur négligeable par rapport à ses autres dimensions), situé dans le vide, soumis en permanence au rayonnement du soleil perpendiculairement à une de ses faces.

A.1.2.1.i. Établir le bilan d'énergie d'un tel corps, recevant l'énergie solaire et rayonnant par ses deux faces.

A.1.2.1.ii. En déduire l'expression de la température d'équilibre T_{e1} du corps noir plan, en fonction de C_0 et de σ.

A.1.2.1.iii. A.N. Calculer T_{e1}. À quelle gamme de fréquence du rayonnement électromagnétique cette température correspond-t-elle ?

A.1.2.1.iv. De la valeur de T_{e1} obtenue, conclure sur la pertinence d'un tel modèle pour décrire la température d'équilibre d'un capteur solaire.

A.1.2.2. En réalité, un corps n'est jamais parfaitement noir, mais sa surface reflète une fraction A' du rayonnement électromagnétique incident. La constante A' dépend de la nature du corps et s'appelle l'albédo.

A.1.2.2.i. Établir l'expression de la température d'équilibre T_{e2} d'un tel corps dans les mêmes hypothèses qu'au A.1.2.1

A.1.2.2.ii. A.N. Un corps raisonnablement noir présente un albédo $A' = 0,05$. Donner la valeur de T_{e2}. Les conclusions de A.1.2.1.iv sont elles modifiées ?

A.1.3. Équilibre thermique d'un capteur simple.

Un mur d'albédo A' situé dans l'atmosphère terrestre reçoit sur sa face externe un rayonnement solaire direct dans une direction faisant un angle θ avec sa normale. Il reçoit en outre sur la face externe un rayonnement thermique en provenance de l'atmosphère environnante, qu'il absorbe entièrement. Le flux énergétique ϕ_{atm} de ce rayonnement correspond à celui d'un corps noir à une température égale à $T_{\text{atm}} = 293$ K. Enfin, le mur rayonne vers l'extérieur un flux ϕ_{mur}. La face interne du mur est supposée en équilibre thermique avec l'intérieur de l'habitation (Cf. figure 1).

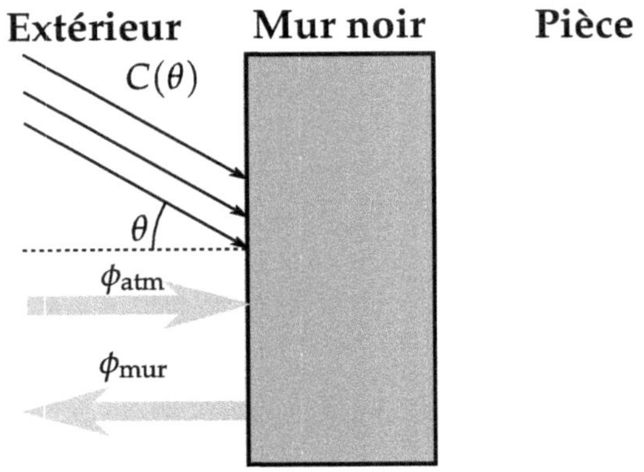

Figure 1 :

A.1.3.1. Établir le bilan d'énergie par unité de surface de ce mur, et en déduire la température d'équilibre correspondante T_{e3} de sa face externe.

A.1.3.2. A.N. $\theta : 60°$, $A' = 0,05$, $T_{atm} = 293$ K. Donner la valeur de T_{e3}. Le résultat obtenu vous semble-t-il plausible ?

A.1.4. Prise en compte de la convection

En réalité, aux échangés décrits à la question A.1.3 se rajoutent des échanges par convection-conduction avec l'air ambiant. Ceux-ci se traduisent par des flux thermiques par unité de surface du mur. Si on note T la température de la face externe du mur à l'équilibre, T_{ext} la température de l'air extérieur, et T_{int} la température de l'air à l'intérieur de la pièce, les flux de chaleurs correspondants par unité de surface sont donnés par les expressions suivantes :

$$J_{ext} = (T - T_{ext})/r_{ext} \qquad \text{et} \qquad J_{int} = (T - T_{int})/r_{mur}$$

où r_{ext} est la résistance thermique de contact de l'interface mur-air extérieur, rapportée à l'unité de surface, et r_{mur} est la résistance thermique totale du mur rapportée à l'unité de surface.

A.1.4.1. À partir d'une analogie électrique, justifier le terme de résistance thermique pour les quantités r_{mur} et r_{ext}. Préciser les unités de ces grandeurs dans le système international (SI).

A.1.4.2. Établir le nouveau bilan d'énergie par unité de surface de ce mur, tenant compte des échanges par rayonnement et par conduction-convection.

A.1.4.3. Expliquer rapidement pourquoi la température d'équilibre obtenue ici doit être inférieure à celle calculée en A.1.3.2

A.1.4.4. Résoudre graphiquement l'équation bilan ci-dessus dans l'intervalle de température 313 K $< T <$ 333 K. On donne $T_{int} = T_{ext} = T_{atm} = 293$ K, $r_{ext} = 0,1$ SI, $r_{mur}, = 0,5$ SI. Donner la nouvelle température d'équilibre T_{e4} ainsi obtenue.

A.1.5. Augmentation de la température d'équilibre.

La température d'équilibre du capteur ci-dessus s'avère insuffisante. Pour augmenter celle-ci, on recouvre le capteur d'une plaque de plexiglas. Le rôle de cette plaque est principalement d'augmenter la résistance thermique de contact avec l'extérieur, comme dans le cas des fenêtre à doubles vitrages, grâce à la couche d'air retenue entre le capteur et la plaque de plexiglas. On note $r'_{\text{ext}} \approx 4,0$ SI la nouvelle résistance formée par la couche d'air entre le capteur et l'air extérieur.

Enfin, pour diminuer les pertes par rayonnement, on utilise des surfaces dites sélectives : on traite la surface du capteur de façon à diminuer les échanges par rayonnement dans l'infrarouge. Si on appelle a l'émissivité de la surface traitée, les flux de rayonnements émis et absorbés à la question A.1.3 sont modifiés en $a \times \phi_{\text{mur}}$, et $a \times \phi_{\text{atm}}$. L'absorption du capteur dans le domaine UV-visible, correspondant au flux solaire direct, n'est en première approximation pas modifiée par ce traitement, par rapport aux conditions de la question A.1.4.

A.1.5.1. Modifier l'équation bilan établie à la question A.1.4 pour tenir compte des deux effets mentionnés ci-dessus.

A.1.5.2. Résoudre graphiquement l'équation bilan obtenue au A.1.5.1 dans l'intervalle de température 363 K $< T <$ 393 K. On donne $T_{\text{int}} = T_{\text{ext}} = T_{\text{atm}} = 293$ K, $r'_{\text{ext}} = 4,0$ SI, $r_{\text{mur}}, = 0,5$ SI, $a = 0,4$. Donner la nouvelle température d'équilibre T_{e5} ainsi obtenue, et conclure sur la fonctionnalité d'un tel équipement.

A.2. Mur Capteur

Le « mur capteur » est un dispositif très simple de chauffage et de refroidissement des habitations. Il est constitué par un mur jouant à la fois le rôle de capteur solaire (surface peinte en noir recouverte d'un film plastique), de stockage de la chaleur, et de restitution retardée de celle-ci. Le mur est chauffé pendant les heures chaudes de la journée, et restitue la chaleur à la pièce de l'habitation pendant la nuit.

Dans la suite, le mur sera modélisé par un conducteur thermique à une dimension, dont la surface extérieure, en $x = 0$, est soumise à une température oscillant autour d'une valeur moyenne :

$$T(0,t) = T_e + A\cos(\Omega t) \qquad \text{avec} \qquad \Omega = 2\pi/T_{\text{jour}} = 7,3.10^{-5}\ \text{s}^{-1}$$

La surface en $x = L$ étant en contact avec la pièce où règne la température T_{int}. On note C_1 la capacité thermique volumique du mur, et λ sa conductivité thermique.

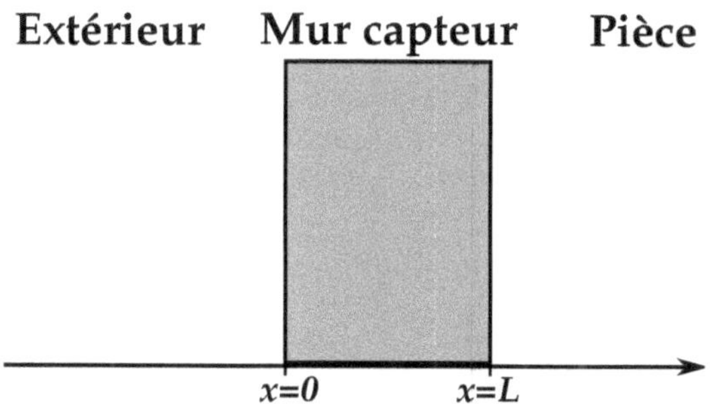

Figure 2 :

A.2.1. Équation de la chaleur et conditions aux limites.

A.2.1.1. Donner les unités de C_1 et de λ dans le système international.

A.2.1.2. Donner l'expression du flux de chaleur $J_{\text{th}}(x,t)$ en fonction de $T(x,t)$ et de λ.

A.2.1.3. On considère une tranche de mur de section droite S, comprise entre x et $x + \mathrm{d}x$.

A.2.1.3.i. Exprimer la variation d'énergie interne par unité de temps $\dfrac{\mathrm{d}U}{\mathrm{d}t}$ de la cette tranche en fonction de S, $\mathrm{d}x$ et de la dérivée partielle $\dfrac{\partial J_{\text{th}}}{\partial x}$.

A.2.1.3.ii. Exprimer par ailleurs $\dfrac{\mathrm{d}U}{\mathrm{d}t}$ en fonction de C_1, S, $\mathrm{d}x$ et de la dérivée partielle $\dfrac{\partial T}{\partial t}$.

A.2.1.3.iii. En déduire que $T(x,t)$ vérifie l'équation aux dérivées partielles :

$$\frac{\partial^2 T}{\partial x^2} = \frac{C_1}{\lambda}\frac{\partial T}{\partial t}$$

communément appelée équation de la chaleur.

A.2.1.4. Au contact de l'air de la pièce, la température présente une discontinuité de type résistif : le flux de chaleur $J_{\text{th}}(L,t)$ est proportionnel à la discontinuité de température : $J_{\text{th}}(L,t) = \kappa\,(T_{\text{mur}} - T_{\text{int}})$ où κ s'appelle la conductivité thermique de l'interface. La température de la pièce est maintenue constante (au moyen de dispositifs d'appoint). Exprimer la condition ci-dessus en terme de $T(L,t)$ et de sa dérivée partielle par rapport à x. Que devient cette condition lorsque κ est très grand ($\kappa = 10$ $\text{W.m}^{-2}.\text{K}^{-1}$ en pratique), le flux thermique J_{th} restant borné ? **Dans la suite, on utilisera cette condition simplifiée.**

A.2.2. Solution stationnaire.

On suppose dans un premier temps la température externe constante :

$$T(0,t) = T_e$$

A.2.2.1. Donner la solution stationnaire de l'équation de la chaleur correspondante $T_s(x)$, vérifiant la condition au bord simplifiée, obtenue en A.2.1.4 Que vaut le flux de chaleur correspondant J_{ths} ?

A.2.2.2. A.N. Pour le béton on donne les valeurs $\lambda = 1{,}3$ SI, $C_1 = 1{,}8.10^6$ SI. La température extérieure est de $T_e = 15$ °C, la température de la pièce $T_{\text{int}} = 20$ °C. L'épaisseur de mur est $L = 0{,}4$ m, sa surface $S = 15$ m^2. Donner la valeur du flux de chaleur J_{ths}, son sens, et la puissance qu'il faut fournir pour maintenir la pièce à la température T_{int}.

A.2.3. Oscillations.

La température externe oscille maintenant autour de la valeur moyenne T_e suivant la forme

$$T(0,t) = T_e + A\cos(\Omega t)$$

la température de la pièce étant toujours fixée à la valeur T_{int}. On cherche une solution de l'équation de la chaleur sous la forme $T(x,t) = T_s(x) + \Theta(x,t)$, où $T_s(x)$ est la distribution stationnaire obtenue à la question A.2.2.1, et $\Theta(x,t)$ l'écart à cette distribution, que l'on cherche à calculer.

A.2.3.1. Donner l'équation vérifiée par $\Theta(x,t)$, ainsi que les conditions aux limites en $x = 0$ et en $x = L$ pour cette fonction.

A.2.3.2. On travaille en représentation complexe des amplitude $A\cos(\Omega t) \rightarrow A\exp(j\Omega t)$, où $j^2 = -1$, et on cherche une solution de la forme $\underline{\Theta}(x,t) = \phi(x)\exp(j\Omega t)$. Écrire l'équation vérifiée par $\phi(x)$, et les conditions aux limites associées.

A.2.3.3. Montrer que $\phi(x)$ est de la forme

$$\phi(x) = \alpha\exp(-\mu x)\exp(-j\mu x) + \beta\exp(\mu x)\exp(j\mu x)$$

et donner l'expression de μ, ses dimensions dans le système SI, ainsi que son interprétation physique. On rappelle la relation entre nombres complexes $(1+j)^2 = 2j$.

A.2.3.4. A.N. $\lambda = 1,3$ SI, $C_1 = 1,8.10^6$ SI, $\Omega = 7,3.10^{-5}$ s^{-1}. Donner la valeur de $1/\mu$.

A.2.3.5. On peut montrer que dans les conditions qui nous intéressent (mur capteur), la solution obtenue en prenant $\beta = 0$ dans l'expression de $\phi(x)$ est très proche de la solution exacte recherchée.

A.2.3.5.i. Donner alors la valeur de la constante α, ainsi que l'expression de $\Theta(x,t)$ sous forme réelle.

A.2.3.5.ii. Tracer la forme de la solution $\Theta(x,t)$ au maximum de la température extérieure, pour $t = 0$, et à son minimum, pour $t = T_{\text{jour}}/2 = \pi/\Omega$.

A.2.3.5.iii. On montre alors que si on veut obtenir en $x = L$ un flux de chaleur maximum pour $t = T_{\text{jour}}/2$, il faut prendre pour épaisseur de mur la valeur L_m telle que $\mu L_m = \pi$. Donner la valeur correspondante, notée J_m, du flux de chaleur en $x = L_m$ en fonction de λ, A, et μ.

A.2.3.5.iv. A.N. On donne $A = 30$ °C, amplitude des oscillations de température du mur capteur en $x = 0$. Calculer la valeur de l'épaisseur optimale L_m du mur, ainsi que celle de J_m. Comparer cette valeur à J_{ths} et conclure sur l'importance que peut avoir un tel dispositif simple.

B. Le puits canadien

Ce dispositif est utilisé pour tempérer à moindre coût l'air de ventilation d'une maison. Il s'agit d'une simple canalisation enterrée dans le sous sol où les variations de température de l'atmosphère sont sensiblement amorties. Un système de ventilation permet à l'air extérieur de pénétrer et de circuler dans la canalisation : l'été, l'air ventilé dans la maison est rafraîchi, d'où le nom de « climatisation naturelle » donné parfois à ce dispositif ; l'hiver, l'air ventilé est préchauffé, ce qui permet notamment de laisser la maison hors gel, en cas d'absence prolongée des habitants. Une fois installé, le seul coût provient de l'alimentation électrique du système de ventilation.

On considère le système schématisé sur la figure 3 où le puits canadien est constitué d'une canalisation de section circulaire S de rayon $R = 10$ cm. L'air extérieur y circule à une vitesse $\overrightarrow{v}$ grâce à un dispositif de ventilation placé à l'entrée A. Pour simplifier l'étude, on considère que les échanges de chaleur entre l'air circulant dans la canalisation et le sous-sol ne se produisent que dans la partie horizontale de longueur $OB = L = 50$ m et enterrée à une profondeur où la température du sous-sol environnant, considérée uniforme et constante, est notée T_S. L'écoulement de l'air dans la canalisation est supposé **permanent** et isobare.

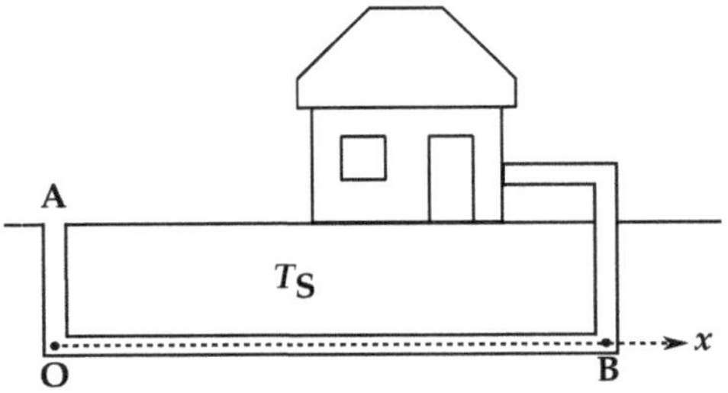

Figure 3 :

Dans cette étude on considèrera le système fermé de fluide contenu dans la portion cylindrique de section droite S, de longueur infinitésimale $\mathrm{d}x$ (supposée constante dans la suite) et dont le centre se trouve à l'abscisse $x = 0$ à $t = 0$. On modélise le mouvement du système fluide par une suite de pas de longueur $\mathrm{d}x$, le centre du système restant à l'abscisse x pendant une durée $\mathrm{d}t$ avant de se déplacer d'un pas de longueur $\mathrm{d}x$.

Le caractère turbulent de l'écoulement de l'air permettant une uniformisation rapide de la température, on supposera que la température T de l'air est uniforme sur une section droite de la canalisation et ne dépend donc que de la position x de cette section.

Pendant la durée $\mathrm{d}t$, l'échange thermique a lieu, et la température du système fluide passe de $T(x)$ quand le centre du système est à l'abscisse x, à $T(x + \mathrm{d}x)$ quand il est à l'abscisse $(x + \mathrm{d}x)$.

B.1. Donner la relation simple liant $\mathrm{d}t$ et $\mathrm{d}x$.

B.2. On note c_p la capacité thermique massique isobare de l'air et ρ sa masse volumique. En faisant l'hypothèse que l'écoulement est isobare, exprimer la variation $\dfrac{\mathrm{d}^2 H}{\mathrm{d}t^2}$ de l'enthalpie du système fluide considéré par unité de temps, en fonction de ρ, c_P, R, v, $\mathrm{d}x$ et de la dérivée $\dfrac{\mathrm{d}\,T}{\mathrm{d}\,x}$.

B.3. Rappeler le premier principe de la thermodynamique appliqué à un système fermé en écoulement isobare. L'appliquer au cas considéré ici, en supposant que le mouvement d'ensemble se fait à vitesse constante à l'intérieur de la canalisation fixe.

B.4. On néglige les échanges thermiques suivant la direction d'écoulement (Ox). On modélise le transfert thermique avec le sous-sol par un vecteur densité de flux thermique radial

$$\vec{j}(x) = \vec{j}(x)\overrightarrow{u_r} = h(T(x) - T_S)\overrightarrow{u_r}$$

B.4.1. Donner la dimension de la constante h.

B.4.2. Exprimer la quantité d'énergie reçue sous forme de chaleur par le système lors de son séjour de durée $\mathrm{d}t$ entre les abscisses $x - \mathrm{d}x/2$ et $x + \mathrm{d}x/2$, en fonction de $j(x)$, R et $\mathrm{d}x$.

B.4.3. Montrer que la variation de température du système lorsque son centre passe de l'abscisse x à l'abscisse $x + \mathrm{d}x$ s'écrit :

$$\mathrm{d}T = -2h\frac{T - T_S}{\rho c_P R v}\mathrm{d}x$$

B.5. Intégrer l'équation précédente et exprimer la température $T(L)$ de l'air à la sortie du puits canadien, la température d'entrée étant notée T_0. Justifier le choix d'une vitesse modérée de déplacement de l'air et d'une canalisation de section faible.

B.6. On utilise ce système l'été pour rafraîchir l'air de ventilation d'une maison de volume intérieur total $V = 800$ m^3. L'air extérieur est à la température $T_0 = 30$ °C. La température du sous-sol à la profondeur du puits est de $T_S = 17$ °C.

B.6.1. Quelle doit être la vitesse d'écoulement de l'air dans la canalisation pour renouveler l'ensemble de l'air intérieur de la maison toutes les deux heures ?

B.6.2. Dans ces conditions, on relève la température de l'air à la sortie du puits $T(L) = 20$ °C. En déduire la valeur de la constante h. On donne la capacité thermique massique isobare de l'air sec à 20 °C : $c_P = 1004$ J.kg^{-1}.K^{-1}, et sa masse volumique $\rho = 1,25$ kg.m^{-3}.

C. Chauffage d'une maison par une pompe à chaleur

Pour le chauffage d'une maison, un architecte décide d'installer un plancher chauffant basse température. La chaleur est apportée au circuit d'eau (liquide) du plancher - de température moyenne égale à $\theta_{\text{plancher}} = 30$ °C et de pression voisine de un bar - par une pompe à chaleur. Le système choisi puise la chaleur dans la terre (pompe sol-sol ou géosolaire), grâce au circuit-capteur décrit ci-dessous. La pompe à chaleur permet de maintenir une température $\theta_{int} = 19$ °C dans la maison.

Le capteur est un circuit d'eau liquide glycolée de pression voisine de un bar ; sa température moyenne et la température de l'air extérieur sont ici supposées égales à ($\theta_{ext} = -5$ °C. Le réseau est constitué de tubes en polyéthylène, de diamètre intérieur $D = 20$ mm enterrés à 1,5 m. À cette profondeur, la terre est à une température constamment et nettement supérieure à celle de l'eau glycolée du capteur.

Le réseau forme des boucles de longueur $l = 50$ m.

Dans les conditions proposées, la puissance extraite du sol par unité de longueur de ce circuit vaut $\mathcal{P}_l = 7,5$ W.m^{-1}, et la puissance thermique totale fournie à la maison par la pompe à chaleur vaut $\mathcal{P}_{\text{thermique}} = 10$ kW.

Le fluide caloporteur de la pompe à chaleur est un composé HFC (R 407C). Ses changements d'états liquide$\leftrightarrow$vapeur se produisent autour de -10 °C sous une pression de $3,5.10^5$ Pa, et autour de 40°C sous une pression de 16.10^5 Pa.

On suppose, dans toute la suite, que l'écoulement du fluide R 407C est permanent, de même que les écoulements dans les circuits plancher et capteur ; le fonctionnement du moteur est également permanent.

Afin d'éviter toute ambiguïté, on réservera dans la suite le terme de « fluide » au seul fluide caloporteur de la pompe, afin de le distinguer de l'eau glycolée du circuit capteur et de l'eau du circuit-plancher (respectivement sources froide et chaude de la pompe à chaleur).

C.1. Étude du circuit-capteur

C.1.1. Pourquoi l'eau circulant dans le circuit enterré est-elle glycolée ?

C.1.2.

C.1.2.1. Pour chauffer une habitation, il faut lui fournir une puissance thermique égale à : $\mathcal{P}_{\text{thermique}} = (T_{\text{int}} - T_{\text{ext}})/R_{\text{th}}$. Calculer la résistance thermique R_{th}, de cette maison.

C.1.2.2. Commenter l'ordre de grandeur obtenu, compte tenu des valeurs fournies dans la question A.2.2.2.

C.1.3.

C.1.3.1. Calculer la puissance électrique $\mathcal{P}_{\text{électrique}}$ consommée par le moteur entraînant la pompe, sachant que le coefficient de performance réel de l'ensemble moteur-pompe est $\text{COP}_{\text{réel}} = \mathcal{P}_{\text{thermique}}/\mathcal{P}_{\text{électrique}} = 4,0$.

C.1.3.2. En déduire la puissance thermique $\mathcal{P}_{\text{thermique terre}}$ que doit transmettre le circuit capteur à la pompe.

C.1.3.3. Quelle est la longueur L de tube de polyéthylène qui permet d'extraire cette puissance thermique de la terre ?

C.1.4. Quel est le volume V de l'eau glycolée dans le tube de polyéthylène ?

C.1.5.

C.1.5.1. Calculer la surface S de terrain occupée par le capteur (surface du terrain utile) sachant que le capteur est plan et qu'il faut un pas de 50 cm (50 cm de terre entre deux portions de tube).

C.1.5.2. Calculer le nombre de boucles.

C.1.6. Dans les ouvrages traitant de l'installation de ces pompes à chaleur il est écrit « *ne pas planter de gros arbres sur le terrain-capteur ; ne pas recouvrir le terrain-capteur de revêtement étanche tel que terrasse* ». Donner une raison pour chaque prescription.

C.2. Analyse fonctionnelle des différents composants de la pompe à chaleur

On rappelle que l'écoulement du fluide R 407C est permanent et que, dans toutes les canalisations fixes reliant les éléments - décrits ci-dessous - de la pompe à chaleur, les évolutions du fluide sont adiabatiques, isothermes et isobares.

Le schéma fonctionnel de la pompe à chaleur est le suivant :

Les évolutions du fluide dans le compresseur et le détendeur sont supposées adiabatiques.

Les évolutions du fluide dans l'évaporateur et le condenseur sont supposées isobares ; on donne : $P_1 = P_4 = 3,5.10^5$ Pa et $P_2 = P_3 = 16.10^5$ Pa.

Le compresseur est le seul des quatre éléments de la pompe à chaleur à posséder des pièces mécaniques mobiles.

Ev : évaporateur
Cp : compresseur
Cd : condensateur
Dx : détendeur

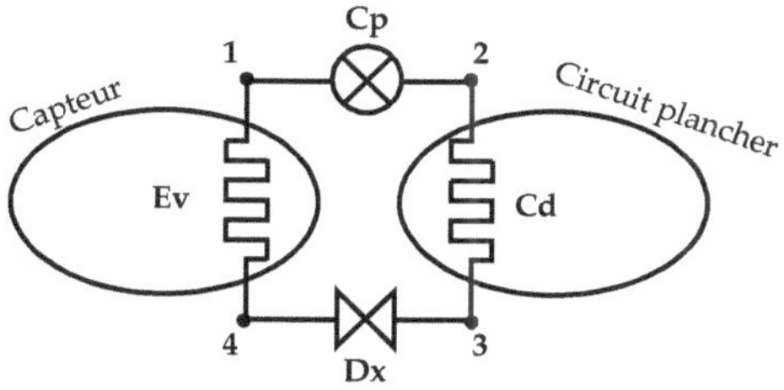

Figure 4 :

C.2.1. Préciser, pour chaque élément, sa fonction et, suivant les cas, s'il vous semble y avoir des changements d'état, des variations de pression et/ou de température du fluide (la réponse à cette question pourra être complétée à la lecture de la suite de l'énoncé).

C.2.2.

C.2.2.1. Recopier le schéma fonctionnel en indiquant le sens du parcours du fluide, les zones haute et basse pressions et les échanges d'énergie (travail et chaleur).

C.2.2.2. Établir le lien entre la présence du compresseur et du détendeur et le sens des transferts thermiques du fluide avec le circuit-plancher et avec le circuit-capteur.

C.2.3. Recopier l'allure - donnée ci-dessous, figure 4 - du diagramme de Clapeyron massique du cycle décrit par le fluide, et y placer les points représentatifs des états 2, 3 et 4 introduits figure 4.

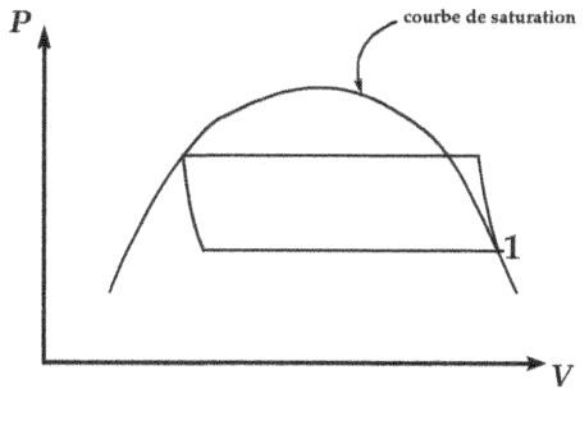

Figure 5 :

C.2.4. Quel est l'état physique du fluide au point 1 du cycle ?

C.2.5. Quel est l'état physique du fluide au point 3 du cycle ?

C.3. Détermination du coefficient de performance de la pompe à chaleur seule

C.3.1. Bilan énergétique pour le fluide de la pompe

Appliquer le premier principe de la thermodynamique à l'ensemble du fluide de la pompe, en écoulement permanent ; on raisonnera sur une durée Δt pendant laquelle ce fluide reçoit des pièces mécaniques du compresseur un travail W_i (souvent nommé « travail indiqué »), de la source froide une chaleur Q_F, et de la source chaude une chaleur Q_C.

C.3.2. COP théorique

On note COP_{th}, la valeur du coefficient de performance d'une pompe cyclique ditherme réversible fonctionnant avec les deux mêmes sources chaude et froide que la pompe réelle.

C.3.2.1. Déterminer puis calculer ce coefficient de performance théorique COP_{th}, en fonction de la température du circuit d'eau du plancher, et de celle du circuit d'eau glycolée.

C.3.2.2. Que peut-on dire du COP_{pompe} de la pompe à chaleur réelle seule ?

Dans toute la suite, on s'attache à la détermination de ce coefficient de performance réel COP_{pompe} de la pompe à chaleur seule.

On rappelle la formulation du premier principe appliqué à l'écoulement permanent d'un fluide à travers un élément (détendeur, ou évaporateur, ou compresseur, ou condenseur) d'une machine thermique, **les variations d'énergies cinétique et potentielle de pesanteur étant ici négligées** :

$$h_s - h_e = w_i + q$$

Les indices e et s désignent ici l'entrée et la sortie de l'élément étudié de la machine, la notation w_i le travail massique fourni au fluide par les pièces mécaniques mobiles de l'élément étudié, et q le transfert thermique massique apporté par l'extérieur au fluide, au niveau de l'élément étudié.

C.3.3. Montrer que l'enthalpie massique a même valeur à l'entrée et à la sortie du détendeur, soit : $h_4 = h_3$.

L'allure du cycle décrit par le fluide dans la pompe à chaleur est la suivante, dans le diagramme enthalpique (enthalpie massique h en abscisses, P en ordonnées avec échelle logarithmique) :

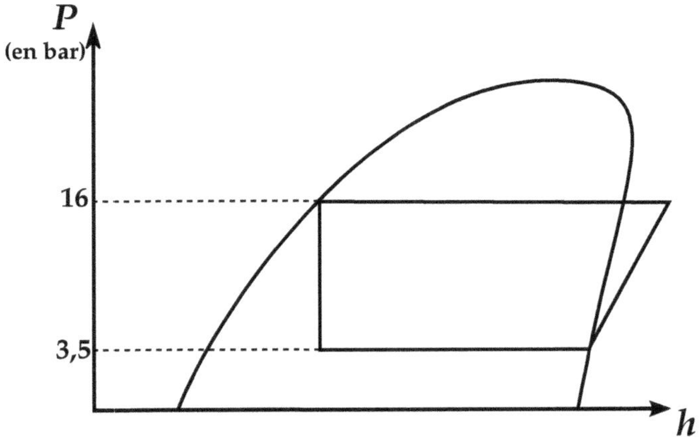

Figure 6 :

C.3.4. Reproduire sommairement ce diagramme, en y plaçant les domaines liquide, vapeur, diphasé liquide-vapeur, et y identifier les quatre points 1, 2, 3 et 4 du cycle.

C.3.5.

C.3.5.1. Établir la relation entre la puissance $\mathcal{P}_i$ fournie par les pièces mécaniques mobiles du compresseur au fluide de la pompe à chaleur, le débit massique D_m de celui-ci et les valeurs h_1 et h_2 de l'enthalpie massique aux points 1 et 2.

C.3.5.2. De même, établir la relation entre la puissance thermique $\mathcal{P}_{\text{thermique}}$ **fournie par le fluide de la pompe à chaleur au circuit-plancher**, le débit massique D_m et les valeurs h_2 et h_3 de l'enthalpie massique aux points 2 et 3.

Dans toute la suite, on suppose cette puissance thermique intégralement cédée à l'intérieur de la maison.

C.3.5.3. Établir l'expression du coefficient $\text{COP}_{\text{pompe}}$ de performance de la pompe seule en fonction des valeurs h_1, h_2 et h_3 de l'enthalpie massique aux points 1, 2 et 3.

Outre la grande facilité de représentation des isobares, l'intérêt du diagramme enthalpique réside dans le fait qu'une simple lecture d'abscisses permet d'obtenir rapidement les valeurs de l'enthalpie massique aux différents points du cycle, ce qui permet le calcul du coefficient $\text{COP}_{\text{pompe}}$ de performance de la pompe seule. On souhaite effectuer une représentation assez précise du cycle sur un diagramme enthalpique du fluide R 407C utilisé dans la pompe ; l'utilisation de ce diagramme demandant une familiarisation préalable, on indique ci-dessous l'allure sommaire, dans ce diagramme, de la courbe de saturation, de celle d'une isotherme et de celle d'une isentrope.

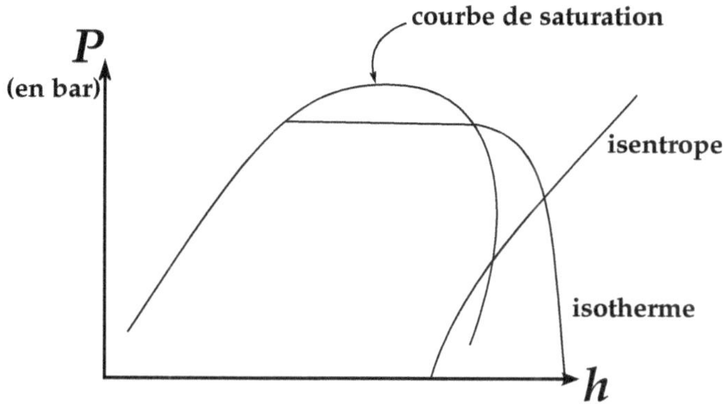

Figure 7 : Allure sommaire du diagramme enthalpique. L'échelle pour la pression est logarithmique.

Sur le diagramme enthalpique détaillé du fluide R 407C (voir la figure 5, page suivante), les droites correspondant aux deux pressions extrêmes (3,5 bar et 16 bar) ont été tracées, afin de faciliter la représentation du cycle. On rappelle que : 1 bar = 10^5 Pa.

C.3.6. En positionnant sur ce diagramme les points 1 et 3, déterminer, par simple lecture, les valeurs numériques de h_3 et de h_1.

On suppose que l'écoulement adiabatique du fluide dans le compresseur est, par ailleurs, réversible.

C.3.7. En positionnant le point 2 sur le diagramme, déterminer, par simple lecture, la valeur numérique de h_2 (le diagramme complété ne doit pas être rendu avec la copie).

C.3.8. En déduire, compte tenu du résultat obtenu aux questions C.3.5.3 et C.3.6, la valeur numérique du COP_{pompe} de la pompe à chaleur seule, dans le cadre de ce modèle.

C.3.9.

C.3.9.1. Que peut-on dire, par lecture du diagramme de la figure 5, du sens de l'évolution de l'entropie massique du fluide lors de son évolution isenthalpique 3-4 dans le détendeur ? On positionnera préalablement le point 4 sur le diagramme ; il n'est pas demandé d'évaluation numérique précise de la variation ΔS_{3-4}.

C.3.9.2. Montrer que cette dernière propriété peut être établie en utilisant une identité thermodynamique, compte tenu du caractère isenthalpique de l'évolution du fluide dans le détendeur, et de l'équilibre entre le liquide et sa vapeur.

C.3.9.3. Commenter le plus complètement possible cette propriété, établie aux questions C.3.9.1 et C.3.9.2.

C.3.10.

C.3.10.1. Sur le diagramme enthalpique du fluide R 407C de la page suivante, que peut-on dire des courbes isothermes dans le domaine diphasé liquide-vapeur ?

C.3.10.2. Quelle conclusion peut-on en tirer sur la nature de ce fluide R 407C ?

C.3.11. Le compresseur est entraîné par le moteur électrique étudié dans la partie D. suivante ; indiquer la raison pour laquelle le coefficient de performance COP_{pompe} de la pompe à chaleur seule diffère de celui, noté $COP_{réel}$ de l'ensemble moteur-pompe.

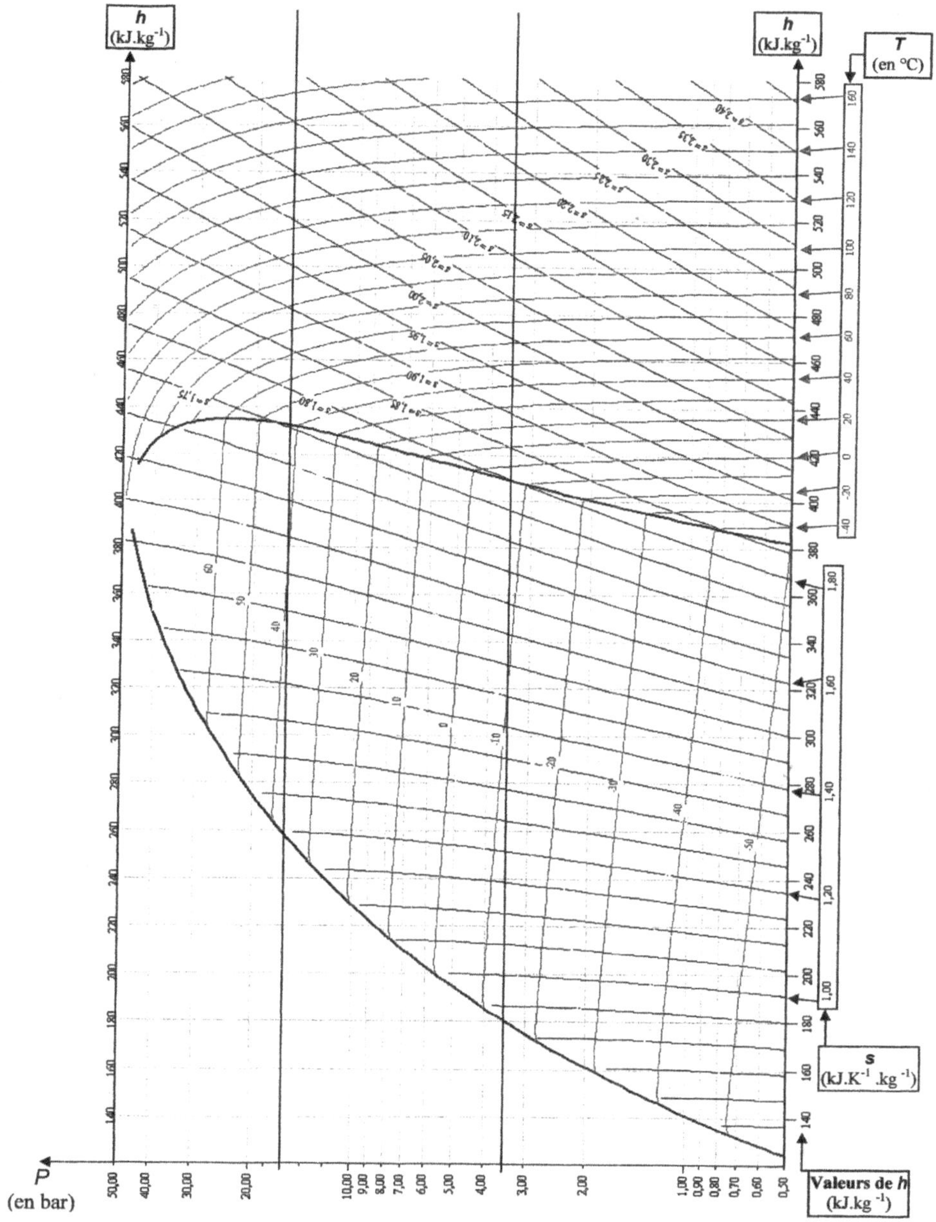

Figure 8 : Diagramme enthalpique du fluide R 407C.

D. Principe du moteur asynchrone

On étudie ici le moteur asynchrone qui entraîne la pompe à chaleur de la partie C..

Aucune connaissance préalable du moteur asynchrone n'est nécessaire pour l'étude de cette partie D..

Un moteur asynchrone est constitué d'un stator et d'un rotor.

Le stator est réalisé à l'aide d'un ensemble de bobines fixes dans le référentiel $\mathcal{R}$ du laboratoire, destinées à engendrer dans une zone limitée de l'espace un champ magnétique tournant $\overrightarrow{B}(t)$.

On modélise ici ce stator par un ensemble de trois bobines, dont les axes sont régulièrement décalés de $\dfrac{2\pi}{3}$ dans le plan xOy, et alimentées par un système triphasé de courants de pulsation ω_s dont les intensités sont les suivantes :

$$i_1(t) = I_M \cos(\omega_s t) \quad i_2(t) = I_M \cos\left(\omega_s t - \frac{2\pi}{3}\right) \quad i_3(t) = I_M \cos\left(\omega_s t - \frac{4\pi}{3}\right)$$

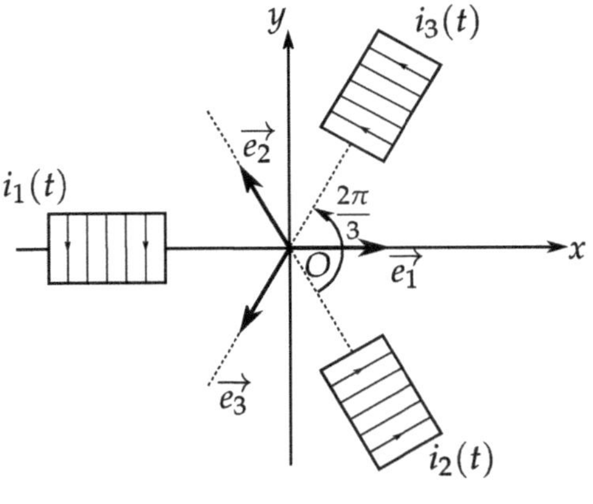

Figure 9 :

Dans un premier temps, on considère que la **fréquence** d'alimentation de ces bobinages statoriques est égale à 50 Hz.

Chaque bobine crée au centre O un champ magnétique qui peut se mettre sous la forme : $\overrightarrow{B_j} = K.i_j(t)\overrightarrow{e_j}$ (K est une constante et $\overrightarrow{e_j}$ est le vecteur unitaire de l'axe de la j^{e} bobine).

On montre (résultat admis ici) que, dans ces conditions, le champ magnétique total $\overrightarrow{B}$ en O a pour norme $B = \dfrac{3}{2}KI_M$ et fait avec l'axe Ox l'angle $\theta(t) = (\overrightarrow{e_x}, \overrightarrow{B}) = \omega_s t$.

Le rotor est modélisé par un cadre conducteur de surface S, orienté suivant le vecteur normal unitaire $\overrightarrow{n}$, contenant N spires planes filiformes circulaires et indéformables en série ; il est animé par rapport au référentiel $\mathcal{R}$ du laboratoire d'un mouvement de rotation -à la vitesse angulaire ω constante- autour de l'axe fixe Oz, diamétral pour chacune des spires. Le vecteur-surface total de ce cadre a pour valeur $NS\overrightarrow{n}$, et reste constamment dans le plan xOy (voir figure 10, ci-dessous).

Le cadre est placé **dans le champ magnétique tournant que l'on suppose - dans toute la suite - uniforme, de norme constante notée** B (avec $B = \frac{3}{2}KI_M$).
On note $\phi(t) = (\overrightarrow{e_x}, \overrightarrow{n}) = \omega t$ et rappelle que $\theta(t) = (\overrightarrow{e_x}, \overrightarrow{B}) = \omega_s t$.

Dans toute la suite, on suppose que : $0 \leqslant \omega \leqslant \omega_s$.

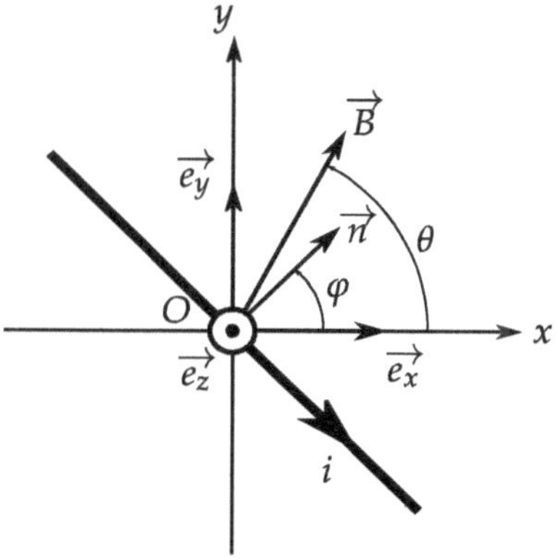

Figure 10 : Vue dans le plan xOy perpendiculaire à l'axe Oz de rotation.

D.1. Détermination de l'intensité du courant rotorique

D.1.1. Déterminer le flux Φ du champ magnétique $\overrightarrow{B}$ créé par le stator à travers les N spires du cadre, en fonction de B, N, S, ω, ω_s et t.

D.1.2. En déduire, grâce à la loi de Lenz-Faraday, la force électromotrice d'induction $e(t)$ qui apparaît dans le cadre en fonction du flux maximum à travers le circuit $\Phi_M = NSB$, et de la vitesse angulaire dite de glissement $\omega_r = \omega_s - \omega$ (ω_r est positive ou nulle).

D.1.3. Le cadre est équivalent à un circuit série fermé, de résistance R et d'inductance propre L.

D.1.3.1. Établir l'équation différentielle vérifiée par le courant $i(t)$ passant dans les spires du cadre.

D.1.3.2. On veut établir l'expression de $i(t)$ en régime permanent sinusoïdal.

À cette fin, on pose $e(t) = \text{Im}(\underline{e}(t))$, la notation $\text{Im}(\underline{e}(t))$ désignant la partie imaginaire de $\underline{e}(t) = \Phi_M \omega_r \exp(j\omega_r t)$, avec $j^2 = -1$. On cherche la solution permanente sinusoïdale de l'équation différentielle sous la forme : $i(t) = I\sin(\omega_r t - \psi) = \text{Im}(\underline{i}(t))$ avec $\underline{i}(t) = I\exp\left(j(\omega_r t - \psi)\right)$.

Exprimer, en fonction de Φ_M, R, L et ω_r, l'amplitude I de $i(t)$ et le retard de phase ψ de $i(t)$ par rapport à la force électromotrice $e(t)$ déterminée à la question D.1.2.

D.2. Couple électromagnétique

Les spires du cadre circulaire sont parcourues par le courant d'intensité $i(t)$.

D.2.1. Rappeler l'expression du moment magnétique total $\overrightarrow{\mathcal{M}}$ des N spires du cadre en fonction de N, $i(t)$, S et du vecteur normal unitaire $\overrightarrow{n}$.

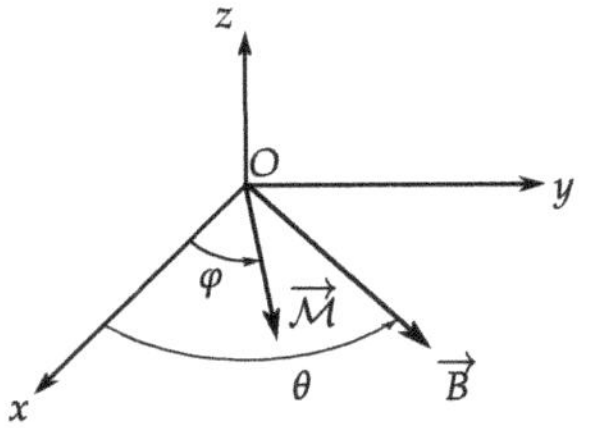

Figure 11 :

D.2.2. Montrer que, le champ $\overrightarrow{B}$ étant uniforme, la résultante des forces de Laplace sur le circuit fermé du rotor est nulle.

On donne la valeur du moment en O de l'ensemble des forces de Laplace s'exerçant sur les N spires du cadre : $\overrightarrow{\Gamma} = \overrightarrow{\mathcal{M}} \wedge \overrightarrow{B}$.

D.2.3. En déduire le moment par rapport à l'axe Oz, $\Gamma(t) = \overrightarrow{\Gamma}.\overrightarrow{e_z}$ de ces forces de Laplace.

D.2.4. Montrer que sa moyenne temporelle $< \Gamma(t) >$, notée Γ_{em}, est donnée par l'expression suivante :

$$\Gamma_{em} = \frac{\phi_M^2}{2L} \frac{RL\omega_r}{R^2 + (L\omega_r)^2}$$

D.2.5. On introduit le glissement, noté g, qui caractérise l'écart relatif entre la vitesse angulaire de synchronisme ω_s et la vitesse angulaire ω de rotation de l'arbre du moteur :

$$g = \frac{\omega_s - \omega}{\omega_s} = \frac{\omega_r}{\omega_s}$$

D.2.5.1. Que vaut le glissement g lorsque le moteur est à l'arrêt ?

D.2.5.2. Que vaut le glissement g lorsque le moteur tourne à la vitesse angulaire ω_s de synchronisme ?

D.2.5.3. En déduire que le glissement est compris entre deux bornes dont on précisera les valeurs.

D.2.6. On pose $\Gamma_0 = \frac{\phi_M^2}{2L}$. Exprimer Γ_{em} en fonction de Γ_0, g, R et du produit $L\omega_s$.

D.2.7. Donner l'expression, notée Γ_d de ce moment Γ_{em} au démarrage du moteur.

Dans toute la suite on suppose, sauf mention explicitement contraire, que la résistance R est inférieure ou égale au produit $L\omega_s$.

D.2.8. Montrer que la valeur maximale Γ_{max} de $\Gamma_{em}(g)$ est égale à $\Gamma_0/2$, et préciser l'expression littérale du glissement g_{max} correspondant, en fonction de R et du produit $L\omega_s$.

D.2.9. Applications numériques : $R = 4,0\ \Omega$, $L\omega_s = 40\ \Omega$ et $\Gamma_0 = 30$ N.m. On rappelle que ω_s est égale à la pulsation des courants des bobinages statoriques, de fréquence égale à 50 Hz.

D.2.9.1. Calculer les valeurs numériques de Γ_d, g_{max}, et Γ_{max}.

D.2.9.2. En déduire la vitesse de rotation ω du moteur en rad/s, puis en tours /min, pour $g = g_{\max}$.

D.2.9.3. Pour $g = g_{\max}$ calculer la valeur **efficace** notée $I_{R\text{eff}}$ de l'intensité du courant rotorique.

D.2.10.

D.2.10.1. Tracer l'allure du graphe $\Gamma_{em}(g)$ pour des valeurs de g comprises entre 0 et 1.

D.2.10.2. En déduire celle du graphe de $\Gamma_{em}(g)$ en fonction de ω, pour des valeurs de ω comprises entre 0 et ω_s (attention, le glissement g est fonction décroissante de ω).

D.3. Points de fonctionnement du moteur

La charge mécanique accouplée à l'arbre du moteur induit un couple résistant de moment par rapport à l'axe de rotation constant et noté $(-\Gamma_r)$, avec $\Gamma_r > 0$, lorsque $\omega > 0$.

D.3.1. On suppose qu'initialement, ω est nulle. Que se passe-t-il si Γ_r est supérieur à Γ_d ?

D.3.2. Pour augmenter le "couple au démarrage" Γ_d, on ajoute une résistance supplémentaire en série dans le circuit du rotor, augmentant ainsi la valeur de la résistance R.

Par quel facteur multiplie-t-on γ_d, si R passe de 4,0 Ω à 8,0 Ω ?

Dans toute la suite, on ramène la résistance R à sa valeur initiale : $R = 4,0\ \Omega$.

On admet que, si ω dépend du temps, l'expression de Γ_{em} reste valable et que ω obéit à l'équation différentielle

$$J\frac{\mathrm{d}\,\omega}{\mathrm{d}\,t} = \Gamma_{em} - \Gamma_r$$

dans laquelle J est une quantité positive, nommée moment d'inertie par rapport à l'axe Oz de l'ensemble mobile en rotation.

D.3.3. En utilisant le graphe obtenu à la D.2.10.2, montrer que, si $\Gamma_d < \Gamma_r < \Gamma_{\max}$ il existe deux points de fonctionnement du moteur (i.e. deux valeurs, notées ω_1 et ω_2 de ω telles que $\dfrac{\mathrm{d}\,\omega}{\mathrm{d}\,t} = 0$)

D.3.4. Étudier leur stabilité, toujours par l'analyse graphique.

D.3.5. Étudier la stabilité du seul point de fonctionnement dans le cas où Γ_r est inférieur à Γ_d.

D.4. Puissance et rendement

Dans cette partie, on suppose que la vitesse angulaire ω du rotor est constante.

On note $P_{\text{méca}}$ la puissance mécanique **moyenne** dans le référentiel $\mathcal{R}$ du laboratoire et P_J la puissance **moyenne** dissipée par effet Joule dans le circuit rotorique.

$P_{\text{méca}}$ est donnée ici par l'expression (qu'on admettra) : $P_{\text{méca}} = \Gamma_{em} \times \omega$.

D.4.1. Exprimer P_J en fonction de $\Gamma_0 = \dfrac{\phi_M^2}{2L}$, R, L et ω_r.

D.4.2. En déduire la relation $\omega \times P_J = \omega_r \times P_{\text{méca}}$.

D.4.3. On souhaite retrouver par une autre méthode la relation établie à la question D.4.2. On nomme $\mathcal{R}_B$ le référentiel animé, par rapport au référentiel $\mathcal{R}$ du laboratoire, d'un mouvement de rotation à la vitesse angulaire ω_s autour de l'axe fixe Oz.

D.4.3.1. Que peut-on dire du champ magnétique statorique, dans ce référentiel $\mathcal{R}_B$?

D.4.3.2. Dans ce référentiel $\mathcal{R}_B$, la puissance instantanée des forces de Laplace vaut $\Gamma(t)(\omega - \omega_s)$. En effectuant un bilan de la conversion électromécanique de l'énergie dans ce référentiel $\mathcal{R}_B$, établir une relation entre $\Gamma(t)$, la force électromotrice $e(t)$, l'intensité $i(t)$ du courant rotorique, ω et ω_s.

D.4.3.3. En déduire, grâce à l'équation de maille établie à la question D.1.3.1, et compte tenu du caractère périodique de $e(t)$ et de $i(t)$, une relation entre la valeur moyenne Γ_{em} de $\Gamma(t)$, ω, ω_s et la valeur moyenne P_J de la puissance dissipée par effet Joule.

D.4.3.4. Retrouver la relation $\omega \times P_J = \omega_r \times P_{\text{méca}}$.

D.4.4. La puissance électromagnétique moyenne P_{em}, transmise du stator vers le rotor est intégralement convertie en puissance mécanique moyenne $P_{\text{méca}}$ et en puissance moyenne P_J dissipée par effet Joule dans les conducteurs du rotor.
En déduire l'expression du rendement η du moteur en fonction de ω et ω_s ; on rappelle que $\omega_r = \omega_s - \omega$.

D.4.5.

D.4.5.1. Montrer que, pour tout point de fonctionnement stable (étudié dans les questions D.3.3 à D.3.5, η est nécessairement supérieur à $\eta_{\min} = 1 - \dfrac{R}{L\omega_s}$.

D.4.5.2. Calculer $\eta_{\min}$. Sachant que $R = 4,0\ \Omega$ et $L\omega_s = 40\ \Omega$.

D.4.6. Calculer la valeur du rendement η pour un glissement égal à $g = 0,050$.

On suppose dans toute la suite que l'amplitude U_M des tensions appliquées aux trois bobines du stator est liée à celle, notée I_M, des courants les traversant et à ω_s par la relation : $U_M = k' I_M \omega_s$, où k' est une constante qu'on ne cherchera pas à déterminer.

D.4.7. Si chaque bobine du stator était seule dans l'espace, quel modèle simple permettrait de rendre compte de cette relation ?

En mi-saison ou en période peu froide, on doit diminuer la puissance mécanique moyenne fournie par le moteur asynchrone à la pompe à chaleur ; à cette fin, on **diminue** la valeur de la vitesse angulaire ω_2 du rotor au point de fonctionnement stable, le moment résistant étant supposé constant et toujours noté $(-\Gamma_r)$ (comme dans la partie D.3.).

À cette fin, on envisage ci-dessous deux solutions, dont on souhaite comparer les avantages.

D.4.8.

D.4.8.1. Une solution naturelle consiste à maintenir constante la valeur de ω_s et à diminuer celle de l'amplitude U_M des tensions appliquées aux trois bobines du stator ; préciser, en justifiant votre réponse, l'effet de cette modification sur le graphe de Γ_{em}, en fonction de ω, et montrer qu'on a bien diminution de la valeur de la vitesse angulaire ω_2 du rotor au point de fonctionnement stable.

D.4.8.2. Y'a-t-il une valeur minimale de la vitesse angulaire ω_2 qu'on peut atteindre par ce genre de modification ?

Une seconde solution consiste encore à diminuer l'amplitude U_M des tensions appliquées aux trois bobines du stator, mais en maintenant constante la valeur de $\Gamma_0 = \dfrac{\phi_M}{2L}$, et par conséquent celle de $\Gamma_{\max}$.

D.4.9. Montrer que cette façon de procéder impose de maintenir constant le quotient U_M / ω_s.

D.4.10. Comment, dans ce cas, se modifie le graphe de Γ_{em} en fonction de ω ?

D.4.11. Montrer qu'on a bien diminution de la valeur de la vitesse angulaire ω_2 du rotor au point de fonctionnement stable.

On n impose plus nécessairement à ω_s de rester supérieure au quotient R/L.

D.4.12. Y'a-t-il une valeur minimale de la vitesse angulaire ω_2 qu'on peut atteindre par cette seconde façon de procéder ?

D.4.13. Si on n'abaisse pas trop la valeur de ω_2, les deux solutions ci-dessus peuvent être envisagées.

En utilisant la relation obtenue à la question D.4.4, indiquer laquelle des deux solutions vous semble préférable sur le plan énergétique, en justifiant simplement mais précisément votre réponse.

E. Énergie éolienne domestique

Dans le contexte actuel de développement de production d'énergies alternatives aux énergies fossiles, l'énergie du vent a l'avantage d'être directement récupérable sous forme mécanique et donc facilement convertible en énergie électrique. En dehors des grandes chaînes éoliennes exploitées par les compagnies de production d'électricité, de plus petits dispositifs (petit ou micro éolien) sont développés pour la production domestique d'électricité, dans les sites favorables à leur implantation (vent suffisant et suffisamment régulier).

Dans cette partie, on étudie le principe de récupération par une éolienne de l'énergie cinétique transportée par le vent. Dans tout le problème, l'air atmosphérique sera assimilé à un fluide parfait et incompressible de masse volumique uniforme $\rho = 1,25$ kg.m^{-3}. De plus, on se place dans une zone où l'on suppose le vent régulier c'est-à-dire modélisable, loin de tout obstacle, par un écoulement permanent et unidirectionnel de vitesse uniforme $\overrightarrow{v_0} = v_0 \overrightarrow{e_x}$.

E.1. Rappeler succinctement quel phénomène est à l'origine du déplacement de masses d'air à la surface de la Terre.

E.2. Puissance du vent

La puissance du vent, qui s'exprime en watt, est définie comme la puissance récupérable par une surface plane S placée dans le flux du vent.

E.2.1. Donner l'expression de l'énergie cinétique dE_c d'un système fluide fermé de masse dm se déplaçant à la vitesse d'ensemble $\overrightarrow{v_0}$.

E.2.2. Exprimer, en fonction de ρ et v_0, l'énergie cinétique volumique e_c du vent définie comme l'énergie cinétique des particules fluides par unité de volume.

E.2.3. On considère une surface S perpendiculaire à la direction d'écoulement du vent. Représenter et caractériser le volume contenant, à l'instant t, l'ensemble des particules fluides traversant la surface entre t et $t + \mathrm{d}t$. En déduire l'expression de la quantité d'énergie $\mathrm{d}E_c$ reçue sous forme cinétique par la surface S pendant $\mathrm{d}t$.

E.2.4. En déduire l'expression de la puissance du vent P_v, récupérable par la surface S en fonction de ρ, v_0 et S.

E.3. Étude simplifiée de l'écoulement du vent en présence d'une hélice

Dans toute la suite on travaillera dans le référentiel terrestre supposé galiléen et on négligera l'effet de la pesanteur sur les particules fluides. L'écoulement est permanent.

L'étude est basée sur une théorie simple de l'hélice adaptée par Betz pour les éoliennes. Dans cette théorie l'hélice, pratiquement assimilée à un disque plan de surface S (c'est l'aire du disque dont la circonférence est décrite par l'extrémité de l'hélice lorsqu'elle tourne), est placée perpendiculairement à la direction de l'écoulement. On suppose connu le tube de courant contenant le fluide traversant l'hélice. Ce tube de courant, représenté sur la figure 12 ci-dessous, possède une symétrie de révolution autour de l'axe xx' et une section droite circulaire d'aire $S(x)$ variable.

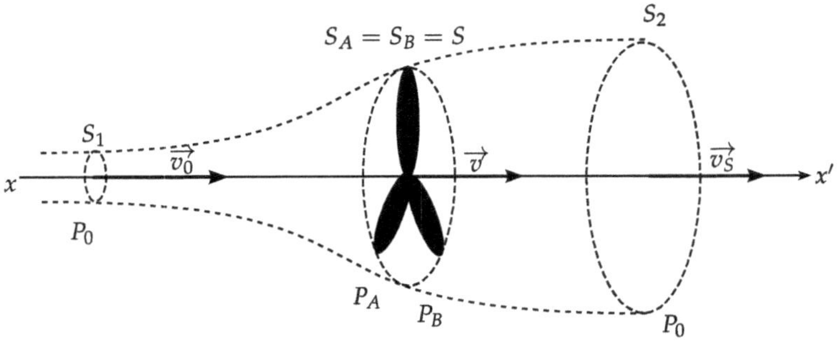

Figure 12 :

Dans la zone extérieure à ce tube de courant, l'écoulement est supposé non perturbé par la présence de l'hélice (vitesse uniforme $\overrightarrow{v_0} = v_0\overrightarrow{e_x}$, pression uniforme et égale à la pression atmosphérique P_0 à l'altitude considérée). À l'intérieur du tube de courant, l'écoulement est toujours supposé permanent et unidimensionnel (vitesse et pression uniformes sur une section droite du tube, le vecteur vitesse étant supposé en tout point orthogonal à la section droite du tube). Les surfaces d'entrée S_1 et de sortie S_2 sont suffisamment éloignées de l'hélice pour supposer que la pression y est égale à la pression atmosphérique environnante. La vitesse du fluide à l'entrée du tube est égale à $\overrightarrow{v_0}$. Sur toute autre section droite du tube, on notera $\vec{v}(x)$ la vitesse d'écoulement. À la traversée du plan de l'hélice, les particules fluides subissent une discontinuité de pression ΔP. En revanche, la vitesse des particules fluides est supposée continue à la traversée de ce plan.

E.3.1. Bilan de masse :

E.3.1.1. Définir et exprimer en fonction de ρ, $S(x)$ et $v(x)$ le débit massique D_m à travers une section de surface $S(x)$ du tube de courant placée à l'abscisse x.

E.3.1.2. Comment se traduit la conservation de la masse dans le cas d'un écoulement permanent ?

E.3.1.3. En déduire deux relations liant la vitesse de sortie v_S du tube, la vitesse v au niveau de l'hélice, S, S_1, S_2 et v_0.

E.3.1.4. Justifier l'augmentation, dans le sens de l'écoulement de l'air, de la section du tube de courant représenté sur la figure 12.

E.3.2. Bilan de quantité de mouvement :

E.3.2.1. Rappeler la deuxième loi de Newton (ou théorème de la quantité de mouvement) relative à un système continu fermé et définir la quantité de mouvement de ce système.

E.3.2.2. Pour effectuer un premier bilan, on définit le volume V_C, appelé volume de contrôle, délimité par le tube de courant et les sections d'entrée-sortie S_1 et S_2. On considère le système fermé constitué des particules fluides contenues dans le volume V_C à l'instant t.

E.3.2.2.i. Sur un schéma reproduisant la figure, représenter les domaines occupés par le système fermé considéré, à l'instant t et à un instant ultérieur $t + \mathrm{d}t$.

E.3.2.2.ii. Sachant que l'écoulement est permanent, exprimer la variation de quantité de mouvement $\overrightarrow{p}(t+dt) - \overrightarrow{p}(t)$ du système considéré en fonction de $\overrightarrow{v_0}$, $\overrightarrow{v_S}$, D_m et $\mathrm{d}t$.

E.3.2.2.iii. Faire un bilan des forces s'appliquant sur le système fermé considéré ici. Que vaut la résultante de celles qui sont dues à la pression extérieure P_0 ?

E.3.2.2.iv. En déduire une expression de la force exercée par l'hélice sur le fluide en fonction de $\overrightarrow{v_0}$, $\overrightarrow{v_S}$ et du débit massique D_m (cette relation porte le nom de théorème d'Euler).

E.3.2.3. On considère maintenant la portion de fluide contenue dans un volume cylindrique extra-plat délimité par les sections S_A et S_B d'aires égales à la section S balayée par l'hélice, situées respectivement en amont et en aval de l'hélice et sur lesquelles on note les pressions P_A et P_B, avec $P_B - P_A = \Delta P$.

E.3.2.3.i. Faire un nouveau bilan des forces s'exerçant sur le système fermé considéré.

E.3.2.3.ii. En appliquant encore le théorème d'Euler, exprimer la force exercée par l'hélice sur le fluide en fonction de ΔP et S.

E.3.2.4. Déduire des deux bilans précédents la relation suivante :

$$S\Delta P\overrightarrow{e_x} = D_m\left(\overrightarrow{v_S} - \overrightarrow{v_0}\right)$$

E.3.3. Bilan d'énergie :

E.3.3.1. Rappeler le premier principe de la thermodynamique pour un système fermé en mouvement, en précisant la signification de chacune des notations utilisées. En quoi ce premier principe est-il un de principe de conservation ?

E.3.3.2. En régime permanent, que vaut la variation de la quantité $(h + e_c)$ entre deux sections d'un tube d'écoulement d'un fluide parfait, en l'absence de pièce mécanique mobile ?

E.3.3.3. Rappeler la deuxième identité thermodynamique liant dh, T, ds, dP et le volume massique, égal à $1/\rho$.

E.3.3.4. Déduire des réponses à ces deux dernières questions, la relation de Bernoulli le long d'une ligne de courant dans le cas d'un écoulement réversible (hypothèse des fluides parfaits), permanent et incompressible.

E.3.3.5. Appliquer la relation de Bernoulli le long d'une ligne de courant entre les sections S_1 et S_A situées en amont de l'hélice, puis entre les sections S_B et S_2 situées en aval de l'hélice (on note $\overrightarrow{v}$ la vitesse du fluide au niveau des sections S_A et S_B).

E.3.3.6. En déduire que la discontinuité de pression peut s'écrire :

$$\Delta P = \frac{1}{2}\rho\left(v_S^2 - v_0^2\right)$$

Cette discontinuité de pression correspond à la perte de charge à la traversée du plan de l'hélice.

E.4. Rendement de l'éolienne

E.4.1. Montrer que la vitesse du fluide au voisinage de l'hélice vaut $v = \frac{1}{2}(v_0 + v_S)$.

E.4.2. Montrer que la force **exercée par le fluide sur l'hélice** s'écrit :

$$\overrightarrow{F} = 2D_m(v_0 - v)\overrightarrow{e_x}$$

On admet dans la suite que la puissance P_h, reçue par l'hélice est égale au produit $F \times v$.

E.4.3. On définit le rendement η de l'hélice comme le rapport de la puissance qu'elle reçoit a la puissance cinétique reçue, **en l'absence d'hélice**, par une section S : $\eta = \dfrac{P_h}{P_v}$.

E.4.3.1. Exprimer η en fonction du rapport $\lambda = \dfrac{v}{v_0}$.

E.4.3.2. Montrer que η a une valeur maximale η_m (appelée facteur de Betz de l'éolienne) pour une certaine valeur de λ que l'on calculera.

E.4.3.3. Application numérique : calculer η_m.

E.4.3.4. Il est à remarquer qu'en réalité ce rendement maximal n'est jamais atteint, mais qu'il représente une limite théorique infranchissable de la quantité d'énergie du vent récupérable par une éolienne.

Citer d'autres facteurs qui peuvent encore limiter le rendement de production d'électricité par une éolienne.

FIN DE L'ÉNONCÉ

Conversion énergétique

A. Chauffage solaire

A.1. Température d'équilibre d'un capteur solaire

A.1.1. Flux de rayonnement solaire

A.1.1.1. Nous avons immédiatement que

$$C(\theta) = C_0 \cos\theta\ . \tag{1}$$

A.1.1.2.

A.1.1.2.i. En supposant la vitesse de rotation de la terre constante, il est alors normal que l'inclinaison des rayons lumineux soit une fonction linéaire du temps. Par ailleurs, nous fixons l'origine des temps à midi, ainsi le lever du soleil correspondra à $-T_{\text{jour}}/4$ et le coucher à $T_{\text{jour}}/4$ car nous nous plaçons à l'équateur et à l'équinoxe. Pour des instants en dehors de cet intervalle le flux incident est nul. Nous pouvons donc supposer que θ reste égal à $\pm\pi/2$.

A.1.1.2.ii. Pour $-T_{\text{jour}}/2 < t < -T_{\text{jour}}/4$, $C(t)$ est constant et égal à 0.
Pour $-T_{\text{jour}}/4 < t < T_{\text{jour}}/4$, il suffit de remplacer θ par l'expression donnée dans l'énoncé, d'où $C(t) = C_0 \cos(2\pi t/T_{\text{jour}})$.

Enfin pour $T_{\text{jour}}/4 < t < T_{\text{jour}}/2$, $C(t)$ est à nouveau constant et égal à 0.

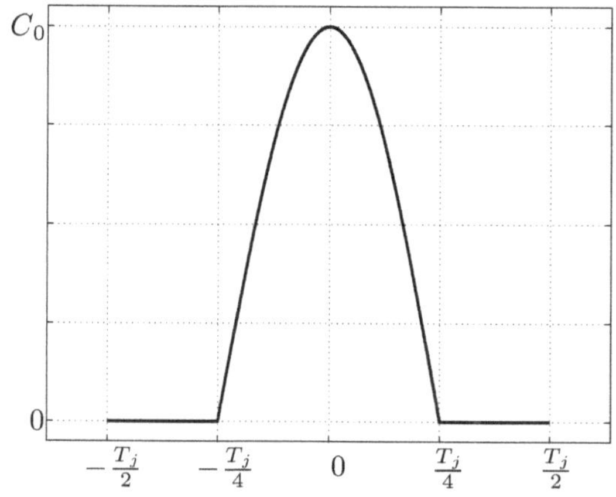

Figure 1 :

A.1.1.2.iii. Par définition, la valeur moyenne est de la forme :

$$C_m = \frac{1}{T_j}\int_{-T_j/2}^{T_j/2} C(t)\ \mathrm{d}t\ .$$

Ainsi en remplaçant $C(t)$ par son expression précédente, nous obtenons immédiatement que $C_m = C_0/\pi$.

L'application numérique donne $C_m = 0,3$ kW.m^2.

A.1.2. Équilibre d'un corps noir dans le vide.

A.1.2.1.

A.1.2.1.i. Le corps considéré reçoit le rayonnement solaire sur une seule face et ré-émet par ses deux faces. Ainsi le bilan énergétique d'un tel corps s'écrit :

$$SC_0 = S\sigma T^4 + S\sigma T^4 \,. \tag{2}$$

A.1.2.1.ii. À partir de l'équation (2) nous obtenons $T_{e1} = \left(\dfrac{C_0}{2\sigma}\right)^{1/4}$.

A.1.2.1.iii. A.N. : $T_{e1} = 306$ K. Ce qui correspond d'après la loi de Wien à un $\lambda_{\max} = 9,8$ µm et une fréquence $\nu_{\max} = 3,1 \times 10^{13}$ Hz. Cette température correspond à un rayonnement dans l'infrarouge.

Remarque : Les fréquences associées aux infrarouges vont de 10^{11} Hz à 10^{14} Hz.

A.1.2.1.iv. Si nous voulons utiliser ce capteur pour faire bouillir de l'eau, il est clair que la température ainsi obtenue est beaucoup trop faible.

A.1.2.2.

A.1.2.2.i. Désormais le corps ré-émet une partie du rayonnement incident. Le bilan énergétique devient alors :

$$2\sigma T^4 + A'C_0 = C_0 \,. \tag{3}$$

Nous en déduisons la nouvelle température d'équilibre :

$$T_{e2} = \left(\frac{C_0(1 - A')}{2\sigma}\right)^{1/4} .$$

A.1.2.2.ii. A.N. : $T_{e2} = 302$ K soit 30°C. Le résultat n'est donc que sensiblement modifié.

A.1.3. Équilibre thermique d'un capteur simple.

A.1.3.1. De la même manière que précédemment, nous effectuons un bilan énergétique, où il suffit d'égaler ce que la plaque reçoit et ce que la plaque émet. Ainsi nous obtenons l'équation,

$$C(\theta) + \sigma T_{\text{atm}}^4 = \sigma T_{\text{mur}}^4 + A'C(\theta) \,. \tag{4}$$

Nous en déduisons alors que $T_{e3} = \left(\dfrac{(1 - A')C(\theta)}{\sigma} + T_{\text{atm}}^4\right)^{1/4}$.

A.1.3.2. A.N. : $T_{e3} = 354$ K soit 81°C. Ce résultat est peu plausible, en effet il faut prendre en compte les échanges énergétiques avec l'intérieur de l'habitation.

A.1.4. Prise en compte de la convection

A.1.4.1. L'analogie électrique peut s'écrire très simplement :

différence de potentiel	$\Leftrightarrow$	différence de température
courant électrique	$\Leftrightarrow$	flux de chaleur
$Ri = \Delta V$	$\Leftrightarrow$	$rJ = \Delta T$

Ainsi r_{mur} et r_{ext} sont bien analogues à des résistances électriques. Ces grandeurs s'expriment en K.W^{-1}.m^2.

A.1.4.2. Le nouveau bilan s'écrit alors :

$$C(\theta) + \sigma T_{\text{atm}}^4 = \sigma T^4 + A'C(\theta) + J_{\text{ext}} + J_{\text{int}} \,. \tag{5}$$

A.1.4.3. En utilisant l'expression de T_{e3}, déterminée précédemment, nous pouvons réécrire le bilan d'énergie de la manière suivante :

$$\sigma T_{e3}^4 = \sigma T^4 + J_{\text{ext}} + J_{\text{int}} \,. \tag{6}$$

Or les effets dus à la conduction favorisent une perte de chaleur pour le mur noir ainsi le terme $J_{\text{ext}} + J_{\text{int}}$ est positif ce qui implique une température d'équilibre plus faible que T_{e3}.

A.1.4.4. Pour obtenir la solution par un raisonnement graphique, il suffit de tracer sur un même graphique les fonctions :

$$f_1(T) = \frac{\alpha}{T} + \beta \text{ et } f_2(T) = T^3 \,, \tag{7}$$

avec $\alpha = T_{e3}^4 + \dfrac{1}{\sigma}\left(\dfrac{T_{\text{ext}}}{r_{\text{ext}}} + \dfrac{T_{\text{mur}}}{r_{\text{mur}}}\right) = 7{,}8.10^{10}\ \text{K}^4$ et
$\beta = -\dfrac{1}{\sigma}\left(\dfrac{1}{r_{\text{ext}}} + \dfrac{1}{r_{\text{mur}}}\right) = -2{,}1.10^8\ \text{K}^3$. Nous obtenons alors les courbes de la figure 2 (partie gauche) et le point d'intersection correspond à la température d'équilibre.

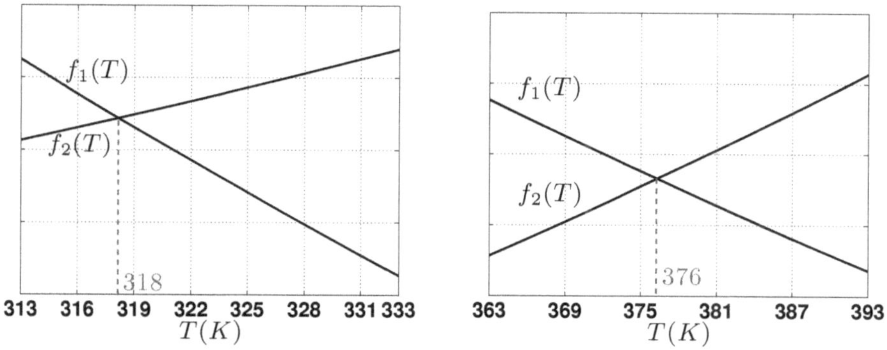

Figure 2 :

Finalement $T_{e4} = 318$ K (ce qui est bien inférieure à T_{e3}).

A.1.5. Augmentation de la température d'équilibre.

A.1.5.1. Dans ces conditions le nouveau bilan d'énergie s'écrit :

$$C(\theta) + a\sigma T_{\text{atm}}^4 = a\sigma T^4 + A'C(\theta) + J_{\text{ext}} + J_{\text{int}} \,. \tag{8}$$

A.1.5.2. De la même manière que précédemment nous obtenons pour α et β les expressions :

$$\alpha = \frac{1}{a\sigma}\left((1 - A')C(\theta) + a\sigma T_{\text{atm}}^4 + \frac{T_{\text{ext}}}{r'_{\text{ext}}} + \frac{T_{\text{int}}}{r_{\text{mur}}}\right) \,,$$

$$\beta = -\frac{1}{a\sigma}\left(\frac{1}{r'_{\text{ext}}} + \frac{1}{r_{\text{mur}}}\right) .$$

Ainsi $T_{e5} = 376\text{K}$ (partie droite de la figure 2). Le capteur fonctionnerait ainsi à une température de 100°C, ce qui est suffisant pour faire bouillir de l'eau.

A.2. Mur Capteur

A.2.1. Équation de la chaleur et conditions aux limites.

A.2.1.1. Par définition λ s'exprime en kg.m.s^{-3}.K^{-1} et C_1 en kg.m^{-1}.s^{-3}.K^{-1}.

A.2.1.2. D'après la loi phénoménologique de Fourier,

$$\overrightarrow{J_{\text{th}}}(x,t) = -\lambda \overrightarrow{\text{grad}}\,(T)\,(x,t) .$$

En prenant en compte le fait que T ne dépend spatialement que de x, l'équation se simplifie et se met sous la forme :

$$J_{\text{th}}(x,t) = -\lambda \frac{\mathrm{d}\,T}{\mathrm{d}\,x}(x,t) . \qquad (9)$$

A.2.1.3.

A.2.1.3.i. La variation d'énergie interne de cette tranche de fluide pendant un temps dt correspond à la différence du flux de chaleur en x et en $x+\mathrm{d}x$, d'où $\mathrm{d}U = S(J_{\text{th}}(x,t) - J_{\text{th}}(x+\mathrm{d}x,t))\mathrm{d}t$ car il n'y a pas de productions ni de pertes d'énergie dans le volume considéré. Ainsi :

$$\frac{\mathrm{d}\,U}{\mathrm{d}\,t} = -S\frac{\partial\,J_{\text{th}}}{\partial\,x}\mathrm{d}x . \qquad (10)$$

A.2.1.3.ii. Par ailleurs la variation d'énergie thermique d'une phase condensée peut s'exprimer en fonction de sa capacité thermique et de la variation de température, d'où $\mathrm{d}U = C_1 V \mathrm{d}T$, avec $V = S\mathrm{d}x$. Finalement, nous obtenons :

$$\frac{\mathrm{d}\,U}{\mathrm{d}\,t} = C_1 S\frac{\partial\,T}{\partial\,t}\mathrm{d}x . \qquad (11)$$

A.2.1.3.iii. En égalisant les équations 10 et 11, nous obtenons l'équation :

$$C_1\frac{\partial\,T}{\partial\,t} = -\frac{\partial\,J_{\text{th}}}{\partial\,x} .$$

Ainsi en utilisant l'équation (9), nous aboutissons à l'équation de la chaleur :

$$\frac{\partial^2\,T}{\partial x^2} = \frac{C_1}{\lambda}\frac{\partial\,T}{\partial\,t} . \qquad (12)$$

A.2.1.4. Par continuité du flux à la surface du mur, nous avons la relation :

$$\kappa\,(T_{\text{mur}} - T_{\text{int}}) = -\lambda\frac{\partial\,T}{\partial\,x}(x = L) .$$

Ainsi $T_{\text{int}} = T_{\text{mur}} + \dfrac{\lambda}{\kappa}\dfrac{\partial\,T}{\partial\,x}(x = L)$. Donc lorsque κ tend vers l'infini mais en imposant un flux constant, nous remarquons que le second terme tend vers zéro, et ainsi la température intérieure tend vers la température du mur. Nous avons alors l'approximation $T_{\text{int}} = T_{\text{mur}}$.

A.2.2. Solution stationnaire.

A.2.2.1. Dans le cas stationnaire, l'équation différentielle devient :

$$\frac{\mathrm{d}^2 T}{\mathrm{d}x^2} = 0\,.$$

Et ainsi $T(x) = Ax + B$. Nous pouvons alors déterminer les deux constantes d'intégration A et B à l'aide des deux conditions limites :

$$\begin{cases} T(0) = T_\mathrm{e}\,, \\ T(L) = T_\mathrm{mur} = T_\mathrm{int}\,. \end{cases}$$

Nous obtenons finalement que $T(x) = \dfrac{T_\mathrm{int} - T_\mathrm{e}}{L}x + T_\mathrm{e}$, ce qui donne immédiatement $J_\mathrm{ths} = \dfrac{\lambda}{L}(T_\mathrm{e} - T_\mathrm{int})$.

A.2.2.2. A.N. : $J_\mathrm{ths} = \dfrac{\lambda}{L}(T_\mathrm{e} - T_\mathrm{int}) = \dfrac{1,3}{0,4}(15 - 20) = -16\ \mathrm{W.m^{-2}}$.

J_ths est négatif, ainsi le flux de chaleur est dirigé vers l'extérieur, la pièce se refroidit. Nous en déduisons $\mathcal{P}_\mathrm{diss} = |J_\mathrm{ths}|\,S = 240$ W, la puissance nécessaire pour compenser la déperdition d'énergie thermique par les murs.

A.2.3. Oscillations.

A.2.3.1. On donne $T(x,t) = T_\mathrm{s}(x) + \Theta(x,t)$. Ainsi en injectant cette égalité dans l'équation de la chaleur, nous obtenons l'équation différentielle :

$$\frac{\partial^2 \Theta}{\partial x^2} = \frac{C_1}{\lambda}\frac{\partial \Theta}{\partial t}\,.$$

Les conditions limites vérifiées par la fonction Θ sont :

$$\begin{cases} \Theta(0,t) = A\cos(\Omega t) \\ \Theta(L,t) = 0 \end{cases}$$

A.2.3.2. Il suffit à nouveau d'injecter la nouvelle expression de Θ en notation complexe dans l'équation différentielle précédente et de simplifier par les exponentielles complexe pour obtenir l'équation sur ϕ suivante :

$$\frac{\partial^2 \phi}{\partial x^2} = j\Omega\frac{C_1}{\lambda}\phi\,.$$

Les conditions limites deviennent alors :

$$\begin{cases} \phi(0) = A \\ \phi(L) = 0 \end{cases}$$

A.2.3.3. ϕ vérifie une équation différentielle du second ordre à coefficients constants et complexes. Le polynôme caractéristique associé à cette équation est $X^2 = j\Omega\dfrac{C_1}{\lambda}$. Les racines de ce polynôme sont :

$X_\pm = \pm(1+j)\sqrt{\dfrac{\Omega C_1}{2\lambda}} = \pm(1+j)\mu$. La solution de l'équation différentielle s'écrit alors :

$$\phi(x) = \alpha \exp(X_- x) + \beta \exp(X_+ x) \ ,$$

d'où

$$\phi(x) = \alpha \mathrm{e}^{-\mu x} \mathrm{e}^{-j\mu x} + \beta^{\mu x} \mathrm{e}^{j\mu x} \ . \tag{13}$$

avec $\mu = \sqrt{\dfrac{\Omega C_1}{2\lambda}}$. Nous remarquons alors que μ est homogène à l'inverse d'une longueur. Cette longueur caractéristique qui apparaît est appelée la longueur de pénétration, elle correspond à la distance à partir de laquelle les oscillations de température sont atténuées de près de 70%.

Remarque : On retrouve la même notion en électromagnétisme lorsque l'on étudie la propagation d'une onde électromagnétique dans un conducteur. Ce phénomène s'appelle l'effet de peau.

A.2.3.4. A.N. : $\dfrac{1}{\mu} = \sqrt{\dfrac{2 \times 1,3}{7,3 \times 10^{-5} \times 1,8 \times 10^6}} = 0,14$ m.

A.2.3.5.

A.2.3.5.i. Nous supposons donc que $\beta = 0$. Ainsi $\phi(x)$ devient :

$$\phi(x) = \alpha \mathrm{e}^{-\mu x} \mathrm{e}^{-j\mu x} \ .$$

En utilisant la condition limite en $x = 0$ donnée à la question A.2.3.2, nous obtenons que $\alpha = A$, et ainsi :

$$\Theta(x,t) = A\mathrm{e}^{-\mu x} \left(\cos(\mu x)\cos(\Omega t) + \sin(\mu x)\sin(\Omega t)\right) \ .$$

A.2.3.5.ii. Le maximum de la température extérieure est atteint en $t = 0$, ainsi $A > 0$. Nous allons donc tracer sur la figure 3 les deux fonctions :

$$\begin{cases} \Theta(x,0) = A\mathrm{e}^{-\mu x}\cos(\mu x) \\ \Theta(x,\pi/\Omega) = -A\mathrm{e}^{-\mu x}\cos(\mu x) \end{cases}$$

A.2.3.5.iii. Calculons le flux de chaleur induit par la partie oscillante en $t = \pi/\Omega$.

$$\begin{aligned} J(x = L, t = \pi/\Omega) &= -\lambda \frac{\partial T}{\partial x}(x = L, t = \pi/\Omega) \\ &= -\lambda \frac{\partial \Theta}{\partial x}(x = L, t = \pi/\Omega) \\ &= -\lambda A \mu \mathrm{e}^{-\mu L}\left(\cos(\mu L) + \sin(\mu L)\right) \ . \end{aligned} \tag{14}$$

Et ainsi, en prenant $L = L_m = \pi/\mu$ nous obtenons $J_m = \lambda A \mu \mathrm{e}^{-\pi}$.

A.2.3.5.iv. A.N. : $L_m = \dfrac{\pi}{\mu} = 0,14 \times \pi = 0,44$ m.

$J_m = \lambda A \mu \mathrm{e}^{-\pi} = 1,3 \times 30 \times 7,1 \times \mathrm{e}^{-\pi} = 12,0\ \mathrm{W.m^{-2}}$.

Nous remarquons ainsi que le flux est positif ce qui signifie que c'est la pièce qui reçoit ce flux de chaleur. De plus J_m s'oppose quasiment à J_{ths} ce qui permet de garder une température constante dans la pièce même au cours de la nuit.

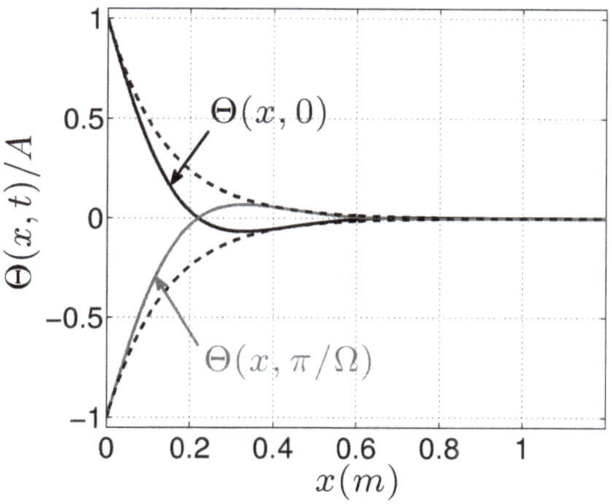

Figure 3 :

B. Le puits canadien

B.1. La définition de la vitesse donne la relation $\mathrm{d}x = v\mathrm{d}t$.

B.2. L'écoulement de la phase condensée est isobare, d'où $\mathrm{d}H = mc_p\mathrm{d}T$ et ainsi :

$$\frac{\mathrm{d}\,H}{\mathrm{d}\,t}\mathrm{d}t = c_p \mathrm{d}V\rho\frac{\mathrm{d}\,T}{\mathrm{d}\,x}\mathrm{d}x\,.$$

Or $\mathrm{d}V = \pi R^2 \mathrm{d}x$, et en utilisant la relation de la question précédente, nous obtenons :

$$\frac{\mathrm{d}\,H}{\mathrm{d}\,t} = c_p\rho\pi R^2 v\frac{\mathrm{d}\,T}{\mathrm{d}\,x}\mathrm{d}x\,.$$

En remplaçant $\mathrm{d}x$ par $v\mathrm{d}t$, nous obtenons :

$$\frac{\mathrm{d}^2\,H}{\mathrm{d}t^2} = c_p\rho\pi R^2 v^2\frac{\mathrm{d}\,T}{\mathrm{d}\,x}\,. \tag{15}$$

B.3. Pour un système fermé et en évolution isobare il existe une fonction d'état H telle que

$$\Delta E_P + \Delta E_c + \Delta H = Q\,, \tag{16}$$

avec $H = U + PV$ et où H est la fonction enthalpie.

Ainsi la somme des variations d'énergie potentielles, cinétique et de l'enthalpie est égale au transfert d'énergie thermique.

Dans le cas du système considéré, il n'y a pas de variation d'énergie potentielle, ni de variation d'énergie cinétique car l'écoulement s'effectue à vitesse constante. Nous obtenons finalement que $\Delta H = Q$.

B.4.

B.4.1. Par définition j s'exprime en kg.s^{-3} et h en kg.K^{-1}.s^{-3}.

B.4.2. L'énergie thermique reçue par la fluide s'écrit $Q = -j(x)S\mathrm{d}t$ d'où

$$Q = -h(T(x) - T_s)2\pi R\mathrm{d}x\mathrm{d}t\,.$$

B.4.3. D'après le premier principe $\mathrm{d}H = Q$ ainsi en dérivant cette relation par rapport au temps et en utilisant l'équation (15), nous obtenons l'équation :

$$-h(T(x) - T_s)2\pi Rv = c_p\rho\pi R^2v^2\frac{\mathrm{d}\,T}{\mathrm{d}\,x}\,,$$

d'où l'égalité demandée.

B.5. Pour intégrer cette équation, nous utilisons la méthode de séparation des variables :

$$\begin{aligned}
\frac{\mathrm{d}T}{T - T_s} &= -\frac{2h}{\rho c_p Rv}\mathrm{d}x\,,\\
\int_{T=T_0}^{T=T(L)} \frac{\mathrm{d}T}{T - T_s} &= -\frac{2h}{\rho c_p Rv}\int_{x=0}^{x=L}\mathrm{d}x\,,\\
\ln\left(\frac{T(L) - T_s}{T_0 - T_s}\right) &= -\frac{2h}{\rho c_p Rv}L\,.
\end{aligned}$$

Et finalement nous obtenons :

$$T(L) = T_s + (T_0 - T_s)\mathrm{e}^{-\lambda L}\,, \tag{17}$$

avec $\lambda = \dfrac{2h}{\rho c_p Rv}$.

Nous remarquons ainsi que plus L est grand devant $1/\lambda$ et plus le terme exponentielle devient négligeable. La température tend alors vers la température du sous-sol. De même si la vitesse tend vers 0, alors λ/L tend vers l'infini et le terme en exponentiel tend vers zéro.

B.6.

B.6.1. Nous voulons que le débit d'air soit de 400 $\mathrm{m^3.h^{-1}}$. Or $q = Sv$, ainsi $v = \dfrac{q}{s} = \dfrac{400}{\pi \times 0{,}1^2 \times 3600} = 3{,}5\ \mathrm{m.s^{-1}}$.

B.6.2. D'après la question précédente , $h = \dfrac{\rho c_p Rv}{2L}\ln\left(\dfrac{T_0 - T_s}{T(L) - T_s}\right) = \dfrac{1{,}25 \times 1004 \times 0{,}1 \times 3{,}5}{2 \times 50}\ln\left(\dfrac{30 - 17}{20 - 17}\right) = 6{,}4\ \mathrm{W.m^{-2}.K^{-1}}$.

C. Chauffage d'une maison par une pompe à chaleur

C.1. Étude du circuit-capteur

C.1.1. L'eau est glycolée afin d'éviter qu'elle ne gèle dans les canalisations car la température du sol est de -5°C.

C.1.2.

C.1.2.1. On donne $\mathcal{P}_{\text{thermique}} = (T_{\text{int}} - T_{\text{ext}})/R_{\text{th}}$. Ainsi $R_{\text{th}} = \dfrac{T_{\text{int}} - T_{\text{ext}}}{\mathcal{P}_{\text{thermique}}} = \dfrac{19 + 5}{10 \times 10^3} = 2{,}4 \times 10^{-3}\ \mathrm{K.W^{-1}}$.

C.1.2.2. Avec les valeurs données à la question A.2.2.2, nous obtenons une résistance thermique de 21.10^{-3} K.W^{-1}, ce qui correspond donc au même ordre de grandeur.

C.1.3.

C.1.3.1. On a $\mathcal{P}_{\text{thermique}}/\mathcal{P}_{\text{électrique}} = 4,0$. Ainsi $\mathcal{P}_{\text{électrique}} = 2,5$ kW.

C.1.3.2. Le bilan de puissance sur le système donne l'équation :

$$\mathcal{P}_{\text{thermique terre}} + \mathcal{P}_{\text{électrique}} = \mathcal{P}_{\text{thermique}},$$

d'où $\mathcal{P}_{\text{thermique terre}} = 7,5$ kW.

C.1.3.3. D'après l'énoncé $\mathcal{P}_l = 7,5$ W.m^{-1}, ainsi il faut un tuyau de 1 kilomètre de long pour extraire cette puissance.

C.1.4. A.N. : $V = SL = \pi R^2 L = \pi(10^{-2})^2 10^3 = 3,14\text{ m}^3 = 3140$ L.

C.1.5.

C.1.5.1. D'après les questions précédentes, nous devons utiliser un tuyau d'un kilomètre de long, ce qui correspond donc à 20 portions de 50 m. Chaque portion est séparé de 50 cm de la prochaine, les centres des tuyaux de chaque portion sont donc séparés de 52 cm. Sans oublier les deux portions des tubes extrêmes nous obtenons
$S = 50 \times ((20-1) \times 0,52 + 0,02) = 495\text{ m}^2$.

C.1.5.2. Au cours de la question précédente nous avons vu qu'il y avait 20 portions de 50 m, ce qui signifie qu'il y a 19 boucles dans ce montage.

C.1.6. La présence de gros arbres sur de tels terrains serait un danger pour l'installation en raison des racines qui pourraient endommager la structure du tuyau. Par ailleurs si les racines passent à coté de la canalisation les échanges thermiques avec le sous-sol seraient alors faussés car le bois n'a pas du tout la même capacité thermique que le sous-sol.

Ensuite les revêtements étanches empêchent la circulation des flux thermique avec l'atmosphère et le renouvellement des eaux du sous-sol, ce qui à terme diminuera le rendement du capteur.

C.2. Analyse fonctionnelle des différents composants de la pompe à chaleur

C.2.1. **Évaporateur** : La pression au sein de l'évaporateur est de $3,5.10^5$ Pa et la température est au maximum de -5°C. Ainsi le fluide change d'état dans cet élément et passe de l'état liquide à l'état gazeux. Au cours de cette étape le fluide récupère de l'énergie thermique à partir du capteur.

Compresseur : On effectue une augmentation de pression du fluide. L'opération s'effectue de manière adiabatique. Nous observons ainsi une augmentation de la température. Cette compression ne s'accompagne pas de changement d'état. La température minimale du fluide à la sortie du compresseur est donc de 40°C.

Condenseur : Échange thermique entre le fluide et le circuit plancher. L'évolution se fait de manière isobare et s'accompagne d'une diminution de la température du fluide. Nous observons ainsi un changement d'état au cours de cette opération. Le fluide passe de l'état gazeux à l'état liquide.

Détendeur : On effectue une diminution de la pression. L'évolution s'effectuant de manière adiabatique, la température diminue également fortement de manière à obtenir à la sortie du détendeur une température inférieure à -5°C. A la sortie de cet élément, il y a un équilibre liquide-vapeur.

C.2.**C**.2.2.1.

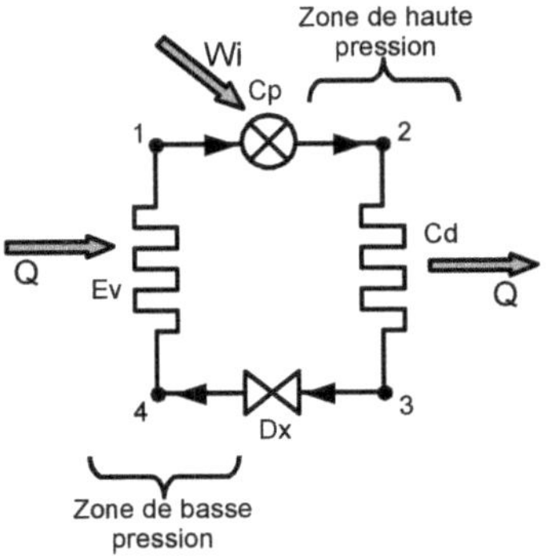

C.2.2.2. Le compresseur permet d'obtenir un fluide à une température supérieure à la température de l'eau du circuit plancher et permet ainsi d'avoir un flux de chaleur dirigé vers le circuit plancher. De même le détendeur permet d'avoir une température inférieure à la température du circuit capteur, garantissant ainsi un flux de chaleur vers le fluide.

C.2.3. Voir figure 4

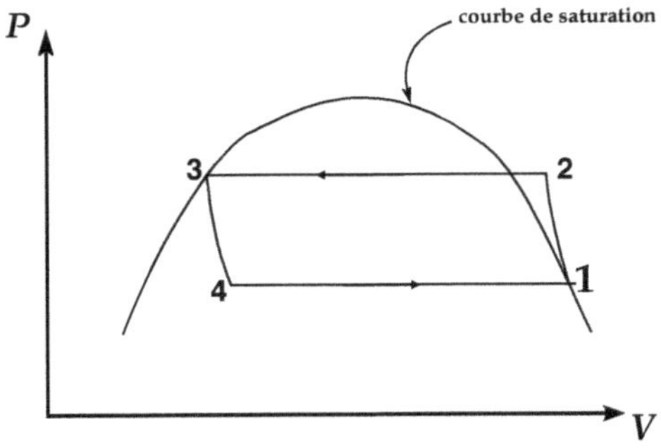

Figure 4 :

C.2.4. Au point 1 du cycle, le fluide est à l'état gazeux.

C.2.5. Au point 3 du cycle, le fluide est à l'état liquide.

C.3. Détermination du coefficient de performance de la pompe à chaleur seule

C.3.1. Bilan énergétique pour le fluide de la pompe

Nous étudions un cycle fermé, ainsi $\Delta U = 0$ car U est une fonction d'état. Or d'après le premier principe $\Delta U = W_i + Q_F + Q_C$, d'où $0 = W_i + Q_F + Q_C$.

C.3.2. COP théorique

C.3.2.1. Par définition $\text{COP}_{\text{th}} = \left|\dfrac{Q_C}{W_i}\right|$, et d'après la question précédente $W_i = -Q_F - Q_C$. De plus le système est réversible, ainsi d'après le second principe $\Delta S = S_{\text{ech}} + S_{\text{crée}} = 0$. Par ailleurs $S_{\text{crée}} = 0$ et $S_{\text{ech}} = \dfrac{Q_F}{T_F} + \dfrac{Q_C}{T_C}$ d'où $\dfrac{Q_F}{T_F} = -\dfrac{Q_C}{T_C}$. Finalement en reportant ces deux équations dans l'expression de COP_{th} nous obtenons que $\text{COP}_{\text{th}} = \dfrac{T_C}{T_C - T_F}$.

C.3.2.2. Le $\text{COP}_{\text{pompe}}$ de la pompe à chaleur réelle sera toujours inférieure à ce COP_{th} que nous venons de calculer car l'évolution du fluide n'est, en réalité, pas réversible. On remarque que plus T_C est proche de T_F et plus cette grandeur est grande, c'est-à-dire que le rendement est grand si la pièce a une température voisine de celle du sous-sol (autant dire qu'il ne fera pas très chaud ! !).

C.3.3. L'évolution dans le détendeur s'effectue de manière adiabatique, ainsi $q = 0$. De plus il est spécifié dans l'énoncé que le détendeur ne possède pas de pièces mécaniques mobiles, ainsi $w_i = 0$. En appliquant alors le premier principe sur le détendeur, nous obtenons immédiatement que $h_3 = h_4$.

C.3.4.

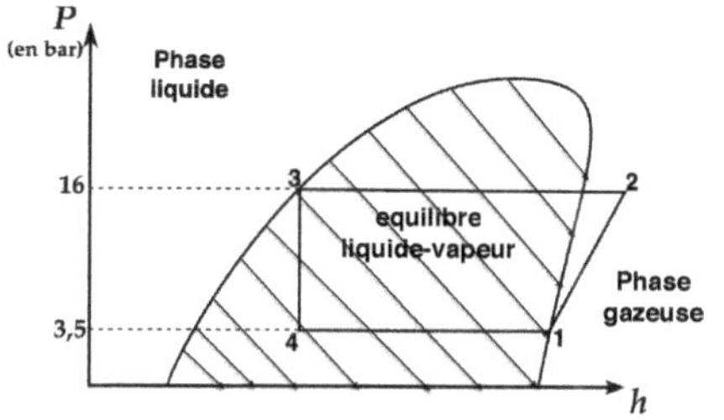

C.3.5.

C.3.5.1. Par définition w_i est le travail massique fourni par les pièces mécaniques au fluide. Ainsi $\mathcal{P}_i = \rho V w_i / \Delta t$, et comme $D_m = \rho V / \Delta t$, nous obtenons que $\mathcal{P}_i = D_m w_i$.

Par ailleurs en appliquant le premier principe au compresseur et en prenant en compte l'évolution adiabatique, nous obtenons :

$$h_2 - h_1 = w_i = \frac{\mathcal{P}_i}{D_m} .$$

C.3.5.2. De le même manière, nous montrons que $\mathcal{P}_{\text{thermique}} = -q/D_m$. Le signe moins vient du fait que q est le flux de chaleur **reçu** par le fluide et non le flux **cédé** au circuit-plancher. Nous en déduisons alors que :

$$h_3 - h_2 = -\frac{\mathcal{P}_{\text{thermique}}}{D_m} .$$

C.3.5.3. Nous avons donc $\text{COP}_{\text{pompe}} = \left|\dfrac{\mathcal{P}_{\text{thermique}}}{\mathcal{P}_i}\right|$. Ainsi en utilisant les équations obtenues au cours des questions précédentes, nous obtenons :

$$\mathrm{COP}_{\text{pompe}} = \left| \frac{h_3 - h_2}{h_2 - h_1} \right| . \tag{18}$$

C.3.6. Nous lisons sur le diagramme $h_1 = 410$ kJ.kg^{-1} et $h_3 = 260$ kJ.kg^{-1}.

C.3.7. Pour positionner le point 2 sur le diagramme il suffit à partir du point 1 de suivre une isentrope car l'évolution est adiabatique et réversible. Le point 2 se trouve alors à l'intersection de cette isentrope et de la droite $p = 16$ bar. Nous obtenons alors que $h_2 = 450$ kJ.kg^{-1}.

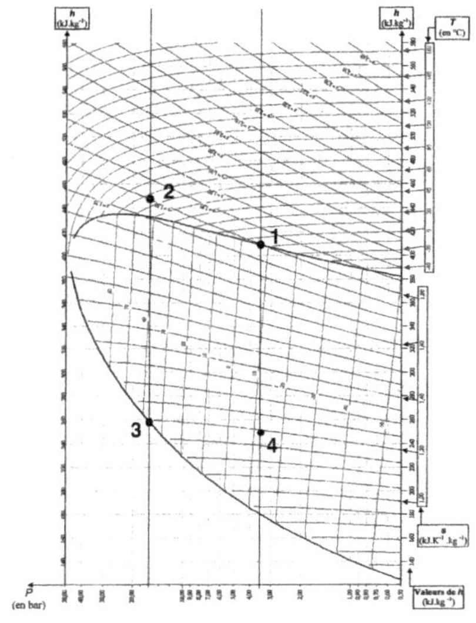

Figure 5 : Diagramme enthalpique du fluide R 407C.

C.3.8. Nous en déduisons alors que $\mathrm{COP}_{\text{pompe}} = \left| \dfrac{450 - 260}{410 - 450} \right| = 4,75.$

C.3.9.

C.3.9.1. D'après le schéma, l'évolution du fluide dans le détendeur s'accompagne d'une augmentation de l'entropie massique.

C.3.9.2. Nous avons l'identité thermodynamique suivante $\mathrm{d}H = T\mathrm{d}S + V\mathrm{d}P$. Or l'évolution est isenthalpique, ainsi $\mathrm{d}H = 0$, d'où

$$\mathrm{d}S = -\frac{V}{T}\mathrm{d}P .$$

Il s'agit d'une détente donc $\mathrm{d}P < 0$, ce qui implique $\mathrm{d}S > 0$.

C.3.9.3. L'augmentation de l'entropie massique du système montre que l'entropie massique du gaz est supérieure à l'entropie massique de la phase liquide, ce qui traduit l'augmentation du désordre lors du passage de l'état liquide à l'état gazeux.

C.3.10.

C.3.10.1. Nous remarquons que les isothermes sont des droites dont la pente est non nulle dans le domaine diphasique liquide-vapeur.

C.3.10.2. De cette observation nous pouvons affirmer que le fluide R 407C est un mélange de différentes espèces chimiques car le changement d'état d'un corps pur s'effectue à pression et température constantes. Or ici nous pouvons observer que pour une pression donnée, la phase biphasé pourra prendre différentes températures selon la proportion de phase liquide.

Remarque : Le gaz R 407C est un mélange de trois gaz dont les températures de condensation sont différentes. Nous observons alors un glissement de température de l'ordre de 5°C au moment du changement d'état.

C.3.11. Le moteur qui entraine le compresseur ne peut avoir un rendement de 100% en raison des pertes mécaniques et électriques. Ainsi la puissance mécanique qui est apportée au compresseur n'est pas exactement égale à la puissance électrique fournie au moteur, ce qui explique l'écart entre le coefficient de performance de la pompe seule et celui de l'ensemble moteur-pompe.

D. Principe du moteur asynchrone

D.1. Détermination de l'intensité du courant rotorique

D.1.1. Par définition $\Phi = \iint \overrightarrow{B} \cdot \mathrm{d}\overrightarrow{S}_{\text{traversée}}$. Or $\overrightarrow{B}$ est uniforme sur la spire d'où $\Phi = \overrightarrow{B} \cdot \overrightarrow{S}_{\text{traversée}}$.

Par ailleurs

$$\overrightarrow{B} = B\left(\cos\theta\,\overrightarrow{e_x} + \sin\theta\,\overrightarrow{e_y}\right) ,$$

$$\overrightarrow{S}_{\text{traversée}} = NS\overrightarrow{n} = NS\left(\cos\phi\,\overrightarrow{e_x} + \sin\phi\,\overrightarrow{e_y}\right) ,$$

avec $\theta = \omega t$ et $\phi = \omega_s t$. En reportant ces égalités dans le produit scalaire et en utilisant le fait que $\cos a \cos b + \sin a \sin b = \cos(a - b)$ nous obtenons :

$$\Phi = BNS\cos((\omega_s - \omega)t) . \tag{19}$$

D.1.2. La loi de Lenz-Faraday s'écrit :

$$e(t) = -\frac{\mathrm{d}\,\Phi}{\mathrm{d}\,t} .$$

Ainsi en utilisant le résultat de la question précédente et les notations de l'énoncé, nous obtenons directement :

$$e(t) = \omega_r \Phi_M \sin(\omega_r t) . \tag{20}$$

D.1.3.

D.1.3.1. Nous modélisons le circuit par un circuit RL série.

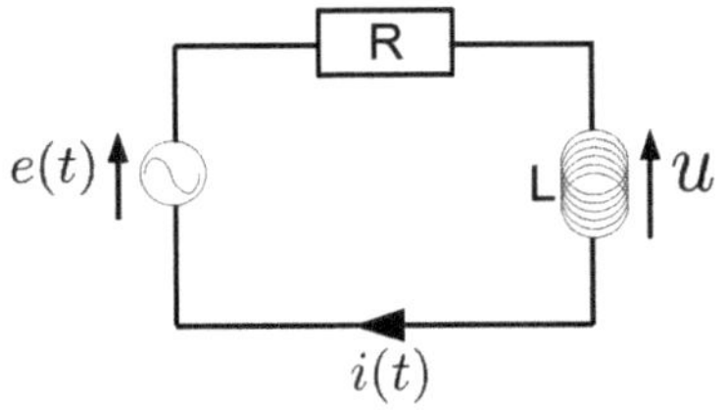

L'application de la loi des mailles permet d'obtenir l'équation :

$$u + Ri = e(t)\ .$$

Or la tension aux bornes de la bobine est reliée à la dérivée du courant électrique qui la traverse par la loi $u = L\dfrac{\mathrm{d}\,i}{\mathrm{d}\,t}$. Nous obtenons alors l'équation différentielle sur i :

$$\frac{\mathrm{d}\,i}{\mathrm{d}\,t}(t) + \frac{R}{L}i(t) = \frac{1}{L}e(t)\ . \tag{21}$$

D.1.3.2. $\underline{i}(t)$ vérifie la même équation différentielle que $i(t)$ en remplaçant $e(t)$ par $\underline{e}(t)$. Après simplification des exponentielles complexes, nous obtenons l'équation :

$$RI\left(1 + j\frac{L\omega_r}{R}\right) = \Phi_M\omega_r e^{j\psi}\ .$$

Pour déterminer I il suffit de calculer les modules des termes de droite et de gauche :

$$R^2I^2\left(1 + \left(\frac{L\omega_r}{R}\right)^2\right) = \Phi_M^2\omega^2\ ,$$

d'où

$$I = \frac{\Phi_M\omega_r/R}{\sqrt{1 + L^2\omega_r^2/R^2}}\ . \tag{22}$$

Par ailleurs pour déterminer ψ il suffit de prendre la partie réelle et la partie imaginaire et de faire le rapport de ces deux grandeurs afin d'obtenir la tangente de ψ. Nous obtenons alors :

$$\tan\psi = \frac{L\omega_r}{R}\ . \tag{23}$$

D.2. Couple électromagnétique

D.2.1. Le moment magnétique d'une spire s'écrit $\overrightarrow{\mathcal{M}_{\text{spire}}} = i(t)S\overrightarrow{n}$. Ainsi en présence de N spires nous obtenons $\overrightarrow{\mathcal{M}} = Ni(t)S\overrightarrow{n}$.

D.2.2. Rappelons l'expression de la force de Laplace qui s'exerce sur une portion du circuit électrique :

$$\mathrm{d}\,\overrightarrow{F}_{\text{Laplace}} = i\overrightarrow{\mathrm{d}l} \wedge \overrightarrow{B} = i(t)r\mathrm{d}\theta\,\overrightarrow{e_\theta} \wedge B\overrightarrow{e_z}$$

avec les vecteurs définis sur la figure 6.

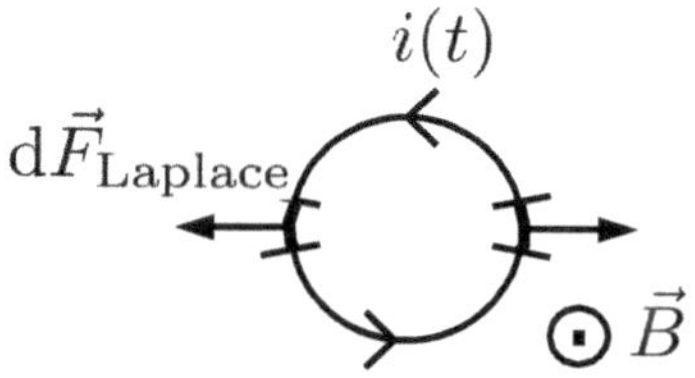

Figure 6 :

Nous remarquons alors que $\mathrm{d}\overrightarrow{F}_{\text{Laplace}}$ est selon le vecteur $\overrightarrow{e_r}$. Par conséquent si l'on intègre sur l'ensemble du circuit toutes les contributions vont se compenser deux à deux par symétrie, $\|\mathrm{d}\overrightarrow{F}\|$ étant indépendant de θ, et la résultante sera nulle.

D.2.3. On donne $\overrightarrow{\Gamma} = \overrightarrow{\mathcal{M}} \wedge \overrightarrow{B}$. Or

$$\begin{aligned}\mathcal{M} &= Ni(t)S\left(\cos\phi\overrightarrow{e_x} + \sin\phi\overrightarrow{e_y}\right) ,\\ \overrightarrow{B} &= B\left(\cos\theta\overrightarrow{e_x} + \sin\theta\overrightarrow{e_y}\right) .\end{aligned}$$

Nous obtenons alors en utilisant le fait que $\cos a \sin b - \cos b \sin a = \sin(b - a)$, l'égalité :

$$\Gamma(t) = Ni(t)SB\sin(\omega_r t) . \tag{24}$$

D.2.4. Nous avons vu que $i(t) = I\sin(\omega_r t - \psi)$, ainsi $\Gamma(t)$ peut se réécrire comme la somme de deux cosinus :

$$\Gamma(t) = \frac{NSIB}{2}\left(\cos(\psi) - \cos(2\omega_r t - \psi)\right) .$$

La valeur moyenne du second terme est nulle et le premier terme est constant. Nous obtenons :

$$< \Gamma(t) >= \frac{NSIB}{2}\cos(\psi) .$$

Enfin en utilisant l'expression $\cos\psi = \dfrac{RI}{\Phi_M\omega_r}$ et l'expression de I obtenue à la question D.1.3.2, nous aboutissons à la relation :

$$\Gamma_{em} = \frac{\phi_M^2}{2L}\frac{RL\omega_r}{R^2 + (L\omega_r)^2} . \tag{25}$$

D.2.5.

D.2.5.1. Lorsque le moteur est à l'arrêt $\omega = 0$, d'où $\omega_r = \omega_s$ et ainsi $g = 1$.

D.2.5.2. Si $\omega = \omega_s$, alors $\omega_r = 0$ et ainsi $g = 0$.

D.2.5.3. Par définition $\omega_r > 0$, c'est-à-dire que ω est compris entre 0 et ω_s. Nous en déduisons alors que g est également borné et compris entre 0 et 1.

D.2.6. Nous avons vu que :

$$\Gamma_{em} = \frac{\phi_M^2}{2L}\frac{RL\omega_r}{R^2 + (L\omega_r)^2} .$$

En posant $\Gamma_0 = \dfrac{\Phi_M^2}{2L}$ et en introduisant le facteur de glissement g, l'expression précédente devient :

$$\Gamma_{em} = \Gamma_0 \frac{RLg\omega_s}{R^2 + (Lg\omega_s)^2} . \qquad (26)$$

D.2.7. Au démarrage du moteur, nous avons vu que le glissement est maximal et est égal à 1. Ainsi :

$$\Gamma_d = \Gamma_0 \frac{RL\omega_s}{R^2 + (L\omega_s)^2} .$$

D.2.8. Pour déterminer le maximum de cette fonction de g, il faut calculer sa dérivée et déterminer ses points d'annulation. Nous avons donc :

$$\frac{\mathrm{d}\,\Gamma_{em}}{\mathrm{d}\,g} = \Gamma_0 \frac{RL\omega_s \left(R^2 + (Lg\omega_s)^2\right) - RLg\omega_s 2g\,(L\omega_s)^2}{\left(R^2 + (Lg\omega_s)^2\right)^2} .$$

Cette dérivée s'annule lorsque le numérateur s'annule ce qui permet d'aboutir à l'équation :

$$g^2 = \frac{R^2}{(L\omega_s)^2} .$$

Nous obtenons que $g_{\max} = R/L\omega_s$. En réinjectant cette expression dans Γ_{em}, nous aboutissons à :

$$\Gamma_{\max} = \frac{\Gamma_0}{2} .$$

Remarque : La condition $R < L\omega_s$ garantit le fait que $g_{\max}$ reste inférieur à 1.

D.2.9.

D.2.9.1. A.N. : $\Gamma_d = \Gamma_0 \dfrac{RL\omega_s}{R^2 + (L\omega_s)^2} = 30 \times \dfrac{4 \times 40}{4^2 + 40^2} = 3,0\,\mathrm{N.m}$,

$$g_{\max} = \frac{R}{L\omega_s} = \frac{4}{40} = 0,1 ,$$

$$\Gamma_{\max} = \frac{\Gamma_0}{2} = \frac{30}{2} = 15\,\mathrm{N.m} .$$

D.2.9.2. Par définition $g = (\omega_s - \omega)/\omega_s$, ainsi $\omega = \omega_s(1 - g_{\max}) = 2\pi \times 50(1 - 0,1) = 283\,\mathrm{rad.s^{-1}} = 2700\,\mathrm{tr.min^{-1}}$.

D.2.9.3. Nous avons :

$$\begin{aligned} I_{\mathrm{Reff}} &= \frac{\Phi_M}{\sqrt{2}} \frac{g\omega_s}{\sqrt{R^2 + g^2(L\omega_s)^2}} \\ &= \sqrt{\Gamma_0} \frac{g\sqrt{L\omega_s}}{\sqrt{R^2 + g^2(L\omega_s)^2}} \\ &= \sqrt{30} \frac{0,1\sqrt{2\pi \times 50 \times 40}}{\sqrt{4^2 + 0,1^2 40^2}} \\ &= 1,5\,\mathrm{A} . \end{aligned}$$

D.2.10.

D.2.10.1. et

D.2.10.2.

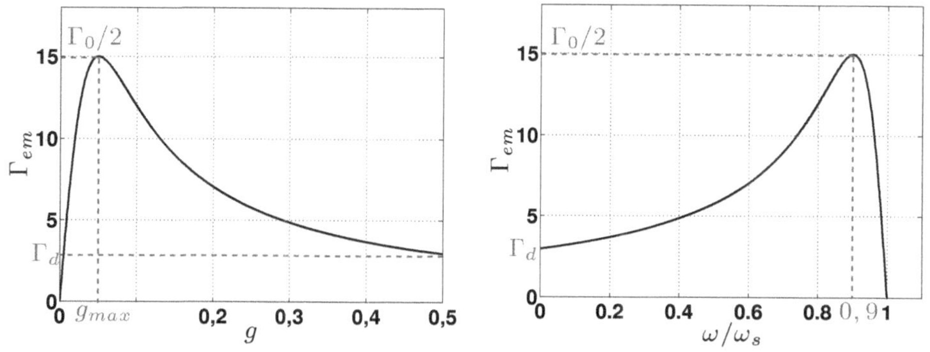

Figure 7 :

D.3. Points de fonctionnement du moteur

D.3.1. Si au démarrage, le couple résistif est supérieur à Γ_d alors le moteur ne peut pas démarrer.

D.3.2. Nous notons $R' = 2R$, ainsi :

$$\begin{aligned}
\Gamma'_d &= \Gamma_0 \frac{R' L\omega_s}{R'^2 + (L\omega_s)^2} \\
&= 2\Gamma_d \frac{R^2 + (L\omega_s)^2}{R'^2 + (L\omega_s)^2} \\
&= \Gamma_d 2 \times \frac{4^2 + 40^2}{8^2 + 40^2} \\
&= 1,9 \times \Gamma_d \, .
\end{aligned}$$

Ainsi en augmentant la résistance, le couple moteur est augmenté et il sera possible, dans certaines conditions, de faire démarrer le moteur.

D.3.3. Voir question suivante.

D.3.4. Lorsque Γ_r est compris entre Γ_{max} et Γ_d, nous observons deux points d'intersection, c'est-à-dire qu'il existe deux vitesses de rotation pour lesquelles le couple résistif est égal au couple du moteur. Dans ce cas la dérivée de ω est nulle et nous avons bien un point de fonctionnement (voir figure 8).

Étudions dans un premier temps la stabilité du cas $\omega < 0,9\omega_s$: Dans ce cas lorsque nous augmentons légèrement la vitesse de rotation, nous avons l'inégalité $\Gamma_{em} - \Gamma_r > 0$. Cette inégalité implique que la dérivée temporelle de la vitesse de rotation devient positive, ainsi ω va augmenter et nous nous écartons ainsi du point de fonctionnement. De la même manière si nous diminuons légèrement ω, alors $\Gamma_{em} - \Gamma_r < 0$, et ainsi la vitesse de rotation va

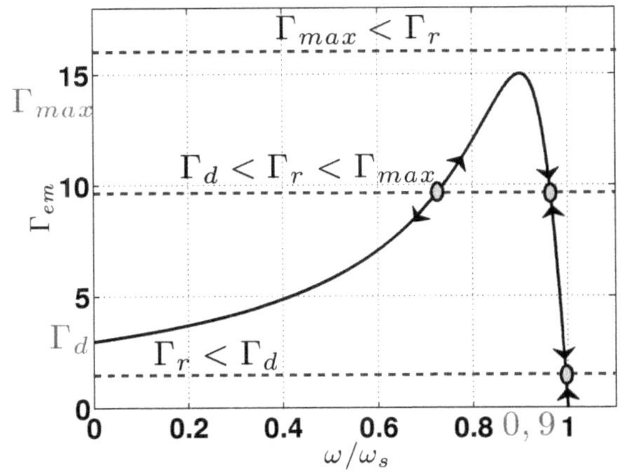

Figure 8 :

continuer à diminuer. Finalement ce point de fonctionnement est instable car, à la moindre perturbation de la vitesse de rotation, le système s'écarte du point de fonctionnement.

Étudions désormais la stabilité du cas $\omega > 0,9\omega_s$: Cette fois ci, si nous augmentons la vitesse de rotation alors $\Gamma_{em} - \Gamma_r < 0$ et ainsi le système va diminuer sa vitesse de rotation pour retourner sur le point de fonctionnement. Par ailleurs si nous diminuons ω, alors $\Gamma_{em} - \Gamma_r > 0$, ce qui signifie une augmentation de la vitesse de rotation. Finalement, pour n'importe quelle perturbation le système va tendre vers un retour à ce point de fonctionnement. Nous avons donc ici un point stable.

D.3.5. Dans le cas où Γ_r est inférieur à Γ_d, le point de fonctionnement est similaire au second cas que nous avons étudié dans la question précédente. Ainsi le point de fonctionnement est stable pour n'importe quel couple résistif inférieur à Γ_d.

Remarque : Nous constatons également que l'augmentation de R évoquée à la question D.3.2 entraine une augmentation de $g_{\max}$. Ainsi la vitesse de rotation du point de fonctionnement stable est diminuée. L'augmentation de la résistance de l'induit au démarrage possède donc deux intérêts : il permet dans un premier temps d'avoir un couple moteur supérieur au couple résistif ce qui rend le démarrage possible. Ensuite l'augmentation de R provoque une diminution de la vitesse de rotation du point de fonctionnement stable, rendant ainsi le démarrage du moteur progressif ce qui évite d'abimer le moteur.

D.4. Puissance et rendement

D.4.1. Par définition $P_j =< Ri(t)^2 >$ d'où :

$$\begin{aligned} P_j &= R\Phi_M^2 \frac{\omega_r^2}{R^2+(L\omega_r)^2} < \sin^2(\omega_r t + \Psi) > \\ &= \Gamma_0 \frac{RL\omega_r^2}{R^2+(L\omega_r)^2} . \end{aligned}$$

D.4.2. D'après l'énoncé $P_{\text{méca}} = \Gamma_0 RL\omega_r\omega / \left(R^2 + (l\omega_r)^2\right)$. Il vient donc immédiatement que :

$$\omega \times P_j = \omega_r \times P_{\text{méca}} .$$

D.4.3.

D.4.3.1. Dans ce référentiel le champ statorique est uniforme et constant.

D.4.3.2. Le rotor est soumis aux forces de laplace et dissipe de l'énergie par effet Joule. Ainsi le bilan de puissance s'écrit $P_j + P_{\text{laplace}} = 0$ et nous obtenons l'équation :

$$\Gamma(t)(\omega - \omega_s) = -e(t)i(t) .$$

D.4.3.3. D'après la question D.1.3.1, $e(t)$ et $i(t)$ sont reliés par une équation différentielle. En injectant cette relation dans l'équation obtenue dans la question précédente, nous obtenons :

$$\Gamma(t)(\omega - \omega_s) = -L\frac{\mathrm{d}i}{\mathrm{d}t}i(t) - Ri(t)^2 .$$

Si nous prenons la valeur moyenne de cette équation, nous remarquons que le premier terme du membre de droite va s'annuler. En effet, comme $i(t) \propto \sin t$ alors $\frac{\mathrm{d}i}{\mathrm{d}t} \propto \cos t$ et la valeur moyenne d'un produit d'un cosinus et d'un sinus est nulle. Finalement, nous obtenons :

$$\begin{aligned} \Gamma_{em}(\omega - \omega_s) &= - < Ri(t)^2 > \\ \Gamma_{em}\omega_r &= P_j . \end{aligned} \quad (27)$$

D.4.3.4. En utilisant la définition de $P_{\text{méca}}$ et l'équation (27), nous obtenons directement la relation demandée.

D.4.4. Le rendement du moteur est défini de la manière suivante :

$$\eta = \frac{P_{\text{utile}}}{P_{\text{fournie}}} .$$

Nous pouvons donc écrire :

$$\begin{aligned} \eta &= \frac{P_{\text{méca}}}{P_{em}} = \frac{P_{\text{méca}}}{P_{\text{méca}} + P_j} \\ &= \frac{\omega/\omega_r}{\omega/\omega_r + 1} \\ &= \frac{\omega}{\omega_s} . \end{aligned} \quad (28)$$

D.4.5.

D.4.5.1. Nous avons vu que les points de fonctionnement stables sont obtenus sur la partie décroissante de la fonction $\Gamma(\omega)$, ce qui correspond à la partie croissante de la fonction $\Gamma(g)$. Cela signifie que ces points de fonctionnement stable sont obtenus pour $g \in [0, g_{\max}]$. Or $\eta = 1 - g$, ainsi :

$$1 - \frac{R}{L\omega_s} < \eta < 1 .$$

D.4.5.2. A.N. : $\eta_{\min} = 1 - \frac{R}{L\omega_s} = 1 - 0,1 = 0,9$.

D.4.6. Nous avons vu que $\eta = \frac{\omega}{\omega_s} = 1 - g$. Ainsi si $g = 0,05$, alors $\eta = 0,95$.

D.4.7. Dans le cas d'une bobine seule, cette relation est expliquée par la relation liant la tension et l'intensité : $u = L\frac{\mathrm{d}i}{\mathrm{d}t}$.

D.4.8.

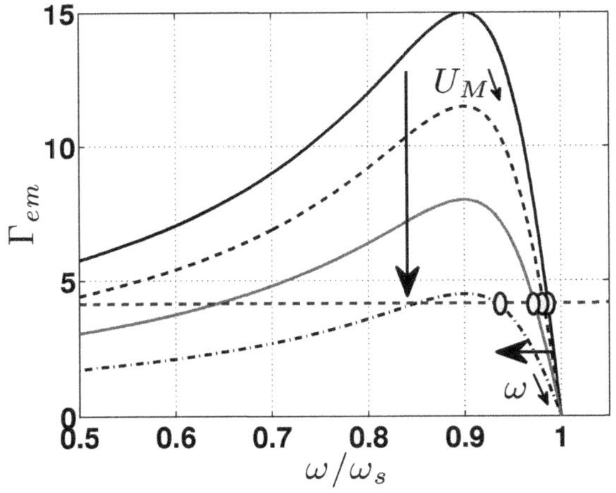

Figure 9 :

D.4.8.1. Si U_M diminue avec ω_s constant, alors I_M diminue entrainant une diminution du champ magnétique imposé par le stator, et donc du flux magnétique traversant le rotor Φ_M. Par ailleurs nous avons pu observer que la dépendance en Φ_M de Γ_{em} est entièrement comprise dans le terme Γ_0. Ainsi une diminution de U_M provoque une diminution de Γ_{max} et de Γ_d comme nous pouvons l'observer sur la figure 9.

À partir de cette figure, nous remarquons une diminution de la fréquence de rotation.

D.4.8.2. Si Γ_0 diminue trop, nous pouvons atteindre une valeur telle que $\Gamma_{max} = \Gamma_r$. La vitesse de rotation est alors $\omega = \omega_s\,(1 - g_{max})$ d'où

$$\omega_{min} = \omega_s - \frac{R}{L} . \tag{29}$$

D.4.9. Si nous voulons que le rapport $\frac{\Phi_M}{2L}$ reste constant alors I_M doit l'être aussi. Or d'après l'énoncé $U_M = k' I_M \omega_s$, ainsi le rapport $\frac{U_M}{\omega_s}$ doit rester une constante du problème.

D.4.10. D'après la question précédente, nous remarquons qu'une diminution de U_M entraine une diminution de ω_s. Nous obtenons alors le faisceau de courbe de la figure 10.

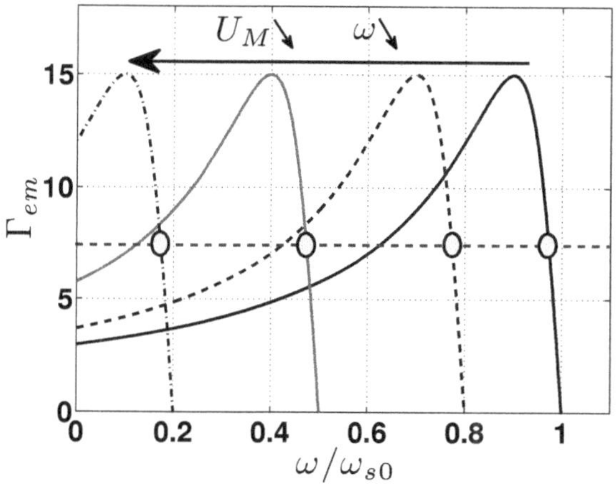

Figure 10 :

D.4.11. Comme nous pouvons le voir sur la figure 10, la diminution de U_M s'accompagne d'une diminution de la vitesse de rotation du point de fonctionnement stable.

D.4.12. Pour des valeurs de ω_s inférieures à $\frac{R}{L}$ le maximum de Γ_{em} s'identifie à Γ_d et il diminue lorsque ω_s diminue. Ainsi il existe une pulsation pour laquelle $\Gamma_{max}(\omega_2) = \Gamma_r$. En dessous de cette pulsation il n'y a plus de point de fonctionnement possible.

Remarque : Nous pouvons noter que l'évolution de Γ_d en fonction de ω_s est exactement la même que l'évolution de Γ_{em} en fonction de g.

D.4.13. Nous avons vu au cours de la question D.4.4 que le rendement du moteur est de la forme ω/ω_s. Nous allons donc chercher à étudier l'évolution de ce rapport en fonction de la variation en U_M. Si l'on suppose que le rendement est très bon, c'est-à-dire que g est très petit. Dans ce cas nous pouvons écrire que :

$$\Gamma_{em} \approx \Gamma_0 \frac{L\omega_s}{R}(1-\eta) \ .$$

Et finalement :

$$\eta \approx 1 - \frac{\Gamma_r R}{\Gamma_0 L \omega_s} \ .$$

Pour la première méthode seul Γ_0 varie et il varie comme le carré de U_M. Ainsi $\eta \approx 1 - \alpha U_M^{-2}$.

Dans la seconde méthode seul ω_s varie et il varie linéairement en fonction de U_M, d'où $\eta \approx 1 - \beta U_M^{-1}$.
Il semble donc que dans le second cas le rendement diminuera moins vite que dans le premier cas.

E. Énergie éolienne domestique

E.1. Le déplacement des masses d'air à la surface de la terre est le résultat de différences de pression entre différentes zones. Ainsi l'air va être entrainé des zones de haute pression vers les zones de faible pression. La trajectoire de ces masses d'air est par ailleurs affectée par les forces de Coriolis qui sont non-négligeables sur de tels systèmes.

E.2. Puissance du vent

E.2.1. Pour un système fluide fermé de masse dm se déplaçant à la vitesse d'ensemble $\overrightarrow{v_0}$ l'énergie cinétique est :

$$\mathrm{d}E_c = \frac{1}{2}\mathrm{d}m v_0^2 .$$

E.2.2. Pour obtenir l'énergie cinétique volumique,il suffit alors de diviser l'expression précédente par dV, nous obtenons :

$$e_c = \frac{1}{2}\rho v_0^2 .$$

E.2.3. Le volume contenant les particules est un cylindre de section S et de génératrice $\overrightarrow{v}\mathrm{d}t$ car S est perpendiculaire à $\overrightarrow{v}$.

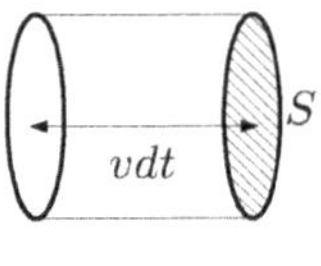

Ainsi d$V = v_0 S\mathrm{d}t$. Nous en déduisons alors :

$$\mathrm{d}E_c = \frac{1}{2}\rho v_0^3 S\mathrm{d}t . \quad (30)$$

E.2.4. D'après l'équation (30), nous obtenons immédiatement la puissance :

$$P_v = \frac{1}{2}\rho v_0^3 S . \quad (31)$$

E.3. Étude simplifiée de l'écoulement du vent en présence d'une hélice

E.3.1. Bilan de masse :

E.3.1.1. Le débit massique correspond à la masse de fluide qui traverse la surface S pendant un temps dt. Ainsi $D_m = \rho v(x)S(x)$.

E.3.1.2. Dans le cas d'un écoulement permanent, l'équation de conservation de la masse devient :

$$\oiint \rho \vec{v} \cdot \overrightarrow{dS} = 0 \,.$$

Or ici le flux est nul à travers la surface latérale, cette intégrale devient donc :

$$-\rho v(x) S(x) + \rho v(x + dx) S(x + dx) = 0 \,.$$

Ainsi, lors d'un écoulement permanent, le débit massique est constant le long de la trajectoire.

E.3.1.3. Le débit massique en $x = 0$, au niveau de l'hélice, et à la sortie doit être le même, ce qui se traduit par l'égalité suivante :

$$v_0 S_1 = vS = v_s S_2 \,.$$

E.3.1.4. Le fluide cède de l'énergie cinétique à l'hélice lors de sa traversée, nous avons donc $v_s < v_0$. Enfin, en utilisant les relations précédentes, il vient immédiatement que $S_1 < S_2$.

E.3.2. Bilan de quantité de mouvement :

E.3.2.1. La deuxième loi de Newton stipule que la variation de quantité de mouvement d'un système fermé est égale à la somme des forces extérieures qui s'appliquent à ce système. Elle s'écrit :

$$\frac{d\vec{p}}{dt} = \sum \overrightarrow{F_{\text{ext}}} \,.$$

La quantité de mouvement de ce système est $\vec{p} = m\vec{v}$.

E.3.2.2.

E.3.2.2.i. Le système à l'instant t est compris entre les surfaces S_1 et S_2. Le système à l'instant $t + dt$ est compris entre les surfaces S'_1 et S'_2.

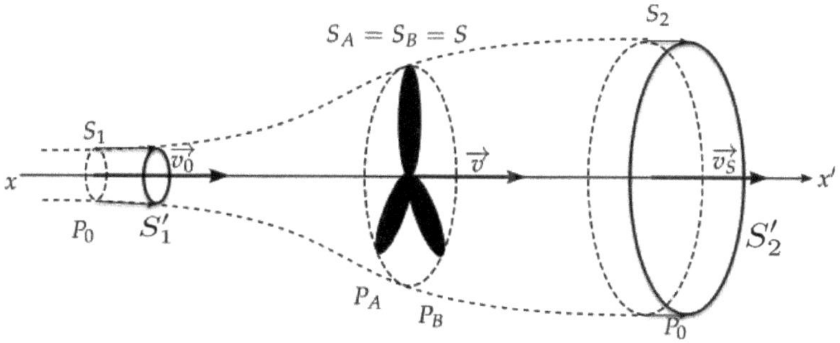

E.3.2.2.ii. Nous avons :

$$\vec{p}(t + dt) = \vec{p}(t) + \overrightarrow{p_{V2}} - \overrightarrow{p_{V1}}$$

avec $V1$ le volume compris entre les surfaces S_1 et S'_1, et $V2$ le volume compris entre les surface S_2 et S'_2. Or $\overrightarrow{p_{V2}} = D_m dt \overrightarrow{v_s}$ et $\overrightarrow{p_{V1}} = D_m dt \overrightarrow{v_0}$, ainsi :

$$\vec{p}(t + dt) - \vec{p}(t) = D_m dt \left(\overrightarrow{v_s} - \overrightarrow{v_0}\right) \,. \tag{32}$$

E.3.2.2.iii. Les forces qui s'exercent sur le système sont :

1. Le poids (il est supposé dans l'énoncé que l'effet de le pesanteur peut être négligé)
2. Une force de pression. Le système étant à symétrie cylindrique, la composante radiale de la résultante de la force de pression est nulle. De plus la composante selon l'axe x est également nulle, car la force de pression qui s'exerce en S_2 compense exactement les contributions qui apparaissent le long du tube de courant et la force de pression sur la surface S_1. Finalement la pression extérieure n'exerce aucune force sur le système.
3. La force exercée par l'hélice sur le fluide.

E.3.2.2.iv. En utilisant la deuxième loi de Newton et la question précédente nous obtenons immédiatement que :

$$\overrightarrow{F}_{h \to f} = D_m \left(\overrightarrow{v_s} - \overrightarrow{v_0} \right) \ . \tag{33}$$

E.3.2.3.

E.3.2.3.i. Comme précédemment il n'y a toujours pas de forces de pression due à P_0, par contre nous avons une différence de pression entre l'entrée et la sortie. Cette différence de pression va donc créer un force non nulle sur le système. Par ailleurs l'hélice exerce à nouveau une force sur le système.

E.3.2.3.ii. D'après l'énoncé la vitesse au niveau de l'hélice ne varie pas, ainsi si l'on étudie un cylindre suffisamment plat, la vitesse à l'entrée et à la sortie seront les mêmes. Dans ce cas il n'y a pas de variation de quantité de mouvement, d'où :

$$\overrightarrow{F}_{h \to f} = \Delta P S \overrightarrow{e_x} \ . \tag{34}$$

E.3.2.4. En utilisant les équations (33) et (34), nous obtenons directement la relation :

$$S \Delta P \overrightarrow{e_x} = D_m \left(\overrightarrow{v_S} - \overrightarrow{v_0} \right) \ . \tag{35}$$

E.3.3. Bilan d'énergie :

E.3.3.1. Pour un système fermé en mouvement, il existe une fonction d'état U appelée énergie interne telle que

$$\Delta U + \Delta E_p + \Delta E_c = W + Q \, ,$$

avec E_p l'énergie potentielle du système, E_c l'énergie cinétique, W le travail des forces extérieures non conservatives et Q la chaleur échangée.

Ce principe est un principe de conservation car il montre que la variation d'énergie d'un système n'est rien d'autre que le bilan des transferts d'énergie avec l'extérieur.

E.3.3.2. Définissons correctement les notations que nous allons utiliser. Nous noterons h l'enthalpie **massique**. Ainsi la quantité à étudier n'est pas $h + e_c$ mais $\rho h + e_c$.

Dans le cas où il n'y a pas de pièces mécaniques mobiles, le travail se réduit au travail des forces de pression $-P_{\text{ext}}V$. Ainsi en passant ce terme dans le terme de gauche et en remarquant que la variation d'énergie potentielle est nulle, nous obtenons :

$$\Delta(\rho h + e_c) = q\,, \tag{36}$$

avec q l'énergie thermique volumique.

E.3.3.3. La deuxième identité thermodynamique s'écrit :

$$\mathrm{d}H = T\mathrm{d}S + V\mathrm{d}P\,.$$

Ainsi en divisant par le volume nous obtenons :

$$\mathrm{d}h = \frac{1}{\rho}\left(T\mathrm{d}s + \mathrm{d}P\right)\,. \tag{37}$$

E.3.3.4. On suppose par ailleurs que l'écoulement est réversible, ainsi $\mathrm{d}h = \dfrac{1}{\rho}\mathrm{d}P$ et $q = 0$ car dans le cas d'un gaz parfait $\delta Q/T = \mathrm{d}S$. En injectant cette relation dans l'équation (36), nous obtenons :

$$\Delta P + \Delta e_c = 0\,.$$

Ainsi en intégrant cette relation le long d'une ligne de courant, nous obtenons :

$$\frac{1}{2}v^2 + \frac{P}{\rho} = \text{cste}\,. \tag{38}$$

E.3.3.5. L'application de la relation de Bernoulli donne les deux équations suivantes :

$$\frac{1}{2}v_0^2 + \frac{P_0}{\rho} = \frac{1}{2}v^2 + \frac{P_A}{\rho}\,, \tag{39}$$

$$\frac{1}{2}v^2 + \frac{P_B}{\rho} = \frac{1}{2}v_s^2 + \frac{P_0}{\rho}\,. \tag{40}$$

E.3.3.6. En effectuant l'opération (39)+(40), nous aboutissons à l'équation :

$$\frac{\Delta P}{\rho} = \frac{v_s^2 - v_0^2}{2}\,,$$

avec $\Delta P = P_B - P_A$. Ainsi

$$\Delta P = \frac{1}{2}\rho\left(v_S^2 - v_0^2\right)\,. \tag{41}$$

E.4. Rendement de l'éolienne

E.4.1. Nous avons vu que $D_m(v_s - v_0) = \Delta P S$. Ainsi en remplaçant ΔP par l'expression précédente, nous obtenons :

$$D_m(v_s - v_0) = \frac{1}{2}\rho\left(v_S^2 - v_0^2\right)S\,.$$

Or le débit massique est constant, et vaut $D_m = \rho v S$. Nous aboutissons alors à l'équation :

$$v = \frac{1}{2}(v_0 + v_S)\,. \tag{42}$$

E.4.2. D'après le principe des actions réciproques $\overrightarrow{F}_{f\to h} = -\overrightarrow{F}_{h\to f}$. Ainsi :

$$\begin{aligned}\overrightarrow{F} &= D_m(v_0 - v_s)\overrightarrow{e_x} \\ &= 2D_m(v_0 - v)\overrightarrow{e_x}\ . \end{aligned} \tag{43}$$

E.4.3.

E.4.3.1. Par définition $\eta = \frac{P_h}{P_v}$, d'où

$$\begin{aligned}\eta &= 2\frac{2D_m(v_0 - v)}{\rho v_0^3 S} \\ &= 4\frac{D_m}{\rho S}\frac{v}{v_0^2}\left(1 - \frac{v}{v_0}\right) \\ &= 4\lambda^2(1-\lambda)\ . \end{aligned} \tag{44}$$

E.4.3.2. La dérivée de η s'écrit :

$$\eta' = 4\lambda(2 - 3\lambda)\ .$$

La dérivée s'annule en $\lambda = 0$ ce qui correspond au minimum $\eta = 0$, et en $\lambda_m = 2/3$ qui correspond au maximum de la fonction.

E.4.3.3. A.N. : $\eta_m = 4\lambda_m^2(1-\lambda_m) = 4 \times \frac{4}{9}\left(1 - \frac{2}{3}\right) = \frac{16}{27} \approx 0,6$.

E.4.3.4. Le rendement d'une éolienne peut être limité par :

1. La conversion de l'énergie mécanique en énergie électrique par la génératrice situé sur l'arbre de l'éolienne.
2. Les fluctuations d'intensité du vent ainsi que les changements de direction.

FIN DE L'ÉPREUVE

Appareils de spectroscopie

Ce sujet aborde les principes physiques de différentes techniques de spectroscopie couramment utilisées en laboratoire : spectroscopie IR, UV visible, et RMN.

Les trois parties du sujet sont très largement indépendantes.

La longueur du sujet ne doit pas décourager les candidats : l'indépendance de ces trois parties, la progressivité de chacune d'entre elles, la diversité des thèmes abordés permettront à chacun, en évitant d'éventuels blocages, de révéler sa compréhension de la Physique dans des domaines variés. Toutefois, il doit rester clair qu'un traitement superficiel de quelques questions dans chaque partie sera peu valorisé.

La plus grande importance sera donnée à la qualité de la rédaction et de la présentation.

Notations et données numériques :

- Constante de Boltzmann : $k_B = 1{,}381.10^{-23}$ J.K^{-1}
- Constante de Planck réduite : $\hbar = \dfrac{h}{2\pi} = 1{,}055.10^{-34}$ J.s
- Charge élémentaire : $e = 1{,}602.10^{-19}$ C
- Masse du proton : $m_P = 1{,}673.10^{-27}$ kg

I. Spectroscopie infrarouge par transformée de Fourier

Dans cette partie, on étudie le principe de la spectroscopie infra-rouge par transformée de Fourier (IRTF). Bien que le principe en soit connu depuis Rayleigh et Michelson qui l'utilise pour déterminer des largeurs de raies optiques (1892), l'essor de cette technique dans le proche infra-rouge date des années 1960. Elle repose en particulier sur les travaux de J. et P. Connes, et sur le développement de l'algorithme de transformée de Fourier rapide (FFT) inventé en 1965 par Cooley et Tuckey. Un des grands avantages de cette technique est «l'avantage multiplexe» ou de Felgett : l'acquisition simultanée de toutes les fréquences du signal se déroule pendant toute la prise de mesure, ce qui permet de réduire l'erreur aléatoire sur les fluctuations de la source de façon importante. La méthode a été largement utilisée en astronomie avant d'être pratiquée de façon courante en analyse chimique.

Dans cette partie et la suivante, on utilisera le modèle scalaire de la lumière, et les notations complexes usuelles pour les grandeurs vibratoires. La lumière est représentée par une vibration scalaire complexe $\Psi(\overrightarrow{r},t) = a(\overrightarrow{r},t)\exp\left(j\phi(\overrightarrow{r},t)\right)$ (avec $j^2 = -1$), où $a(\overrightarrow{r},t)$, amplitude réelle de l'onde, varie lentement avec la position et le temps, et la phase en un point $\phi(\overrightarrow{r},t)$ varie sur des échelles de temps de l'ordre de 10^{-12} s. En raison de la linéarité des équations de Maxwell décrivant la propagation de la lumière, la vibration lumineuse en un point est la somme des vibrations dues aux différentes sources de lumière. L'intensité lumineuse détectée par tout appareil de mesure est alors proportionelle à $\left\langle \left|\Psi(\overrightarrow{r},t)\right|^2 \right\rangle$, où $\langle f(t)\rangle = \dfrac{1}{T}\displaystyle\int_0^T f(t)\,\mathrm{d}t$ représente la moyenne temporelle sur le temps de réponse $T \approx 10^{-4}$ s du détecteur.

I.A. Interférence à deux ondes

On considère deux sources de lumière monochromatique S_1 et S_2, de fréquence $\nu = \omega/2\pi$, de longueur d'onde dans le vide notée λ_0, cohérentes et en phase, et d'amplitudes notées a_1 et a_2 : $\Psi_{S_1} = a_1 \exp(j\omega t)$ et $\Psi_{S_1} = a_2 \exp(j\omega t)$. Ces vibrations lumineuses se propagent dans un milieu d'indice n uniforme, jusqu'au point P (cf figure 1).

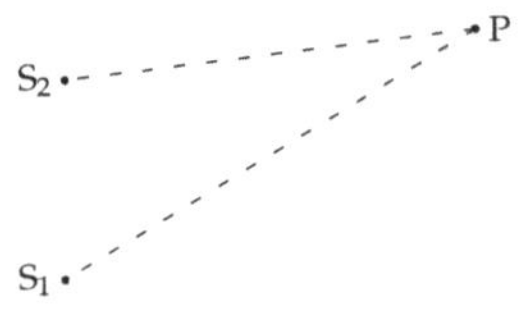

Figure 1 :

I.A.1. Définir le chemin optique (S_1P), et le retard de phase de l'onde entre S_1 et P.

I.A.2. On considère que l'atténuation de l'onde est négligeable sur le trajet S_1P. Donner l'expression de la vibration lumineuse Ψ_{P_1} en P lorsque la source S_1 est seule présente.

I.A.3. En déduire la valeur de l'intensité lumineuse I_1 en P lorsque la source S_1 est seule présente.

I.A.4. On considère alors l'action des deux sources. Montrer que dans ce cas, l'intensité lumineuse en P vaut :

$$I_P = I_1 + I_2 + 2\sqrt{I_1 I_2}\cos(2\pi\sigma\delta_P) \qquad (1)$$

où le nombre d'onde est défini par $\sigma = \omega/2\pi c = 1/\lambda_0$. Donner l'expression de la différence de marche δ_P au point P en fonction des chemins optiques. Qu'appelle-t-on « terme d'interférence » ?

I.A.5. Représenter sur un graphe les variations de l'intensité I_P en fonction de δ_P en indiquant en particulier la valeur et la position des maxima et des minima d'intensité.

I.A.6. On définit le facteur de contraste C par : $C = \dfrac{I_{max} - I_{min}}{I_{max} + I_{min}}$. Donner la valeur de C en fonction de I_1 et I_2. À quelle condition C est-il maximum ? Quelle est la valeur de ce maximum ?

I.A.7. La présentation de ce paragraphe laisse penser qu'il est très simple d'obtenir des interférences en superposant la lumière de deux lampes spectrales convenablement filtrées, comme on peut le faire pour des ondes sonores. Que vaut, en fait, l'intensité lumineuse au point P lorsque les sources sont incohérentes ?

Expliquer pourquoi il est nécessaire que les ondes 1 et 2 soient obtenues par division d'une onde issue d'une source unique S. Que représente le temps de cohérence ?

Nous étudierons au paragraphe suivant une méthode pour réaliser cette division.

I.B. Interféromètre de Michelson

Le schéma de principe d'un interféromètre de Michelson est donné ci-dessous (figure 2) :

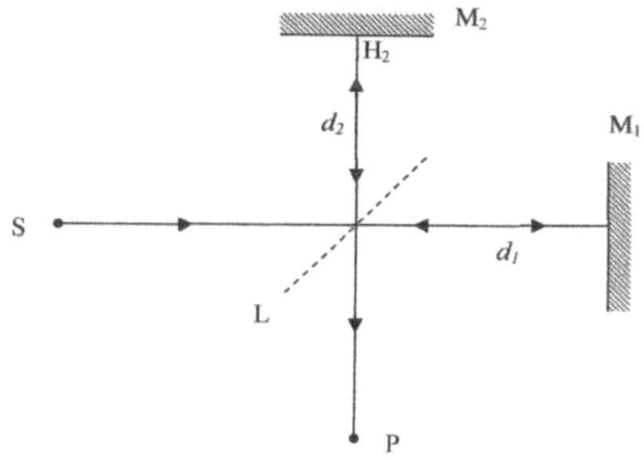

Figure 2 :

L'air est assimilé à un milieu d'indice $n = 1$. La lumière issue de la source S est divisée en deux faisceaux par la séparatrice L, lame de verre placée à 45° du faisceau incident issu de S, et dont la face d'entrée est traitée de façon à obtenir des facteurs de réflexion et de transmission en intensité égaux à 0,5 pour cette incidence. Deux miroirs plans M_1 et M_2, supposés parfaits, et situés à distances d_1 et d_2 de L réfléchissent la lumière des deux faisceaux vers L. Ces deux faisceaux se recombinent après réflexion ou transmission sur L, et sont reçus par un détecteur P, supposé pour l'instant ponctuel.

Dans notre schéma simplificateur, il ne crée pas d'atténuation à la traversée, et n'introduit pas de déphasage dans les vibrations lumineuses. On peut donc l'assimiler à une lame semi-réfléchissante idéale d'épaisseur nulle (l'étude du dispositif pratique permettant une telle simplification n'est pas demandée ici).

I.B.1. L'intensité de la source S est notée I_0. On néglige l'atténuation de la vibration lumineuse au cours de sa propagation. Quelles sont les intensités en P, I_1 et I_2, de chacun des deux faisceaux provenant de chacune des deux voies de l'interféromètre ? Où va l'énergie lumineuse qui ne parvient pas en P ?

I.B.2. Afin de simplifier au maximum l'étude de ce dispositif, on se ramène à l'étude d'un système centré d'axe PH_2 orthogonal à M_2. On fera la figure dans le cas $d_1 > d_2$.

I.B.2.a. Pour cela, placer soigneusement sur un schéma
- la source S,
- le miroir M_2,
- l'image M'_1 du miroir M_1 à travers la séparatrice L,
- l'image S' de la source S à travers la séparatrice L,
- Enfin, placer les images S_1 et S_2 de S' à travers le miroir M_2 et M'_1

I.B.2.b. Que vaut la distance, notée dans la suite e, entre M_2 et M'_1 ?

I.B.2.c. En déduire la distance entre les deux sources virtuelles S_1 et S_2.

On admettra que, pour l'étude du Michelson, le déphasage en P est le même que celui que l'on observerait en P entre les vibrations issues des deux sources synchrones S_1 et S_2, en l'absence de l'interféromètre.

I.B.3. La source S est supposée monochromatique de fréquence $\nu = \omega/2\pi = c\sigma$, d'intensité I_0. Déduire de ce qui précède que l'intensité détectée en un point P situé sur l'axe optique vaut :

$$I_P = \frac{I_0}{2}\left(1 + \cos\left(2\pi\sigma 2e\right)\right) \tag{2}$$

Dans quelle configuration obtient-on une différence de marche nulle ? Que vaut alors l'intensité détectée ? Lever la contradiction apparente avec la dernière réponse du I.B.1.

I.B.4. Le miroir M_1 peut être translaté perpendiculairement à son plan, de façon à faire varier d_1 de quelques centimètres de part et d'autre de d_2. En utilisant un laser He-Ne de longueur d'onde λ_0 = 632,8 nm, le signal détecté en P, encore supposé ponctuel, permet le contrôle de la position de M_1. Pour une telle source laser :

I.B.4.a. Tracer la courbe de I_P en fonction de d_1, de part et d'autre de d_2.

I.B.4.b. Quelle distance ϵ faut-il faire parcourir à M_1 entre deux maxima de lumière consécutifs ? Donner la valeur numérique de ϵ.

I.B.4.c. Sachant qu'un photorécepteur standard peut détecter des variations de I_P de l'ordre de $0,01 I_0$, quel est le déplacement de M_1 observable (on notera δd_1 sa valeur) ? Pour quelle(s) différence(s) de marche δd_1 est-il le plus petit ? Déterminer puis calculer cette valeur minimale du déplacement observable.

I.B.5. Pour l'utilisation de l'interféromètre en IR, on place le détecteur P « à l'infini », c'est-à-dire dans le plan focal image d'une lentille convergente F de distance focale f'. Le détecteur possède une pupille d'entrée de diamètre ϕ (voir figure 3).

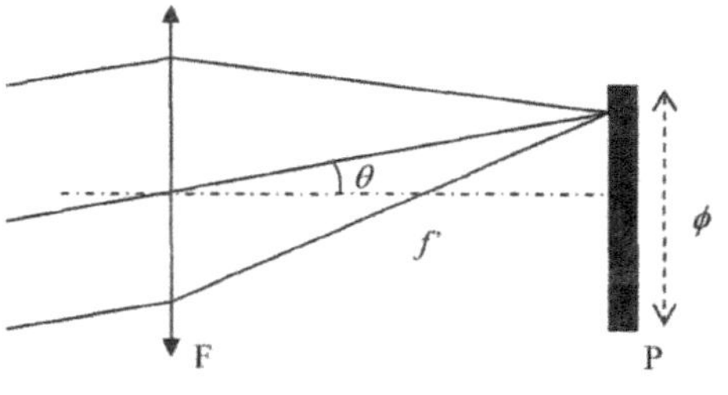

Figure 3 :

I.B.5.a. En reprenant le schéma obtenu en I.B.2.a montrer que la différence de marche entre deux faisceaux provenant de S_1 et S_2 et atteignant P sous un angle θ vaut $\delta_\theta = 2e\cos(\theta)$.

I.B.5.b. En déduire l'expression de l'intensité I_θ recueillie à une incidence θ.

I.B.5.c. On veut que sur toute la plage d'utilisation de l'interféromètre (donc pour toute valeur de e entre $-e_{\max}$ et $e_{\max}$), la variation d'un point à l'autre du détecteur P de l'ordre d'interférence $p = \sigma \cdot \delta$ reste inférieure à 0,5. Donner l'expression de la valeur maximale $\phi_{\max}$ du diamètre ϕ de la pupille d'entrée du détecteur pour qu'il en soit ainsi.

I.B.5.d. A.N. on donne $\sigma = 2000\ \text{cm}^{-1}$, $e_{\max} = 5$ cm, $f' = 30$ cm. Calculer $\phi_{\max}$.

I.B.6. Dans la configuration du I.B.5 que se passe-t-il si la source ponctuelle S est placée en dehors de l'axe optique ? On pourra considérer les sources secondaires S_1 et S_2 associées à cette source ponctuelle décalée, et on donnera la différence de marche $\delta\theta$ au point P, associée à l'incidence θ. En déduire quel peut être le grand avantage de cette utilisation de l'interféromètre de Michelson, dans le cas où la source est étendue (et spatialement incohérente).

I.C. Spectrométrie de Fourier

Dans toute la suite de cette partie, on supposera l'ouverture du détecteur suffisamment faible pour ne tenir compte que de l'incidence normale $\theta = 0$, correspondant au schéma de la figure 3. Par contre, la source S est supposée polychromatique ; pour des valeurs du nombre d'onde comprises entre σ et $\sigma + \mathrm{d}\sigma$, son intensité vaut $I_1(\sigma)\mathrm{d}\sigma$

I.C.1. Justifier physiquement, mais sans calcul, le fait que l'intensité totale détectée en P soit la somme des intensités correspondant à chaque fréquence de la source :

$$I_{\mathrm{P}}^{\mathrm{total}} = \int_0^{\infty} \frac{I_1(\sigma)}{2} \left(1 + \cos\left(2\pi\sigma 2e\right)\right) \mathrm{d}\sigma \qquad (3)$$

I.C.2. En déduire que l'intensité enregistrée en P en fonction de la différence de marche δ s'écrit comme la somme de deux termes :

$$I_P(\delta) = \overline{I_{\mathrm{P}}} + \frac{1}{2}V(\delta) \qquad (4)$$

où $V(\delta) = \displaystyle\int_0^{\infty} I_1(\sigma)\cos(2\pi\sigma\delta)\,\mathrm{d}\sigma$. Donner l'expression de $\overline{I_{\mathrm{P}}}$. Que représente ce terme ?

Par la suite, on ne s'intéresse qu'à $V(\delta)$, la partie du signal qui varie avec δ ; On voit qu'il s'agit de la transformée de Fourier (TF) en cosinus de la densité spectrale $I_1(\sigma)$. En effet, on montre (théorème d'inversion de Fourier) que :

$$I_1(\sigma) = 2\int_{-\infty}^{\infty} V(\delta) \exp\left(-2j\pi\sigma\delta\right) \mathrm{d}\delta \qquad (5)$$

formule que l'on utilisera sans démonstration.

I.C.3. En réalité, il est impossible de réaliser l'enregistrement de $V(\delta)$ pour $-\infty < \delta < \infty$. On se limite en pratique à une plage finie de différence de marche $-a < \delta < a$, et on souhaite étudier l'influence de cette restriction.

I.C.3.a. Donner, sans nouveau calcul, l'expression de $V(\delta)$ pour une source monochromatique d'intensité I_0 de nombre d'onde σ_0.

I.C.3.b. Donner sous la forme d'une intégrale, l'expression correspondante de la fonction notée $I_2(\sigma)$, obtenue par inversion de Fourier tronquée dans l'intervalle $-a < \delta < a$.

I.C.3.c. Déterminer l'expression de $I_2(\sigma)$, et montrer que l'on obtient :

$$I_2(\sigma) = 2aI_0\left(\frac{\sin\left(2\pi a(\sigma - \sigma_0)\right)}{2\pi a(\sigma - \sigma_0)} + \frac{\sin\left(2\pi a(\sigma + \sigma_0)\right)}{2\pi a(\sigma + \sigma_0)}\right) \qquad (6)$$

I.C.3.d. Tracer le graphe de $I_2(\sigma)$ pour les nombres d'onde $\sigma > 0$ de part et d'autre de σ_0 (on négligera pour cela le deuxième terme de la somme ci-dessus). Donner la demi-largeur $\Delta\sigma_2$ de la raie centrale du spectre $I_2(\sigma)$ ainsi obtenu. En déduire une estimation de la limite de résolution de la méthode de spectrométrie de Fourier en fonction de a. Comment varie cette résolution avec la position de la raie σ_0 ?

I.C.4. Traitement du signal, apodisation

Un des inconvénients de la troncature brutale réalisée au I.C.3 est l'apparition d'oscillations dans le spectre reconstruit $I_2(\sigma)$, qui en rendent la lecture et l'interprétation difficile. Une façon de limiter ce problème consiste à réaliser une troncature plus «douce» du signal $V(\delta)$ en le multipliant par une fonction fenêtre $\Lambda(\delta)$ schématisée ci-dessous (figure 4), avant d'appliquer l'inversion de Fourier.

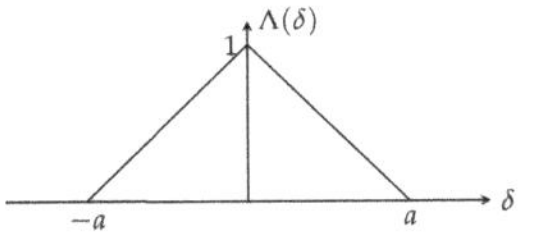

Figure 4 :

$$\begin{cases} \Lambda(\delta) = 1 - |\delta/a| & \text{si} - a < \delta < a \\ \Lambda(\delta) = 0 & \text{sinon} \end{cases} \tag{7}$$

I.C.4.a. Montrer que dans ce cas la fonction, notée $I_3(\sigma)$, obtenue par inversion de Fourier, toujours dans le cas d'une source monochromatique d'intensité I_0 et de nombre d'onde σ_0, peut s'écrire :

$$I_3(\sigma) = 2I_0 \int_0^a \left(1 - \frac{\delta}{a}\right) \left[\cos\left(2\pi\delta\left(\sigma - \sigma_0\right)\right) + \cos\left(2\pi\delta\left(\sigma + \sigma_0\right)\right)\right] \mathrm{d}\delta \tag{8}$$

I.C.4.b. On admet l'expression suivante, obtenue à l'aide d'une intégration par parties :

$$I_3(\sigma) = aI_0 \left[\left(\frac{\sin\left(\pi a\left(\sigma - \sigma_0\right)\right)}{\pi a\left(\sigma - \sigma_0\right)}\right)^2 + \left(\frac{\sin\left(\pi a\left(\sigma + \sigma_0\right)\right)}{\pi a\left(\sigma + \sigma_0\right)}\right)^2\right] \tag{9}$$

Tracer le graphe de $I_3(\sigma)$ pour $\sigma > 0$, au voisinage de $\sigma \approx \sigma_0$ (on négligera pour cela le deuxième terme de la somme ci-dessus). Montrer que l'on a bien réduit les oscillations par rapport au I.C.3.d. Donner la demi-largeur $\Delta\sigma_3$ de la raie centrale du spectre $I_3(\sigma)$ ainsi obtenu, et comparer cette valeur à $\Delta\sigma_2$. En déduire les limites de ce genre de traitement sur la limite de résolution de la méthode de spectrométrie de Fourier.

II. Spectroscopie à réseau

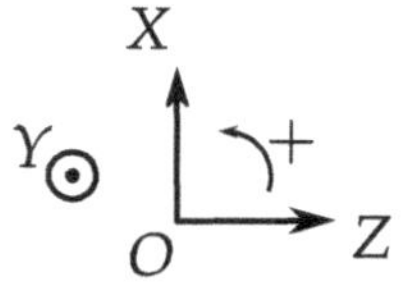

Dans toute cette partie, $OXYZ$ désigne un trièdre orthogonal direct. Dans le plan ZOX, la convention angulaire est trigonométrique.

II.A. Interférence par division du front d'onde

Dans toute cette partie, on utilisera le modèle scalaire de la lumière, présenté dans le préambule de la partie I. du sujet. De plus, on pourra utiliser sans démonstration les résultats établis au cours de la partie I.A., en particulier la formule établie au I.A.4.

L'air est assimilé à un milieu d'indice $n = 1$.

II.A.1. Donner un exemple d'obtention de sources cohérentes par division du front d'onde.

II.A.2. On perce dans un plan opaque XOY deux fentes fines identiques de largeur négligeable, et de grande longueur L. La grande dimension L est parallèle à OY, le petit coté est parallèle à OX. Les centres des fentes, notés O_1 et O_2 sont alignés sur OX. **La distance O_1O_2 est notée $2a$.** Le plan XOY est éclairé par une onde plane et monochromatique, supposée illimitée, de longueur d'onde dans le vide $\lambda = 550$ nm ; son vecteur d'onde, situé dans le plan XOZ, fait avec OZ l'angle d'incidence $i = 5$ °. On étudie les interférences à l'infini entre les 2 fentes.

II.A.2.a. Comment peut-on observer ces interférences à l'infini ?

II.A.2.b. À quelle couleur correspond la longueur d'onde de 550 nm ?

II.A.2.c. Exprimer le déphasage entre les vibrations perçues en O_1 et O_2, en fonction de i, a et λ.

II.A.3.

II.A.3.a. Déterminer, en fonction de a, i, et α la différence de marche à l'infini entre les ondes dans une direction du plan XOZ faisant l'angle α avec OZ. En déduire l'inter-frange angulaire, dans le cas des petits angles.

II.A.3.b. A.N. : $a = 0{,}25$ mm : Calculer l'inter-frange angulaire et la position angulaire du centre de l'image d'interférences.

II.A.3.c. Si on place un écran dans le plan focal image d'une lentille mince convergente placée perpendiculairement à l'axe OZ, derrière le dispositif des fentes, pourra-t-on voir ces franges sachant que la distance focale de la lentille est de 1 m ?

II.A.4. Quel est le principal phénomène qui limite le nombre de franges observables sur l'écran ?

II.B. Interférences à N ondes. Réseau par transmission

On suppose maintenant que le plan opaque XOY contient N fentes (au lieu de deux), ces N fentes, de largeur négligeable, étant toutes identiques et régulièrement espacées, disposées parallèlement les unes aux autres comme les 2 précédentes. On suppose $N \gg 1$. **La distance, ou «pas», entre 2 fentes consécutives**

est noté $2a$. L'ensemble est toujours éclairé par la même onde plane et monochromatique, de longueur d'onde dans le vide $\lambda = 550$ nm, l'angle d'incidence restant égal à : i = 5°. On étudie les interférences entre les N ondes, à l'infini dans le plan XOZ.

II.B.1. Quelle est la différence de marche entre 2 fentes consécutives (séparées par la distance $2a$) pour l'onde émergente, en un point à l'infini dans la direction faisant l'angle α avec OZ ?

II.B.2. En déduire les directions angulaires suivant lesquelles on obtient un maximum de lumière. On fera intervenir un entier k dans la relation trouvée.

II.B.3. Calculer l'amplitude complexe $\underline{s_p}$ diffractée à l'infini dans la direction α, par la p^{e} fente éclairée. En déduire l'amplitude complexe totale diffractée par les N fentes. Calculer ensuite l'intensité observable dans la direction α. On rappelle les relations :

$$1 + z + z^2 + z^3 + \cdots + z^{N-1} = \frac{1 - z^N}{1 - z}$$

$$\frac{\exp(j\phi) - \exp(-j\phi)}{2j} = \sin(\phi) \text{ avec } j^2 = -1$$

valables pour tout nombre complexe z différent de 1 et pour tout nombre réel ϕ.

II.B.4. A.N. : a = 1 µm, i = 5° déterminer le nombre d'ordres observables (c'est-à-dire le nombre de valeurs entières possibles de l'entier k introduit à la question II.B.2). Dans la pratique tous ces ordres ont-ils la même luminosité ? Pourquoi ?

II.C. Interférences entre N miroirs. Réseau par réflexion

Les N fentes sont remplacées par N miroirs très fins ayant la forme des fentes c'est-à-dire des bandes réfléchissantes parallèles et identiques de pas $2a$. L'ensemble est toujours éclairé par la même onde plane et monochromatique, supposée illimitée, de longueur d'onde dans le vide λ = 550 nm, et d'angle d'incidence i = 5°. On étudie l'onde réfléchie à l'infini dans la direction faisant l'angle α avec OZ dans XOZ. On rappelle ici que, pour i comme pour α, la convention de signe est trigonométrique ; les valeurs possibles de l'angle α sont comprises entre -90° et + 90°.

II.C.1. Quelle est la nouvelle différence de marche entre 2 miroirs consécutifs ?

II.C.2. En déduire les directions angulaires suivant lesquelles on obtient un maximum de lumière. On fera intervenir à nouveau un entier k dans la relation trouvée. Commenter.

II.C.3. En déduire sans nouveau calcul l'amplitude complexe, puis l'intensité observable dans la direction α.

II.C.4. A.N. : avec a = 1 µm, i = 5°, déterminer la position des maxima d'ordres +1, -1. Commenter.

Cet ensemble constitue un réseau par réflexion, élément disperseur d'un grand nombre de spectromètres dans le visible et les proches UV et IR.

II.D. Utilisation du réseau par réflexion

On s'intéresse maintenant à un monochromateur à réseau, c'est-à-dire à un dispositif permettant d'obtenir une onde quasi monochromatique à partir d'une source de lumière blanche. Le réseau a 500 bandes réfléchissantes (ou traits) par mm et N = 10000 traits au total. Il est éclairé sous l'incidence i. Une lentille convergente mince de distance focale image $f' = 1$ m, a son axe normal au plan du réseau et une fente fine se trouve centrée au foyer image de la lentille F_0 (voir la figure 5).

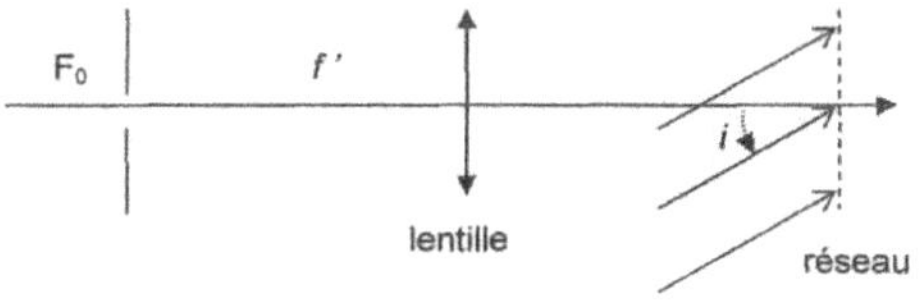

Figure 5 :

II.D.1. Quelle valeur doit prendre l'incidence i pour que la radiation de longueur d'onde λ = 550 nm soit obtenue en F_0 dans le spectre d'ordre 2 ? On conservera cette incidence pour la suite.

II.D.2. Pour une longueur d'onde λ un peu différente de λ_0 les rayons diffractés par le réseau dans l'ordre 2 convergent en un foyer secondaire image de la lentille d'abscisse x ; donner une expression approchée de x en fonction de $\lambda - \lambda_0$ si l'on ne considère que les longueurs d'onde voisines de λ_0.

II.D.3. La fente placée au foyer de la lentille a une largeur b = 0,1 mm et ne laisse donc passer que les radiations dont les longueurs d'onde sont comprises entre $\lambda_0 - \Delta\lambda/2$ et $\lambda_0 + \Delta\lambda/2$; calculer l'intervalle $\Delta\lambda$. Caractériser la bande passante du monochromateur. Commenter.

III. Spectroscopie par résonance magnétique nucléaire (RMN)

Dans toute la suite, (R_0) désigne le référentiel du laboratoire, assimilé à un référentiel galiléen. (Ox, Oy, Oz) est un système d'axes orthogonaux, fixes dans (R_0) ; la base associée, orthonormée directe, est notée $(\overrightarrow{u_x}, \overrightarrow{u_y}, \overrightarrow{u_z})$.

On ne prendra pas en compte l'effet du champ de pesanteur.

Dans (R_0) chaque noyau possède, du fait de son spin, un moment cinétique intrinsèque noté ici $\overrightarrow{\sigma}$, et peut être assimilé à un dipôle magnétique de moment magnétique noté $\overrightarrow{\mathcal{M}}$.

Pour chaque noyau, les moments cinétique $\overrightarrow{\sigma}$ et magnétique $\overrightarrow{\mathcal{M}}$ sont liés par la relation $\overrightarrow{\mathcal{M}} = \gamma\,\overrightarrow{\sigma}$, dans laquelle γ désigne le rapport gyromagnétique du type de noyau étudié.

Les seuls noyaux étudiés dans ce problème sont les noyaux ${}^1_1H$ constitués d'un unique proton.

Dans ce cas, le rapport gyromagnétique vaut $\gamma = 2{,}675.10^8$ rad.s^{-1}.T^{-1}.

III.A. Obtention d'un signal RMN dans un circuit d'antenne

On considère un grand nombre N de protons soumis à un champ magnétique intense $\overrightarrow{B_0} = B_0\overrightarrow{u_z}$ supposé uniforme et permanent dans (R_0).

En l'absence de précision contraire, les interactions entre noyaux ne seront pas prises en compte ; en particulier, on négligera dans une première approche le champ magnétique qu'ils créent.

III.A.1.

III.A.1.a. En quoi l'utilisation de bobines supraconductrices permet la création de champs magnétiques très intenses ?

III.A.1.b. Quel est l'ordre de grandeur de la valeur maximale de B_0 qu'on produit actuellement dans les appareils de résonance magnétique nucléaire (RMN) ?

III.A.2. Effet gyroscopique

On soumet un proton de moment magnétique $\overrightarrow{\mathcal{M}} = \gamma\overrightarrow{\sigma}$, placé en O, à un champ magnétique uniforme et permanent dans (R_0) : $\overrightarrow{B_0} = B_0\overrightarrow{u_z}$ $(B_0 > 0)$.

III.A.2.1. Si on assimile ce dipôle magnétique à une petite boucle fermée de courant, que peut-on dire de la résultante des forces magnétiques subies par ce dipôle ?

III.A.2.2. On rappelle l'expression de l'énergie potentielle du dipôle dans le champ $\overrightarrow{B_0}$: $E_P = -\overrightarrow{\mathcal{M}}\cdot\overrightarrow{B_0}$. En déduire quels doivent être la direction et le sens de $\overrightarrow{\mathcal{M}}$ pour qu'il y ait équilibre stable.

Dans la suite, la direction de $\overrightarrow{\mathcal{M}}$ est supposée a priori quelconque.

On rappelle l'expression du moment des actions exercées par un champ magnétique $\overrightarrow{B}$ sur un dipôle : $\overrightarrow{\Gamma} = \overrightarrow{\mathcal{M}}\wedge\overrightarrow{B}$.

Par ailleurs, le théorème du moment cinétique stipule que :

$$\left(\frac{\mathrm{d}\overrightarrow{\sigma}}{\mathrm{d}t}\right)_{R_0} = \overrightarrow{\Gamma} \tag{10}$$

III.A.2.3.

III.A.2.3.a. Montrer que $\|\overrightarrow{\mathcal{M}}\|$ est une constante.

III.A.2.3.b. Montrer que $\mathcal{M}_z = \overrightarrow{\mathcal{M}}\cdot\overrightarrow{u_z}$ est une constante.

III.A.2.3.c. En déduire la constance de l'angle θ entre $\overrightarrow{\mathcal{M}}$ et $\overrightarrow{B_0}$ (θ est compris entre 0 et π).

III.A.2.3.d. Montrer que l'extrémité du vecteur $\overrightarrow{\mathcal{M}}$ décrit un cercle d'axe Oz, et déterminer le rayon de ce cercle en fonction de $\|\overrightarrow{\mathcal{M}}\|$ et de l'angle θ.

III.A.2.4. Montrer que le vecteur-rotation $\overrightarrow{\omega_0}$ associé à la précession de $\overrightarrow{\mathcal{M}}$ autour du champ $\overrightarrow{B_0}$ (donc au mouvement circulaire introduit ci-dessus) a pour expression littérale : $\overrightarrow{\omega_0} = -\gamma\overrightarrow{B_0}$; on pourra, au besoin, écrire le système différentiel vérifié par les deux composantes $\mathcal{M}_x = \overrightarrow{\mathcal{M}}\cdot\overrightarrow{u_x}$ et $\mathcal{M}_y = \overrightarrow{\mathcal{M}}\cdot\overrightarrow{u_y}$, en déduire, par combinaison l'équation différentielle vérifiée par la quantité $\underline{\mathcal{M}} = \mathcal{M}_x + j\mathcal{M}_y$. (avec $j^2 = -1$) et montrer enfin que $\underline{\mathcal{M}}$ peut s'écrire sous la forme $A \exp\left(j(-\omega_0 t + \alpha)\right)$, A et α étant deux constantes réelles d'intégration (avec $A > 0$).

Dans toute la suite, on posera $\overrightarrow{\omega_0} = -\omega_0 \overrightarrow{u_z}$ où $\omega_0 = \gamma B_0$, est une constante positive, nommée vitesse angulaire (ou pulsation) de précession.

III.A.2.5. Calculer la valeur de la fréquence de précession des protons $f_0 = \dfrac{\omega_0}{2\pi}$ lorsque $B_0 = 4{,}70$ T.

III.A.3. Étude du phénomène d'aimantation paramagnétique associée aux noyaux.

On rappelle que la composante σ_z, du moment cinétique $\overrightarrow{\sigma_z}$ de spin du proton ne peut prendre que les valeurs $\pm\dfrac{\hbar}{2}$, $\hbar$ étant la constante de Planck réduite : $\hbar = \dfrac{h}{2\pi}$.
Cette composante σ_z et la composante $\mathcal{M}_z$ du moment magnétique du proton sont liées par la relation : $\mathcal{M}_z = \gamma\sigma_z$.
L'étude porte sur un ensemble de protons identiques discernables, d'interactions mutuelles très faibles, soumis au champ $\overrightarrow{B_0} = B_0\overrightarrow{u_z}$ et peuplant, selon la loi statistique de Maxwell-Boltzmann correspondant à la température T, les 2 états correspondant aux deux valeurs possibles de σ_z.
On rappelle à nouveau l'expression de l'énergie potentielle d'un dipôle magnétique dans le champ $\overrightarrow{B_0}$: $E_P = -\overrightarrow{\mathcal{M}} \cdot \overrightarrow{B_0}$.

III.A.3.1. Exprimer l'écart d'énergie entre les deux états de spins ; que remarque-t-on sur la pulsation d'une transition radiative entre ces deux états ?

On note N le nombre total, **très grand**, de protons étudiés, N^+ (respectivement N^-) celui des protons de σ_z égal à $\dfrac{\hbar}{2}$ (respectivement $-\dfrac{\hbar}{2}$).

III.A.3.2. Déterminer le quotient $\dfrac{N^+}{N^-}$ en fonction des quantités B_0, γ, T, $\hbar$, et de la constante de Boltzmann k_B.

III.A.3.3. En déduire les expressions de N^+ et de N^- en fonction de N et de $x' = \beta\gamma\hbar B_0$, avec $\beta = \dfrac{1}{k_B T}$. Tester la pertinence de ces deux expressions dans deux cas limites.

Dans toute la suite $\overrightarrow{\mathcal{M}}$ désigne la somme des moments magnétiques des N protons, et $\overrightarrow{\mathcal{M}_0}$, désigne désormais sa valeur à l'équilibre thermodynamique à la température T, en présence du champ magnétique $\overrightarrow{B_0} = B_0\overrightarrow{u_z}$.

III.A.3.4. Montrer que $\overrightarrow{\mathcal{M}_0} = N\gamma\dfrac{\hbar}{2}\tanh\left(\dfrac{x'}{2}\right)\overrightarrow{u_z}$, où la notation « tanh » désigne la fonction tangente hyperbolique.

III.A.3.5.

III.A.3.5.a. On donne T = 300 K et B_0 = 4,70 T. Évaluer numériquement la quantité x'.

III.A.3.5.b. Commenter ce résultat et en déduire une expression **simplifiée** de $\overrightarrow{\mathcal{M}_0}$ en fonction de N, γ, $\hbar$, x' et de $\overrightarrow{u_z}$, puis de N, γ, $\hbar$, B_0, k_B, T et $\overrightarrow{u_z}$: on rappelle que lorsque $|\epsilon| \ll 1$, $\tanh(\epsilon) \approx \epsilon$.

Dans toute la suite, seule cette expression **simplifiée** de $\overrightarrow{\mathcal{M}_0}$ sera utilisée.

III.A.3.6.

III.A.3.6.a. Comment $\overrightarrow{\mathcal{M}_0}$ dépend-il de γ ?

III.A.3.6.b. Comment $\overrightarrow{\mathcal{M}_0}$ dépend-il de B_0 ?

III.A.3.6.c. Comment $\overrightarrow{\mathcal{M}_0}$ dépend-il de la température T ?

III.A.3.6.d. Commenter physiquement ces deux dernières réponses

III.A.3.7. $\overrightarrow{\mathcal{M}_0}$ est-il affecté par la précession décrite précédemment – dans la partie «effet gyroscopique»– autour du champ permanent $\overrightarrow{B_0} = B_0\overrightarrow{u_z}$? Justifier.

III.A.4. Prise en compte de la relaxation dans l'étude de la résonance magnétique

On note $\overrightarrow{\mathcal{M}_0}$ sous la forme $\overrightarrow{\mathcal{M}_0} = \mathcal{M}_0\overrightarrow{u_z}$.
Partant de l'équilibre thermodynamique précédent, et grâce à une impulsion qui sera étudiée dans la partie III.C., on fait « basculer » rapidement le moment total $\overrightarrow{\mathcal{M}}$ sur une direction du plan xOy ; on admet que lors de ce basculement, la norme de $\overrightarrow{\mathcal{M}}$ est conservée.
On suppose pour simplifier l'étude ultérieure, qu'à la date $t = 0$, **juste après l'impulsion**, le moment $\overrightarrow{\mathcal{M}}$ vaut : $\overrightarrow{\mathcal{M}}(t = 0) = -\mathcal{M}_0\overrightarrow{u_y}$, valeur qu'on veillera à ne pas confondre avec $\overrightarrow{\mathcal{M}_0} = \mathcal{M}_0\overrightarrow{u_z}$.
Lorsque $\overrightarrow{\mathcal{M}}(t)$ diffère, à un instant t, de la valeur d'équilibre $\overrightarrow{\mathcal{M}_0} = \mathcal{M}_0\overrightarrow{u_z}$, $\left(\dfrac{\mathrm{d}\overrightarrow{\mathcal{M}}}{\mathrm{d}t}\right)_{R_0}$ est la somme de deux contributions :

– l'une déjà mentionnée qui vaut, après l'impulsion, $\overrightarrow{\omega_0} \wedge \overrightarrow{\mathcal{M}}$ avec $\omega_0 = -\gamma\overrightarrow{B_0} = -\omega_0\overrightarrow{u_z}$;
– l'autre, due aux phénomènes de relaxation, dont l'expression est :

$$\frac{\overrightarrow{\mathcal{M}_0} - \mathcal{M}_z\overrightarrow{u_z}}{T_1} - \frac{\overrightarrow{\mathcal{M}_\perp}}{T_2}$$

$\mathcal{M}_z\overrightarrow{u_z}$ et $\overrightarrow{\mathcal{M}_\perp}$ représentent ici les composantes de $\overrightarrow{\mathcal{M}}$ respectivement parallèle et orthogonale à l'axe Oz, tandis que T_1 et T_2 désignent les constantes de temps des relaxations respectivement longitudinale et transversale.

III.A.4.1. Écrire l'équation différentielle vérifiée par $\mathcal{M}_z(t)$.

III.A.4.2. Résoudre cette équation différentielle, sachant qu'à la date $t = 0$, juste après l'impulsion, le moment $\overrightarrow{\mathcal{M}}$ vaut : $-\mathcal{M}_0\overrightarrow{u_y}$.

III.A.4.3. Montrer que l'équation différentielle vérifiée par la composante $\overrightarrow{\mathcal{M}_\perp}$ s'écrit :

$$\left(\frac{\mathrm{d}\overrightarrow{\mathcal{M}_\perp}}{\mathrm{d}t}\right)_{R_0} = -\omega_0\overrightarrow{u_z} \wedge \overrightarrow{\mathcal{M}_\perp} - \frac{\overrightarrow{\mathcal{M}_\perp}}{T_2} \tag{11}$$

III.A.4.4. On pose $\overrightarrow{\mathcal{M}_1} = \overrightarrow{\mathcal{M}_\perp}(t)\exp\left(\dfrac{t}{T_2}\right)$.

Montrer que $\left(\dfrac{\mathrm{d}\overrightarrow{\mathcal{M}_1}}{\mathrm{d}t}\right)_{R_0} = -\omega_0\overrightarrow{u_z} \wedge \overrightarrow{\mathcal{M}_1}$

III.A.4.5.

III.A.4.5.a. Écrire le système différentiel vérifié par les deux composantes

$$\mathcal{M}_{1x} = \overrightarrow{\mathcal{M}_1} \cdot \overrightarrow{u_x} \quad \text{et} \quad \mathcal{M}_{1y} = \overrightarrow{\mathcal{M}_1} \cdot \overrightarrow{u_y}$$

III.A.4.5.b. En déduire, par combinaison, l'équation différentielle vérifiée par la quantité $\underline{\mathcal{M}_1} = \mathcal{M}_{1x} + j\mathcal{M}_{1y}$ (avec $j^2 = -1$)

III.A.4.5.c. En tenant compte des conditions initiales, montrer que

$$\underline{\mathcal{M}_1} = -j\mathcal{M}_0 \exp\left(-j\omega_0 t\right)$$

III.A.4.5.d. En déduire $\underline{\mathcal{M}_1}$ et montrer que $\mathcal{M}_x = -\mathcal{M}_0 \sin\left(\omega_0 t\right) \exp\left(-\frac{t}{T_2}\right)$.

On suppose que tous les protons de l'échantillon étudié se trouvent sur l'axe d'une bobine (souvent nommée «antenne») fixe dans (R_0). L'axe orienté de la bobine est supposé confondu avec l'axe Ox. Cette bobine est un des éléments d'un circuit série (dit «de détection», également fixe dans (R_0), et dont l'étude est détaillée plus loin, à la question III.A.5).

On admet que, dans ces conditions, le flux du champ magnétique crée par N protons à travers l'ensemble des spires orientées de la bobine est donné par la relation : $\Phi_{\text{protons}\to\text{bob}} = k \times \mathcal{M}_x$, dans laquelle k est une constante positive dont la valeur ne dépend que de la géométrie de l'échantillon étudié, de celle de la bobine, et de leur disposition relative.

Dans toute la suite, la constante k est supposée connue.

III.A.4.6. On admet que les dimensions du circuit de détection sont inférieures au décimètre. La fréquence de précession f_0 étant voisine de 200 MHz, les conditions de validité de l'approximation des états quasi-stationnaire sont-elles remplies pour ce circuit ?

III.A.4.7. On rappelle que $\mathcal{M}_x = -\mathcal{M}_0 \sin\left(\omega_0 t\right) \exp\left(-\frac{t}{T_2}\right)$. Du fait de la variation de $\mathcal{M}_x$ au cours du temps, $\Phi_{\text{protons}\to\text{bob}} = k \times \mathcal{M}_x$ dépend du temps et une force électromagnétique apparaît dans le circuit orienté de la bobine. À quel phénomène physique correspond cette force électromotrice notée $e(t)$ dans la suite ?

III.A.4.8. Déterminer $e(t)$ en fonction de k, $\mathcal{M}_0$, ω_0, T_2 et de t.

En pratique, $f_0 = \dfrac{\omega_0}{2\pi}$ est de l'ordre de la centaine de mégahertz, et T_2 est de l'ordre de la seconde.

III.A.4.9. Montrer que dans ces conditions, on peut considérer que $e(t)$ obéit à la relation : $e(t) = k\mathcal{M}_0\omega_0 \cos(\omega_0 t) \exp\left(-\frac{t}{T_2}\right)$; **Cette relation sera retenue dans toute la suite.**

III.A.4.10.

III.A.4.10.a. Déduire de ce résultat, en remplaçant ω_0 par sa valeur et $\mathcal{M}_0$ par son expression simplifiée trouvée à la question III.A.3.5.b, la façon dont l'amplitude de $e(t)$ dépend de la valeur de B_0 et de celle de γ.

III.A.4.10.b. Quel est l'intérêt d'opérer avec des valeurs importantes de B_0 ?

III.A.5. Étude du circuit de l'antenne

La bobine de détection, d'auto-inductance L et de résistance r, fait partie d'un circuit de filtrage des données, modélisé ici par un circuit de type «RLC série».

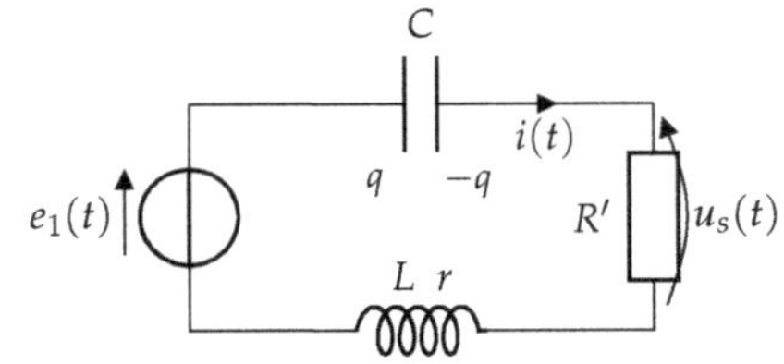

Figure 6 :

La capacité du condensateur est choisie de telle sorte que $LC\omega_0^2 = 1$, ω_0 désignant toujours la vitesse angulaire de précession des protons.

On note $R = r + R'$ la résistance totale du circuit série et on pose : $a = \dfrac{R'}{R} = \dfrac{R'}{r+R'}$. R' représente la résistance d'entrée d'un «détecteur en quadrature», qui sera étudié dans la partie III.B..

Enfin, on suppose que le quotient $Q = \dfrac{L\omega_0}{R}$ est égal à 100.

III.A.5.1. On nomme souvent ce facteur Q facteur de surtension à la résonance en intensité ; justifier cette expression.

III.A.5.2.

III.A.5.2.a. Sachant que $f_0 = \dfrac{\omega_0}{2\pi}$ vaut 200 MHz et que R est de l'ordre de l'ohm, calculer les valeurs de L et de C.

III.A.5.2.b. Commenter ces résultats.

Dans un premier temps, on étudie la réponse de ce filtre, en régime permanent sinusoïdal, à une excitation notée $e_1(t) = E \times \cos(\omega t)$, ω étant une pulsation quelconque. La tension de sortie est u_s.

III.A.5.3. Quelle est la nature de ce filtre ? On justifiera simplement la réponse, sans calcul, par une étude des comportements limites aux basses et hautes fréquences.

III.A.5.4. Déterminer la fonction de transfert $\underline{H}(j\omega) = \dfrac{\underline{u_s}}{\underline{e_1}}$ en fonction de R', r, L, C et ω

III.A.5.5. Montrer que $\underline{H}(j\omega) = \dfrac{a}{1 + jQ\left(u - \dfrac{1}{u}\right)}$ avec $u = \dfrac{\omega}{\omega_0}$ et $a = \dfrac{R'}{r+R'}$

III.A.5.6.

III.A.5.6.a. Quelle est la signification physique de $H = |\underline{H}|$? Quelle est, lorsqu'on fait varier ω, la valeur maximale de $H = |\underline{H}|$, notée $H_{\max}$ dans la suite ?

III.A.5.6.b. Déterminer l'écart $\Delta\omega$ entre les deux pulsations (dites «de coupure») telles que $H = \dfrac{H_{\max}}{\sqrt{2}}$.

III.A.5.6.c. On caractérise l'acuité de ce filtre par le quotient $Q' = \dfrac{\omega_0}{\Delta\omega}$, nommé facteur de qualité du filtre. Montrer que $Q' = Q$.

III.A.6. Mise en forme du signal RMN

Dans la suite de cette partie, $e_1(t) = e(t)$, force électromotrice induite par la précession des protons.

III.A.6.1. Quel vous semble être l'intérêt du filtre de la partie III.A.5 dans le cas précis de la détection de la RMN ?

La forme – précédemment établie – du signal d'entrée $e(t)$ correspond à des composantes de Fourier qu'on suppose –pour simplifier–centrées sur la pulsation ω_0, et localisées dans une bande de 1/2 largeur en pulsation égale à $\dfrac{3}{T_2}$.

III.A.6.2. Déterminer l'ordre de grandeur des valeurs $\left(u - \dfrac{1}{u}\right) = \dfrac{\omega}{\omega_0} - \dfrac{\omega_0}{\omega}$ aux extrémités de cette bande, sachant que $f_0 = \dfrac{\omega_0}{2\pi}$ est de l'ordre de la centaine de mégahertz et T_2 est de l'ordre de la seconde.

III.A.6.3. La fonction $g(u) = \left(u - \dfrac{1}{u}\right)$ étant croissante, que peut-on dire de la valeur de $\underline{H}(j\omega) = \dfrac{a}{1 + jQ\left(u - \dfrac{1}{u}\right)}$ pour toute pulsation présente dans le spectre de $e(t)$?

III.A.6.4. Montrer que $u_s(t) = a \times e(t)$, avec $a = \dfrac{R'}{r + R'}$, en régime établi.

III.A.6.5.

III.A.6.5.a. Montrer que, de façon générale, la charge $q(t)$ et l'intensité du courant $i = \dfrac{\mathrm{d}q}{\mathrm{d}t}$ définies sur la figure 6 vérifient l'équation différentielle suivante : $L\dfrac{\mathrm{d}i}{\mathrm{d}t} + Ri + \dfrac{q}{C} = e(t)$.

III.A.6.5.b. En déduire l'équation différentielle vérifiée par $i(t)$.

III.A.6.5.c. Montrer que le terme transitoire de $i(t)$ vérifie l'équation différentielle linéaire homogène :

$$\frac{\mathrm{d}^2 i}{\mathrm{d}t^2} + \frac{\omega_0}{Q}\frac{\mathrm{d}i}{\mathrm{d}t} + \omega_0^2 i = 0 \qquad (12)$$

III.A.6.6. En tenant compte du fait que $Q = 100$, montrer que la solution générale de cette équation homogène peut être présentée sous la forme :

$$i(t) = \exp\left(-\frac{\omega_0 t}{2Q}\right)\left(A\cos(\omega_0 t) + B\sin(\omega_0 t)\right) \qquad (13)$$

III.A.6.7. Pour tout $t < 0$, $e(t)$ était nulle et le condensateur totalement déchargé. En déduire, en les justifiant soigneusement, les valeurs à l'instant $t = 0^+$ de $i(t)$ et de sa dérivée.

La résolution – non demandée ici– de l'équation différentielle vérifiée par $i(t)$ indique, si l'on tient compte du fait que $Q = 100$, que pour tout $t > 0$:

$$u_s(t) = ak\mathcal{M}_0\omega_0 \cos(\omega_0 t)\left(\exp\left(-\frac{t}{T_2}\right) - \exp\left(-\frac{\omega_0 t}{2Q}\right)\right) \quad (14)$$

III.A.6.8.

III.A.6.8.a. Chercher à quelle condition sur la date t le quotient de $\exp\left(-\frac{\omega_0 t}{2Q}\right)$ par $\exp\left(-\frac{t}{T_2}\right)$ est inférieur à 10^{-2}.

III.A.6.8.b. Montrer que, pour un enregistrement de durée supérieure à T_2, on peut considérer que $u_s(t) \approx ak\mathcal{M}_0\omega_0 \cos(\omega_0 t)\exp\left(-\frac{t}{T_2}\right)$ pendant quasiment toute la durée de l'enregistrement ; on rappelle que $f_0 = \frac{\omega_0}{2\pi}$ est de l'ordre de la centaine de mégahertz et que T_2 est de l'ordre de la seconde.

Dans toute la suite, on supposera que, pendant **toute la durée de l'enregistrement**, la tension u_s est donnée par la relation simplifiée :

$$u_s(t) = ak\mathcal{M}_0\omega_0 \cos(\omega_0 t)\exp\left(-\frac{t}{T_2}\right) = ae(t) \quad (15)$$

pour un groupe de protons de fréquence de précession $f_0 = \frac{\omega_0}{2\pi}$.

En pratique, les protons de l'échantillon peuvent présenter plusieures valeurs, notées f_i, de la fréquence de précession, en fonction des différents groupes chimiques auxquels ils appartiennent (le champ local ressenti par les protons de chaque groupement dépend du coefficient d'écran de ce groupement) ; **dans toute la suite, le fréquence f_0 de résonance du filtre est choisie au centre (environ 200 MHz) de la fenêtre spectrale à explorer, dont la demi-largeur est ici supposée de l'ordre du kHz.**

III.A.6.9. On note $e_i(t)$ et $u_{si}(t)$ les contributions respectives à $e(t)$ et $u_s(t)$ d'un groupe de protons, numéro i, de fréquence de précession f_i. Expliquer simplement pourquoi la relation $u_{si}(t) = ae_i(t)$ est également vérifiée.

On en déduit immédiatement que $u_s(t) = ae(t)$

III.A.6.10. On souhaite estimer la loi $u_s(t)$ en effectuant un nombre élevé N' d'enregistrements de la tension expérimentale $u_{s,\exp}(t)$ aux bornes de la résistance R' ; pour chaque date t de mesure, le signal relevé lors de l'enregistrement numéro k ($k = 1$ à N') a pour valeur $u_{s,k,\exp}(t) = u_s(t) + b_k(t)$, et est stocké dans un fichier informatique ; tous les termes de bruit $b_k(t)$ étant ici des signaux aléatoires centrés (de valeur moyenne nulle) de même variance notée σ_b^2, et statistiquement indépendants.

III.A.6.10.a. Déterminer, pour chaque date t, la valeur moyenne et la variance $\sigma_{bN'}^2$, de la somme de tous les $b_k(t)$.

III.A.6.10.b. On pose $u_{s,\exp,\text{total}}(t) = \sum_{k=1}^{N'} u_{s,k,\exp}(t)$; déterminer la valeur moyenne de $u_{s,\text{exp,total}}(t)$ à l'instant t en fonction de $u_s(t)$.

III.A.6.10.c. On définit ici le rapport signal sur bruit, à $t = 0$, comme le rapport entre $\dfrac{N'ak}{\sqrt{2}}\mathcal{M}_0\omega_0$, valeur efficace initiale de $u_{s,\text{exp,total}}(t)$ et l'écart type $\sigma_{bN'}$ de la somme de tous les $b_k(t)$. Quelle est l'influence de N' sur ce rapport ?

III.A.6.10.d. Commenter.

Dans la suite de l'étude, on s'intéresse uniquement, sauf mention contraire, à un groupe de N protons correspondant tous à une même valeur $f_i = \dfrac{\omega_i}{2\pi}$ de la fréquence de précession, et on pose $u_{si}(t) = U_i \cos(\omega_i t) \exp\left(-\dfrac{t}{T_2}\right)$, avec $U_i = KB_0^2 N_i$.

K étant une constante –qu'on ne demande pas de déterminer– dont on suppose, pour simplifier, la valeur commune à tous les groupes de protons (les valeurs des termes $\cos(\omega_i t)$ sont, bien sûr, supposées distinctes, contenant la date t).

III.B. Traitement du signal $u_R(t)$; obtention d'un spectre RMN par le procédé de détection synchrone en quadrature

À l'aide de multiplieurs –non décrits ici– et de deux signaux sinusoïdaux en quadrature, de fréquence égale à celle, notée f_0, de résonance du filtre, on obtient les deux tensions :

$$u_1 = u_{si}(t)\cos(\omega_0 t) \qquad \text{et} \qquad u_2 = u_{si}(t)\sin(\omega_0 t)$$

On traite d'abord le cas **simplifié** où $u_{si}(t) = U_i \cos(\omega_i t)$

Les deux signaux u_1 et u_2 sont traités par deux filtres linéaires passe-bande identiques de fréquence de coupure f_C.

On rappelle les deux relations trigonométriques :

$$2\cos(a)\cos(b) = \cos(a+b) + \cos(a-b)$$

$$2\sin(a)\cos(b) = \sin(a+b) + \sin(a-b)$$

III.B.1. Pourquoi doit-on utiliser ces relations pour étudier l'effet sur u_1 et u_2 des deux filtres linéaires passe-bas ?

III.B.2. On rappelle que $f_i - f_0 = \dfrac{\omega_i - \omega_0}{2\pi}$ a une valeur absolue de l'ordre du kHz.

À quelle condition sur la valeur de f_C les deux signaux en sortie du filtre passe bas auront-ils pour valeur :

$$u_{D1} = \frac{U_i}{2}\cos\left((\omega_i - \omega_0)\,t\right)$$

$$u_{D2} = -\frac{U_i}{2}\sin\left((\omega_i - \omega_0)\,t\right)$$

Dans tout la suite, on suppose cette condition réalisée.

III.B.3. On pose $\underline{u_D} = u_{D1} - ju_{D2}$; déterminer $\underline{u_D}$, à partir des expressions précédentes de u_{D1} et u_{D2}.

En réalité, $u_{si}(t) = U_i \cos(\omega_i t) \exp\left(-\frac{t}{T_2}\right)$. On admet que, dans ce cas, $\underline{u_D}$ a pour expression :

$$\underline{u_D} = \frac{U_i}{2} \exp\left(j\left(\omega_i - \omega_0\right)t\right) \exp\left(-\frac{t}{T_2}\right)$$

Un ordinateur permet de déterminer la quantité $\underline{u_D}$ (avec $j^2 = -1$), et d'évaluer sa transformée de Fourier :

$$\mathrm{TF}(\underline{u_D})(f) = \int_0^\infty \underline{u_D}(t) e^{-2j\pi f t}\,\mathrm{d}t$$

pour toute valeur de f comprise entre $-f_{\max}$ et $+f_{\max}$ ($f_{\max}$ étant légèrement supérieure à la demi-largeur **–ici supposée de l'ordre du kHz–** de la fenêtre spectrale à explorer). On pose : $\omega_D = \omega_i - \omega_0$ et $f_D = \dfrac{\omega_D}{2\pi}$; le décalage en fréquence f_D est positif pour une moitié de la fenêtre spectrale à explorer, et négatif pour l'autre moitié.

III.B.4. Montrer que $\mathrm{TF}(\underline{u_D})(f) = \dfrac{U_i}{2} \dfrac{T_2}{1 + 2j\pi\left(f - f_D\right) T_2}$.

On note respectivement $u_{DF,\mathrm{Re}}$ et $u_{DF,\mathrm{Im}}$ les parties réelles et imaginaire Fourier $\mathrm{TF}(\underline{u_D})(f) = u_{DF,\mathrm{Re}}(f) + u_{DF,\mathrm{Im}}(f)$.

III.B.5. Dans les conditions proposées ici, le signal exploité est $u_{DF,\mathrm{Re}}(f)$. Déterminer ce signal. On rappelle la relation $\dfrac{1}{a + jb} = \dfrac{a - jb}{a^2 + b^2}$.

III.B.6. Montrer que le graphe de $u_{DF,\mathrm{Re}}(f)$ est une courbe lorentzienne (souvent nommée raie d'absorption, et dont la forme est rappelée sur la figure 7 ci-dessous) centrée en $f = f_D$

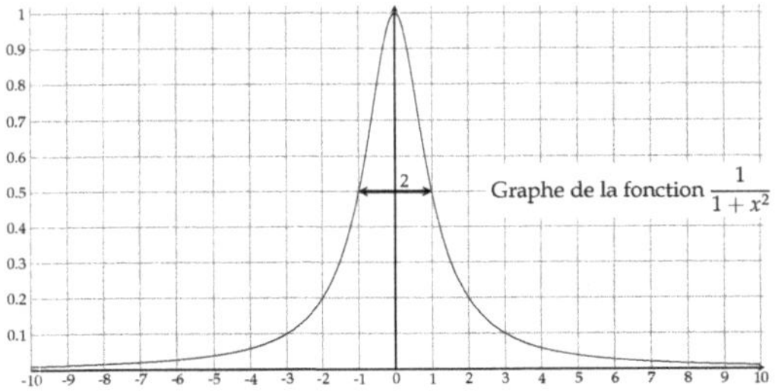

Figure 7 :

À titre d'information, on indique ci-dessous, figure 8, l'allure qu'a dans ces conditions, le graphe de $u_{DF,\mathrm{Im}}(f)$ (signal de type «dispersion», moins exploitable que le signal lorentzien, car plus «large»).

III.B.7. Établir la relation entre la largeur à mi-hauteur de la lorentzienne

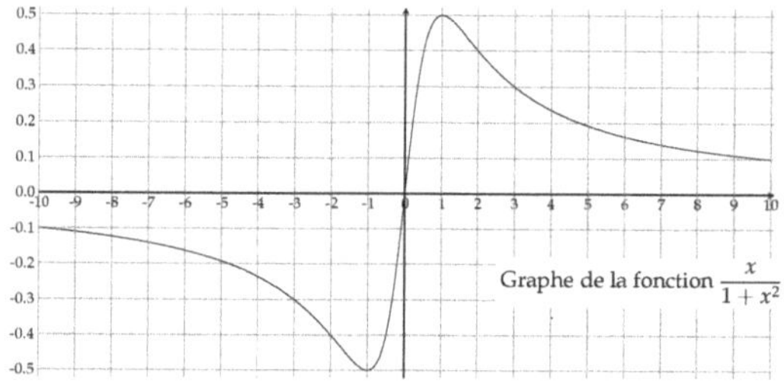

Figure 8 :

$u_{DF,\text{Re}}(f)$ et la constante de temps T_2.

En pratique, au début de l'acquisition (de date $t = 0$), les différents groupes de protons ont déjà tourné, depuis le début de l'impulsion radiofréquence, autour de Oz d'angles de valeurs différentes, car proportionnels à $f_i = \dfrac{\omega_i}{2\pi}$. On pose $f_{Di} = \dfrac{\omega_i - \omega_0}{2\pi}$.

On admet que, dans ces conditions :

$$\underline{u_{Di}} = \frac{U_i}{2} \exp\left(j\left(\omega_i - \omega_0\right)(t+\tau) + \alpha\right) \exp\left(-\frac{t}{T_2}\right)$$

pour le groupe de protons numéro i.

Le «retard» ici noté τ est supposé de l'ordre de 100 microsecondes, donc très petit devant T_2 ; au même titre que α, ce retard est supposé de valeur commune à tous les groupes de protons étudiés. La valeur de τ prend également en compte l'effet de la présence des filtres passe-bas.

III.B.8. Montrer simplement que la présence de τ et de α a pour effet de multiplier la transformée de Fourier $\text{TF}(\underline{u_D})(f)$ du groupe de protons numéro i par la quantité $\exp\left(j\left(2\pi f_{Di}\tau + \alpha\right)\right)$.

On note $\text{TF2}(\underline{u_{Di}})(f)$ la nouvelle valeur de la transformée de Fourier de ce groupe de protons. La partie réelle de $\text{TF2}(\underline{u_{Di}})(f)$ n'étant pas aisément exploitable, un traitement conjoint de la partie réelle et de la partie imaginaire de $\text{TF2}(\underline{u_{Di}})(f)$ s'impose.

III.B.9. Montrer que, compte tenu de l'inégalité forte $\tau \ll T_2$, l'ancienne valeur et la nouvelle valeur de la transformée de Fourier vérifient sensiblement la relation suivante : $\text{TF2}(\underline{u_{Di}})(f) = \text{TF}(\underline{u_D})(f) \exp\left(j\left(2\pi f\tau + \alpha\right)\right)$.

Cette relation peut être étendue à l'ensemble du spectre sous la forme (plus pratique pour la suite de l'étude) : $\text{TF}(\underline{u_D})(f) = \text{TF2}(\underline{u_D})(f) \exp\left(-j\left(2\pi f\tau + \alpha\right)\right)$.

On note respectivement $u_{DF2,\text{Re}}(f)$ et $u_{DF2,\text{Im}}(f)$ les parties réelle et imaginaire pure de la transformé de Fourier $\text{TF2}(\underline{u_D})(f)$

III.B.10. En exploitant cette dernière relation entre $\text{TF}(\underline{u_D})(f)$ et $\text{TF2}(\underline{u_D})(f)$, montrer qu'on peut trouver deux quantités A et B –et les déterminer en fonction de τ et α – telles que la combinaison

$$\cos\left(Af + B\right) u_{DF2,\text{Re}}(f) + \sin\left(Af + B\right) u_{DF2,\text{Im}}(f)$$

redonne une somme de signaux lorentziens semblables à celui trouvé à la question III.B.6.

Expérimentalement, cette opération –dite de correction de phase–s'effectue par essais successifs, jusqu'à l'obtention de l'allure caractéristique des lorentziennes comme l'indique la figure 9, ci dessous

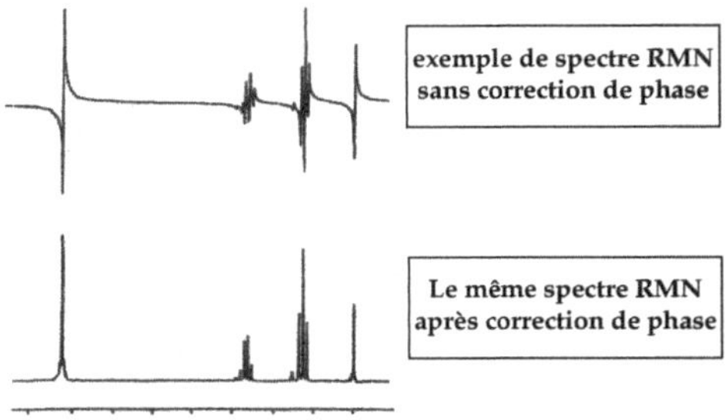

Figure 9 :

Dans toute la suite, on suppose que la correction de phase a été réalisée ; on dispose donc d'un spectrogramme constitué d'une somme de lorentziennes analogues à celle obtenue à la question III.B.6

III.B.11.

III.B.11.a. On considère deux groupes de protons de populations comparables, de fréquences de précession notées f_1 et $f_1 + \delta f$ très proches, et de même valeur de T_2. Déduire du résultat de la question III.B.7. l'ordre de grandeur de la valeur minimale δf_{min} de δf pour qu'on puisse séparer les deux groupes de protons.

III.B.11.b. A.N. : T_2 est de l'ordre de la seconde, et $f_i = 200$ MHz, pour la valeur choisie de B_0. Calculer le pouvoir de résolution spectrale $R = \dfrac{f_i}{\delta f_{\text{min}}}$.

III.B.11.c. Commenter ce résultat.

On rappelle que le champ local B_0' ressenti par chaque proton d'un même groupe numéro i a pour valeur $B_0' = B_0(1 - \sigma_i)$, où σ_i représente le coefficient d'écran du groupe numéro i.

III.B.12. Déduire du résultat précédent, en fonction de B_0, γ et T_2 la valeur minimale de l'écart $\delta\sigma$ entre les deux coefficients d'écran pour qu'on puisse séparer les deux groupes de protons, et l'intérêt qu'il peut y avoir à travailler avec des valeurs importantes de B_0.

Dans toute la suite, on se place de nouveau dans le cas $B_0 = 4,70$ T.

III.B.13.

III.B.13.a. Calculer $\delta\sigma_{\text{min}}$.

III.B.13.b. Commenter ce résultat, sachant que la fenêtre des valeurs de σ à explorer a une largeur de l'ordre de 10 ppm, soit 10.10^{-6}.

III.B.14. On rappelle que, pour le groupe de protons numéro i, $U_i = KB_0^2 N_i$, K étant une constante – dont on ne demande pas le calcul– dont la valeur est commune à tous les groupes de protons. Montrer que, pour les pics nettement séparés, l'aire de chaque pic est proportionnelle au nombre N_i de protons concernés. On pourra utiliser le fait que $\int_{-\infty}^{\infty} \frac{\mathrm{d}x}{1+x^2} = \pi$.

III.B.15.

III.B.15.a. Quelles conditions supplémentaires doit-on imposer à la fréquence de coupure f_C des deux filtres passe-bas (mentionnés dans l'introduction de la question III.B.) si la fenêtre spectrale à explorer a une demi-largeur de l'ordre du kHZ ?

III.B.15.b. Les deux conditions sur f_C, obtenues aux questions III.B.2 et III.B.15.a sont-elles aisément conciliables ?

III.C. Réalisation des impulsions radiofréquences

On superpose au champ magnétique permanent $\overrightarrow{B_0} = B_0\overrightarrow{u_z}$ un champ magnétique $\overrightarrow{B_1}$ uniforme perpendiculaire à Oz et tournant à la vitesse angulaire négative $-\omega_0$: $\overrightarrow{B_1} = B_1\overrightarrow{u_X}$(voir figure ci-contre) ; B_1 est constant et positif. On rappelle que la fréquence $f_0 = \dfrac{\omega_0}{2\pi}$ est choisie au centre (environ 200 MHz) de la fenêtre spectrale à explorer, dont la demi-largeur est de l'ordre du kHz.

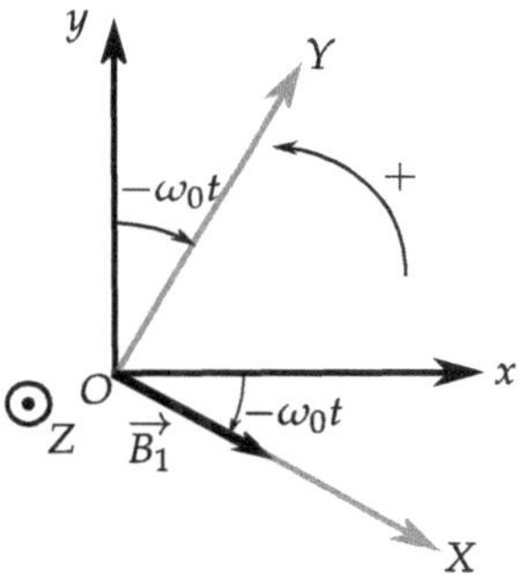

Figure 10 :

On note (R_1) le référentiel lié aux axes OX, OY et Oz, ainsi animé par rapport à (R_0) d'un mouvement de rotation uniforme autour de Oz, à la vitesse angulaire constante et négative $-\omega_0$; la base associée, orthonormée directe est notée $(\overrightarrow{u_X}, \overrightarrow{u_Y}, \overrightarrow{u_z})$.

Dans ce référentiel (R_1), le champ magnétique B_1**, est donc uniforme et permanent**. On suppose qu'à l'instant $t = 0$, les axes Ox et OX sont confondus.

On s'intéresse d'abord à un groupe de N protons correspondant tous à une même valeur $f_i = \dfrac{\omega_i}{2\pi}$ (avec $\omega_i = \gamma B_0(1-\sigma_i)$) de la fréquence de précession autour de $\overrightarrow{B_0}$; avant l'impulsion, leur moment magnétique total, colinéaire à $\overrightarrow{B_0}$ vaut $\mathcal{M}_{0i}\overrightarrow{u_z}$. On pose : $\omega_D = \omega_i - \omega_0$ et $\overrightarrow{\omega_1} = -\gamma\overrightarrow{B_1}$.

La durée des impulsions est supposée très faible devant les temps de relaxation T_1 et T_2.

Dans ces conditions, on ne prend pas en compte, dans toute cette partie III.C., l'effet des phénomènes de relaxation.

III.C.1. Montrer que :

$$\left(\frac{\mathrm{d}\overrightarrow{\mathcal{M}_i}}{\mathrm{d}t}\right)_{R_0} = (\overrightarrow{\omega_1} - \omega_i\overrightarrow{u_z}) \wedge \overrightarrow{\mathcal{M}_i} \tag{16}$$

On donne la relation :

$$\left(\frac{\mathrm{d}\overrightarrow{\mathcal{M}_i}}{\mathrm{d}t}\right)_{R_0} = \left(\frac{\mathrm{d}\overrightarrow{\mathcal{M}_i}}{\mathrm{d}t}\right)_{R_1} - \omega_0\overrightarrow{u_z} \wedge \overrightarrow{\mathcal{M}_i} \tag{17}$$

III.C.2. En déduire l'expression de $\left(\dfrac{\mathrm{d}\overrightarrow{\mathcal{M}_i}}{\mathrm{d}t}\right)_{R_1}$ en fonction de $\overrightarrow{\omega_1} - \omega_D\overrightarrow{u_z}$ et de $\overrightarrow{\mathcal{M}_i}$.

III.C.3. Montrer simplement que le vecteur $\overrightarrow{\omega_1} - \omega_D\overrightarrow{u_z}$ est fixe dans le référentiel (R_1).

On souhaite que, dans (R_1), le mouvement de précession de $\overrightarrow{\mathcal{M}_i}$ se fasse sensiblement autour de l'axe OX colinéaire à $\overrightarrow{B_1}$, et de même direction que $\overrightarrow{\omega_1}$.
On impose ainsi $\|\overrightarrow{\omega_1}\| \gg |\omega_D| = |\omega_i - \omega_0|$.

III.C.4. La pulsation ω_0 étant choisie au centre de la fenêtre des pulsations ω_i à explorer, montrer qu'on doit choisir $\|\overrightarrow{B_1}\|$ suffisamment important pour que la condition précédente soit réalisée pour tout groupe de protons.

On impose le critère $\|\overrightarrow{\omega_1}\| = 10\Delta\omega$, la demi-largeur en fréquence Δf de la plage à explorer valant 2 kHz.

III.C.5. Sachant que $\gamma = 2{,}675.10^8$ rad.s^{-1}, calculer la valeur de $\|\overrightarrow{B_1}\|$ correspondant à ce critère.

On choisit la durée t_P d'une impulsion de telle sorte que, pour tout groupe de protons de la fenêtre à explorer, le moment dipolaire total $\overrightarrow{\mathcal{M}_i}$ du groupe effectue, dans (R_1), une rotation d'un quart de tour, et soit aligné avec OY à la fin de l'impulsion (impulsion dite «$\pi/2$»).

III.C.6. Déterminer, puis calculer t_P, $\|\overrightarrow{\omega_1}\|$ étant égale à $10\Delta\omega$.

Dans le référentiel (R_0), l'impulsion radiofréquence induit une excitation sinusoïdale de pulsation ω_0, de durée t_P. Or, l'énergie d'interaction de chaque groupement avec le champ permanent augmente (elle passe d'une valeur négative à la valeur nulle).
L'impulsion sinusoïdale, de pulsation ω_0, et de durée t_P permet donc des absorptions de photons d'énergies différentes : E_{photon} vaut $\hbar\omega_i$, la pulsation ω_i pouvant prendre, selon le groupement, plusieurs valeurs dans la fenêtre explorée de demi-largeur en pulsation $\Delta\omega$.

III.C.7. Interpréter avec soin ce phénomène, en s'appuyant sur l'expression littérale de t_P obtenue à la question III.C.6.

III.C.8. Le champ $\overrightarrow{B_1}$ est remplacé par un champ $\overrightarrow{B_2}$ alternatif, de direction fixe dans (R_0) : $\overrightarrow{B_2} = 2B_1 \cos(\omega_0 T)\,\overrightarrow{u_x}$, créé par la bobine du circuit antenne, d'axe Ox ; en montrant au préalable que $\overrightarrow{B_2}$ peut être considéré comme la somme de deux champs, tournant dans (R_0) dans deux sens inverses, expliquer, sans calcul, pourquoi l'effet de $\overrightarrow{B_2}$ sur $\overrightarrow{\mathcal{M}}$ est, dans (R_1), sensiblement le même que celui de $\overrightarrow{B_1}$.

III.C.9. Pour créer le champ $\overrightarrow{B_2}$ introduit à la question III.C.8, on utilise le circuit d'antenne, alimenté par un générateur externe de caractéristiques de Thévenin ($e_2(t)$, R') (voir la figure 11, ci-dessous). Quelle doit être la forme de la dépendance temporelle de l'intensité $i(t)$ passant dans le circuit d'antenne ci-dessous, pendant la durée de l'impulsion (on ne demande pas la valeur de l'amplitude de cette intensité).

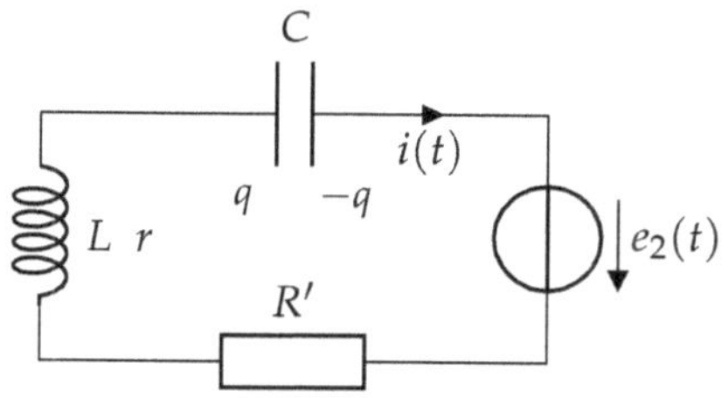

Figure 11 :

Pendant la durée de l'impulsion, la fém induite par la précession des protons est négligeable, car le champ magnétique $\overrightarrow{B_2}$ est beaucoup plus intense que celui créé par la précession des protons.

On suppose que la durée de l'impulsion est un multiple entier de la période $T_0 = \dfrac{2\pi}{\omega}$; on montre que, dans ces conditions, les effets des termes transitoires de $i(t)$ au début et à la fin de l'impulsion se compensent.

III.C.10. On rappelle que $LC\omega_0^2 = 1$. Quelle doit être la forme de $e_2(t)$ pendant l'impulsion, dans ces conditions ?

III.C.11. Quelle devrait être la forme de $e_2(t)$ pour que le moment dipolaire total $\overrightarrow{\mathcal{M}_i}$, du groupe étudié effectue, dans (R_1), une rotation autour de OY, Cette fois (et non autour de OX comme précédemment) ?

III.C.12. Temps mort à la suite d'une impulsion

Dès la fin de chaque impulsion, il convient d'évacuer, avant le début de la détection, l'énergie magnétique associée à la répartition de champ $\overrightarrow{B_2}$. La précession des protons autour de $\overrightarrow{B_0}$ doit être libre, la présence d'un « résidu » de $\overrightarrow{B_2}$ fausserait la mesure et, de plus, saturerait le détecteur en quadrature, car $\overrightarrow{B_2}$ est d'un ordre de grandeur bien plus important que le champ magnétique créé par les protons en précession.

À cette fin, on évacue l'énergie par le même circuit résonnant, $e_2(t)$ étant nulle. L'effet de la fém induite par la précession des protons reste négligeable, tant qu'une part significative de l'énergie associée à la répartition de champ $\overrightarrow{B_2}$ reste présente.

III.C.12.a. Sachant que $i(t) = I \exp\left(-\dfrac{\omega_0 t}{2Q}\right) \cos(\omega_0 t + \phi)$, on respecte, entre la fin de l'impulsion et le début de la détection, un temps mort égal à 35 fois la constante de temps du terme exponentiel. Calculer la durée de ce temps mort. On rappelle que $f_0 = 200$ MHZ et que $Q = 100$.

III.C.12.b. On souhaite diminuer ce temps mort ; une solution consiste à ce qu'une partie de la résistance R' (voir figure 11) soit fonction croissante de la valeur efficace du courant qui traverse le circuit.

Expliquer en quoi ce procédé (dit auto-adaptatif) permet de diminuer le temps mort, sans faire varier f_0, ni la valeur de Q pendant la détection.

FIN DE L'ÉNONCÉ

Appareils de spectroscopie

I. Spectroscopie infrarouge par transformée de Fourier

I.A. Interférence à deux ondes

I.A.1. Le chemin optique (S_1P) est la distance qu'aurait parcouru la lumière dans le vide pendant le temps qu'elle met à aller du point S_1 au point P. En pratique : $(S_1P) = n \times \overline{S_1P}$ ou $\overline{S_1P}$ est la distance géométrique entre S_1 et P.
Le retard de phase est le déphasage de l'onde entre le point S_1 et P :
$\delta\phi = \dfrac{2\pi}{\lambda_0}(S_1P) = \dfrac{2\pi}{\lambda_0}n\overline{S_1P}.$

I.A.2. L'atténuation est négligeable, ainsi l'amplitude en P due à S_1 est égale à a_1. Nous obtenons alors :

$$\Psi_{P_1}(t) = a_1 \exp\left(j\left(\omega t + \delta\phi\right)\right) = a_1 \exp\left(j\left(\omega t + n\frac{2\pi}{\lambda_0}\overline{S_1P}\right)\right) .$$

I.A.3. Par définition $I_1 = \left\langle \left| \Psi_{P_1}(t) \right|^2 \right\rangle = \left| \Psi_{P_1} \right|^2 = a_1^2$. Cette relation est vraie car le temps de réponse du détecteur est très élevé devant la période des oscillations lumineuses.

I.A.4. Par linéarité nous avons,

$$\Psi_P = \Psi_{P_1} + \Psi_{P_2} .$$

L'intensité s'écrit alors :

$$\begin{aligned}
I_P =& \left\langle \left| \Psi_{P_1} + \Psi_{P_2} \right|^2 \right\rangle = \left\langle \left(\Psi_{P_1} + \Psi_{P_2}\right)\left(\Psi_{P_1}^* + \Psi_{P_2}^*\right) \right\rangle \\
=& \left\langle \left(a_1 \exp\left(j\left(\omega t + n\frac{2\pi}{\lambda_0}\overline{S_1P}\right)\right) + a_2 \exp\left(j\left(\omega t + n\frac{2\pi}{\lambda_0}\overline{S_2P}\right)\right)\right) \times \right. \\
& \left. \left(a_1 \exp\left(-j\left(\omega t + n\frac{2\pi}{\lambda_0}\overline{S_1P}\right)\right) + a_2 \exp\left(-j\left(\omega t + n\frac{2\pi}{\lambda_0}\overline{S_2P}\right)\right)\right) \right\rangle \\
=& a_1^2 + a_2^2 + a_1 a_2 \left(\exp\left(jn\frac{2\pi}{\lambda_0}\left(\overline{S_1P} - \overline{S_2P}\right)\right) + \exp\left(jn\frac{2\pi}{\lambda_0}\left(-\overline{S_1P} + \overline{S_2P}\right)\right)\right) \\
=& a_1^2 + a_2^2 + 2a_1 a_2 \cos\left(\frac{2\pi}{\lambda_0}n\left(\overline{S_1P} - \overline{S_2P}\right)\right) \\
=& I_1 + I_1 + \underbrace{2\sqrt{I_1 I_2}\cos\left(\frac{2\pi}{\lambda_0}n\left(\overline{S_1P} - \overline{S_2P}\right)\right)}_{\text{terme d'interférence}} .
\end{aligned}$$

Nous retrouvons ainsi l'expression donnée dans l'énoncé.
La notation $*$ indique que l'on utilise le complexe conjugué.
Par simple identification, nous en déduisons :

$$\delta_P = (S_1P) - (S_2P) = n\left(\overline{S_1P} - \overline{S_2P}\right) .$$

Remarque : Pour calculer l'intensité en P, nous pouvons aussi repasser en notations réelles et utiliser des relations trigonométriques pour arriver à un résultat identique.

I.A.5.

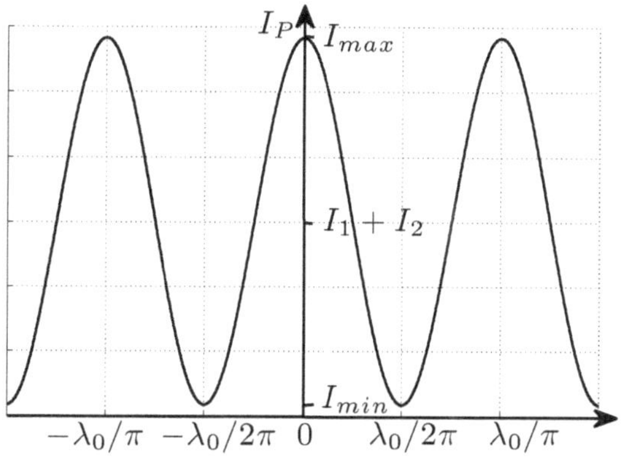

avec $I_{\text{max}} = I_1 + I_2 + 2\sqrt{I_1 I_2}$ et $I_{\text{min}} = I_1 + I_2 - 2\sqrt{I_1 I_2}$.

I.A.6. Avec les notations de la question précédente il vient :

$$C = \frac{2\sqrt{I_1 I_2}}{I_1 + I_2}\,.$$

La relation étant symétrique en I_1 et I_2, nous avons un maximum pour $I_1 = I_2$; le contraste C vaut alors 1 et il y a des extinctions totales de l'intensité lumineuse.

Remarque : En dérivant C par rapport à I_1 en supposant I_2 non nul et fixé, nous retrouvons le résultat.

I.A.7. Comme la lumière est émise en train d'onde aléatoires, les vibrations lumineuses provenant de deux lampes spectrales différentes sont nécessairement décorrélées. Il faut alors rajouter des termes de déphasage aléatoires qui rendent nul le terme d'interférence. Nous avons alors $I_P = I_1 + I_2$.

Afin de supprimer ce déphasage aléatoire, nous divisons l'onde issue d'une même source pour que ces contributions aléatoires s'annulent deux à deux. Le temps de cohérence est le retard maximum que l'on peut avoir entre deux rayons en ayant toujours des interférences. Le temps de cohérence peut être vu comme la durée moyenne d'un train d'onde.

I.B. Interféromètre de Michelson

I.B.1. À chaque traversée et à chaque réflexion sur la lame semi-réfléchissante, l'intensité est divisée par deux. Chaque faisceau est réfléchi et transmis une fois. Nous avons donc $I_1 = I_2 = I_0/4$.

L'énergie lumineuse qui n'atteint pas P est renvoyée vers la source lumineuse.

I.B.2.

I.B.2.a.

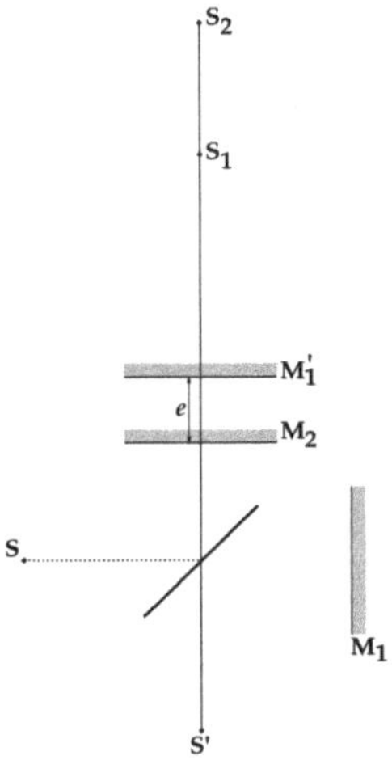

I.B.2.b. Par construction géométrique, nous avons $e = d_1 - d_2$.

I.B.2.c. Par définition $S_1S_2 = S'S_2 - S'S_1 = 2\left(S'M'_1 - S'M_2\right)$ et ainsi $S_1S_2 = 2e$.

I.B.3. En utilisant la relation obtenue à la question I.A.4 avec $I_1 = I_2 = I_0/4$ et une différence de marche $\delta_P = 2e$, nous obtenons :

$$I_P = \frac{I_0}{2}\left(1 + \cos\left(2\pi\sigma 2e\right)\right) \ . \tag{1}$$

La différence de marche est nulle si $d_1 = d_2$. Nous avons alors $I_P = I_0$. Sans interférence, l'intensité maximale est $I_0/2$ mais le terme d'interférence permet d'atteindre une intensité égale à I_0.

I.B.4.

I.B.4.a.

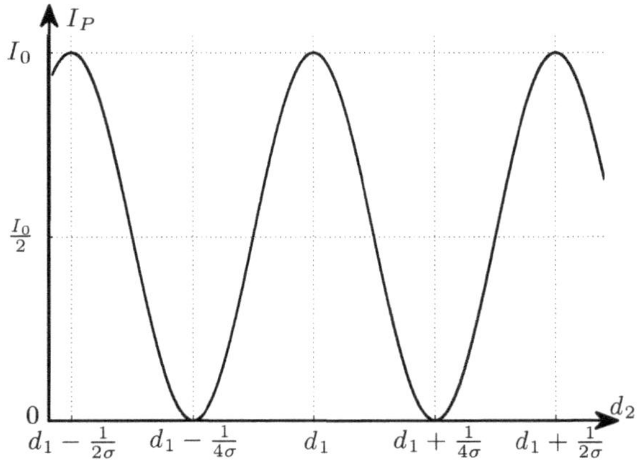

I.B.4.b. En utilisant l'expression de l'intensité lumineuse à la sortie du Michelson nous obtenons :

$$\epsilon = \frac{1}{2\sigma} = \frac{632,8}{2} = 316,4 \text{ nm} \, .$$

I.B.4.c. Par construction $\delta I_P = -I_0 2\pi\sigma \sin(2\pi\sigma 2e)\,\delta e = -I_0 2\pi\sigma \sin(2\pi\sigma 2e)\,\delta d_1$

Or $\delta I_P = 0{,}01 I_0 \Rightarrow |\delta d_1| = \dfrac{0{,}005}{\pi\sigma \sin(2\pi\sigma 2e)}$.

$|\delta d_1|$ est minimal si la fonction sinus est maximale : $2\pi\sigma 2e = (2k+1)\dfrac{\pi}{2}$ avec $k \in \mathbb{Z}$ soit $e = \dfrac{2k+1}{8\sigma}$ avec $k \in \mathbb{Z}$.

A.N. : $|\delta d_{1,\text{min}}| = \dfrac{0{,}005}{\pi\sigma} = \dfrac{0{,}005 \times 632{,}8.10^{-9}}{\pi} = 1$ nm.

I.B.5.

I.B.5.a. D'après le théorème de Malus $AP = S_2P$ (avec les notations du schéma), ainsi $\delta_\theta = 2e\cos(\theta)$.

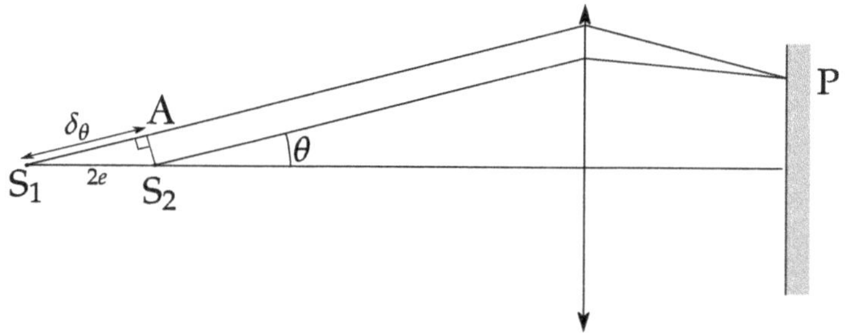

Remarque : À la traversée de la lentille, les rayons passant plus près de l'axe optique traverse une épaisseur de verre plus épaisse. Au delà de la longueur δ_θ il n'y a pas d'autre source de différence de marche.

I.B.5.b. Nous en déduisons alors l'expression de l'intensité lumineuse :

$$I_\theta = \frac{I_0}{2}\left[1 + \cos\left(2\pi\sigma 2e \cos(\theta)\right)\right] .$$

I.B.5.c. Nous voulons $|p(\theta_{\text{max}}) - p(\theta_{\text{min}})| = 0{,}5$, d'où

$$\left|\delta_{\theta_{\text{max}}} - \delta_{\theta=0}\right| = \frac{0{,}5}{\sigma},$$

$$2e_{\text{max}} - 2e_{\text{max}}\cos(\theta_{\text{max}}) = \frac{0{,}5}{\sigma},$$

$$\theta_{\text{max}} \geqslant \arccos\left(1 - \frac{0{,}5}{2e_{\text{max}}\sigma}\right) .$$

Ainsi en utilisant le schéma de l'énoncé nous obtenons finalement :

$$\phi_{\text{max}} = 2f' \tan(\theta_{\text{max}}) .$$

I.B.5.d. A.N. : $\theta_{\text{max}} = \arccos\left(1 - \dfrac{0{,}5}{2 \times 5 \times 2000}\right) = 0{,}41°$,

$$\phi_{\text{max}} = 2 \times 30.10^{-2} \tan(0{,}41) \approx 2 \times 30.10^{-2} \times 0{,}41 \times \frac{\pi}{180} = 4{,}24 \text{ mm}.$$

I.B.6. Si la source est décentrée, alors S_1 et S_2 le sont également. Cependant, l'observation s'effectue à l'infini, ainsi la différence de marche δ_θ qui ne dépend que de l'angle θ reste la même. Cette méthode permet d'utiliser une source étendue et spatialement incohérente car chaque point source forme la même figure d'interférence à l'infini.

L'utilisation d'une source étendue spatialement permet d'avoir plus d'intensité lumineuse et donc de mieux visualiser le phénomène d'interférences.

I.C. Spectrométrie de Fourier

I.C.1. Si deux ondes n'ont pas la même fréquence, elles sont incohérentes et ne peuvent former d'interférences, il y a donc simplement superposition des intensités. En sommant sur les différentes valeurs de σ la relation obtenue à la question I.B.3, nous obtenons bien la relation souhaitée.

I.C.2. En développant l'expression précédente, nous obtenons :

$$\begin{aligned} I_P(\delta) &= \int_0^\infty \frac{I_1(\sigma)}{2}\,\mathrm{d}\sigma + \int_0^\infty \frac{I_1(\sigma)}{2}\cos(2\pi\sigma\delta)\,\mathrm{d}\sigma\,, \\ &= \overline{I_P} + \frac{1}{2}\int_0^\infty I_1(\sigma)\cos(2\pi\sigma\delta)\,\mathrm{d}\sigma = \overline{I_P} + \frac{1}{2}V(\delta)\,. \end{aligned}$$

$\overline{I_P}$ correspondant à l'intensité enregistrée lorsque le terme d'interférence est nul.

I.C.3.

I.C.3.a. Pour une source monochromatique : $I(\sigma) = I_0\delta(\sigma - \sigma_0)$, avec

$$\begin{aligned} \delta(x) &= 0 \quad \text{si } x = 0 \\ &= 1 \quad \text{sinon}\,. \end{aligned}$$

Ainsi,

$$V(\delta) = I_0\cos(2\pi\sigma_0\delta)\,.$$

I.C.3.b. En prenant en compte la restriction du domaine d'étude, nous avons

$$\begin{aligned} I_2(\sigma) &= 2\int_{-a}^{a} V(\delta)\exp(-2j\pi\sigma\delta)\,\mathrm{d}\delta \\ &= 2\int_{-a}^{a} I_0\cos(2\pi\sigma_0\delta)\exp(-2j\pi\sigma\delta)\,\mathrm{d}\delta\,. \end{aligned}$$

I.C.3.c. L'intégration donne :

$$\begin{aligned} I_2(\sigma) &= 2I_0\int_{-a}^{a} \frac{\mathrm{e}^{2\pi\delta(\sigma_0-\sigma)} + \mathrm{e}^{-2\pi\delta(\sigma_0+\sigma)}}{2}\,\mathrm{d}\delta \\ &= 2I_0\left(\left[\frac{\mathrm{e}^{2\pi\delta(\sigma_0-\sigma)}}{2\pi(\sigma_0-\sigma)}\right]_{-a}^{a} + \left[\frac{\mathrm{e}^{2\pi\delta(\sigma+\sigma_0)}}{2\pi(\sigma+\sigma_0)}\right]_{-a}^{a}\right), \end{aligned}$$

d'où

$$I_2(\sigma) = 2aI_0\left(\frac{\sin(2\pi a(\sigma-\sigma_0))}{2\pi a(\sigma-\sigma_0)} + \frac{\sin(2\pi a(\sigma+\sigma_0))}{2\pi a(\sigma+\sigma_0)}\right)\,.$$

I.C.3.d. Le graphe de $I_2(\sigma)$ est de la forme suivante :

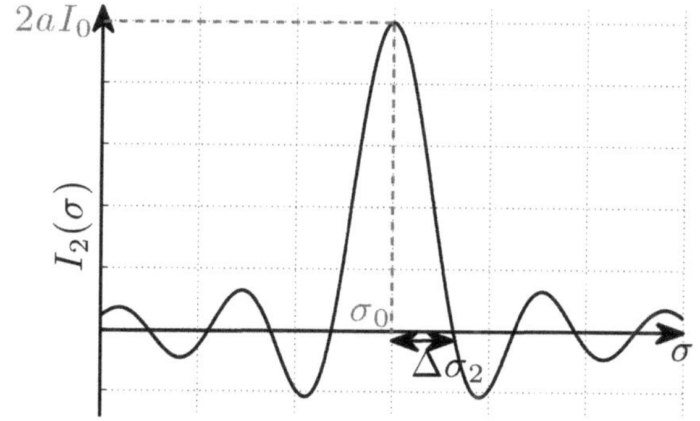

En utilisant la définition de la largeur à mi-hauteur, nous obtenons :

$$2\pi a \Delta\sigma_2 = \pi \Rightarrow \Delta\sigma_2 = \frac{1}{2a} \, .$$

Ainsi plus a est grand, plus la raie centrale est fine.
Nous définissons le pouvoir de résolution de la manière suivante :

$$\frac{\Delta\sigma_2}{\sigma_0} = \frac{1}{2a\sigma_0} \, .$$

Ainsi plus σ_0 est grand (à a fixé) meilleure est la résolution.

I.C.4.

I.C.4.a. Par définition de la transformée de Fourier, nous avons :

$$\begin{aligned}
I_3(\sigma) =& 2\int_{-a}^{a} I_0 \cos(2\pi\sigma_0\delta)\left(1 - \left|\frac{\delta}{a}\right|\right) \mathrm{e}^{-2j\pi\sigma\delta}\,\mathrm{d}\delta \\
=& 2I_0 \left(\int_0^a \cos(2\pi\sigma_0\delta)\left(1 - \frac{\delta}{a}\right)\mathrm{e}^{-2j\pi\sigma\delta}\,\mathrm{d}\delta\right. \\
& \left. + \int_{-a}^{0} \cos(2\pi\sigma_0\delta)\left(1 + \frac{\delta}{a}\right)\mathrm{e}^{-2j\pi\sigma\delta}\,\mathrm{d}\delta\right) \\
=& 2I_0 \left(\int_0^a \cos(2\pi\sigma_0\delta)\left(1 - \frac{\delta}{a}\right)\mathrm{e}^{-2j\pi\sigma\delta}\,\mathrm{d}\delta\right. \\
& \left. + \int_0^a \cos(2\pi\sigma_0\kappa)\left(1 - \frac{\kappa}{a}\right)\mathrm{e}^{2j\pi\sigma\kappa}\,\mathrm{d}\kappa\right) \, .
\end{aligned}$$

Au cours de ces deux étapes, nous avons effectué le changement de variable $\kappa = -\delta$ et nous avons inversé les bornes de l'intégrale dans la seconde intégrale. Finalement,

$$\begin{aligned}
I_3(\sigma) =& 4I_0 \int_0^a \left(1 - \left|\frac{\delta}{a}\right|\right) \cos(2\pi\sigma_0\delta)\cos(2\pi\sigma\delta)\,\mathrm{d}\delta \\
=& 2I_0 \int_0^a \left(1 - \left|\frac{\delta}{a}\right|\right) \left[\cos(2\pi\,(\sigma - \sigma_0)\,\delta) + \cos(2\pi\,(\sigma + \sigma_0)\,\delta)\right]\,\mathrm{d}\delta \, .
\end{aligned}$$

Remarque : Nous utilisons la relation :$\cos(a)\cos(b) = \dfrac{1}{2}\left[\cos(a-b) + \cos(a+b)\right]$.

I.C.4.b. Le graphe de I_3 est de la forme :

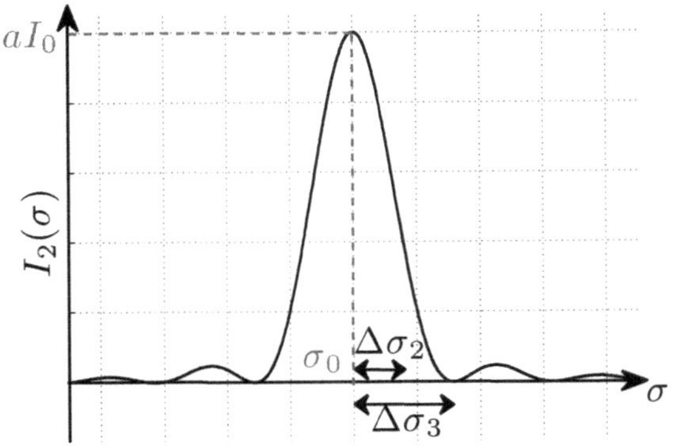

L'apodisation a donc deux conséquences :

1. Les pics secondaires sont atténués du fait de l'élévation au carré du sinus cardinal, et il y a disparition des parties négatives de l'intensité.
2. Le pic central est élargi et son intensité est diminué.

L'apodisation diminue donc la luminosité et la nouvelle résolution s'écrit $\Delta\sigma_3 = \dfrac{1}{a} > \Delta\sigma_2 = \dfrac{1}{2a}$. Cette méthode diminue donc la résolution du spectre.

II. Spectroscopie à réseau

II.A. Interférence par division du front d'onde

II.A.1. Quelques exemples de dispositifs de division du front d'onde : trous d'Young, fentes d'Young, réseau, bi-prisme de Fresnel, miroirs de Fresnel.

II.A.2.

II.A.2.a. Pour observer ces interférences à l'infini, il faut placer un écran dans le plan focal image d'une lentille convergente.

II.A.2.b. La longueur d'onde de 550 nm correspond au vert.

II.A.2.c. En utilisant les notations du schéma, nous obtenons :

$$\delta\phi_1 = \frac{2\pi}{\lambda}\delta_1 = \frac{2\pi}{\lambda}2a\sin(i)\ .$$

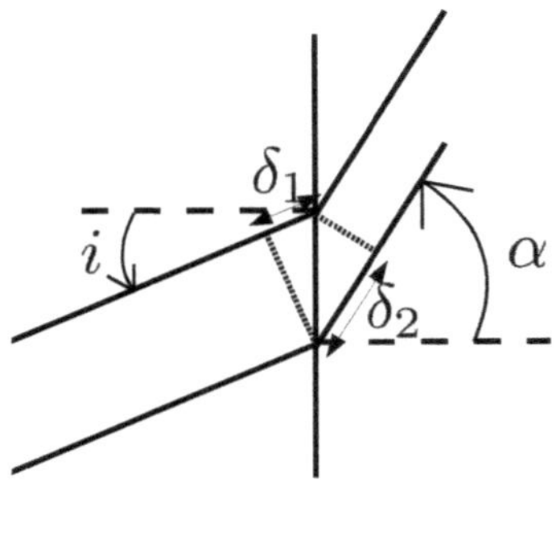

Remarque : Attention les angles sont comptés positivement dans le sens trigonométrique.

II.A.3.

II.A.3.a. A la sortie du réseau, un second déphasage apparaît :

$$\delta\phi_2 = \frac{2\pi}{\lambda}\delta_2 = -\frac{2\pi}{\lambda}2a\sin(\alpha)\,.$$

Finalement, le déphasage total s'écrit :

$$\delta\phi = \delta\phi_1 + \delta\phi_2 = \frac{2\pi}{\lambda}2a(\sin(i) - \sin(\alpha))\,. \tag{2}$$

Or $i \ll 1$ rad et nous supposons que $\alpha \ll 1$ rad. Ainsi $\sin(x) \sim x$. Par définition, l'inter-frange $\mathcal{I}$ vérifie $\frac{2\pi}{\lambda}2a\mathcal{I} = 2\pi$. Ainsi l'inter-frange angulaire $\mathcal{I}$ vaut $\lambda/2a$.

II.A.3.b. A.N : $\mathcal{I} = \frac{\lambda}{2a} = \frac{550}{2 \times 250.10^3} = 1,1.10^{-3}$ rad.

Le centre de la figure d'interférence est obtenu lorsque la différence de marche est nulle, c'est-à-dire $\alpha = i = 5\,°$.

II.A.3.c. La distance entre deux franges sera $\delta_x = f\tan(\mathcal{I}) \approx f\mathcal{I} = 1,1$ mm avec f la distance focale.

L'inter-frange est suffisamment grande pour que l'on puisse distinguer deux franges successives.

II.A.4. Le nombre de franges observables est limité par la diffraction des fentes qui module l'intensité globale par un sinus cardinal.

II.B. Interférences à N ondes. Réseau par transmission

II.B.1. Le calcul est identique à celui effectué à la question II.A.3, d'où :

$$\delta_1 = 2a(\sin i - \sin\alpha)\,.$$

II.B.2. Il y a un maximum de lumière lorsque la différence de marche est un multiple de la longueur d'onde : $\delta_1 = k\lambda$, $k \in \mathbb{Z}$. Ce qui définit des angles α tels que :

$$\sin\alpha = -k\frac{\lambda}{2a} + \sin i\,.$$

Si nous gardons $\alpha \ll 1$ et $i \ll 1$ la relation devient :

$$\alpha = k\frac{\lambda}{2a} + i\,. \tag{3}$$

II.B.3. Par définition $\underline{s_p} = \underline{s_0}e^{jp\frac{2\pi}{\lambda}\delta_1}$.

Nous en déduisons alors l'amplitude lumineuse totale en sommant les contributions de chaque fente :

$$\underline{s_{tot}} = \sum_{p=0}^{N-1}\underline{s_p} = \underline{s_0}\sum_{p=0}^{N-1}\left(e^{j\frac{2\pi}{\lambda}\delta_1}\right)^p = \underline{s_0}\frac{1 - e^{jN\frac{2\pi}{\lambda}\delta_1}}{1 - e^{j\frac{2\pi}{\lambda}\delta_1}} = \underline{s_0}\frac{e^{j\frac{N}{2}\frac{2\pi}{\lambda}\delta_1}}{e^{j\frac{\pi}{\lambda}\delta_1}}\frac{\sin\left(\frac{2\pi}{\lambda}\frac{N}{2}\delta_1\right)}{\sin\left(\frac{\pi}{\lambda}\delta_1\right)}$$

Ici, il faut penser à factoriser le numérateur par $e^{j\frac{N}{2}\frac{2\pi}{\lambda}\delta_1}$ pour pouvoir utiliser la deuxième relation donnée (idem pour le dénominateur). Nous obtenons alors pour l'intensité obtenue dans la direction α :

$$I_\alpha = \left|\underline{s_{\text{tot}}}\right|^2 = \left|\underline{s_0}\right|^2 \left(\frac{\sin\left(\dfrac{2\pi}{\lambda} Na(\sin i - \sin\alpha)\right)}{\sin\left(\dfrac{2\pi}{\lambda} a(\sin i - \sin\alpha)\right)} \right)^2 . \tag{4}$$

II.B.4. En supposant que l'observation des franges s'effectue pour α compris entre $-\pi$ et $+\pi$ (avec $i \ll 1$), alors :

$$1 - \sin i = \frac{k_{\text{max}}\lambda}{2a} \quad \text{et} \quad -1 - \sin i = \frac{k_{\text{min}}\lambda}{2a} .$$

Soit :

$$\begin{cases} k_{\text{max}} \approx (1-i)\,\dfrac{2a}{\lambda} = \left(1 - 5 \times \dfrac{\pi}{180}\right) \dfrac{2 \times 10^{-6}}{550.10^{-9}} = 3 . \\ k_{\text{min}} \approx (-1-i)\,\dfrac{2a}{\lambda} = \left(-1 - 5 \times \dfrac{\pi}{180}\right) \dfrac{2 \times 10^{-6}}{550.10^{-9}} = -3 . \end{cases}$$

Nous pouvons donc observer jusqu'à l'ordre 3 dans des conditions idéales. En pratique, $\underline{s_0}$ dépend de l'angle α en raison de la diffraction qui intervient au niveau de chaque fente. Un terme en $\dfrac{\sin x}{x}$ intervient alors et module l'intensité, les franges n'auront donc pas toutes la même intensité.

II.C. Interférences entre N miroirs. Réseau par réflexion

II.C.1. A l'aide du dessin nous obtenons : $\delta_2 = 2a(\sin i + \sin\alpha)$.

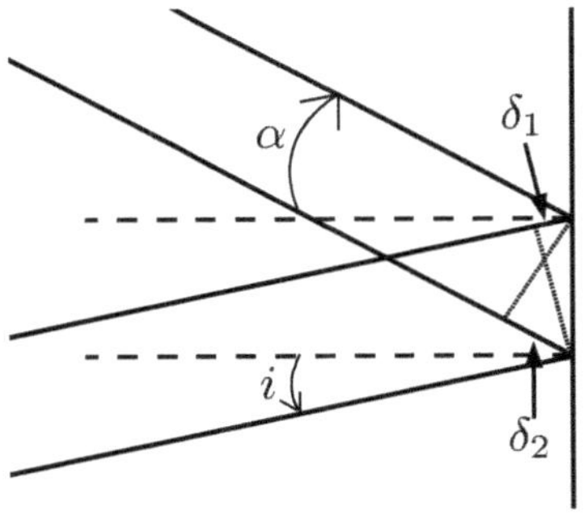

Encore une fois, les angles sont comptés positivement dans le sens trigonométrique.

II.C.2. Il faut que $\delta_2 = k\lambda$, $k \in \mathbb{Z}$ pour avoir un maximum de lumière. Ici, les positions des maxima de lumière sont les symétriques par rapport à l'axe Ox des positions des maxima de la partie précédente.

II.C.3. Il suffit de remplacer δ_1 par δ_2 dans les expressions de l'amplitude complexe et de l'intensité trouvées dans les questions précédentes, d'où :

$$\underline{s_{tot}} = \underline{s_0}\,\frac{e^{j\frac{N}{2}\frac{2\pi}{\lambda}\delta_1}}{e^{j\frac{\pi}{\lambda}\delta_1}}\,\frac{\sin\left(\frac{2\pi}{\lambda}\frac{N}{2}\delta_1\right)}{\sin\left(\frac{\pi}{\lambda}\delta_1\right)} \text{ et } I_\alpha = |\,\underline{s_0}\,|^2 \left(\frac{\sin\left(\frac{2\pi}{\lambda}Na(\sin i + \sin\alpha)\right)}{\sin\left(\frac{2\pi}{\lambda}a(\sin i + \sin\alpha)\right)}\right)^2 .$$

II.C.4. Pour $k = 1$:

$\alpha = \arcsin\left(\frac{\lambda}{2a} - \sin i\right) = \arcsin\left(\frac{550.10^{-9}}{2.10^{-6}} - \sin\frac{5\times\pi}{180}\right) = 10,8\,°.$

Pour $k = -1$:

$\alpha = \arcsin\left(-\frac{\lambda}{2a} - \sin i\right) = \arcsin\left(-\frac{550.10^{-9}}{2.10^{-6}} - \sin\frac{5\times\pi}{180}\right) = -21,2\,°.$

Ces positions sont bien symétriques par rapport à l'ordre 0 situé en $\alpha = -5°$.

II.D. Utilisation du réseau par réflexion

II.D.1. Les rayons qui passent par le foyer image de la lentille arrivent perpendiculairement à cette dernière. Ainsi $\alpha = 0$. Par ailleurs nous devons obtenir cette condition pour un ordre 2, d'où :

$$\arcsin\left(\frac{2\lambda}{2a} - \sin(i)\right) = 0\,.$$

Ainsi $i = \arcsin\left(\frac{\lambda}{a}\right) = \arcsin\left(\frac{550.10^{-9}}{10^{-6}}\right) = 33,4\,°.$

II.D.2. Si $\lambda = \lambda_0 + \Delta\lambda$ avec $\frac{\Delta\lambda}{\lambda_0} = \frac{\lambda - \lambda_0}{\lambda_0} \ll 1$, nous en déduisons alors :

$$\alpha = \arcsin\left(\underbrace{-\frac{2\lambda_0}{2a} - \sin i}_{=0} - \frac{2\Delta\lambda}{2a}\right) = \arcsin\left(-\frac{\Delta\lambda}{a}\right) \approx -\frac{\Delta\lambda}{a}\,.$$

Ainsi,

$$x = f'\tan\alpha \approx -f'\frac{\Delta\lambda}{a}\,. \tag{5}$$

II.D.3. En utilisant l'équation (5), nous obtenons $x_{max} = \frac{b}{2} = f'\frac{\Delta\lambda_{max}}{2a}$. D'où $\Delta\lambda_{max} = \frac{ab}{f'} = \frac{10^{-6}\times 10^{-4}}{1} = 10^{-10}\text{ m} = 0,1\text{ nm}.$

La bande passante ne dépend pas de λ, c'est-à-dire que le monochromateur permet d'obtenir une onde dont la largeur spectrale est la même quelque soit la fréquence moyenne. Par ailleurs, plus le réseau a de bandes par millimètre, meilleure est la résolution.

III. Spectroscopie par résonance magnétique nucléaire (RMN)

III.A. Obtention d'un signal RMN dans un circuit d'antenne

III.A.1.

III.A.1.a. Pour générer un champ magnétique intense, il faut une source de courant intense. Or pour un conducteur ohmique, la dissipation par effet joule est proportionnelle au carré de l'intensité, ce qui représente des pertes très importantes. Avec un matériau supraconducteur, on supprime complètement la dissipation par effet Joule.

III.A.1.b. Actuellement, on utilise des champs magnétiques de l'ordre de la dizaine de Tesla (le dernier spectromètre 1 GHz utilise un champ à 23,5 T).

III.A.2. Effet gyroscopique

III.A.2.1. Rappelons l'expression de la force de Laplace qui s'exerce que une portion d'un circuit électrique :

$$d\overrightarrow{F}_{\text{Laplace}} = i\overrightarrow{dl} \wedge \overrightarrow{B} = i(t)r\mathrm{d}\theta\,\overrightarrow{e_\theta} \wedge B\overrightarrow{e_z}$$

avec les vecteurs définis sur le schéma suivant.

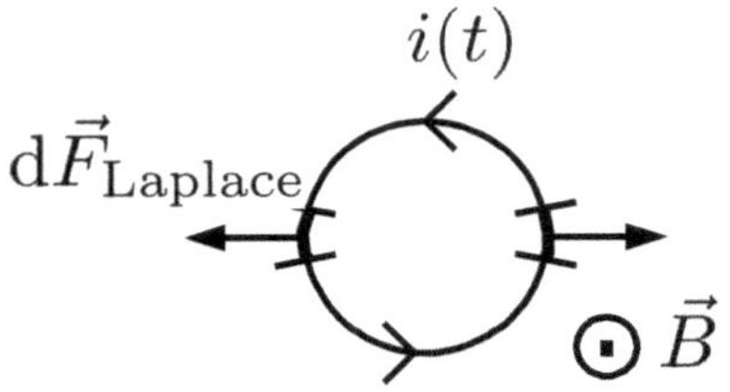

Nous remarquons alors que $d\overrightarrow{F}_{\text{Laplace}}$ est selon le vecteur $\overrightarrow{e_r}$, ainsi si l'on intègre sur l'ensemble du circuit toutes les contributions vont se compenser deux à deux car le module de la force est indépendante de θ,et la résultante sera alors nulle.

III.A.2.2. Par définition $E_P = -\overrightarrow{\mathcal{M}} \cdot \overrightarrow{B_0}$. Pour minimiser l'énergie, il faut que $\overrightarrow{\mathcal{M}}$ soit colinéaire à $\overrightarrow{B_0}$ et de même sens.

III.A.2.3.

III.A.2.3.a. Le théorème du moment cinétique donne l'équation :

$$\frac{d\overrightarrow{\sigma}}{dt} = \overrightarrow{\Gamma} = \overrightarrow{\mathcal{M}} \wedge \overrightarrow{B} \,. \tag{6}$$

Or $\overrightarrow{\sigma} = 1/\gamma\overrightarrow{\mathcal{M}}$.

En utilisant les deux relations précédentes et en faisant le produit scalaire avec $\overrightarrow{\mathcal{M}}$ nous obtenons :

$$\frac{1}{\gamma}\overrightarrow{\mathcal{M}} \cdot \frac{d\overrightarrow{\mathcal{M}}}{dt} = 0 = \frac{1}{\gamma}\frac{d\,\|\overrightarrow{\mathcal{M}}\|^2}{dt} \,. \tag{7}$$

La norme de $\overrightarrow{\mathcal{M}}$ est donc constante.

III.A.2.3.b. En projetant l'équation (6) sur $\overrightarrow{u_z}$ avec $\overrightarrow{B} = B_0\overrightarrow{u_z}$, nous obtenons :

$$\frac{1}{\gamma}\frac{\mathrm{d}\overrightarrow{\mathcal{M}}}{\mathrm{d}t} = \frac{1}{\gamma}\frac{\mathrm{d}}{\mathrm{d}t}\begin{pmatrix}\mathcal{M}_x\\ \mathcal{M}_y\\ \mathcal{M}_z\end{pmatrix} = \overrightarrow{\mathcal{M}} \wedge \overrightarrow{B} = \begin{pmatrix}\mathcal{M}_x\\ \mathcal{M}_y\\ \mathcal{M}_z\end{pmatrix} \wedge \begin{pmatrix}0\\ 0\\ B_0\end{pmatrix} = \begin{pmatrix}\mathcal{M}_y B_0\\ -\mathcal{M}_x B_0\\ 0\end{pmatrix}.$$

Nous remarquons immédiatement que $\frac{\mathrm{d}\overrightarrow{\mathcal{M}_z}}{\mathrm{d}t} = 0$, ainsi la projection de $\overrightarrow{\mathcal{M}}$ sur l'axe z est constante.

III.A.2.3.c. D'après la question III.A.2.3.a, $\|\mathcal{M}\|^2$ est constant. Par ailleurs nous avons vu au cours de la question précédente que $\mathcal{M}_z$ est également constant, d'où :

$$\mathcal{M}_x^2 + \mathcal{M}_y^2 = \|\overrightarrow{\mathcal{M}}\|^2 - \mathcal{M}_z^2 .$$

Le terme de droite étant constant, il est clair que la projection de $\overrightarrow{\mathcal{M}}$ sur le plan (xOy) décrit un cercle de rayon constant. L'angle entre $\overrightarrow{\mathcal{M}}$ et $\overrightarrow{B_0}$ est constant et vaut $\theta = \arccos\left(\frac{\mathcal{M}_z}{\|\overrightarrow{\mathcal{M}}\|}\right)$.

III.A.2.3.d. La question précédente réponds partiellement à celle-ci. Le rayon du cercle vaut $R = \|\overrightarrow{\mathcal{M}}\| \sin\theta$.

III.A.2.4. Nous avons vu que :

$$\frac{\mathrm{d}\overrightarrow{\mathcal{M}}}{\mathrm{d}t} = -\gamma\overrightarrow{B_0} \wedge \overrightarrow{\mathcal{M}} = \overrightarrow{\omega_0} \wedge \overrightarrow{\mathcal{M}} .$$

En reprenant le système de la question III.A.2.3.b et en prenant $\overrightarrow{\omega_0} = -\omega_0\overrightarrow{u_z} = -\gamma B_0\overrightarrow{u_z}$, nous obtenons :

$$\begin{cases}\dfrac{\mathrm{d}\mathcal{M}_x}{\mathrm{d}t} = \omega_0\mathcal{M}_y\\[2mm] \dfrac{\mathrm{d}\mathcal{M}_y}{\mathrm{d}t} = -\omega_0\mathcal{M}_x\end{cases}$$

Avec le changement de fonction proposé, il vient :

$$\frac{\mathrm{d}\underline{\mathcal{M}}}{\mathrm{d}t} = -j\omega_0\underline{\mathcal{M}} .$$

Les solutions sont de la forme : $\underline{\mathcal{M}} = \underline{A}\exp(-j\omega_0 t) = A\exp(-j\omega_0 t + j\alpha)$ où A et α sont des constantes réelles.

III.A.2.5. A.N. : $f_0 = \dfrac{\gamma B_0}{2\pi} = \dfrac{2,675.10^8 \times 4,70}{2\pi} = 200\,\mathrm{MHz}$.

III.A.3. Étude du phénomène d'aimantation paramagnétique associée aux noyaux

III.A.3.1. Par définition $\Delta E = E^- - E^+ = \gamma B_0\hbar/2 - (-\gamma B_0\hbar/2) = \gamma B_0\hbar = \hbar\omega_0$. La fréquence associée à l'écart énergétique entre les deux états possible correspond à la fréquence de précession des spins nucléaires des protons.

III.A.3.2. Nous avons immédiatement :

$$\frac{N^+}{N^-} = \frac{\exp\left(-\frac{E_p^+}{k_BT}\right)}{\exp\left(-\frac{E_p^-}{k_BT}\right)} = \exp\left(\frac{\Delta E}{k_BT}\right) = \exp\left(\frac{\gamma\hbar B_0}{k_BT}\right) .$$

Remarque : Ici les deux états ne sont pas dégénérés, il n'y a pas de terme lié à la dégénérescence à prendre en compte dans la distribution de Boltzmann.

III.A.3.3. Nous avons $\frac{N^+}{N^-} = \exp(x')$ et $N^+ + N^- = N$, d'où :

$$N^- = \frac{N}{1+\exp(x')} \quad \text{et} \quad N^+ = \frac{N\exp(x')}{1+\exp(x')} .$$

Si $x' \to 0$, alors $N^+ \approx N^-$ avec une probabilité égale pour les deux états. Ce résultat est logique car aucun des deux états n'est privilégié énergétiquement.
Si $x' \to +\infty$, alors $N^+ \approx N$. Seul l'état de plus faible énergie est peuplé, le coût énergétique pour peupler l'état «-» étant trop important.

III.A.3.4. Nous avons donc :

$$\begin{aligned}\overrightarrow{\mathcal{M}_0} =& \frac{\gamma\hbar}{2}(N^+ - N^-)\overrightarrow{u_z} = N\frac{\gamma\hbar}{2}\left(\frac{\exp(x')}{1+\exp(x')} - \frac{1}{1+\exp(x')}\right)\overrightarrow{u_z} \\ =& N\frac{\gamma\hbar}{2}\left(\frac{\exp(x')-1}{1+\exp(x')}\right)\overrightarrow{u_z} = N\frac{\gamma\hbar}{2}\frac{\exp\left(\frac{x'}{2}\right) - \exp\left(-\frac{x'}{2}\right)}{\exp\left(\frac{x'}{2}\right) + \exp\left(-\frac{x'}{2}\right)}\overrightarrow{u_z} \\ =& N\gamma\frac{\hbar}{2}\tanh\left(\frac{x'}{2}\right)\overrightarrow{u_z} .\end{aligned}$$

III.A.3.5.

III.A.3.5.a. A.N. : $x' = \beta\hbar\gamma B_0 = \dfrac{2,675.10^8 \times 4,70 \times 1,055.10^{-34}}{1,381.10^{-23} \times 300} = 3,20.10^{-5}$.

III.A.3.5.b. Si $x' \ll 1$ nous pouvons effectuer un développement limité de la tangente hyperbolique :

$$\overrightarrow{\mathcal{M}_0} \approx N\gamma\frac{\hbar}{2}\frac{x'}{2}\overrightarrow{u_z} = N\left(\frac{\gamma\hbar}{2}\right)^2\frac{B_0}{k_BT}\overrightarrow{u_z} .$$

III.A.3.6.

III.A.3.6.a. $\overrightarrow{\mathcal{M}_0}$ a une dépendance quadratique en γ.

III.A.3.6.b. $\overrightarrow{\mathcal{M}_0}$ a une dépendance linéaire en B_0.

III.A.3.6.c. $\overrightarrow{\mathcal{M}_0}$ est inversement proportionnel à T.

III.A.3.6.d. Pour avoir une aimantation la plus élevée possible, il faut un champ magnétique très intense, ce qui permet d'aligner tous les spins dans la même direction, et une température la plus faible possible, afin de diminuer la répartition aléatoire des spins due au mouvement Brownien.

III.A.3.7. $\overrightarrow{\mathcal{M}_0}$ n'est pas affecté car nous nous intéressons uniquement à la composante selon z qui n'est pas affectée par la précession autour de l'axe z.

III.A.4. Prise en compte de la relaxation dans l'étude de la résonance magnétique

III.A.4.1. L'application du TMC donne une nouvelle équation d'évolution de $\overrightarrow{\mathcal{M}}$:

$$\left(\frac{\mathrm{d}\overrightarrow{\mathcal{M}}}{\mathrm{d}t}\right)_{R_0} = -\omega_0 \overrightarrow{u_z} \wedge \overrightarrow{\mathcal{M}} + \frac{\overrightarrow{\mathcal{M}_0} - \mathcal{M}_z \overrightarrow{u_z}}{T_1} - \frac{\overrightarrow{\mathcal{M}_\perp}}{T_2}\,. \tag{8}$$

En projetant cette relation sur $\overrightarrow{u_z}$ nous obtenons :

$$\frac{\mathrm{d}\mathcal{M}_z}{\mathrm{d}t} = \frac{\mathcal{M}_0 - \mathcal{M}_z}{T_1}\,.$$

III.A.4.2. Il vient alors : $\mathcal{M}_z(t) = A + B\mathrm{e}^{-\frac{t}{T_1}}$, avec A et B des constantes d'intégration

Par ailleurs $\mathcal{M}_z(0) = 0$ et $\mathcal{M}_z(\infty) = \mathcal{M}_0$ car le système retourne à l'équilibre aux temps longs, d'où

$$\mathcal{M}_z(t) = \mathcal{M}_0\left(1 - \mathrm{e}^{-\frac{t}{T_1}}\right),$$

ce qui correspond bien à une relaxation.

III.A.4.3. Par projection de la relation (8) sur le plan xOy, nous obtenons la relation demandée :

$$\left(\frac{\mathrm{d}\overrightarrow{\mathcal{M}_\perp}}{\mathrm{d}t}\right)_{R_0} = -\omega_0 \overrightarrow{u_z} \wedge \overrightarrow{\mathcal{M}_\perp} - \frac{\overrightarrow{\mathcal{M}_\perp}}{T_2}\,. \tag{9}$$

III.A.4.4. En utilisant la définition de l'énoncé nous obtenons :

$$\begin{aligned}
\frac{\mathrm{d}\overrightarrow{\mathcal{M}_1}}{\mathrm{d}t} &= \frac{\mathrm{d}\overrightarrow{\mathcal{M}_\perp}}{\mathrm{d}t}\mathrm{e}^{\frac{t}{T_2}} + \frac{1}{T_2}\overrightarrow{\mathcal{M}_\perp}\mathrm{e}^{\frac{t}{T_2}} \\
&= -\,\omega_0 \overrightarrow{u_z} \wedge \overrightarrow{\mathcal{M}_\perp}\mathrm{e}^{\frac{t}{T_2}} - \frac{\overrightarrow{\mathcal{M}_\perp}}{T_2} \times \mathrm{e}^{\frac{t}{T_2}} + \frac{1}{T_2}\overrightarrow{\mathcal{M}_\perp}\mathrm{e}^{\frac{t}{T_2}} \\
&= -\,\omega_0 \overrightarrow{u_z} \wedge \overrightarrow{\mathcal{M}_1}\,.
\end{aligned}$$

III.A.4.5.

III.A.4.5.a. Par projection de $\overrightarrow{M}_1$ dans le plan (xOy) : $\begin{cases} \dfrac{\mathrm{d}\mathcal{M}_{1x}}{\mathrm{d}t} = \omega_0 \mathcal{M}_{1y} \\ \dfrac{\mathrm{d}\mathcal{M}_{1y}}{\mathrm{d}t} = -\omega_0 \mathcal{M}_{1x} \end{cases}$.

III.A.4.5.b. Par la méthode de la variable complexe, il vient :

$$\frac{\mathrm{d}\underline{\mathcal{M}_1}}{\mathrm{d}t} = -j\omega_0 \underline{\mathcal{M}_1}\,.$$

III.A.4.5.c. Nous en déduisons : $\underline{\mathcal{M}_1} = \underline{A}\mathrm{e}^{-j\omega_0 t}$ où A est une constante d'intégration. Or $\underline{\mathcal{M}_1}(0) = -j\mathcal{M}_0$, d'où

$$\underline{\mathcal{M}_1} = -j\mathcal{M}_0\mathrm{e}^{-j\omega_0 t}\,.$$

III.A.4.5.d. Il vient alors $\mathcal{M}_\perp = -\mathcal{M}_0 \exp\left(-\frac{t}{T_2}\right)\left(\sin(\omega_0 t)\overrightarrow{u_x} + \cos(\omega_0 t)\overrightarrow{u_y}\right)$

et ainsi $\mathcal{M}_x = -\mathcal{M}_0 \sin(\omega_0 t) \exp\left(-\frac{t}{T_2}\right)$.

Remarque : Il doit y avoir une erreur d'énoncé : « En déduire $\underline{\mathcal{M}_1}$» doit probablement être remplacé par « En déduire $\mathcal{M}_\perp$».

III.A.4.6. Il faut vérifier que la longueur du circuit est suffisamment petite pour que le temps de propagation de l'onde électromagnétique soit négligeable.

$$\lambda = \frac{c}{f} = \frac{3.10^8}{200.10^6} = \frac{3}{2} = 1{,}5\ \mathrm{m}\,.$$

Or $L_{\text{circuit}} \approx 10^{-2}$ m, d'où $L_{\text{circuit}} \ll \lambda$. L'approximation des états quasi-stationnaire est remplie pour ce circuit.

III.A.4.7. La force électromotrice est une conséquence du phénomène d'induction de Lenz.

III.A.4.8. L'application de la loi de Faraday donne :

$$\begin{aligned} e(t) &= -\frac{\mathrm{d}\,\Phi_{\text{protons}\to\text{bob}}}{\mathrm{d}\,t} = -k\frac{\mathrm{d}\,\mathcal{M}_x}{\mathrm{d}\,t} \\ &= k\mathcal{M}_0 \times \mathrm{e}^{-\frac{t}{T_2}}\left(\omega_0\cos(\omega_0 t) - \frac{1}{T_2}\sin(\omega_0 t)\right)\,. \end{aligned}$$

III.A.4.9. Nous avons $\omega_0 \approx 10^8$ rad.s^{-1} $\gg \frac{1}{T_2} \approx 1$ rad.s^{-1}, ainsi le terme en sinus peut être négligé car il a une amplitude qui est de 8 ordres de grandeur plus petite que le terme en cosinus.

III.A.4.10.

III.A.4.10.a. Nous avons $\omega_0 = \gamma B_0$ et $\mathcal{M}_0 = N\left(\frac{\gamma\hbar}{2}\right)^2\frac{B_0}{k_B T}$ d'où :

$$e(t) = N\frac{k\gamma^3}{k_B T}\left(\frac{\hbar B_0}{2}\right)^2\cos(\gamma B_0 t)\exp\left(-\frac{t}{T_2}\right)\,. \qquad (10)$$

III.A.4.10.b. Plus B_0 est élevé, plus le rapport signal sur bruit augmente. Nous augmentons donc le seuil de détection et la résolution du système.

III.A.5. Étude du circuit de l'antenne

III.A.5.1. La facteur Q correspond au rapport entre la valeur maximale du gain à la résonance et celle du gain statique.

III.A.5.2.

III.A.5.2.a. Nous avons $\dfrac{L\omega_0}{R} = 100$, avec $\omega_0 = 2\pi \times 200.10^6$ rad.s^{-1} et $R \approx 1\,\Omega$. Ainsi

$$L = \frac{100R}{\omega_0} = \frac{100}{200.10^6 \times 2\pi} = 8.10^{-8}\,\text{H}\,,$$

et

$$C = \frac{1}{L\omega_0^2} = \frac{1}{8.10^{-8} \times 4\pi^2 \times 40000.10^{12}} = 8\,\text{pF}\,.$$

III.A.5.2.b. Les deux valeurs calculées sont extrêmement basses, les valeurs usuelles pour une bobine sont de l'ordre du mH et du nF pour un condensateur.

III.A.5.3. Aux basses fréquences, le condensateur se comporte comme un interrupteur ouvert, car son impédance diverge, donc la tension en sortie u_s est nulle.

Aux hautes fréquences, la bobine se comporte comme un interrupteur ouvert, car son impédance diverge lorsque ω tend vers l'infinie. La tension en sortie u_s est donc nulle.

Le filtre se comporte donc comme un passe-bande.

III.A.5.4. L'impédance équivalente du circuit vaut :

$$Z_{\text{eq}} = R + jL\omega + \frac{1}{jC\omega} = \frac{jRC\omega - LC\omega^2 + 1}{jC\omega}\,.$$

De plus, en appliquant la formule du pont diviseur de tension : $\underline{u_s} = \dfrac{R'}{Z_{\text{eq}}}\underline{e_1}$, nous obtenons alors :

$$\underline{H}(j\omega) = \frac{\underline{\underline{u_s}}}{\underline{e_1}} = \frac{jR'C\omega}{1 - LC\omega^2 + j(r + R')C\omega}\,. \tag{11}$$

III.A.5.5. Il suffit alors de diviser le numérateur et le dénominateur par $jRC\omega$ puis de remplacer $1/C$ par $L\omega_0^2$. Pour finir nous posons $u = \omega/\omega_0$.

$$\underline{H}(j\omega) = \frac{R'/R}{\dfrac{1}{jRC\omega} + \dfrac{jL\omega}{R} + 1} = \frac{a}{-\dfrac{jL\omega_0}{R}\dfrac{\omega_0}{\omega} + \dfrac{jL\omega_0}{R}\dfrac{\omega}{\omega_0} + 1} = \frac{a}{1 + jQ\left(u - \dfrac{1}{u}\right)}$$

III.A.5.6.

III.A.5.6.a. $H = \dfrac{a}{\sqrt{1 + Q^2\left(u - \dfrac{1}{u}\right)^2}}$ est le gain en tension, c'est le rapport de l'amplitude d'un signal sinusoïdal aux bornes de la résistance sur celle de la source d'alimentation. Pour maximiser H, il faut minimiser le terme $\left(u - \dfrac{1}{u}\right)$. Nous remarquons que pour $u = 1$ il vaut 0, nous avons alors $H(1) = H_{\max} = a$.

III.A.5.6.b. Il faut chercher les deux pulsations telles que $H = \dfrac{H_{\max}}{\sqrt{2}}$.

Or $Q^2\left(u - \dfrac{1}{u}\right)^2 = 1$ si :

$$\left(u_1 - \frac{1}{u_1}\right) = \frac{1}{Q} \quad \text{ou} \quad \left(u_2 - \frac{1}{u_2}\right) = -\frac{1}{Q}\,.$$

Il faut donc résoudre les deux équations :

$$u^2 - \frac{1}{Q}u - 1 = 0 \quad \text{et} \quad u^2 + \frac{1}{Q}u - 1 = 0$$

Pour les deux polynôme le discriminant vaut : $\Delta = \dfrac{1}{Q^2} + 4$. Les deux racines positives sont respectivement :

$$u_1 = \frac{1}{2Q} + \sqrt{\frac{1}{4Q^2} + 1} \quad \text{et} \quad u_2 = -\frac{1}{2Q} + \sqrt{\frac{1}{4Q^2} + 1}$$

d'où $\Delta u = \dfrac{1}{Q}$. Nous en déduisons alors $\Delta\omega = \dfrac{\omega_0}{Q}$.

III.A.5.6.c. Il vient immédiatement $Q' = \dfrac{\omega_0}{\Delta\omega} = Q$. Le facteur de surtension à la résonance est également un indice de la largeur de la bande passante du filtre, c'est pourquoi on le nomme également le facteur de qualité.

III.A.6. Mise en forme du signal RMN

III.A.6.1. Ce filtre permet de sélectionner la composante fréquentielle ω_0 du signal émis par l'échantillon. Nous pouvons ainsi remonter à des valeurs d'intérêt comme celle de T_2.

III.A.6.2. Calculons la valeur minimale :

$$\left(u - \frac{1}{u}\right)_{\min} = \frac{\omega_0 - \frac{3}{T_2}}{\omega_0} - \frac{\omega_0}{\omega_0 - \frac{3}{T_2}} \approx -\frac{6}{\omega_0 T_2}$$
$$\approx -\frac{6}{2\pi \times 100.10^6 \times 1} \approx -10^{-8}\,.$$

Remarque : Nous avons effectuer un développement limité au premier ordre en $\dfrac{1}{\omega_0 T_2}$. On rappelle la relation $1/(1-x) \approx 1 + x$ pour $x \ll 1$.

Calculons la valeur maximale :

$$\left(u - \frac{1}{u}\right)_{\max} = \frac{\omega_0 + \frac{3}{T_2}}{\omega_0} - \frac{\omega_0}{\omega_0 + \frac{3}{T_2}} \approx \frac{6}{\omega_0 T_2} = 10^{-8}\,.$$

III.A.6.3. Étant donné la très faible variation de $g(u)$ sur l'intervalle considéré, nous pouvons considérer que $g(u) \approx g(0) = 0$. Ainsi $\underline{H}$ est constant et égal à a.

III.A.6.4. Nous avons donc $u_s(t) = H \times e(t) \approx a \times e(t)$.

III.A.6.5.

III.A.6.5.a. La loi des mailles appliquée au circuit donne :

$$e(t) = u_L(t) + u_C(t) + u_S(t) ,$$

or :

$$u_L(t) = L\frac{\mathrm{d}\,i}{\mathrm{d}\,t} + ri(t) \quad , \quad u_C(t) = \frac{q(t)}{C} \quad \text{et} \quad u_S(t) = R'i(t) .$$

Nous avons donc :

$$e(t) = L\frac{\mathrm{d}\,i}{\mathrm{d}\,t} + Ri(t) + \frac{1}{C}q(t) ,$$

avec $R = R' + r$.

III.A.6.5.b. En dérivant encore une fois l'équation obtenue nous obtenons :

$$\frac{\mathrm{d}\,e}{\mathrm{d}\,t} = L\frac{\mathrm{d}^2\,i}{\mathrm{d}t^2} + R\frac{\mathrm{d}\,i}{\mathrm{d}\,t} + \frac{1}{C}i(t) ,$$

$$\frac{1}{L}\frac{\mathrm{d}\,e}{\mathrm{d}\,t} = \frac{\mathrm{d}^2\,i}{\mathrm{d}t^2} + \frac{\omega_0}{Q}\frac{\mathrm{d}\,i}{\mathrm{d}\,t} + \omega_0^2 i(t) . \tag{12}$$

III.A.6.5.c. Le terme transitoire vérifie l'équation (12) où le terme de régime forcé est nul.

III.A.6.6. Le polynôme caractéristique de l'équation homogène est :

$$x^2 + \frac{\omega_0}{Q}x + \omega_0^2 = 0 .$$

Son discriminant vaut : $\Delta = \omega_0^2\left(\frac{1}{Q^2} - 4\right) \approx -4\omega_0^2$ car $Q \gg 1$. Ainsi les deux racines sont de la forme :

$$x = -\frac{\omega_0}{2Q} \pm i\omega_0 .$$

La solution de l'équation différentielle est alors :

$$\left(A_1 \mathrm{e}^{i\omega_0 t} + B_1 \mathrm{e}^{-i\omega_0 t}\right)\mathrm{e}^{-\frac{\omega_0 t}{2Q}} = \left(A\cos(\omega_0 t) + B\sin(\omega_0 t)\right)\mathrm{e}^{-\frac{\omega_0 t}{2Q}} ,$$

avec $A = \dfrac{A_1 + B_1}{2}$ et $B = \dfrac{A_1 - B_1}{2}$ et A_1 et B_1 des constantes d'intégration.

III.A.6.7. La présence de la bobine impose la continuité du courant d'où $i(0^+) = 0$ et $q(0^+) = 0$. De plus, la présence du condensateur impose la continuité de la dérivé du courant, ainsi $\left.\dfrac{\mathrm{d}\,i}{\mathrm{d}\,t}\right|_{t=0} = 0$.

III.A.6.8.

III.A.6.8.a. Cette condition s'écrit :

$$\frac{e^{-\frac{\omega_0 t}{2Q}}}{e^{-\frac{t}{T_2}}} < 10^{-2} \Rightarrow \left(-\frac{\omega_0}{2Q} + \frac{1}{T_2}\right) t < -2 \times \ln(10)\,.$$

D'où :

$$t > \frac{2 \times \ln(10)}{\dfrac{\omega_0}{2Q} - \dfrac{1}{T_2}}\,.$$

III.A.6.8.b. Avec les ordres de grandeur donnés nous avons $T_2 \gg \dfrac{2Q}{\omega_0}$. Ainsi si $t > T_2$, alors $t \gg \dfrac{2Q}{\omega_0}$, et d'après la question précédente et en utilisant à nouveau ces relations nous avons que $t \gg \dfrac{2 \times \ln(10)}{\dfrac{\omega_0}{2Q} - \dfrac{1}{T_2}}$

d'où :

$$\exp\left(-\frac{t}{T_2}\right) \gg \exp\left(-\frac{\omega_0 t}{2Q}\right)\,.$$

Ainsi $u_s(t) \approx ak\mathcal{M}_0\omega_0 \cos(\omega_0 t) \exp\left(-\dfrac{t}{T_2}\right)$ pendant quasiment toute la durée de l'enregistrement.

III.A.6.9. Dans toute la gamme opérationnelle du filtre, la fonction $g(u)$ est très proche de $g(0)$. Pour n'importe quelle fréquence de la gamme le gain est donc le même et égal à a. Nous avons alors $u_{s,i}(t) = ae_i(t)$.

III.A.6.10.

III.A.6.10.a. Soit la fonction $B(t) = \sum\limits_{i=1}^{N'} b_k(t)$. La moyenne de cette fonction donne alors par linéarité :

$$\langle B(t)\rangle = \left\langle \sum_{i=1}^{N'} b_k(t) \right\rangle = \sum_{i=1}^{N'} \langle b_k(t)\rangle = 0\,.$$

La variance donne quant à elle :

$$\begin{aligned}
\sigma_{bN'}^2 &= \left\langle \left(\sum_{k=1}^{N'} b_k(t) - \left\langle \sum_{k=1}^{N'} b_k(t) \right\rangle\right)^2 \right\rangle = \left\langle \left(\sum_{k=1}^{N'} b_k(t)\right)^2 \right\rangle \\
&= \left\langle \sum_{k=1}^{N'} b_k^2(t) \right\rangle + \underbrace{2\left\langle \sum_{k=1}^{N'} \sum_{l=i}^{N'} b_k(t) b_l(t) \right\rangle}_{=0 \text{ car les } b_k(t) \text{ sont indépendants}} \\
&= \sum_{k=1}^{N'} \sigma_b^2 = N'\sigma_b^2\,.
\end{aligned}$$

III.A.6.10.b. Par définition $u_{s,\text{exp,total}}(t) = \sum_{k=1}^{N'} u_{s,k,\text{exp}}(t) = \sum_{k=1}^{N'} (u_s(t) + b_k(t))$, d'où :

$$\left\langle u_{s,\text{exp,total}}(t) \right\rangle = N' u_s(t) \quad \text{car} \quad \left\langle \sum_{k=1}^{N'} b_k(t) \right\rangle = 0 \,.$$

III.A.6.10.c. Comme $\sigma_{bN'}$ varie en $\sqrt{N'}$, le rapport signal sur bruit est proportionnel à $\sqrt{N'}$.

III.A.6.10.d. Ainsi en augmentant le nombre de mesures nous améliorons le rapport signal sur bruit.

III.B. Traitement du signal $u_R(t)$; obtention d'un spectre RMN par le procédé de détection synchrone en quadrature

III.B.1. L'utilisation de ces relations permet de passer d'un produit de fonction sinusoïdale en une somme de fonction sinusoïdale. De cette manière, nous savons immédiatement quelles fréquences composent le signal et ainsi l'application des filtres est évidente.

III.B.2. D'après les différentes relations données dans l'énoncé :

$$\begin{cases} u_1 = U_i \cos(\omega_i t)\cos(\omega_0 t) = \dfrac{U_i}{2}\left(\cos\left((\omega_0+\omega_i)t\right) + \cos\left((\omega_0-\omega_i)t\right)\right) \\ u_2 = U_i \cos(\omega_i t)\sin(\omega_0 t) = \dfrac{U_i}{2}\left(\sin\left((\omega_0+\omega_i)t\right) + \sin\left((\omega_0-\omega_i)t\right)\right) \end{cases}$$

Dans les deux cas, $\dfrac{\omega_0+\omega_i}{2\pi}$ est de l'ordre du MHz alors que $\dfrac{\omega_0-\omega_i}{2\pi}$ est de l'ordre du kHz. En prenant une fréquence de coupure de l'ordre de 100 kHz, nous obtiendrons en sortie les signaux souhaités.

III.B.3. Par construction :

$$\underline{u_D} = \frac{U_i}{2}\left(\cos\left((\omega_i-\omega_0)t\right) + j\sin\left((\omega_i-\omega_0)t\right)\right) = \frac{U_i}{2} e^{j(\omega_i-\omega_0)t} \,.$$

III.B.4. Par définition de la transformée de Fourier :

$$\begin{aligned} \text{TF}(\underline{u_D})(f) &= \int_0^\infty \underline{u_D}(t) e^{-j2\pi f t}\,\mathrm{d}t \\ &= \int_0^\infty \frac{U_i}{2} e^{j(\omega_D + \frac{j}{T_2})t} e^{-j2\pi f t}\,\mathrm{d}t = \int_0^\infty \frac{U_i}{2} e^{j\left(2\pi(f_D - f) + \frac{j}{T_2}\right)t}\,\mathrm{d}t \\ &= \frac{U_i}{2} \frac{-1}{j2\pi(f_D - f) - \dfrac{1}{T_2}} = \frac{U_i}{2} \frac{T_2}{1 + 2j\pi\,(f - f_D)\,T_2} \,. \end{aligned}$$

III.B.5. La partie réelle s'obtient alors en multipliant le numérateur et le dénominateur par le complexe conjugué du dénominateur, d'où :

$$u_{DF,\text{Re}}(f) = \frac{U_i}{2} \frac{T_2}{1 + (2\pi\,(f - f_D)\,T_2)^2} \,. \tag{13}$$

III.B.6. En posant $x = 2\pi (f - f_D) T_2$, nous obtenons un signal de la forme :

$$\frac{U_i T_2}{2} \frac{1}{1 + x^2} ,$$

qui est maximal pour $f = f_D$ et vaut $\frac{U_i T_2}{2}$.

III.B.7. Les fréquences de coupure correspondent à $x = \pm 1$ ainsi :

$$2\pi (f - f_D) T_2 = \pm 1 \Rightarrow f_\pm = \pm \frac{1}{2\pi T_2} + f_D .$$

La largeur à mi-hauteur, définie comme la différence des fréquences de coupure, vaut donc $\frac{1}{\pi T_2}$.

III.B.8. Nous multiplions le terme à intégrer par un facteur indépendant du temps, d'où :

$$\mathrm{TF}(\underline{u_{Di}})(f) = \int_0^\infty \frac{U_i}{2} \mathrm{e}^{j2\pi\left((f_{Di} - f) + \frac{j}{T_2}\right)t} \times \mathrm{e}^{j(2\pi f_{Di}\tau + \alpha)} \, \mathrm{d}t = \mathrm{e}^{j(2\pi f_{Di}\tau + \alpha)} \mathrm{TF}(\underline{u_D})(f) .$$

III.B.9. D'après l'allure de TF($\underline{u_D}$), nous remarquons que seulement les fréquences comprises dans un intervalle, de largeur deux fois la largeur à mi-hauteur, vont contribuer. Ces fréquences vérifient la relation

$$f_{Di} - \frac{2}{\pi T_2} < f < f_{Di} + \frac{2}{\pi T_2} ,$$

d'où :

$$\tau f_{Di} - \frac{2\tau}{\pi T_2} < \tau f < \tau f_{Di} + \frac{2\tau}{\pi T_2} .$$

Or $\frac{\tau}{T_2} \ll 1$, ainsi $\tau f \approx \tau f_{Di}$. Il est donc légitime d'écrire :

$$\mathrm{TF2}(\underline{u_D})(f) = \mathrm{TF}(\underline{u_D})(f) \exp\left(j\left(2\pi f \tau + \alpha\right)\right) .$$

III.B.10. La partie réelle de la première transformée est une lorentzienne, or d'après la relation donnée dans l'énoncé :

$$u_{DF,\mathrm{Re}}(f) = u_{DF2,\mathrm{Re}}(f) \cos(2\pi f \tau + \alpha) + u_{DF2,\mathrm{Im}}(f) \sin(2\pi f \tau + \alpha) .$$

Nous en déduisons :

$$A = 2\pi\tau \quad \text{et} \quad B = \alpha .$$

III.B.11.

III.B.11.a. Pour pouvoir séparer les deux groupes de protons, il faut que la différence de fréquence soit supérieure à la largeur à mi-hauteur des signaux lorentziens (critère de Rayleigh). Nous en déduisons : $\delta f_{\min} = \frac{1}{\pi T_2}$.

III.B.11.b. A.N. : $R = \frac{f_i}{\delta f_{\min}} = 200.10^6 \times \pi \times 1 = 6.10^8$.

III.B.11.c. La résolution théorique est très élevée car δf_{min} est de l'ordre de 0,3 Hz, alors que la fréquence de résonance est de l'ordre du MHz. Cependant, cette précision est nécessaire pour avoir des informations sur les couplages entre protons qui sont généralement de l'ordre du hertz.

III.B.12. En se rappelant que la fréquence de précession d'un groupe de proton est $f = \dfrac{\gamma B}{2\pi}$, nous obtenons la relation $\delta f_{\text{min}} = \dfrac{1}{\pi T_2} = \dfrac{\gamma \delta\sigma_{\text{min}} B_0}{2\pi}$, d'où

$$\delta\sigma_{\text{min}} = \frac{2}{T_2 \gamma B_0} \,. \tag{14}$$

Nous observons que plus le champ B_0 est élevé, plus la résolution est importante.

III.B.13.

III.B.13.a. A.N. : $\delta\sigma_{\text{min}} = \dfrac{2}{T_2\gamma B_0} = \dfrac{2}{1 \times 2,675.10^8 \times 4,70} = 1,6.10^{-9}$.

III.B.13.b. La résolution minimum exigée est supérieure à la résolution théorique de l'appareil. Cependant, pour déterminer des constantes de couplage scalaire entre protons ethyléniques, il faut une résolution de l'ordre de celle calculée.

III.B.14. La transformée de Fourier étant proportionnelle à U_i, en l'intégrant sur l'ensemble des fréquences, nous retrouvons un signal proportionnel à N_i :

$$\begin{aligned}\int_{-\infty}^{\infty} u_{DF,\text{Re}}(f)\,\mathrm{d}f =& \frac{U_i T_2}{2} \int_{-\infty}^{\infty} \frac{1}{1 + (2\pi T_2 (f - f_D))^2} \\ =& \frac{U_i T_2}{2} \frac{1}{2\pi T_2} \int_{-\infty}^{\infty} \frac{1}{1 + f'}\,\mathrm{d}f' = \frac{U_i}{4} \propto N_i\end{aligned}$$

avec $f' = 2\pi T_2 (f - f_D)$.

III.B.15.

III.B.15.a. Le gain du filtre ainsi que le déphasage introduit doit rester relativement constant sur toute la gamme de fréquence étudiée. Il faut donc une fréquence de coupure telle que $f_0 \approx 100$ MHz $\gg f_C \gg \delta f \approx 1$ kHz.

III.B.15.b. Au vu de l'écart entre les deux fréquences (plusieurs ordres de grandeurs) nous pouvons prendre f_C de l'ordre du MégaHertz.

III.C. Réalisation des impulsions radiofréquences

III.C.1. Nous appliquons le théorème du moment cinétique :

$$\begin{aligned}\left(\frac{\mathrm{d}\overrightarrow{\mathcal{M}_i}}{\mathrm{d}t}\right)_{R_0} =& \gamma \overrightarrow{\mathcal{M}_i} \wedge \left(\overrightarrow{B_0}(1 - \sigma_i) + \overrightarrow{B_1}\right) \,, \\ =& (\overrightarrow{\omega_1} - \omega_i \overrightarrow{u_z}) \wedge \overrightarrow{\mathcal{M}_i} \,.\end{aligned}$$

III.C.2. En utilisant la relation de dérivation vectorielle, nous obtenons :

$$\left(\frac{\mathrm{d}\overrightarrow{\mathcal{M}_i}}{\mathrm{d}t}\right)_{R_1} = \left(\frac{\mathrm{d}\overrightarrow{\mathcal{M}_i}}{\mathrm{d}t}\right)_{R_0} + \omega_0 \overrightarrow{u_z} \wedge \overrightarrow{\mathcal{M}_i} = (\overrightarrow{\omega_1} - \omega_D \overrightarrow{u_z}) \wedge \overrightarrow{\mathcal{M}_i} \,.$$

III.C.3. Dans le référentiel R_1, les vecteurs $\overrightarrow{u_X}$ et $\overrightarrow{u_z}$ sont constants tout comme $\overrightarrow{B_1}$ et ω_D. Nous en déduisons que $\overrightarrow{\omega_1} - \omega_D \overrightarrow{u_z}$ est fixe dans le référentiel R_1.

Remarque : Dans le référentiel R_0 ce n'est plus vrai car le vecteur $\overrightarrow{u_X}$ dépend de t.

III.C.4. Nous avons $\|\overrightarrow{\omega_1}\| = \gamma B_1$ et $|\omega_D| \approx 2\pi\Delta f$. Nous avons donc la condition :

$$B_1 \gg \frac{2\pi\Delta f}{\gamma} .$$

III.C.5. A.N. : $B_1 \gg \dfrac{2\pi\Delta f}{\gamma} = \dfrac{2\pi \times 2.10^3}{2,675.10^8} = 4,7.10^{-5}$ T.

III.C.6. On donne $\|\overrightarrow{\omega_1}\| = 10\Delta\omega$, d'où

$$t_P = \frac{1}{4}\frac{2\pi}{\omega_1} = \frac{\pi}{20\Delta\omega} = \frac{\pi}{20 \times 2.10^3} = 79\ \mu\text{s} .$$

III.C.7. On effectue une inversion de population en faisant basculer l'aimantation de l'échantillon. Cette inversion de population a lieu grâce à une excitation accordée sur la différence d'énergie entre les états de spin des protons. C'est le phénomène des oscillations de Rabbi connu en mécanique quantique.

III.C.8. Nous avons :

$$\overrightarrow{B_2} = \underbrace{B_1\left[\cos(\omega_0 t)\overrightarrow{u_x} + \sin(\omega_0 t)\overrightarrow{u_y}\right]}_{\text{champ tournant dans le sens trigonométrique}} + \underbrace{B_1\left[\cos(\omega_0 t)\overrightarrow{u_x} - \sin(\omega_0 t)\overrightarrow{u_y}\right]}_{\text{champ tournant dans le sens horaire}} .$$

Dans le référentiel R_1, il y a aura un champ constant et uniforme qui permet d'effectuer la transition et un champ tournant à une pulsation $2\omega_0$ qui n'influera pas sur le système en raison de sa fréquence beaucoup trop éloignée de la fréquence de résonance.

III.C.9. Vu que $\overrightarrow{B_2}$ est proportionnel à l'intensité passant dans le circuit d'antenne, nous devons avoir une intensité sinusoïdale de pulsation ω_0.

III.C.10. En se plaçant à la résonance, nous avons :

$$\frac{u_S(t)}{e_2(t)} = \frac{R'}{r+R'} \quad \text{et} \quad i(t) = \frac{u_S}{R'} = \frac{e_2(t)}{r+R'} .$$

Ainsi $e_2(t)$ doit être de la forme $A\cos(\omega_0 t)$.

III.C.11. Faire le basculement selon OY correspond à déphaser le signal de $\pi/2$, nous aurions donc $e_2(t)$ proportionnel à $\sin(\omega_0 t)$.

III.C.12. Temps mort à la suite d'une impulsion

III.C.12.a. A.N. : $t_{\text{mort}} = 35 \times \dfrac{2Q}{\omega_0} = \dfrac{70 \times 100}{2\pi \times 200.10^6} = 6\ \mu$s.

III.C.12.b. La valeur efficace du courant lors de l'impulsion est inférieure à la valeur efficace lors de la détection (signal purement sinusoïdale) et diminue au cours du temps. Ainsi R' diminue lors de l'impulsion, ce qui a pour conséquence de diminuer le facteur de qualité et donc le temps mort. Par contre lors de la détection la valeur efficace ne change pas et ainsi le facteur de qualité non plus.
Enfin f_0 ne varie pas car ne dépend pas de R'.

FIN DE L'ÉPREUVE

Atmosphère et mesures hygrométriques

Introduction

Assurer la surveillance et la prévision du comportement de l'atmosphère concourt directement à la sécurité des personnes et des biens, à l'activité économique et à l'information du public. Des moyens scientifiques et technologiques de plus en plus perfectionnés sont mobilisés pour étudier notre atmosphère.

L'atmosphère est un système dont la dynamique est d'une complexité redoutable : ses constituants sont non seulement en interaction les uns avec les autres mais ils subissent aussi, entre autres, les effets des rayonnements solaires et cosmiques par le « haut » ainsi que l'influence de la Terre et des océans par le « bas ». Tout cela fait de l'atmosphère un système chaotique dont il est extrêmement difficile de prévoir l'évolution avec une grande précision.

Pour comprendre cette dynamique, il est nécessaire de commencer par étudier l'état d'équilibre (stationnaire) de l'atmosphère. Pour cela, on supposera qu'à l'exception de l'eau H_2O, de l'ozone O_3 et dans une autre mesure du dioxyde de carbone CO_2, les constituants de l'atmosphère sont en quantité stable et homogène. En outre, on ne tiendra compte que des deux constituants les plus importants, à savoir le diazote N_2 et le dioxygène O_2, qui forment un gaz supposé parfait.

Par ailleurs, la connaissance de la quantité d'eau présente dans l'atmosphère est capitale pour la pertinence des prévisions météorologiques. En effet, l'eau est la seule espèce présente dans l'atmosphère susceptible de changer d'état aux conditions de pression et de température rencontrées. Ces changements d'état s'accompagnent d'échanges d'énergie importants au sein de l'atmosphère, ce qui se traduit par des déplacements rapides et à grande échelle des masses d'air. Dans ce sujet, nous allons aborder certains de ces aspects.

On commence par modéliser l'air avec le modèle du gaz parfait et la vapeur d'eau avec celui de Van der Waals afin de comprendre quelques caractéristiques du mélange eau-air dans l'atmosphère. L'effet du champ de pesanteur sur l'atmosphère permet ensuite d'aborder la question de sa stabilité. Le degré hygrométrique de l'air apparaissant central dans les prévisions météorologiques, deux capteurs sont étudiés. Le premier est basé sur la mesure de la température du point de rosée dans une tuyère. Le second est un dispositif électronique à sonde capacitive dont les propriétés diélectriques varient en fonction de l'humidité de l'air.

Les cinq parties sont indépendantes les unes des autres.

Formulaire et constantes physiques

Pour les applications numériques, et quelques calculs, le candidat pourra utiliser le formulaire suivant.

Formules utiles

1. Intégrales gaussiennes :

$$\int_0^{\infty} e^{-\alpha x^2}\,\mathrm{d}x = \frac{1}{2}\sqrt{\frac{\pi}{\alpha}} \qquad \int_0^{\infty} x^2 e^{-\alpha x^2}\,\mathrm{d}x = \frac{1}{4}\sqrt{\frac{\pi}{\alpha^3}} \qquad \int_0^{\infty} x^4 e^{-\alpha x^2}\,\mathrm{d}x = \frac{3}{8}\sqrt{\frac{\pi}{\alpha^5}}$$

2. Formule de Green-Ostrogradsky et celle de Green du gradient :

$$\iiint \mathrm{div}\left(\overrightarrow{J}\right)\mathrm{d}\tau = \oiint \overrightarrow{J}\cdot\overrightarrow{n}\,\mathrm{d}S \qquad \iiint \overrightarrow{\mathrm{grad}}\,(f)\cdot\mathrm{d}\tau = \oiint f\,\overrightarrow{n}\,\mathrm{d}S$$

où $\overrightarrow{n}$ est la normale sortante à la surface dans les deux cas.

3. Analyse vectorielle en coordonnées cartésiennes :

$$\mathrm{div}\left(\overrightarrow{J}\right) = \frac{\partial J_x}{\partial x} + \frac{\partial J_y}{\partial y} + \frac{\partial J_z}{\partial z}$$

$$\overrightarrow{\mathrm{grad}}\,(f) = \frac{\partial f}{\partial x}\overrightarrow{e_x} + \frac{\partial f}{\partial y}\overrightarrow{e_y} + \frac{\partial f}{\partial z}\overrightarrow{e_z}$$

4. Analyse vectorielle en coordonnées cylindriques :

$$\mathrm{div}\left(\overrightarrow{J}\right) = \frac{1}{r}\frac{\partial\, r J_r}{\partial r} + \frac{1}{r}\frac{\partial J_\theta}{\partial \theta} + \frac{\partial J_z}{\partial z}$$

$$\overrightarrow{\mathrm{grad}}\,(f) = \frac{\partial f}{\partial r}\overrightarrow{e_r} + \frac{1}{r}\frac{\partial f}{\partial \theta}\overrightarrow{e_y} + \frac{\partial f}{\partial z}\overrightarrow{e_z}$$

$$\Delta f = \frac{1}{r}\frac{\partial}{\partial r}\left(r\frac{\partial f}{\partial r}\right) + \frac{1}{r^2}\frac{\partial^2 f}{\partial \theta^2} + \frac{\partial^2 f}{\partial z^2}\overrightarrow{e_z}$$

Constantes physiques et valeurs numériques

- Constante de Newton : $G = 6,67.10^{-11}$ m^3.kg^{-1}.s^{-2}
- Masse de la Terre : $M_T = 5,97.10^{24}$ kg
- Rayon de la Terre : $R_T = 6\,400$ km
- Nombre d'Avogadro : $\mathcal{N}_A = 6,02.10^{23}$ mol^{-1}
- Constante de Boltzmann : $k_B = 1,38.10^{-23}$ J.K^{-1}
- Constante des gaz parfaits : $R = 8,314$ J.mol^{-1}.K^{-1}
- Masse molaire de N_2 : $M_{N_2} = 28$ g.mol^{-1}
- Masse molaire de O_2 : $M_{O_2} = 32$ g.mol^{-1}
- Masse molaire de l'eau : $M_{H_2O} = 18$ g.mol^{-1}
- Masse volumique de l'air : $\rho(\mathrm{air}) = 1,3$ kg.m^{-3} à 273 K et 1 bar
- Masse volumique de l'eau liquide : $\rho_l = 1\,000$ kg.m^{-3}
- Chaleur latente (ou enthalpie) de vaporisation de l'eau :
  $L_{\mathrm{vap}} = 2\,474$ kJ.kg^{-1}

1. Quels modèles pour l'air et l'eau dans l'atmosphère ?

Les constituants de l'atmosphère sont nombreux et apparaissent sous diverses formes : poussières, gaz, liquides, solides...Cependant, sauf mention contraire, on supposera, comme cela a déjà été souligné dans l'introduction, qu'il est constitué à 80% de diazote N_2, à 20% de dioxygène O_2 et contient de l'eau en quantité variable mais négligeable par rapport aux deux principaux constituants. Le mélange (N_2, O_2) constitue l'air et est supposé former un gaz parfait. A contrario, l'eau qui est présente sous ses trois phases ne peut évidemment pas être assimilée à un gaz parfait.

Cette partie a pour but de comprendre certains aspects thermodynamiques de l'air et de l'eau pris séparément. On commencera par étudier l'air considéré comme un gaz parfait. On étudiera ensuite un modèle de gaz réel afin de comprendre certaines propriétés de l'eau présente sous les deux phases liquide et vapeur.

1.1. Le modèle du gaz parfait pour l'air

1.1.1. Connaissez vous l'élément le plus abondant dans l'atmosphère après N_2 et O_2 ?

1.1.2. On suppose que l'air forme un gaz parfait «classique». On assimilera alors les molécules de l'air à un mélange de molécules de N_2 indiscernables et de molécules de O_2 indiscernables également. Quelles conditions doivent satisfaire ces molécules pour former un gaz parfait ?

1.1.3. En déduire qu'on peut considérer l'air comme un gaz parfait composé d'un seul type de molécules dont on donnera la masse m et la masse molaire M en fonction des données du formulaire. Faire l'application numérique. Par la, suite, on fixera, la valeur de M à 29 $\mathrm{g.mol^{-1}}$

1.1.4. On considère alors un gaz de molécules identiques et indiscernables de masse m. Ces molécules sont caractérisées par leur vitesse $\overrightarrow{v}$. Par ailleurs, ce gaz est enfermé dans une enceinte de volume V à une température T fixée. Dans ces conditions, les molécules sont sujettes à l'agitation thermique et leurs vitesses sont distribuées selon la statistique de Maxwell-Boltzmann,

$$\mathcal{P}(\overrightarrow{v}) = \left(\frac{m}{2\pi k_B T}\right)^{\frac{3}{2}} \exp\left(\frac{-mv^2}{2k_B T}\right) \tag{1}$$

qui donne la densité de probabilité $\mathcal{P}(\overrightarrow{v})$ de trouver une molécule du gaz avec une vitesse $\overrightarrow{v}$. On remarque que cette loi de probabilité ne dépend que de la norme de la vitesse via $v^2 = \overrightarrow{v} \cdot \overrightarrow{v}$. Interpréter cette observation. Vérifier que la loi de probabilité est correctement normalisée, à savoir qu'elle satisfait la condition :

$$\int \mathcal{P}(\overrightarrow{v})\, \mathrm{d}^3\overrightarrow{v} = 1 \tag{2}$$

où l'intégrale porte sur les trois directions du vecteur vitesse et

$$\mathrm{d}^3\overrightarrow{v} = \mathrm{d}v_x \mathrm{d}v_y \mathrm{d}v_z$$

On pourra calculer cette intégrale soit en coordonnées cartésiennes soit en utilisant le système de coordonnées sphériques pour lequel on rappelle que

$\mathrm{d}^3\overrightarrow{v} = v^2 \mathrm{d}v \sin(\theta)\mathrm{d}\theta\mathrm{d}\phi$ où $(\overrightarrow{v}, \theta, \phi)$ sont les coordonnées de $\overrightarrow{v}$ en coordonnées sphériques.

1.1.5. La statistique de Maxwell-Boltzmann permet d'accéder à la valeur moyenne $\overline{f}$ de n'importe quelle grandeur $f(\overrightarrow{v})$ qui dépend de la vitesse par la formule :

$$\overline{f} = \int \mathcal{P}(\overrightarrow{v})f(\overrightarrow{v})\,\mathrm{d}^3\overrightarrow{v} \tag{3}$$

En déduire que la valeur moyenne du vecteur vitesse v est nulle. Interpréter ce résultat

1.1.6. En utilisant le formulaire, calculer la vitesse quadratique moyenne $\overline{v^2}$ définie comme la valeur moyenne du carré de la vitesse $(\overrightarrow{v})^2$ et montrer qu'elle se met sous la forme :

$$\overline{v^2} = \frac{3k_BT}{m} \tag{4}$$

Calculer la valeur numérique de $\sqrt{\overline{v^2}}$ pour une température $T = 270$ K. Commenter le résultat.

1.1.7. Définir l'énergie interne U d'un gaz dans cette approche statistique. En déduire l'expression de U pour un gaz monoatomique constitué de N molécules et montrer qu'elle se met sous la forme

$$U = \frac{D}{2}Nk_BT \tag{5}$$

pour une certaine valeur de D, dont on précisera la valeur dans ce cas. En pratique, on trouve $D = 5$ pour un gaz de N_2 ou de O_2 et $D = 6$ pour H_2O et CO_2. Expliquer pourquoi.

1.1.8. En fait, si on s'intéresse aux problèmes atmosphériques, on ne peut pas négliger l'influence du champ de pesanteur sur le gaz et la statistique de Maxwell-Boltzmann précédente n'est plus valable. Pour comprendre cette influence, commencer tout d'abord par rappeler l'expression de la force subie par une molécule de masse m de la part de la Terre qui se trouve à une distance r du centre de la Terre. On notera R_T et M_T le rayon et la masse de la Terre. Montrer que cette force dérive d'une énergie potentielle $E_p(r)$ Donner l'expression de $E_p(r)$ en supposant qu'elle s'annule lorsque la molécule se trouve sur la surface de la Terre.

1.1.9. On suppose maintenant que la molécule se trouve dans la troposphère dont l'épaisseur est de l'ordre de 10 km. Montrer alors que l'énergie potentielle varie linéairement avec l'altitude $z = r - R_T$ dans une certaine approximation. On écrira cette énergie potentielle sous la forme $E_p(z) = mg_0z$ et on calculera la valeur numérique de g_0. En déduire l'énergie mécanique totale $E(\overrightarrow{v}, z)$ de la molécule vue comme une fonction de $\overrightarrow{v}$ et de z.

1.1.10. Enfin, on obtient la statistique de Maxwell-Boltzmann en présence d'un champ de pesanteur qui donne la densité de probabilité

$$\mathcal{Q}(\overrightarrow{v}, z) = \alpha \exp\left(-\frac{E(\overrightarrow{v}, z)}{k_BT}\right) \tag{6}$$

de trouver la molécule avec une vitesse $\overrightarrow{v}$ à l'altitude z. L'altitude étant toujours positive, calculer le coefficient α de telle sorte que la loi de probabilité précédente soit correctement normalisée avec $0 < z < \infty$. On note $N(z)\mathrm{d}z$ le nombre total de molécules situées entre z et $z + \mathrm{d}z$. Montrer que $N(z)$ est de la forme :

$$N(z) = N(0) \exp\left(-\frac{z}{H}\right) \tag{7}$$

où H est une grandeur dont on donnera l'expression, l'interprétation physique et la valeur numérique à $T = 270$ K.

1.1.11. On néglige à nouveau l'effet du champ de pesanteur dans les questions qui suivent. Maintenant, on s'intéresse à la pression cinétique P qu'exerce le gaz sur les parois de l'enceinte de température égale à celle du gaz. Quelle est l'origine physique de la pression cinétique d'un gaz ?

1.1.12. On montre que la force élémentaire exercée par le gaz sur une portion élémentaire de la paroi de surface $\mathrm{d}S$ et de normale $\overrightarrow{n}$ se met sous la forme $\overrightarrow{\mathrm{d}F} = P\mathrm{d}S\overrightarrow{n}$ où la pression P est donnée par la relation :

$$P = \frac{1}{3}\frac{N}{V}m\overline{v^2} \tag{8}$$

N est le nombre total de molécules dans l'enceinte. Interpréter le facteur $1/3$ présent dans cette formule. Déduire l'équation d'état du gaz parfait qui lie la pression P, la température T, le volume V et N.

1.1.13. On revient maintenant à l'expression de l'énergie interne U donnée à la relation (5) pour $D = 3$. En utilisant l'identité thermodynamique liant U et l'entropie S, déduire l'expression suivante de l'entropie comme fonction de la pression P et de la température T :

$$S(P,T) = S(P_0, T_0) + \frac{5}{2}nR\ln\left(\frac{T}{T_0}\right) - nR\ln\left(\frac{P}{P_0}\right) \tag{9}$$

où n est le nombre de moles et (T_0, P_0) sont des grandeurs de référence. Par la suite, on posera $S(P_0, T_0) = 0$.

1.1.14. On dit que l'entropie est un potentiel thermodynamique pour un système isolé. Qu'est-ce-que cela, signifie ? Quelle est le « bon » potentiel thermodynamique pour un système en contact avec un thermostat ? Et celui pour un système en contact avec un thermostat et soumis à une pression extérieure constante et uniforme ?

1.1.15. On s'intéresse maintenant à l'enthalpie libre de Gibbs $G = U + PV - TS$. Donner son expression comme fonction des variables T et P. Donner également l'expression de l'enthalpie libre de Gibbs massique $g(T, P)$.

1.1.16. Lorsque le gaz n'est pas homogène (mais dans un état voisin d'un état d'équilibre), sa pression n'est généralement pas homogène non plus et sa valeur $P(\overrightarrow{r})$ dépend du point M repéré par $\overrightarrow{OM} = \overrightarrow{r}$. On utilise alors les modèles de mécanique des fluides pour étudier ces systèmes non-homogènes : dans ces modèles, on regroupe les molécules en particules fluides qui exercent les unes sur les autres une pression similaire à la pression cinétique.

1.1.16.a. Quel est l'ordre de grandeur de la taille d'une particule fluide ? Quel est l'ordre de grandeur du nombre de molécules que contient une particule fluide ?

1.1.16.b. On munit l'espace d'un système de coordonnées cartésiennes dont les vecteurs de base sont $\overrightarrow{e}_x$, $\overrightarrow{e}_y$ et $\overrightarrow{e}_z$. On suppose que les particules fluides sont des parallélépipèdes rectangles de longueurs $\mathrm{d}x$, $\mathrm{d}y$ et $\mathrm{d}z$ « petites » dans les directions $\overrightarrow{e}_x$, $\overrightarrow{e}_y$ et $\overrightarrow{e}_z$ respectivement. Montrer alors que la force de pression $\delta \overrightarrow{F}$ subie par une particule fluide, centrée autour du point de coordonnées (x, y, z), de la part de ses voisines s'écrit sous la forme suivante :

$$\delta \overrightarrow{F} = -\left(\frac{\partial P}{\partial x}\overrightarrow{e}_x + \frac{\partial P}{\partial y}\overrightarrow{e}_y + \frac{\partial P}{\partial z}\overrightarrow{e}_z\right) \mathrm{d}x\mathrm{d}y\mathrm{d}z \tag{10}$$

On aura préalablement fait un schéma explicatif.

1.1.16.c. Retrouver ce résultat directement en utilisant le théorème de Green du gradient rappelé dans le formulaire.

1.1.16.d. On considère maintenant que le fluide, de masse volumique ρ a priori quelconque, est en équilibre dans le champ de pesanteur supposé uniforme dont l'accélération est notée $\overrightarrow{g_0}$. En appliquant le principe fondamental de la dynamique à une particule fluide, montrer alors que la pression P et la masse volumique ρ satisfont l'équation de l'hydrostatique :

$$\rho \overrightarrow{g_0} = \overrightarrow{\mathrm{grad}}\,(P) \tag{11}$$

1.1.16.e. Quelle est la nature de la force d'Archimède subie par un objet plongé dans un fluide de masse volumique ρ supposée uniforme ? Déduire alors l'énoncé du théorème d'Archimède.

1.1.16.f. On suppose que la densité de la glace est de $0,9$. Déduire du théorème précédent le rapport de la masse immergée d'un iceberg par rapport à sa masse totale si celui-ci est en équilibre dans l'eau liquide. Est-ce que la fonte des glaces des icebergs due au réchauffement climatique ferait monter le niveau de l'eau des océans ? Proposer une expérience simple pour illustrer ce fait.

1.2. Le modèle de Van der Waals pour la vapeur d'eau

Le modèle du gaz parfait est intéressant pour comprendre le comportement des gaz à faible densité ou à faible pression. Lorsque la densité devient plus importante, on ne peut plus négliger en particulier les interactions intermoléculaires dans le gaz, et le modèle du gaz parfait, est mis en défaut. On doit alors considérer des modèles de gaz dits réels.

1.2.1. Un des modèles les plus simples de gaz réel est celui proposé par Van der Waals dont l'équation d'état pour une mole s'écrit :

$$\left(P + \frac{a}{V^2}\right)(V - b) = RT \tag{12}$$

Il dépend des deux constantes positives a et b. Interpréter physiquement ces deux constantes et justifier leur signe. En utilisant des arguments d'homogénéité, écrire l'équation de Van der Waals pour un nombre de moles n quelconque.

1.2.2. Afin de mieux comprendre les effets de a et b, on se propose de tracer les isothermes d'**une mole** de gaz de Van der Waals. Pour cela, on cherche les extrema de la fonction $P(V)$ à température T constante. Montrer que les valeurs V_0 pour lesquelles $P(V)$ est extrémale doivent satisfaire l'équation :

$$\frac{(V_0 - b)^2}{V_0^3} = \frac{RT}{2a} \tag{13}$$

1.2.3. Tracer schématiquement le graphe de la fonction $f(x) = (x-b)^2/x^3$ pour $x \in [b, +\infty[$, En déduire que l'équation (12) admet au moins une solution seulement si $T < T_c$ où la température critique T_c a pour expression :

$$T_c = \frac{8a}{27bR} \tag{14}$$

1.2.4. Montrer en outre que si $T < T_c$ l'équation (12) admet deux solutions distinctes alors qu'elle admet une unique solution pour $T = T_c$.

1.2.5. Lorsque $T = T_c$ on montre en fait que la courbe $P(V)$ n'admet pas d'extremum mais elle présente un point d'inflexion (P_c, V_c) défini par les équations :

$$\frac{\partial P}{\partial V} = 0 \qquad \text{et} \qquad \frac{\partial^2 P}{\partial V^2} = 0 \tag{15}$$

où les dérivées sont faites à la température constante T_c. Calculer P_c et V_c. Écrire l'équation de Van der Waals toujours pour une mole en fonction des variables réduites sans dimension $\pi = P/P_c$, $\tau = T/T_c$ et $\nu = V/V_c$. Quel est l'intérêt d'une telle équation ?

1.2.6. Tracer schématiquement sur un même diagramme trois isothermes $P(V)$ associées aux températures $T_1 > T_c$, $T_2 = T_c$ et $T_3 < T_c$.

1.2.7. Les coefficients thermodynamiques α et χ_T sont définis à partir de la différentielle du volume $V(T, P)$ par la relation $\mathrm{d}V = V(\alpha \mathrm{d}T - \chi_T \mathrm{d}P)$. Le gaz est thermodynamiquement stable en contexte isotherme monobare seulement lorsque le coefficient de compressibilité isotherme χ_T est positif. Interpréter cette propriété. En déduire que, dans le cas de T_3, le gaz peut être instable.

1.2.8. On interprète cette instabilité comme la signature d'un changement d'état. En particulier, le gaz de Van der Waals modélise très bien la transition de phase liquide-vapeur de l'eau. Ainsi, pour les températures $T < T_c$ l'eau peut exister sous deux phases et il existe une pression $P_s(T)$, dite de vapeur saturante, pour laquelle les deux phases coexistent. Quelle est la phase stable de l'eau lorsque $P > P_s(T)$? Justifier la réponse.

1.2.9. Énoncer la règle du « levier de Maxwell » qui permet de déterminer la pression de vapeur saturante $P_s(T)$ à partir des courbes isothermes du gaz de Van der Waals. Cette règle permet de déterminer $P_s(T)$ et de remplacer une partie de l'isotherme (en particulier dans les zones instables) par des paliers de coexistence de phases à la pression $P_s(T)$ et on aboutit au diagramme de changement d'état représenté sur le schéma suivant.

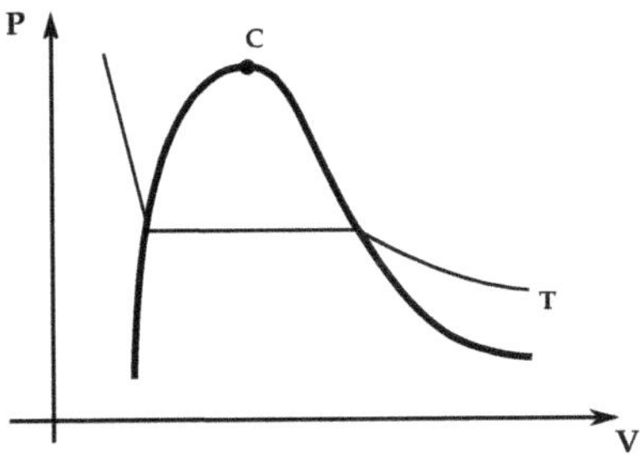

1.2.10. On observe parfois de la vapeur d'eau à une température $T < T_c$ et à une pression P supérieure à $P_s(T)$ dans des conditions où on devrait observer théoriquement un équilibre liquide-vapeur. Quel est ce phénomène ? En donner une explication à partir du tracé des isothermes du gaz de Van der Waals.

1.2.11. Quelle est la phase de l'eau lorsque $T > T_c$? Que devient le coefficient de compressibilité isotherme au voisinage de la température T_c ? Comment se manifeste physiquement cette propriété ?

1.2.12. On admet que la pression de vapeur saturante satisfait l'équation de Clausius-Clapeyron :

$$\frac{\mathrm{d}\,P_s}{\mathrm{d}\,T} = \frac{L_{\text{vap}}}{T(v_g - v_l)} \tag{16}$$

où L_{vap} est la chaleur latente massique de vaporisation de l'eau (supposée constante), v_g est le volume massique de la vapeur d'eau et v_l est le volume massique de l'eau liquide. Le volume massique est l'inverse de la masse volumique. En négligeant v_l devant v_g (ce que l'on justifiera en citant des ordres de grandeur de ces quantités) et en assimilant la vapeur d'eau à un gaz parfait, montrer que la pression de vapeur saturante est donnée par l'équation :

$$\ln\left(\frac{P_s(T)}{P_s(T_0)}\right) = C\left(\frac{1}{T_0} - \frac{1}{T}\right) \tag{17}$$

où C est une constante que l'on déterminera et T_0 est une température de référence.

1.2.13. On considère que l'eau existe dans l'atmosphère sous les deux formes H_2O^{16} et H_2O^{18}, respectivement formées avec les isotopes 16 et 18 de l'oxygène. Ces deux isotopes sont stables du point de vue de la radioactivité. En raison de la différence de masse de ces deux isotopes, les chaleurs latentes et les pressions de vapeur saturante de l'eau H_2O^{16} et de l'eau H_2O^{18} sont différentes. Connaissez-vous une application de cet effet pour la climatologie ?

2. L'eau dans l'atmosphère

Maintenant, on s'intéresse au mélange eau-air dans l'atmosphère. Même en quantité infime par rapport à l'air, l'eau joue un rôle fondamental dans la dynamique de l'atmosphère, en particulier pour la météorologie. Lorsque de la vapeur d'eau est présente dans l'atmosphère, on dit que l'air est humide ; dans le cas contraire, on dit que l'air est sec.

2.1. Le taux hygrométrique

On suppose que l'air sec est un gaz parfait, de quantité de matière constante, de pression partielle P_{sec} de température T, de masse molaire M et de masse volumique ρ. La vapeur d'eau est aussi supposée être un gaz parfait dont la température est celle de l'air et dont la pression partielle est p_{eau} et la masse volumique est ρ_v. Sa masse molaire est notée M_{eau}.

2.1.1. La pression totale P de l'air humide est légèrement supérieure à la pression partielle de l'air sec. Quelle est son expression en fonction de p_{eau} et de P_{sec} ? En déduire que l'air humide satisfait à l'équation d'état :

$$P = \frac{R}{M}\rho_{\text{totale}} T_v \tag{18}$$

avec $\rho_{\text{totale}} = \rho + \rho_v$ et :

$$T_v = \frac{1 + \dfrac{M}{M_{\text{eau}}} w}{1 + w} T \tag{19}$$

où $w = \rho_v / \rho$ est le rapport entre la masse volumique de la vapeur d'eau par celle de l'air dans l'atmosphère.

2.1.2. En faisant une approximation qu'on justifiera, montrer que l'expression de T_v se simplifie et devient :

$$T_v \approx (1 + 0,60w)T \tag{20}$$

Dans la suite, on suppose que les conditions de validité de cette approximation sont vérifiées.

Ainsi, lorsque l'air est humide, les météorologistes continuent à considérer l'air comme un gaz parfait dans leurs calculs de prédiction mais ils remplacent sa température réelle T par la température virtuelle T_v. Les questions suivantes ont pour but de mieux comprendre le rapport w qui joue un rôle essentiel en météorologie.

2.1.3. Montrer tout d'abord que :

$$w = \frac{M_{\text{eau}}}{M}\frac{p_{\text{eau}}}{P_{\text{sec}}} \tag{21}$$

Justifier qu'il est légitime de remplacer la pression de l'air sec P_{sec} par la pression de l'air humide P dans l'expression précédente.

2.1.4. Lorsque l'air est saturé d'humidité, c'est-à-dire lorsque l'eau est à la pression de vapeur saturante $p_{\text{eau}} = P_s(T)$, la proportion massique d'eau dans l'air est notée w_s. On définit alors le taux hygrométrique de l'air par la grandeur $r = w/w_s$ à valeur donnée de P_{sec}. Donner l'expression de r en fonction de la pression partielle de la vapeur d'eau et de la pression de vapeur saturante $P_s(T)$.

2.1.5. Il existe plusieurs méthodes pour mesurer w. La première consiste à mesurer la température T_R, dite de point de rosée. définie comme la température pour laquelle la vapeur d'eau correspondante à w serait saturante. En utilisant la formule (16), écrire la relation entre w et T_R en fonction des données du problème.

2.1.6. Est-ce que T_R est plus petite ou plus grande que la température de l'air T ? Justifier votre réponse. Comment peut-on mesurer T_R expérimentalement ?

2.1.7. En fait, il n'est souvent pas très simple de mesurer T_R. Pour accéder à la valeur de w, on préfère utiliser un autre indicateur appelé la température humide de l'air T_H, Il s'agit de la température enregistrée par un thermomètre dont le bulbe est recouvert d'une mèche imprégnée d'eau. Si l'air ambiant n'est pas saturé en humidité, la température du bulbe va diminuer jusqu'à atteindre une valeur d'équilibre qui est précisément T_H. Expliquer brièvement pourquoi la température du bulbe baisse.

2.1.8. Cette question a pour but d'établir une relation entre T_H et w. Pour cela, on suppose que le bulbe du thermomètre est une sphère de rayon R_0 saturée en molécules d'eau liquide. On munit l'espace d'un système de coordonnées sphériques dont l'origine O est le centre du bulbe et r est la variable radiale. Pour cette partie seulement, on notera T_∞ la température de l'air loin du bulbe. Le bulbe est le siège de deux phénomènes : la diffusion de l'eau gazeuse qui se vaporise et le transfert de chaleur entre la surface du bulbe et l'air ambiant.

2.1.8.a. Rappeler la loi de Fick pour la diffusion de la vapeur d'eau et la loi de Fourier pour la conduction thermique. On notera n_v le nombre de molécules d'eau gazeuse par unité de volume, D le coefficient de diffusion de la vapeur d'eau dans l'air et κ le coefficient de conduction thermique dans l'air.

2.1.8.b. Comme la vapeur d'eau diffuse dans l'air, son nombre de molécules n_v par unité de volume satisfait une équation de conservation qu'on peut écrire sous la forme :

$$\frac{\partial n_v}{\partial t} + \operatorname{div}\left(\overrightarrow{j_n}\right) = 0 \tag{22}$$

où $\overrightarrow{j_n}$ est la densité surfacique de flux dans la loi de Fick. En quoi cette équation est une équation de conservation ? En utilisant la loi de Fick, en déduire l'équation de diffusion pour n_v.

2.1.8.c. En outre, l'air au voisinage du bulbe est le siège d'un phénomène de conduction thermique et donc son énergie interne satisfait une loi de conservation très similaire à la précédente, à savoir :

$$\frac{\partial u}{\partial t} + \operatorname{div}\left(\overrightarrow{j_{th}}\right) = 0 \tag{23}$$

où $\overrightarrow{j_{th}}$ est la densité surfacique de flux dans la loi de Fourier et u est l'énergie interne de l'air par unité de volume. Commenter cette équation. Après avoir déterminé u, en fonction de T, déduire de la loi de Fourier l'équation de la conduction thermique. On notera c la capacité calorifique massique de l'air à pression constante dans cette question.

2.1.8.d. On considère maintenant le régime stationnaire. Justifier que n_v et T ne dépendent que de r. En déduire que ces deux fonctions satisfont les relations :

$$-D4\pi r^2 \frac{\mathrm{d}\,n_v}{\mathrm{d}\,r} = F_0 \qquad \text{et} \qquad \kappa 4\pi r^2 \frac{\mathrm{d}\,T}{\mathrm{d}\,r} = H_0 \tag{24}$$

où F_0 et H_0 sont des constantes positives dont on donnera la dimension.

2.1.8.e. Interpréter ces deux constantes. Justifier qu'elles satisfont la relation suivante

$$H_0 = \frac{L_{\text{vap}} M_{\text{eau}}}{\mathcal{N}_A} F_0 \tag{25}$$

où L_{vap} est la chaleur latente massique de vaporisation de l'eau.

2.1.8.f. Intégrer l'équation pour la température et en déduire une relation entre la température de l'air T_∞ loin du bulbe et la température humide de l'air T_H.

2.1.8.g. Intégrer l'équation pour la densité n_v et en déduire la relation suivante :

$$n_v(r = \infty) - n_v(r = R_0) = -\frac{F_0}{4\pi R_0 D} \tag{26}$$

2.1.8.h. La masse volumique de la vapeur d'eau $\rho_v(r)$ s'obtient à partir du nombre de molécules par unité de volume $n_v(r)$ par la relation

$$\rho_v(r) = n_v(r) M_{\text{eau}} / \mathcal{N}_A$$

En déduire alors l'équation suivante :

$$w(T_\infty) - w_s(T_H) = -\frac{F_0 M_{\text{eau}}}{\mathcal{N}_A 4\pi R_0 D \rho} \tag{27}$$

2.1.8.i. Déduire finalement en combinant les équations (25) et (28) avec l'équation obtenue dans la question (2.1.8.f) l'expression du taux hygrométrique de l'air loin du bulbe en fonction de la température humide :

$$r = \frac{w_s(T_H)}{w_s(T_\infty)} - \frac{\kappa}{D L_{\text{vap}} \rho} \frac{T_\infty - T_H}{w_s(T_\infty)} \tag{28}$$

Discuter le fait que R_0 n'apparaît pas dans cette équation. Ainsi, la mesure de la température humide T_H et de T_∞ permet d'accéder au taux hygrométrique de l'air ou de manière équivalente à $w(T_\infty)$. Ce modèle est en fait rudimentaire et les météorologues utilisent plutôt des tables de valeurs pré-établies. La mesure de T_H est essentielle pour prévoir la formation de nuages : selon sa valeur, on saura dire s'il y aura formation de cirrus, de brouillard ou de cumulonimbus par exemple...

2.2. Formation des nuages : la nucléation

Pour expliquer la formation des nuages, on va étudier le phénomène de nucléation homogène. La nucléation homogène est un processus qui permet de comprendre la formation d'une goutte d'eau spontanément à partir de la vapeur d'eau. Pour cela, il est nécessaire d'introduire la tension superficielle γ : elle est telle que l'énergie nécessaire à température constante pour combattre les effets de tension superficielle et créer une goutte d'eau de rayon a à partir de vapeur d'eau est donnée par $\gamma S(a)$ où $S(a) = 4\pi a^2$ est la surface de la goutte, supposée sphérique.

2.2.1. Donner la dimension de γ. Décrire succinctement un phénomène où la tension superficielle se manifeste.

2.2.2. On considère le système constitué d'une masse M_0 de vapeur d'eau à la pression partielle P_{vap}, contenue dans une certaine quantité d'air. La température T et la pression P sont supposées constantes.

Spontanément, il se crée une goutte d'eau de rayon a et de masse M_l au milieu de la vapeur d'eau : ceci est l'état final du système. On désire savoir si la goutte d'eau sera stable ou pas. Pour cela, on considère l'enthalpie libre de Gibbs G du système. Pourquoi ? Quel doit être le signe de $\Delta G = G_{\text{final}} - G_{\text{initial}}$ pour que la goutte soit stable ? On notera par la suite g_v et g_l respectivement, les enthalpies libres massiques de la vapeur et de l'eau liquide, supposées constantes ici.

2.2.3. Quelle est l'expression de G_{initial} en fonction de la masse initiale de vapeur d'eau M_0 et de g_v ? Justifier que l'expression de G_{final} est donnée par :

$$G_{\text{final}} = g_v M_0 + (g_l - g_v) M_l + \gamma 4\pi a^2 \tag{29}$$

2.2.4. En déduire alors que si $g_v - g_l < 0$, la goutte d'eau n'est jamais stable et disparaît. Dans ce cas, il ne se formera pas de nuages.

2.2.5. En outre, montrer que si $g_v - g_l > 0$, le signe de ΔG n'est, pas déterminé, ce qui signifie que dans certaines conditions la bulle peut être stable. Pour comprendre ces conditions, commencer par écrire ΔG sous la forme :

$$\Delta G = 4\pi \left(-\alpha \frac{a^3}{3} + \gamma a^2 \right) \tag{30}$$

où α ne dépend que de g_v, de g_l et de la masse volumique de l'eau liquide ρ_l supposée constante. Tracer schématiquement la courbe $\Delta G(a)$ vue comme une fonction de a et montrer l'existence d'un maximum pour une certaine valeur de a que l'on notera a_{crit} et que l'on déterminera.

2.2.6. Que se passe-t-il si la goutte a un rayon $a < a_{\text{crit}}$ et si $a > a_{\text{crit}}$? Dans quel cas verra-t-on la formation de nuages dans l'atmosphère ?

2.2.7. Montrer que

$$\alpha = \rho_l \frac{RT}{M_{\text{eau}}} \ln \left(\frac{P}{P_s(T)} \right) \tag{31}$$

où $P_s(T)$ est à nouveau la pression de vapeur saturante. Pour cela, on utilisera l'expression de l'enthalpie libre établie dans la première partie à la question 1.1.15 pour la vapeur d'eau.

2.2.8. En déduire que, pour que des nuages se forment, l'air doit être sursaturé en humidité. Comment cela est-il possible ?

2.2.9. On suppose que les gouttes d'un nuage ont une taille caractéristique $a = 0,01$ µm. Calculer alors le taux $P/P_s(T)$ minimal pour former une telle goutte à T = 278 K sachant que $\gamma = 0,076$ J.m^{-2}. Or, dans les nuages, on observe que ce rapport excède rarement la valeur de 1,01. Comment pouvez-vous expliquer la différence entre les prédictions du modèle et la réalité ?

3. Effet du champ de gravitation sur l'atmosphère

Dans cette partie, on s'intéresse aux effets du champ de gravitation sur l'atmosphère. On considère un air humide sans se soucier toutefois des phénomènes de condensation. On supposera alors qu'il s'agit d'un gaz parfait qui a les même caractéristiques que l'air sec avec une température virtuelle T_v qui tient compte de l'humidité :

$$P = \frac{R}{M}\rho_{\text{totale}} T_v \tag{32}$$

Sauf mention contraire, on oubliera l'indice v et on notera T la température virtuelle. De plus, ρ_{totale} sera notée ρ

3.1. Le profil de l'atmosphère

On reprend et complète l'étude commencée dans la partie 1.1.(question 1.1.8 et 1.1.9) pour comprendre l'effet du champ de pesanteur sur l'atmosphère. Cette étude se basait sur l'hypothèse d'une atmosphère isotherme et dans ce sens était très limitée. On se propose ici de la reprendre dans le cas où la température de l'atmosphère n'est pas nécessairement uniforme.

3.1.1. La vitesse de libération d'un objet massif soumis à l'attraction d'un astre est définie comme la vitesse minimale v_l que doit avoir cet objet pour s'extraire totalement du champ de gravitation de l'astre. Afin de déterminer v_l pour un objet de masse m posé sur le sol de la Terre, commencer par donner l'énergie mécanique $E(r, \overrightarrow{v})$ de ce point lorsqu'il se trouve à une distance r du centre de la Terre avec une vitesse $\overrightarrow{v}$. En déduire que sa vitesse de libération est donnée par :

$$v_l = \sqrt{\frac{2GM_T}{R_T}} \tag{33}$$

Expliquer physiquement pourquoi cette vitesse est indépendante de la masse m.

3.1.2. Calculer numériquement v_l. La comparer à la vitesse $\sqrt{\overline{v^2}}$ des molécules de l'atmosphère calculée dans la question 1.1.6 et commenter.

3.1.3. On étudie l'atmosphère à une échelle où on peut négliger la courbure de la Terre. Dans ce cas, la surface de la Terre peut être supposée plane et est munie d'un système de coordonnées cartésiennes $(\overrightarrow{e_x}, \overrightarrow{e_y}, \overrightarrow{e_z})$ dont l'axe des z est vertical ascendant. En outre, on suppose que $\overrightarrow{g_0} = -g_0\overrightarrow{e_z}$. En utilisant l'équation de l'hydrostatique (10), en déduire que P et ρ ne dépendent que de z et écrire l'équation différentielle entre $P(z)$ et $\rho(z)$.

3.1.4. Comment est définie la verticale d'un point ? Donner deux raisons pour lesquelles la verticale d'un point ne passe pas par le centre de la Terre.

3.1.5. Déterminer à partir de l'équation de l'hydrostatique et de l'équation des gaz parfaits les fonctions $P(z)$ et $\rho(z)$ pour une température $T(z)$ quelconque. On notera $\rho(0)$, $T(0)$, et $P(0)$ la masse volumique, la température et la pression atmosphérique au niveau de la surface et on exprimera $P(z)$ et $\rho(z)$ en fonction de l'intégrale :

$$\int_0^z \frac{\mathrm{d}z'}{T(z')} \tag{34}$$

3.1.6. Déterminer $P(z)$ explicitement dans le cas d'une atmosphère isotherme à la température T_0. Commenter le résultat.

3.1.7. On veut maintenant déterminer $P(z)$ pour un air sec adiabatique. Un tel air est caractérisé par le fait que son entropie massique S est constante. Quel est le sens physique de cette hypothèse ? En utilisant l'équation de Laplace $PV^\gamma =$ cste dans l'atmosphère, déduire que la température satisfait une équation de la forme :

$$\frac{\mathrm{d}\,T}{\mathrm{d}\,z} = -\Gamma_d \tag{35}$$

où Γ_d est une constante positive dont on donnera la valeur numérique. Pour cela, on prendra $\gamma = 7/5$.

3.1.8. En déduire $T(z)$ et $P(z)$ pour un air sec adiabatique en fonction des données du problème. Commenter les résultats.

3.1.9. Il est rare d'observer des vitesses verticales pour l'atmosphère supérieure à $0,01$ m.s^{-1} L'hypothèse hydrostatique est-elle donc valable ?

3.2. Stabilité de l'atmosphère

L'atmosphère ne peut pas toujours être modélisée par un air sec adiabatique. Pour caractériser l'atmosphère, les météorologues introduisent le potentiel de température θ défini par :

$$\theta = T\left(\frac{P}{P_0}\right)^{\frac{1-\gamma}{\gamma}} \tag{36}$$

où P_0 est une température de référence souvent choisie à $P_0 = 1$ bar. Dans le cas d'un air sec adiabatique θ est constant, sinon il ne l'est pas. Nous allons montrer que θ permet d'établir un critère simple pour dire si l'atmosphère est stable ou non.

3.2.1. On commence par définir la notion de stabilité pour l'atmosphère : on dit que l'atmosphère est stable lorsque les particules fluides la constituant restent localisées au voisinage d'une position d'équilibre suite à une légère perturbation. Autrement, elle est instable. On considère alors une particule fluide à l'altitude z_0 dans une atmosphère caractérisée par un profil de température $T(z)$. En $z = z_0$, la température $T_p(z_0)$ de la particule est identique à la température $T(z_0)$ de l'atmosphère.

3.2.1.a. Lorsque la particule bouge dans l'atmosphère, elle n'a pas le temps d'échanger d'énergie par transfert de chaleur avec l'atmosphère environnant : elle évolue alors de façon adiabatique et réversible. Montrer que sa température en un point z proche de z_0 s'écrit :

$$T_p(z) = T(z_0) - \Gamma_d(z - z_0) \tag{37}$$

où Γ_d a été introduit dans la relation (36). On supposera par la suite que la pression de la particule fluide $P_p(z)$ est confondue avec la pression $P(z)$ de l'atmosphère environnant. D'où vient cette hypothèse sur l'égalité des pressions de l'air et de la particule fluide ?

3.2.1.b. On suppose que la température de l'atmosphère environnant est caractérisée par

$$T(z) = T(z_0) - \Gamma_e(z - z_0) \tag{38}$$

au voisinage de z_0. En utilisant le théorème d'Archimède, montrer que la particule fluide subit une accélération $\overrightarrow{a} = a\,\overrightarrow{e_z}$ au point d'altitude z donnée par :

$$a = \frac{T_p(z) - T(z)}{T(z)} g_0 \tag{39}$$

3.2.1.c. En déduire que pour des oscillations au voisinage de $z = z_0$ la grandeur $x = z - z_0$ satisfait l'équation

$$\frac{\mathrm{d}^2 x}{\mathrm{d}t^2} + (\Gamma_d - \Gamma_e)\frac{g_0}{T(z_0)}x = 0 \tag{40}$$

Donner alors la condition pour laquelle l'atmosphère est stable. Calculer la fréquence des petites oscillations de la particule fluide dans le cas où l'atmosphère est stable.

3.2.2. On va montrer maintenant comment le potentiel de température θ permet de caractériser la stabilité de l'atmosphère.

3.2.2.a. Le potentiel θ dépend de z via P et T. Montrer alors que :

$$\frac{\mathrm{d}\,\theta}{\mathrm{d}\,z} = \frac{\theta}{T}\frac{\mathrm{d}\,T}{\mathrm{d}\,z} - \theta\frac{\gamma - 1}{\gamma P}\frac{\mathrm{d}\,P}{\mathrm{d}\,z} \tag{41}$$

3.2.2.b. En utilisant la loi de l'hydrostatique, en déduire que :

$$\frac{\mathrm{d}\,\theta}{\mathrm{d}\,z} = \frac{\theta}{T}(\Gamma_d - \Gamma_e) \tag{42}$$

3.2.2.c. Conclure que le signe de $\mathrm{d}\theta/\mathrm{d}z$ permet de déduire la stabilité ou la non-stabilité de l'atmosphère. Dans le cas où l'atmosphère est stable, donner la pulsation ω_B des petites oscillations des particules fluides en fonction de θ et $\mathrm{d}\theta/\mathrm{d}z$; ω_B porte le nom de pulsation de Brunt-Vaisala.

4. Mesure thermodynamique du degré hygrométrique de l'air

Dans cette partie on étudié un dispositif de mesure permettant de déterminer le degré hygrométrique de l'air en mesurant la température du point de rosée qui a été mentionnée dans la partie précédente.

Le principe de cette mesure est de diminuer la température de l'air de sorte à se placer dans les conditions de saturation, c'est-à-dire dans les conditions où l'air est saturé d'humidité. Ainsi, la pression partielle de vapeur d'eau est la pression de vapeur saturante à cette température, et sa mesure permet de déterminer le degré hygrométrique de l'air à étudier. On étudie ici un dispositif permettant d'atteindre les conditions de saturation en faisant s'écouler l'air humide dont on cherche le degré hygrométrique à travers une tuyère.

Le lien entre le degré hygrométrique de l'air et la température de rosée établi dans la partie précédente n'est pas nécessaire au traitement de cette partie.

Le dispositif mis en place est schématisé ci-dessous :

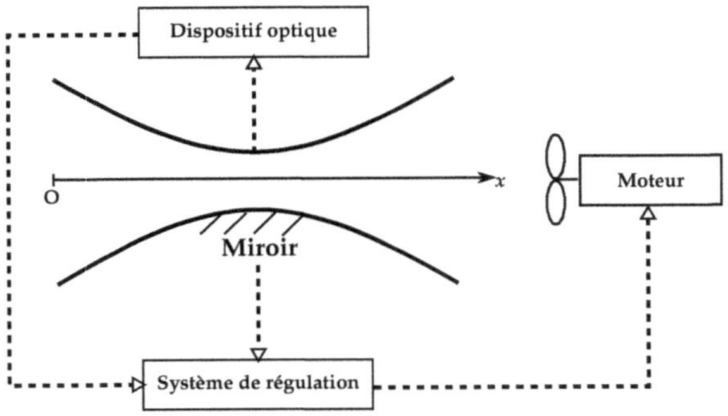

Sur ce schéma, les flèches en pointillés symbolisent les échanges d'information entre les différents éléments du système de régulation de la puissance du moteur.

L'air est contraint à traverser une tuyère calorifugée au col duquel se trouve un petit miroir dont on peut mesurer la température, ainsi que la présence ou non de buée sur sa surface grâce à un dispositif optique dont on ne détaille pas le fonctionnement ici. Le système de régulation agit sur la puissance du moteur forçant l'écoulement de l'air dans la tuyère, de sorte qu'à chaque instant l'air au voisinage du miroir soit juste à la limite de saturation, avec une faible quantité d'eau liquide se déposant à sa surface. On admettra qu'ainsi la mesure de la température du miroir permet de connaître la pression partielle d'eau dans l'air à mesurer et ainsi de déterminer son degré hygrométrique.

On considère l'écoulement permanent du mélange air-vapeur d'eau, assimilé à un gaz parfait dans la tuyère horizontale à symétrie de révolution autour de l'axe Ox, de section notée $S(x)$ non constante. La tuyère est calorifugée, et l'écoulement est supposé permanent et unidimensionnel :

$$\overrightarrow{v}(x) = v(x)\overrightarrow{u_x}$$

On note T_0, P_0, ρ_0 et v_0 la température, la pression, la masse volumique et la vitesse de l'écoulement en $x = 0$ à l'entrée de la tuyère. $\gamma = \dfrac{c_p}{c_v}$, le rapport des capacités massiques à pression et à volume constants du gaz, est considéré uniforme le long de l'écoulement.

4.1. C'est l'équation de Navier-Stokes qui traduit, dans le formalisme dit eulérien, la dynamique d'un fluide. Pour un fluide de viscosité dynamique η, de masse volumique ρ, de pression P, de vitesse $\overrightarrow{v}$, cette équation s'écrit, en négligeant le poids :

$$\rho\frac{D\overrightarrow{v}}{Dt} = \rho\left(\frac{\partial\overrightarrow{v}}{\partial t} + (\overrightarrow{v}\cdot\overrightarrow{\text{grad}})\overrightarrow{v}\right) = -\overrightarrow{\text{grad}}\,(P) + \eta\Delta\overrightarrow{v} \qquad (43)$$

où $D\overrightarrow{v}/Dt$ est l'accélération particulaire d'une particule fluide et Δ est l'opérateur laplacien. Donner la signification physique des différents termes présents dans cette équation. Quel est le terme techniquement le plus problématique de cette équation ?

4.2. On distingue les écoulements laminaires des écoulements turbulents. Décrire succinctement ces deux types d'écoulement en donnant pour chacun un exemple précis. Quelle est la grandeur qui permet de caractériser ces deux régimes d'écoulement ?

4.3. L'écoulement est supposé parfait. Préciser cette hypothèse et justifier que l'on considère aussi les transformations subies par le fluide isentropiques. Justifier alors que sous cette hypothèse l'équation de Navier-Stokes se réduit à l'équation d'Euler qu'on écrira.

4.4. On se propose d'établir l'équation dite « de Saint Venant » liant la vitesse à la pression le long de l'écoulement.

4.4.a. En écrivant l'équation d'Euler en projection sur l'axe Ox établir l'équation :

$$v^2(x) = v_0^2 - 2\int_0^x \frac{1}{\rho(x')}\frac{\mathrm{d}P}{\mathrm{d}x'}\,\mathrm{d}x' \tag{44}$$

4.4.b. Quelle hypothèse sur l'écoulement du fluide permet de dire que la quantité P/ρ^γ est constante. En déduire l'équation liant $\rho(x)$, ρ_0, $P(x)$, P_0 et γ.

4.4.c. En éliminant ρ de l'équation (44) établir l'équation de Saint Venant :

$$v^2(x) = v_0^2 + \frac{2\gamma}{\gamma-1}\frac{P_0}{\rho_0}\left(1 - \left(\frac{P(x)}{P_0}\right)^{\frac{\gamma-1}{\gamma}}\right) \tag{45}$$

Remarque : on pourra poser $u(x') = \dfrac{P(x')}{P_0}$ pour faciliter la résolution.

4.5. On se propose à présent d'établir l'équation de Saint Venant par une autre méthode en effectuant un bilan énergétique sur un système fermé bien choisi. On considère donc une tranche de fluide comprise à l'instant t entre les abscisses $x_e = 0$ et $x_s = x$.

4.5.a. Écrire dans le cas général, le premier principe de la thermodynamique pour un système fermé subissant une transformation quelconque. Pourquoi dit-on que le premier principe est un principe de conservation ? Comment qualifie-t-on le second principe de la thermodynamique ?

4.5.b. Définir la notion de transformation quasi-statique. Écrire alors le premier principe de la thermodynamique pour une transformation infinitésimale quasi-statique.

4.5.c. Établir que pour la tranche de fluide considérée on a :

$$U(t+\mathrm{d}t) - U(t) + E_c(t+\mathrm{d}t) - E_c(t) = P_0 S_0 v_0 \mathrm{d}t - P(x)S(x)v(x)\mathrm{d}t \tag{46}$$

On pourra judicieusement illustrer son raisonnement à l'aide d'un schéma de la tranche de fluide au cours de la transformation considérée.

4.5.d. Justifier que le débit massique se conserve le long de l'écoulement et en déduire une relation liant $\rho(x)$, $S(x)$ et $v(x)$ à ρ_0, S_0 et v_0.

4.5.e. En utilisant l'expression de l'énergie interne du gaz, établir avec soin la relation liant la variation d'énergie interne $\mathrm{d}U$ du système à ρ_0, S_0, v_0, c_v, $T(x)$ et T_0.

Établir de même l'expression de la variation d'énergie cinétique $\mathrm{d}E_c$ en fonction de ρ_0, S_0, v_0, $\mathrm{d}t$ et $v(x)$.

4.5.f. En déduire que :

$$c_v(T(x) - T_0) + \frac{1}{2}\left(v^2(x) - v_0^2\right) = \frac{P_0}{\rho_0} - \frac{P(x)}{\rho(x)} \tag{47}$$

4.5.g. Retrouver alors l'équation de Saint Venant.

4.6. On se propose maintenant d'établir une nouvelle équation qui lie en particulier la section $S(x)$ et la vitesse $v(x)$ du fluide.

4.6.a. En exploitant à nouveau la conservation du débit massique, établir l'équation (α) entre $\frac{\rho'}{\rho}$, $\frac{S'}{S}$ et $\frac{v'}{v}$.

4.6.b. Établir grâce à la loi de Laplace l'équation (β) liant $P(x)$, $\rho(x)$ et γ aux dérivées $P'(x)$ et $\rho'(x)$.

4.6.c. Enfin, déduire de la projection de l'équation d'Euler (voir qu. 4.4.a) l'équation (δ) liant $v(x)$, $\rho(x)$, $v'(x)$ et $P'(x)$.

4.6.d. En déduire l'équation d'Hugoniot :

$$\frac{1}{S(x)}\frac{\mathrm{d}S}{\mathrm{d}x} = (M^2(x) - 1)\frac{1}{v(x)}\frac{\mathrm{d}v}{\mathrm{d}x} \tag{48}$$

où $M(x) = \frac{v(x)}{c(x)}$ avec $c(x) = \sqrt{\gamma\frac{P(x)}{\rho(x)}}$ vitesse du son dans le fluide à l'abscisse x. $M(x)$ est appelé nombre de Mach.

4.7. On suppose que l'écoulement dans la tuyère reste subsonique en tout point. En déduire à quel endroit de la tuyère la vitesse de l'écoulement est maximale.

4.8. Montrer alors qu'en ce point la température de l'écoulement est minimale et justifier ainsi le choix de la position du miroir dont on mesure la température.

4.9. Décrire en quelques lignes l'action du système de régulation selon l'information renvoyée par le dispositif optique.

5. Mesure capacitive du degré hygrométrique de l'air

L'industrie électronique fabrique des capteurs hygrométriques dont le fonctionnement est relativement simple : un milieu susceptible de fixer des molécules d'eau est emprisonné entre deux électrodes. Le condensateur ainsi réalisé est analogue à un condensateur plan dans le vide, à l'exception de la permittivité diélectrique du vide $\mathcal{E}_0$ qu'il convient de remplacer par la permittivité diélectrique du milieu $\mathcal{E} = \mathcal{E}_0\mathcal{E}_r$. $\mathcal{E}_r$ a une valeur proche de 1 mais qui dépend de la fraction molaire d'eau contenue dans l'atmosphère. Une relation connue permet de trouver le degré hygrométrique connaissant la capacité du condensateur.

Le dispositif expérimental doit donc permettre de mesurer la capacité du capteur (comprise entre 100 et 150 pF), avec une assez bonne précision, en s'affranchissant des perturbations introduites par les câbles de connexion entre le capteur et l'électronique de mesure. Plusieurs dispositifs sont ici étudiés.

5.1. Étude du capteur

Le capteur étudié est constitué de deux plaques métalliques de longueur l selon Ox, de largeur L selon Oz et d'épaisseur négligeable. Ces plaques sont distantes de e.

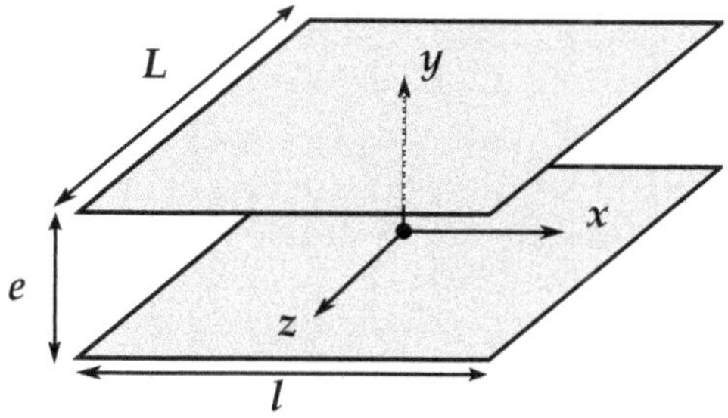

Les dimensions l et L étant très grandes devant la distance qui sépare les deux armatures, on négligera les effets de bords. On note Q la charge portée par l'armature supérieure et $-Q$ celle portée par l'armature inférieure.

Les deux armatures sont séparées par un matériau isolant et poreux, appelé diélectrique, de permittivité $\mathcal{E}$. D'un point de vue électrique le diélectrique se comporte comme le vide à condition de remplacer $\mathcal{E}_0$ par $\mathcal{E}$.

Les armatures étant d'épaisseur négligeable, elles seront donc considérées confondues avec les plans d'ordonnée $y = -e/2$ et $y = e/2$. On adoptera donc un modèle de plan uniformément chargé en surface pour les décrire.

5.1.1. Quels sont les ingrédients nécessaires pour construire un condensateur ? Justifier que les armatures d'un condensateur ont des charges opposées.

5.1.2. On s'intéresse dans un premier temps uniquement à l'armature supérieure, supposée seule et dans le vide.

5.1.2.a. Justifier avec soin que le champ créé en tout point par cette armature peut s'écrire $\overrightarrow{E}(M) = E(y)\overrightarrow{e_y}$.

5.1.2.b. On pose $y' = y - \frac{e}{2}$, exprimer $E(y')$ en fonction de $E(-y')$.

5.1.2.c. En utilisant le théorème de Gauss, établir alors l'expression du champ créé en tout point de l'espace par l'armature en fonction de Q, L, l et $\mathcal{E}_0$.

5.1.3. On considère maintenant l'ensemble des deux armatures séparées par le diélectrique de permittivité $\mathcal{E}$.

5.1.3.a. Donner l'expression du champ créé en tout point de l'espace par cette distribution.

5.1.3.b. En déduire en fonction de $\mathcal{E}$, l, L et e la capacité C_{RH} du condensateur.

5.1.4. Il est possible de rencontrer des condensateurs avec des défauts de construction et ces défauts peuvent modifier la valeur de la capacité. Par exemple, les deux armatures peuvent ne pas être parfaitement parallèles et c'est précisément cette situation que nous voulons étudier ici. On supposera alors que les deux armatures forment un dièdre d'angle α comme indiqué sur le schéma ci-après.

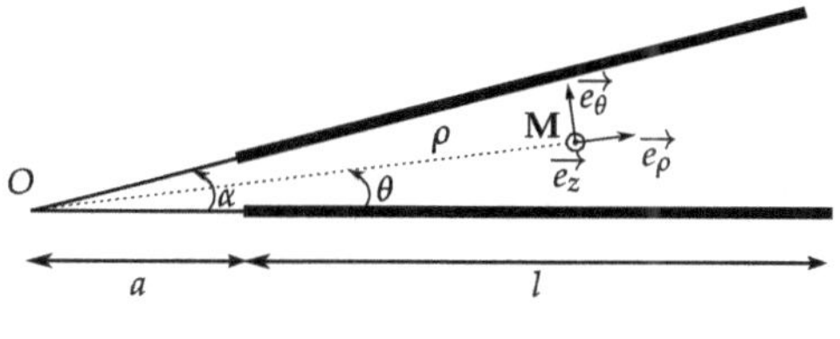

Tout point M entre les armatures est repéré par ses coordonnées cylindriques (ρ, θ, z). En tout point M on définit également une base locale $(\overrightarrow{e_\rho(M)}, \overrightarrow{e_\theta}(M), \overrightarrow{e_z})$ de l'espace. En particulier, tout point de l'armature du bas est caractérisé par $\theta = 0$ alors que tout point de l'armature du haut est tel que $\theta = \alpha$. En outre, les armatures ont une longueur L dans la direction Oz, et l dans la direction radiale de sorte qu'elles sont comprises entre $\rho = a$ et $\rho = a + l$. On suppose enfin que l'armature du bas est portée au potentiel V_1 alors que celle du haut est portée au potentiel V_2.

Pour calculer la capacité d'un tel condensateur, on utilise une méthode différente de celle de la partie précédente.

5.1.4.a. On commence par calculer la forme générale du potentiel $V(M)$ en des points M entre les armatures. Justifier pourquoi on peut considérer que $V(M)$ est en fait une fonction de l'angle θ seulement.

5.1.4.b. Quelle équation satisfait le potentiel $V(\theta)$ en supposant que le diélectrique n'est pas chargé ? Résoudre cette équation et déduire que la solution s'écrit sous la forme :

$$V(\theta) = A\theta + B \tag{49}$$

où A et B sont des constantes que l'on déterminera en fonction de V_1, V_2 et α.

5.1.4.c. En déduire l'expression du champ électrique $\overrightarrow{E}(M)$ au point M entre les armatures.

5.1.4.d. On suppose dans cette question seulement que les armatures sont des conducteurs parfaits. Qu'est-ce que cela signifie ? Sous cette condition, on admet que le champ électrique au voisinage d'un point M de l'armature du bas est relié à la densité surfacique de charge $\sigma(M)$ en ce même point M de l'armature par l'équation :

$$\overrightarrow{E}(M) = \frac{\sigma(M)}{\mathcal{E}} \overrightarrow{e_\theta}(M) \tag{50}$$

D'où vient cette équation ? Écrire la relation analogue lorsque M est un point de l'armature du haut.

5.1.4.e. En déduire la charge totale Q de l'armature du bas et montrer qu'elle se met sous la forme $Q = C(V_1 - V_2)$ où C est la capacité du condensateur diédrique donnée par :

$$C = \frac{\mathcal{E}L}{\alpha} \ln\left(\frac{a+l}{a}\right) \tag{51}$$

5.1.4.f. On veut maintenant comparer C à la valeur C_{RH} du condensateur plan. Pour cela on considère le condensateur diédrique dans la limite où α tend vers 0, α tend vers l'infini avec la condition $\alpha a = e$ où e est fixé. Justifier que dans cette limite la capacité du condensateur diédrique tend vers celle du condensateur plan d'épaisseur e, de longueur L et de largeur l.

5.1.4.g. En déduire que sous ces conditions $C = C_{RH} - \delta C$ où δC est une correction donnée par la relation :

$$\delta C = \frac{\alpha l}{2e} C_{RH} \tag{52}$$

On pourra utiliser que $\ln(1+x) = x - x^2/2$ lorsque x est très petit devant un.

5.1.4.h. Donner un ordre de grandeur de $\delta C/C_{RH}$ sachant que α est de l'ordre d'une seconde d'arc. On prendra $e = 1$ µm, $l = 1$ mm, $L = 2$ mm. Dans la suite on négligera δC et on supposera le condensateur plan.

5.2. Mesure de C_{RH} : premier montage

La capacité à mesurer C_{RH} est introduite dans le circuit résonnant ci-dessous. On se place en régime sinusoïdal forcé : $e(t) = E\cos(\omega t)$. Lorsqu'une grandeur $x(t)$ (intensité ou tension) s'écrit sous la forme $x(t) = X\cos(\omega t + \phi)$, on dit que X est l'amplitude de cette grandeur.

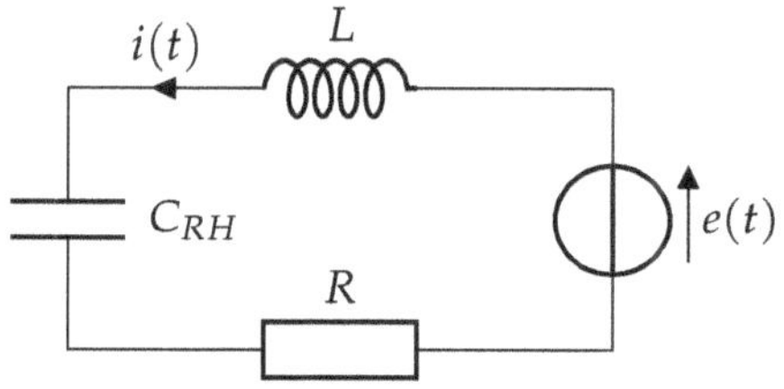

5.2.1. Calculer l'amplitude de l'intensité dans le circuit, notée I, en fonction des données du problème. En déduire l'expression de l'amplitude de la tension aux bornes de C_{RH}, notée U_C en fonction de E, R, L, C_{RH} et ω. Il sera judicieux de passer en notation complexe pour répondre à ces questions.

5.2.2. Montrer que l'expression de l'amplitude U_C peut se mettre sous la forme :

$$U_C = \frac{U_{C0}}{\sqrt{\left(1 - \frac{\omega^2}{\omega_0^2}\right)^2 + \frac{1}{Q^2}\left(\frac{\omega}{\omega_0}\right)^2}} \tag{53}$$

Donner les expressions de U_{C0}, Q et de ω_0. Interpréter physiquement ces grandeurs.

5.2.3. À quelle condition sur Q cette amplitude présente-t-elle un maximum en fonction de ω ? Comment est appelé ce phénomène ? En connaissez-vous d'autres manifestations ainsi que leur utilité ?

5.2.4. On donne $L = 100$ mH, $R = 50\ \Omega$, estimez pour une des valeurs extrêmes de C_{RH} la valeur du facteur de qualité dans ce cas.

5.2.5. Quelle est la valeur en fonction de Q et ω_0 de la pulsation ω_m à laquelle U_C est maximale ?

5.2.6. Estimez l'écart relatif $|\omega_m - \omega_0|/\omega_0$ en fonction de Q. Est-il ici préjudiciable de confondre ω_m et ω_0 ?

5.2.7. Estimer l'erreur commise sur la valeur de C_{RH} que l'on déduit de la mesure de ω_m en confondant ω_m avec ω_0. Comment serait-il possible concrètement de diminuer cette erreur ?

5.2.8. Afin de disposer le capteur à l'extérieur d'un bâtiment et le dispositif de mesure à l'intérieur, on utilise un câble coaxial d'une longueur $L = 5$ m. Le câble coaxial présente lui aussi une capacité C_c entre l'âme et le blindage, qui dépend du degré hygrométrique.

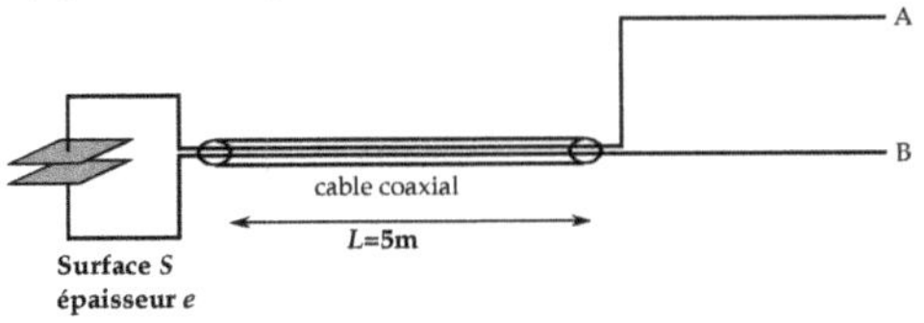

Quel est le montage équivalent à ce système ? Quelle capacité est alors mesurée par la méthode précédemment décrite ? Quel est l'inconvénient majeur de ce montage ?

5.3. Mesure de C_{RH} : second montage

Afin de palier cet inconvénient, on réalise le montage suivant :

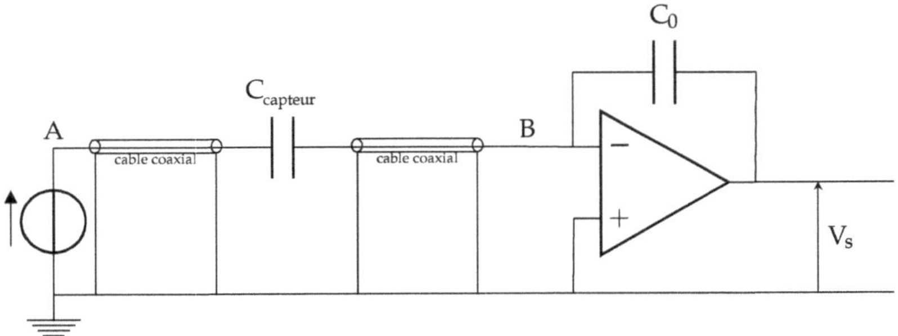

L'amplificateur opérationnel est supposé idéal et son fonctionnement est linéaire. Le générateur a des caractéristiques de Thévenin notées $e(t)$ et $R_g = 50\,\Omega$:

- pour $t < 0$, $e(t) = E$ et la capacité C_0 est déchargée.
- poux $t > 0$, $e(t) = 0$.

On note C_{c1} la capacité du câble coaxial 1 entre A et le capteur et C_{c2} celle du câble coaxial 2 entre le capteur et B.

5.3.1. Quel est le schéma électrique équivalent au dispositif proposé ?

5.3.2. Établir les expressions des variations dans le temps des tensions U_{Cc1} aux bornes du câble coaxial 1 et $U_{C_{RH}}$ aux bornes du capteur.

5.3.3. Quelles sont les valeurs prises par ces tensions au bout d'un temps très long ? On précisera quantitativement la notion de « temps très long ».

5.3.4. Déterminer au bout d'un temps très long la charge portée par le condensateur de capacité C_{c1} équivalent au câble 1. Commenter.

5.3.5. Déterminer de même la charge portée par le condensateur équivalent au câble 2 C_{c2}. Commenter.

5.3.6. Ce dispositif permet-il de s'affranchir des capacités parasites des câbles ?

5.3.7. Établir la relation entre la tension V_s mesurée au bout d'un temps très long et la capacité du capteur C_{RH}.

5.3.8. Quels sont les avantages et les inconvénients de ce dispositif ?

FIN DE L'ÉNONCÉ

Atmosphère et mesures hygrométriques

1. Quels modèles pour l'air et l'eau dans l'atmosphère ?

1.1. Le modèle du gaz parfait pour l'air

1.1.1. L'élément le plus abondant après le diazote et le dioxygène est l'argon (composition : 78% de N_2, 21% de O_2, 0,93% de Ar).

1.1.2. Pour former un gaz parfait, les particules (molécules ou atomes) ne doivent avoir aucune interaction à courte ou à longue portée. De plus la taille des particules doit être petite devant la distance séparant deux particules.

1.1.3. Si l'on considère que la masse molaire de l'air est de 29 g.mol^{-1}, alors la distance entre deux particules est $d = \left(\frac{M/N_A}{\rho}\right)^{1/3} = 3{,}33$ nm. Or une molécule de dioxygène ou de diazote a une taille de l'ordre du dixième de nanomètre. Ainsi, nous pouvons bien considérer ces gazs comme parfait. Par ailleurs, sa masse molaire est $M = 0{,}2 \times M_{O_2} + 0{,}8 \times M_{N_2}$, d'où $M = 28{,}8$ g.mol^{-1}. Nous en déduisons alors qu'une particule de ce gaz parfait a une masse de $m = 4{,}8.10^{-23}$ g.

1.1.4. Le gaz ne possède pas de mouvement d'ensemble. Ainsi aucune direction n'est privilégiée pour les vitesses des particules, il est donc normal que seul intervienne le module de la vitesse dans la statistique de Maxwell-Boltzmann. Vérifions que cette loi est bien normée.

$$\begin{aligned}\int \mathcal{P}(\vec{v})\,\mathrm{d}^3\vec{v} &= \left(\frac{m}{2\pi k_B T}\right)^{3/2} \int_{-\infty}^{\infty} \exp\left(-\frac{m}{2k_B T}v_x^2\right)\,\mathrm{d}v_x \times \\ &\quad \int_{-\infty}^{\infty} \exp\left(-\frac{m}{2k_B T}v_y^2\right)\,\mathrm{d}v_y \int_{-\infty}^{\infty} \exp\left(-\frac{m}{2k_B T}v_z^2\right)\,\mathrm{d}v_z \\ &= \left(\frac{m}{2\pi k_B T}\right)^{3/2} \left(\sqrt{\frac{2\pi k_B T}{m}}\right)^3 \\ &= 1\,.\end{aligned}$$

Remarque : Si l'on veut faire le calcul en coordonnées sphériques, il suffit de remplacer $\mathrm{d}^3\vec{v}$ par $v^2 \sin\theta \mathrm{d}v\mathrm{d}\theta\mathrm{d}\phi$ dans l'intégrale et d'intégrer selon v entre 0 et $+\infty$, selon θ entre 0 et π et selon ϕ entre 0 et 2π. Nous obtenons alors directement le résultat.

1.1.5. Pour calculer $\overline{v_x}$, il suffit de remarquer que la fonction $v_x\mathcal{P}(\vec{v})$ est une fonction impaire de v_x. Ainsi son intégrale entre $-\infty$ et $+\infty$ est nulle. En utilisant ce raisonnement nous obtenons le même résultat pour les deux autres composantes de la vitesse. Finalement,

$$\begin{aligned}\overline{\vec{v}} &= \overline{v_x}\vec{e_x} + \overline{v_y}\vec{e_y} + \overline{v_z}\vec{e_z}\,, \\ &= \vec{0}\,.\end{aligned}$$

Ce résultat est en accord avec le fait qu'il n'y a pas de mouvement d'ensemble du système gazeux.

1.1.6. Calculons $\overline{v^2}$ en coordonnées sphèriques.

$$\begin{aligned}
\overline{v^2} &= \int_0^{\infty} \left(\frac{m}{2\pi k_B T}\right)^{3/2} v^4 \exp\left(-\frac{m}{2k_B T}v^2\right) \,\mathrm{d}v \times \int_0^{\pi} \sin(\theta)\,\mathrm{d}\theta \times \int_0^{2\pi} \mathrm{d}\phi \\
&= \int_0^{\infty} \left(\frac{m}{2\pi k_B T}\right)^{3/2} 4\pi v^4 \exp\left(-\frac{m}{2k_B T}v^2\right) \,\mathrm{d}v \\
&= 4\pi \left(\frac{m}{2\pi k_B T}\right)^{3/2} \frac{3}{8\pi^2} \left(\frac{2\pi k_B T}{m}\right)^{5/2} \\
&= \frac{3k_B T}{m}\,.
\end{aligned}$$

A.N. : $\sqrt{\overline{v^2}} = \sqrt{\dfrac{3 \times 1,38.10^{-23} \times 270}{4,8.10^{-26}}} = 483\ \mathrm{m.s^{-1}}.$

Cette vitesse est relativement grande mais reste tout de même très faible devant la vitesse de libération, vitesse nécessaire pour échapper à l'attraction terrestre, qui est de l'ordre de la dizaine de kilomètres par seconde.

1.1.7. Dans cette approche l'énergie interne est la somme des énergies cinétique et potentielle de chaque particule. Ainsi $U = N\frac{1}{2}m\overline{v^2}$, d'où

$$U = \frac{3}{2}Nk_B T\,. \tag{1}$$

Ici nous avons trouvé $D = 3$ car nous avons supposé les particules ponctuelles, mais dès que l'on prend en compte le fait que les molécules sont diatomiques alors il faut ajouter les degrés de liberté associés aux différentes rotations de la molécule, et ces nouveaux degrés de liberté contribuent à hauteur de $1/2k_B T$ à l'énergie interne. Pour une molécule diatomique, il n'y a que deux rotations possibles (la rotation autour de l'axe de la molécule garde le système inchangé) d'où $D = 5$. Par ailleurs pour une molécule possédant trois atomes il y a trois rotations possibles ce qui permet d'atteindre $D = 6$.

Remarque : Ici il n'a pas été pris en compte la contribution des vibrations des différentes liaisons. Il est donc supposé que les molécules sont rigides.

1.1.8. Si $r > R_T$ alors $\overrightarrow{F} = -\dfrac{GmM_T}{r^2}\overrightarrow{e_r}$.

Si $r < R_T$ alors $\overrightarrow{F} = -GmM_T\dfrac{r}{R_T^3}\overrightarrow{e_r}$. Par définition $\overrightarrow{F} = -\overrightarrow{\mathrm{grad}}\,(E_P)$, ainsi en imposant $E_P(R_T) = 0$, nous obtenons :

$$\begin{aligned}
E_p(r) &= -\frac{GmM_T}{R_T}\left(\frac{R_T}{r} - 1\right) \text{ si } r > R_T\,, \\
&= -\frac{GmM_T}{2R_T}\left(\frac{r^2}{R_T^2} - 1\right) \text{ si } r < R_T\,.
\end{aligned}$$

1.1.9. Si nous nous plaçons dans une zone de 10 km d'épaisseur à la surface de la terre, alors nous pouvons supposer que $z \ll R_T$, et l'énergie qui s'écrit :

$$E_P(z) = \frac{GmM_T}{R_T}\frac{z/R_T}{1+z/R_T},$$

peut se simplifier au premier ordre en z :

$$\begin{aligned} E_P(z) &\approx \frac{GmM_T}{R_T}\frac{z}{R_T}\left(1-\frac{z}{R_T}\right) \\ &\approx GmM_T\frac{z}{R_T^2} \\ &\approx mg_0 z\,. \end{aligned}$$

avec $g_0 = \dfrac{GM_T}{R_T^2} = \dfrac{6,67.10^{-11} \times 5,97.10^{24}}{(6400.10^3)^2} = 9,72\ \text{m.s}^{-2}$.

Nous en déduisons que $E(\vec{v}, z) = \dfrac{1}{2}m\vec{v}^2 + mg_0 z$.

1.1.10. Calculons la fonction que nous cherchons à normaliser :

$$\begin{aligned} \int_0^{+\infty}\left(\int Q(\vec{v},z)\,\mathrm{d}^3\vec{v}\right)\mathrm{d}z =& \alpha\int_0^{+\infty}\exp\left(-\frac{mg_0z}{k_BT}\right)\mathrm{d}z \\ & \times \int \exp\left(-\frac{m\vec{v}^2}{k_BT}\right)\mathrm{d}^3\vec{v} \\ =& \alpha\int_0^{+\infty}\exp\left(-\frac{mg_0z}{k_BT}\right)\mathrm{d}z \times \left(\frac{2\pi k_BT}{m}\right)^{3/2} \\ =& \alpha\left(\frac{2\pi k_BT}{m}\right)^{3/2}\frac{k_BT}{mg_0}, \end{aligned}$$

Pour que la fonction soit normalisée, il faut

$$\alpha = 2\pi g_0\left(\frac{m}{2\pi k_BT}\right)^{5/2}.$$

Pour obtenir le nombre de particules situées à l'altitude z, il suffit d'intégrer $Q(\vec{v}, z)$ sur les vitesses accessibles. Nous obtenons alors :

$$\begin{aligned} N(z) &= \frac{mg_0}{k_BT}\exp\left(-\frac{mg_0z}{k_BT}\right) \\ &= N(0)\mathrm{e}^{-z/H}\,. \end{aligned} \tag{2}$$

avec $H = \dfrac{k_BT}{mg_0} = \dfrac{1,38.10^{-23} \times 270 \times 6,02.10^{23}}{29.10^{-3} \times 9,72} = 7,96.10^3$ m.

En mettant $N(z)$ sous cette forme, nous nous rendons immédiatement compte qu'environ 70% des particules sont situées à une altitude plus basse que $z = H$. H est donc l'épaisseur caractéristique de l'atmosphère.

1.1.11. La pression cinétique est le résultat des chocs des particules sur l'enceinte contenant le gaz.

1.1.12. On donne :

$$P = \frac{1}{3}\frac{N}{V}m\overline{v^2}\,. \tag{3}$$

Le facteur 1/3 provient à nouveau du fait que le gaz n'a pas de mouvement d'ensemble, ainsi les trois directions de l'espace sont équiprobables, nous pouvons donc supposer que seulement 1/6 des particules du gaz vont venir impacter la surface considérée. De plus la particule qui impacte la surface arrive avec une vitesse v et repart avec une vitesse $-v$. Elle cède donc une quantité de mouvement de $2mv$. Finalement $P = \frac{1}{6}\frac{N}{V} \times 2m\overline{v^2}$.

Nous avons vu précédemment que $\overline{v^2} = \frac{3k_BT}{m}$, ainsi

$$PV = Nk_BT\,. \tag{4}$$

1.1.13. L'identité thermodynamique s'écrit $\mathrm{d}U = T\mathrm{d}S - P\mathrm{d}V$. En utilisant la formule (1) et la loi des gaz parfait, nous obtenons $\mathrm{d}S = \frac{5}{2}nR\frac{\mathrm{d}T}{T} - nR\frac{\mathrm{d}P}{P}$ et ainsi par intégration :

$$S(P,T) = S(P_0,T_0) + \frac{5}{2}nR\ln\left(\frac{T}{T_0}\right) - nR\ln\left(\frac{P}{P_0}\right)\,. \tag{5}$$

Remarque : Nous rappelons que la différentielle totale exacte de la loi des gaz parfait s'écrit : $\mathrm{d}V = \frac{Nk_B}{P}\mathrm{d}T - \frac{Nk_BT}{P^2}\mathrm{d}P$.

1.1.14. Une grandeur est un potentiel thermodynamique si lors de l'évolution du système sa valeur diminue et atteint un minimum pour la situation d'équilibre (telle l'entropie pour un système isolé). Pour un système en contact avec un thermostat, le «bon» potentiel thermodynamique est l'énergie libre $F = U - TS$. Si l'on rajoute une pression extérieure constante alors l'enthalpie libre de Gibbs G devient le potentiel thermodynamique du système.

1.1.15. Par définition : $G = U + PV - TS$. Ainsi en reportant les différentes expressions de U, PV et S déterminées précédemment, nous obtenons :

$$G = \frac{5}{2}nRT\left(1 - \ln\left(\frac{T}{T_0}\right)\right) + nRT\ln\left(\frac{P}{P_0}\right)\,, \tag{6}$$

$$g = \frac{5}{2}\frac{RT}{M}\left(1 - \ln\left(\frac{T}{T_0}\right)\right) + \frac{RT}{M}\ln\left(\frac{P}{P_0}\right)\,, \tag{7}$$

avec M la masse molaire des particules.

1.1.16.

1.1.16.a. Le volume de telles particules fluide est définie de la manière suivante : $V = a^3$, avec a de l'ordre du dixième de millimètre. Il y a ainsi environ 10^{13} molécules dans une particule fluide.

1.1.16.b. La particule fluide que nous étudions est centrée autour du point de coordonnées (x, y, z). Nous allons dans un premier temps étudier la projection de la force de pression selon l'axe $\overrightarrow{e_x}$. Il suffira de faire exactement le même raisonnement sur $\overrightarrow{e_y}$ et $\overrightarrow{e_z}$ pour obtenir la force résultante.

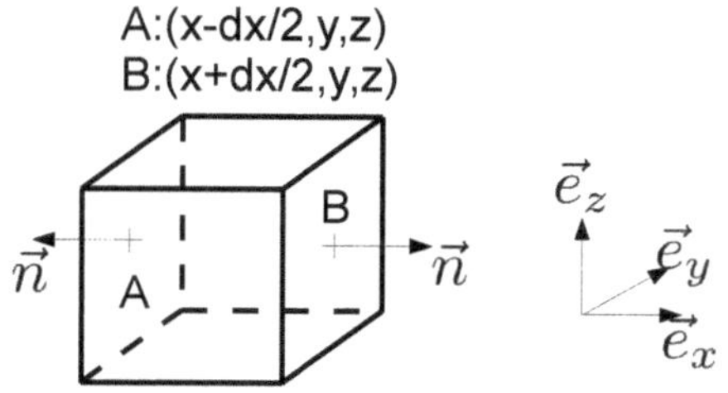

Le centre de la face du parallélépipède de normale sortante $\overrightarrow{e_x}$ a pour coordonnées $(x + \mathrm{d}x/2, y, z)$. De même le centre de la face du parallélépipède de normale sortante $-\overrightarrow{e_x}$ a pour coordonnées $(x - \mathrm{d}x/2, y, z)$. Ainsi :

$$\delta F_x = S \times \left(P(x - \mathrm{d}x/2, y, z)\overrightarrow{e_x} - P(x + \mathrm{d}x/2, y, z)\overrightarrow{e_x}\right) ,$$

avec $S = \mathrm{d}y\mathrm{d}z$. Nous reconnaissons alors la dérivée de P par rapport à x prise en (x, y, z). Finalement :

$$\delta \overrightarrow{F} = -\left(\frac{\partial P}{\partial x}\overrightarrow{e_x} + \frac{\partial P}{\partial y}\overrightarrow{e_y} + \frac{\partial P}{\partial z}\overrightarrow{e_z}\right) \mathrm{d}x\mathrm{d}y\mathrm{d}z . \tag{8}$$

1.1.16.c. Par définition de la force de pression $\overrightarrow{F} = -\iint P\overrightarrow{n}\,\mathrm{d}S$, avec $\overrightarrow{n}$ la normale sortante à la surface délimitant la particule fluide. En utilisant le théorème de Green, nous obtenons :

$$\overrightarrow{F} = -\iiint \overrightarrow{\mathrm{grad}}\,(P)\,\mathrm{d}\tau . \tag{9}$$

Cette formule étant vérifiée pour n'importe quel volume d'intégration, nous avons bien :

$$\delta \overrightarrow{F} = -\overrightarrow{\mathrm{grad}}\,(P)\,\mathrm{d}\tau = -\left(\frac{\partial P}{\partial x}\overrightarrow{e_x} + \frac{\partial P}{\partial y}\overrightarrow{e_y} + \frac{\partial P}{\partial z}\overrightarrow{e_z}\right) \mathrm{d}x\mathrm{d}y\mathrm{d}z .$$

1.1.16.d. Les forces s'exerçant sur une particule fluide sont le poids et la résultante des forces de pression, ainsi :

$$\rho\ \mathrm{d}x\mathrm{d}y\mathrm{d}z\frac{\mathrm{d}\,\overrightarrow{v}}{\mathrm{d}\,t} = \rho\ \mathrm{d}x\mathrm{d}y\mathrm{d}z\overrightarrow{g_0} - \overrightarrow{\mathrm{grad}}\,(P)\ \mathrm{d}x\mathrm{d}y\mathrm{d}z .$$

À l'équilibre mécanique, la dérivée de la vitesse s'annule, d'où :

$$\rho\overrightarrow{g_0} = \overrightarrow{\mathrm{grad}}\,(P) . \tag{10}$$

1.1.16.e. La poussée d'Archimède est la résultante des forces de pression s'exerçant sur un objet. Ainsi :

$$\overrightarrow{\Pi} = -V_{\mathrm{objet}}\overrightarrow{\mathrm{grad}}\,(P) = -V_{\mathrm{objet\ immergé}}\ \rho_{\mathrm{fluide}}\ \overrightarrow{g_0} .$$

Un corps plongé dans un fluide au repos subit une force verticale dirigée de bas en haut et de norme égale au poids du volume de fluide déplacé.

1.1.16.f. À l'équilibre mécanique, le poids et la poussé d'archimède se compensent d'où $\rho_{\text{glace}} V_{\text{iceberg}}\, g_0 = \rho_{eau} V_{\text{immergé}}\, g_0$. Nous en déduisons immédiatement que :

$$\frac{V_{\text{immergé}}}{V_{\text{iceberg}}} = \frac{\rho_{\text{glace}}}{\rho_{\text{eau}}} = 0,9 \ .$$

Si l'iceberg fond, nous pouvons déterminer le volume qu'il occupe à l'état liquide par conservation de la masse. Ainsi :

$$V_{\text{iceberg fondu}} = V_{\text{iceberg}} \frac{\rho_{\text{glace}}}{\rho_{\text{eau}}} = V_{\text{immergé}} \ .$$

L'eau issue de l'iceberg occupe donc le même volume que la partie immergée. Il n'y a aucune modification du niveau de l'eau (dans la réalité les océans sont salés et non les icebergs ce qui induit une augmentation du niveau des océans).

Pour vérifier ce résultat avec de l'eau douce, il suffit de placer un glaçon dans un récipient et de remplir ce récipient à ras bord. Nous remarquons alors qu'une fois le glaçon fondu le niveau de l'eau n'a pas changé (pas de débordement ou de perte de volume).

1.2. Le modèle de Van cher Waals pour la vapeur d'eau

1.2.1. Tout d'abord, le coefficient a est un terme de surpression qui traduit les interactions à longues portées entre particules. Si l'interaction est attractive alors les particules vont avoir tendance à se concentrer au centre du volume et ainsi il y aura moins de chocs avec les parois d'où une diminution de la pression, a est alors positif. Dans le cas d'une interaction répulsive, a sera négatif ce qui traduira une augmentation de la pression par rapport à l'état du gaz parfait.

Ensuite le coefficient b est le terme de covolume, qui traduit le fait que les particules ne sont pas ponctuelles. Il y a donc un volume inaccessible qui correspond au volume de chaque particule, b est donc toujours positif et correspond au volume d'une mole de particules.

Pour écrire cette équation pour n moles, il suffit de remarquer que la pression est une grandeur intensive, alors que le volume est une grandeur extensive. Il faut donc rendre le rapport $\frac{a}{V^2}$ intensif. Pour cela, nous faisons apparaitre le volume molaire en multipliant par n^2.

Ensuite, nous multiplions b par n pour avoir une grandeur extensive compatible avec le volume V. Finalement, nous obtenons :

$$\left(P + \frac{an^2}{V^2}\right)(V - nb) = nRT \ . \tag{11}$$

1.2.2. Calculons la dérivée de la pression par rapport au volume.

$$\begin{aligned} P &= \frac{RT}{V-b} - \frac{a}{V^2} \ , \\ \frac{\mathrm{d}P}{\mathrm{d}V} &= -\frac{RT}{(V-b)^2} + \frac{2a}{V^3} \ . \end{aligned}$$

Ainsi cette dérivée s'annule pour des volumes V_0 tels que

$$\frac{(V_0 - b)^2}{V_0^3} = \frac{RT}{2a} \,. \tag{12}$$

1.2.3. Nous remarquons que lorsque x tend vers l'infini, la fonction se comporte comme la fonction $1/x$. Par ailleurs pour $(x - b)$ très petit devant b, $f(x)$ est équivalent à $(x - b)^2$. Nous obtenons ainsi la figure 1.

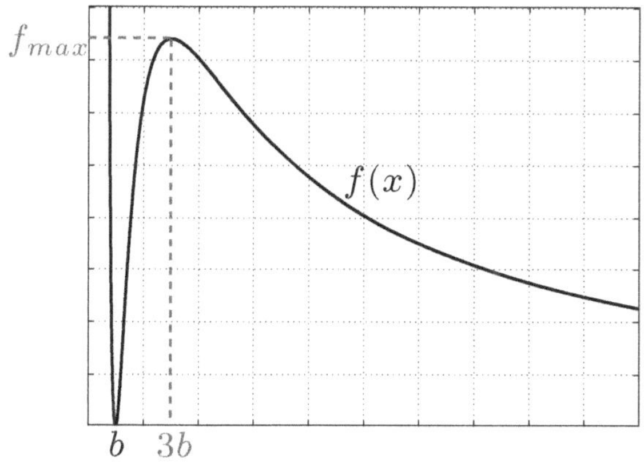

Figure 1 :

En dérivant la fonction f, nous remarquons qu'elle admet un maximum en $x = 3b$, et $f_{\max} = \frac{4}{27b}$. Ainsi l'équation (12) admet au moins une solution si le rapport $\frac{RT}{2a}$ est inférieur à $f_{\max}$, d'où :

$$T < \frac{8a}{27Rb} = T_c \,.$$

1.2.4. Nous remarquons par raisonnement graphique que pour $T < T_c$, il existe deux solutions distinctes, et une unique solution pour $T = T_c$ (figure 2).

1.2.5. Le point d'inflexion donne les relations :

$$\frac{\partial P}{\partial V}(T_c, V_c) = 0 \quad \Leftrightarrow \quad \frac{(V_c - b)^2}{V_c^3} = \frac{RT_c}{2a} \,, \tag{13}$$

$$\frac{\partial^2 P}{\partial V^2}(T_c, V_c) = 0 \quad \Leftrightarrow \quad \frac{(V_c - b)^3}{V_c^4} = \frac{RT_c}{3a} \,. \tag{14}$$

Le rapport de ces deux équations donne immédiatement V_c. Puis en remplaçant V_c, dans une de ces deux équations nous obtenons T_c. Enfin en utilisant

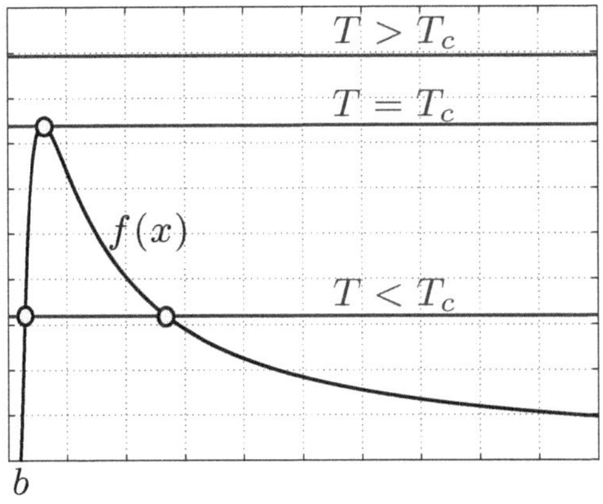

Figure 2 :

l'équation de Van der Waals nous trouvons P_c. En résumé, nous avons :

$$\begin{cases} T_c = \dfrac{8a}{27Rb} \\ P_c = \dfrac{a}{27b^2} \\ V_c = 3b \end{cases}$$

L'équation d'état du gaz de Van der Waals se réécrit alors de la manière suivante :

$$\left(\pi + \frac{3}{\nu^2}\right)(3\nu - 1) = 8\tau\,. \tag{15}$$

avec $\pi = P/P_c$, $\nu = V/V_c$ et $\tau = T/T_c$.

Une telle écriture facilite grandement le tracé des isothermes dans le diagramme de Clapeyron, il n'y a en effet plus aucun facteur inconnu et le point critique correspond à $\tau = \nu = \pi = 1$.

1.2.6. Voir figure 3.

1.2.7. Un corps ne peut diminuer de volume que lorsque la pression extérieur augmente, or une compressibilité négative signifie que le gaz peut perdre du volume tout en diminuant sa pression. La compressibilité d'un corps stable est donc toujours positive.

D'après les courbes de la question précédente, nous remarquons que pour T_1 et T_2 la pression est toujours décroissante, le gaz est donc toujours stable. Par contre pour T_3 il existe une gamme de volume sur laquelle la pression est croissante. Le gaz est donc instable dans cette zone.

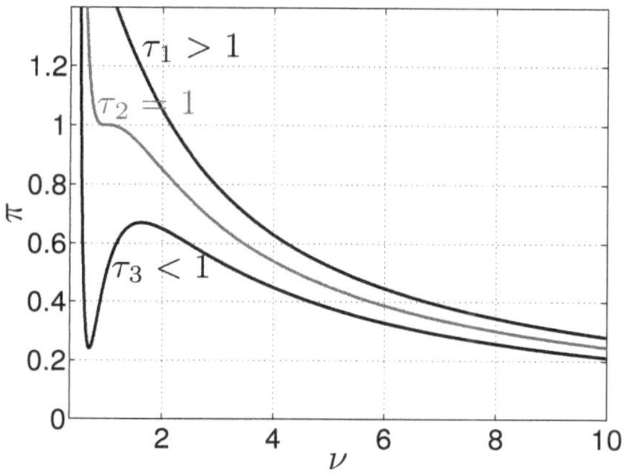

Figure 3 :

1.2.8. Lorsque $P > P_s(T)$, alors la phase stable est la phase liquide, car nous nous trouvons dans la zone où une petite variation de volume entraine une forte variation de pression ce qui est caractéristique des liquides (phase quasi incompressible).

1.2.9. D'un point de vue mathématique, la pression de vapeur saturante est la pression P_s qui vérifie la relation :

$$\int_{V_A}^{V_B} (P_s - P(V))\ \mathrm{d}V = \int_{V_B}^{V_D} (P(V) - P_s)\ \mathrm{d}V$$

D'un point de vue graphique le levier de Maxwell se traduit par le calcul des aires hachurées de la figure 4. Lorsque les deux aires sont égales alors l'horizontale est située à la pression de vapeur saturante.

1.2.10. Ce phénomène est un retard à la condensation qui est dû au fait que les états situés sur la courbe entre V_1 et V_D sont des états métastables. C'est-à-dire qu'à la moindre perturbation le système va quitter l'état gazeux vers un état plus stable qui se trouve être l'équilibre liquide-vapeur à la pression P_s. Il est donc possible d'observer ce retard si il n'y a aucune perturbation.

1.2.11. Lorsque $T > T_c$ nous parlons d'état fluide c'est-à-dire que nous ne pouvons dire s'il s'agit d'un gaz ou d'un liquide.

Au voisinage de T_c le coefficient de compressibilité tend vers l'infini, le volume peut donc varier fortement sans modification de pression. Nous observons ce que nous appellons l'opalescence critique c'est-à-dire une diffusion très forte de la lumière, due aux grandes variations de densité et donc d'indice optique.

1.2.12. Les ordres de grandeurs des différents volume massique sont $v_g \approx 0,8$ m^3.kg^{-1} et $v_l \approx 10^{-3}$ m^3.kg^{-1}. Ainsi nous avons bien $v_l \ll v_g$. L'équation de

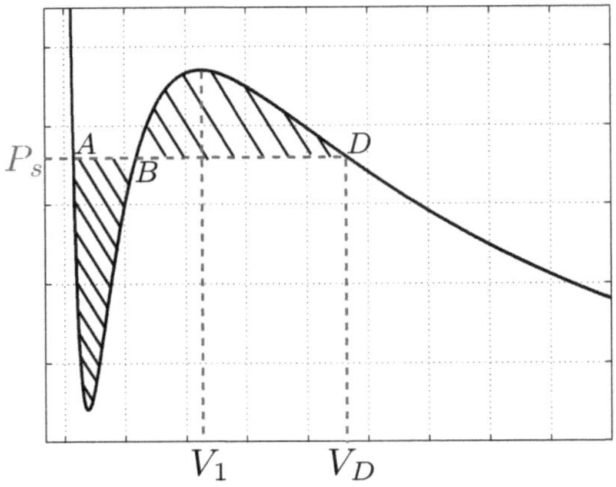

Figure 4 :

Clausius-Clapeyron devient au premier ordre :

$$\begin{aligned}\frac{\mathrm{d}\,P_s}{\mathrm{d}\,T} &= \frac{L_{vap}}{Tv_g}\,,\\ &= \frac{L_{vap}P_s(T)M}{RT^2}\,.\end{aligned}$$

Ainsi après séparation des variables et intégration, nous obtenons :

$$\ln\left(\frac{P_s(T)}{P_s(T_0)}\right) = C\left(\frac{1}{T_0} - \frac{1}{T}\right)\,, \tag{16}$$

avec $C = \dfrac{ML_{vap}}{R}$.

1.2.13. Suivant la température de l'atmosphère, cette différence de chaleur latente induit des différences de concentrations des différents isotopes dans les précipitations et donc dans les couches de glace des pôles. La mesure des concentrations de ces isotopes permet ainsi de déterminer la température de l'atmosphère au moment de la précipitation.

2. L'eau dans l'atmosphère

2.1. Le taux hygrométrique

2.1.1. Nous avons $P = p_{\text{eau}} + P_{\text{sec}}$. Or $p_{\text{eau}} = \dfrac{\rho_{\text{v}}}{M_{\text{eau}}} RT$ et $P_{\text{sec}} = \dfrac{\rho}{M} RT$, ainsi :

$$\begin{aligned} P &= \frac{R}{M}\left(\rho_{\text{v}}\frac{M}{M_{\text{eau}}} + \rho\right)T \\ &= \frac{R}{M}\rho(\rho_{\text{v}} + \rho)\frac{1 + \omega M / M_{\text{eau}}}{\rho_{\text{v}} + \rho}T \\ &= \frac{R}{M}\rho_{\text{totale}} T_v \,. \end{aligned} \tag{17}$$

2.1.2. Nous supposons que le taux d'humidité de l'atmosphère est faible, c'est-à-dire $\omega \ll 1$. Ainsi :

$$\begin{aligned} T_v &\approx \left(1 + \frac{M}{M_{\text{eau}}}\omega\right)(1 - \omega)T \,, \\ T_v &\approx \left(1 + \left(\frac{M}{M_{\text{eau}}} - 1\right)\omega\right)T \,, \\ T_v &\approx (1 + 0,60w)T \,. \end{aligned} \tag{18}$$

2.1.3. Il est supposé que chaque gaz se comporte comme un gaz parfait. Ainsi en remplaçant la densité à l'aide de l'équation des gaz parfait, nous aboutissons bien à l'équation :

$$w = \frac{M_{\text{eau}}}{M}\frac{p_{\text{eau}}}{P_{\text{sec}}} \,. \tag{19}$$

À partir de l'équation 17, nous montrons que :

$$P \approx \frac{R\rho}{M}(1 + 1,60\omega)T \approx P_{\text{sec}}(1 + 1,6\omega) \,.$$

Ainsi au premier ordre il est légitime de remplacer P_{sec} par P dans la formule précédente.

2.1.4. Par définition $r = \dfrac{\omega}{\omega_s}$, or $\omega_s = \dfrac{M_{\text{eau}}}{M}\dfrac{P_s(T)}{P_{\text{sec}}}$, d'où :

$$r = \frac{p_{\text{eau}}}{P_s(T)} \,. \tag{20}$$

2.1.5. En utilisant la formule (16), nous obtenons l'équation :

$$\ln\left(\frac{P_s(T)}{P_s(T_R)}\right) = C\left(\frac{1}{T_R} - \frac{1}{T}\right) \,.$$

Or d'après cette méthode de mesure $P_s(T_R) = p_{\text{eau}}$, nous obtenons alors directement :

$$\omega = \omega_s \exp\left(C\left(\frac{1}{T} - \frac{1}{T_R}\right)\right) \,. \tag{21}$$

2.1.6. Nous savons que $\omega < \omega_S$, ainsi à l'aide de la formule (21), nous avons $T_R < T$. Pour mesurer T_R, il faut refroidir à pression constante un volume de gaz donné et mesurer à quelle température apparaissent les premières gouttes d'eau.

Remarque : Nous aurions également pu montrer cette relation entre les température par un raisonnement graphique sur le diagramme de changement d'état.

2.1.7. Lorsque l'air n'est pas saturé une partie de l'eau liquide présente sur le bulbe va passer sous forme gazeuse. Or ce changement d'état nécessite un apport d'énergie thermique de la part de l'eau alentour. Cela entraine donc une diminution de la température de l'eau restant sur le bulbe et donc un diminution de la température mesurée par le thermomètre.

2.1.8.

2.1.8.a. Loi de Fick : $\overrightarrow{j_n} = -D\,\overrightarrow{\text{grad}}\,(n_v)$.

Loi de Fourier : $\overrightarrow{j_{th}} = -\kappa\,\overrightarrow{\text{grad}}\,(T)$.

2.1.8.b. Le premier terme de cette équation représente la variation de densité d'un volume $\mathrm{d}\tau$ au cours du temps, et le second terme représente la quantité de matière qui entre et qui sort pendant en temps $\mathrm{d}t$ dans ce même volume. Cette équation permet donc de faire un bilan de quantité de matière à chaque instant dans ce volume. Le membre de droite étant nul, cela signifie qu'il n'y a pas de disparition ni d'apparition de matière. Nous avons donc bien conservation de la quantité de matière.

En utilisant la loi de Fick et en utilisant le fait que $\text{div}\left(\overrightarrow{\text{grad}}\right) = \Delta$, nous obtenons l'équation différentielle suivante :

$$\frac{\partial n_v}{\partial t} = D\Delta n_v\,. \tag{22}$$

2.1.8.c. Nous avons ici exactement le même type d'équation que précédemment, avec cette fois ci l'énergie interne comme grandeur conservée. Les deux termes ont exactement la même signification que pour la question précédente.

L'air est supposé être un gaz parfait, nous avons donc la relation $\mathrm{d}U = \rho_{air}c\mathrm{d}T$. De plus, en utilisant la loi de Fourier, nous obtenons l'équation différentielle :

$$\frac{\partial T}{\partial t} = \frac{\kappa}{\rho_{air}c}\Delta T\,. \tag{23}$$

2.1.8.d. Le système étudié étant à symétrie sphérique, la densité et la température ne dépendront que de la distance r. Par ailleurs nous supposons le régime stationnaire atteint, donc :

$$\begin{cases} \Delta n_v = \dfrac{1}{r^2}\dfrac{\mathrm{d}}{\mathrm{d}r}\left(r^2\dfrac{\mathrm{d}n_v}{\mathrm{d}r}\right) = 0\,. \\[2ex] \Delta T = \dfrac{1}{r^2}\dfrac{\mathrm{d}}{\mathrm{d}r}\left(r^2\dfrac{\mathrm{d}T}{\mathrm{d}r}\right) = 0\,. \end{cases}$$

Nous en déduisons alors les deux relations suivantes :

$$-D4\pi r^2\frac{\mathrm{d}n_v}{\mathrm{d}r} = F_0\,, \qquad \text{et} \qquad \kappa 4\pi r^2\frac{\mathrm{d}T}{\mathrm{d}r} = H_0\,. \tag{24}$$

avec F_0 homogène à l'inverse d'un temps et H_0 à une puissance. Par ailleurs F_0 est bien positif car plus on s'éloigne du centre du bulbe et moins il y a de vapeur d'eau. De même H_0 est positif car plus on s'éloigne du bulbe et plus la température augmente.

2.1.8.e. F_0 correspond au flux de particule d'eau à travers les sphères de rayon r et de centre l'origine du repère. Ce flux est conservé.

H_0 correspond au flux de chaleur à travers les sphères de rayon r et de centre l'origine du repère. Ce flux est également conservé.

Or ce flux de chaleur correspond à l'énergie thermique que l'on transmet à l'eau liquide pour qu'elle passe sous forme gazeuse. Ainsi nous avons immédiatement la relation suivante :

$$H_0 = \frac{L_{\text{vap}} M_{\text{eau}}}{\mathcal{N}_A} F_0 \,. \tag{25}$$

2.1.8.f. L'équation 24 donne :

$$\begin{aligned} \frac{\mathrm{d}\,T}{\mathrm{d}\,r} &= \frac{H_0}{\kappa 4\pi r^2}\,, \\ T(r) - T(R_0) &= \frac{H_0}{\kappa 4\pi}\left(\frac{1}{R_0} - \frac{1}{r}\right)\,. \end{aligned} \tag{26}$$

Nous en déduisons alors que $T_\infty = T_H + \dfrac{H_0}{\kappa 4\pi R_0}$.

2.1.8.g. A partir de l'équation 24, nous obtenons :

$$\begin{aligned} \frac{\mathrm{d}\,n_v}{\mathrm{d}\,r} &= -\frac{F_0}{D 4\pi r^2}\,, \\ n_v(r) - n_v(R_0) &= -\frac{F_0}{D4\pi}\left(\frac{1}{R_0} - \frac{1}{r}\right)\,. \end{aligned} \tag{27}$$

Nous en déduisons alors que $n_v(r=\infty) - n_v(r = R0) = -\dfrac{F_0}{D4\pi R_0}$.

2.1.8.h. Par définition $\rho_v(r) = n_v(r) M_{\text{eau}}/\mathcal{N}_A$, ainsi :

$$\begin{aligned} \rho_v(T_\infty) - \rho_v(T_H) &= -\frac{F_0 M_{\text{eau}}}{\mathcal{N}_A 4\pi R_0 D}\,, \\ w(T_\infty) - w_s(T_H) &= -\frac{F_0 M_{\text{eau}}}{\mathcal{N}_A 4\pi R_0 D\rho}\,. \end{aligned} \tag{28}$$

2.1.8.i. Par définition $r = \dfrac{\omega(T_\infty)}{\omega_s(T_\infty)}$. En utilisant la relation 28, nous obtenons :

$$r = \frac{w_s(T_H)}{w_s(T_\infty)} - \frac{1}{\omega_s(T_\infty)} \frac{F_0 M_{\text{eau}}}{\mathcal{N}_A 4\pi R_0 D\rho}\,.$$

Enfin avec l'équations 25 et l'équation liant la température à l'infini et H_0, nous obtenons :

$$r = \frac{w_s(T_H)}{w_s(T_\infty)} - \frac{\kappa}{D L_{\text{vap}}\rho} \frac{T_\infty - T_H}{w_s(T_\infty)}\,. \tag{29}$$

Si l'on se place suffisamment loin de la pointe, cette dernière peut être assimilée à un point matériel. Il n'y a alors plus de rayon définissable. Il est donc normal que le résultat final n'en dépende pas.

2.2. Formation des nuages : la nucléation

2.2.1. $[\gamma] = \mathrm{M.T^{-2}}$
La tension superficielle se manifeste par la formation d'un ménisque à la surface d'un liquide, ou encore lors de la déstabilisation d'un jet d'eau en gouttelettes.

2.2.2. Nous considérons l'enthalpie libre de Gibbs car le système est en contact avec un pressostat et un thermostat. Ainsi cette fonction est un bon potentiel thermodynamique, ce qui signifie que pour avoir une goutte stable l'enthalpie de Gibbs du système doit diminuer, autrement dit $\Delta G < 0$.

2.2.3. À l'instant initial, le système est uniquement constitué d'eau à l'état gazeux, d'où $G_{\text{initial}} = g_v M_0$.
À l'instant final, il faut prendre en compte la contribution de la phase gazeuse, de la phase liquide et de la tension de surface dans l'enthalpie libre. Ainsi :

$$\begin{aligned} G_{\text{final}} &= g_v(M_0 - M_l) + g_l M_l + \gamma S(a) , \\ &= g_v M_0 + (g_l - g_v) M_l + \gamma 4\pi a^2 . \end{aligned} \tag{30}$$

2.2.4. De la question précédente, nous déduisons que $\Delta G = (g_l - g_v)M_l + \gamma 4\pi a^2$. Le second terme est toujours positif. Donc si le premier terme l'est également, ΔG sera toujours positif et la goutte ne pourra être stable.

2.2.5. Nous supposons $g_v - g_l > 0$. Nous avons ainsi les conditions :

$$\begin{cases} \Delta G > 0 \text{ si } \quad g_v - g_l < \dfrac{\gamma 4\pi a^2}{M_l} \\ \Delta G < 0 \text{ si } \quad g_v - g_l > \dfrac{\gamma 4\pi a^2}{M_l} \end{cases}$$

La goutte peut être stable ou instable.
Pour mieux comprendre ces conditions, il est important de remarquer que la masse en eau dépend du rayon de la goutte qui se forme. Ainsi :

$$\begin{aligned} \Delta G &= (g_l - g_v)\frac{4}{3}\pi a^3 \rho_l + \gamma 4\pi a^2 , \\ \Delta G &= 4\pi\left(-\alpha\frac{a^3}{3} + \gamma a^2\right) , \end{aligned} \tag{31}$$

avec $\alpha = \rho_l(g_v - g_l)$.
Si l'on étudie cette fonction, nous remarquons que pour des grandes valeurs de a, ΔG tend vers $-\infty$. Par contre pour de petites valeurs du rayon, nous remarquons que ΔG se comporte comme le carré de a. Nous obtenons donc la courbe de le figure 5 avec un maximum en $a_{\text{crit}} = \dfrac{2\gamma}{\alpha}$ déterminé à l'aide de la dérivé de ΔG.

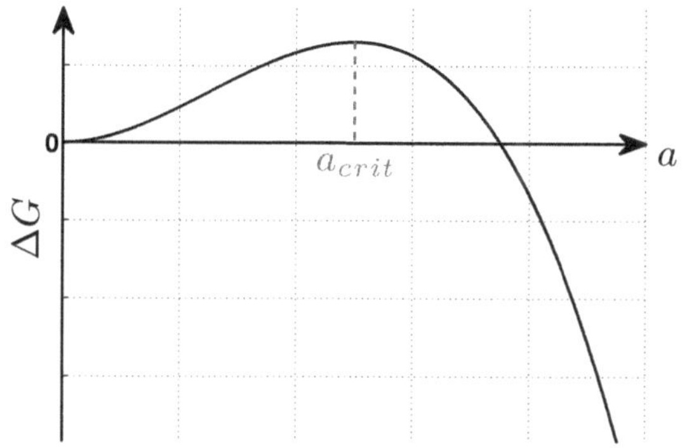

Figure 5 :

2.2.6. Si $a < a_{\text{crit}}$, la seule manière de faire diminuer l'enthalpie du système est de faire diminuer le rayon de la goutte jusqu'à $a = 0$. Il y a donc disparition de la goutte. Par contre si $a > a_{\text{crit}}$, la diminution de l'enthalpie de Gibbs passe par une augmentation du rayon. La goutte sera donc stable et pourra perdurer dans le système.

Nous verrons la formation de nuage dans l'atmosphère si les gouttes formées ont un rayon supérieur au rayon critique.

2.2.7. Lorsque $P(T) = P_s(T)$, le système est à l'équilibre liquide-gaz. D'où, en utilisant la question 1.1.15,

$$g_v(T, P_s) = g_l(T, P_s) = \frac{5}{2}\frac{RT}{M_{\text{eau}}}\left(1 - \ln\left(\frac{T}{T_0}\right)\right) + \frac{RT}{M_{\text{eau}}}\ln\left(\frac{P_s}{P_0}\right) .$$

Ainsi pour tout P, nous avons :

$$\begin{aligned} g_v(T, P) &= \frac{5}{2}\frac{RT}{M_{\text{eau}}}\left(1 - \ln\left(\frac{T}{T_0}\right)\right) + \frac{RT}{M_{\text{eau}}}\ln\left(\frac{P}{P_0}\right) , \\ &= \frac{5}{2}\frac{RT}{M_{\text{eau}}}\left(1 - \ln\left(\frac{T}{T_0}\right)\right) + \frac{RT}{M_{\text{eau}}}\ln\left(\frac{P}{P_s}\frac{P_S}{P_0}\right) , \\ &= g_l(T, P_s) + \frac{RT}{M_{\text{eau}}}\ln\left(\frac{P}{P_s}\right) . \end{aligned}$$

Or la pression n'a pas d'effets sur les liquides (car incompressibles). Ainsi $g_l(T, P_s) = g_l(T, P)$. Et finalement nous obtenons bien la relation :

$$\alpha = \rho_l \frac{RT}{M_{\text{eau}}}\ln\left(\frac{P}{P_s(T)}\right) . \tag{32}$$

2.2.8. Nous avons vu que pour avoir la possibilité de former des gouttes, nous devions avoir $\alpha > 0$, ce qui implique, en utilisant la formule (32) que $P < P_s(T)$. L'air est donc sur-saturé d'humidité.

Cela est dû à la barrière de nucléation qui nécessite un apport d'énergie pour former le gaz, ce qui entraine un retard au changement d'état.

2.2.9. Nous avons $a_{\text{crit}} = \frac{2\gamma}{\alpha}$, d'où :

$$\frac{P}{P_s(T)} = \exp\left(\frac{2\gamma}{a_{\text{crit}}}\frac{M_{\text{eau}}}{\rho_l RT}\right) = \exp\left(\frac{2\times 0,076}{10^{-8}}\frac{18.10^{-3}}{10^3\times 8,31\times 278}\right) = 1,13\,.$$

Dans les nuages la nucléation est activée par des impuretés (poussières etc...) qui vont faciliter la formation de gouttes dont le rayon sera supérieur au rayon critique.

3. Effet du champ de gravitation sur l'atmosphère

3.1. Le profil de l'atmosphère

3.1.1. L'énergie d'une particule, située à une distance r du centre de la terre et se déplaçant à une vitesse $\overrightarrow{v}$, est de la forme $E(r,\overrightarrow{v}) = -\frac{GmM_T}{r} + \frac{1}{2}mv^2$.

Pour déterminer l'énergie de libération, il faut étudier le problème d'une particule soumise uniquement au poids (donc pas de dissipation) dont la vitesse initiale est v_0 et qui doit atteindre l'infini avec une vitesse nulle. Nous pouvons alors utiliser la conservation de l'énergie de la particule et nous en déduisons immédiatement :

$$v_l = \sqrt{\frac{2GM_T}{R_T}}\,. \tag{33}$$

La masse n'apparait pas dans cette vitesse car ce problème est tout simplement un problème de chute libre. Or la masse n'intervient jamais dans un tel problème si l'on suppose le principe d'équivalence qui égalise la masse inertielle, qui intervient dans l'énergie cinétique, et la masse grave, qui intervient dans la force gravitationnelle.

3.1.2. A.N. : $v_l = \sqrt{\frac{2GM_T}{R_T}} = \sqrt{\frac{2\times 6,67.10^{-11}\times 5,97.10^{24}}{6400.10^2}} = 11,2.10^3\ \text{m.s}^{-1}$.

Nous avions calculé $\sqrt{\overline{v^2}} = 480\ \text{m.s}^{-1}$. Il est donc clair que les particules de l'atmosphère ne peuvent s'échapper de l'attraction terrestre.

3.1.3. Nous avons l'équation $\rho\overrightarrow{g_0} = \overrightarrow{\text{grad}}\,(P)$. Or g_0 est selon l'axe z, ainsi la pression ne dépend que de z, ce qui implique que ρ ne dépend également que de z. Nous obtenons donc l'équation

$$\rho(z)g_0 = -\frac{\mathrm{d}P}{\mathrm{d}z} \tag{34}$$

3.1.4. La verticale d'un point est définie par la direction de la force de pesanteur. La verticale ne passe pas par le centre de la terre à cause de la rotation de la terre sur elle-même et autour du soleil qui modifie la direction de $\overrightarrow{g}$, mais également à cause de la non sphéricité de la terre et d'une répartition non homogène de la masse.

3.1.5. Nous avons $P(z) = \rho(z)\dfrac{RT(z)}{M}$. Ainsi, P vérifie l'équation différentielle suivante :

$$\frac{\mathrm{d}\,P}{\mathrm{d}\,z} + \frac{g_0 M}{RT(z)} P(z) = 0\,,$$

d'où

$$\begin{cases} P(z) = P(0)\exp\left(-\displaystyle\int_0^z \frac{g_0 M}{RT(z')}\mathrm{d}z'\right) \\ \rho(z) = \rho(0)\dfrac{T(0)}{T(z)}\exp\left(-\displaystyle\int_0^z \frac{g_0 M}{RT(z')}\mathrm{d}z'\right) \end{cases}$$

3.1.6. Dans le cas d'une atmosphère isotherme l'intégrale se calcule simplement et donne :

$$P(z) = P(0)\exp\left(-\frac{g_0 M}{RT_0}z\right)\,. \tag{35}$$

Nous obtenons donc une décroissance exponentielle de la pression. Il apparaît la même longueur caractéristique que pour la répartition de particule calculée au cours de la première partie. Cette répartition est le résultat de la compétition entre le poids qui va tendre à faire tomber les particules vers la surface et l'agitation thermique qui crée un mouvement aléatoire des particules.

3.1.7. Le fait que l'entropie d'un tel gaz est constante signifie que les variations de température et de pression se font de manière réversible, et qu'il n'y a aucune dissipation d'énergie.

En utilisant l'équation des gaz parfait, l'équation de Laplace peut se réécrire sous la forme $T^\gamma P^{1-\gamma} = \mathrm{cste}'$. Ainsi en dérivant cette relation par rapport à z, nous obtenons :

$$\frac{\mathrm{d}\,P}{\mathrm{d}\,z} = \left(\frac{\gamma}{\gamma-1}\right)\frac{P}{T}\frac{\mathrm{d}\,T}{\mathrm{d}\,z}\,.$$

En utilisant l'équation différentielle sur $P(z)$, nous obtenons directement :

$$\frac{\mathrm{d}\,T}{\mathrm{d}\,z} = -\Gamma_d\,, \tag{36}$$

avec $\Gamma_d = \dfrac{Mg_0}{R}\dfrac{\gamma-1}{\gamma}$.

A.N. : $\Gamma_d = \dfrac{Mg_0}{R}\dfrac{\gamma-1}{\gamma} = \dfrac{29.10^{-3}\times 9{,}81}{8{,}314}\dfrac{2/5}{7/5} = 9{,}8.10^{-3}\ \mathrm{K.m^{-1}}$.

3.1.8. Nous en déduisons par intégration que :

$$\begin{cases} T(z) = T_0 - \Gamma_d z \\ P(z) = P_0\left(1 - \dfrac{\Gamma_d}{T_0}z\right)^{\gamma/(\gamma-1)} \end{cases}$$

Nous pouvons remarquer que pour des z suffisamment petit, la pression évolue quasiment de manière linéaire. Il en était de même pour une atmosphère isotherme, toutefois les pentes à l'origine sont différentes.

3.1.9. L'hypothèse hydrostatique impose que le fluide soit au repos, autrement dit que l'énergie cinétique de la particule fluide soit négligeable devant son énergie potentielle. Or $e_c = \frac{1}{2}\rho v^2$ et $e_p = \rho g h$. Ainsi la condition $e_p \gg e_c$ est vérifiée si $h \gg \frac{v^2}{2g} = 5.10^{-4}$ m. Il est donc clair qu'ici l'énergie cinétique est négligeable et l'hypothèse hydrostatique est donc valable.

3.2. Stabilité de l'atmosphère

3.2.1.

3.2.1.a. Si la particule fluide évolue de manière adiabatique et réversible alors son entropie reste constante. Nous retrouvons ainsi le cas de l'atmosphère adiabatique et

$$T_p(z) = T(z_0) - \Gamma_d(z - z_0)\,. \tag{37}$$

La vitesse de la particule fluide étant inférieure à la vitesse du son, nous pouvons supposer que les pressions ont le temps de s'équilibrer au cours du mouvement de la particule fluide.

3.2.1.b. Le principe fondamental de la dynamique donne :

$$m_p \overrightarrow{a} = m_p \overrightarrow{g_0} - \rho_{\text{atm}} V_p \overrightarrow{g_0}\,.$$

Or $\rho_{\text{atm}} = \frac{PM}{RT}$, $m_p = \frac{P_p V_p M}{RT_p}$ et en utilisant l'égalité des pressions de la particule fluide et de l'atmosphère, nous obtenons :

$$a = \frac{T_p(z) - T(z)}{T(z)} g_0\,. \tag{38}$$

3.2.1.c. D'après la question précédente et en utilisant les notations de l'énoncé il vient :

$$\frac{\mathrm{d}^2 z}{\mathrm{d}t^2} = \frac{\Gamma_e - \Gamma_d}{T(z_0) - \Gamma_e(z - z_0)}(z - z_0)g_0\,,$$

or $\frac{\mathrm{d}^2 z}{\mathrm{d}t^2} = \frac{\mathrm{d}^2 x}{\mathrm{d}t^2}$. Ainsi au premier ordre en x, nous obtenons :

$$\frac{\mathrm{d}^2 x}{\mathrm{d}t^2} + (\Gamma_d - \Gamma_e)\frac{g_0}{T(z_0)} x = 0\,. \tag{39}$$

L'atmosphère sera donc stable si la solution de l'équation différentielle ne diverge pas. Pour cela il faut que le terme devant x soit positif, c'est-à-dire $\Gamma_d > \Gamma_e$.

La fréquence des oscillations sera $f = \frac{1}{2\pi}\sqrt{\frac{\Gamma_d - \Gamma_e}{T(z_0)} g_0}$.

3.2.2.

3.2.2.a. Par définition $\theta = T\left(\frac{P}{P_0}\right)^{(1-\gamma)/\gamma}$. Ainsi en dérivant cette expression par rapport à z, nous obtenons la relation :

$$\frac{\mathrm{d}\,\theta}{\mathrm{d}\,z} = \frac{\theta}{T}\frac{\mathrm{d}\,T}{\mathrm{d}\,z} - \theta\frac{\gamma-1}{\gamma P}\frac{\mathrm{d}\,P}{\mathrm{d}\,z}\,. \tag{40}$$

3.2.2.b. La loi de l'hydrostatique nous donne :

$$\frac{\mathrm{d}\,P}{\mathrm{d}\,z} = -\frac{Mg_0}{RT}P(z)\,.$$

En remplaçant dans l'équation précédente, nous obtenons :

$$\frac{\mathrm{d}\,\theta}{\mathrm{d}\,z} = \frac{\theta}{T}\left(\frac{\mathrm{d}\,T}{\mathrm{d}\,z} + \frac{\gamma-1}{\gamma}\frac{M}{R}g_0\right)\,.$$

Or $\frac{\mathrm{d}\,T}{\mathrm{d}\,z} = -\Gamma_e$ et nous avons vu que $\Gamma_d = \frac{\gamma-1}{\gamma}\frac{M}{R}g_0$. Ainsi :

$$\frac{\mathrm{d}\,\theta}{\mathrm{d}\,z} = \frac{\theta}{T}(\Gamma_d - \Gamma_e)\,. \tag{41}$$

3.2.2.c. Par construction θ et T sont des grandeurs positives. Nous obtenons donc :

$$\begin{cases} \frac{\mathrm{d}\,\theta}{\mathrm{d}\,z} > 0 \Leftrightarrow \ \Gamma_d - \Gamma_e > 0 \quad \Leftrightarrow \text{ atmosphère stable} \\ \frac{\mathrm{d}\,\theta}{\mathrm{d}\,z} < 0 \Leftrightarrow \ \Gamma_d - \Gamma_e < 0 \quad \Leftrightarrow \text{ atmosphère instable} \end{cases}$$

La pulsation des oscillations dans le cas d'une atmosphère stable est donc

$$\omega_B = \sqrt{\frac{g_0}{\theta(z_0)}\frac{\mathrm{d}\,\theta}{\mathrm{d}\,z}}\,. \tag{42}$$

4. Mesure thermodynamique du degré hygrométrique de l'air

4.1. Étudions les différents termes de l'équation de Naviers-Stokes :

1. $\frac{\partial\,\overrightarrow{v}}{\partial\,t}$: Dérivée locale de la vitesse. Ce terme donne l'évolution temporelle de la vitesse de la particule fluide considérée.
2. $\left(\overrightarrow{v}\cdot\overrightarrow{\mathrm{grad}}\right)\overrightarrow{v}$: Dérivée convective. Ce terme donne la déformation de la particule fluide au cours du mouvement.
3. $\overrightarrow{\mathrm{grad}}\,(P)$: force de pression volumique.
4. $\eta\Delta\overrightarrow{v}$: force volumique due à la viscosité du fluide.

Le terme le plus dur à prendre en compte est la dérivée convective car c'est un terme non linéaire ce qui va grandement compliquer la résolution des équations différentielles.

4.2. Un écoulement laminaire est un écoulement pour lequel la viscosité joue un rôle très important. En raison de cette viscosité, les variations de vitesse ou de densité sont lentes. Cet écoulement caractérise très bien l'écoulement d'un glacier.

Un écoulement turbulent est un écoulement où la viscosité est négligeable et ainsi les variations de densité et de vitesses peuvent être très violentes et rapides. Les jets de gaz dans l'atmosphère sont de très bons exemples d'écoulements turbulents.

Pour caractériser ces écoulements, nous utilisons le nombre de Reynolds qui permet de comparer la contribution du terme visqueux et la contribution du terme convectif dans l'équation de Navier-Stokes ($Re = \dfrac{vL}{\nu}$).

4.3. Un écoulement est dit parfait lorsqu'il n'y a aucun phénomène dissipatif, donc pas de viscosité, ni de diffusion thermique.

Lorsqu'il n'y a pas de phénomènes dissipatifs, l'écoulement est réversible. Par ailleurs, il n'y a pas de conduction thermique, donc l'évolution est adiabatique. Finalement l'écoulement est adiabatique et réversible, il est donc isentropique.

L'hypothèse du fluide parfait revient donc à négliger le terme visqueux, d'où :

$$\rho\left(\frac{\partial \vec{v}}{\partial t} + \left(\vec{v}\cdot\overrightarrow{\text{grad}}\right)\vec{v}\right) = -\overrightarrow{\text{grad}}\,(P)\ . \tag{43}$$

Cette équation est l'équation d'Euler.

4.4.

4.4.a. La projection de l'équation d'Euler sur l'axe des x donne :

$$\rho\left(\frac{\partial v_x}{\partial t} + v_x\frac{\partial v_x}{\partial x} + v_y\frac{\partial v_x}{\partial y} + v_z\frac{\partial v_x}{\partial z}\right) = -\frac{\partial P}{\partial x}\ .$$

Or $\vec{v} = v(x)\vec{e_x}$, ainsi l'équation précédente se simplifie en

$$\rho\frac{1}{2}\frac{\partial v_x^2}{\partial x} = -\frac{\partial P}{\partial x}\ .$$

L'intégration de cette équation donne :

$$v^2(x) = v_0^2 - 2\int_0^x \frac{1}{\rho(x')}\frac{\mathrm{d}P}{\mathrm{d}x'}\,\mathrm{d}x'\ . \tag{44}$$

4.4.b. Nous avons supposé que l'écoulement est isentropique et que le fluide se comporte comme un gaz parfait, ainsi la loi de Laplace est vérifiée, d'où $P\rho^{-\gamma} = \text{cste}$.

Nous en déduisons :

$$\frac{P(x)}{P(0)} = \left(\frac{\rho(x)}{\rho(0)}\right)^{\gamma}\ . \tag{45}$$

4.4.c. Une fois la substitution de ρ dans l'équation 44 effectuée, nous obtenons :

$$\begin{aligned}
v^2(x) &= v_0^2 - 2\frac{P(0)^{1/\gamma}}{\rho(0)}\int_0^x P(x)^{-1/\gamma}\frac{\partial P}{\partial x}\,\mathrm{d}x\,, \\
&= v_0^2 - 2\frac{P(0)^{1/\gamma}}{\rho(0)}\left[\frac{P(x)^{1-1/\gamma}}{1-1/\gamma}\right]_0^x, \\
&= v_0^2 + \frac{2\gamma}{\gamma-1}\frac{P_0}{\rho_0}\left(1-\left(\frac{P(x)}{P_0}\right)^{\frac{\gamma-1}{\gamma}}\right). \qquad (46)
\end{aligned}$$

4.5.

4.5.a. Pour un système fermé subissant une transformation quelconque, il existe une fonction d'état U appelée énergie interne telle que :

$$\Delta E_c + \Delta E_p + \Delta U = W + Q\,.$$

avec W le travail des forces non conservatives, Q les échanges thermiques avec l'extérieur et ΔE_p l'énergie potentielle des forces conservatives (extérieures et intérieures). Ce premier principe est un principe de conservation car toute modification énergétique du système peut s'expliquer par des échanges de travail ou thermique avec l'extérieur.

Le second principe est par contre un principe d'évolution.

4.5.b. Une transformation quasi statique est une transformation pour laquelle chaque état intermédiaire du système et un état d'équilibre. Le premier principe s'écrit alors :

$$\mathrm{d}E_c + \mathrm{d}E_p + \mathrm{d}U = \delta W + \delta Q\,.$$

4.5.c. Dans le cas de notre système, il n'y a pas d'échanges thermique et nous négligeons les variations de l'énergie potentielle de pesanteur. Le travail des forces extérieures se réduit au travail des forces de pression sur chaque face de la portion de fluide considérée. Ainsi le premier principe appliquée à la tranche de fluide entre t et $t+\mathrm{d}t$ donne :

$$U(t+\mathrm{d}t) - U(t) + E_c(t+\mathrm{d}t) - E_c(t) = P_0 S_0 v_0 \mathrm{d}t - P(x)S(x)v(x)\mathrm{d}t\,. \qquad (47)$$

4.5.d. L'équation de conservation de la masse est de la forme :

$$\frac{\partial \rho v}{\partial t} + \mathrm{div}(\rho S v) = 0\,.$$

Or l'écoulement est stationnaire, ainsi $\rho S v = \text{cste}$, ce qui est exactement la définition du débit massique. Le débit massique est donc bien conservé au cours de l'écoulement.

Nous avons donc la relation :

$$\rho(x)S(x)v(x) = \rho(0)S(0)v(0)\,. \qquad (48)$$

4.5.e. Par définition $dU = c_v \rho V dT$. Or l'énergie interne de la tranche de gaz considérée à l'instant t est exactement l'énergie interne comprise dans le volume délimité par la surface Σ ajoutée à l'énergie interne du volume V_1 qui correspond au volume qui va entrer dans Σ pendant dt. De même l'énergie interne à l'instant $t + dt$ vaut $U_\Sigma + U_{V1}(x)$ avec cette fois-ci le volume V_1 représentant le volume sortis de Σ pendant dt. Ainsi :

$$U(t+dt) - U(t) = U_{V1}(x) - U_{V1}(0) = c_v \rho v S(T(x) - T_0)dt\,.$$

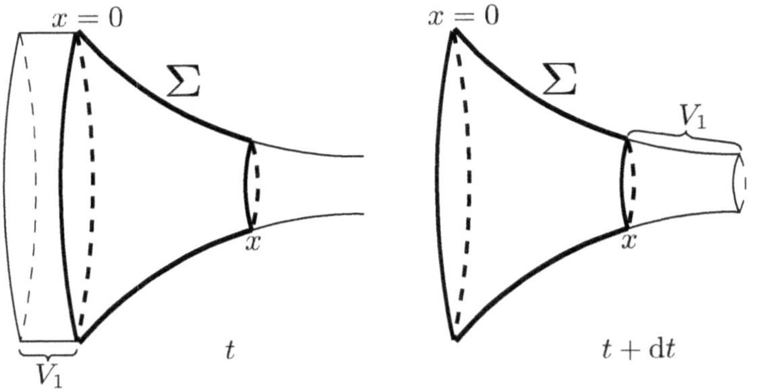

De la même manière nous obtenons :

$$E_c(t+dt) - E_c(t) = \frac{1}{2}\rho S v \left(v(x)^2 - v_0^2\right) dt\,.$$

4.5.f. En remplaçant dU et dE_c dans l'équation (47) et en simplifiant par le débit, nous obtenons :

$$c_v(T(x) - T_0) + \frac{1}{2}\left(v^2(x) - v_0^2\right) = \frac{P_0}{\rho_0} - \frac{P(x)}{\rho(x)}\,. \tag{49}$$

4.5.g. Tout d'abord il est bon de se rappeler que $\gamma = c_p/c_v$ et la relation de Mayer $c_p - c_v = R/M$, ainsi $c_v = \dfrac{R}{M(\gamma-1)}$. Nous pouvons alors remplacer c_v dans l'expression précédente :

$$\begin{aligned} v^2(x) &= v_0^2 + 2\frac{P_0}{\rho_0}\left(\frac{-1}{\gamma-1}\frac{R\rho_0}{MP_0}(T(x) - T_0) + 1 - \frac{P(x)}{P(0)}\frac{\rho_0}{\rho(x)}\right)\,, \\ &= v_0^2 + 2\frac{P_0}{\rho_0}\left(\frac{-1}{\gamma-1}\left(\frac{T(x)}{T_0} - 1\right) + 1 - \left(\frac{P(x)}{P(0)}\right)^{(\gamma-1)/\gamma}\right)\,. \end{aligned}$$

or $T^\gamma P^{1-\gamma} = \text{cste}$. Ainsi $\dfrac{T(x)}{T_0} = \left(\dfrac{P(x)}{P(0)}\right)^{(\gamma-1)/\gamma}$.

Nous obtenons alors :

$$v^2(x) = v_0^2 + 2\frac{P_0}{\rho_0}\left(\frac{\gamma}{\gamma-1} - \left(\frac{P(x)}{P(0)}\right)^{(\gamma-1)/\gamma}\left(1 + \frac{1}{\gamma-1}\right)\right)\,,$$

$$v^2(x) = v_0^2 + \frac{2\gamma}{\gamma-1}\frac{P_0}{\rho_0}\left(1 - \left(\frac{P(x)}{P(0)}\right)^{\frac{\gamma-1}{\gamma}}\right)\,. \tag{50}$$

4.6.

4.6.a. La conservation du débit massique implique que $\rho S v = \text{cste}$. Ainsi la dérivée logarithmique de cette équation donne l'équation (α).

$$(\alpha) \quad : \quad \frac{\rho'}{\rho} + \frac{S'}{S} + \frac{v'}{v} = 0\,.$$

4.6.b. La loi de Laplace donne $P\rho^{-\gamma} = \text{cste}$. De la même manière en effectuant une dérivée logarithmique, nous obtenons l'équation (β).

$$(\beta) \quad : \quad \frac{P'}{P} - \gamma\frac{\rho'}{\rho} = 0\,.$$

4.6.c. Nous avons vu que $\rho\frac{1}{2}\frac{\partial v_x^2}{\partial x} = -\frac{\partial P}{\partial x}$. Nous obtenons ainsi l'équation (δ).

$$(\delta) \quad : \quad vv' = -\frac{P'}{\rho}\,.$$

4.6.d. Pour retrouver l'équation d'Hugoniot, nous allons partir de l'équation (α), dans laquelle nous allons injecter successivement les équations (β) et (δ).

$$\begin{aligned}\frac{S'}{S} &= -\frac{v'}{v} - \frac{\rho'}{\rho}\\ &= -\frac{v'}{v} - \frac{1}{\gamma}\frac{P'}{P}\\ &= -\frac{v'}{v} + \frac{1}{\gamma P}\rho v v'\\ &= \frac{v'}{v}\left(\frac{\rho v^2}{\gamma P} - 1\right)\,.\end{aligned}$$

Or $M^2(x) = \frac{v^2}{c^2} = \frac{v^2\rho}{\gamma P}$, d'où :

$$\frac{1}{S(x)}\frac{\mathrm{d}\,S}{\mathrm{d}\,x} = (M^2(x) - 1)\frac{1}{v(x)}\frac{\mathrm{d}\,v}{\mathrm{d}\,x}\,. \tag{51}$$

4.7. Il est supposé que l'écoulement reste subsonique, c'est-à-dire que $M(x) < 1$ pour tout x. Ainsi d'après l'équation d'Hugoniot, la dérivée de la surface s'annule uniquement lorsque la dérivée de la vitesse s'annule et ces deux dérivées sont de signe opposé. Finalement, la vitesse est maximale à l'endroit où la surface est minimale.

4.8. L'équation (δ) permet d'affirmer que la pression atteint un minimum lorsque la vitesse est maximale (dérivées de signe opposé). Par ailleurs, l'équation de Laplace $T^\gamma P^{1-\gamma} = \text{cste}$ donne la relation :

$$\frac{T'}{T} = \frac{\gamma - 1}{\gamma}\frac{P'}{P}\,.$$

Ainsi un minimum de pression correspond à un minimum de température. Finalement le maximum de vitesse correspond à un minimum de température.

Ce dispositif a pour objectif de mesurer la température du point de rosée, il est donc normal de mesurer à l'endroit où la température sera minimale. Cela permet de s'assurer que le gaz ne s'est pas condensé plus tôt dans le système.

4.9. Si le dispositif optique détecte de la buée sur le miroir alors cela signifie que la température est trop basse, le système de régulation doit donc diminuer la vitesse de rotation du moteur pour augmenter la température du gaz au niveau du capteur.

Inversement s'il n'y a pas de buée sur le miroir, alors le régulateur va augmenter la vitesse du moteur pour faire diminuer la température jusqu'à l'apparition de buée.

5. Mesure capacitive du degré hygrométrique de l'air

5.1. Étude du capteur

5.1.1. Un condensateur est constitué de deux plaques conductrices séparées par un isolant. Les deux armatures ont des charges opposées car elles sont reliées à des potentiels opposés.

5.1.2.

5.1.2.a. Nous remarquons dans un premier temps que le problème est invariant par translation suivant l'axe des x et suivant l'axe des z. Ainsi E ne dépend donc ni de x, ni de z, d'où : $E(x, y, z) = E(y)$.

Ensuite les plans (xOy) et (yOz) sont des plans de symétrie du problème. Ainsi le champ électrique doit appartenir à ces deux plans, ce qui impose que $\overrightarrow{E} = E_y \overrightarrow{e_y}$.

Finalement en utilisant ces deux relations nous obtenons bien $\overrightarrow{E} = E(y)\overrightarrow{e_y}$.

5.1.2.b. Le plan $y' = 0$ est un plan de symétrie pour les charges électriques. Ainsi $E(y') = -E(-y')$.

5.1.2.c. Rappelons le théorème de Gauss :

$$\oint\!\!\!\oint_{\mathcal{S}} \overrightarrow{E} \cdot \overrightarrow{\mathrm{d}S} = \frac{Q_{\text{int}}}{\mathcal{E}_0}$$

Pour que ce théorème soit appliqué correctement, il est impératif de faire l'étude des symétries du système, étude effectuée au cours de la question précédente. Elle permet ainsi de choisir une surface fermée appropriée. Dans ce problème, nous choisissons la surface définie sur le schéma suivant.

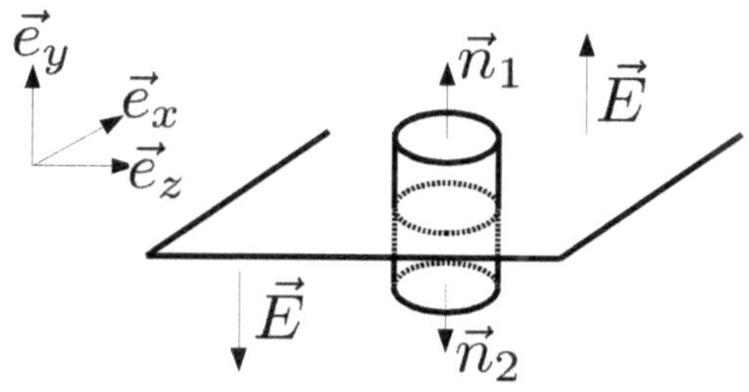

De cette manière le flux sur la surface latérale est nul, et seul le flux sur les surfaces extrêmes est à calculer. Avec les notations du schéma nous obtenons :

$$S\,\overrightarrow{E}(y')\cdot\overrightarrow{n_1}+S\,\overrightarrow{E}(-y')\cdot\overrightarrow{n_2}=S\frac{Q}{lL}\frac{1}{\mathcal{E}_0}$$

$$E(y')=\frac{Q}{2lL\mathcal{E}_0}\,.$$

D'où $\overrightarrow{E}=\mathrm{sgn}(y')\dfrac{Q}{2Ll\mathcal{E}_0}\overrightarrow{e_y}$, avec $\mathrm{sgn}(y')$, la fonction signe.

5.1.3.

5.1.3.a. En utilisant le théorème de superposition,

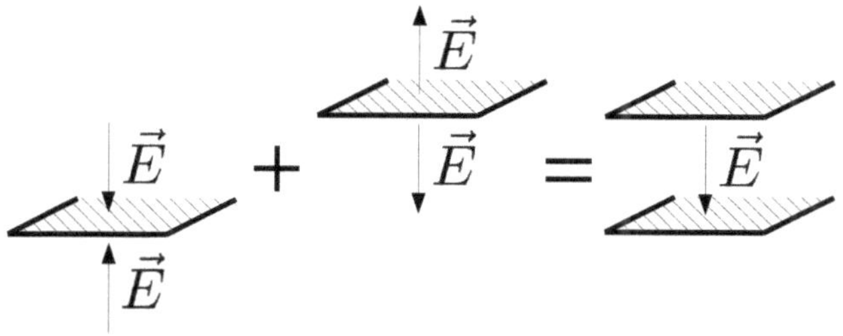

nous obtenons :

$$\begin{aligned} y\in\left[-\frac{e}{2},\frac{e}{2}\right] &\quad\Rightarrow \overrightarrow{E}=-\frac{Q}{Ll\mathcal{E}}\overrightarrow{e_y}\,,\\ y\in\left]-\infty,-\frac{e}{2}\right[\cup\left]\frac{e}{2},+\infty\right[&\quad\Rightarrow \overrightarrow{E}=\overrightarrow{0}\,. \end{aligned}$$

5.1.3.b. Pour un condensateur nous avons la relation $\Delta V = CQ$, or $\overrightarrow{E}=-\overrightarrow{\mathrm{grad}}\,(V)$ ainsi en intégrant selon y entre les deux armatures nous obtenons :

$$\Delta V=\frac{e}{Ll\mathcal{E}}Q\,,$$

d'où :

$$C_{RH}=\frac{e}{lL\mathcal{E}}\,. \tag{52}$$

5.1.4.

5.1.4.a. Dans ce problème chaque armature du condensateur est une équipotentielle. Ainsi les équipotentielles qui vont se répartir entre les deux armatures auront exactement la même structure, c'est-à-dire indépendantes de ρ et de z. Le potentiel ne dépendra donc que de θ.

5.1.4.b. Le potentiel dans le diélectrique non chargé vérifie l'équation de Poisson :

$$\Delta V = 0 \,.$$

Nous étudions le problème en coordonnées cylindriques ainsi l'équation devient :

$$\frac{\partial^2 V}{\partial \theta^2} = 0 \,.$$

L'intégration de cette équation différentielle donne $V(\theta) = A\theta + B$. Or $V(0) = V_1$ et $V(\alpha) = V_2$. Ainsi :

$$V(\theta) = \frac{V_2 - V_1}{\alpha}\theta + V_1 \,. \tag{53}$$

5.1.4.c. Nous déduisons de l'équation (53) que :

$$\overrightarrow{E} = \frac{V_1 - V_2}{\rho\alpha}\overrightarrow{e_\theta} \,. \tag{54}$$

5.1.4.d. Un conducteur parfait est un conducteur pour lequel les charges ne sont disposées qu'en surface et à l'intérieur duquel le potentiel est constant. Il n'y a donc pas de champ électrique dans un conducteur parfait.

L'équation est obtenue en appliquant le théorème de Gauss à la surface du conducteur en utilisant la même surface définie sur la figure de la question 5.1.2.c, avec $\overrightarrow{n_1} = \overrightarrow{e_\theta}$ et la partie 2 située dans le conducteur .

En effectuant de même sur l'armature du haut, nous obtenons :

$$\overrightarrow{E}(M) = \frac{\sigma_2(M)}{\mathcal{E}}\left(-\overrightarrow{e_\theta}(M)\right) \,. \tag{55}$$

avec σ_2 la charge surfacique de l'armature du haut.

5.1.4.e. Par définition :

$$Q = \int_0^L \int_a^{a+l} \sigma \mathrm{d}z\mathrm{d}\rho \,.$$

Ainsi en utilisant la relation de la question précédente, nous obtenons :

$$\begin{aligned} Q &= L\int_a^{a+l} \mathcal{E}E(M)\mathrm{d}\rho \\ &= L\mathcal{E}\frac{V_1 - V_2}{\alpha}\int_a^{a+l}\frac{1}{\rho}\mathrm{d}\rho \\ &= L\mathcal{E}\frac{V_1 - V_2}{\alpha}\ln\left(\frac{a+l}{a}\right) \\ &= C(V_1 - V_2)\,, \end{aligned} \tag{56}$$

avec $C = \dfrac{\mathcal{E}L}{\alpha}\ln\left(\dfrac{a+l}{a}\right)$.

5.1.4.f. Si $a \to +\infty$ alors $\ln\left(\frac{a+l}{a}\right) \approx \frac{l}{a}$ et ainsi :

$$C \approx \frac{\mathcal{E}L}{\alpha}\frac{l}{a}.$$

Or le produit αa reste constant et égal à e, d'où :

$$C \approx \frac{\mathcal{E}Ll}{e} = C_{RH}.$$

5.1.4.g. En effectuant un développement limité à l'ordre 2, nous obtenons :

$$\begin{aligned} C &= \frac{\mathcal{E}L}{\alpha}\left(\frac{l}{a} - \frac{1}{2}\frac{l^2}{a^2}\right), \\ &= C_{RH} - C_{RH}\frac{l}{2a}. \end{aligned} \tag{57}$$

Ainsi $\delta C = C_{RH}\frac{l}{2a} = C_{RH}\frac{\alpha l}{2e}$.

5.1.4.h. A.N. : $\frac{\delta C}{C_{RH}} = \frac{1/3600 \times \pi/180 \times 10^{-3}}{2 \times 10^{-6}} = 2{,}4.10^{-3}$.

5.2. Mesure de C_{RH} : premier montage

5.2.1. L'application de la loi des mailles au circuit donne avec des notations évidentes :

$$e(t) = U_L + U_{C_{RH}} + U_R.$$

Or $i = C_{RH}\frac{\mathrm{d}\,U_{C_{RH}}}{\mathrm{d}\,t}$. Ainsi en dérivant cette équation nous obtenons :

$$\frac{\mathrm{d}\,e}{\mathrm{d}\,t} = L\frac{\mathrm{d}^2\,i}{\mathrm{d}t^2} + R\frac{\mathrm{d}\,i}{\mathrm{d}\,t} + \frac{1}{C_{RH}}i.$$

En passant en notation complexe : $\underline{e}(t) = Ee^{j\omega t}$ et $\underline{i}(t) = Ie^{j\omega t + j\phi}$, il vient :

$$I = \frac{\omega E/L}{\sqrt{\left(\frac{R}{L}\omega\right)^2 + \left(\frac{1}{LC_{RH}} - \omega^2\right)^2}}. \tag{58}$$

Toujours en notation complexe $\underline{u_C} = U_C e^{j\omega t + j\psi}$, et en utilisant la relation liant la tension et l'intensité aux bornes du condensateur, nous obtenons la relation $U_C = \frac{I}{C_{RH}\omega}$, d'où :

$$U_C = \frac{E/LC_{RH}}{\sqrt{\left(\frac{R}{L}\omega\right)^2 + \left(\frac{1}{LC_{RH}} - \omega^2\right)^2}}. \tag{59}$$

5.2.2. Nous notons $\omega_0 = \sqrt{\dfrac{1}{LC_{RH}}}$. Ainsi U_C se réécrit de la manière suivante :

$$\begin{aligned} U_C &= \frac{E\omega_0^2}{\sqrt{\omega_0^4\left(1-\frac{\omega^2}{\omega_0^2}\right)^2 + \omega_0^4\frac{\omega^2}{\omega_0^2}\left(\frac{R}{L\omega_0}\right)^2}}, \\ &= \frac{U_{C0}}{\sqrt{\left(1-\frac{\omega^2}{\omega_0^2}\right)^2 + \frac{1}{Q^2}\left(\frac{\omega}{\omega_0}\right)^2}}, \end{aligned}$$

avec $Q = \dfrac{L\omega_0}{R}$ et $U_{C0} = E$.
Q est le facteur de qualité du montage électrique, U_{C0} la tension aux bornes du condensateur en statique et ω_0 la pulsation caractéristique du circuit qui sépare le régime passant du régime coupant.

5.2.3. Il existe un maximum de tension si le dénominateur possède un minimum. Nous devons donc chercher les conditions sur Q qui permettent d'annuler la dérivée du dénominateur.
L'annulation de la dérivée donne :

$$\begin{aligned} 0 &= -4\frac{\omega}{\omega_0^2}\left(1-\frac{\omega^2}{\omega_0^2}\right) + \frac{2}{Q^2}\frac{\omega}{\omega_0^2}, \\ \omega^2 &= \omega_0^2\left(1-\frac{1}{2Q^2}\right). \end{aligned}$$

Ainsi nous remarquons que ω^2 est positif si et seulement si $Q > \dfrac{1}{\sqrt{2}}$.
Lorsque cette condition est vérifiée, on dit qu'il y a une résonance, c'est-à-dire que le transfert de puissance entre l'alimentation et le condensateur est maximal. À cet instant le déphasage entre la source et le condensateur est nul, et ce phénomène permet d'effectuer des mesures très précises de composants électriques.

5.2.4. Calculons le facteur de qualité pour la valeur maximal du condensateur :
$Q = \dfrac{1}{R}\sqrt{\dfrac{L}{C}} = \dfrac{1}{50}\sqrt{\dfrac{0,1}{150.10^{-12}}} = 516$. Nous obtenons ainsi le plus petit facteur de qualité possible.

5.2.5. Nous avons vu au cours de la question 5.2.3 que la pulsation qui permet d'annuler la dérivée du dénominateur est de la forme :

$$\omega_m = \omega_0\sqrt{1-\frac{1}{2Q^2}}. \qquad (60)$$

5.2.6. L'écart relatif est donc de la forme :

$$\frac{|\omega_m - \omega_0|}{\omega_0} = \left|1 - \sqrt{1-\frac{1}{2Q^2}}\right| .$$

Si nous effectuons l'application numérique avec le facteur de qualité calculé précédemment, nous obtenons un écart relatif de l'ordre de 10^{-6}. Il n'est donc pas préjudiciable d'assimiler ω_m à ω_0.

5.2.7. Nous avons donc :

$$\begin{aligned} C_{\text{mesurée}} &= \frac{1}{L\omega_m^2}, \\ &= \frac{1}{L\omega_0^2\left(1-\frac{1}{2Q^2}\right)}, \\ &\approx \frac{1}{L\omega_0^2}+\frac{1}{L\omega_0^2}\frac{1}{2Q^2}, \\ &\approx C_{RH}\left(1+\frac{1}{2Q^2}\right). \end{aligned}$$

Ainsi $\dfrac{\delta C_{RH}}{C_{RH}} = \dfrac{1}{2Q^2} \approx 2.10^{-6}$. L'erreur relative sur la mesure de la capacité est donc très faible pour ces gammes de facteur de qualité et peut être diminué en augmentant le facteur de qualité.

5.2.8. Le montage équivalent à ce système est le montage suivant

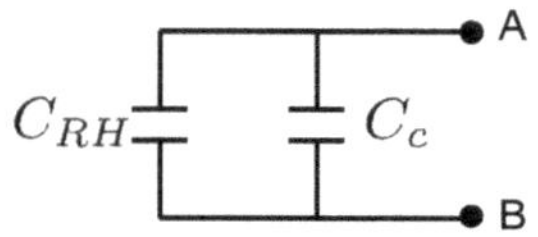

Les deux capacités sont en parallèles donc la capacité mesurée est $C_{RH} + C_e$. Ce montage pose donc un gros problème car il n'est pas facile de connaitre la capacité d'un câble coaxial, de plus cette capacité supplémentaire fait chuter le facteur de qualité et fait ainsi augmenter l'erreur relative de la mesure.

5.3. Mesure de C_{RH} : second montage

Remarque : Il semble ici qu'il y ait une erreur d'énoncé. Nous considérerons pour la suite que $e = 0$ pour les temps négatif et $e = E$ pour les temps positifs.

5.3.1. Le schéma électrique équivalent est le suivant :

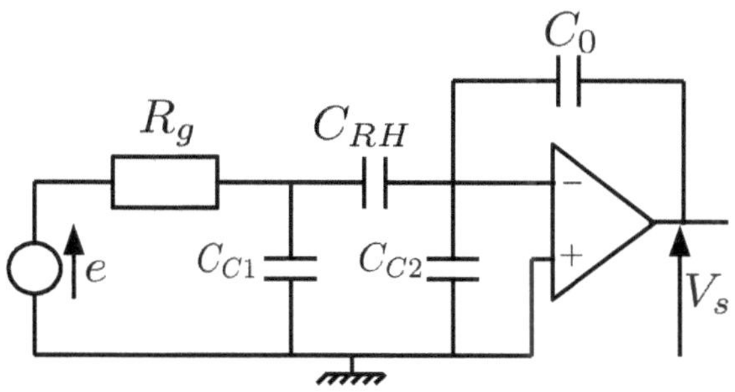

L'amplificateur opérationnel étant idéal et en fonctionnement linéaire, nous avons la relation $V_- = V_+ = 0$. Ainsi la partie gauche du circuit électrique se simplifie à nouveau.

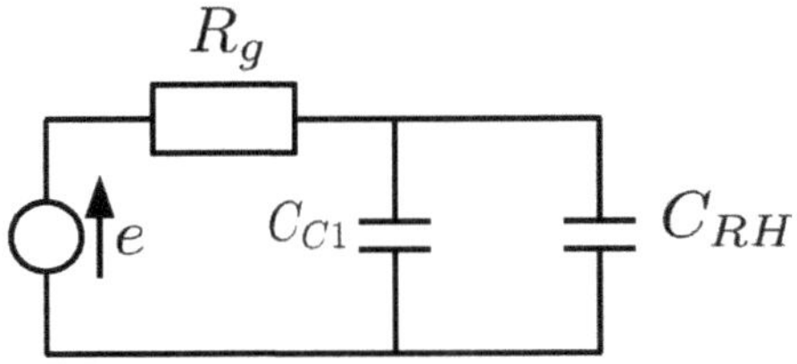

5.3.2. D'après le schéma équivalent obtenu précédemment nous avons immédiatement $U_{Cc1} = U_{C_{RH}}$. Or l'étude du circuit amène à l'équation différentielle :

$$e(t) = U_{Cc1} + R_g\,(C_{c1} + C_{RH})\,\frac{\mathrm{d}\,U_{Cc1}}{\mathrm{d}\,t}\,.$$

Pour des temps positifs, nous avons $e(t) = E$, ainsi une solution particulière de cette équation est $U_{Cc1} = E$. Par ailleurs, la solution de l'équation différentielle sans second membre est de la forme : $A\exp(-t/\tau)$.

Finalement, en prenant en compte la condition initiale $U_{Cc1}(0) = 0$, nous obtenons la solution suivante :

$$U_{C_{RH}} = U_{Cc1} = E\left(1 - \exp\left(-\frac{t}{R_g\,(C_{c1} + C_{RH})}\right)\right)\,. \tag{61}$$

5.3.3. Au temps long, c'est-à-dire $t \gg R_g\,(C_{c1} + C_{RH})$, nous avons $U_{C_{RH}} = U_{Cc1} \approx E$.

5.3.4. Nous savons que $Q = CU$ aux bornes d'un condensateur. Ainsi au bout d'un temps très long la charge aux bornes du condensateur C_{c1} est $Q = C_{c1}E$. Nous remarquons alors que la charge portée par le condensateur est proportionnelle à sa capacité et à la tension d'entrée, et ne dépend pas du tout de la capacité que l'on cherche à mesurer.

5.3.5. Nous avons vu précédemment que le câble 2 a toujours une tension nulle à cause de l'amplificateur opérationnel qui le suit. Ainsi la charge portée par ce câble est toujours nulle. Ce système permet donc bien d'éliminer l'influence de cette capacité.

5.3.6. Ce système permet de s'affranchir de manière évidente de la seconde capacité parasite. Par contre pour la première capacité, nous ne pouvons encore conclure.

5.3.7. En appliquant le théorème de Millman en V_-, nous obtenons :

$$V_- = \frac{0 \times jC_{C2}\omega + U_{C_{RH}} \times jC_{RH}\omega + V_s \times jC_0\omega}{jC_{C2}\omega + jC_{RH}\omega + jC_0\omega}\,.$$

Or $V_+ = V_- = 0$, ainsi :

$$V_s = -U_{C_{RH}}\frac{C_{RH}}{C_0}\,. \tag{62}$$

Ainsi au temps long V_s est directement proportionnel à C_{RH} et les capacités parasites n'interviennent plus du tout.

5.3.8. Ce dispositif permet donc de s'affranchir des capacités des câbles coaxiaux, par contre si l'on veut déterminer de manière précise C_{RH}, nous devons connaître très précisément la tension E et la capacité C_0 ce qui n'est pas toujours aisée. Par ailleurs C_0 varie également en fonction de l'hygrométrie ce qui complique encore la mesure.

FIN DE L'ÉPREUVE

Bibliographie

Chimie organique

Ouvrages généraux

[1] Clayden J., Warren S., Greeves N., *Chimie organique*, De Boeck Supérieur, **2002**.

[2] Drouin J., *Introduction à la chimie organique*, Librairie du Cèdre, **2005**.

[3] Vollhardt K., Schore N., *Traité de chimie organique*, De Boeck Université, **2004**.

[4] Carey F., Sundberg R., *Chimie organique avancée : Réactions et synthèses*, volume 2, De Boeck Université, **1997**.

[5] Brückner R., *Mécanismes réactionnels en chimie organique*, De Boek Université, **1999**.

[6] Kürti L., Czakó B., *Strategic applications of named reactions in organic synthesis : background and detailed mechanisms*, Elsevier, **2005**.

[7] Silverstein R., Basler G., Morill T., *Identification spectrométrique de composés organiques*, De Boeck Supérieur, **2004**.

[8] Whitman G. H., *Organosulfur chemistry - Oxford Chemistry Primers, 33*, Oxford University Press, **1995**.

[9] Collet A., Crassous J., Dutasta J.-P., Guy L., *Molécules chirales : stéréochimie et propriétés*, EDP Sciences, **2006**.

[10] Barsu C., *Les épreuves corrigées de chimie organique*, Ellipses Marketing, **2008**.

Références spécifiques à chaque épreuve

2009

[1] Suh Y.-G., Kim S.-A., Jung J.-K., Shin D.-Y., Min K.-H., Koo B.-A., Kim H.-S., Asymmetric total synthesis of fluvirucinine a1, *Angewandte Chemie International Edition*, **1999**, *38*(23), 3545–3547.

[2] Wipf P., Uto Y., Total synthesis of the putative structure of the marine metabolite trunkamide a, *Tetrahedron Letters*, **1999**, *40*(28), 5165–5169.

[3] Lee I., Koo I. S., Kang H. K., Sn2 transition state variation in the benzenesulfonyl chloride sovolysis, *Bulletin of the Korean Chemical Society*, **1981**, *2*(2), 41–45.

2010

[1] Blake A. J., Boyd E. C., Gould R. O., Paton R. M., Generation and cycloadditions of 4,5-dihydrooxazole- and oxazolidine-4-carbonitrile n-oxides, *Journal of the Chemical Society, Perkin Transactions 1*, **1994**, 2841–2847.

[2] Gottlieb L., Hassner A., Stereoselective synthesis of functionalized pyrrolidines via intramolecular 1,3-dipolar silyl nitronate cycloaddition, *The Journal of Organic Chemistry*, **1995**, 3759-3763.

[3] McNulty J., Mo R., Diastereoselective intramolecular nitroaldol entry to lycoricidine alkaloids, *Chemical Communications*, **1998**, 933–934.

2011

[1] Tang H., Yusuff N., Wood J. L., Progress toward the total synthesis of ingenol : construction of the complete carbocyclic skeleton, *Organic Letters*, **2001**, *3*(10), 1563–1566.

[2] Nicke, A., Maruyama T., Tang H., Murphy P. D., Greene B., Yusuff N., Wood J. L., Total synthesis of ingenol, *Journal of the American Chemical Society*, **2004**, *126*(50), 16300–16301.

[3] Heasley V. L., Frye C. L., Gore R. T., Wilday P. S., Bromination of isoprene, *The Journal of Organic Chemistry*, **1968**, *33*(6), 2342–2345.

Chimie générale

Ouvrages généraux

[1] Housecroft C. E., Sharpe A. G., *Chimie inorganique*, De Boeck, **2010**.

[2] Burrows A., Holman J., Parsons A., Pilling G., Price G. J., *Chimie*^{3}, De Boeck, **2011**.

[3] Atkins P., de Paula J., *Chimie physique*, De Boeck, **2008**.

[4] Jones L., Atkins P., *Principes de chimie*, De Boeck, **2007**.

[5] Lefort M., *Les constituants chimiques de la matière : Description des éléments chimiques*, Ellipses Marketing, **2003**.

[6] Rouessac F., Rouessac A., Cruché D., Duverger-Arfuso C., Martel A., *Analyse chimique : Méthodes et techniques instrumentales*, Dunod, **2009**.

[7] Rédoglia S., Uhl L., *Les Mille et Une questions de la chimie en prépa MPSI-PTSI-PCSI*, Ellipses Marketing, **2006**.

[8] Rédoglia S., Uhl L., *Les Mille et Une questions de la chimie en prépa PC/PC**, Ellipses Marketing, **2007**.

[9] Choubert E., Finot T., *Chimie PCSI*, Ellipses Marketing, **2007**.

Références spécifiques à chaque épreuve

2009

[1] Scacchi G., Bouchy M., Foucaut J.-F., Zahraa O., Fournet R., *Cinétique et catalyse*, Tec et Doc Lavoisier, **2011**.

[2] Biémont É., *Spectroscopie moléculaire : structures moléculaires et analyse spectrale*, De Boeck Supérieur, **2008**.

[3] Rivail J., *Éléments de chimie quantique à l'usage des chimistes*, EDP Sciences, **1999**.

2010

[1] Champion R., Rivier C., La métrologie : du pH au LNE : état de l'art et perspectives, *Revue française de métrologie*, **2006**, *1*, 13–21.

[2] de Dieu Hakuzimana J., *Mesure de pH en solutions aqueuses de haute force ionique*, Ph.D. thesis, Faculteit wetenschappen Vakgroep Analytische Chemie, **2003**.

[3] Verchier Y., Lemaître F., *De l'oxydoréduction à l'électrochimie*, Ellipses Marketing, **2006**.

[4] Miomandre F., Sadki S., Audebert P., Méallet-Renault R., *Électrochimie - Des concepts aux applications*, Dunod, **2011**.

[5] Biémont É., *Spectroscopie moléculaire : structures moléculaires et analyse spectrale*, De Boeck Supérieur, **2008**.

[6] Valeur B., *Invitation à la fluorescence moléculaire*, De Boeck Supérieur, **2004**.

[7] Fraiji L. K., Hayes D. M., Werner T. C., Static and dynamic fluorescence quenching experiments for the physical chemistry laboratory, *Journal of Chemical Education*, **1992**, *69*(5), 424–428.

2011

[1] Folkmann G. E., Eriksen K. M., Fehrmann R., Gaune-Escard M., Hatem G., Lapina O. B., Terskikh V., Conductivity, NMR measurements, and phase diagram of the $K_2S_2O_7-V_2O_5$ system, *The Journal of Physical Chemistry B*, **1998**, *102*(1), 24–28.

[2] Harrison A. T., Howarth O. W., High-field vanadium-51 and oxygen-17 nuclear magnetic resonance study of peroxovanadates(V), *Journal of the Chemical Society, Dalton Transactions*, **1985**, (6), 1173–1177.

[3] Comba P., Helm L., The solution structure and reactivity of decavanadate, *Helvetica Chimica Acta*, **1988**, *71*(6), 1406–1420.

[4] Hansen N. H., Fehrmann R., Bjerrum N. J., Complex formation in pyrosulfate melts. 1. potentiometric, cryoscopic, and spectrophotometric investigations of the systems potassium disulfate-potassium sulfate and potassium disulfate-potassium sulfate-vanadium pentoxide in the temperature range 410-450 °C, *Inorganic Chemistry*, **1982**, *21*(2), 744–752.

[5] Heath E., Howarth O. W., Vanadium-51 and oxygen-17 nuclear magnetic resonance study of vanadate(V) equilibria and kinetics, *Journal of the Chemical Society, Dalton Transactions*, **1981**, (5), 1105–1110.

[6] Render D., A survey of ^{51}V NMR spectroscopy, *Bulletin of Magnetic Resonance*, **1982**, *4*(1-2), 33–83.

[7] Tracey A. S., Jaswal J. S., Angus-Dunne S. J., Influences of pH and ionic strength on aqueous vanadate equilibria, *Inorganic Chemistry*, **1995**, *34*(22), 5680–5685.

[8] Clare B. W., Kepert D. L., Watts D. W., Kinetic study of the acid decomposition of decavanadate, *Journal of the Chemical Society, Dalton Transactions*, **1973**, (22), 2479–2480.

Physique

Ouvrages généraux

[1] Brébec J.-M. et coauteurs, *Electromagnétisme 2ème année, MP-MP*, PC-PC*, PSI-PSI*, PT-PT**, H Prépa - Hachette, **2004**.

[2] Briffaut J.-N. et coauteurs, *Thermodynamique 1ère année MPSI-PCSI-PTSI*, H Prépa - Hachette, **2003**.

[3] Brébec J.-M. et coauteurs, *Thermodynamique 2ème année MP-MP*, PC-PC*, PSI-PSI*, PT-PT**, H Prépa - Hachette, **2004**.

[4] Brébec J.-M. et coauteurs, *Optique ondulatoire 2ème année, MP-MP*, PC-PC*, PSI-PSI*, PT-PT**, H Prépa - Hachette, **2004**.

[5] Brébec J.-M. et coauteurs, *Mécanique des fluides 2ème année, MP-MP*, PC-PC*, PSI-PSI*, PT-PT**, H Prépa - Hachette, **2004**.

[6] Brébec J.-M. et coauteurs, *Ondes 2ème année MP-MP*, PC-PC*, PSI-PSI*, PT-PT**, H Prépa - Hachette, **2004**.

[7] Renvoizé V., *Physique PC-PC**, Cap prépa, Pearson, **2011**.

[8] Brenders P., Douchet L., Sauzeix M., *Électrotechnique : Conversion de puissance*, Bréal, **2004**.

[9] Olivier S., *Physique PC-PC**, Tec et doc, **2009**.

[10] Olivier S., Gié H., *Thermodynamique*, Tec et doc, **1996**.

[11] Finot T., *Physique PCSI*, Ellipses Marketing, **2010**.

[12] Vidal L., *Physique PC/PC**, Ellipses Marketing, **2010**.

[13] Augier D., Lakmini H., Lalande J., More C., *10 problèmes corrigés de physique-chimie posés au CAPES de sciences physiques*, Ellipses Marketing, **2008**.

Cet ouvrage a été imprimé
en avril 2012 par

CPI

FIRMIN-DIDOT

27650 Mesnil-sur-l'Estrée
N° d'impression : 110809
Dépôt légal : avril 2012

Imprimé en France